Wolfgang Gebhardt

DEUTSCHE LKW-ANHÄNGER

DIE GROSSE ENZYKLOPÄDIE ALLER MARKEN

Motor buch Verlag

Impressum

Einbandgestaltung: Frank Zähringer

Bildnachweis: Die zur Illustration dieses Buches verwendeten Aufnahmen stammen – wenn nicht anderes vermerkt ist – vom Verfasser.

ISBN: 978-3-613-04147-9

1. Auflage 2019

Sie finden uns im Internet unter www.motorbuch-verlag.de

Lektorat: Joachim M. Köstnick
Innengestaltung: ERWE-Werbung Ralf Weinreich
Druck und Bindung: Conzella, 85609 Aschheim-Dornach
Printed in Germany

Inhalt

Inhalt

Inhalt

Inhalt

Inhalt

Vorwort

Der vorliegende Band »Deutsche Lkw-Anhänger« gibt erstmals umfassend Einblick in die überaus faszinierende, vielfältige und wirtschaftlich bedeutsame Sparte dieses deutschen Straßen-Fahrzeugbaus. Für die Zusammenstellung des Gesamtüberblicks über die Anhängerhersteller in Deutschland wurden Einzeldarstellungen, Zeitschriften-Reihen, Firmenkataloge, Auskünfte von Firmen sowie von Einzelpersonen herangezogen.

Die Dokumentation beschreibt alle bisher bekannten Firmen, die auf diesem Sektor tätig waren bzw. noch sind. Dabei umfasst der Überblick Firmen, die in der Zeit des deutschen Kaisertums, der Bundesrepublik und der einstigen DDR auf diesem in diesem Metier aktiv waren und heute noch sind.

Die 498 »Biographien« schildern die Geschichte der Firmen, ihre Produkte, ihre Besonderheiten, ihre Bedeutung im Fahrzeugbau sowie – sofern möglich – ihr weiteres Schicksal. In der Beschreibung sind die Produzenten alphabetisch mit ihrem ersten oder bekanntesten Firmennamen aufgeführt. Anschließend folgen ggf. Änderungen des Namens, der Adresse oder der Rechtsform. Die erste Jahreszahl bezieht sich auf den Zeitpunkt, zu dem der Anhänger-Fahrzeugbau aufgenommen wurde.

Der Vorwurf der Unvollkommenheit muss bei diesem Portrait der Anhängerindustrie in Kauf genommen werden. Trotz vielfacher Recherchen ist eine absolut vollständige Darstellung sowie eine exakte Erfassung der Produktionszeiträume und Baujahre der Modelle nicht möglich, weil der Anhängerindustrie als einem Nebenzweig der Kraftfahrzeugindustrie in der Literatur keine sonderliche Beachtung zu Teil wurde und Informationen im Gegensatz zur Pkw- und Teilen der Nutzfahrzeugindustrie recht spärlich sind bzw. Lücken aufweisen.

Zudem bestanden gerade in den 1920er Jahren und kurz nach dem Zweiten Weltkrieg viele kleine Firmen, die rasch wieder vom Markt verschwanden und in der Literatur kaum in ergiebigem Maße genannt bzw. beschrieben worden sind. Darüber hinaus ist eine Nachforschung nach einigen Firmen, aus dem Zeitraum zwischen den Weltkriegen, die auf dem Gebiet der einstigen DDR und dem heutigen Polen lagen, nicht mehr möglich. Ebenso ist eine exakte Abgrenzung von Serienherstellern gegenüber Werkstätten oder Dorfschmieden, die gerade nur einige Auftragsmodelle hergestellt haben, nicht mehr durchführbar; daher sind hier alle erfassbaren Marken unterschiedslos aufgenommen worden.

Eine Fülle von Bildern – Werks- und Privataufnahmen, aber auch weniger glanzvolle Reproduktionen historischer Anhänger oder Auflieger – beleben die einzelnen Beschreibungen und zeigen den Reichtum an Ideen, konstruktiven Notlösungen, Fehlentwicklungen, Fusionen und Aufkäufen sowie den geschäftlichen Erfolg und Misserfolg in diesem Maschinenbauzweig.

Mein Dank gebührt allen Privatpersonen, die mir bei der Zusammenstellung dieses Buches geholfen haben, besonders aber Herrn Wolfgang Bachmeier (Fahrzeugbau Loosen), Herrn Ralf Göbel (B. Göbel & Sohn) und Herrn Kurt Kautz (Kautz & Sohn), die mir ihr eindrucksvolles Werksarchiv geöffnet haben. Und mein ganz herzlicher Dank gilt Herrn Lodewijk Goossens in Bornem/Belgien, der mir sein umfangreiches Prospektarchiv zur Verfügung gestellt hat.

Ebenso danke ich den Mitarbeitern der Hersteller, die die Texte »freigegeben« und Bildmaterial zur Verfügung gestellt haben. Zu nennen sind hier die Firmen: Annaburger, Barthau, Blomenröhr, Eisel, EMPL, Ewers, Feldbinder, Fliegl, FSN, Goldhofer, Hage und Knapp, Hermanns, Humbaur, Heuser, HuW, Kärcher, Klaeser, Kiffe, Köhler, Kotschenreuther, Kraemer, Krone, Krukenmeier, Lindner & Fischer, Lampferhoff, Langendorf, Link, Meiller, Meyer, MKF, Müller-Mitteltal, Münz, PL-Fahrzeugbau, Reisch, Rohr, Schrader, Schröder, Seidler, Spitzer, Tang, Wecon, WEKA, W. Wellmeyer, Wiese, Wille, Willig, Woermann und Zandt.

Nicht verschwiegen werden sollte aber auch, dass eine Handvoll Firmen, teils nach Absprache des Textes, eine Veröffentlichung ohne Angabe von nachvollziehbaren Gründen untersagte.

Parade von Kipperzügen im Kässbohrer-Werk, 1955. (Smlg. Weinreich)

Einführung

Mit der Erfindung des Rades stand der Einachsanhänger der Menschheit zur Verfügung, der zumindest nachweislich in der Römerzeit zum ungelenkten Zweiachsanhänger weiterentwickelt wurde. Bis zum Ende des 19. Jahrhunderts hatten sich zweiachsige Anhänger mit gelenkter Vorderachse mittels eines »Protznagels« und mitunter einer Abstützung durchgesetzt. Für das Bau- und Transportgewerbe stand der Plattform- oder Rollwagen, für die Landwirtschaft der Ackerwagen und für das Militär der weitgehend standardisierte Planwagen mit Kutschbock, Stauraum für Futter und Ladefläche mit Planenabdeckung zur Verfügung.

Mit dem Aufkommen des Dampf-, Elektro- und Benzinmotors wurden die ersten Zugfahrzeuge entwickelt, an die standardisierte Anhänger angekuppelt werden konnten. Die Nationale Automobil AG/NAG in Berlin führte 1903 den ersten »Kolonial«-Lastwagen vor, der eine gitterförmige Ladefläche besaß und an den bis zu zwei Drehschemel-Anhänger angekuppelt werden konnten, die mit nahezu gleichem Aufbau versehen waren. Mindestens drei Einheiten des mit der Bezeichnung »Durch« vorgeführten Zuges gingen in die deutschen Kolonien.

Einen anderen Weg beschritt 1905 die Freibahn-Gesellschaft in Seegefeld bei Potsdam. Eine in Gelenktechnik ausgeführte Lokomobile zog vier einachsige Karren, wobei je zwei Einheiten mit einem Unterzug miteinander gekoppelt waren.

Eine weitere Kombination aus Antriebsmaschine und Anhängern stellten die 1908 entwickelten »Müller-Züge« dar. Hier waren an die Zugmaschine mit Benzinmotor, Generator und elektrischem Antrieb bis zu fünf Anhänger angekuppelt, deren Achsen zwangsgelenkt und ebenfalls über Elektromotoren in Bewegung gesetzt wurden. Mehr als ein Dutzend derartiger Züge ging in die deutschen Kolonien und nach Australien.

Und um die Transportlast des Motor-Lastwagens zu erhöhen, erhielten Lastwagen hin und wieder ein- und zweiachsige Anhänger oder für den Langholz- und Telegraphenstangen-Transport einachsige Drehschemelanhänger. Allerdings beschränkten zunächst staatliche Verbote ab 1905 den Einsatz von Anhängern auf »Kunststraßen«, da die Beschädigungen insbesondere bei Kurven immens waren. Hier setzten sich aber schon rasch die Interessen des kaiserlichen Heeres durch. Mit der ersten Subventions-Lastwagen-Verordnung von 1908 wurden erstmals einheitliche Drehschemel-Anhänger mit einer Nutzlast von 2 t vorgeschrieben, die an die gewöhnlich von Brauereien, Transportunternehmen, Mühlen- und Ziegeleibetrieben eingesetzten Lastwagen mit festgelegter Motorleistung angehängt werden konnten. Im Manöver-Zeitraum und im Kriegsfall mussten diese mit (geringen) staatlichen Zuschüssen geförderten Gespanne im

NAG-Kolonial-Lastzug, 1903.

NAG-Subventions-Lastzug, 1912.

Topzustand an die Militärverwaltung abgegeben werden. Eine erhebliche Verbesserung der Laufkultur und eine geringere Beschädigung des Straßenbelages konnte durch die 1912 von der Firma Bergische Patentachsen eingeführten Gleitlagerachsen erzielt werden. Die zweite Subventionsverordnung von 1913 schrieb erstmals die Größe der Ladefläche des 2-t-Anhängers fest.

Während die Subventionsanhänger gewöhnlich von den Herstellern der Motorwagen gefertigt wurden, etablierten sich um 1907 erste spezielle Anhängermanufakturen wie die von Carl Wilh. Ackermann in Wuppertal-Vohwinkel, Peter Bauer, Köln-Ehrenfeld, Gottfried Lindner in Ammendorf, Hofwagenfabrik Otto Naegele in Stuttgart, Nürnberger Wagenbau- und Radfabrik Karl Schmidt in Nürnberg, Joh. Rockinger in München, Robert Schenk in Stuttgart und J. J. Schmidt in Erfurt.

Während des Ersten Weltkrieges dümpelte der Anhängerbau vor sich hin, da die Lastwagen den Strapazen bei ungenügender Bereifung und Kraftstoffversorgung nicht gewachsen waren und Mühe hatten, als Solofahrzeug mit Beladung voranzukommen. Nach dem Krieg ruhten weiterhin mehr oder minder die Aktivitäten im Bereich des Anhängerbaus. Erst um 1925, als sich die Wirtschaft der Weimarer Republik einigermaßen stabilisiert, der Vertrag von Lausanne die bautechnischen Beschränkungen und die Exporteinschränkungen abgeschafft sowie die Motorfahrzeuge stärkere Motoren erhalten hatten, versuchten immer mehr Unternehmen, in den Anhängerbau einzusteigen.

Mit großen Erwartungen starteten viele Kleinfirmen ihre Aktivitäten im Bau von Pritschen-, Kipp- und Möbelwagen-Anhängern, mussten aber schon rasch wieder aufgeben. Sofern genügend Kapital und Erfahrung im Karosseriebau vorhanden waren, ließ sich hier eine Anhängerindustrie aufbauen. Große Marken wie Blumhardt, Fahrzeugwerke Eislingen (Marke »Staufen«), Gothaer Waggonfabrik, Kässbohrer, Meiller etablierten sich erfolgreich in diesem Metier.

Den Bestrebungen der Fahrzeugindustrie, ihre Modelle für möglichst große Ladungen zu präparieren, setzte der Gesetzgeber 1925 umgehend Grenzen, um das Geschäftsfeld der Reichsbahn und um die Kunststraßen mit Kopfsteinpflaster oder einem Teer- und Splittbelag sowie die Landstraßen – teils nur mit einem plattgewalzten Sandbelag mit Petroleumbesprühung – vor allzu großer Abnutzung zu schützen. Der Einachser durfte 4, der Zweiachser 7,5 und der Dreiachser 10,5 t Last tragen.

Um den zweiten Mann auf dem Lkw-Zug einzusparen, der den Anhänger auf Gefällstrecken synchron mit dem Motorfahrzeug über traditionelle Klotzbremsen auf den Hinterrädern abbremsen musste, präsentierte die für technische Neuerungen aufgeschlossene Magdeburger Werkzeugmaschinenfabrik 1926 ihren ersten Auflieger, der vom Motorfahrzeug abgebremst wurde. Ein wirtschaftlicher Pendelverkehr mit mehreren im Fuhrpark stehenden Aufliegern war der weitere Pluspunkt.

Im Jahre 1927 versorgte die Achsenindustrie die Fahrzeughersteller mit geschmiedeten Achsen, die Kugel- oder Schrägrollenlager aufwiesen und mit Innenbackenbremsen versehen waren. Als ein Jahr später eine zuverlässige Luftdruckbremsanlage bei neuen Motorfahrzeugen und Anhängern Standard wurde, die höhere Geschwindigkeiten zuließen, konnte »der Mann auf dem Hänger«, der Bremser, entfallen. Pioniertätigkeit leistete hier die Firma X. A. Meiller in München.

Um das Lenkverhalten zu verbessern und um die Kippstabilität absolut zu gewährleisten, wurden erste Versuche zum Einsatz einer Einzelradlenkung unternommen. Einen neuen Weg im Fahrgestellbau betrat neben den Firmen Blödner und Christoph & Unmack das F. X. Meiller-Unternehmen, indem ein gekröpftes Zentralrohr mit in der Senkrechten beweglichen Achsen den Unterbau des Anhängers bildete. Spiralfedern an den »Schwingachsen« stützten die Pritsche oder den Rahmen der Kippbrücke ab. Und wiederum ein Jahr später regelte eine Verordnung des Reichsverkehrsministeriums die Bereifung. Ab Jahresbeginn 1930 durften Neufahrzeuge nur noch mit Luftreifen ausgeliefert werden. Einzig Tieflader und Kommunalfahrzeuge konnten weiterhin mit Vollgummibereifung genutzt werden.

Weitere Fortschritte im Anhängerbau sind im Jahr 1931 zu verzeichnen. Die Drehgestelle der Anhänger erhielten bei Kässbohrer erstmals Kugeldrehkränze. Bei den Bremssystemen setzte sich die Technik durch, dass bei Abriss der Gabel aus dem Kupplungsmaul das Bremssystem automatisch ausgelöst wurde. Gleichzeitig bemühte sich die Industrie um einheitliche Kupplungssysteme und der Gesetzgeber erlaubte den 16-t-Auflieger.

Ab 1933 nutzten mehrere Hersteller Pendelachsen, um bei kleinerer (und preiswerterer) Bereifung hohe Lasten zu transportieren und um das Fahrverhalten auf den nicht immer planen Straßen zu verbessern. Staatlicherseits förderten Steuerbefreiungen jetzt den Kauf eines Neuwagens. Auch der Export von Fahrzeugen wurde begünstigt, um Devisen wieder in das Deutsche Reich fließen zu lassen. Der Anstieg der Anhängerproduktion führte Ende 1933 zur Gründung der »Vereinigung Deutscher Lastanhänger-Fabriken/VDLA«, aus der ein Jahr später die »Deutsche Lastanhänger- und Aufbauten-Exportgemeinschaft/Delaport« mit Sitz in Hamburg (Kaufmannshaus) hervorging. Um den Export zu steigern, vereinbarten die führenden deutschen Hersteller »gemeinsame Auslandsprojekte, einheitliche Preisgestaltung, Feststellung der Aufnahmefähigkeit von Absatzgebieten, Erkundung ausländischer Erzeugnisse und ihrer Preisstellung«. Diesem Kartell traten zwölf Firmen bei: Peter Bauer Fahrzeugfabrik, Christoph & Unmack AG, Eisenbahn-Verkehrsmittel AG Triebwagen- und Waggonfabrik Wismar AG, Fahrzeugbau Schumann GmbH, Gaubschat Fahrzeugwerke GmbH, Gelbke & Jaritz Fahrzeug- und Eisenbau, Karl Kässbohrer Wagen- u. Karosseriefabrik Ulm, Gottfried Lindner AG, F. X. Meiller Maschinen- u. Wagenfabrik, Waggonfabrik Uerdingen/Ndrh. Waggon- u. Maschinenfabriken AG vorm. Busch und Vgte. Westdeutsche Waggonfabriken AG (Werk Gastell).

1934 erhöhten staatliche Vorgaben die Gesamtgewichte der Fahrzeuge; das Lkw-Gespann kam auf ein zulässiges Gesamtgewicht von 40,5 t, das der Sattelschlepper mit einem zusätzlichen Anhänger ebenfalls erreichen konnte. Abgesehen von einigen spektakulären Ausführungen konnte sich der Sattelzug nicht lange behaupten. 1936 erhöhte die Reichsregierung die Steuer auf diese Kombination um 200 Prozent, da im Rahmen des »Vierjahresplanes« die Wehrmacht kein Interesse an Sattelzügen hatte.

Höhepunkte in der Fahrzeugkonstruktion stellten 1937 die 15-t-Vierachsanhänger der Marken Waggonfabrik Wismar und Schmitz dar, denen ein Jahr später nach Anhebung der Achslast der Doppelachse auf 12 t die 16,5-Tonner der Hersteller Schenk und Schumann folgten. Die aufwendig konstruierten Boliden blieben imposante Einzelstücke, denen die Käu-

Sattelschlepper der Magdeburger Werkzeugmaschinenfabrik, 1926.

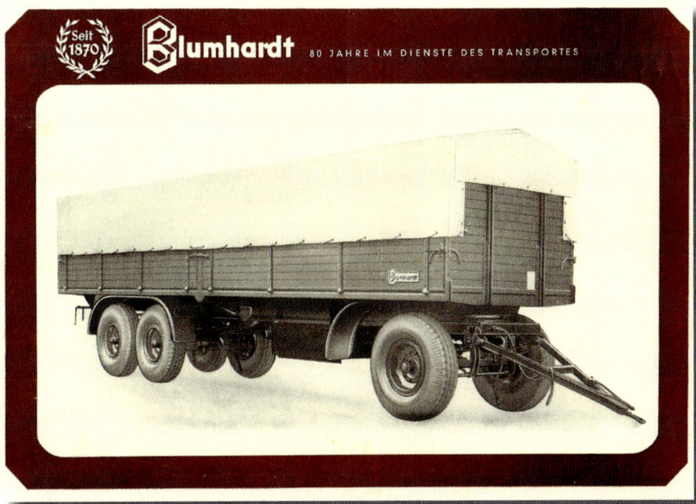

fer und die entsprechend leistungsstarken Motorwagen fehlten. Weitere Meisterleistungen im Fahrzeugbau bildeten die »Thermoswagen« für den Transport von Kühlwagen; eine aufwendige Isolierung sollte in Verbindung mit Eisblöcken das Kühlgut vor Erwärmung schützen.

Der nächste Eingriff dieses Planes (mit den zentralen Forderungen: »Die deutsche Armee muss in vier Jahren einsatzfähig sein. Die deutsche Wirtschaft muss in vier Jahren kriegsfähig sein«) folgte im Frühjahr 1939. In der »Typenbegrenzung in der Kraftfahrzeugindustrie« erlassen von dem »Generalbevollmächtigten für das Kraftfahrwesen, Oberst des Generalstabes v. Schell« (daher Schell-Plan) wurde u. a. festgelegt, welche Bauarten von Anhängern und Spezialanhängern nach Einheitsvorschriften die einzelnen Hersteller fertigen durften.

Aus militärischem Interesse wollte die NS-Regierung die Kapazitäten der Produzenten auf die gängigen Pritschen- und Kippanhänger als Zweiachser bis 8 t Nutzlast festlegen. Nur drei Firmen durften noch Dreiachser mit Pritschenaufbau für 11 t Nutzlast herstellen. In der Kategorie Spezialanhänger waren die Hersteller von militärisch wichtigen Einachsern für z. B. Stromgeneratoren und Feldküchen sowie von Tiefladern zum Panzertransport zusammengefasst.

Die überaus schwierige Materiallage und der dringende Bedarf an Anhängern verwässerten den Schell-Plan, zumal die staatlichen und militärischen Stellen froh waren, wenn sie überhaupt ihren Fahrzeugbestand ergänzen konnten.

Nach der Kapitulation erschwerten Zerstörungen, Demontagen und Materialengpässe die Neuproduktion von Fahrzeugen für den heimischen Bedarf sowie für den Export. Dieser wurde schon rasch durch die drei westlichen Besatzungsmächte gefördert, um Devisen für die unabdingbare Einfuhr lebenswichtiger Produkte wie Kraftstoffe und Medikamente zu erhalten. Die wieder lieferfähigen Hersteller von Anhängern und Omnibus-Karosserien schlossen sich im Jahre 1947 zur »Lastanhänger-Export-Gemeinschaft/Lasaport« mit Sitz in Hamburg zusammen. Unter diesen Firmen befanden sich Ackermann, Bauer, Blumhardt, Drettmann, Düsseldorfer Waggonfabrik, Entölerbau (GmbH, Braunschweig), Eylert, FAKA, Kiffe, v. Lienen, Meiller, Schmitz, Schenk, Schomäcker, Tapper, Waggonfabrik Uerdingen, Vidal, Wegmann und Westfalia.

Während die damalige Bizonen-Verwaltung die Anschaffung eines Aufliegers mit geringerer steuerlicher Belastung förderte, war die Neuproduktion in der Sowjetischen Besatzungszone weitgehend blockiert, obwohl mit Lindner, Schumann und Waggonfabrik Gotha potente Hersteller vorhanden gewesen wären. Demontagen und Enteignungen lähmten den Wiederaufbau der Wirtschaft. Die Deutsche Wirtschaftskommission in Ost-Berlin versuchte mit der »Anweisung an die Eigentümer stillgelegter Anhänger« zu erreichen, dass wenigstens diese Fahrzeuge dem Wiederaufbau zu gute kommen sollten.

Als die Währungsreform in den Westzonen wirtschaftlich stabile Voraussetzungen für den Wiederaufbau schuf, versuchte eine große Schar von Handwerksbetrieben in den Bereich Anhängerbau einzusteigen, zumal der riesige Bedarf an Neufahrzeugen für die Trümmerbeseitigung, für den Wiederaufbau der zerstörten Wohnungen und für den Güterverkehr günstige Konjunkturbedingungen versprach. Für die meisten Newcomer endete diese Zuversicht jedoch schon rasch. Der Korea-Krieg führte in Europa zu einer Kontingentierung der Rohstoffe, wobei die etablierten Produzenten nach einem gewissen Schlüssel weiterbeliefert wurden, so dass die anderen weitgehend ausscheiden mussten.

FAUN-Zugmaschine mit zwei Anhängern im typischen Erscheinungsbild unmittelbar nach Kriegsende.

Um die Transportkapazitäten zu steigern, erhöhte der Bundesverkehrsminister die zulässigen Gesamtgewichte der Fahrzeuge; der Zweiachser wies ein Gesamtgewicht von 16, der Dreiachser von 24 Tonnen auf. Und der kriegsbedingt zugelassene zweite Anhänger wurde bis zum Jahre 1953 geduldet.

Aber nur bis 1956 wurde die großzügige Gesamtgewichts-Regelung geduldet. Bundesverkehrsminister Hans-Christoph Seebohm reduzierte die Gesamtgewichte auf 12 bzw. 18 t. Die Gesamtgewichte von Lastwagen und Anhängern sowie eines Sattelzuges wurden mit 24 t Gesamtgewicht festgelegt, wobei das Verhältnis von Motorwagen und Hänger bei 1 zu 1 liegen musste. Die Intention, die Deutsche Bundesbahn als Transportleister zu fördern, erfüllte sich nicht. Und aufgrund der massiven Proteste des Fuhrgewerbes und der EWG erhielt Seebohm von Bundeskanzler Dr. Adenauer die Anweisung, eine pragmatische Lösung auszuarbeiten. 1960 lag das Gesamtgewicht des Zweiachsers wieder bei 16, die des Dreiachsers bei 22 t Gesamtgewicht. Glieder- und Sattelzug konnten 32 t Gesamtgewicht aufweisen. Und in der DDR fiel 1959 nach der Flucht der Familie Hunger der einzige innovative, bedeutende und vielseitig tätige Anhängerhersteller aus.

Infolge der ersten Delle im Wirtschaftsaufschwung der Bundesrepublik Mitte der 1960er Jahre und der Aufwertung der DM am Ende dieses Jahrzehnts verzeichneten die Anhängerhersteller erstmals Absatzschwierigkeiten in Deutschland und in Europa. Die damalige Nachfrage im Orient glich die Rezession teilweise aus. Firmen wie Lindner, Maßholder und Hummel mussten in dieser Zeit ihre Produktion oder Eigenständigkeit aufgeben.

Hohe Leistung, niedere Kosten, durch den neuen Müller-Müllwagen

Unter der Bezeichnung »Schiene/Straße« wurde ab 1963 ein Umsetzverfahren an zentralen Güterbahnhöfen eingerichtet, um den Langstrecken-Speditionsverkehr teilweise von der Straße auf die Schiene zu verlagern. Bei dem auch unter der Bezeichnung »Huckepack-Verfahren« genannten System werden die Auflieger über ein hydraulisches Umschlagverfahren auf den Waggon oder wiederum auf die Straße gesetzt.

Mit einem Zentralachsaggregat begründete die Firma Müller-Mitteltal 1965/66 die Tandemachser-Anhängerbauart, die den zweiachsigen Drehschemelanhänger immer mehr zurückdrängte. Beim Rückwärtsfahren bildet die Starrdeichsel des Tandemachsers nur das eine Gelenk, über das der Anhänger in die richtige Position geschoben werden kann. Der Drehschemelanhänger hat inzwischen seinen Schwerpunkt im Bereich der Lafetten und der Baustoffanhänger gefunden.

In der DDR führten die Monopolisierungs-Beschlüsse des Rates für gegenseitige Wirtschaftshilfe/RGW im Jahre 1959 dazu, dass nur noch Lastwagen und Speditionsanhänger bis zu 5 t Nutzlast gebaut werden durften. Fernverkehrsanhänger mussten demnach in der CSSR bei Brandys eingekauft werden. Dringend notwendige Lafetten für Container wurden entgegen den RGW-Bestimmungen in Zwickau gefertigt.

Zurück zu den 1960er Jahren: Das aus den USA kommende und auf 22 oder 40 Fuß Länge (6058 x 2438 x 2591 mm bzw. 12.192 x 2438 x 2591 mm) ausgelegte Containersystem hielt auch Einzug in das deutsche (und europäische) Transportgewerbe. Insbesondere die Firmen Ackermann, Aurepa, Bauer (mit LHB), Blumhardt, Bunge, Clarck-Schumann, Deutsche Fruehauf, Eylert, FAKA, Kässbohrer, Luther, Niedersächsische Waggonfabrik Josef Graaff, Thiele und Vidal entwickelten damals Transportlafetten in Form von Zweiachsanhängern und Sattelaufliegern.

Und eine weitere Rationalisierungstechnik setzte sich ab 1971 durch: Der Logistikdienstleister Schenker entwickelte zusammen mit der Firma Ackermann die Wechselbrücke mit Stützbeinen, die vom Fahrzeug auf einem Spezialrahmen auf- und abgeschoben werden konnte. Das unzulängliche System im Ab- und Aufschieben konnte sich nicht durchsetzen. Erst mit der Luftfederung des Motorwagens, eingeführt von Büssing, oder des Lafetten-Anhängers wurde die Hub- oder Absenktätigkeit problemlos ermöglicht; die Firma B. Göbel & Sohn entwickelte auf Anregung der Aschaffenburger Großspedition Johann Birkart 1967 erste Wechsler mit pneumatischem System. Als sich auch ab 1971 die Großspedition Dachser und MAN hinter diese Lösung stellten, kam der Durchbruch des Wechselaufbaus. Unter der Bezeichnung »BDF«-Wechselbrücke (Bundesverband des Deutschen Güterfernverkehrs) hat sich das System zu einer Standard-Transporteinheit im Straßen- und im Kombiverkehr Straße/Schiene durchgesetzt. Das Lafettensystem bot sich wenig später auch für den Transport von Absetz- und Abrollmulden an, zumal durch das 1973 erlassene Abfallbeseitigungsgesetz die zu transportierenden Müllmengen anstiegen und ein rationelles Sammel- und Transportsystem notwendig wurde.

Weitere grundlegende Innovationen folgten in den 1970er Jahren. Die Firmen Kögel und Langendorf führten den modernen Innenlader zum Transport von großen Glas- und Betonflächen ein. Im Ziegelsteintransport setzte sich der Steintransportauflieger mit mittigem Ladekran durch und mit Beginn der 1980er Jahre folgte der Schubbodenauflieger zur selbsttätigen Entladung eines Volumen-Kastenaufliegers ohne aufwändiger Kipptechnik. Wenn auch schon Ende der 1920er Jahre die Londoner Firma Movable Floor Vehicles Ltd. das Schubbodensystem mit Abrollband auf Stahlrollen anbot, setzte sich das System der Firma Keith Walking Floor in Madras/Oregon/USA mit der europäischen Niederlassung in Barneveld/Niederlande durch. Die Firmen Langendorf, Orthaus und Blumhardt waren hier die Pioniere.

Abermals setzten der Wirtschaftsabschwung im Jahre 1973 und die nachfolgende Rezessionsphase den Fahrzeugherstellern zu: Ackermann fand Unterschlupf bei der Deutschen Fruehauf. Eylert, IWT Lübeck, Luther, Mössbauer, Tapper und Schaubstahl schieden aus dem Markt aus.

Einfuhrbeschränkungen im Orient 1983 beendeten das einst lukrative Geschäft. In den nachfolgenden Jahren mussten die Hersteller Hall, Hörndl, Schenk, Thiele und Stadler ihre Tätigkeit beenden.

Im Rahmen der Europäischen Gemeinschaft wurden 1986 die Gewichte und Maße der Fahrzeuge erneut großzügigerer ausgelegt. Der Zwei- und der Dreiachser waren jetzt mit höchstzulässigen Gesamtgewichten von 17 und 24 t festgelegt. Glieder- und Sattelzug sind bis zu einem Gesamtgewicht von 40 t zugelassen. Die Länge des Lastwagens mit Anhänger wurde hingegen auf 24 m angehoben. Der Sattelzug konnte ab 1989 16,5 m erreichen. Die heute gültigen Bestimmungen folgten 1995. Der Zweiachser kann jetzt mit 18, der Dreiachser mit 25 t Gesamtgewicht »gefahren« werden. Die Gesamtlänge des Anhängerzuges ist auf 18,35 m festgelegt. Die Länge des Aufliegers lag zunächst bei 16,50 m; ab 1997 erweiterte eine EU-Norm die maximale Länge auf 18,75 m, so dass eine weitere genormte Palettenreihe aufgenommen werden kann. Die maximale Breite ist seit 1995 um 50 mm auf 2,5 Meter gestiegen, was ebenfalls der Palettenbreite entspricht.

Die Öffnung der Grenzen und die Wiedervereinigung Deutschlands bescherten den Herstellern zunächst einen kaum zu deckenden Nachholbedarf. Unter den reprivatisierten Anhängerbetrieben in den Neuen Bundesländern konnten sich die Werke in Chemnitz, Gotha, Lübtheen, Waldheim und Werdau behaupten, wenn auch turbulente Phasen folgten. Einen beachtlichen Neustart führte das ursprünglich bayerische Fliegl-Werk in Triptis vor. Nicht von dem Wiedervereinigungsboom konnten Aurepa, Bauer und Fahrzeugwerke Eislingen profitieren und verschwanden aus dem Geschäft.

Aber schon 1993 führte die Sättigung des Marktes zu einer erneuten Delle in der Produktion, die bis 1995 anhielt. Der renommierte Hersteller Kässbohrer, der in nahezu allen Fahrzeugsparten vertreten war, musste aufgeben. Sein Markenname wird heute von der türkischen Tirsan-Gruppe genutzt. Auch die Traditionsmarken Blumhardt, Deutsche Fruehauf (mit Vidal), Haller, Klaus und Ellinghaus (von Schrader übernommen) fielen dem Konkurrenzkampf zum Opfer. Der in Chemnitz an die Tradition des Wanderer-Automobilwerkes anknüpfende Hersteller Renders überlebte die Jahrtausendwende nicht. Danach verschwanden Kumlin, Orthaus, Unterholzner, FAKA, Wackenhut und Strüver.

Mit einem erneuten Rückgang musste die deutsche Fahrzeugindustrie im Jahre 2008/2009 kämpfen. Die Absatzkrise führte dazu, dass die auf Vorrat gebauten Anhänger und Auflieger auf Feldern geparkt werden mussten und ein Preiskampf untereinander einsetzte.

Bautechnisch hatte sich mit Beginn der 1990er Jahre der Gardinenplanen-Auflieger (»Curtainsider«) gegenüber dem klassischen Bordwand-Auflieger mit weiterem Planenaufbau durchgesetzt. Vielfältig ist auch der Bereich der Tandemachser als Trockenfrachter, Kühl- und Getränkekoffer, Curtainsider und Baustellenkipper; im Trockenfracht-Transport hat sich die Durchlademöglichkeit durchgesetzt. Beim Baustellenauflieger löste die Halbrundmulde (»Halfpipe«) die bisherige Kastenmulde ab, die den Vorteil besitzt, dass die Ladung beim Abkippen zentral abrutscht. Die moderne konisch ausgeführte Mulde vereinfacht den Schüttvorgang zusätzlich und seit 2016 sind für den Asphalttransport thermoisolierte Kippsauflieger vorgeschrieben, die das Transportgut auch auf weiten Strecken flüssig halten.

Ackermann

Ackermann-Fahrzeugbau GmbH, Wuppertal-Vohwinkel, Vohwinkeler Str. 87/95

1. 1936–1961: C. W. Ackermann Fahrzeugfabrik
2. 1962–1970: C. W. Ackermann Fahrzeugfabrik OHG
3. 1971: Ackermann Fahrzeugbau KG
3. 1972–1996: Ackermann-Fruehauf GmbH, Wuppertal, Ludwig-Richter-Str. 1–9, ab 1987 Kerpen-Sindorf, Hüttenstr. 80
4. 1996 bis heute: Ackermann Fahrzeugbau Oschersleben GmbH, Oschersleben, Ackermann-Str. 1–5

Ackermann-Prospekttitel von 1939.

Von der Werkstatt für landwirtschaftliche Geräte zum Anhängerbau

1850 gründete C. W. Ackermann in Wuppertal-Vohwinkel eine Werkstatt für landwirtschaftliche Geräte, wenig später auch für Pferdewagen. Als er 1862 kinderlos starb, ging die Manufaktur an die Familie Rudolf Kölker über. 1912 ist der Bau von pferdebespannten Möbel-, Kipp- und Plateauwagen nachweisbar. Mitte der 1920er Jahre des letzten Jahrhunderts stieg das Unternehmen in den Bau von Lastwagen-Aufbauten und Anhängern ein. Insbesondere Möbelwagen in Stabholzbauweise prägten zunächst das Ackermann-Produktionsprofil.

In den 1930er Jahren umfasste das umfangreiche Ackermann-Programm neben verschiedenen Ausführungen von Möbelwagen-Aufbauten, -Anhängern und -Aufliegern auch Pritschenwagen, Tank-Pritschen-, Ferntransportanhänger und Kipper.

1939 experimentierte das Werk im Bergischen Land mit dem Bau von Möbelwagen-Aufbauten, die an den Eckstollen, Querträgern und am Dach Leichtmetall-Profile besaßen und mit dünnwandigen Blechen beplankt waren. Im gleichen Jahr führte das Unternehmen neue 8-t-Pritschenwagen mit Hamburger Verdeck vor, deren Eigengewicht durch die Verwendung von Leichtbauprofilen erheblich gesenkt werden konnte. Allerdings blieb es bei den Prototypen, denn der Baustoff Aluminium stand mit Kriegsbeginn kaum noch zur Verfügung. Der Schell-Plan wies dem Werk den Bau von 3- und 5-t-Pritschenwagen zu. Für die Wehrmacht stellte Ackermann vierachsige Tieflader mit einer Nutzlast von 23 t her.

Ab 1948 bildeten Zwei- und Dreiachs-Anhänger mit Nutzlasten von 3 bis 11 t für den Baustellen- und Fernverkehr sowie Rungenwagen das Grundprogramm. In den Export gingen Dreiachs-Anhänger für Nutzlasten bis zu 25 t. Zu Beginn der 1950er Jahre nutzte Ackermann die Leichtmetall-Zellenbauweise für die Koffer- und Möbelwagen. Ab 1955 standen transportable Trockeneis-Boxen für die Kühlfahrzeuge, damals Thermoswagen genannt, zur Verfügung und für die Bundeswehr fertigte Ackermann in den späten 1950er Jahren einachsige Auflieger für 12 t Nutzlast.

1961 wurde das Unternehmen mit der Verwaltung in der Ludwig-Richter-Straße 1–9, dem Werk I in der Vowinkeler Straße und dem Werk II in der Corneliusstraße 3–15 in eine Offene Handelsgesellschaft überführt, deren persönlich haftender Gesellschafter Carl-Wilhelm Kölker (1897–1965) war. Im Jahre 1964, auf dem Höhepunkt des Ackermann-Fahrzeugbaus, waren über 10.000 Leichtmetall-Aufbauten hergestellt worden. Auch Autotransporter standen in dieser Zeit im Ackermann-Angebot. Die große Nachfrage nach Leichtmetall-Aufbauten, Mehrzweck-Auflieger insbesondere für die Bundesbahn, Tieflader und Anhänger führte zum Aufbau weiterer Werke in Treis an der Mosel, sowie in Etreux/Aisne in Frankreich (Ackermann France SA) und in Willisan in der Schweiz.

Revolutionär und nicht mehr wegzudenken: Aufbau-Wechsel-Lader-System

1965 stellte Ackermann erstmals das Aufbau-Wechsel-Lader-System (AWL) vor, bei dem der Lkw den Aufbau auf Gleitschienen und abgestützt auf ausziehbaren Vierkantstreben, durch Ab- und Einfahren des Lkw absetzten oder aufnehmen konnte; ein Einmann-System, das auch auf den Anhängerbereich übertragen wurde. Gleichzeitig konnten die Kofferaufbauten auch im Kombiverkehr Schiene/Straße verwendet werden. Das damals revolutionäre AWL-System konnte sich gegenüber dem 1971 unter der Bezeichnung »BDF«-Wechselaufbau eingeführten System mit Luftfederbälgen zum Anheben und Absenken des Fahrzeugrahmens nur in geringem Maße durchsetzen. Als einer der ersten deutschen Fahrzeughersteller führte Ackermann in diesem Jahr die Telma-Wirbelstrombremse bei den dreiachsigen Anhängermodellen ein, die verschleißfrei das Fahrzeug abbremste, allerdings gewichtsmäßig zu Buche schlug. Und die hintere Rollwand im Kofferaufbau erleichterte den Palettentransport.

1966 ging das Unternehmen auf den Serienbau von Wechsel-Ladezügen mit absetzbaren Möbelkoffern über, Ackermann-Wechsel-Lader genannt. Gleichzeitig erwarb das Unternehmen in Wolfhagen bei Kassel eine neue Fertigungsstätte für die Herstellung von Kofferaufbauten mit Kunststoff-Metall-Elementen, als Sandwich-Bauweise bezeichnet. Mit dieser Technik gelang es dem Werk zeitweilig an die Spitze der Hersteller für geschlossene Aufbauten in der Bundesrepublik zu gelangen. Der zweiachsige Kühlkoffer-Auflieger fand eine gute Nachfrage. Und für den jetzt einsetzenden Container-Transport entwickelte Ackermann frühzeitig das Auflieger-Chassis »Eurotainer« für zwei 20'- oder einen 40'-Container. Der Container-Umsetzer »Schwenktainer« ging jedoch nicht in den Serienbau. Für den Baustelleneinsatz erneuerten ein Dreiachs-Zweiseiten-Kippanhänger mit zwei Bremsluftstempeln und einer Belastung von 15 t sowie ein zweiachsiger Dreiseiten-Kippauflieger für 20 t Nutzlast mit Doppelpressen das Angebot.

1968 verhandelte Ackermann ergebnislos mit dem ebenfalls in Wuppertal ansässigen Blumhardt-Werk über eine Fusion, um durch eine Produktspezialisierung ein schlagkräftiges Gemeinschaftsunternehmen zu bilden.

Mit dem Dreiseiten-Kippauflieger SK 20 für 22 t Schüttgut mit auf Wunsch einer Zentralverriegelung der Heckklappe und einer Ablaufschütte zur dosierten Entleerung vergrößerte Ackermann sein Baufahrzeuge-Programm.

US-Konzern Fruehauf als neuer Eigentümer

Als das Vidal-Anhängerwerk in Hamburg zum Verkauf stand, griff der Wuppertal-Vowinkeler Fahrzeugbauer zu, um die Kapazitäten insbesondere im Containerbau zu vergrößern, auch wenn sich die Konjunkturaussichten eingetrübt hatten. Eine weitere Fertigungsstätte entstand in dieser Zeit in Lingen/Ems. Die jetzt geplante Fusion mit dem dritten Wuppertaler Fahrzeugbauer Eylert zu einem robusteren Gemeinschaftsunternehmen kam 1971 ebenfalls nicht zustande. Aber als Mitte 1972 der US-Konzern Fruehauf Corp. Detroit sein Engagement in Europa ausweiten wollte, entschloss sich Carl-Wilhelm Kölker jun. zum Verkauf des 1200 Mitarbeiter zählenden Firmenkonglomerats an den US-Konzern.

Die jetzt in Neu-Isenburg-Gravenbruch ansässige Deutsche Fruehauf GmbH & Co. KG reorganisierte die neugebildeten Ackermann-Fruehauf GmbH. Das Stammwerk spezialisierten die neuen Eigentümer auf die Fertigung geschlossener Aufbauten, das Werk in Treis auf Wechselaufbauten (»Eurotainer«), das Hamburger und das Schierlinger Werk auf die Produktion von Pritschenanhängern, Kippern, Tiefladern und Container-Lafetten. Der Betriebsteil in Wolfhagen übernahm die gesamte Herstellung der Leichtmetall- und Kunststoff-Bausätze für die Aluminium-Karossen in der Zellenbauweise.

Ackermann-Möbelwagen-Gespann mit Auflieger, 1936.

Neuheiten stellten 1979 die kurzgekuppelten Anhängerzüge (Baureihe »GLZ«) und die Leichtmetall-Hinterkipper. Eine technische Neuerung stellte 1986 der Zentralachs-Anhänger »EZ 70« dar, der an eine weit zurückgesetzte Sattelkupplung angekoppelt werden konnte und damit den Abstand zwischen Zugwagen und Anhänger verringerte, was der Baulänge zu Gute kam. Eine weitere Innovation, die erheblich viel Kapital verschlang, war die in Zusammenarbeit mit der Waggonfabrik Talbot in Aachen entwickelte Technik, Anhänger mit vorne und hinten untergeschobenen Eisenbahn-Fahrgestellen »Eisenbahnverkehrs-tauglich« zu machen.

Und im wirtschaftlichen Boom der deutschen Wiedervereinigung wurde 1991 ein Werk in Berlin und der Karosserie- und Fahrzeugbau GmbH in Oschersleben bei Magdeburg erworben.

Ackermann-Spezialauflieger für Bahncontainer, 1957.

Rückzug des Fruehauf-Konzerns und Neugründung des Ackermann Fahrzeugbaus Oschersleben

Die zurückgehende Auftragslage nach dem »Wiedervereinigungs-Boom« führte 1996 zum Zusammenbruch des Firmenimperiums mit den Werken in Wuppertal-Vohwinkel, Wolfhagen und Hamburg. Das Vergleichsverfahren der Ackermann-Fruehauf-Gruppe wurde in ein Insolvenzverfahren umgewandelt. Die traditionsreichen Werke der Marke mit dem doppelseitig geflügelten »A« mussten geschlossen werden. Einzig das deutsche Management übernahm die in Oschersleben ansässige Tochtergesellschaft (zunächst) zusammen mit der durch die GESCO AG neugegrün-

Ackermann-Dreiseiten-Kippauflieger für 20 t Nutzlast, 1960.

Ackermann Fruehauf-Tiefladeauflieger »Gondola«, 1993.

dete Ackermann-Fahrzeugbau GmbH in Wolfhagen. Kofferanhänger für Lebensmitteltransporte, Aufbauten mit Plywood-, Aluminium- und Sandwichplatten, Wechselpritschen-Anhänger der Baureihe »Eurotainer«, Tandemachser bis 12 t Gesamtgewicht und Ein- und Zweiachs-Trockenfracht-Sattelanhänger mit Lenkachse für die City-Logistik stehen seitdem im Standard-Programm.

Nach der Trennung von der Wolfhagener Produktionsstätte stehen auch Tieflader und Baustoff-Anhänger unter der Bezeichnung »Heavy-Light« im Programm des auf 65 Mitarbeiter angewachsenen Oscherslebener Werkes. Darüber baut das Unternehmen Sonderfahrzeuge nach Kundenwünschen wie Auflieger zum Autotransport, Curtainsider-Auflieger mit Hubdach und Mitnahmestapler, Curtainsider der Baureihe »Curtain Box« mit festem Aufbau auf der einen und einer Spannplane auf der anderen Seite, zweiachsige Tiefkühl-Auflieger und dreiachsige Doppelstock-Auflieger. Seit dem Jahr 2009 ergänzen Tandemachser der Baureihe »Baucraft« für 11, 14 und 18 t Gesamtgewicht, Tandemachs-Durchlade-Anhänger und teleskopierbare Tiefladeanhänger der Baureihe »Tele-Plus« für den Langmaterial-, Radlader und für zwei 20‘-Container das Angebot.

Ackermann Fahrzeugbau Oschersleben-Kühlauflieger »Cool one« mit Kleiderständern, 1999.

Ackermann Fahrzeugbau Oschersleben-Curtainsider mit Hubdach, 2002.

Ackermann-Fahrzeugbau Oschersleben-Kofferanhänger, 2011.

Ade

Ade-Werke AG, Waltershausen i. Thür., Industriestr. 3
1. 1926–1945: Ade-Werke AG
2. 1947–1948: Gerätebau Waltershausen GmbH
3. 1948–1956: VEB Gerätebau Waltershausen
3. 1956–1970: VEB Fahrzeugwerk Waltershausen

Im Jahre 1920 wurde die Maschinenfabrik Hörselgau Ade & Irrgang durch Ingenieur Arthur Ade (1882–1957), zuvor Leitender Ingenieur bei der Maschinenfabrik Blödner, und Kaufmann Hermann Irrgang, ebenfalls zuvor bei Blödner, in Hörselgau/Thüringen gegründet. Das 1923 in eine Aktiengesellschaft umgewandelte Ade-Unternehmen lieferte Spezialteile für die aufstrebende Automobilindustrie. 1926 erfolgte die Verlagerung der nunmehr Maschinenfabrik Hörselgau AG umbenannten Firma in das benachbarte Waltershausen. 1926 stellte Ade seinen ersten Zweiseitenkipper für den Lkw-Zug her. Die Besonderheit dieses Kippers lag in der Verwendung einer Mulde, die wie bei einer Feldbahn-Lore vorne und hinten in Lagern aufgehängt war und nach Lösen der Verriegelung über Hebel nach rechts oder links gekippt werden konnte.

ADE-Werbeanzeige von 1938.

ADE-Zweiseitenkipper, 1923.

Im Anhängerbau versuchte das Unternehmen mit Spezialkonstruktionen im hart umkämpften Fahrzeugmarkt zu bestehen. So präsentierte Ade 1930 einen Auflieger für Schwertransporte, weitere Pritschenauflieger mit Ladeflächenlängen von 4,5 bis 6 m und Nutzlasten bis 5,7 t sowie einen hydraulischen Zweiseitenkipper. Eine vollautomatische Auflaufkupplung hatten die Ade-Ingenieure für diese Modelle entwickelt.

1938 bestand das Anhänger-Fertigungsprogramm aus Zweiachs-Modellen und einem Dreiachser sowie Kippern der WK-Modelle bis 7,5 t Nutzlast.

Der Schell-Plan strich diese umfangreiche Palette zusammen; nur noch der Zweiseitenkipper sollte gebaut werden. Dafür füllte die Rüstungsproduktion die Kapazitäten des Werkes aus. Nach weitgehender Demontage durch die Sowjetische Besatzungsmacht (SMAD) ging das Werk in die Hände der Treuhandverwaltung des Landes Thüringen über und wurde in »Volkseigentum« überführt. Unter größten Mühen gelang es ab 1947 Ackerwagen und landwirtschaftliche Geräte in dem nun als Gerätebau GmbH bezeichneten Werk herzustellen. 1948 folgten wieder erste hydraulisch betätigte Kipper. Ab 1949 konnte der Bau der Einheitspritschen- und Bremsluftkipp-Anhänger wieder aufgenommen werden. Im Laufe der Jahre kam die Fertigung von Zement- Silo-, Kabeltrommel-, Langmaterial- und Großbehältertransportwagen hinzu.

1956 begann unter dem Namen VEB Fahrzeugwerk Waltershausen die Herstellung der in der DDR weit verbreiteten »Dieselameise« DK 2003, ab 1960 die Herstellung des Kleintransporters »Multicar«; der Anhängerbau endete in den frühen 1970er Jahren. 1991 erhielt das Werk die Bezeichnung »Multicar Spezialfahrzeuge GmbH« und fertigt weiterhin unter der Regie des Hako-Werkes Spezialtransporter.

VEB-Waltershausen-8-t-Fernverkehrsanhänger, 1955.

Ahlborn

Hans Ahlborn, Kassel, Sandershäuser Str. 59
1949

Dieses nordhessische Unternehmen stellte nach der Währungsreform Pritschenanhänger im Bereich von 1,5 bis 8 und Kipper im Bereich von 3,5 bis 8 t her.

Ahrens und Bode

Ahrens und Bode GmbH & Co.,
Maschinen- und Apparatebau,
Schöningen, Alvensdorfer Weg 1, 1974–1995

Die einstige Firma Ahrens & Bode (A&B) Molkereimaschinen von Heinrich Ahrens und Arno Bodein war seit 1924 in der Milchverarbeitungstechnik tätig. 1974 entstanden die ersten zwei- und dreiachsigen Tankanhänger mit ovalen Kesseln aus Chromnickelstahl oder Leichtmetall mit seitlicher oder mit Heck-Annahmeeinrichtung insbesondere für den Lebensmitteltransport. Die Sattelauflieger besaßen den Aufnahmeschrank im Heck. Druck- und vakuumfeste Aufbauten, beheizbare Tanks und Tanks zum Transport brennbarer Flüssigkeiten für industrielle Zwecke folgten.
1976 präsentierte A&B Auflieger, die zur Kühlhaltung mit einer Polyester-GFK-Ummantelung versehen waren. 1985 entstanden erste selbsttragende Auflieger für den Weintransport mit einem Fassungsvermögen von 27.000 Liter. Ab 1990 erhielten die zwei- und dreiachsigen Anhänger die Bezeichnung »abo-Condor«, die Auflieger den Namen »abo-Albatros«. 1995 kam es zum Konkurs des Unternehmens; die Technik ging an die abo-Magyar GmbH in Harbke über.

Alex

(Bruno) Alex-Fahrzeugbau, Berlin, Maikowskistr. 55,
ab1946 Berlin-Charlottenburg, Sophie-Charlotten-Str. 25
1941–1986

»Fahrzeuge aller Art«, darunter auch Anhänger bis zu 17 t Nutzlast sowie Kipper, stellte der Alex-Fahrzeugbau auf Kundenwunsch her.

Ahrens & Bode-Tankauflieger für Lebensmittel-Transporte, 1995.

Ahrens & Bode-Einachs-Tankauflieger »Condor« für den Milchtransport mit 20.000 Liter Volumen, 1989.

Ahrens & Bode-Milchsammelzug, 1974.

Alfa

Alfa-Fahrzeugbau GmbH, Waren (Müritz),
Ernst-Alban-Str. 7, 1993–2001

Nach der Wende existierte zeitweilig der Alfa-Fahrzeugbau mit den Geschäftsfeldern Aufbauten und Anhänger. Die Vorzeigeprodukte bildeten zwei- und dreiachsigen Kurzholzanhänger.

ALHU

ALHU Fahrzeugtechnik GmbH, Tornesch, Borstelweg 22

1. 2002–2003: DLI Metall- und Fahrzeugbau GmbH, Heidgraben b. Elmshorn, Hauptstr. 31
2. 2003–2017: ALHU Fahrzeugtechnik GmbH, Tornesch, Borstelweg 22

Der DLI Metall- und Fahrzeugbau versuchte sich auf den Bau von schweren Schalen-Muldenkippern, auf Tandemachser und auf (Kurier-Express-Paketdienst)/KEP-Fahrzeugaufbauten zu spezialisieren. In Zusammenarbeit mit den Firmen Heinemann und Obermeier entstanden die DLI-Tandemachser. Die schweren Fahrzeuge gingen vorwiegend in den Vorderen Orient.

Aus diesem Unternehmen bildete sich schon im Jahre 2003 die ALHU Fahrzeugtechnik GmbH in Tornesch, die den Bau der Hinterkipper, Wasserwagen, Auflieger und Lkw-Aufbauten für Exportzwecke fortführte. Für den heimischen Markt entstanden Tandemachser für den GaLa-Bau.

ALHU-Tanklastzug, 2003.

Andersen, H.

H. Andersen & Sohn, Hamburg, Neuer Kamp 3–5
Frühe Nachkriegszeit

Das 1888 gegründete Unternehmen befasste sich mit der Herstellung von leichten Pritschen-, Kasten- und Viehtransport-Anhängern.

Andersen

Gebrüder Andersen, Kiel
1929–1930

Für kurze Zeit trat dieses Unternehmen mit dem Bau »selbstspurender Anhänger zur Personen- und Lastenbeförderung« mit Vierradlenkung nach einer italienischen Lizenz in Erscheinung.

Andersen-Anhänger mit Vierradlenkung, 1930.

Annaburg

Annaburger Nutzfahrzeug GmbH,
Annaburg, Torgauer Str. 59

1. 1946–1948: Max Hensel, Maschinenfabrik und Eisenbau, Berlin-Wittenau, Auslagerungsbetrieb Annaburg
2. 1948–1956: VEB Maschinenfabrik Annaburg
3. 1956–1990: VEB (K) Maschinenfabrik u. Gerätebau Annaburg, Annaburg, Torgauer Str. 59
4. 1990–1991: Fahrzeugwerk Annaburg GmbH
5. 1991 bis heute: Annaburger Nutzfahrzeug GmbH

Die heutige Annaburger Nutzfahrzeug GmbH hat ihre Wurzeln in der einstigen Firma Max Hensel, Maschinenfabrik und Eisenbau in Berlin-Wittenau. 1910 als Maschinenfabrik Kölle & Hensel gegründet, befasste sich das Unternehmen zunächst mit der Herstellung von Fräsmaschinen für die Holzbearbeitung. 1938 ging das Werk in das Eigentum von Max Hensel (1878–1951) über und legte den Schwerpunkt auf die Fertigung von Gleismaterial wie Weichen, Kreuzungen und Drehscheiben. Kurz vor Beginn des Krieges stellte das Unternehmen einen 30 PS starken Dumper für den Autobahnbau her. Mit Kriegsbeginn musste sich das Werk auf die Produktion von Rüstungsgütern, darunter Bodengeräte für die Luftwaffe, konzentrieren. Nach dem Krieg enteignete die französische Besatzungsmacht Max Hensel, der sich deutlich für die NSDAP engagiert hatte. In seine Villa, die im sowjetischen Sektor in Berlin-Pankow lag, zog der DDR-Ministerpräsident Otto Grotewohl ein.

Aufgrund der verstärkten Luftangriffe auf Berlin war der rüstungswichtige Teil des Max Hensel-Werkes 1943 nach Annaburg im Landkreis Wittenberg in eine Halle des dortigen Steingutwerkes ausgelagert. Nach Kriegsende fertigte der Betrieb ab 1946 erste Pferdezug-Anhänger mit Gummibereifung. 1948 erfolgte die Enteignung Max Hensels, und der Betrieb wurde als VEB Maschinenfabrik Annaburg der staatlichen Organisation MELSA Halle unterstellt.

1990 kam es zur Auflösung des VEB Kombinats Fahrzeugbau und somit zur Bildung des Fahrzeugwerkes Annaburg mit 220 Beschäftigten. Neben Lkw-Anhängern bilden Fahrzeuge für die Landwirtschaft den neuen Produktionsschwerpunkt.

Annaburger-Tieflade-Anhänger LM 30.02 mit Bordwänden und Auffahrrampen, 1999.

Annaburger-Dreiachsanhänger LM 24.02 mit Heckportal und Schiebeplanen, 1999.

Arve

Arve-Fahrzeugbau, Inh. Heinrich Arve, Springe (Hann.), Hamelner Str. 4
1949–1951

Nach der Währungsreform trat der Arve-Fahrzeugbau, Hersteller der Wohnwagen »Deisterzwerg«, mit dem 8-t-Einheitsanhänger, einem Langholzfahrzeug und einem Viehtransporter auf. Bis Mitte der 1990er Jahre war das Unternehmen noch im Bau von Feuerwehr-Rüstwagen tätig.

Aschersleben

Fahrzeugbau GmbH Aschersleben, Aschersleben, Dr. W.-Feit-Str. 30
1. 1960er Jahre bis 1990:
   VEB (IFA) Karosseriewerk Dresden, BT 3 Aschersleben
2. 1990–1994: Fahrzeugbau Aschersleben GmbH

Aus einem Reparaturbetrieb entwickelte sich in den 1950er Jahren ein Unternehmen, das nach Vorgaben des VEB IFA Karosseriewerk Dresden, dem einstigen Gläser-Karosseriewerk, zunächst Anhänger für den Langholztransport, später Pritschen- und Werkstattanhänger herstellte. Nach der Wende betätigte sich das privatisierte Werk erfolglos im Aufbauten-Drehschemelanhänger- und Aufliegerbau. Die als »Cool-Liner« bezeichneten, luftgefederten und vollverkleideten Kühlfahrzeuge besaßen einen in Sandwich-Bauweise ausgeführten Aufbau.

Fahrzeugbau Aschersleben »Cool-Liner«, 1994.

Aschwege & Tönjes

A + T Nutzfahrzeuge GmbH, Garrel, Zur Schlagge 17
1. 1991–2017: Aschwege & Tönjes, Garrel, Zur Schlagge 17
2. 2017 bis heute: A + T Nutzfahrzeuge GmbH

Im Jahre 1989 wurde diese Firma als Reparaturwerkstatt von Günther Tönjes und Dieter von Aschwege gegründet. Seit 1991 umfasst das Programm Tandemachser und Auflieger für den Baustofftransport, Schüttgutkipper und Holztransporter.

A+T-Baustoffauflieger mit Heckladekran, 2018. (Foto: A+T Nutzfahrzeuge)

A+T-Holztransportanhänger, 2018. (Foto: A+T Nutzfahrzeuge)

ATLAS v. d. Wehl

ATLAS v. d. Wehl GmbH,
Lauenbrück, Burghard-von-der-Wehl-Str. 2–4
1. 1979–2014: Fahrzeugbau Hermann v. d. Wehl, Lauenbrück. Stemmerstr. 4, ab 1986 Stemmer Str. 2–4
2. 2014 bis heute: ATLAS von der Wehl GmbH, Lauenbrück, Bernhard-v.-d.-Wehl-Str. 2–4

In der väterlichen Vertretung für Atlas-Kräne richtete Dipl-Ing. Hermann von der Wehl einen Fahrzeugbau ein, der sich die Ausstattung von Lastwagen mit Ladekränen zum Schwerpunkt gesetzt hat. Auf Kundenwunsch entstanden auch erste Anhänger, Auflieger und Tieflader. Seit der Jahrtausendwende stehen Kastenauflieger auf Wellmeyer-Chassis für den Altpapier- und für den Altglas-Abtransport mit drei Kammern und Hochstandkran im Angebot.

ATLAS von der Wehl-Altglas-Sammelauflieger, 2017.

Aurepa-Dreiseiten-Bremsluftkipper, 1958.

Aurepa

Aurepa Fahrzeugwerk Heitger KG,
Mannheim-Neckerau, Casterfeldstr. 40

1. 1946–1975: Aurepa Fahrzeugwerk Heitger KG, Mannheim-Neckerau, Casterfeldstr. 40
2. 1975–1979: Aurepa/SAS, SAS Nutzfahrzeuge (Schwelm-Aurepa-Jos. Stadler), Mannheim-Neckerau
3. 1979–1988: Aurepa-Stadler-Fahrzeugwerk GmbH, Hockenheim-Talhaus
2. 1988–1992: Aurepa-Hockenheim – Zweigwerk der IWS (Aurepa/IWS) Maschinen- und Fahrzeugbau Industrie-Werke-Saar, Hockenheim, 2. Industriestr. 7
3. 1992–2002: Industriewerke Saar GmbH Werk Hockenheim

Von der Auto-Reparaturanstalt zum Anhängerbau

Das Aurepa Fahrzeugwerk, 1925 als »Auto-Reparaturanstalt/Aurepa« gegründet, befasste sich nach dem Krieg unter der Leitung von Josef Heitger einerseits mit der Herstellung von Fahrerhäusern und andererseits mit dem Bau von Anhängern mit Pritschen-, Tank- und Siloaufbauten. Zur Gewichtseinsparung bei den Behälterfahrzeugen nutzte das Werk schon früh Glasfaserkunststoff. Bei den Anhängern kam dieses Material bei den in Verbundkonstruktion erstellten Bordwänden zum Einsatz.

Im Anhängerbereich entstanden zweiachsige Pritschenfahrzeuge, vorwiegend für den Fernverkehr. Für Langmaterial standen ein niedriger, doppeltbereifter Anhänger und ein Nachläufer-Einachser zur Verfügung. Hinzu kam ein Dreiachser, ebenfalls für den Fernverkehr, und zweiachsige Pritschen-Auflieger, einfach- oder zwillingsbereift.

In den 1960er Jahren erweiterte Aurepa seine Angebotspalette mit dem Bau von Tank- und Silo-Fahrzeugen. Für diese Spezialfahrzeuge war ein Zweigwerk in Hockenheim-Talhaus (Werk II) aufgebaut worden. Im Stammwerk entstanden weiterhin Normal-, Kipp- und Sattelanhänger, Lkw-Aufbauten in Speditions- und Leichtmetallausführung, Isolations- und Wechselaufbauten, fahrbare Toilettenanlagen und Spezialfahrzeuge wie der »Kohlenkuli«. Die dreiachsigen Zweiseiten-Kippauflieger mit Achslastausgleich waren mit zwei oder drei (über jeder Achse) Bremsluft-Kippvorrichtungen ausgestattet.

Die Speditionsanhänger, darunter der Dreiachser A 22 E, erhielten Stahlblech-Bordwände und die Aurepa-Pendelausgleichs-Technik. Für die gewöhnlich zweiachsigen Speditions-Auflieger der Baureihe SA 20 nutzte Aurepa im Zuge der gesetzlichen Vorgaben von 1965 neben eigenen Achsaggregaten mit Pendelachsausgleich auch Doppelachsen mit über Seilzugmechanik zwangsgelenkter Schlussachse.

Einen weiteren Schwerpunkt der Mannheimer Fabrikation stellten doppelachsige Auflieger der Version TSA 22 mit Ellipsentanks in selbsttragender Bauweise für den 38-t-Zug dar. Erste Silo-Anhänger gab es auf zweiachsigem Fahrgestell mit 10,5 m^3-Druckkessel-Aufbau. Auf dreiachsigem Fahrgestell setzte Aurepa zwei anhebbare, 12 m^3 große Edelstahl-Behälter. Eine VW-Motor-Kompressoranlage sorgte für die Entleerung. Eine Besonderheit bildete ein freitragender Edelstahl-Tanker mit einer Nutzlast von 23 t. Der isolierte und mit Warmluft beheizbare Kessel ermöglichte den Transport von Medien mit einer Temperatur bis zu 140° Celsius. Schließlich befasste sich Aurepa in dieser Zeit auch mit einem Container-Auflieger der Ausführung SA 20 ZC.

Konzentration auf Behälterfahrzeuge

Zu Beginn der 1970er Jahre entstand in Neustadt/Weinstraße ein drittes Aurepa-Werk, das der Wartung und der Reparatur der Behälterfahrzeuge diente. Neben den Drucktanks für den Transport von Flüssiggasen und tiefkalter flüssiger Kohlensäure (kryogene Stoffe), Sauerstoff, Stickstoff und Äthylen oder isoliert für den Transport zähflüssiger, heißer Mineralölprodukte (Bitumen) gab es ab 1971 Edelstahltanks.

Für den Transport hochwertiger Chemikalien standen isolierte und beheizte Kessel sowie drucklose Koffertanks zum Transport von Kraftstoffen

Aurepa-Kühlauflieger, 1961.

KIPP-SATTELANHÄNGER

Ein Mehrzweck-Fahrzeug von hoher Wirtschaftlichkeit, besonders geeignet für Betriebe, die sowohl Schüttgut als auch festes - und Langmaterial abwechselnd transportieren müssen.

Aurepa-Werbetitel, 1961.

Zur Normalausstattung gehören:

Druckluftbremsanlage auf alle Räder, Fallbremse auf Vorderachse
Handspindelbremse auf Hinterachse
Dauerbremse bei Anhängern über 9000 kg Gesamt-Gewicht
Elektrische Ausrüstung gemäß Vorschriften der StVZO, Verbindungskabel
Deichselstütze (Höhenfeststellung der Zuggabel)
Dreieckrückstrahler und Nummernschildhalterung
Lackierung in besten Kunstharzlackfarben

AUREPA MANNHEIM

Aurepa-Dreiachs-Ferntransportanhänger SS 22 für 17 t Nutzlast, 1970.

zur Verfügung. Vorzugsweise kamen hier Auflieger als Trägerfahrzeuge zum Einsatz. Für den Transport für lose und abgesackte Güter baute Aurepa einen Dreiachs-Anhänger der Baureihe KAH 22 mit kippbarem Siloaufbau, der mit einer pneumatischen Fördereinrichtung ausgestattet war.

Die Kraftstoff-Tanker TSA 22e konnten jetzt auch mit Luftfederung ausgestattet werden. Im Pritschenwagenbereich stand der Dreiachser A 22/e zur Verfügung. Mit dem zweiachsigen Tiefkühl-Sattelauflieger SA 20/Z LT in Leichtmetall-Gerippe-Bauart war das Unternehmen auch im Transport von Kühlwaren präsent.

Hoffnung auf Schlagkraft in der SAS-Fusion

1972 ging Aurepa mit dem Behälterfahrzeug-Hersteller Josef Stadler KG, Tankwagenaufbauten in Neu-Ulm eine Kooperation mit dem Ziel der Rationalisierung, Standardisierung und höherer Wirtschaftlichkeit ein. Das Aurepa-Werk übernahm außer dem Tankerbereich den Bau der Anhänger und Auflieger mit allen Aufbauten. Für diese lieferte Stadler zunächst Tankbausätze für Mineralöltransporte, Wechseltanks und Dreikammer-Behälter zum Transport staubförmiger Güter nach Hockenheim.

Im Bau von konventionellen Aufliegern kamen dreiachsige Kippsattelfahrzeuge mit drei Kammern hinzu. Ebenfalls mit einem Trio-Aggregat wurden die schweren Fernverkehrs-Pritschenwagen ausgestattet. Wenn auch nach dem Kooperationsvertrag die Stadler-Aufbauten in Kofferausführung hätten genutzt werden müssen, präsentierte Aurepa-Stadler einen neuen selbsttragenden Tanker in sogenannter »Kontinuum«-Bauweise, also in Röhrentechnik. In Verbindung mit der Luftfederung besaßen diese Fahrzeuge bei günstigem Eigengewicht hohe Nutzlastfaktoren und eine ruhige Fahrweise. Auf dem Gebiet der Spezialfahrzeuge der Baureihe GSA 21 für den Transport nicht brennbarer Flüssigkeiten konnte Aurepa in dieser Zeit die führende Stellung in der Bundesrepublik sowie in Europa einnehmen.

Das Hockenheimer Werk entwickelte sich immer stärker zum Produktionsschwerpunkt. Die Normal- und Sattelanhänger für den Speditionsbereich, Kipper für die Bauwirtschaft, Koffer- und Kühlfahrzeuge sowie die Kesselfahrzeuge für die Mineralöl- und Chemikalien-Transporte, darunter freitragende Dreiachser, kamen immer stärker aus diesem Werk. Mit Hartschaumisolierung und Zwischenboden war der neue, dreiachsige Kühl-Auflieger FSA 22/122 AK ausgeführt. Für Speditionen stand der dreiachsige Pritschen-Auflieger SSA 22 E mit Planenverdeck in Palettenbreite im Angebot.

1975 schloss sich das Schwelmer Eisenwerk Müller & Co. GmbH der Aurepa-Stadler-Kooperation an, die nun die Bezeichnung SAS (Schwelm-Aurepa-Jos. Stadler) Nutzfahrzeug GmbH, Mannheim-Neckerau trug.

Innerhalb dieses Fertigungsverbandes übernahm das Hockenheimer Aurepa-Werk die Herstellung der Fahrwerke sowie die Gesamtmontage der Behälter-, Speditions- und Kühlfahrzeuge. Das Schwelmer Werk fer-

Aurepa-IWS-Sicherheits-Tankauflieger TSA 410 LDK für 41.000 Liter Kraftstoff, 1990.

tigte die Leichtmetallbehälter und das Ulmer Stadler-Werk steuerte die Tankaufbauten einschließlich der Armaturen bei. Erste gemeinsame Produkte waren der Tanksattel-Auflieger TSA 37 L in Koffer-Halbkeilform, ein Sattelauflieger mit Kühlkofferaufbau in Leichtmetallgerippe-Technik. Zwischen Innen- und Außenwänden diente der Kompaktschaum »Aurepan« als Isolierschicht.

Weitere Neuheiten bildeten der zweiachsige Gastank-Auflieger GSA 42 für kryogenes Äthylen und der dreiachsige Tiefkühl-Auflieger SA 20/Z LT mit Leichtmetall-Gerippebau. Ein Spezialfahrzeug nach Kundenwunsch stellte der zweiachsige Plattform-Auflieger zum Transport bis zu 40 t schwerer Brückenteile dar. Ab 1978 ging die SAS zum Bau von Kühlwagen in Vollkunststofftechnik über.

Neuer Auftritt als Arepa-Stadler Fahrzeugwerke

1979 kam es überraschenderweise zur Auflösung der SAS-Firmengruppe, nachdem der Schwelmer Partner ausgeschieden war und wieder eigenständig produzierte. Aurepa und Josef Stadler bildeten jetzt die Aurepa-Stadler-Fahrzeugwerke GmbH mit Sitz in Hockenheim-Talhaus. Das Fertigungsprogramm umfasste weiterhin zwei- und dreiachsige Speditionsanhänger, Kühl- und Kofferwagen, Kipperfahrzeuge und die gesamte Palette an Behälterfahrzeugen. Insbesondere der Gastankwagen für kryogene Flüssigkeiten erwies sich als ein Dauerbrenner. Der Exportanteil dieses Firmenverbundes lag zu dieser Zeit bei 50 Prozent, machten das Unternehmen aber von der politischen Situation der Exportländer vor allem im Nahen Osten abhängig.

Ab 1983 bildeten die Tankfahrzeuge den Schwerpunkt der Fertigung; die anderen Speditions- und Bauwirtschaftsfahrzeuge erreichten nur noch eine schwache Nachfrage, so dass diese aufgrund der geringen Stückzahlen Verluste einbrachten. Auf dem Gebiet der Tankfahrzeuge kam es zu einer weiteren Neuentwicklung. Ein Tankauflieger zum Transport von flüssigen Chemikalien in drei Kammern für insgesamt 28.500 Liter wurde für den kommenden 40-t-Zug konzipiert.

Wenn auch die Kryogen-Tankwagen und beheizte Kesselwagen für den Bitumen-Transport weiterhin eine gute Nachfrage erzielen konnten, ging der Absatz der Mineralöltanker stetig zurück, so dass 1988 wirtschaftliche Probleme eintraten. Das Stadler-Werk 1988 wurde geschlossen; die einstigen Geschäftsführer Alfred Lindner und Josef Fischer bauten mit Hilfe einiger Fachkräfte den inzwischen äußerst erfolgreichen Lindner & Fischer Fahrzeugbau GmbH auf.

Industriewerke Saar (IWS) übernehmen das Kommando bei Aurepa

Für das ebenfalls angeschlagene Aurepa-Werk kam ein Jahr später die Hilfe. Die Industriewerke Saar (IWS) mit Sitz in Freisen im Saarland übernahmen das Hockenheimer Werk, das zunächst als »Aurepa-Hockenheim, Zweigwerk der IWS/Aurepa IWS« geführt wurde. Das Programm wurde rigoros gestrafft, so dass alle Speditions-Fahrzeuge außer den Behälter-Aufliegern und -anhängern aufgegeben wurden.

Nochmals fassten die Aurepa-Ingenieure nach der Tankfahrzeug-Katastrophe von Herborn von 1987 ihre Kräfte zusammen und entwickelten 1990 den dreiachsigen, luftgefederten Leichtmetall-Tankauflieger »TSA 410 LDK« für den Gefahrguttransport in Kofferbauweise mit integriertem Flankenschutz. Durch die Dreifach-Keilbauweise und die Untenbefüll-Anlage besaß der Tanker eine tiefe Schwerpunktlage.

Der Tank war mit sieben Kammern zur Aufnahme 41 m³ Kraftstoff ausgelegt. Eine Bauchbinde diente der transversalen Verstärkung. Auf Wunsch konnte auch eine Obenbefüllung mit versenkbarer Galerie gewählt werden. In ähnlicher Bauweise kam ein zweiachsiger Tank-Anhänger hinzu. Der Sicherheitstankwagen, der neben den Motorwagenaufbauten, den Tankanhängern und -aufliegern für den Transport von Mineralöl, Gasen, Chemikalien, Bitumen und Lebensmitteln, das Vorzeigeprodukt des Unternehmens bildete, erschien 1994 in der überarbeiteten Version TSA 400 LDK mit einem 40.000-Liter-Tank sowie mit dem BPW-Eco-Trio-Aggregat, bei dem für Leerfahrten die erste Achse lift- und die dritte lenkbar war. Für den Gliederzug schob Aurepa den zweiachsigen Anhänger TAH 225 LDK für 22.500 Liter Kraftstoff nach.

Ab 1989 und endgültig 1997 übernahm die Nürnberger Diehl-Gruppe

Aurepa-IWS-Sicherheits-Tankaufliege TSA 410 LDK für 41.000 Liter Kraftstoff, 2002.

Aurepa-IWS-Tankzug mit Tandemachser für je 21.000 Liter, 2002.

die Industriewerke Saar und damit das Hockenheimer Aurepa-Werk. Der Markenname Aurepa kennzeichnete wieder die Fahrzeuge.

Der Sicherheitstank-Auflieger erschien jetzt in einer Vierkammer-Version und brachte es somit auf 42.000 Liter Kraftstoff. Zur Jahrtausendwende präsentierte Aurepa den vollverkleideten Tandemachs-Tanker mit Oben- und Untenbefüllung. Der Bau einiger Militär-Tankwagen der Baureihe STW 90 und der »zivilen« Auflieger CSA 300 für Lebensmittel- und Chemikalientransport sollte nochmals für Aufschwung sorgen. Ob Letzterer noch in die Produktion gelangte, ist zweifelhaft, denn im Jahre 2002 wurde das Werk geschlossen.

Automobil-Centrale

Automobil-Centrale Wilh. Härdrich, Duisburg, 1939

Das 1906 in Moers gegründete Unternehmen ging 1925 in die Automobil-Centrale Wilh. Härdrich in Duisburg des Ingenieurs Wilhem Härdrich (1880–1946) über. Neben der Büssing-NAG-Vertretung befasste sich Ingenieur Härdrich mit der Umrüstung von Fahrzeugen auf den Holzvergaserbetrieb. Im Schell-Planwurde das Unternehmen mit der Herstellung von Einheitsanhängern in den Klassen Zweiachs-Pritschen- und 8-t-Kippanhänger berücksichtigt.

Auwärter

Auwärter Anhänger und Aufbauten GmbH, Waldersdorf, Harlachhammer 2, vor 1972 bis heute

Das auf eine 150-jährige Tradition zurückblickende Waldersdorfer Auwärter-Werk befasst sich mit dem Bau von Fahrzeugen für Zimmereien und Holzhausbetrieben, darunter von Tiefbett-Tandemanhänger mit Pritschen- und Steckrungen-Ausführung sowie mit ausziehbarem Zugrohr (»TeleCargoSystem). Hinzu kommen ein zwei- und dreiachsige Drehschemelanhänger mit teleskopierbarer Großraum-Volumenpritsche oder Rungenplattform sowie Nachläufer.

Babelsberg

VEB Maschinenbau »Karl Marx« Babelsberg,
Potsdam, Ahornstr. 28–32
1. 1983–1990: VEB Maschinenbau »Karl Marx« Babelsberg
2. 1990–1994: Babelsberger Fahrzeugtechnik GmbH

In Werdau entwickelt, in Babelsberg gebaut: der Tragrahmenauflieger HLS 200. (Foto: Ralf Weinreich)

Der auf den Containerbau spezialisierte VEB Maschinenbau »Karl Marx Babelsberg« (MKMB) übernahm 1983 vom Werdauer »Ernst Grube«-Werk den Spezialfahrzeugbau. Ab 1984 ging der Betrieb zum Bau von Tankwagen und der Auflieger über. Auch Tandemachs-Dreiseitenkipper, Wechselpritschen-Anhänger und Tankauflieger für 24.000 Liter Kraftstoff nach einer Lizenz des Stuttgarter Haller-Werkes fertigte das Werk.

Nach der Wende präsentierte sich die inzwischen entstandene Babelsberger Fahrzeugtechnik (BFT) in einer Anzeige als Hersteller eines erstaunlich großen Fahrzeugprogramms, darunter zweiachsige Kofferanhänger, Tandemachser mit Kippaufbau, Tank- und Silofahrzeuge, dreiachsige Auflieger mit Kofferaufbauten, sechsachsige Tieflader sowie Lafetten für den Wechselverkehr.

8-t-Bading-Anhänger mit geschlossenem Kastenaufbau, 1939.

Bacher

Fahrzeugfabrik Bacher, Ludwig Bacher sen., Weingarten (Baden), Bruchsaler Str. 74, 1949–1950

Mit zweiachsigen Pritschenwagen und Kippern sowie einem Dreiachs-Fernverkehrsanhänger trat Bacher kurzzeitig in Erscheinung.

Bading

Ernst Bading Köln, Anhänger-, Karosserie- und Fahrzeugbau, Köln-Lindenthal, Aachener Str. 199

1. 1936–1949: Ernst Bading Köln, Anhänger-, Karosserie- und Fahrzeugbau, Köln-Lindenthal, Aachener Str. 199
2. 1949–1956: Ernst Bading, Anhänger- u. Fahrzeugbau, Köln-Braunsfeld, Maarweg 145

Im Jahre 1939 trat das Unternehmen erstmals mit Anhängern auf. Im Schell-Plan wurde Bading die Fertigung von Einheits-Anhängern in den Größenklassen 8 t zugeteilt. Nach dem Krieg stellte das Werk Pritschen- und Kasten- sowie Ferntransportanhänger mit »Hamburger Verdeck« her.

7-t-Bading-Anhänger mit stufenförmigem Pritschenaufbau, 1939.

Barthau

Barthau Anhängerbau GmbH, Untermünkheim-Brachbach, Eschentaler Str. 15, 1984 bis heute

Aus der 1966 gegründeten Firma Barthau Stahlbau, die Getreidesilos herstellte, entwickelte sich gegen Ende der 1960er Jahre der Barthau Anhängerbau. Wenn auch der Schwerpunkt auf der Fertigung von Pkw- und Transporter-Anhängern liegt, so führt Barthau seit den 1984er Jahren auch Tandemachs-Anhänger für den Lkw-Zug im Programm. Waren es zunächst Anhänger für die GaLa-Betriebe, so folgten 1994 Modelle in Hochladerbauweise für Baumaschinentransporte.

Die Anhängertypen wurden im Jahre 2004 überarbeitet und werden jetzt in geschraubter, feuerverzinkter Segmentbauweise mit der patentierten Ladungssicherung »TOPZURR 21« gebaut. Speditions-, Dreiseiten-Kipp- und Tieflade-Tandemachser bis zu einem technischen Gesamtgewicht von 20 t standen Mitte des neuen Jahrzehnts bereit. Einachsauflieger für Transporter folgten im Jahre 2010. Im Bereich der Lkw-Anhänger fertigt Barthau heute die Tandemachser mit Pritsche, wahlweise mit unter dieser eingeschobenen oder hochstehenden Aluminium-Auffahrrampen und als Dreiseitenkipper für 10 t Gesamtgewicht.

Barthau-Tandemachs-Hochlader LHS mit Auffahrrampen, 2004. (Foto: Barthau)

Bauer

Peter Bauer Fahrzeugfabrik, Köln-Ehrenfeld, Lukasstr. 4
1. 1917–1975: Fahrzeugfabrik Peter Bauer, Gutenbergstr. 89–105
2. 1975–1993: Peter Bauer Fahrzeugfabrik, Lukasstr. 4

Bauer-Hinterkippauflieger, 1933.

Seit 1872 im Fahrzeugbau

Der Huf- und Wagenschmied Peter Bauer gründete 1872 in Köln-Ehrenfeld eine Wagenfabrik, die anfänglich Pferdekutschen, Handkarren und Wagenräder herstellte. Um die Jahrhundertwende bildete der Bau von Kommunalfahrzeugen einen weiteren Schwerpunkt der Fertigung. Erste Ansätze zum Lkw-Anhängerbau lassen sich unter der Leitung des Unternehmens durch Willy Bauer (1884–1961) in der Zeit des Ersten Weltkrieges nachweisen. Ausgehend von den Kommunalfahrzeugen ging das Werk Mitte der 1920er Jahre zum Bau von Lkw-Anhängern und Aufbauten über.

Neben Pritschen-, Kipp- und Möbelwagenanhänger bot Bauer Anhänger mit Spezialaufbauten für den Vieh-, Säure-, Asche-, Eisen-, Brot- und Fassbiertransport an. In den 1930er Jahren bot Bauer Zweiachsanhänger von 1,5 bis 7 t, Dreiachsanhänger bis 10 t Nutzlast, Schwerlastanhänger, Dreiseitenkipper bis 8 t Nutzlast an. Auch Auflieger bis 8 t Nutzlast konnten als Dreiseitenkipper geliefert werden. Hinzu kamen einachsige Langmaterialtransporter mit Drehschemel. Bekannt wurden auch die Mülltransport-Auflieger und -Anhänger der Stadt Köln mit NAG-Zugmaschinen. Der Schell-Plan teilte dem Werk den Großserienbau von 3- und 8-t-Pritschenwagen zu.

Wiederaufbau nach dem Krieg

1944 zerstörten Bombenabwürfe die Werksanlagen, aber schon Ende 1946 konnten die umfangreichen Zerstörungen teilweise behoben und die Fabrikation von Omnibusaufbauten, Anhängern und Lkw-Aufbauten mit 500 Beschäftigten in Gang gesetzt werden. Das Pritschenwagen-Programm reichte vom 2- bis zum 10-Tonner. Zweiseitenkipper mit mechanischer Zahnstangen-Kippmechanik für 3 bis 8 t ließen sich optional auch mit einem Druckluft-Aggregat zum Heben der Pritsche versehen. Dreiseitenkipper mit hydraulischer Einrichtung gab es in den Größen 3 bis 10 t Nutzlast, auf Wunsch kombiniert mit einer Druckluft-Mechanik. »Pressstahl-Anhänger« als Zweiachser für 8 bis 10 t, Dreiachser mit 11 und 13 t Nutzlast und Gestänge-gelenkter Achsschenkel-Hinterachse, Rungen-Anhänger für 8 t, Langholz-Anhänger von 6 bis 12 t und Einachs-Material-Nachläufer für 1,5 bis 5 t Nutzlast füllten das Programm weiter aus. Auch an die Herstellung von Kesselwagen für den Öl- und Kraftstofftransport wagte sich das 800 Personen starke, von Willy Bauer geleitete Unternehmen heran.

Zustellfahrzeuge für Lebensmittelketten, für die Post sowie Möbel-, Röntgenreihenuntersuchungs-, Taucher- und Sprengstoffwagen bildeten in den frühen 1950er Jahren weitere Schwerpunkte des inzwischen auf 800 Mitarbeiter angewachsenen Werkes, weiterhin unter der Leitung von Willy Bauer. Aufbauten entstanden in Stahl-Leichtmetall-Kombinationen oder auch mit Kunststoff-Beplankung, insbesondere für den Transport von Bier, Wein und Milch.

1960 erweiterte Bauer das Angebot auch auf Thermos-, Tank- und Kabeltransportanhänger sowie auf Sattelkipper und Auflieger für den 32-t-Zug. Eine außergewöhnliche Konstruktion stellte der in Leichtmetall-Schalenbauweise ausgeführte Kofferauflieger dar, der ein eigenes Spurlaufaggregat und eine pneumatisch betätigte Türwand besaß.

Bauer-Müllentsorgungszug mit Anhänger, 1929.

Mit Militäraufträgen an der Leistungsgrenze

Aufträge der Bundeswehr zur Lieferung von großen Serien eines Dreitonners mit Stahlpritschen- und Kofferaufbauten, Aufträge der US-Army und der belgischen Streitkräfte im Bereich von Aufbauten brachten das Werk an seine Fertigungsgrenzen. In Erwartung des Anhaltens des Wirtschaftswunders in der Bundesrepublik entschied sich das Unternehmen 1965, ein Zweigwerk in Sindorf zu errichten. Aufgrund des Rückgangs der Konjunktur erwies sich diese Investition wenig später als eine Belastung, so dass es 1984 an den Hersteller Ackermann-Fruehauf vermietet wurde, mit dem schon länger eine Zusammenarbeit bestand.

1968 versuchte Bauer mit dem Universal-Sattelauflieger »COPAST« zu punkten. Das Fahrzeug mit abnehmbarer Pritsche und verschiebbarem Achsaggregat sollte als Multifunktionschassis für den Transport von Containern, Paletten- und Stückgut genutzt werden können. Als zweiachsiger Tank-Auflieger kam der Typ BA 2226 hinzu.

Zwar konnten weiterhin in einer großen Bandbreite Kipper, Kasten-Kippauflieger mit senkrechten Kantprofilen, Koffer-, Tank- und Pritschenwagen sowie Tieflader und Spezialaufbauten wie Wechselsysteme, Kunststoff- und Müllwagen-Aufbauten sowie Shelter-Aufbauten einzeln oder in Serie für die Nato gefertigt werden, aber die finanzielle Lage des Unternehmens war angeschlagen.

Die Problematik der Exportabhängigkeit

Der hohe Exportanteil in die arabischen Länder, darunter auch Duschkabinen-Anhänger für die Pilgerfahrt nach Mekka, bildete darüber hinaus eine problematische Abhängigkeit.

Mitte der 1970er Jahre nutzte Bauer die Sandwich-Bauweise mit Kunststoff-Außenhaut für die Frischdienst-Fahrzeuge, darunter einem zweiachsigen Sattelauflieger mit einer Nutzlast von 22 t. Im Bereich der Sattelkipper entwickelte Bauer ein Fahrzeug mit vorderer Zweiseiten- und hinterer Dreiseiten-Kipppritsche für insgesamt 34,5 m³. In den frühen 1980er Jahren bildeten luftgefederte, dreiachsige Auflieger für den Braunkohletransport, Export-Tiefladeauflieger und Export-Tankauflieger mit jeweils 60 t Gesamtgewicht nochmals spektakuläre Entwicklungen.

Aber als dann in den 1980er Jahren ein starker Rückgang im Anhängergeschäft eintrat, der Konkurrenzdruck sich verschärft hatte und die amerikanische Embargo-Politik gegenüber Libyen einen Großauftrag in dieses nordafrikanische Land hatte platzen lassen, musste 1986 Konkurs angemeldet werden. Mit erheblicher Reduzierung der Belegschaft, dem Konzentrieren des Programms auf Pritschenanhänger, Kipper und Shelter-Anlagen gelang ein Neuanfang. 1990 engagierte sich die Zeppelin Systemtechnik in Offenburg (ZSO) mit der Gesellschaft Zeppelin-Metallwerke GmbH an dem Kölner Traditionsunternehmen, zumal dieser Investor Chancen im Shelter-Bau für die Bundeswehr, für mobile Arztpraxen, Küchen und Konferenzräume in der Dritten Welt sah.

1993 verdüsterte sich die Wirtschaftslage des Bauer-Werkes erneut, so dass die restliche Fertigung im Sindorfer Werk zusammengefasst wurde. Die Gebäudeanlagen in Köln-Ehrenfeld fielen dem Abriss zum Opfer, so dass das Grundstück zum Begleichen von Schulden verkauft werden konnte. 1996 kam es dann zur Auflösung des Peter Bauer-Werkes. Die Fertigung der Pritschen ging an den Anhänger-Fertiger Kumlin in Waldkirch/Breisgau; der Bau der Shelter und Ambulanz-Kabinen wurde in die Zeppelin-Abteilung Mobile Systeme nach Friedrichshafen verlegt. Der zur amerikanischen Fruehauf-Gruppe zählende französische Anhängerhersteller Benalu übernahm zeitweilig das Sindorfer Werk

Bauer-Spezialanhänger für den Kabelrollen-Transport, 1953.

Bauer-Druckluft-Hinterkipper, 1953.

Bauer-Tankauflieger für den Weintransport, 1961.

Bauer-Kastenauflieger mit automatisch öffnender Rückwand, 1961.

Bauer-Kipperzug mit Zweiseiten- und Dreiseiten-Kippbrücke für 34,5 m^3 Schüttgut, 1976.

Bauer-Zweiachs-Tieflader für 60 t GG, 1983.

Baumann

Jakob Baumann, Wagen- und Karosseriefabrik, ab 1935 Anhängerfabrik, Ludwigshafen, Kaiser-Wilhelm-Str. 48
1929–1945

Das 1874 gegründete Unternehmen befasste sich vordringlich mit Stahlbau und ging 1929 auch zum Anhängerbau »jeder Art und Tragkraft« mit der Marke »Pfalz« über. Im Schell-Plan wurde Baumann mit der Herstellung der Einheits-Pritschen- und Kippanhänger im Bereich bis 8 t Nutzlast berücksichtigt.

´Baumann-Werbung Pfalz-Anhänger, 1930

Bayerische Maschinenfabrik

Bayerische Maschinenfabrik, Miltenberg/Main, 1949

Das Unternehmen stellte nach der Währungsreform Lkw-Anhänger im Bereich von 3 bis 7 t Nutzlast sowie Langholzwagen her.

Beck

Fahrzeugbau Beck, Lieberose, Thälmannstr. 40b
1992 bis heute

Seit 1992 fertigt das von Tilmann Beck geführte Fahrzeugunternehmen neben Kleinsattelzügen für Transporter zwei- und dreiachsige Drehschemel-, Tandemanhänger in Normal- oder tiefgekuppelter Ausführung für Volumenaufbauten oder als Tiefbettfahrzeuge zum Fahrzeugtransport. Hinzu kommen ein-, zwei- und dreiachsige Spezialauflieger. Daneben befasst sich das Unternehmen mit dem Herstellung von Ballastwagen, vierachsigen Spezialanhängern, Aufbauten, Verkaufs- und Toilettenwagen.

Beck-Sattelauflieger für den Baustofftransport, 2008.

BEFA

BEFA, Belziger Fahrzeugbau, Bad Belzig, Forstweg 8A
1990 bis heute

Mit Zweiachs-Rungen-Anhängern und -Aufliegern mit auf Wunsch einer Ladekrananlage stieg dieser Newcomer in das Fahrzeuggeschäft ein. Da auf die Konstruktion eines Nachläufers verzichtet wurde, übernahm die BEFA 2008 den Vertrieb dieser Modelle aus dem Hause Huttner. Ein Jahr später war das Anhängerprogramm mit der Vorstellung eines Dreiachsers mit Plateau- oder Rungenaufbau komplett.

Das aktuelle Anhänger-Programm setzt sich aus Zweiachsern, mit geradem oder gekröpften Rahmen- und Schemelaufbau, einem Tandemachser und einem Plattform-Rungenwagen sowie Dreiachsern mit geradem und gekröpftem Rahmen mit Plattformaufbau und Rungen zusammen. Im Bereich der Sattelauflieger bietet die BEFA Modelle mit gekröpftem und ungekröpftem Rahmen sowie mit Plattform- und Rungenaufbau einschließlich einem Ladekran an. Der Kurzholzauflieger besitzt eine hydraulische Ladungssicherung, so dass die Stirnwand entfallen kann.

BEFA-Kurzholzauflieger 3SK38LE-92 ohne Stirnwand, 2017.

Behrens

Rudolf Behrens, Behälter- und Tankwagenbau, Lübeck, Bei der Gasanstalt 14/16, 1964

Unter dem Namen »Helmstedt« führte Behrens einen Tankwagen mit Polyester-Aufbau für 18.000 Liter vor.

Behrens-Tankwagen, 1964.

Beilharz

Georg Beilharz & Sohn, Inh. Heinrich Beilharz, Fahrzeugbau, Essen-Borbeck, Armstr. 29,

1. 1921–2000: Georg Beilharz & Sohn, Inh. Heinrich Beilharz, Essen-Borbeck, Armstr. 29, ab 1948: Essen, Hülsemannstr., ab 1967: Laubenhof 2, ab 1989: Krablerstr. 169
2. 2000 bis heute: Georg Beilharz und Sohn GmbH & Co. KG

1901 richtete der Schmied Georg Beilharz im damaligen Borbeck bei Essen eine Huf- und Wagenschmiede ein, die sich mit dem Bau von Pferdeanhängern für die Landwirtschaft, Flachwagen für die Maschinenfabriken und Kutschen befasste. 1921 trat der Sohn Heinrich Beilharz in das kleine Unternehmen ein, jetzt geführt unter dem Namen Josef Beilharz und Sohn. Heinrich Beilharz orientierte die Fertigung an den modernen Transportmitteln; Aufbauten für Motorwagen und Anhänger bildeten jetzt den Schwerpunkt der Fertigung. Um 1940 befasste sich das Werk mit der Herstellung von Einheits-Anhängern nach dem Schell-Plan. Nach der Währungsreform konnten Reparaturen sowie die Neufertigung von Pritschenanhängern, Kippern und Langholzwagen wieder aufgenommen werden. Der Bau von Pritschenaufliegern mit Plane und Spriegel kam Ende der 1960er Jahre hinzu.

Als 1966 Ingenieur Hans-Heinrich Beilharz zusammen mit seinem Bruder Eberhard die Geschäftsführung übernahm, wurde mit dem Bau eines

Beilharz-Druckluft-Zweiseitenkipper, 1950. (Foto: Beilharz)

neuen Hauptwerkes in Essen begonnen. Nach dem Konkurs des Hönkhaus-Unternehmens im Jahre 1984 beteiligte sich Beilharz an diesem Hersteller und führte das komplette Programm einschließlich der »Schiebex«-Muldenauflieger fort.

Das eigene Programm umfasste schwerpunktmäßig neben der Aufbautenfertigung den Bau von Pritschen- und Kofferanhängern sowie von zwei- und dreiachsigen Großraum-Aufliegern in Tiefladeausführung, »Jumbosattel« genannt, und ebenfalls dreiachsigen Auflieger für den Transport von Flachglas und Betonteilen.

1987 gründete Beilharz mit seiner Beteiligungsgesellschaft Hönkhaus-Nutzfahrzeuge die Schwerlastanhänger-Vertriebsgesellschaft ES-GE (für Essen-Gelsenkirchen) Nutzfahrzeuge GmbH in Essen, die den Import und den Verkauf der holländischen Broshuis-Tieflader und Auflieger übernahm. Auch eine Zusammenarbeit mit dem Getränkeaufbauten-Hersteller Ewers Karosseriebau GmbH in Meschede kam zustande.

Als die Fahrzeugfabrik Lampferhoff 1989 in Konkurs geriet, übernahm Beilharz das Programm. Insbesondere das Spannplanensystem von Lampferhoff eignete sich für die »Jumbosattelauflieger«. Auch die Getränke- und Frischdienstaufbauten ergänzten das Portfolio der Beilharz-Gruppe, die sich nun aus den Firmen Beilharz, Hönkhaus und ES-

Beilharz-Sattelauflieger mit Pritsche, Spriegel und Plane, 1960. (Foto: Beilharz)

Beilharz-BremsluftZweiseitenkipper, 1970. (Foto: Beilharz)

GE zusammensetzte. Zentralachsanhänger und Tieflader mit verschieden ausgeführten Bordwandsystemen wie Schiebe-, Spann- und Rollplanen sowie Schwenkbordwände ergänzten das Portfolio. In den Jahren 2001 bis 2006 vermarktete Beilharz die in Essen und Gelsenkirchen hergestellten Modelle, darunter jetzt auch teleskopierbare Langmaterialanhänger unter dem Namen »Beilharz-Hönkhaus«. Als Neuheiten kamen dreiachsige Auflieger als Curtainsider und Kofferwagen für den Möbeltransport in Aluminium-Klemmbauweise hinzu. Neben Getränkeaufbauten kann der Kunde inzwischen auch Klappwandaufbauten in Unter- oder Überdachausführung bestellen. Und das einstige Hönkhaus-Werk steuert inzwischen auch Halbschalenmulden für die Auflieger bei.

Für den Transport von Tiefkühlprodukten entwickelten die Beilharz-Hönkhaus-Ingenieure im Jahre 2007 Kofferaufbauten aus Leichtmetall oder GFK mit verschiebbaren und schwenkbaren Trennwänden sowie mit Deckschienen.

Beilharz-Getränkezug mit Tandemachsanhänger, 1980 (Foto: Beilharz)

Benninghoven

Ernst Benninghoven, Baumaschinen-, Baugeräte- und Anhängerfabrik OH., Hilden/Rh., 1939–1957

Im Jahre 1898 gründete Otto Benninghoven in Hilden eine Werkstatt, die 1909 als Maschinenfabrik den Bau von Zahnrädern und Sondermaschinen aufnahm. Der Schell-Plan berücksichtigte das Unternehmen im Bau von Einheits-Anhängern in den Größen 8 t Nutzlast.

Nach dem Krieg spezialisierte sich Benninghoven auf Baumaschinen, die für den Wiederaufbau besonders gefragt waren. Für fahrbare Mischer bot das Unternehmen gleichzeitig einen 5-t-Tieflade-Anhänger mit Bracken, Rungen und Winde zum Straßentransport an. Benninghoven verwies darauf, dass der Hänger auch zur Beförderung von Langmaterial oder Hohlblocksteinen genutzt werden konnte.

Das im Bau von Bitumenanlagen und Maschinen für die Asphaltindustrie tätige Werk ging im Jahre 2014 an den Straßenbaumaschinen-Spezialisten Wirtgen in Windhagen über, der wiederum 2018 an das John Deere-Werk in Mannheim verkauft wurde.

Benninghoven Tiefladeanhänger Rheinland, 1955.

Benteler

Benteler-Werke AG, Bielefeld, 1951

Die seit 1876 im Eisenwarenhandel und seit 1923 im Röhrenbau und wenig auch später im Automobil-Zuliefererbereich tätige private Aktiengesellschaft nahm zu Beginn der 1950er Jahre auch den Bau von Einachskippern mit Zahnstangenkippung für 3 t Nutzlast auf.

In dieser Zeit stellte das Unternehmen auch rund 2000 Exemplare des Kleinwagens »Champion« her. Das heutige Unternehmen mit Sitz in Salzburg/Österreich ist weltweit mit Produktionsstätten in der Automobil- sowie in der Röhrentechnik tätig.

Beuchel

Beuchel & Co. Fabrik für Brückenbau und Eisenkonstruktionen, Grünberg/Schlesien, Eisenbahnstr. 38, 1936–1938

Im Jahre 1876 gründeten die Ingenieure Georg Beuchel (1852–1913) und Albert Ribbeck die Fabrik für Brückenbau und Eisenkonstruktionen Beuchel u. Co. in Grünberg/Schlesien. Das Unternehmen stieg kurz vor dem Ersten Weltkrieg mit rund 2000 Beschäftigten zu einem der größten Hersteller von stehendem und rollendem Eisenbahnmaterial des Deutschen Reiches auf. Erfolglos blieb das Unternehmen mit dem Bau von Automobilen. Auch mit den 1936 vorgestellten Anhängermodellen hatte Beuchel keinen Erfolg, so dass dieser Ausflug 1938 endete. Im Schell-Programm wurde dem Metallbau-Unternehmen die Herstellung eines Spezialanhängers vorgegeben.

Die vertriebenen Eigentümer bauten in Könnern ein neues Werk auf, das 1972 enteignet wurde und als VEB Stahlbrückenbau Könnern firmierte.

Beuchel-Werbung, 1926.

Beyer

Beyer & Co., vorm. Mahr & Beyer, Wismar
1. 1925: Mahr & Beyer Fahrzeugfabrik AG
2. 1925–1929: Beyer & Co., vorm. Mahr & Beyer

Mahr & Beyer warb mit dem Bau von »Lastanhängern für Stückgut und Massengüter« mit Nutzlasten von 3 bis 7,5 t sowie Möbelwagen in traditioneller Stabholzausführung. Die Baustellenanhänger waren mit einer hydraulischen Kipptechnik versehen. Mit dem Konkurs der Muttergesellschaft, der Norddeutschen Union-Werke, Werft, Maschinen- und Waggonbau AG, musste das Wismarer Werk aufgelöst werden.

Beyer-7,5-Tonner mit Stahlgitter-Sprengwerk und Bremserhaus, 1925.

BFT Babelsberg

Babelsberger Fahrzeugtechnik GmbH,
Potsdam, Ahornstr. 28–32, 1994–1995

Der Aufbautenhersteller Babelsberger Fahrzeugtechnik (BFT) versuchte sich für kurze Zeit im Fahrzeugbau. Neben einem zweiachsigen Drehschemelanhänger mit Koffer- und BDF-Wechselaufbau sowie einem Tandemanhänger mit Kipperaufbau entstanden drei- bis sechsachsige Auflieger mit Koffer-, Tank, Silo- und Spezialaufbauten.

Bischoff

Bischoff-Werke KG, vorm. Pfingstmann-Werke,
Recklinghausen-Süd, Hellbachstr. 84–86

1. 1936–1938: Pfingstmann-Werke AG, Abt. Lastanhängerbau, Recklinghausen-Süd, Hellbachstr. 84–86
2. 1938–1967: Bischoff-Werke KG, vorm. Pfingstmann-Werke

Theodor Pfingstmann gründete 1899 ein Unternehmen zur Herstellung von Eisenartikeln, Grubenbedarf und (später) Schienenmaterial. Pfingstmann verließ 1931 das Unternehmen, das ab 1938 unter dem neuen Eigentümer, Ernst Bischoff, den Namen Bischoff-Werke KG führte.

Mitte der 1930er Jahre ging das Werk zum Bau von Anhängern über. In diesem Bereich entstanden unter Verwendung von Leichtbaustählen zwei- und dreiachsige Pritschenwagen bis 11 t Nutzlast. Hinzu kamen 5-t-Kipper mit Zahnstangen-Kippeinrichtung, Rungenwagen sowie Müllwagen. Das Schell-Programm teilte dem Werk den Bereich Zweiseitenkipper mit 4,8 und 7,5 t Nutzlast zu. Realisiert wurde angeblich nur der 7,5-Tonner.

Mit Beginn der 1950er Jahre bot das Werk zwei- und dreiachsige Ferntransportanhänger, zwei- und dreiachsige Zweiseiten-Kipper mit Druckluft-Technik, Rungen-Anhänger und Langmaterial-Nachläufer, dreiachsige Thermosanhänger, dreiachsige Tieflader und Auflieger mit Kofferaufbauten an. Letzte Kipper-Entwicklung stellte der Kippauflieger mit zwei Hubstempeln dar.

Pfingstmann-Werbeanzeige von 1936.

Pfingstmann-8-Pritschenanhänger LA 12, 1936.

Pfingstmann-Langholzanhänger, 1936.

Bischoff-Dreiachs-Anhänger mit zwei Kippbrücken, 1954.

Bischoff-Dreiachs-Kofferwagen, 1955.

Bischoff-Werbeanzeige von 1952.

Bischoff-Zweiseiten-Druckluftkipper, 1955.

Bleichert

Bleichert-Transportanlagen GmbH, Leipzig,
Bleichertstr. 15 u. Kaiser-Friedrich-Str. 34

1. 1928–1932: Adolf Bleichert & Co.
2. 1932–1945: Bleichert-Transportanlagen GmbH
3. 1953: VEB Verlade- und Transportanlagen Leipzig Paul Fröhlich/VTA (vormals Bleichert Leipzig)

Die Firma Bleichert, 1874 von Ingenieur Adolf Bleichert (1845–1901) gegründet, befasste sich schwerpunktmäßig mit dem Bau von Last- und Personen-Seilbahnen, Kabelkränen, Kabelbaggern und Schiffsbeladungsanlagen. Seit der Jahrhundertwende war das Unternehmen auch im Bereich Fahrzeugbau mit Elektrokarren der Marke »Eidechse« insbesondere bei der Post und der Bahn gut vertreten. Als Bleichert 1928 mit einem Elektro-Lkw auch in den Nutzfahrzeugsektor eintrat, folgte der Anhängerbau.

Bleichert-Werbemotiv von 1938.

Eine außergewöhnliche Konstruktion stellte der Raupenanhänger samt Raupenlastwagen dar, den das Werk für den Berliner Ingenieur Richard Venzlaff baute, der mit seiner »Gesellschaft für radlose Transportwagen« (Gefrat) Interesse beim Militär für ein derartiges Fahrzeug-Gespann wecken wollte, aber erfolglos blieb.

1932 musste das Unternehmen aufgrund des völligen Absatzeinbruchs Konkurs anmelden. Die Auffanggesellschaft Bleichert-Transportanlagen GmbH wurde von dem Stahl- und Drahtseilhersteller Felten & Guilleaume (Muttergesellschaft Carlswerk AG) in Köln übernommen.

Mit der Ankurbelung der deutschen Wirtschaft nach 1933 konnte das Werk umfangreiche Aufträge entgegennehmen und wieder expandieren. 1935 stand Bleichert wieder glänzend da; der Bau von Elektro-Lastern und Anhängern wurde neu aufgelegt. Mit einer feinen Abstimmung bot das Werk Zweiachs-Anhänger der Baureihe BTG von 1,5 bis 8 t Nutzlast an. Den 11-t-Dreiachser rüstete Bleichert mit einem hinteren »Doppelachsaggregat mit je zwei übereinander gelagerten Halbelliptik-Federpaketen aus, die um eine in der Mitte des Aggregates eingebaute Achswelle« schwingen konnten. Darüber hinaus konnte »zur Erhöhung der Wendefähigkeit die letzte Achse in unbelastetem Zustand mit Hilfe einer Spindelvorrichtung vom Erdboden abgehoben werden«. Im Kipperbereich standen 4- und 7,5-Tonner der BTG-Kipp-Baureihe mit Zahnstangenwinden oder handhydraulischen Hebern zur Verfügung. Darüber hinaus standen Plattformwagen mit Rungen, Tankwagen, 8-t-Sattelauflieger und Langmaterial-Nachläufer im Programm. 1937 präsentierte Bleichert auf der Leipziger Automobil-Ausstellung den ersten deutschen Vierachs-Anhänger, der eine Nutzlast von 15 Tonnen aufnehmen konnte, aber kaum nachgefragt wurde.

Bleichert-5-t-Pritschenanhänger, 1935.

Bleichert-Tankauflieger, 1935.

1938 reduzierte Bleichert das Anhängerprogramm auf die gängigen Modelle und konnte zu dieser Zeit einen Marktanteil von 30 Prozent in der deutschen Zulassung von Anhängerfahrzeugen erzielen.

Im Rahmen des Schell-Programms sollte die Konzentration auf einen 3-t-Pritschen- und einen 7,5-t-Zweiseitenkipper erfolgen, ohne dass Näheres bekannt geworden ist.

Das Stammwerk in Leipzig-Gohlis wurde nach dem Krieg enteignet und stellte zunächst als Sowjetische Aktiengesellschaft unter dem Namen SAG Bleichert-Transportanlagenfabrik und ab 1953 als VEB Verlade- und Transportanlagen Leipzig Paul Fröhlich weiterhin hauptsächlich Krananlagen, Verladebrücken und Drahtseilbahnen her. Im Anhängerbau entstand um 1953 der 4-t-Pritschenanhänger G 80. Ein nochmaliges Engagement im Fahrzeugbau stellte 1971 die Ausrüstung von 20-t-»Tragrahmenauflieger« aus Werdauer Produktion mit Seitenladertechnik dar. 20'-Container konnten mit dieser hydraulischen Absetzanlage transportiert werden. Das Werk wurde 1985 zum Stammbetrieb des Kombinats TAKRAF (Tagebau, Krane, Förderanlagen); nach der Wende erfolgte 1993 die Auflösung des Unternehmens 1993.

Bleichert-Tankanhänger für 5435 Liter Kraftstoff mit Gebindekasten, 1936.

Blödner

August Blödner, Maschinenfabrik und Eisenbau, Gotha, Parkstr. 5–9

1. 1922–1929: Blödner, Maschinenfabrik und Eisenbau
2. 1929–1930: August Blödner, Maschinen-Fabrik

Schlossermeister August Blödner (1852–1927) richtete 1877 eine Maschinenreparatur-Werkstatt ein, aus der eine größere Maschinenfabrik mit Schmiede und Dreherei hervorging. Leitender Ingenieur dieses Betriebes war Arthur Ade, der 1920 das spätere Ade-Werk in Waltershausen gründete. Nach den Prinzipien des österreichischen Ingenieurs Edwin Ledwinka konstruierte er zusammen mit dem Ingenieur Wilhelm Köhler, der 1907 an der Entwicklung der Lloyd-AEG-Obusse beteiligt war, Anhänger mit Zentralrohrchassis und Pendelachsen (»System Köhler«) zur »größten Schonung der Ladung«. Eine Auflaufbremse, die auf die Innenbackenbremsen wirkte, verzögerte das Fahrzeug im Schub. Da eine effektive eigene Verkaufsorganisation fehlte, ließ man die Fahrzeuge mitunter von der Waggonfabrik Gotha vermarkten. Auch wenn das Unternehmen 1932 noch einen Auflieger im Programm führte, so scheint die Fertigung in diesem Jahr aufgrund der desolaten Wirtschaftslage aufgegeben worden sein.

1945 wurde das in die Rüstungsproduktion einbezogene Blödner-Werk enteignet.

Blödner-Schwingachsen-Anhänger, 1934.

Blomenröhr

Blomenröhr Fahrzeugbau GmbH, Geseke, Schneidweg 31
1969 bis heute

Der gelernte Tischler Anton Blomenröhr (1935–2015) gründete 1963 dieses westfälische Fahrzeugbauunternehmen, das sich zunächst auf die Herstellung von Bauwagen und Bienenstock-Anhänger konzentrierte. 1969 ging Anton Blomenröhr auf die Herstellung von Tiefladern in niedriger Bauweise über, schwerpunktmäßig mit Kugelkopfkupplung.

Im Jahre 1990 übernahm man den einstigen PG »Voran« in Egeln unweit von Magdeburg als zweiten Standort, der inzwischen die Hälfte der Fertigung, insbesondere der Kugelkopf-Tieflader beisteuert.

Mit ein- und zweiachsigen Tieflade-Pritschenanhängern wendet sich das Blomenröhr-Werk an Garten- und Landschaftsbauer (GaLa-Betriebe), an die Bauindustrie und an Entsorgungs- und Recyclingunternehmen. In den späten 1990er Jahren stellte der Hubsattel-Anhänger HS 6-60 mit Stahlpritsche für eine Nutzlast von 6 t eine Spezialität dieses Herstellers dar. Um die Jahrtausendwende standen Tandem-Durchfahr- und Überfahrtieflader sowie auch Drei- und Zweiseitenkipper von 5 bis 18 t Gesamtgewicht im Programm der Blomenröhr-Aktivitäten. Sonderfahrzeuge wie »Combi-Trailer« und Auflieger bis zu 30 t Gesamtgewicht rundeten das Angebot ab.

Drehschemel-Anhänger in Niedrigbauweise mit Pritsche und Rampen sowie mit gekröpfter Ladefläche und Rampen für den Baumaschinentransport erweiterten 2002 das Angebot. Seit 2012 werden auch Tridem-Tieflader mit bis zu 25 t Gesamtgewicht und seit 2015 ankippbare Spezial-Tieflader für Straßenmarkierungsmaschinen gebaut.

Der zu den führenden Spezialisten im Tandem-Kipper- und -Tiefladerbau zählende und 55 Mitarbeiter starke Blomenröhr-Fahrzeugbau hat inzwischen 105 verschiedene Modelle im Bereich von 2,1 bis 25 t Gesamtgewicht im Portfolio.

Blomenröhr-Tieflade-Plattformanhänger, 2000.

Blomenröhr-Tandemachs-Pritschenanhänger mit Auffahrrampen, 2017. (Foto: Blomenröhr)

Blomenröhr-Muldenanhänger, 1975. (Foto: Blomenröhr)

Blumhardt

C. Blumhardt Fahrzeugbau,
Wupperthal-Vohwinkel, Vohwinkeler Str. 160

1. 1926–1979: C. Blumhardt Fahrzeugbau
   (auch C. Blumhardt Fahrzeugwerke Gebr. Muthmann)
2. 1979–1993: C. Blumhardt GmbH & Co. KG
   Fahrzeugwerk
3. 1993: CBV Blumhardt Fahrzeuge GmbH & Co. KG
4. 1993–1996: CBV Blumhardt
   Fahrzeugkontor GmbH & Co. KG

Schiebekarren und Handfuhrgeräte als Ausgangsprodukte

Die Firma C. Blumhardt ging aus einer 1868 von dem Landwirt Carl Blumhardt in einer umgebauten Ziegelei gegründeten Transportgerätefabrik hervor, die »eiserne Schiebekarren und Handfuhrgeräte« herstellte. Der letzte Besitzer, Christoph Blumhardt, war mehr dem religiösen Bereich zugewandt und gab den Betrieb 1895 an den befreundeten Elberfelder Unternehmer Wilhelm Muthmann ab. Das Produktionsprofil wurde unter der Leitung dessen Sohnes Günther auch auf Paket- und Gepäckwagen für die Eisenbahn und die Post sowie auf Feldbahn- und Grubenwaggons ausgeweitet. Nach dem frühen Tod von Günther Muthmann übernahmen seine Söhne Günther jr. und Wilhelm Muthmann die Leitung des Unternehmens, das jetzt den Namen »C. Blumhardt Fahrzeugwerk« erhielt.

Günther Muthmann jr. erkannte rasch die Bedeutung des Anhängers für den Gütertransport mit seinen gegenüber dem Bahntransport günstigeren Verladebedingungen. In einem ersten Schritt stellte er die Produktion auf den Bau von Kippern, Tank- und Möbelwagen, Kühlfahrzeuge, Schwertransportern und landwirtschaftlichen Anhängern um.

Das rasch aufgebaute, breite Angebot sicherte dem Werk das Durchhalten in der Weltwirtschaftskrise. Mit dem Einsetzen des Wirtschaftsaufschwungs konnte das Blumhardt-Werk mit fünf Zweiachsern bis zu 8 t Nutzlast ein komplettes Angebot im unteren Bereich anbieten. Hinzu kamen ein schwerer Dreiachser und ein Sattelauflieger für 11 t Nutzlast, insbesondere für den Kohlen- und Kokstransport. Kurz vor Kriegsausbruch entstanden erste Tiefkühlzüge, die bis 1940 insbesondere an die Wehrmacht geliefert wurden. Der Schell-Plan beschränkte das Unternehmen auf den Bau von 3- und 8-t-Pritschenwagen.

Blumhardt-Werbeanzeige für Dreiachs-Ferntransportanhänger, 1950.

Wenn auch das Werk nach dem Krieg durch völlige Zerstörung ausfiel, gelang es den Brüdern Muthmann, das Unternehmen wieder rasch aufzubauen. Das Fertigungsprogramm erstreckte sich auf dringend benötigte Pritschenwagen, 8-t-Dreiseiten-Kipper mit elektrohydraulischer oder druckluftbetätigter Kippanlage, auf zweiachsige Pendelachs-Auflieger für 25 t Nutzlast, auf Möbelwagen und landwirtschaftliche Anhänger. Als Spezialfahrzeuge kamen ein Rollbehälter-Transporter, ein Langmaterialanhänger für 14 t Nutzlast und ein Nachläufer hinzu.

Aufstieg und Exporterfolge in den 1950er Jahren

Zu Beginn der 1950er Jahre bildeten zwei- und dreiachsige Leichtmetall-Thermosanhänger mit Kühlgerät oder aber auch mit Trockeneis-Anlagen sowie 16-t- und dreiachsige Schwerlastanhänger einen weiteren Produktionszweig.

Staatliche und Exportaufträge ab 1952 führten zur Expansion des Blumhardt-Werkes. Für die Ausstattung der Bundeswehr lieferte das Unternehmen Einachsanhänger in den Größen von 0,5 bis 1,5 t Nutzlast, Zweiachser als 3-t-Pritschenwagen und als Trägerfahrzeug für Stromerzeuger, als 5,2-t-Kofferwagen und als 7-t-Boots-Transporter. Hinzu kam ein in der Länge verstellbarer Langmaterialanhänger für 12 t Belastung. Vielfältig waren auch die Auflieger-Baureihen für das Militär. Hier rüstete Blumhardt die Bundeswehr mit einachsigen 4,2-, 5,2-t-Koffer- und 7,5-t-Tiefkühlkoffer-Aufliegern, einem einachsigen 8-t-Pritschenauflieger

Blumhardt-Sattelzug mit Pritschenauflieger und Kastenanhänger, 1935.

sowie zweiachsigen 8-t- und 12-t-Pritschenauflieger aus.

Blumhardt-Tiefladesattelanhänger mit vier Pendelachsen in zwei Achslinien nahmen schweres Gerät bis zu 25 t und eine 16-rädrige Ausführung mit vier Pendelachsen nahm schweres Gerät bis zu 50 t auf. Schließlich folgte noch als ein Einzelstück für die Marine ein Tiefladeanhänger mit acht Halbachsen für 42 t Belastung.

Exportfahrzeuge gingen insbesondere nach Rumänien und mit »orientalischem Aufbau« in nordafrikanische Länder sowie auf die arabische Halbinsel. Für Erdölgesellschaften im Nahen Osten entwickelte das Werk Sattelauflieger mit Spezialaufbauten für Transport-, Wohn- und Bürozwecke. Auch Tieflader, Wasser- und Tankwagen, auch mit Ovaltank und darüber aufgesetzter Pritsche lieferte Blumhardt in den Orient.

Auch der Bereich der Kesselfahrzeuge forderte das Wuppertaler Werk heraus. Als Anhänger- und als Auflieger in selbsttragender Bauweise entstanden Tanker für den Transport von flüssigen Lebensmitteln, von Flüssiggas, Kraftstoffen, Säuren und von Bitumen. Weitere Modelle mit Behältern wurden für staubförmige Lebensmittel und für Baustoffe hergestellt. Ein eigener Achsenbau steuerte starre und gelenkte Aggregate bei.

Blumhardt-Spezialauflieger für Coil-Transporte bis zu 24,8 t, 1967.

Erstmals präsentierte Blumhardt einen zweiachsigen Auflieger mit Kippmulde für circa 20 t Nutzlast. Die Stahlmulde dieses »Rückwärtskippers« trug sich durch ihre Steifheit nahezu selbst. Muldenkipper, Tank- und Langmaterialanhänger, Silo- und Zementauflieger mit je zwei stehenden Kesseln mit 24 m³ Behältervolumen sowie überfahrbare Tieflader der Baureihe »Bauma« für 16 bis 22 t Nutzlast füllten das Programm.

Im Rahmen der europäischen Zusammenarbeit durch die Römischen Verträge vereinbarte Blumhardt mit dem französischen Anhänger-Hersteller Trailor S.A. in Lunéville bei Nancy eine gegenseitige Nutzung der Verkaufsorganisationen sowie eine gemeinsame Entwicklung und Konstruktion von Fahrzeugen und Aufbauten.

Stark mit Kühl- und Kesselfahrzeugen

Im Bereich der Leichtmetall-Kühl-Sattelauflieger nutzte Blumhardt ab 1964 Hartmoltopren-Schaum zum Füllen der Aluminiumwände. Die 20-Tonner mit Hilfsrahmen gingen in 100 Exemplaren vorwiegend 1967 an den rumänischen Staatsbetrieb Autotractor. Zur weiteren Erneuerung des Blumhardt-Fahrzeugprogramms in der Mitte der 1960er Jahre gehörten ein Siloauflieger in freitragender Bauweise mit einem Spurlaufaggregat für 24 m³ Fassungsvermögen, ein Dreiseiten-Sattelkipper vom Typ SAK 20 mit motorhydraulischen Kipppressen für 20 t Schüttgut und ein zweiachsiger Bitumen-Kesselwagen mit einem Drucktank und einem Fassungsvermögen von 26.000 Litern, ebenfalls mit Spurlauf-Aggregat. Und in der Disziplin Anhängerbau stand ein Dreiachs-Zweiseitenkipper zur Verfügung, dessen Bordwände und Boden aus Aluminium-Profilen angefertigt waren.

Eine 1968 diskutierte Fusion mit dem Ackermann-Werk kam nicht zustande.

Gegen Ende der 1960er Jahre entwickelte Blumhardt einen zweiachsigen Kofferauflieger für 45 Rollbehälter für den Verteilerverkehr der Lebensmittelbranche. Das jahrzehntelang gebaute Modell besaß Heck- und Seitentüren sowie eine Heck-Ladebordwand. Zweiachsige Drehschemel- und dreiachsige Auflieger-Kühlfahrzeuge mit eingebautem Kühlaggregat oder mit Trockeneis-Kühlung. Heck- und Seitentüren ermöglichten die rasche Be- und Entladung an der jeweiligen Position. Bei den Auflieger-Fahrgestellen wurde die letzte Achse spurgelenkt.

Ebenfalls über ein Jahrzehnt blieben die dreiachsigen Speditions-Pritschen- (SVG-Typen) und Zwei- und Dreiseitenkipper der Baureihen L 22 und LK 16 für 16 t Nutzlast sowie die zweiachsigen, mit senkrechten Kantprofilen verstärkten Hinterkippauflieger SAK 23/38 mit Drucklufttechnik oder als Dreiseitenkipper SAK 38.22e mit Pendel-Bordwänden im Programm. Für den Fernverkehr standen die dreiachsigen Pritschenanhänger L 17/81 und die Pritschenauflieger SAL 38.22/122e zur Verfügung. Und in selbsttragender Bauweise rundeten zweiachsige, isolierte und beheizbare Kesselauflieger für Heizöl- und Bitumentransporte sowie dreiachsige Drucktank-Auflieger bis 35.000 Liter das Programm ab.

Im Jahre 1967 ermöglichte die Übernahme eines Teilbetriebes der Firma Tapper in Ratingen die Ausweitung der Fertigungsmöglichkeiten.

Blumhardt-Dreiachs-Tankanhänger T-L 22/22e mit Fassungsvermögen von 22.000 Liter Kraftstoff, 1970.

Blumhardt spezialisierte das Werk auf den Bau der Hartplastaufbauten, zumal diese schon zuvor dort im Auftrag hergestellt worden waren.

Von der Auftragsproduktion zur Serienfertigung

1970 baute das auf 1000 Mitarbeiter angewachsene Werk den von der bayerischen Frisch-Baumaschinen GmbH erworbenen Zweigbetrieb II in Erftstadt-Liblar bei Brühl auf, wohin das gesamte Programm der Pritschenanhänger und der Baustellenfahrzeuge verlagert wurde. Das Stammwerk konzentrierte sich auf die Auflieger der Baureihe SAL 38.19, die Lebensmittel- und Tankfahrzeuge, wenn auch aus Kapazitätsgründen Kipper und Pritschenwagen zeitweilig entstanden. Die Jahresproduktion lag in dieser Zeit bei 3200 (davon ca. 820 in Deutschland zugelassen), wobei das Werk I und Werk II je die Hälfte beisteuerten. Und da die Geschäfte insbesondere im Nahen Osten hohe Gewinne einbringen, ließ Günther Muthmann in dieser Zeit die Fertigungstiefe immer stärker ausbauen.

An Neuheiten ergänzten Lafetten für die Aufnahme von 20-, 30- und 40-Container, zweiachsige-Drehschemel-BDF-Unterbauten und dreiachsige Tieflade-Auflieger mit Spurlaufaggregat und einer Tragfähigkeit von 24,8 t das Programm. Der Tankwagen unter der Bezeichnung K-TSAL 38.22/34.5e für 34.500 Liter Kraftstoff und der jetzt dreiachsige für 30.000 Liter Bitumen unter der Bezeichnung D-TSAL 38.22/30e erhielten eine zwangsgelenkte dritte Achse.

Die Exporte in rund 100 Länder liefen so gut, dass 1971 zur erneuten Kapazitätserweiterung als dritte Produktionsstätte die Blumhardt-Rehme-Fahrzeugfabrik im Rahmen einer Fusion mit der Fahrzeugfabrik Heinrich Rehme GmbH in Lingen/Ems gebildet wurde. Das Stammwerk verlagerte den Sattelschlepper- und der Export-Fahrzeugbau in diese als Werk III bezeichnete Fertigungsstätte. Aber genau zu diesem Zeitpunkt hatte das privat geführte Unternehmen seinen wirtschaftlichen Zenit überschritten, denn jetzt setzte der Rückgang des Exportgeschäftes in den Nahen Osten aufgrund der Aufwertung der DM ein. Die bisherige Abhängigkeit vom hohen Exportanteil rächte sich jetzt; das Deutschland-Geschäft musste wieder in Angriff genommen werden.

Auch in den Markt für Tanklastzüge für Heiz- und Dieselöl mit Drehschemelanhängern mit einem Fassungsvermögen von 12.400 Liter und dreiachsigen Aufliegern mit BPW-Aggregaten und hydropneumatischem Achslastausgleich mit einem Volumen für 37.200 l Krafstoff versuchte das Unternehmen wieder einzutreten. Hier blieb es aber bei Einzelstücken wie beim zweiachsigen Drehschemelanhänger mit Aluminium-Bordwänden. Dafür stießen die dreiachsigen Auflieger mit Coilwanne und einer Nutzlast von 24,8 t, die dreiachsigen Leichtmetall-Tiefkühl-Auflieger, der neue dreiachsige Spanten-Hinterkipper für 26 t Nutzlast und der zweiachsige, überfahrbare Tiefladeauflieger für 40 t Belastung auf größeres Interesse.

Die Alternative zum Export in den Nahen Osten sah der Firmenpatriarch jetzt in der Expansion in Algerien. 1975 errichtete Blumhardt Montagewerke in Tiaret und in einem einstiegen Berliet-Lkw-Werk in der Nähe von Algier, wo nach Blumhardt-Vorgaben Fahrzeuge und Aufbauten hergestellt wurden. Insbesondere zweiachsige Auflieger mit Stahl-Profilbordwänden und darüber angebrachtem Gitteraufbau bildeten den Schwerpunkt.

Blumhardt-Dreiachs-Druckluftkipper LK 22/65e, 1979.

Blumhardt-Dreiachs-Pritschenanhänger mit Spriegel und Plane, 1979.

Mit Ziegestein-, Hinterkipp-und Schubbodenaufliegern gut im Geschäft

Als in den 1970er Jahre die Großraum-Pritschenauflieger für den Transport palettierter Ziegelsteine aktuell wurden, entwickelten die Wuppertaler ebenfalls ein Modell mit mittig aufgesetztem Kran. Der Baustellen-Kippauflieger erschien 1977 in der Version SAK-H/LM mit einer Aluminium-Mulde mit Jetrippen mit einer Nutzlast von 25,7 t.

Weitere Innovationen des inzwischen auf 1200 Beschäftigte angewachsenen Unternehmens bildeten 1980 der dreiachsige Hinterkipp-Auflieger SAK-H/Naxtra 38 mit einer abriebfesten Spezial-Stahlmulde für die Aufnahme von 26 t Gestein, der dreiachsige palettenbreite Doppelboden-Auflieger SAL 38, der mit dem heb- und senkbaren zweiten Ladeboden für den Komponententransport der Automobilindustrie von Interesse war, der zweiachsige Pritschenauflieger SAL 30.16 für 16 t und der zweiachsige, überfahrbare Tieflade-Auflieger TLS 50.

Als das Bundeswehrbeschaffungsamt die Fahrzeugmodelle der 2. Generation ausschrieb, griff Blumhardt wieder zu und lieferte in großen Stückzahlen einen zwei- und dreiachsigen 7- und 10-Tonner sowie einen einachsigen 5-t-Koffer- und einen zweiachsigen 15-t-Pritschenauflieger. Hinzu kam noch ein dreiachsiger, überfahrbarer 25-t-Tieflader.

Spezielle Exportmodelle bildeten zu dieser Zeit die zweiachsigen »Super Cargo«-Auflieger für Nutzlasten bis zu 40 t und der Bitumen-Auflieger D-TSAL 68 mit einem 45-m³-Kessel.

Im Jahre 1983 überraschte Blumhardt die Kundschaft mit einem Feuerwerk an Neuheiten. So erschienen die ersten dreiachsigen Jumbo-Anhänger L 24 mit einem Volumen von 110 m³ auf Niedrigrahmenfahrgestell mit Spannplanenverkleidung zwischen der festen Rückwand und dem hinte-

Blumhardt-Zweiachs-Hinterkippauflieger SAK-H 32.16/60e mit Spanten und Rollverdeck, 1979.

Blumhardt-Einachs-Pritschenauflieger, 1979.

Blumhardt-Kühlkofferauflieger, 1979.

Blumhardt-Tankzug mit Auflieger K-TSAL 32.16/24,8e mit Edelstahltank für chemische Güter, 1979.

ren Türportal. Für 16 t Nutzlast konnte der neue dreiachsige Pritschenanhänger L 22 aufnehmen. Und um Entwicklungskosten zu sparen, übernahm Blumhardt das hier genutzte Kurzkupplungssystem von der Firma Schmitz. Und mit der Vorstellung eines ersten Tandemachsers als Dreiseitenkipper in der Ausführung LK 16 für 12 t Nutzlast aktualisierte Blumhardt neben der Überarbeitung des Tankanhängers T-L 16 das Programm. Und ebenfalls von dem Konkurrenten Schmitz übernahm Blumhardt das »Walking-Floor«-System für den dreiachsigen Schubboden-Auflieger vom Typ SAL 40/24e WF. Und im Baufahrzeug-Sektor bot Blumhardt den dreiachsigen Dreiseiten-Sattelkipper SAK 38 auf. Eine weitere Neuerung stellte der zweiachsige Trockenfracht-Auflieger RK 33S mit Ladebrücke und einer Aufnahmefähigkeit von 33 Rollbehältern dar.

Die Problematik der übergroßen Abhängigkeit vom Exportgeschäft und der Rettungsversuch

Die Abhängigkeit vom Export in einem Ausmaß von 70 Prozent erwies sich aufgrund des Ölpreisrückgangs und des Konfliktes zwischen Iran und dem Irak als verhängnisvoll. Darüber hinaus belastete das träge Zahlungsverhalten in den orientalischen Ländern die Finanzkraft des privat geführten Werkes im Bergischen Land. Nach dem Tod von Günther Muthmann verkaufte die Familie ab 1986 die Hälfte der Geschäftsanteile an die britische Montracon-Craven-Tasker Ltd. in Doncaster, einem der größten englischen Anhängerhersteller. Mit einer verringerten Belegschaft reorganisierte der Investor das Blumhardt-Werk.

Nischenmodelle wurden aus dem Programm gestrichen. Eine Überarbeitung erhielt der Hinterkipp-Auflieger SAK-H/LM 40.24-74e mit Aluminium-Mulde und damit erhöhter Nutzlast von 28,8 t. Ein Prototyp blieb der Tandemanhänger-Volumen-Lastzug für zwei 8,2 m-Wechselaufbauten mit einem Aufnahmevermögen von 59 m³ (»Philips-Baks«) mit tiefgelegtem Kurzkupplungssystem für den Philips-Elektrokonzern. In Serie konnte hingegen das kurzgekuppelte Chassis für Wechselaufbauten gefertigt werden. 1989 folgten als weitere Neuentwicklungen unter der Devise »Euro-Programm« die luftgefederte Container-Lafette SAL 40 mit über Kurbeltechnik teleskopierbarer Länge zur Aufnahme unterschiedlicher Container-Modelle bis zur Größe von 45‘ oder von 13,6 m-Wechselpritschen, sowie ein kippbares Container-Chassis, der zweiachsige Schwanenhals-Tieflade-Auflieger SAL 40, der Kastenmulden-Hinterkipper der Version SAK/H/LM 40.24-74c für 28,8 t Nutzlast und der Curtainsider SAL 40.24/136e mit 8 Meter Coilwanne, Liftachse und Schiebeverdeck für die Kranbeladung.

Als im Oktober 1993 der Konkurs bevorstand, übernahm der englische Investor die andere Hälfte der Firmenanteile und stieg zum Alleineigentümer des Unternehmens mit jährlich 3500 produzierten Einheiten auf. Um den Forderungen der Gläubiger zu entgehen, erhielt der Fahrzeugbauer jetzt die Bezeichnung CBV Blumhardt Fahrzeugkontor GmbH & Co. KG. Mitte der 1990er Jahre kam es nach Abflauen des Wiedervereinigungs-Booms zur Insolvenz des Blumhardt-Werkes; die Banken gaben zunächst noch weitere Kredite, um die Produktion abzusichern. Im Mai 1996, als noch ein Langeisen-Auflieger präsentiert wurde, musste das traditionsreiche Unternehmen geschlossen und aufgelöst werden. Die umfangreichen Gebäudeanlagen sind inzwischen abgerissen worden.

CBV-Blumhardt-Pritschenauflieger »BI Drive« mit Leichtmetall-Bordwänden, 1994.

Bock-Müllauflieger »Multilift« mit Lenkachse, 1980.

Bock

Normann Bock Multilift GmbH & Co., Brinkum-Bremen, Gottlieb-Daimler-Str. 26, 1980–1981

Das in der Entsorgungstechnik tätige Unternehmen stellte 1980 den einachsigen Müllsattelauflieger »Mammut« für eine Nutzlast von 12,5 Tonnen vor. Vermutlich blieb es bei der Präsentation.

Böhm

**Roland Böhm Karosserie- und Fahrzeugbau GmbH & Co. KG, Eichenzell, auf der Milse 8
Um 2000 bis heute**

Die 1959 gegründete Karosseriefabrik ging nach der Jahrtausendwende zum Fahrzeugbau über. Tandemachser, Sattelauflieger und Sattel-Tieflader stehen im Programm.

Böhm-Tandemachser für den Getränketransport, 2016.

Boeckels

Theo Boeckels Nutzfahrzeuge GmbH, Willich, Am Nordkanal 18–20, um 2000 bis heute

Aus der 1960 von Theo Boeckels in Neuss eingerichteten Generalvertretung für Omnibusse und Anhänger der Marke Kässbohrer entwickelte sich in den siebziger Jahren des vergangenen Jahrhunderts ein bedeutender Handels- und Reparaturbetrieb, der 1983 größere Räumlichkeiten in Willich fand. Auch als Fahrzeugbauer tritt Boeckels inzwischen auf. Für den Transport gekühlter Lebensmittel und Güter kombiniert Boeckels Auflieger-Fahrgestelle mit Kühlaufbauten der französischen Marke Chéreau, die unter dem Markennamen »CargoCooler« vertrieben werden. Im Design fallen die Fahrzeuge durch ihre Unterfahrverkleidung und ihre Heckstoßstange auf.

Boeckels-Kühlkofferauflieger CargoCooler, 2015.

Boitmann

Benno Boitmann, Fahrzeugfabrik, Haselünne (Hann.), Moerstr. 32/33, 1949–1951

Neben Omnibus-Anhängern fertigte dieses emsländische Unternehmen einen 8-t-Pritschenwagen für den Ferntransport und einen 8-t-Kipper mit Handhydraulik von Meiller.

Böse

Fahrzeugbau Heinz Böse GmbH, Eslohe-Reiste, Im Weißbruch 36, ? bis heute

Böse hat sich auf die Herstellung von Fahrzeugen für die Getränkelogistik spezialisiert. Neben Motorwagen-Aufbauten nutzt der sauerländische Produzent Tandemachser sowie dreiachsige Auflieger für die Getränketransport-Aufbauten. Die Schwenkwandtechnik in Unter- oder Überdachausführung (»Oversider«-Technik) ermöglicht einen unkomplizierten Zugang zur Ladung. Auf Wunsch werden die Gliederzüge mit einer Durchlademöglichkeit versehen. Spezialitäten stellen die zweiachsigen Auflieger in Curtainsiderausführung, die drei- und vierachsigen »Side-Slider« und die »Euro«-Sattelauflieger mit Hubdach, seitlicher Schiebeplane mit eingearbeitetem Gurtnetz dar. Bei den »Side-Slidern« kann nach Aufstellen der Hecktür die Planenseite auf diese geschoben werden, so dass die komplette Längsseite freigegeben ist. Neben der Getränkebranche spricht Böse mit diesen Großvolumen-Modellen die Automotive-, die Papier- und die Entsorgungsindustrie an. Darüber hinaus betätigt sich das Unternehmen im Sonderfahrzeugbau.

Böse-Sattelauflieger mit gekröpftem Rahmen und Hubdach, 2002.

Böseler-Silosattelauflieger für Getreide und Futtermittel mit 60 m Inhalt, 1985.

Böseler

Wilhelm Böseler Fahrzeug- und Karosseriebau GmbH, Oldenburg, Elbestr. 2

1. 1980–1984: Wilhelm Böseler Fahrzeug- und Karosseriebau GmbH
2. 1984–1995: Schröder Fahrzeug- und Karosseriebau GmbH
3. 1995 bis heute: Wilken Nutzfahrzeuge GmbH

Böseler hatte sich einen Namen als Hersteller von Schaustellerwagen gemacht. 1980 versuchte Böseler auch in den Industriesektor mit einem dreiachsigen Sattelauflieger mit Siloaufbau einzutreten. Der Behälter für 50 bis 60 m³ Schüttgut, Getreide und Futtermittel besaß drei oder vier Ausläufe. Ein weiteres Produkt bildete ein Verteilerfahrzeug mit Kunststoff-isoliertem Kühlkofferaufbau. Nur wenige Fahrzeuge wurden auf Bestellung gefertigt, denn schon ein Jahr später musste das Unternehmen nach einer Insolvenz aufgeben.

Anschließend kauften die einstigen Mitarbeiter Rüdiger und Helmut Schröder zusammen mit dem ehemaligen Prokuristen der Schröder Fahrzeugtechnik, Günther Wilken, jeweils zu einem Drittel die Firma und führten sie unter neuer Bezeichnung weiter. Nach dem Tod des Firmengründers Friedrich Schröder im Jahre 1994 und der Verlagerung der Schröder Fahrzeugtechnik nach Wiesmoor wurde die Unternehmensgruppe 1995 neu gegliedert. Rüdiger Schröder übernahm die Schröder Fahrzeugtechnik GmbH und Günther Wilken erwarb den Oldenburger Betrieb, wo seitdem unter der Markenbezeichnung Wilken neben Aufbauten zwei- und dreiachsige Drehschemelanhänger, Tandemachser und Auflieger mit allen gewünschten Ausstattungsvarianten versehen werden.

Böseler-Kippanhänger, um 1980. (Foto: Ralf Weinreich)

Bothmann

Fritz Bothmann, Waggon- und Maschinenfabrik, Gotha 1925–1928

Das 1883 von dem Schlosser Fritz Bothmann (1858–1928) gegründete Unternehmen war im Karussell-, Schaustellerpack- und Wohnwagen- sowie im Waggonbau aktiv. 1898 legte Bothmann zusammen mit dem Kaufmann Louis Glück den Grundstein für die Gothaer Waggonfabrik (GWF). Aufgrund des enormen Kapitalbedarfs zogen sich die beiden Gründer um 1905 aus der GWF zurück. Mitte der 1920er Jahre des letzten Jahrhunderts erweiterte der Karussell-Fabrikant das Programm auf die Herstellung von Pritschenanhängern von 3,5 bis 7 t Nutzlast, von Zwei- und Dreiseitenkippern, Spezialroll- und Tankwagen.

Bothmann-Werbung, 1925.

Brandt

Brandt Kühlfahrzeugbau, Extertal-Bösingfeld, Bruchstr. 14, ab 1997 Bruchweg 10–13, 1985 bis heute

1934 erfolgte die Gründung der Firma Stellmacherei und Wagenbau Brandt. 1969 spezialisierte Werner Brandt das Unternehmen auf den Bereich Lebensmittel-Transportfahrzeuge und richtete als weitere Firma den Brandt Kühlfahrzeugbau ein. Zehn Jahre später rief Werner Brandt die Polarus-Gesellschaft ins Leben, die sich als Arbeitskreis selbständiger Anhänger- und Aufbautenhersteller verstand und die Entwicklung und den Bau von Kunststoff-Kühlkoffer- und Getränke-Fahrzeugen zum Ziel hatte. Eine Zusammenarbeit kam auf diesem Sektor mit der Firma Zikun in Riegel am Kaiserstuhl zustande. Mit der Präsentation von Kühlkoffer-Aufliegern im Jahre 1985 stieg der neugebildete Brandt Kühlfahrzeugbau selber in dieses Metier ein.

Ende der 1980er Jahre bestand die Brandt-Angebotspalette aus Kühl- und Tiefkühlfahrzeugen (für den Fischtransport) auf Motorwagen oder Auflieger mit drei Längskammern für unterschiedliche Temperaturen sowie aus Kleinviehanhängern. Um die Jahrtausendwende rundeten neben Motorwagen Einachsauflieger und Tandemachser mit Mehrkammer-Tiefkühlaufbauten und Durchladevorrichtung das Angebot ab. Als sich das Unternehmen übernommen hatte und der Gründer ausscheiden musste, trat der langjährige Verbundplatten-Lieferant Eurocon Oy aus Tuusula/Finnland in die neugebildete Firma Brandt Kühlfahrzeugbau GmbH & Co. KG ein. Heute stehen bei Brandt-Polarus Solo-Kühlfahrzeuge und Sonderfahrzeuge wie Kunst- und Blumentransporter, Mannschaftswagen und Wechselbrücken im Angebot.

Polarus-Brandt-Einachsauflieger für den Frischdienst, 1995.

Braun, Cordes & Hausendorf

Sattelmacher-Werkstätten für Automobile und Anhänger Braun, Cordes & Hausendorf, Hamburg, Eiffestr. 29/31

1. 1939–1947: Sattelmacher-Werkstätten für Automobile und Anhänger, Braun, Cordes & Hausendorf, Hamburg, Eiffestr. 29/31
2. 1947–1951: Sattelmacher-Anhänger Gustav Hausendorf, Hamburg, Eiffestr. 29–33

Unter der Marke »Sattelmacher-Anhänger« konnte sich dieses bis 1951 nachweisbare Hamburger Unternehmen im Bau der Einheits-Pritschenanhänger des Schell-Planes bis 8 t Nutzlast qualifizieren.

Braun

Georg Braun, Transportgerätebau, Mannheim-Neuostheim, Seckenheimer Landstr. 2a, 1949

Braun hatte Anhänger im Bereich von 3 bis 8 t Nutzlast als Pritschenwagen, als Kipper und als Langholzanhänger im Programm.

Brüning

Carl Brüning, Wernigeroder Lastwagenfabrik (Inh. Carl Hahn), Wernigerode, Dornbergsweg 25

1926–1948: Carl Brüning, Wernigeroder Lastwagenfabrik (Inh. Carl Hahn), Wernigerode, Dornbergsweg 25

1949–1951: Fahrzeugbau Brüning, Buxtehude

Das seit 1926 im Lkw-Anhängerbau tätige Unternehmen ging auf eine Gründung als Schmiedewerkstatt im Jahre 1806 zurück. Carl Brüning sen. begann 1872 mit dem Bau von Ackerwagen. Die Anhängerfertigung hatte in den 1930er Jahren eine Größe erreicht, dass das Unternehmen 1939 im Schell-Plan den Zuschlag zum Bau von Spezialanhängern erhielt, ohne dass bisher etwas darüber bekannt geworden ist.

1951 trat das nach Enteignung in Buxtehude neugegründete Unternehmen nochmals mit der Präsentation eines Thermoszuges mit Heck- und Seitentüren auf.

Bruns

Bruns Umwelt- und Entsorgungstechnik GmbH & Co. KG, Dalum, Industriestr. 26

1. 1970 (?)–1999: Bernhard Bruns Maschinenfabrik, Geeste (Emsland)
2. 1999 bis heute: Bruns Umwelt- und Entsorgungstechnik GmbH & Co. KG, Dalum, Industriestr. 26

Aus der 1949 gegründeten Landmaschinenhandlung Bruns in Geeste ging die Maschinenfabrik Bernhard Bruns hervor, die ab den 1950er Jahren landwirtschaftliche Anhänger fertigte. Mit Aufgrund des Rückganges der Nachfrage der landwirtschaftlichen Betriebe gab Bruns 1970 die Landmaschinentechnik auf. Die Fertigung von Behältern und Abfallpressen samt Fahrzeugen für die Umwelt- und Entsorgungstechnik stellt das neue Produktionsprofil des Unternehmens dar, das 1999 in die neue Fertigungsstätte Dalum verlagert wurde. Im Fahrzeugbau ist das Unternehmen mit Container-, Schlitten-, Muldenkipp- und Hinterkippfahrzeugen in Drehschemel-, in Tandem- und Tridemachsbauweise sowie mit Aufliegern präsent.

Bruns-Abrollbehälter-Lafette KA-TA-R-10,5, 2008.

Bunge

C. H. Bunge KG (GmbH & Co.), Hemelingen b. Bremen, Langenstr. 39, ab 1954 Stresemannstr., ab 1973 Bremen-Mahndorf, Von-Thünen-Str. 1, 1925–2003

Schmiedemeister Christian Heinrich Bunge (1870–1963) pachtete 1896 eine Schmiede für Hufbeschlag und Schmiedearbeiten in Bremen-Hemelingen und siedelte wenig später in die Hannoversche Straße über, um dort Kutschen zu bauen. Auf Initiative des Sohnes Wilhelm Bunge wandte sich der Betrieb auch der Fertigung von Jagdwagen, Chaisen und weiterer pferdebespannter Luxusfahrzeuge zu. Während des Ersten Weltkrieges beschäftigte sich Bunge mit der Herstellung von Heeres-Proviant- und -Munitionswagen. 1925 ging der Betrieb auf den Bau von Anhängern für die Landwirtschaft und für Fuhrbetriebe über. 1938 bestand das Bunge-Anhängerprogramm aus zweiachsigen Pritschenwagen für 3, 4 und 5,5 t und einem Dreiachser für 11,5 t Nutzlast. Auch ein Auflieger stand im Bunge-Repertoire. Im Schell-Programm war für Bunge der Bau von Einheits-Pritschenanhängern und Kippern vorgesehen; tatsächlich befasste sich das Bunge-Unternehmen mit der Herstellung von landwirtschaftlichen Anhängern und mit der Instandsetzung von Wehrmachts-Fahrzeugen, bis ein Luftangriff das Werk lahm legte.

Nach dem Wiederaufbau wurde das Angebot neben Pritschenwagen und Kippern auch auf Tieflader, Kühl- und Spezialfahrzeuge erweitert. Die Fertigung prosperierte, so dass 1954 ein neues, größeres Werk in der Stresemannstraße aufgebaut wurde.

1961 stieg Bunge auch in den Bau von Ölfeld-Spezialfahrzeugen ein, die in den Nahen Osten geliefert wurden. Der für den Heimatmarkt konzipierte dreiachsige Tankauflieger TAM 16,5/3 für 16.500 Liter Kraftstoff oder chemische Flüssigkeiten besaß einen mit Polyester ummantelten Stahlkessel. 1965 folgte im Rahmen der neuen gesetzlichen Vorgaben der dreiachsige Tankauflieger TAM 26,5/3 für chemische Flüssigkeiten, der ebenfalls eine Isolierschicht erhielt. Tieflader, Langholztransporter, Sattelkipper mit zwei Kippkästen und mittig aufgesetztem Teha-Ladekran, zweistöckige Autotransporter und Spezialaufbauten sowie Fahrerhäuser rundeten das Bunge-Programm der 1960er Jahre ab.

Schon rasch engagierte sich Bunge im Bau von Container-Fahrgestellen der Baureihe CSA 20 AZ, die auch für den Kombiverkehr auf Tieflade-Waggons der Bundesbahn geeignet waren. Die auf einem Container-Rahmen und mit Pritschen- oder Spanngardinen-Aufbauten versehenen »Tiltliner« sollten eine Alternative zum Stahlcontainer mit Hecktüren darstellen.

Erneut siedelte Bunge 1973 mit seinen 170 Mitarbeitern um und bezog ein neues Werk in Bremen-Mahndorf, verkehrsgünstig gelegen am Bremer Autobahnkreuz. Die große Hallenanlage ermöglichte die Montage der Fahrzeuge auf acht parallelen Fertigungsstraßen von je 280 m Länge. Vollautomatische Schweißgeräte in der Rahmen- und Kesselbauabteilung rationalisierten die Fertigung. Bunge blieb jedoch weiterhin bei der Auftragsfertigung. Kundenwünsche und damit »Aufbauten nach Maß« standen weiterhin im Vordergrund. An Neuheiten kamen jetzt überfahrbare 25-t-Tieflader in dreiachsiger Ausführung, Dreiachs-Großraum-Silo-Auflieger mit einem Fassungsvermögen von 56 m³ und dreiachsige Tankauflieger in runder Stahlbauweise für 35.000 oder in Leichtmetallausführung für 37.000 Liter Kraftstoffe und Heizöl, Kasten-Kippauflieger mit senkrechten Kantprofilen sowie Langeisen-Auflieger mit zwangsgelenkter Hinterachse hinzu. Für den Export in die Erdölregionen des Nahen Ostens entstanden Spezialfahrzeuge aller Art, darunter Ölfeldfahrzeuge. Gerade der Export in diese Länder bescherte dem Bremer Unternehmen ein solides Geschäft, machte das Unternehmen von den Risiken der dortigen politischen Lage abhängig.

1975 wagte sich Bunge erneut an den Bau von Autotransportern. Weitere Neuheiten stellten Tandemachsanhänger für 4 bis 6 t Nutzlast für den Verteilerverkehr und Paletten-Kofferanhänger und dreiachsige Edelstahl-Tankauflieger der Baureihe SA 22 AE für 25 t Nutzlast dar. Zwei Jahre später ergänzten der dreiachsige Kühl-Kofferauflieger KA 22 EL, ein isolierter Tanker für Bitumen und eine Container-Lafette das Programm. Und für den Export in den Nahen Osten entstanden dreiachsige Tankauflieger mit einem Fassungsvermögen von 55.000 Liter.

Als Anfang der 1980er Jahre der Export durch die krisenhafte Situation im Orient einbrach und kein geeigneter Nachfolger bereitstand, verkaufte die Familie Bunge das Unternehmen 1988 an die Sommer-Fahrzeugwerke. Für die in der Bundesrepublik expandierende Recyclingwirtschaft entwickelte das Werk den zweiachsigen Kippkasten-Auflieger HKSA 16 ELL für den Altglas-Transport. Ein weiteres Nischenfeld bildete 1987 der Bau der dreiachsigen Schubbodenfahrzeuge in Leichtmetallausführung mit einem Volumen von 70 m³.

Bunge-Pritschenanhänger für den Fernverkehr, um 1960. (Foto: Ralf Weinreich)

1989 konnte das Bunge-Werk erneut einen Auftrag aus dem Orient mit dem Bau von Bohrfeldversorgungs-Aufliegern ausführen; die für den Off-Road-Einsatz entwickelten Fahrzeuge waren für Lasten bis zu 50 t konzipiert.

In Reaktion auf das Tanklastwagenunglück von Herborn im Jahre 1987 gingen die Bunge-Konstrukteure auch an den Bau eines Sicherheitstankwagens. In Zusammenarbeit mit der Shell-Tochter Deugerd entwickelte Bunge einen Sicherheitstank-Auflieger. 1990 präsentierte das Werk dann den »BOSS-Liner« (für Bunge optimierte Sicherheits-Standards) mit schwerpunktmäßig abgesenktem 40 m³-Tank, Untenbefüllung und weiteren Sicherheitseinrichtungen wie Rückfahrkamera, ABS, hochgesetzten Rücklichtern und Arbeitsscheinwerfern.

Im gleichen Jahr konnte ein größerer Auftrag eines Kunden in Schweden abgewickelt werden. Die vierachsigen Drehschemelanhänger (mit Doppelachse im Drehschemel) der Baureihe AP 360 besaßen eine Baulänge von 12,6 m und eine Nutzlast von 27,5 t. Auf den schwedischen Straßen waren sie für die dort zugelassenen 52-t-Züge mit einer Gesamtlänge von 24 m vorgesehen. Als ein weiterer Bolide entstand in dieser Zeit der Tiefladeauflieger SATL 56 ZL mit zwei Dolly-Vorlaufachsen für eine Tragkraft von 100 t.

Ende der 1990er Jahre trafen die neuen Eigentümer die Entscheidung, das Werk auf das Metier Tankfahrzeuge unter der Bezeichnung »Sommer-Bunge« zu konzentrieren. Neuheit bildete der Sicherheitstankwagen auf dreiachsigem Anhänger für die Aufnahme von 25.000 Litern Flüssigkeiten mit Untenbefüllung. Das Fahrzeug war in selbsttragender Bauweise mit direkter Anbindung des neu entwickelten Drehschemels und des Hinterachsaggregats ausgeführt. Der nachgeschobene Zweiachser fasste 18.500 Liter. Hinzu kamen die Motorwagenaufbauten, so dass Bunge vom Heizölverteiler über den Anhänger bis zum Sicherheits-Auflieger in Standard- oder Leichtmetallausführung keine Wünsche offenließ. Schließlich rundete im Jahre 1997 ein Tandemachs-Tanker das Mineralöl-Fahrzeuggeschäft ab.

Im Rahmen der Reorganisation des Sommer-Fahrzeugbau-Unternehmens wurde das Bunge-Werk 2003 mit seinen inzwischen 200 Mitarbeitern geschlossen; die Tanker-Produktion wurde teilweise nach Bielefeld verlagert.

Bunge-Auflieger mit zwei Kippbrücken, 1962.

Bunge-Pkw-Transportanhänger, 1962.

Bunge-Druck-Saug-Tankauflieger, 1967.

Bunge-Tandemachs-Tankwagen, 2005.

Buschbaum

Fahrzeugwerke Buschbaum & Co. GmbH, Hannover-Langenhagen, Stader Landstr. 130, 1927–1955

Als Hersteller von Packwagen für das Schaustellergewerbe hatte sich das Buschbaum-Unternehmen etabliert. Um 1927 kamen Möbelwagenanhänger mit Kutscherbock oder mit Mannschaftskabine, Kofferanhänger, zwei- und dreiachsige Pritschenanhänger sowie Zwei- und Dreiseitenkipper mit Zahnstangen- und Hydraulik-Kippeinrichtung hinzu. Auch Auflieger »in jeder Ausführung» lieferten die Fahrzeugwerke Buschbaum (FWB). Der Schell-Plan berücksichtigte das Werk mit dem Bau von Einheitsanhängern in den Nutzlastklassen bis 8 t. Nach dem Krieg war das Unternehmen noch mit der Herstellung von Langholzanhängern und Möbelwagen sowie im Karosseriebau präsent.

Buschbaum 8-m-Möbelwagen mit integrierter Kabine, 1938.

Buschbaum-Dreiachs-Pritschenanhänger, 1938.

Carnehl

Heinrich Carnehl Fahrzeugbau, Pattensen, Joh.-Koch-Str. 13
1, 1962–1973: Heinrich Carnehl Fahrzeugbau, Pattensen, Joh.-Koch-Str. 13
2. 1973 bis heute: Carnehl Fahrzeugbau KG, Pattensen, Joh.-Koch-Str. 13, ab 1991 Pattensen-Wülfingen, Joh.-Koch-Str. 13

Mit der Pacht einer Werkstatt begann Heinrich Carnehl 1957 mit dem Fahrzeugbau. Mit dem Aufbau einer eigenen Werkshalle startete Carnehl 1962 mit der Fertigung von Aufbauten, von Anhängern und Aufliegern. 1991 wurde der Stammsitz nach Pattensen-Wülfingen verlagert, nachdem im Gewerbegebiet eine umfangreiche Hallenanlage errichtet worden war. Ein Jahr später kam das Zweigwerk in Wittstock/Dosse hinzu, das Baugruppen fertigt, die zur Endmontage nach Pattensen geliefert werden.

In Zusammenarbeit mit der Stahlbaufirma Swedish Steel AB (SSAB) entwickelte Carnehl die heute nicht mehr wegzudenkende Hardox-Halbschalenmulde. Carnehl setzte diesen Kipperaufbau aus hochabriebfestem Stahl auf Motorwagen und Aufliegerfahrgestelle. Nach langjährigen, umfangreichen Testversuchen begann Carnehl 1996 mit dem Serienbau dieser Mulden, die gegenüber der bisherigen Stahlmulde 1000 kg an Eigengewicht einsparte. Während zunächst das Aufliegerchassis in Domex-Stahl ausgeführt wurde, erhöhte 1999 die Verwendung von Leichtmetall erneut die Nutzlast. Zwei Jahre später weitete Carnehl das Pro-

Carnehl-Scubboden-Auflieger CSS/AL, 2015.

Carnehl-Kippauflieger, 2015.

gramm auch auf Zwei- und Dreiseitenkipper, Pritschenwagen für den Baustofftransport, auf Kofferwagen sowie auf Container-Fahrgestelle aus. Anstelle der 23 m³-Hardox-Halbschale konnte auch eine Leichtmetall-Mulde aufgesetzt werden. Ab 2004 umfassen die Aktivitäten auch den Bau des Tandemachs-Anhängers.

Nachdem 2007 eine Aluminium-Kastenmulde mit einem Fassungsvermögen bis zu 70 m³ in das Lieferprogramm aufgenommen worden war, folgte ein Auflieger für den Holz- und für den Container-Transport. Auch wenn Baustellenfahrzeuge weiterhin die Vorzeigeprodukte blieben, diversifizierte Carnehl seine Angebotspalette weiter. So folgten 2009 ein dreiachsiger Schubbodenauflieger in Leichtmetalltechnik nach dem Cargo-Floor-System mit einem Volumen von 92 m³ und ein Kipp-Sattelauflieger mit hydraulisch verschiebbarer Brücke für den skandinavischen Markt. Das Vorzeigeprodukt bildet der Kippsattelauflieger CHKS/AL mit Leichtmetall-Stahl-Fahrwerk. Eine Optimierung im Muldenbau stellte die Kombination von Hardox-Unterschale und Aluminium-Bordwänden dar. 2016 präsentierte das 220 Mitarbeiter starke Carnehl-Unternehmen ein teleskopierbares Chassis für die Aufnahme von Containern verschiedener Größen, einen Rungenauflieger sowie einen thermoisolierten Kippauflieger für den Bitumentransport.

Christmann

Christmann Fahrzeugbau GmbH & Co. KG, Biedenkopf, Ludwig-Grebe-Str. 3, 1949 bis heute

Aus der von Schmiedemeister Heinrich Christmann 1908 gegründeten Schmiede ging 1949 das Christmann-Unternehmen hervor, das sich auf den Bau von Lkw-Aufbauten und Anhängern konzentriert. Im Bereich Anhängerbau entstehen Pritschen-, Kipp-, Plateau-, Koffer-, Großraum- und Curtainsider-Anhänger auf Tandemachsfahrgestellen. Ein Einachs-Koffer- oder Curtainsider-Anhänger unter der Vermarktung »Anhänger mautfrei/light« rundet diese Baureihe ab. In einem weiteren Segment entstehen zwei- und dreiachsige Drehschemelanhänger, vorwiegend für den Baustofftransport. Darüber hinaus werden in Kleinserienfertigung Koffer-Auflieger mit luftgefederter und gelenkter Achse hergestellt. Ebenfalls entstehen nach Kundenwünschen zwei- und dreiachsige Curtainsider sowie Tiefbett-Curtainsider mit einem abnehmbaren Plateau für Werkzeugcontainer auf der Kröpfung über der Sattelvorrichtung.

Christoph & Unmack

Christoph & Unmack AG, Abt. Fahrzeugbau, Niesky, O. L., Muskauerstr. 1, 1925–1945

Ursprungs-Fertigungsbereich des 1882 von dem Tischler Christoph und dem Architekten Unmack gegründeten Firma mit dem Namen »Doecker'sche Barackenfabrikation Christoph & Unmack« in Neuhof bei Niesky war der Barackenbau, insbesondere für das Militär. Die Erfahrungen in der Holz- und Stahltechnik führten 1917 dazu, dass eine Waggonfabrik zusätzlich aufgebaut wurde. Fünf Jahre später kam es zur Fusion mit der

Christoph & Unmack-5-t-Anhänger, 1925.

Christoph & Unmack-Werbeanzeige von 1939.

1835 einst als Kupferschmiede und Maschinenschlosserei gegründeten, späteren J(ohannes) E(hregott) Christoph AG, Maschinenfabrik Niesky.

Nachdem seit dem Ersten Weltkrieg sporadisch Lkw-Anhänger gebaut wurden, ging das Werk 1925 zum Serienbau über. In der Abteilung Waggonbau fertigte das auf 4000 Personen angewachsene Werk Einachsanhänger für bis zu 1,5 und Zweiachsanhänger für 3 bis 5 t Nutzlast. Für Molkereien entstanden Spezialanhänger mit zwei Etagen zum Sammeln

Christoph & Unmack-Dreiachs-Tankanhänger für 10.000 Liter Inhalt, 1935.

der Milchkannen. Und für den Transport von schweren Maschinenteilen und Kesseln bot das Unternehmen in seinem Anfangsprogramm auch einen 15-t-Tieflader mit Doppelbereifung und einer 6 m langen Ladefläche an, der nur mit Sondergenehmigung eingesetzt werden konnte. Der rasche Erfolg mit diesen Modellen führte dazu, dass ab 1927 die weitere Abteilung »Fahrzeugbau« eingerichtet wurde.

Mitte der 1930er Jahre stand ein Zweiachser mit Rohrrahmen, Schwingachsen und Achsschenkellenkung für 3,5 t im Programm, der nach Patenten von Wilhelm Köhler, dem »Pionier der Obustechnik« entworfen worden war. Danach folgten ein Standard-Pritschenwagen für 8 t und ein Dreiachser für 10,5 t Nutzlast mit zwangsgelenkten Hinterachsen im Angebot. Für den Baustelleneinsatz gab es einen Zweiseitenkipper für 7 t Nutzlast und für den Langholz- und Langeisentransport konnte ein Rungenwagen geliefert werden. Den Dreiachser gab es auch als Kesselwagen für einen Inhalt von 10.000 Litern. Sattelschlepper-Auflieger für 4,5 und 8,5 t rundeten das Programm ab.

1939 gliederte das Unternehmen die inzwischen eingerichtete Abteilung Stahl- und Brückenbau aus, in der jetzt der Waggonbau untergebracht war. Nach 1939 sollte gemäß Schell-Plan nur noch ein 7,5-t-Zweiseitenkipper in Großserie gebaut werden. Während des Krieges konzentrierte sich Christoph & Unmack auf den Bau von zweiachsigen 2,5- und dreiachsigen 11-t-Pritschenwagen sowie auf den immer dringender werdenden Barackenbau. Nach dem Krieg erfolgte die Totaldemontage. Der Stahlbau Niesky hingegen blieb als VEB Waggonbau Niesky erhalten. Nach mehrfachem Besitzerwechsel nach der Wende ist der WBN Waggonbau Niesky GmbH weiterhin in diesem Metier tätig.

Christoph & Unmack-Dreiachs-Pritschenanhäner für 11,5 t Nutzlast, 1938.

Clark-Schumann

Clark-Schumann GmbH Fahrzeugwerk,
Kirchheimbolanden, An der B 40, 1968

Der Leichtmetall-Aufbautenhersteller Clark-Schumann GmbH Fahrzeugwerk richtete 1968 als Tochtergesellschaft das Clark-Schumann GmbH Fahrzeugwerk ein, das zweiachsige Container-Fahrgestelle zum Transport von zwei 20'- oder einem 40'-Container herstellte.

Cobolt

Cobolt-Fahrzeugbau, Bolte & Compart,
Hamburg, Süderstr. 131–133

1. 1935–1948: Stahl- und Behälterbau H. F. Christian Bolte, Abt. Fahrzeugbau, Hamburg, Süderstr. 133
2. 1948–1977: Cobolt-Fahrzeugbau, Bolte & Compart
3. 1977–1985: Cobolt-Fahrzeugbau, Carl Compart vorm. H. F. Christian Bolte

Aus dem 1884 gegründeten Stahl- und Behälterbau H. F. Christian Bolte ging Mitte der 1930er Jahre die Abteilung Fahrzeugbau hervor. 1938 trat Ingenieur Carl Compart (1902–1986) in das Unternehmen ein, das sich jetzt auch in der Marinetechnik engagierte. 1943 wurde er Teilhaber des von inzwischen Walter Bolte, Sohn des Firmengründers, geführten Unternehmens.

Nachdem das bei dem verheerenden Luftangriff 1943 zerstörte Werk wieder provisorisch eingerichtet war, sahen Walter Bolte und Carl Compart die Chance, mit dem verstärkten Anhängerbau in den aufnahmefähigen Markt der Trümmerbeseitigung einzusteigen. Als Glücksfall kam hinzu, dass sie eine erfahrene Gruppe der geflüchteten Fachkräfte des EVA-Werkes in Wismar, darunter den Chefkonstrukteur Carl Lange, für die Fahrzeugfertigung engagieren konnten.

Für die Abfuhr der Trümmerberge entwarf Lange einen Mulden-Schnellkipper mit 8 t Nutzlast, »Schlagkipper genannt«, wobei ähnlich wie bei Feldbahnloren eine große Kippmulde aufgebaut wurde. Später wurde das System auch auf Auflieger übertragen. Der Erfolg mit diesen Spezialanhängern führte 1948 zur Gründung der Firma Colbolt-Fahrzeugbau, Bolte & Compart, wobei aus den Namensteilen der Eigner das Kunstwort Cobolt hervorging.

Cobolt-Auflieger mit vier stehenden Kesseln für den Mehltransport, 1971.

Aber auch für den Zementtransport beim nun einsetzenden Wiederaufbau Hamburgs hatte Compart eine Idee, die das aufwendige Abfüllen und riskante Lagern der Zementsäcke ersparte. Er entwickelte für Großbaustellen einen Transportzug für losen Zement mittels stehender und liegender Behälter, die in letzterer Form hydraulisch angekippt werden konnten. Die Silo-Technik übertrug das Werk später auch auf den Transport staubförmiger Güter im Mineral- und Lebensmittelbereich. Als weitere Erzeugnisse des Cobolt-Werkes entstanden Stahlblech-Tankwagen für Kraftstoffe, für Schweröl und für Bitumen sowie Kipp- und Thermosanhänger.

In den frühen 1970er Jahren standen Mulden-Auflieger für den schweren Steinbrucheinsatz und Kippsattelauflieger sowie in der Abteilung Behälterbau vielfältige Siloaufbauten für Motorwagen und zwei- und dreiachsige Anhänger im Angebot. Spezialausführungen gab es für den Mineralöltransport und als kippbarer 16 m³-Schlammsaugwagen für Kommunalbetriebe.

Ab 1973 entstanden auch 52 m³-Großraumkasten-Anhänger für die Beförderung von 25 t Getreide, Granulaten und später Brauerei-Rohstoffen. Sonderausführungen bildeten dreiachsige Auflieger mit zwei und vierachsigen Export-Anhängern mit zwei stehenden Kesseln. 1977 konnte das Cobolt-Werk auf über tausend ausgelieferte Silofahrzeuge zurückblicken. 1977 war Compart in der Lage, die Nachkommen von Walter Bolte auszuzahlen, so dass er Alleineigentümer des Werkes wurde. Eine kleine Neuheit bildete in diesem Jahr der zweiachsige Behälteranhänger mit zwei stehenden Aluminium-Silos. Als 1985 nur umfangreiche Investitionen das Überleben des Werkes hätten sichern können, entschied sich Compart zur Auflösung des Werkes.

Cobolt-Siloauflieger, 1966.

Cordes

Cordes Fahrzeugbau GmbH, Rosengarten-Ehestorf, Sottorfer Dorfstr. 4

1. 1949–1951: Uelzener Wagenfabrik, Peter & Adolf Cordes, Uelzen, Oldenstädter Str. 74 u. Turmstr.
2. 1951: Peter Cordes, Uelzen
3. 1980–1983: Cordes Fahrzeugbau GmbH, Rosengarten-Ehestorf, Sottorfer Dorfstr. 4

Mit einem umfangreichen Fahrzeugprogramm trat die auf das Gründungsjahr 1836 zurückgehende Uelzener Wagenfabrik im Zuge der Währungsreform in Erscheinung. Bekannt wurden Pritschenanhänger, ein 6-t-Zweiseitenkipper und ein Langholzwagen sowie diverse Einachser, Nachläufer und landwirtschaftliche Anhänger. Das später in Rosengarten-Ehestorf bei Seevetal und ab 2002 in Buchholz in der Nordheide ansässige Fahrzeugwerk von Herbert Cordes trat um 1980 mit einem Tandem-Flachbettfahrzeug mit Auffahrrampen und einem Lebensmittel-Auflieger in Erscheinung.

Deckwerth

Fahrzeugbau und Entwicklungswerk Paul Deckwerth GmbH & Co. KG, Wurzen, Dresdener Str. 71, 1990 bis heute

Im Jahre 1928 begann Paul Deckwerth mit Autoreparaturen und wenig später mit der Herstellung von Koffer- und Pritschenaufbauten für Nutzfahrzeuge sowie dem Aufbau von Omnibuskarosserien. Nach dem Krieg stand der Wiederaufbau verschlissener Fahrzeuge auf dem Programm. Die technischen Fertigkeiten des Betriebes führten schließlich zur Entwicklung des Robur-Frontlenker- und des W 50-Doppelfahrerhauses. 1972 verfügte die DDR-Regierung auch hier die Verstaatlichung; Teile für den DFZ-Industrieschlepper und die W 50-Langfahrerhäuser fertigte der Betrieb. 1990 konnte der Enkel des Gründers das Unternehmen wieder übernehmen und dieses auf den Karosserie- und den Anhängerbau profilieren. Schwerpunkte des Deckwerth-Betriebes im Anhängerbereich sind unter anderem maßgeschneiderte zwei- und dreiachsige Drehschemel- und Tandemanhänger in Normal- und Niedrigbauweise mit verschiedenen Aufbauarten sowie ein-, zwei- und dreiachsige Auflieger. Tieflade-Anhänger mit Radmulde für den Transport von Traktoren, Gabelstaplern und Maschinen bis zu einem Gesamtgewicht von 30 t ergänzen das Fertigungsprogramm.

Deckwerth-Dreiachsanhänger mit Bordwandpritschenaufbau, 2009. (Foto: Deckwerth)

Deckwerth-Einachs-Isolierkoffer für 7,5-t-Zug, 2016. (Foto: Deckwerth)

Deckwerth-Dreiachs-Tiefladeanhänger für 30-t-Nutzlast mit Radmulde, umrüstbar als Container-Transporter, 2017. (Foto: Deckwerth)

Deckwerth-Dreiachs-Pritschenanhänger in Niedrigbauweise, 2017. (Foto: Deckwerth)

Deißner

Aug. Deißner & Sohn, Fahrzeug- u. Karosseriefabrik, Köthen/Anhalt, Dr.-Krause-Str. 22/35, 1936–1945

Das seit 1936 im Anhängerbau tätige Unternehmen erhielt 1939 im Schell-Programm den Zuschlag zum Bau von Einheits-Anhängern und Kippern bis zu 8 t Nutzlast.

Demmler

Johann Demmler KG, Inh. Joh. Demmler jun.
E. K. Fahrzeugbau, Wertingen-Geratshofen, Gewerbestr. 5
1993 bis heute

Der seit 1898 bestehende Betrieb des Pius Demmler beschäftigt sich vorwiegend mit landwirtschaftlichen Fahrzeugen. Johann Demmler jun. weitete das Programm 1993 auch auf den Bau von dreiachsigen Tiefladern aus. Inzwischen umfasst die Produktionspalette neben den Agrarfahrzeugen Tandemachser mit Pritsche, Tieflader mit zwei, drei und vier Achsen sowie Schubbodenauflieger.

Demmler-Tiefladeanhänger mit zusammenfaltbaren Auffahrrampen, 2000. (Foto: Demmler)

Demmler-Schubbodenauflieger mit hydraulischer Hecköffnung, 2017. (Foto: Demmler)

Deutsche Fruehauf

Deutsche Fruehauf GmbH & Co. KG,
Schierling, Fruehaufstr. 7, ab 1969 Kassel, Credéstr.,
ab 1973 Neu-Isenburg-Gravenbruch,
ab 1984 Kerpen-Sindorf, Hüttenstr. 126–138, 1963–1996

Der US-Konzern Fruehauf Corp. in Detroit, damals weltweit größter Hersteller von Anhängern, Aufliegern, Container-Lafetten und Spezialfahrzeugen, engagierte sich ab 1963 in der Anhängerproduktion in der Bundesrepublik. Im Werk in Schierling der Georg Unterholzner GmbH, das zunächst als Gemeinschaftsunternehmen und dann Zug um Zug übernommen worden war, sollten ausschließlich Sattelauflieger nach US-Modellen gefertigt werden. Zunächst entstanden jedoch nach Unterholzner-Vorbildern dreiachsige Pritschenanhänger für 16,7 t Nutzlast, zwei- und dreiachsige Kipper mit Super-Single-Bereifung und Luftkipptechnik sowie zweiachsige Speditions-Auflieger mit einer Nutzlast von 24 t. Ein BPW-Achsaggregat »System Schmitz« kam bei den Dreiachsern zur Verwendung.

Für die erwarteten neuen gesetzlichen Bestimmungen über die höchstzulässigen Gewichte und Maße für Nutzfahrzeuge folgte als weitere Baureihe ein dreiachsiger 12,3-m-Auflieger mit kurzem Radstand und mit zwangsgelenkter, auf einem Kugeldrehkranz angebrachter letzter Achse

Fruehauf-Zweiachs-20'-Containerlafette, 1968.

Fruehauf-Dreiachs-Dreiseitenkipper KA 22, 1971.

mit einer Nutzlast von 26,5 t für den 38-t-Zug. Auf die Unterbauten konnten auch Kastenaufbauten in Aluminiumtechnik nach US-Vorbildern für 21 bis 25 t Nutzlast oder auch Siloaufbauten mit Restlos-Entleerungstechnik mit einem Fassungsvermögen von 24 m³ aufgesetzt werden. Und im Bausektor war Fruehauf mit einem Tieflader und einem Hinterkipp-Auflieger vertreten.

Gegen Ende der 1960er Jahre verlegte das amerikanische Unternehmen die Verwaltung in das Areal des ehemaligen Credé-Straßenbahn-Werks in Kassel. Gleichzeitig forcierte Fruehauf jetzt den Bau von Lafetten der Baureihe PA 22 für den Transport von 20'- und 40'-Container. Weitere Neuheiten bildeten der zweiachsige Kühlkoffer-Auflieger KS 16/15 und der neue 16-t-Kippanhänger BKD 17.

1970 gelang es der Deutschen Fruehauf, das Hamburger Vidal-Karosserie- und Fahrzeugwerk zu erwerben. Zwei Jahre später verkaufte Carl-Wilhelm Kölker, Eigentümer des Ackermann-Fahrzeugwerkes, sein Unternehmen an die US-Gesellschaft. Die neugebildete Ackermann-Fruehauf GmbH (AF) mit Sitz anfänglich in Neu-Isenburg-Gravenbruch wurde von dem US-Investor zunächst einer harten Reorganisation unterzogen. So wurde das Wuppertaler Ackermann-Werk auf die Fertigung geschlossener Aufbauten, das Zweigwerk in Treis auf Wechselaufbauten (»Eurotainer«), das ehemalige Hamburger Vidal-Werk und das Schierlinger Werk auf die Fertigung von Pritschen- und Kipp-Anhängern. Kippauflieger mit Aluminiummulde, Tiefladern und Container-Lafetten ausgerichtet.

Fruehauf-Kipp-Sattelauflieger KS 16/15, 1972.

In Bad Nauheim baute das 1980 übernommene Karosseriewerk Friedrich Stoll Möbel-, Ausstellungs- und Toilettenwagen-Aufbauten. In Hamburg-Wandsbeck bestand das Hermann-Karosseriewerk als Niederlassung II und in Berlin das Wingert-Fahrzeugwerk als Niederlassung III. Die 1982 in die AF integrierte französische Benalu-Fahrzeugwerke brachten weitere Erfahrungen in der Aluminium-Technik insbesondere für den Muldenkipper-Bau mit.

1981 ergänzten Tandemachser, Vierrad-Tieflader für die Aufnahme von Schwerlasten oder Baumaschinen bis zu 50 t sowie Hinterkipp-Auflieger mit robusteren und preiswerteren Stahl-Mulden das Angebot.

Nachdem 1984 eine Zusammenarbeit mit dem Peter-Bauer-Werk in Köln aufgenommen, das Bauer-Werk in Sindorf bei Köln angemietet und der Sitz der AF-Gruppe nach Kerpen-Sindorf verlegt worden war, kam es 1985 zu einer weiteren Einkaufstour an angeschlagenen Unternehmen. Zunächst wurden die in Konkurs geratenen Staufen-Fahrzeugwerke in Eislingen/Fils übernommen, aber schon 19987 wieder abgestoßen.

Das große Rad drehte sich weiter. Die amerikanische Fruehauf-Corporation gliederte 1987 ihre europäischen Werke aus und fasste diese zu Beginn des Jahres 1988 in der S.E.S.R.-Eurotrailer S.A. mit Sitz in Paris zusammen, die zu 40 Prozent der Fruehauf Corp. in Detroit/USA und zum weiteren Großteil zum US-Baumaschinen-Konzern Terex Corp. in Green Bay gehörte. Im Zuge dieser Reorganisation kamen weitere Hersteller in Großbritannien und in den Niederlanden hinzu. Diese internationale Gruppe kam auf einen beachtlichen Marktanteil von 25 Prozent.

Und im wirtschaftlichen Boom der deutschen Wiedervereinigung wurde 1991 ein Werk in Berlin und der Karosserie- und Fahrzeugbau GmbH in Oschersleben erworben. Aber schon 1993 waren harte Einschnitte aufgrund der Sättigung des Marktes notwendig. AF versuchte sich auf Schwerpunkt-Baureihen mit einem einachsigen Kühlsattelauflieger für die City-Logistik und den dreiachsigen Schiebeplanen-Auflieger »Speedliner« zu konzentrieren. Das Baustellen-Fahrzeugprogramm übernahm die französische Tochtergesellschaft Benalu.

Die weiter zurückgehende Auftragslage nach dem »Wiedervereinigungs-Boom« führte 1996 zum Zusammenbruch des Firmenkonglomerats. Nach einem Insolvenzverfahren wurden die deutschen Werke der AF-Gruppe geschlossen.

Fruehauf-Sattelauflieger »Speed Slider« mit Schiebeplane, 2000.

Fruehauf-Sattelauflieger »Speed Slider« mit Schiebeplane, 1967.

Dickertmann

Gebr. Dickertmann Hebezeugfabrik AG, Bielefeld, 1951

Mit der kurzzeitigen Herstellung von Zweiseiten-Kippern im Bereich von 3 bis 10 t Nutzlast trat Dickertmann auf.

Dickertmann-Werbung, 1951.

Dinkel

Kurt Dinkel Karosserie- und Fahrzeugbau GmbH, Wertheim/Main, Schwarzwaldstr. 16

1. 1949–1960: Christoph Dinkel Fahrzeugbau, Wertheim/Main, Vaitstr. 2
2. 1960 bis heute: Kurt Dinkel Karosserie- und Fahrzeugbau GmbH, Wertheim/Main, Schwarzwaldstr. 16

Eine Traditionsfirma steigt in den Fahrzeugbau ein

Die Firma Dinkel existiert mit urkundlichem Beleg seit dem Jahr 1540, als Nikolaus Dinkel eine Schmiede eröffnete. Dinkel gilt somit als ältestes Unternehmen in der Branche Fahrzeugbau, zumal stets die Wagnerei dominierte. Bis zum Zweiten Weltkrieg stand der Bau von landwirtschaftlichen Anhängern im Vordergrund der »Dinkel'schen Schmiede mit Fahrzeugbau«.

Nach dem Krieg wandelte sich das Werk vom Schmiede- und Wagnereibetrieb konsequent zu einem leistungsfähigen Karosserie- und Fahrzeugunternehmen. Unter der Leitung von Christoph Dinkel sen. (1893–1965) entstanden in den späten 1940er Jahren zunächst Pkw- und Landwirtschafts-Anhänger sowie Tieflader.

Dinkel-Dreier-Brückenzug mit Lenkachse, 1958.

Seit 1957 war Dinkel mit einem leichten Pritschen-Sattelauflieger für 3-t-Sattel-Zugmaschinen präsent, wobei dieser Brückenzug mit dem damaligen Führerschein der Klasse III gefahren werden konnte. Eine patentierte Lenkachse ermöglichte ein sicheres Verhalten beim Rückwärtsfahren. Ein neues Werk im Wertheim-Bestenheider Industriegebiet konnte in dieser Zeit bezogen werden. 1959 präsentierte Dinkel auf der Frankfurter IAA erstmals Motorwagen und Anhänger mit GFK-Kunststoffaufbauten; das eigene SKW-Sandwich-Karosseriewerk ging aus dieser Entwicklung hervor.

1965 baute das Werk wendige Kippsattel-Auflieger mit der zwangsgelenkten Nachlaufachse für die leichten Sattelzugmaschinen von Hanomag, Opel und DB. Eine Frontpresse hob die 6-m-Brücke an, die für die Aufnahme von 5,3 m Schüttgut ausgelegt war.

Neue Schwerpunkte in den 1990er Jahren

Seit Beginn der 1990er Jahre befasst sich das Werk mit Transportlösungen für die Getränkeindustrie. Klappkoffer-Aufbauten für die Getränke- und Trockenfrachtbeförderung mit Dreschemel- und Tandem-Anhängern stehen dabei für den City-Verkehr im Vordergrund. Mit einer außergewöhnlichen Konstruktion konnte Dinkel 1993 aufwarten: für einen schwedischen Kunden konstruierte und baute das Werk Tridem-Koffer-Anhänger für 18,5 t Nutzlast.

1999 stellte Dinkel einen Seitenlader-Aufbau vor, der auf der einen Seite mit Klappwand-Öffnung für das Be- und Entladen mit einem Gabelstapler, auf der anderen Seite mit einer aus der unteren Bordwand gebildeten Hubplattform. Über Hydraulik-Zylinder, einem wartungsarmen Zahnrad-

Dinkel-Stufenauflieger mit Curtainsideraufbau für den Maschinentransport, 2006.

Dinkel-Volumenauflieger mit zweifach gekröpftem Rahmen, 2008.

system und einer doppelten Seilführung könnten die bis zu 7,6 m langen unteren Bordwände mit einer Tragkraft von einer Tonne gesenkt und gehoben werden. Die obere Seitenwand wird in Unter- und Oberdachausführung mit Federmechanismus geliefert. Die unter der Bezeichnung »Magnus« eingesetzte Zahnrad-Hebeltechnik hat sich Dinkel patentrechtlich schützen lassen. Für die Stapler-Beladung lässt sich das Dach anheben.

Die Seitenlader-Einrichtung, auch unter der Bezeichnung »Kombilader« vermarktet, wird mit Schiebplanen- und Rollplanensystemen ergänzt und findet Zuspruch für Getränketransport im Fernverkehr. Heute führt der zweifach gekröpfte Dreiachser DSAG 36000 als Jumbo-Auflieger diese Baureihe an. Seit dem Jahre 2000 entstehen Volumenauflieger mit Schiebeplane und Hubdach. Kippaufbauten und Containerfahrgestelle rundeten diese Disziplin ab.

Und in einem weiteren Sektor entstehen Sonderfahrzeuge mit Einzelradaufhängung oder mit Sonderkröpfungen und Schwanenhalsausführung für eine extrem niedrige Tiefbettbrücke.

Einen Zweigbetrieb mit zunächst 25 Beschäftigten gründete Firmeninhaber Kurt Dinkel unter dem Namen Karl Dinkel Karosserie-Fahrzeugbau BED im Jahre 1991 in Brand-Erbisdorf, wo einst mit dem Elite- und dem Ostner-Fahrzeugwerk eine respektable Automobilindustrie ansässig war.

Dinkel-Tandemachser mit Getränkeaufbau, 2017.

Landwirtschaftskipper nach »Kumlin-Bauart« und variationsreiche Auflieger

Als das Kumlin-Unternehmen 2002 in Schwierigkeiten geraten war, sicherte sich Dinkel den Markennamen und die Konstruktionsrechte. Neben palettenbreiten Aufbauten entstehen hier Großraum-Kippauflieger nach »Kumlin-Bauart« der Baureihe SK 34/1. Die Volumenausführungen können als Hinterkipper mit Aluminiummulde oder als Dreiseitenkipper mit Pendel- oder mit abklappbaren Bordwänden ausgeführt werden. Auch Drehschemelanhänger der Baureihe AK 18/3 für den Baustofftransport sowie hochbordige Anhänger mit pneumatischer oder mechanischer Förderung für Agrarprodukte führt Dinkel seitdem im Programm.

2005 präsentierte das Traditionsunternehmen einen großvolumigen Tiefbettauflieger vom Typ DSATMI 38.800 zum Maschinentransport mit vier hydraulisch gelenkten Achsen. Über ein einzigartiges Abkoppelungssystem können beispielsweise Baumaschinen rampenlos abgefahren werden. Mit Schiebeplanen oder Rolloplanen kann hier das Transportgut abgedeckt werden.

Um die Transportkapazität zu erhöhen, machte sich das mainfränkische Unternehmen 2008 auch an den Bau eines doppeltgekröpften, zwangs-

Dinkel-Curtainsiderauflieger, 2015.

Dinkel-Baustoffanhänger, 2014.

Dinkel-Kastenauflieger für den Getreidetransport, 2017.

gelenkten Aufliegers mit Volumenaufbau. Mit dem Getränketransporter vom Typ DTAKWLW 18000 erschien um 2010 eine neue Generation an Tandemachsern, die sich durch die Tiefkupplung, durch die »Magnus«-Überdach-Schwenkwandtechnik und durch die heckseitiger Ladebordwand auszeichnet. Mit Jumbo-Planenaufbau, Portaltüren im Heck und einer Staplerhalterung zeigt sich der in Leichtbauweise ausgeführte und tiefgekuppelte Typ DTA 19000 als weiterer Tandemachser. Und für die Bauwirtschaft steht der Typ DTA in Leichtbauweise mit einer Dautel-Kippbrücke zur Verfügung.

Weitere Neuheiten stellen die Trailer in Vollaluminium-Bauweise dar, darunter der zweiachsige Mega-Curtainsider-Auflieger DSAPP 32000 und der gekröpfte Sandwichkoffer-Auflieger DSAKO 32000 mit Vertikal-Hubladebühne als Abschluss sowie der Dreiachs-Curtainsider DSAPP 39000. Dieses Modell kann in einer Sonderausführung auch mit Coilmulde für Blechrollen oder für stehende Papierrollen genutzt werden. Weitere Spezialitäten stellen inzwischen der vierachsige Mega-Auflieger DAS TMV 50000 in gekröpfter Ausführung mit hydraulischer Rampe als Abschluss, der fünfachsige Mega-Auflieger DSATMV 56000 in gekröpfter Ausführung mit Vorlaufachse und gelenkter vierter und fünfter Achse und der zweiachsige Tiefbettauflieger DSATMV 42000 mit hydraulischer Zwangslenkung sowie vorderer und hinterer Fahrgestellkröpfung dar.

Für den Langmaterialtransport ist der Pritschenauflieger DSAPLV 32000 mit Ausziehschlitten, Zwangslenkung beider Achsen und einem Langarm-Ladekran konzipiert. In Leichtbauweise steht der dreiachsige Pritschenauflieger DSALRV 39000 zur Verfügung, der auch mit einem Ladekran versehen werden kann. Für den Transport von Maschinen, Forstmaschinen und Baumaschinen hält Dinkel ein breites Programm an Tiefladeaufliegern, darunter den gekröpften Dreiachser DSAT mit Rampen und Radmulden bereit.

Im Bereich der Anhänger fertigt Dinkel in der Baureihe DAP 18000 Standard-Pritschen- und Koffer- sowie Niedrigrahmen-Fahrzeuge mit Pritschenaufbau für den Container- und Baumaschinentransport. Schließlich runden der Einachsanhänger DEAJ 1100 und ein Tridemachser mit Volumenaufbau das Angebot ab.

Dittmann

Dittmann Fahrzeugbau GmbH,
Berlin-Wittenau, Lübarser Str. 18–22, 1922–1956

Das sich als »Spezialfabrik für jeden Zweck bezeichnende« Unternehmen war einerseits aus einem Kutschenbau seit dem Jahr 1823 und der Gesellschaft für Elektromobilbau hervorgegangen, die sich mit der Herstellung von Elektrofahrzeugen befasste. Seit 1913 konzentrierte das Dittmann-Werk seine Aktivitäten in neuen Hallen in der Lübarser Straße, wo Spezialaufbauten für Sanitäts- und Fernmeldefahrzeuge des Heeres entstanden. 1922 stellte der Dittmann Fahrzeugbau, der von 1922 bis 1926 zur Elitewagen AG gehörte, neben Aufbauten für die Elite-Wagen erstmalig einen Anhänger für Schüttgüter vor, dessen Wagenboden V-förmig gestaltet war, so dass nach Öffnen der Bordwände der Inhalt nach rechts oder links herunterfiel. 1933 ist der Bau von Langholzwagen, 1936 von Möbelwagen und Anhängern mit seitlicher Planenverkleidung, ähnlich den heutigen Gardinen-Verkleidungen, nachweisbar. 1938 bestand das Dittmann-Programm aus Zwei- und Dreiachsern mit Nutzlasten von 5, 8 und 11,5 t.

Dittmann-Werbung, 1925.

Dittmann-Speziallastzug mit Schüttgutaufbauten, 1937.

Dittmann-Dreiachs-Pritschenwagen, 1953. (Foto: Wolfgang Kohl)

Ein Unikat stellte in diesem Jahr die »Fahrbare Gastankstelle« dar. Auf einem zweiachsigen Auflieger waren auf der Pritsche die Gastanks untergebracht, im Heck befand sich die Arbeitskabine. Im Schell-Plan wurde das Unternehmen mit dem Bau von zwei- und dreiachsigen Einheits-Anhängern und zweiachsigen Kippern bedacht. Für die Wehrmacht lieferte Dittmann 5-t-Einheitsanhänger, dreiachsige 11-Tonner sowie dreiachsige Tieflader für 20 t Nutzlast.

Nach dem Krieg entstanden bis etwa 1956 zwei- und dreiachsige Ferntransportanhänger.

Dittmann-Auflieger als Gastankstelle, 1937.

Döbbing

Aug. Döbbing, Münster i. W., Bült 8, 1939–1945

Dieses bislang unbekannte Unternehmen erhielt 1939 im Schell-Programm den Zuschlag zum Bau von Einheits-Anhängern und Kippern bis zu 8 t Nutzlast.

Döhle

Chr. Döhle, Fahrzeugbau, Bremen, Vor dem Steintor 141, ab 1937 Richard-Dunkel-Str., ab 1939 Vulkanstr. 33, ab 2005 Solinger Str. 1925 bis heute (mit Unterbrechungen)

Der Schmied Christian Döhle begann 1891 mit dem Bau von Pferdewagen und Kutschen. Um 1925 stieg das Unternehmen in den Bau von

Lkw-Anhängern ein. 1936 präsentierte Döhle seinen ersten Dreiachs-Tieflader zum Transport schwerster Lasten. Ein Jahr später bezog das Unternehmen ein neues Werk, um der gestiegenen Nachfrage Herr zu werden. Anhänger und Aufbauten in allen Größen standen jetzt im Angebot. Das Schell-Programm teilte dem Unternehmen den Bau von Einheits-Zweiachsanhängern und Kippern bis 8 t Nutzlast zu.

Nach dem Krieg stand zunächst die Aufarbeitung von US-Jeeps im Vordergrund. 1948 konnte Döhle wieder Anhänger fertigen. Für Schwertransporte im Werksverkehr entstanden 1966 Tieflader mit jeweils zwei Drehgestellen vorne und hinten, vollgummibereift. Seit 1969 beteiligte sich Döhle wieder im Bau von zwei- und dreiachsigen Pritschenwagen für den Fernverkehr. Anhänger mit Leichtmetallaufbauten erweiterten 1974 das Programm und vier Jahre später präsentierte Döhle seinen ersten Tandem-Anhänger. 2001 entstanden Dreiachs-Anhänger mit Liftachse und variablen Schienen zur Ladungssicherung. In der 2005 bezogenen neuen Fabrikationsstätte entstehen neben Aufbauten Anhänger bis 20 m Länge mit Gesamtgewichten von 3,5 bis 40 t, ein- und zweiachsige Auflieger, sowie Tandemachser.

Doll

Emil Doll Lastwagenbau, Oppenau/Baden, Robert-Wagner-Str. 296

1. ab 1936: Emil Doll Lastwagenbau KG, Oppenau/Baden, Robert-Wagner-Str. 296, ab 1975: Industriestr. 13
2. bis 2008: DOLL Fahrzeugbau GmbH
3. 2008–2014: DOLL Fahrzeugbau AG
4. 2014 bis heute: DOLL Fahrzeugbau GmbH

Johann Georg Doll gründete 1878 in Oppenau eine Schmiede, die Kutschen aller Art sowie »Waldgeschirr«, also Äxte und Haumesser herstellte. Sein Sohn Emil Doll übernahm 1910 den in Kundenkreisen »Dollenschmiede« genannten Betrieb. Dieser löste sich vom Kutschenbau und

Doll-Dreiachs-Pritschenanhänger Norm 22 mit Spriegel, 1978.

Doll-Dreiachs-Viehtransportanhänger V 430 mit vier Etagen, 1985.

Doll-Langmaterialauflieger mit Teleskopeinrichtung, 1995.

setzte um 1936 auf die Herstellung von Anhängern für die aufkommenden Lastwagen. Die Produktionsgröße des Schwarzwälder Unternehmens führte dazu, dass das Werk im Schell-Plan für die Serienherstellung von Einheits-Zweiachsanhängern und Kippern bis 8 t Nutzlast berücksichtigt wurde.

Einen Schwerpunkt bildete in den 1950er Jahren der Bau von Langholz-Transportern, die auch in großem Maße nach Afrika exportiert wurden. 1969 baute Doll mit der Fertigung von Aufliegern der Baureihe DSA 20 für den Transport von Paletten oder 40‘-Containern neben den Selbstlenknachläufern der Baureihe DSB ein zweites Standbein auf.

In den 1970er Jahren erweiterte das Unternehmen kontinuierlich die Produktpalette für Sonder- und Spezialfahrzeuge. So füllten zweiachsige Selbstlenk-Anhänger der Baureihe 2 DS 16 für den Langholztransport, der weiterentwickelte Auflieger der Baureihe DSA 22, der dreiachsige Drehschemelanhänger VB 25 mit 22 t Gesamtgewicht, Tieflade-Anhänger für Schwertransporte mit zwei und drei Achsen und elektrischer Steuerung das Programm aus. Auch in den Bau von klassischen Pritschenanhängern mit niedriger Ladehöhe unter Verwendung kleindimensionierter Zwillingsbereifung stieg das Unternehmen ein.

Das nach Expansion strebende Werk bezog 1975 ein neues Domizil im Oppenauer Industriegebiet und richtete gleichzeitig ein Zweigwerk in Kassel ein. Die Produktionskapazitäten ließen jetzt auch die Fertigung von dreiachsigen Pritschen- und Kofferanhängern für den Fernverkehr zu. Darüber hinaus entstanden auch erste zweiachsige Baustellenkipp-Auflieger mit Kastenmulde. Und das Traditionsprogramm an forstwirtschaftlichen Fahrzeugen wurde um den Universal-Auflieger 2 DSA 20 »Tydraul« mit spurgelenktem Trio-Aggregat, hydraulischer Teleskopierbarkeit und mit Ladekran für Lang- und Kurzholz erweitert. 1978 präsentierte der auf 340

Doll-Schubbodenauflieger »Combi-Floor«, 1997.

Doll-Tiefladeauflieger T2M mit elektro-hydraulisch gelenktem Hinterachs-Aggregat, 2001.

Mitarbeiter angewachsene Spezialist für Holztransporte seinen ersten dreiachsigen Pritschen-Auflieger mit Spriegel und Plane unter der Typenbezeichnung 3 DSA 22 und der teleskopierbare Langholz-Auflieger konnte auch mit einem vierachsigen BPW-Fahrwerk geliefert werden.

In den frühen 1980er Jahren hatten der Kofferauflieger in Sandwich-Bauweise mit Metallverkleidung und GFK-Futter sowie die Jumbo-Ausführung des Niedrigbauweise-Anhängers Premiere. 1985 erhielt der Koffer-Auflieger einen Rollboden zum Transport von Luftfrachtpaletten; die zweiachsigen Nachläufer mit Schemelaufbau für den Holztransport gab es jetzt in aufprotzbarer Version. Wenig später folgte ein dreiachsiger Großraum-Auflieger mit drei oder vier Etagen für den Transport von Lebendvieh im Fernverkehr.

Mit Beginn der 1990er Jahre widmete sich Doll wieder seiner ursprünglichen Domäne. Im Bereich der Langholztransporter entstand die überarbeitete ein- bis dreiachsige Systemreihe »Doll Ratio« mit hydropneumatischer Lenktechnik. Unter der Bezeichnung »Vario« wurden die Modelle mit zusätzlich teleskopierbarem Heckauszug geführt. Und der Variantenreichtum kannte keine Grenzen. So wurde der zweiachsige Drehschemel-Sattelauflieger M 182 auch für den Transport großer Bauelemente präpariert. Den selbstlenkenden Langholznachläufer gab es jetzt mit einem vierachsigen Aggregat, dessen erste und letzte Achse hydropneumatisch gelenkt wurden. Auch mit diesem Modell ließen sich bis zu 85 t schwere Betonteile transportieren. Hinzu kam ein Plattform-Anhänger, der mit Steckrungen versehen, aber auch für verschiedene Aufbauten genutzt werden konnte. Ab 1995 erschien das verbesserte Modell unter der Bezeichnung D 342, das zweimal um 7 m verlängert werden konnte.

Mitte der 1990er Jahre erweiterte Doll das Fabrikationsprogramm mit der zweiachsigen Lafette P 181 für den Transport von Abrollbehältern und dem Kasten-Auflieger »Combi Floor« mit Schubboden für den Transport von Holzspänen, Getreide und Futtermittel. Die Vario-Technik übertrug Doll jetzt auch auf die zwei- bis fünfachsigen Sattelauflieger in Plateau- oder Tiefbettausführung. Unter Nutzung der Elemente dieser Baureihe folgten dreiachsige Chassis der Baureihen SC 20, SC 30 und SC 45 GV zur Aufnahme von Containern.

Für die Bundeswehr lieferte Doll 1996/97 zweiachsige Tiefladeanhänger für 6,5 t Nutzlast und zweiachsige Container-Auflieger für 25 t Nutzlast. Zur Jahrtausendwende bot der Spezialfahrzeug-Hersteller den sich als ein Erfolgsmodell entpuppenden Schubboden-Auflieger mit nietenfreiem Aluminium-Aufbau in den Versionen mit Seitentüren, Getreideauslauf am Heckportal und hydraulisch aufklappbarem Dach an. Und für die Entsorgungswirtschaft präsentierte das Unternehmen einen Dreiachs-Auflieger mit konischem Muldenaufbau zur Aufnahme von 91 m³ Müll.

2001 straffte Doll das Programm auf die echten Zugpferde des zu den weltweit führenden Herstellern von Holztransport- und Spezialfahrzeugen. Die drei Schwerpunkte liegen jetzt bei den Schubboden-Aufliegern, den aufprotzbaren Nachläufern für Holzlängen bis zu 22 m und den Kurzholz-Anhängern mit zwei oder drei Achsen und variabler Rungeneinteilung, den Aufliegern der Baureihe »Logo« und bei dem Tiefbett-Auflieger der Baureihe T 2 H »Vario«, die auch für den Container-Transport mit entsprechender Verriegelung ausgestattet sind.

Nachdem 2004 ein Tandemachser für den Kurzholz-Transport hinzugekommen war, folgte wenig später ein siebenachsiger Tiefbett-Auflieger zum Transport von 80 t schweren Gütern. Das Fahrzeug ließ sich doppelt oder dreifach bis auf 50 m Länge teleskopieren.

Im Jahre 2008 ging die bisherige Doll Fahrzeugbau GmbH in eine nicht börsennotierte Familien-Aktiengesellschaft über. Die bedeutenden Exportaufträge auf Holztransporter, aber auch auf Spezialfahrzeuge in Offroad-Ausführung für Bohrgeräte und Militärfahrzeuge erforderten eine höhere Kapitalausstattung. Ein Jahr später eröffnete das Unternehmen eine neue Produktionsstätte in Mildenau unter der Firmierung DOLL Sachsen GmbH, die hauptsächlich die Doll-Produkte für Osteuropa fertigt. Trotzdem führte diese zukunftsfreudige Expansion 2014 zur Insolvenz des inzwischen 400 Mitarbeiter starken High-Tech-Fahrzeugbauers. Das Unternehmen wurde von einer Berliner Beteiligungsgesellschaft übernommen und firmiert wieder unter der Rechtsform einer GmbH; die Familienmitglieder mussten ausscheiden.

Doll-Kurzholzzug mit Tandemachser, 2003.

Doll-Lang- und Kurzholzauflieger »Logo 12«, 2017.

Domschke

Fritz Domschke, Berlin-Schöneberg, Grundewaldstr. 92
1936

Mit dem Bau von Tankwagen trat Domschke in Erscheinung.

Donauwörth

Waggon- und Maschinenfabrik Donauwörth, Donauwörth
1952–1954

Das Waggonbauunternehmen stellte in den frühen 1950er Jahren die luftbereiften schweren Straßenroller LS 160 mit maximal 247 t Tragkraft her. Der Betrieb ging später im Konzern Messerschmitt-Bölkow-Blohm auf.

Dörnenburg

Wilh. Dörnenburg, Mühlheim/Ruhr, Parsevalstr. 13
1939–1945

Das Anfang 1900 gegründete und noch heute existierende Unternehmen befasste sich mit dem Karosseriebau. Gemäß Schell-Plan sollten Einheits-Anhänger und Kipper mit Nutzlasten bis zu 8 t Nutzlast gefertigt werden. Nach dem Krieg entstanden Aufbauten für Getränkehersteller sowie Pferdetransporter.

Dorsey

Dorsey-Sattelauflieger, Aachen, 1963

Die Dorsey S.A. in Zug/Schweiz ließ 1963 zweiachsige Leichtmetall-Kastenauflieger, Pritschenauflieger, Kippauflieger und Tankauflieger bei der Waggonfabrik Talbot in Aachen bauen.

Drettmann

Fritz Drettmann Fahrzeugwerke,
Osterholz-Scharmbeck, Schwarzer Weg
1933–1945 und 1948–1953

In den leerstehenden Hallen der einstigen Schiffswerft Frerichs & Co. in Osterholz-Scharmbeck etablierte sich 1933 die Fahrzeugwerke Fritz Drettmann mit den Schwerpunkten Anhängerfertigung und Reparatur von Fahrzeugen. Inhaber des Unternehmens waren Kaufmann Fritz Drettmann (1901–1950) und seine Schwestern Johanne und Gesine-Alwine Drettmann.

Anhänger entstanden zunächst in Einzelfertigung. Das auf 350 Personen angewachsene Werk bot Mitte der 1930er Jahre im Serienbau Zweiachs-Normalanhänger mit Nutzlasten von 2,5 bis 8 t und einen Dreiachser mit der damals üblichen Nutzlast von 11 t an. Für das Baugewerbe gab es Kipper für 5 und 7,5 t.

Im Schell-Programm wurde das Unternehmen auf den Großserienbau eines 8-Tonners und eines 7,5-t-Zweiseitenkippers festgelegt. Im Rahmen der Kriegsproduktion standen jedoch die Fertigung von Drehkreuzen für die 8,8-cm-Flakgeschütze und die Panzerketten-Herstellung im Vordergrund. Die amerikanische Besatzungsmacht beschlagnahmte das Werk, so dass erst mit der Freigabe des Werkes 1948 die zivile Fertigung mit Pritschenwagen im Bereich von 1 bis 16 t Nutzlast wieder aufgenommen werden konnte. Kipper gab es in den Größen von 1,5 bis 11 t Nutzlast mit handmechanischer- oder handhydraulischer Kippmechanik. Darüber hinaus bot Drettmann Holz- und Langmaterial-Transporter, Möbel- und Kastenwagen sowie einen dreiachsigen Thermosanhänger für 10 t Nutzlast an. Ein Zweigwerk in Uphausen kam in dieser Zeit hinzu.

Nachdem Fritz Drettmann durch einen Unglücksfall zu Tode gekommen war, geriet der Betrieb 1953 in finanzielle Schwierigkeiten und musste aufgelöst werden. Das nahegelegene Borgward-Werk übernahm 1956 das Areal mit den Werkshallen, um dort den Bundeswehr-Kübelwagen zu produzieren. Nach Zwischenspielen von Borgward und Büssing erwarb das FAUN-Werk diesen Standort, wo seitdem Müllwagen- und Straßenreinigungs-Aufbauten gefertigt werden.

Drettmaan-11-t-handhydraulischer Zweiseitenkipper, 1952.

Drettmann-Werbeanzeige für Dreiachs-Pritschenwagen, 1935.

Dreyer

H. Dreyer, Hannover, 1951

Einen zwillingsbereiften 8-t-Rungenanhänger fertigte Dreyer in den frühen 1950er Jahren.

Dromos

Dromos-Werk, Richard Stölzel GmbH, Werk II,
Leipzig, Merseburger Str. 158
1. 1936–1939: Dromos-Werk, Richard Stölzel GmbH
2. 1949–1951: Dromos-Werke GmbH

Das 1928 gegründete Dromos-Unternehmen bestand aus dem Werk I, das im Fahrrad- und dem Werk II, das im Metallbau tätig war. Um 1936 erschien ein 3-t-Anhänger mit Pritschenaufbau. Aufgrund der Rüstungsproduktion wurde das Werk 1945/46 demontiert. Nach Wiedereinrichtung im Jahre 1949 fertigte die Dromos-Werke GmbH Spezialanhänger mit Verkaufseinrichtungen, Thermosanhänger und Wohnzüge. 1951 wurde der Betrieb mit dem einstigen Leipziger Eberspächer-Zweigwerk und der Auto-Kühler GmbH zum VEB Blechverformungswerk Leipzig zusammengeschlossen und stellte innerhalb des Abgasanlagen- und Schalldämpfer-Werkes einen 4-t-Anhänger her.

Dünschede

Dünschede Fahrzeugbau GmbH & Co. KG,
Meschede,Im Schlahbruch 4, 1985 bis heute

Ernst Dünschede (†1996) gründete 1954 in Meschede einen Karosserie- und Reparaturbetrieb. Zu Beginn der 1980er Jahre verlagerte Dünschede den Schwerpunkt des Unternehmens auf Lkw-Aufbauten und Spezialanhänger. Insbesondere Entsorgungs- und Sonderfahrzeuge wie Sammelfahrzeuge für Schlachtabfälle mit isolierter Hinterkippeinrichtung, Aufliegerkombinationen mit Wechselplattformen für den Transport von Holzrahmen-Fertighäusern und Großraumkipper bildeten das Fertigungsprogramm. Ab dem Jahre 2000 erweiterten Vario-Aufbauten mit Tragsäulen-Ladegestell und Coil-Auflieger der Baureihe »Ultra-Light« das Beschäftigungsfeld. 2008 folgten geteilte Kippsattel für den Holzspänetransport (Einseitenkippbrücke vorn, Hinterkippbrücke am Heck) und Wechsellader-Fahrzeuge.

Düsseldorfer Waggonfabrik

Düsseldorfer Waggonfabrik AG,
Düsseldorf, Königsberger Str. 100, 1936–1950

Die Brüder Albert und Hermann Schöndorff gründeten 1890 in Düsseldorf-Derendorf eine Firma, die zunächst hölzerne Bettgestelle und Innenausstattungen für Pkw herstellte. Im Ersten Weltkrieg stiegen die Schöndorffs dann in den kompletten Waggonbau ein und errichteten ein neues Werk in der Düsseldorfer Königsberger Straße. 1936 beteiligte sich die Waggonfabrik in Zusammenarbeit mit der Waggon-Fabrik Uerdingen auch an dem Anhängerbau. So entstand 1936 der Prototyp eines 8-Tonners, dessen Tragkonstruktion einschließlich des Kugeldrehkranzes, abgesehen von den Achsen, aus Elektron-Material bestand. 1939 wurde dem Werk der Bau eines 8-t-Pritschenwagens und eines 7,5-t-Zweiseitenkippers zugeteilt.

Nach dem Krieg ist noch der Bau eines 8-t-Anhängers nachzuweisen. Hauptbetätigungsfeld bildete jetzt der Bau von Straßen- und U-Bahnen sowie zeitweise von O- und Gelenkbussen auf Büssing-Fahrgestellen. Im Jahre 2000 löste Siemens als letzter Eigentümer das Werk auf.

Ebert

Stefan Ebert GmbH,
Burghaun/Gruben, Im Steierfeld 10–12, 1994 bis heute

In Hünfeld-Rückers gründete Karosserie- und Fahrzeugbaumeister Stefan Ebert 1989 eine Kfz-Werkstatt, die nach Vergrößerungen 1994 auch zur Konstruktion von Spezialanhängern für die Forst- und Bauwirtschaft überging. Während die ersten Dreiachs-Fahrzeuge der Version DTA nach Plänen und Zeichnungen im Auftrag von der Firma Dinkel in Wertheim gebaut wurden, konnte 1996 nach dem Umzug in größere Räumlichkeiten in Burghaun-Gruben die eigene Fertigung dieser für eine Nutzlast von 24 t ausgelegten Modelle aufgenommen werden. Die Tieflader-Baureihe ging im Jahre 2002 in die Baureihe TL 30.5 über. Das Fahrzeugprogramm erweiterte Ebert 2006 auf den Bau der Drehschemel-Anhänger KHA für den Kurzholz-Transport sowie der teleskopierbaren, zweiachsigen Kurzholz-Auflieger KHS 32.

Ebert-Tieflader DAT 24000, um 2000.

Eggers

Eggers Fahrzeugbau GmbH, Stuhr, Brunnenweg 3
1. ab 1980: H. Eggers-Fahrzeugbau,
Krähenwinkel, Walsroder Str. 327
2. bis heute: Eggers Fahrzeugbau GmbH,
Stuhr, Brunnenweg 3

Seit 1953 betätigt sich das Fahrzeugbauunternehmen in der Herstellung von Pritschen- und Kofferaufbauten für Motorwagen, Anhänger für Behälter-Wechselkipper und Auflieger. Kurz vor der Jahrtausendwende erweiterte Eggers das Geschäftsfeld verstärkt auf den Bau von Sonderfahrzeugen. 1999 entstanden zweiachsige Auflieger der Baureihe ST 20 AZL speziell für den Transport von Gabelstaplern und Hubfahrzeugen, die sich mit ihrer Heckladerampe zu bis heute gebauten Standardmodellen entwickelten. Für einen Kunden in Litauen fertigte Eggers einen hydraulisch betätigten, dreiachsigen Kippauflieger der Ausführung SCKH 27 E1/20 für die Aufnahme eines 20‘- oder eines Tankcontainers, der schließlich erfolgreich im Serienbau gefertigt werden konnte.

Zur Jahrtausendwende erweiterten in Kleinserien gebaute Sattel-Hinterkipper, zwei- und dreiachsige Anhänger für den Behältertransport und Sattelzüge mit Schiebeplanen für den Getränketransport das Angebot. Eine spezielle Transportlösung stellte 2001 der Pritschen-Auflieger SP24 ZEL/S für den Langmaterialtransport dar, der bis auf 15,1 m ausgezogen werden konnte. Ein Jahr später folgte ein Zentralachser mit Hakengerät für die Aufnahme von Abrollbehältern und später auch als Absetzkipper für die Aufnahme von Absetzmulden. 2004 entstanden Auflieger in Tieflade-, Plateau- und Kofferausführung. Drehschemelanhänger gab es jetzt auch als Zwei- und Dreiseitenkipper. Die Herausforderung, ein Transportfahrzeug für Leitwerksteile des Airbus-Werkes in Hamburg zu konstruieren und zu fertigen, nahm Eggers 2010 an.

Eggers-Container-Kippsattelanhänger SCKH 27 EL 1/20 S, 2003.

Eggers-Satteltieflader für den Boots- und Fahrzeugtransport für 38 t Gesamtgewicht, 2008.

Eggers-Spezial-Sattelauflieger mit Heckladerampe für den Staplertransport, 2008.

Ehebauer

Gebr. Ehebauer, Kraftfahrzeuge, Anhänger u. Wagenbau, Ursensollen b. Amberg (Obpf.), 1949

Neben Pkw-Anhängern war Ehebauer nach der Währungsreform für kurze Zeit mit Anhängern im Bereich von 2 bis 12 t Nutzlast vertreten.

Ehlers

J. Fr. E. Ehlers Karosserie- und Fahrzeugfabrik, Hamburg, Grindelberg 59–67, 1936–1945

Die im Jahre 1884 gegründete Wagenbauanstalt nahm um 1936 den Anhängerbau auf und wurde im Schell-Plan mit der Fertigung von Einheits-Anhängern und Kippern mit Nutzlasten bis zu 8 t beauftragt.

Eich

Josef Eich GmbH, Rodenkirchen b. Köln, Sürther Str. 26 u. Luxemburger Glacis 29, 1936–1945

Im Schell-Plan wurde dieses Unternehmen mit dem Bau von Einheits-Anhängern und Kippern mit Nutzlasten bis zu 8 t beauftragt.

Eichkorn

Eichkorn Fahrzeugbau Inh. Thomas Wurst e. K., Lauchringen, Industriestr. 4

1. 1965–1980: Eichkorn Nutzfahrzeuge, Birkendorf
2. 1980–1995: Eichkorn Nutzfahrzeuge GmbH, Lauchringen
3. 1995 bis ?: Julius Eichkorn Fahrzeugbau, Lauchringen, Industriestr. 4
4. bis heute: Eichkorn Fahrzeugbau Inh. Thomas Wurst e. K.

Die Ursprünge des Eichkorn Fahrzeugbaus gehen auf die 1922 von Julius Eichkorn sen. in Birkendorf (nördlich von Waldshut-Tiengen) gegründete Werkstatt zurück, die Landwirtschaftsanhänger herstellte und sich 1965 mit dem Lkw-Anhängerbau neu orientierte. 1980 zog das Unternehmen in ein günstiger gelegenes Domizil nach Lauchringen und begann dort mit der Herstellung von Lkw-Anhängern und Spezial-Anfertigungen im Fahrzeugbau.

Eisel

Eisel Nutzfahrzeuge GmbH, Nistertal, Hornisterstr. 19
1994 bis heute

Der gelernte Fahrzeugbauer Bernd Eisel gründete 1994 sein Unternehmen, das sich erfolgreich auf den Bau von Baustellen- und Speditionsfahrzeugen nach individuellen Vorgaben spezialisiert hat. Inzwischen stehen zwei- und dreiachsige Drehschemelanhänger als Hinterkipper in palettenbreiter Bauweise und als Dreiseitenkipper, Einachs- und Tandem-Kippanhänger im Angebot. Auf zwei- und dreiachsigen Feinkorn-Chassis folgen gesickte Wannen- und hochbordige Kastenkipper mit Aufnahmevolumina von 23 bis 80 m^3.

Im Sektor Spezialfahrzeugbau befasst sich Eisel mit Zweiseiten-Kippsattelauflieger mit pneumatischer Schütte, Kastenauflieger für 50 m^3 Aufnahmekapazität mit Coilmulde und Hartstahl-Kastenmulden-Auflieger für 60 m^3 Aufnahmekapazität. Das neueste Produkt in diesem Bereich bilden die zwei- und dreiachsigen »Eisel's ah-Liner«, die eine keilförmige Mulde aus Hartstahl mit rechteckiger Heckklappe und halbrunder Rückwand, was ein ausgezeichnetes Schüttverhalten ermöglicht. Das konisch zulaufende Chassis mit Breitspurfahrwek garantiert ein hervorragend stabiles Schüttverhalten.

Seit der Jahrtausendwende ergänzten die Tridem-Anhänger mit liftbarer erster Achse für Nutzlasten von 19 t Nutzlast das Baufahrzeug-Programm. Der Boden ist aus Hardox-Stahl, die Bordwände sind aus Aluminium gefertigt. Für den Transport von Windradgetrieben entwickelte Eisel einen zweiachsigen Curtainsider und mit dem »Multicoiler« mit Quer- und Längscoilmulde hat das Westerwälder Unternehmen die Stahlindustrie im Visier.

Eisel-Großraum-Auflieger für den Getreidetransport SKM 34/3 HB, 2010. (Foto: Eisel)

Eisel-Baustoffanhänger HKD 1, 2015.

Eisel-Einseiten-Kippauflieger für den Kokstransport, 2012. (Foto: Eisel)

Eisel-Tridemachs-Kipper THKD 24, 2015. (Foto: Eisel)

Eisel-Auflieger mit Rundmulde für 30 m Schüttgaut, 2015. (Foto: Eisel)

Eisel-Einachs-Plattformauflieger mit Heckausschub, 2017. (Foto: Eisel)

Eisenwerk Schott

Eisenwerk M. G. Schott GmbH,
Breslau 17, Frankfurter Str. 78, 1939–1944

Mit dem Bau von Einheitsanhängern im Bereich von 1 bis 8 t Nutzlast wurde das schlesische Eisenwerk Schott im Schell-Plan beauftragt.

Ellinghaus

Anton Ellinghaus Maschinenfabrik und Apparatebau-anstalt KG, Beckum i. W., Oelder Str. 4–6

1. 1935–1952: Anton Ellinghaus Maschinenfabrik und Apparatebauanstalt GmbH, Beckum i. W., Oelder Str. 4–6
2. 1952–1997: Anton Ellinghaus Maschinenfabrik und Apparatebauanstalt KG, Beckum i. W., Oelder Str. 4–6, und Vorhelmer Str. 164 (Werk II)

Tankfahrzeuge bestimmen das Ellinghaus-Profil

Ellinghaus, 1905 als »Maschinenfabrik und Apparatebauanstalt« gegründet, spezialisierte sich auf Tankfahrzeuge für die Mineral-, für die chemische und für die Getränke-Industrie. Mitte der 1930er Jahre fertigte Ellinghaus Behälteraufbauten für Lastwagen und Auflieger zum Kraftstoff-Transport; Aufbauten aus Stahl-, Edelstahl und Leichtmetall kamen hier zur Verwendung.

Ellinghaus verlagerte 1952 den Tankwagenbau in das neue Werk II in der Vorhelmer Straße in Beckum. Neben Aufbauten auf Lkw-Fahrgestellen fertigte das Unternehmen Tankwagen-Anhänger aus Leichtmetall in selbstragender Bauweise für 11.000 Liter sowie mit Schmitz-Fahrgestell für 16.000 Liter. Hinzu kamen ein-, zwei und dreiachsige Auflieger, ebenfalls in selbsttragender Leichtmetallbauweise. Darunter befand sich auch der zweiachsige 21.000-Liter-Auflieger für die Henschel-Sattelzugmaschine HS 190 S »Bimot«. Die Kessel der Dreiachser wurden in Keil-, Doppel- und Dreifachkeilform gebaut, um eine möglichst niedrige Schwerpunktlage zu erzielen. Ein restloses Auslaufen der Flüssigkeiten war dadurch gegeben.

Für den Flugfelddienst entwickelte Ellinghaus Ende der 1960er Jahre »Jumbo-Jet-Tankzüge«, die als sechsachsige Gespanne 75.000 Liter an

Ellinghaus-Tankauflieger, 1937.

das Flugzeug bringen konnten. 1965 präsentierte der Tankwagenspezialist einen selbsttragenden Sattelauflieger in Keilkofferform für 30.300 Liter, für den 38-t-Zug einen Auflieger für 36.500 Liter. Für den Verteilerverkehr stand ein Auflieger für 18.600 Liter bereit.

In dieser Zeit trat Ellinghaus dem Arbeitsring-Tankwagenhersteller/ART bei, der an der Konstruktion eines Einheitstankwagens für 30.000 Liter in Leichtmetallbauweise arbeitete. Das Resultat dieser Entwicklung bildete der »Europatanker« in Niedrigbauweise für 36.500 Liter Kraftstoff in acht Kammern.

Ellinghaus-Werbeanzeige, 1972.

Ellinghaus-Flugfeld-Tankzug für 80.000 Liter Kerosin, 1973.

Ellinghaus-Flugfeld-Tankauflieger für 65.000 Liter Kerosin, 1973.

Zu Beginn der 1970er Jahre standen im Baukastensystem gefertigte Tankwagen im Repertoire des Beckumer Herstellers. Vom Verteilertankwagen über den Hänger bis zum selbsttragenden Leichtmetall-Auflieger besaß Ellinghaus ein komplettes Typensortiment. Auflieger verfügten über Größenordnungen von 35.500 bis 40.000 Liter. Überarbeitungen bildeten der Tankauflieger in Niedrigbauweise für 37.000 und der Zweiachs- sowie der Dreiachs-Anhänger mit Leichtmetall-Aufbau in Dreifach-Keilform für 17.000 und 25.000 Liter an Flüssigkeiten. Die Behälter wurden in Rund-, Koffer- und Doppelkeilform ausgeführt.

Eine Spezialität dieser Pionierfirma im Leichtmetall-Behälterbau stellten die Großraum-Flugfeldtankwagen der 1970er Jahre dar. In Anhängerzug-Kombination nutzte das Unternehmen ein Henschel-Vierachsfahrgestell, auf das ein 45.000-Liter-Tankaufbau in Doppelkeilform gesetzt wurde. Der zweiachsige, selbsttragende Anhänger fasste weitere 35.000 Liter. Das Spitzenmodell stellte der fünfachsige Henschel-Sattelzug dar, dessen selbsttragender Auflieger 60.000, 65.000 oder 85.000 Liter Kerosin aufnehmen konnte. Der Niederflur-Flugfeld-Tankwagen »Low Profile« für 35.500 bis 63.000 Liter war speziell zum Unterfahren von Großraum-Flugzeugen konzipiert. Er besaß eine Gesamthöhe im unbeladenen Zustand von 2600 mm sowie eine hydraulisch ausfahrbare Arbeitsbühne. Schon 1976 steigerte Ellinghaus das Fassungsvermögen des Großraumtankers unter der neuen Bezeichnung »Low Silhouette« auf 65.000 Liter Kerosin; 1979 überbot der Großraum-Tanker für 90.000 Liter die bisherigen Modelle.

Flaggschiff im Mineralöl-Tankwagenbereich bildete 1983 der dreiachsige Auflieger K-STA 22-37/6 in Koffer- und Dreifachkeilform für 32.700 Liter, wobei der Armaturenschrank wie schon seit längerem unterhalb des Tanks in Aufliegermitte angebracht war. Ein weiteres großvolumiges Tankfahrzeug folgte 1985 mit dem Modell D-STA 24-42/5 für 39.000 Liter Kraftstoff in selbsttragender Leichtmetall-Ausführung mit zylindrischem Doppelkeilaufbau.

Ellinghaus-selbsttragender Tankauflieger mit Einfachbereifung, um 1988. (Foto: Smlg. Weinreich)

Entwicklung des Sicherheitstankwagens »Unitas«

Aufgrund des seinerzeit verheerenden Tankfahrzeug-Unglücks in Herborn im Jahre 1987 entwickelte das westfälische Unternehmen unter der Federführung von Dipl.-Ing. Lutz Gösslinghoff den dreiachsigen Sicherheits-Tankauflieger »Unitas« für ein Fassungsvermögen von 37.500 Liter Kraftstoff. Im Prinzip handelte es sich um eine vereinfachte, aber technisch weiterentwickelte Ausführung des »Topas«-Tankers, den die Firma Haller geschaffen hatte. Die Typenbezeichnung setzte sich aus den Anfangsbuchstaben des Konzepts »Umwelt- und naturschutzbezogene, integrierte Tankwagen-Sicherheit« zusammen.

Die technische Besonderheit des Mehrkammer-Leichtmetall-Aufliegers lag in der abgesenkten Dreifachkeilform des Tanks, der Untenbefüllung, des Doppelbodens, der Sicherheits-Bauchbinde, der Unterfahrschutz-Verkleidung und des ABS-Systems. In der Überarbeitung zeichnete sich 1990 der »Unitas 2000« durch einen unten gekröpften Zylindertank mit nach innen und außen gewölbtem Doppelboden aus, der vorne in einer abgesetzten Form auslief. Der Tank ruhte somit zwischen dem Hinterachsaggregat in einer Mulde. Unterhalb des Tankäquators war vorne eine ebene Platte mit Königszapfen eingeschweißt. Diese 1991 patentierte Ausführung konnte preiswerter hergestellt werden; zwischen 1987 bis 1997 entstanden über 400 Fahrzeuge.

Im Bereich der Tankanhänger konnte Mitte der 1990er Jahre die dreiachsige Ausführung auf ein Fassungsvermögen von 28.000 gesteigert werden. Darüber hinaus wurden zwei- und dreiachsige Gastankwagen für maximal 26.000 Liter ins Programm aufgenommen und die zwei- und dreiachsigen Auflieger in Koffer- und Zylinderform waren jetzt mit einer liftbaren letzten Achse ausgestattet, die das Fahren im leeren Zustand vereinfachte.

In Zusammenarbeit mit dem TÜV Rheinland beteiligte sich Ellinghaus 1995 an dem Projekt »THESEUS«, das ein – so die Wortbildung – »Tankfahrzeug mit höchst erreichbarer Sicherheit durch experimentelle Unfall-Simulation« zur Entwicklung hatte. Die sicherheitstechnischen Erkenntnisse aus dem THESEUS-Projekt flossen direkt in den neuen »UNITAS 2000« ein. Die Weiterentwicklung unter dem neuen Eigner Schrader heißt heute UNITAS 2020 und ist die meistgebaute Aluminium-Sicherheits-Tanksattelanhänger-Konstruktion in Europa. Anstelle des Koffer-Behälters kommt ein Zylindertank zum Aufbau, der zwischen den hinteren drei Achsen seinen tiefsten Punkt aufweist und somit in einer Mulde ruht. Bei gleichhoher Kippstabilität zeichnet sich diese Bauweise durch eine höhere Widerstandsfähigkeit bei Unfällen aus.

Je nach geforderter Größe haben die Tankauflieger eine Baulänge von 8,5 bis 12,8 m und besitzen ein Tankvolumen von 32.000 bis (für Exportvarianten) 52.000 Liter. In Deutschland hat sich die Ausführung mit einem Volumen von 44.300 Litern als ideale Größe einen festen Platz erkämpft. Die Schrader T+A Fahrzeugbau GmbH in Beckum-Neubeckum übernahm 1997 das traditionsreiche Ellinghaus-Unternehmen, das als Werk Ellinghaus in der Vorhelmer Straße unter neuer Firmierung weitergeführt wird.

Ellinghaus-Sicherheitstankauflieger mit Liftachse für 45.000 Liter Kraftstoff, 1996.

Empl

Empl Fahrzeugwerk GmbH, Klöden, Ernst-Thälmann-Str. 2, ab 2002 Zahna-Elster, Josef-Empl-Str. 1, 1995 bis heute

Im österreichischen Kaltenbach im Zillertal gründete Josef Empl 1948 den Alpenländischen Fahrzeugbau – J. Empl, der zunächst landwirtschaftliche Anhänger baute und sich in den 1960er Jahren auf die Konstruktion von Aufbauten verlegte. Nach der deutschen Wiedervereinigung richtete Empl in Klöden eine Produktionsstätte ein, nachdem der einstige VEB Fagema-Betrieb von der Treuhand-Gesellschaft erworben worden war. Mit den Betätigungsfeldern Aufbauten, Anhänger, Auflieger, Sonder- und Kommunalfahrzeuge trat dieses Werk auf den Markt. In selbsttragender Bauweise entstand als größtes Modell ein dreiachsiger Kastenauflieger.

Empl-Lebensmittel-Kofferzug, 2001.

Empl-Pritschenzug mit Drehschemelanhänger, 2002. (Foto: EMPL)

Erhardt I

Erhardt Karosserie- und Fahrzeugbau GmbH, Freiberg/Neckar, Riedstr. 17, 1980)–2002

Seit 1925 war dieses schwäbische Unternehmen im Karosseriebau tätig. Zu Beginn der 1980er Jahre umfasste das Fertigungsprogramm des Erhardt-Werkes vorwiegend Fahrzeuge für den Lebensmitteltransport. So entstanden für den Verteilerverkehr luftgefederte Drehschemel- und Tandemachsanhänger mit Pritschen-, Koffer-, Tiefkühl- und Getränke- sowie vereinzelt Möbelwagenaufbauten. 1987 erweiterten Auflieger mit Koffer-

Erhardt-Freiberg-Gliederzug mit kurzgekuppeltem Auflieger, 1995.

aufbauten aus Aluminium oder Plywood das Angebot. Für die Frischdienst-Logistik folgten 1991 Gliederzüge mit beheizbaren Kunststoff-Kofferaufbauten mit Durchlademöglichkeit sowie mit Kurzkupplungen für den Blumentransport.

1994 erwarb Erhardt in Dresden ein Werk, das neben dem Standardprogramm auch Sonderanfertigungen wie Kipper mit Ladekran und Pferdetransporter übernahm.

Nach der Jahrtausendwende wandte sich das Unternehmen auch dem Bau von Aufliegern mit Curtainsider-Aufbau für den Fernverkehr zu. Schließlich folgten in dem Volumenzüge bis 40 t Gesamtgewicht. Nach finanziellen Schwierigkeiten im Jahre 1997 ist der Fahrzeugbauer um 2002 nicht mehr nachzuweisen.

Erhardt-Freiberg-Gliederzug mit Tandemachser und Kofferaufbau, 2002.

Erhardt II

Erhardt Karosserie- und Fahrzeugwerk Dresden GmbH, Dresden, Meschwitzer Str. 11, 1991–2017

1990 kam es zur Gründung des Fahrzeugwerkes Dresden. Der ein Jahr später gestartete Bau von Anhängern und Aufliegern sowie von Aufbauten bildet das Portfolio dieses Unternehmens. Für den Verteiler- und Frischdienstverkehr fertigte Erhardt Kurzkupplungszüge mit Tandemachser, die mit Koffer- und Tiefkühlaufbauten versehen wurden. In der zweiten Baureihe entstand ein Trockenfracht-Auflieger mit Plywood- oder Aluminium-Aufbau mit zwangsgelenkter Achse. Ein Drehschemel-Anhänger folgte 1997.

Erhardt-Dresden-Kofferzug mit Tandemachser und Kunststoffaufbauten, 2002.

Erhardt-Dresden-Curtainsiderzug mit Niedrigrahmen-Tandemachser, 2008.

Ermert

Waggonfabrik Gebr. Ermert GmbH, Betzdorf/Sieg, 1925–1929

Aus der 1873 von den Brüdern Ernst, Friedrich Wilhelm und Heinrich Ermert gegründeten Maschinenfabrik für Fördermittel für den Bergbau und für Hüttenbetriebe ging 1911 die Waggonfabrik Ermert hervor, die Güterwagen herstellte. In den 1920er Jahren des 20. Jahrhunderts versuchte sich das Unternehmen auch im Bau von Normalanhängern, Hinter- und Dreiseiten-Kippern, Möbel-, Tank- und Langholzwagen zu etablieren. Mit Einsetzen der Wirtschaftskrise endete die Fertigung.

Ermert-Werbeanzeige, 1925.

Esterer

Dr.-Ing. Ulrich Esterer GmbH & Co. Fahrzeugaufbauten (und Anlagen KG), Helsa, Bahnhofstr. 18, 1960 bis heute

Mit der Übernahme des Esso-Tankwagen-Reparaturwerkes im nordhessischen Helsa durch Dr.-Ing. Ulrich Esterer im Jahre 1955 begann der Aufstieg dieses Tankfahrzeugbauers. Die große Reparaturwerkstatt bot die Voraussetzungen für den Behälterbau, so dass Esterer seinen ersten Motortankwagen mit dem für dieses Unternehmen typischen kofferförmigen Tankkessel vorstellen konnte. Ab 1960 erweiterten Anhänger und zweiachsige Auflieger für 32.000 bis 35.000 Liter Kraftstoff das Sortiment. Bei den Anhängern konnte auf Wunsch eine kurze Hilfspritsche aufgebaut werden. Im gleichen Jahr kamen Zweigwerke in Eschwege und in Pfaffenhofen/Ilm als Teilezulieferer und als Servicestützpunkte hinzu.

Zu Beginn der 1970er Jahre standen Fahrzeuge mit einer Kapazität von 32.000 bis 37.000 Litern zur Verfügung. Die in Stahl- oder Leichtmetalltechnik ausgeführten Auflieger besaßen den Armaturenschrank seitlich oder im Heck. Der dreiachsige Anhänger mit Ovaltank brachte es auf 17.500 Liter.

Insgesamt waren in dieser knapp 15-jährigen Bauzeit 5000 Motortankwagen, Anhänger und Auflieger für Mineralöle, Bitumen und Chemikalien ausgeliefert worden. Esterer hatte damit einen Marktanteil von 30 Prozent der Straßentankfahrzeuge in der Bundesrepublik erzielt. Weitere Zweigbetriebe in Pfullingen-Burladingen, in Stade-Wiepenkathen und wenig später in Neu-Ulm unterstützten das Unternehmen in Helsa bei Kassel. 1975 kam als weiteres Standbein der Bau von Fahrzeugen für die Flugzeugbetankung hinzu.

Esterer-Gliederzug mit Tankanhänger für 15.000 Liter Heizöl, 1968. (Foto: Esterer)

Esterer-Tankauflieger TS 34.500 für bis zu 40.000 Liter Heizöl, 2002. (Foto: Esterer)

Esterer-Dreiachs-Tankanhänger TA 24.225 für 22.500 Liter Heizöl, 2003. (Foto: Esterer)

In der zweiten Hälfte der 1970er Jahre traten die Typbezeichnungen in den Vordergrund. So trug der Sattelauflieger das Kürzel STA 37.000, wobei die Zahlen für die Literangabe standen. Der einachsige Leichtmetall-Auflieger STA 24.000 ermöglichte die einfachere Belieferung verwinkelter Tankstellen.

Mit Beginn der 1980er Jahre standen die zwei- und dreiachsigen Tankanhänger A 16.000, A 18.600 und A 22.00 im Programm. Für die Betankung von Flugzeugen kombinierte Esterer einen vierachsigen Motorwagen mit einem Tank für 46.000 Liter Kerosin mit einem dreiachsigen Anhänger, der weitere 35.500 Liter mit sich führte.

1986 beteiligte sich Esterer an der vom Bundesministerium für Forschung und Technik geforderten Entwicklung eines Sicherheitstankwagens. 1989 konnte das Werk den »Euro«-Tank auf einem Trio-Aggregat mit Liftachse in Niedrigbauweise vorstellen. Das Fahrzeug war in Dreifachkeilform für 40.000 Liter Kraftstoff, mit Unterbodenbefüllung (»Bottom Loading«) und Sicherheitsverkleidung konstruiert worden und ging unter der Bezeichnung »Eurotas« TS 34.400 in die Produktion.

1992 platzierten sich neben dem weiter verbesserten »Eurotas«-Tanker die zwei- und dreiachsigen Anhänger TKW 18.160 und TKW 26.200, luft- oder blattgefedert, mit entsprechenden Sicherheitseinrichtungen. Auch die Spezialtankwagen für Lebensmittel, Chemikalien und Säuren wurden neuen Vorgaben angepasst.

Esterer-Tankauflieger in Zylinderform für 42.500 Liter Kraftstoff, 2005. (Foto: Esterer)

Dem Trend zum leichter rangierbaren, kürzeren und gleichzeitig preiswerteren Zentralachsanhänger kam Esterer mit dem Modell ZTA 18.186 entgegen. Im Jahre 2000 gelang es dem 150 Mitarbeiter starken Unternehmen im Rahmen von Ausschreibungen der Bundeswehr eine Anzahl von zwei- und dreiachsigen Tankanhängern sowie von zweiachsigen Flugfeld-Tankaufliegern der Baureihe FTW-M 40.330 an die Luftwaffe zu liefern. Neuheiten bildeten 2002 der Zweiachser TA 18.210 und der dreiachsische Drehschemel-Tankwagen TA 24.225 in Kofferform mit Dreifachkeil und der einachsige Flugfeld-Sattelauflieger für 28.000 Liter Kerosin.

Als der Absatz der Sicherheitstankwagen in Doppel- oder Dreifachkeil-Bauart aufgrund des hohen Preises stagnierte, entwickelten die Esterer-Ingenieure einen preiswerteren Tanker in abgesenkter Rundbauweise, der mit seinem Aufbau bis zu 42.500 Liter aufnehmen konnte.

In das neue Jahrzehnt ging das Werk mit zwei- und dreiachsigen Zentralachsanhängern der Baureihe ZTA 18.210 und ZTA 18. 225, den Drehschemelanhängern TA 18.132 und TA 26.200, den Sattelauflieger in Koffer-Dreifachkeilform SA 40.350 und SA 40.400 sowie dem Rundtank-Sattelauflieger SA 40.425. Hinzu kamen die verschiedenen Versionen von Flugfeldtankwagen, darunter der FTS 64.600.

Aber schon 2004 wurde aufgrund der schwierigen Marktlage im Bereich der Sattel-Tankwagen der Bau der zivilen Fahrzeuge aufgegeben.

Das familiengeführte Unternehmen konzentriert sich heute auf die Fertigung von Motortankwagen für die Brennstoff- und Mineralölwirtschaft und auf zweiachsige Drehschemelanhänger der Baureihen TA 18.186 und TA 18.210. Für militärische Zwecke steht neben Aufbauten der Sattelauflieger FTS-M 40.330 bereit. Und für den expandierenden Bedarf an Flugfeldfahrzeugen bietet Esterer Motorfahrzeuge mit Tankkessel-Aufbauten, Sattelauflieger für bis zu 80.000 Liter und einen Spezialanhänger für 35.000 Liter Kerosin an.

Auf dem Gebiet der deutschen Motor-Straßentankwagen bezeichnet sich das Unternehmen als Nummer 1 in der Bundesrepublik; im Bereich der Flugfeld-Tankwagen steht Esterer ebenfalls an der Spitze. Der Exportanteil ist von 30 Prozent in den 1980er Jahren auf über 50 Prozent in 70 Ländern gestiegen. Jährlich verlassen rund 300 Modelle das Werk in Helsa. Die Zweigwerke in Eschwege, Pfaffenhofen/Ilm, Neu-Ulm und Stade sind inzwischen aufgegeben worden.

Esterer-Tankzug mit 33.000 Liter Fassungsvermögen für die Luftwaffe, 2010 (Foto: Esterer)

Etzel

Fahrzeugbau P. Etzel & Sohn,
Aschaffenburg, Fischerstr., 1949–1950

Der Karosseriebau Etzel befasste sich Ende der 1940er Jahre mit der Herstellung von Anhängern. Aufmerksamkeit erregte das Unternehmen mit dem Bau von Verkaufswagen unter der Bezeichnung »Das rollende Kaufhaus« und eines Frontlenker-Omnibus-Prototyps.

EVA

Eisenbahn-Verkehrsmittel AG, Berlin, Viktoriastr. 26a

1. 1929–1945: Eisenbahn-Verkehrsmittel AG, Berlin, Werk Brühl bei Köln
2. 1947–1948: Eisenbahn-Verkehrsmittel AG, Werk Brühl, Abt. Anhängerbau, Brühl

Die Eisenbahn-Verkehrsmittel AG entstand 1917 aus dem Zusammenschluss der »Deutschen Waggon-Leihanstalt AG« mit der »Waggonfabrik Wismar AG«. Während die Verwaltung ihren Sitz in Berlin hatte, fertigte das Wismarer Werk Spezialwaggons sowie Straßenbahnen, Triebwagen und Anhänger. Darüber hinaus etablierte sich die EVA als Deutschlands größter Vermieter von Lokomotiven, Straßenbahnen, Tankschiffen und Tankanlagen. Ein weiteres Werk in Brühl bei Köln wartete und reparierte die Spezialwaggons.

EVA 7-t-Pritschenanhänger AN 750, 1936.

EVA-Werbeanzeige von 1936.

EVA-Dreiachs-Pritschenanhänger D 1070 für 10 t Nutzlast, 1936.

Evels

Evels Karosserie- und Fahrzeugbau GmbH,
Münster, Harkortstr. 12, 2000 bis heute

Anton Evels machte sich 1935 mit einer DKW-Vertragswerkstatt und einem Karosseriebau selbstständig. 1939 wurde der Betrieb in die Rüstungsproduktion eingespannt; Bollerwagen für die Küstenwacht und Pritschenanhänger für die Wehrmacht entstanden, bis ein Luftangriff den Betrieb 1943 zerstörte. Mit geretteten Maschinen konnte nach dem Krieg zunächst in gemieteten Räumen einer Münsteraner Kaserne der Neuanfang mit Aufbauten beginnen. 1990 bezog Evels ein neues Domizil in der Harkortstraße. Seit der Jahrtausendwende steht auch ein 10,9-t-Tandemachser mit Kunststoff-Kofferaufbau mit auf Wunsch einer Durchlademöglichkeit im Programm des Unternehmens.

Ewers

Ewers Karosserie- und Fahrzeugbau GmbH & Co. KG,
Meschede, Jahnstr. 21, 1990 bis heute

Seit den späten 1930er Jahren befasst sich das 1901 als Stellmacherei von August Ewers in Oberhenneborn im Sauerland gegründete Unternehmen mit dem Karosseriebau für Nutzfahrzeuge. Ende der 1940er Jahre wandte sich der Betrieb verstärkt dem Bau von Aufbauten für die Getränkeindustrie zu, eine Disziplin, die später prägend für den Ewers-Karosserie- und Fahrzeugbau wurde. 1956 gründeten der Fahrzeugtechniker Franz und Johann Ewers einen neuen Karosseriebetrieb in Meschede. Mit Getränkeaufbauten und fahrbaren Zapfanlagen konnten sie sich durchsetzen. Die wegweisende Entwicklung ihres Getränkefahrzeugbaus bildete ab 1970 das Hubdach, so dass ein Gabelstapler problemlos nach dem Herunterklappen der Bordwand die Getränkepaletten abheben konnte. Den perfekten Abschluss dieser Technik stellte nach der »Hubrollwand« in Unterdachausführung die Version in Überdachausführung dar. Der patentierte »Hurowa«-Aufbau ermöglichte die sofortige Zugänglichkeit der Ladefläche.

Ewers-Stufen-Sattelauflieger PSP-H mit Schiebeplane und Hub- oder Hub-Kipp-Dach, 1997. (Foto: Ewers)

1975 konnte der erste fahrbare und ausklappbare Ausschankanhänger in Deutschland vorgestellt werden. Der verstärkten Nachfrage nach Getränkefahrzeugen kam das Unternehmen Mitte der 1990er Jahre mit seinen »Hurowa«-Aufbauten auf Drehschemelanhängern und dreiachsigen Aufliegern nach. Als weiteres Zugpferd des sauerländischen Werkes folgte in den frühen 1990er Jahren der Getränke-Kühlaufbau ATK in selbsttragender Sandwich-Bauweise. 1997 wurde das Getränkefahrzeug durch einen Stufensattel der Baureihe PSP-H mit Schiebeplane sowie Hub- oder Hub-Kipp-Dach für 56 Paletten optimiert. Seit 2005 nutzt Ewers auch einen Tandemachser für den »Hurowa«-Aufbau und ab 2017 kann das Fahrzeug auch mit einer Durchlademöglichkeit ausgeführt werden.

Ewers-Getränkezug mit Tandemachs-Anhänger mit Schwenkwandaufbau »Hurowa plus« ohne Mittelrunge, 2006. (Foto: Ewers)

Eylert

Eduard Eylert Fahrzeugfabrik,
Wuppertal-Elberfeld, Steinbecker Str. 66

1. 1936–1945: Eduard Eylert Fahrzeugfabrik, Wuppertal-Elberfeld, Steinbecker Str. 66
2. 1945–1973: Eylert KG, Fahrzeugfabrik, Wuppertal-Sonnborn, Unten vorm Steg 138

Eylert-Leichtmetall-Kofferanhänger, 1955.

Spezialist in Leichtmetallaufbauten

Der Name »Eylert« ist mit dem Bau von Leichtlastwagenanhängern eng verbunden. 1936 begann das 1904 gegründete Werk mit der Fertigung von Anhängern und Aufbauten. Der Schellplan teilte dem Werk den Bau von zweiachsigen Einheits-Pritschenanhängern und Kippern zu. 1947 konnte Eylert mit dem Bau von Anhänger in Leichtmetall-Technik die Fertigung wieder aufnehmen. Speziell für den Opel »Blitz«-Lastwagen konstruierte das Werk einen zweiachsigen 1,3-Tonner in Leichtmetallausführung, der angeblich nur 400 kg auf die Waage brachte. Neben diesem Winzling reichte das Zweiachs-Anhängerprogramm vom 3- bis zum 11-Tonner mit Pritschen-, Kipper-, Tank- und Kofferaufbauten. Ein Dreiachser mit Zwangslenkung wurde in der Pritschenausführung mit einem Gesamtgewicht von 16 und als Dreiseitenkipper mit einem Gesamtgewicht von 11 t als Spitzenmodell gefertigt.

1952 fertigte Eylert als erster deutscher Hersteller Leichtmetall-Thermoszüge mit Zugwagen und Dreiachsanhängern, die mit ihrem niedrigen Gewicht und der dafür höheren Nutzlast ein Erfolgserzeugnis des Unternehmens wurden. Geschlossene Leichtmetallaufbauten mit einer abhebbaren Dachpartie ermöglichte die Kranbeladung; ein Patent schützte diese Technik. Für die Bauwirtschaft und für das Speditionsgewerbe entstanden zwei- und dreiachsige Pritschenanhänger in den Bereichen von 3 bis 18 t Gesamtgewicht. Eine Spezialität bildeten seit 1951 die Pendelachsen für die Fernverkehrs-Fahrzeuge. Diese aufwendige Technik sollte einerseits ein optimales Fahrverhalten erzielen, andererseits die innenliegenden Bremstrommeln besser belüften und die Reparatur eines Reifens erleichtern, wobei nach Anheben des Fahrzeugs die Achse in die Waagerechte gekippt werden konnte. Die hinteren Pendelachsen des Dreiachsers erhielten eine Zwangslenkung. Mit eigenen Starrachs-Aggregaten wurden die dreiachsigen Zweiseiten-Kastenkipper der Baureihe DK 18 ausgestattet. Und ein weiteres Erzeugnis bildeten in der Aufbauzeit der Bundesrepublik die Schwerlastanhänger mit und ohne Lenkachse.

1955 Jahr übernahm das Werk die Firma E. Clerck Fahrzeugbau u. Federn GmbH in Wuppertal-Cronenberg, die auf Fahrgestell-Verlängerungen, Einbau von Schleppachsen und Umrüstung auf Luftfederungen spezialisiert war. Eylert verlagerte seine Fabrikation von Pritschenanhängern der neuen S-Leichtmetall-Baureihen sowie der K-Kipperbauren in dieses Zweigwerk, das sein ursprüngliches Produktionsprofil jedoch beibehielt. 1957 stellte Eylert seinen ersten zweiachsigen Auflieger in Pritschenausführung vor, dem 1959 eine Kippausführung folgte. Der eigene Achsenbau stellte die Doppelachsaggregate mit Einzelachsaufhängung her.

Eylert-Werbeanzeige, 1953.

Eylert-Tankauflieger, 1953.

Eylert-Kastenauflieger, 1955.

Aufmerksamkeit durch »Volumax« und »Frigomax«

Eylert-Tiefkühlauflieger »Frigomax«, 1964.

In den 1960er Jahren lieferte das Stammwerk Anhänger und Auflieger für den Straßen- und für den Baustellenverkehr, Tank-, Koffer- (ausschließlich in Leichtmetall-Ausführung) und Container-Fahrzeuge. Als recht erfolgreiche Modelle entpuppten sich die 1963 vorgestellten Kofferauflieger »Volumax« und »Frigomax« auf zweiachsigen Fahrgestellen. Im Zuge der neuen gesetzlichen Vorgaben erhielten beide Modelle ein 2x10-t-Aggregat. Während der »Volumax« weiterhin mit Chassis und einem Aufbau aus nichtrostendem Stahl ausgeführt wurde, war der »Frigomax SG 200« in freitragender Bauweise mit einer gesickten Nirosta-Außenhaut und eingeschäumter Isolierung ausgeführt worden. Der Kühlsattel für eine Nutzlast von 22,55 t besaß Heck- und Seitentüren. Eine Thermo-King-Kühlanlage mit Diesel-Aggregat war an der Stirnseite angebracht.

Der zweiachsige Rückwärtskipper mit 20 t Nutzlast besaß eine mit Jetspanten verstärkte 6-m-Mulde. Eine über dem Sattelpunkt angebrachte Presse hob die nahezu selbsttragende Mulde über dem Hinterachsaggregat an.

Gegen Ende dieses Jahrzehnts schickte Eylert den dreiachsigen, luftgefederten und mit einer Telma-Wirbelstrombremse ausgestatteten Auflieger AP 220 mit Schiebewandaufbau für den Palettentransport ins Rennen. Der Bauwirtschaft wurde ein Dreiseiten-Muldenkipper angeboten und ein »Allzweck«-Auflieger für zwei 20'- oder einen 40'-Container aktualisierte das Programm.

1971 übernahm Eylert als Fertigungsstätte und Stützpunkt für den süddeutschen Raum die Firma Kleinschmager in Ilsfeld bei Heilbronn. Gleichzeitig konnte das Werk mit Schiebewand- und Möbel-Aufliegern, Dreiachs-Speditionsanhängern mit Kunststoff- oder Aluminium-Bordwänden, Dreiachskippern, Zweiseiten- und Dreiseiten-Kipp-Aufliegern sowie Hubwagen ein eindrucksvolles Programm anbieten.

Schon ein Jahr später musste Hugo Eylert Konkurs anmelden. Somit schied der erste der drei Wuppertaler Fahrzeughersteller aus. Der französische Anhängerproduzent Benalu in Lille übernahm bis 1990 das Stammwerk als Stützpunkt in der Bundesrepublik. Das Zweigwerk in Ilsfeld bei Heilbronn sicherte sich 1974 die Karl Kumlin KG.

Eylert-Zweiachs-Hinterkipper mit Spantenarmierung, 1967.

F-A-G

F-A-G Fahrzeugwerk Aschersleben GmbH, Hoym, Kampstr. 11
1. 1990–2000: Ascania Fahrzeugbau GmbH, Hoym, Kampstr. 11
2. 2000 bis heute: F-A-G Fahrzeugwerk Aschersleben GmbH

Aus dem VEB Karosseriewerk Aschersleben, der mit 800 Werktätigen Planen und Kofferaufbauten für Anhänger und Lkw herstellte, entstand nach verschiedenen Privatisierungsversuchen im Jahre 2000 das F-A-G Fahrzeugwerk Aschersleben. Mit seinen 45 Mitarbeitern befasst sich das Unternehmen mit dem Bau von Aufbauten, Ladekran-, Absetz- und Abrollsystemen sowie mit dem Anhänger- und Aufliegerbau. Das Zentralachsfahrgestell nutzt die F-A-G für Plattform-Tieflader-, Koffer- und Volumenaufbauten. Im Bereich der Auflieger fertigt das Unternehmen Spezialausführungen als Tiefladesattel-, als zweiachsige Plattform-, als Kipper und als einachsigen Kofferwagen. Eine enge Zusammenarbeit mit der Firma Schmitz Cargobull wird bei der Fertigung der Fahrzeuge gepflegt.

Fahrzeugbau Weinheim

Fahrzeugbau Weinheim, Adolf Schäfers,
Weinheim/Baden, Mannheimer Str. 68, 1925–1945

Der Fahrzeugbau Weinheim bot Mitte der 1920er Jahre 3- und 5-t-Normalanhänger, Langholzwagen sowie Einachs-Hinterkipper an. Im Schell-Plan wurde das Unternehmen mit dem Bau von Einheitsanhängern bis 8 t Nutzlast berücksichtigt.

Fahrzeugwerk Höcklingen

Fahrzeugwerk Höcklingen, Hemer, Krs. Iserlohn, 1951

Mit einem 1,5-t-Pritschen- und Kastenwagen trat dieses Unternehmen kurzzeitig auf.

Fahrzeugwerke Eislingen

(Staufen) Fahrzeugwerke Eislingen R. Rayer KG,
Eislingen-Fils, Ulmer Str. 97
1. 1920–1926: Wagenfabrik Georg Weller & Co. GmbH, Eislingen-Fils
2. 1926–1930: Fahrzeug-Werke Eislingen a. Fils
3. 1930–1984: (Staufen) Fahrzeugwerke Eislingen R. Rayer KG, Eislingen-Fils, Ulmer Str. 97/98
4. 1984: Staufen Fahrzeugwerke, Jakober GmbH & Co.
5. 1985–1992: Staufen Fahrzeugwerke GmbH

Staufen-Fahrzeugwerke mit Lautal, Plünderung und Neuaufbau

Die Fahrzeugwerke Eislingen gingen aus der 1812 von Josef Georg Weiler gegründeten Eislinger Wagenfabrik (Wagen- und Brunnenbau) hervor, die ab 1912 als Wagenfabrik Georg Weller & Co. GmbH firmierte. 1926 übernahm die Urenkelin Rosi Rayer (1901 bis ?) das Unternehmen, das 1930 den Namen Fahrzeugwerke Eislingen R. Rayer KG erhielt.

Nachdem die Wagenfabrik während der Kriegszeit vorrangig Militärwagen für den Pferdezug hergestellt hatte, änderte sich mit der weitgehenden Verbreitung des Lastwagens das Fertigungsprogramm. So standen seit den 1920er Jahren Möbeltransport-, Pritschen- und Kippanhänger sowie Spezialfahrzeuge im Angebot. 1930/31 nutzten die Staufen-Fahrzeugwerke als erster deutscher Hersteller den Aluminium-Werkstoff »Lautal«, der den Flugzeugbau revolutioniert hatte, für die Möbel- und Kofferwagen-Aufbauten sowie später für Omnibus-Karosserien. Auf das Stahlchassis setzte das Werk ein Kastengerippe aus gepressten Profilen, das wiederum mit Platten verkleidet wurde. Das schwere Stahlgerippe mit der witterungsanfälligen Holzverkleidung hatte somit ausgedient. Neben der bis zu 50-prozentigen Gewichtseinsparung konnte auf eine schwächere und damit preiswertere Bereifung zurückgegriffen werden.

Staufen-Werbeanzeige von 1957.

Staufen-Dreiachs-Ferntransportanhänger mit Spurlaufaggregat, 1951.

Rosi Rayer führte das Unternehmen trotz aller Schwierigkeiten durch die desolaten Jahre der Weltwirtschaftskrise. 1933 trat ihr Bruder Friedrich Wilhelm Jakober (1903–1979) als zweiter Geschäftsführer in die Fahrzeugfabrik ein. Die jetzt einsetzende Nachfrage nach Möbel- und Kastenwagen führte wieder zur Gesundung des Unternehmens. Im Schell-Programm erhielt das Werk den Zuschlag für den Bau von Pritschen-, und damit auch von Möbel- und Kastenwagen bis 8 t Nutzlast.

1945 beschlagnahmten US-Truppen die Werksanlagen für eine Reparatur-Einheit. Nach erheblicher Plünderung konnten die Geschwister mit dem verbliebenen Mitarbeiterstamm 1949 das Werk wieder einrichten und produktionsfähig machen. Für den Wiederaufbau fertigte das Werk Pritschenwagen mit einer Tragkraft von 3 bis 8 t sowie 5- und 7,5-t-Kipper. Auch ein Dreiachs-Pritschenwagen mit Spurlenkgabel und hochwindbarer dritter Achse für 17 bis 18 t Nutzlast sowie ein zweiachsiger 12-t-Kipper mit hydraulischem Kippmechanismus zeugten von den Ingenieurleistungen dieses württembergischen Unternehmens. Durch die Spurlenkgabel wurde der Anhänger genau in der Spur des Motorwagens geführt; gleichzeitig konnte dadurch der Reifenabrieb bei Kurvenfahrten reduziert werden. Mit Einsetzen der Konjunktur in der frühen Bundesrepublik verlegte sich das Staufen-Fahrzeugwerk wieder verstärkt auf das Traditionsmetier des Aufbauten-Baus sowie der entsprechenden Anhänger und stieg damit zeitweilig in die Spitzengruppe der deutschen Aufbauten-Hersteller auf.

Kauf der Traditionsmarke Gottfried Lindner

Im Jahre 1957 begann der Erwerb der letzten verbliebenen Fertigungsstätte der Gottfried Lindner AG in Berlin-Tempelhof. Patente, Herstellungs- und Vertriebsrechte gingen in den Besitz des Staufen-Werkes über. 1962 war nach Ablauf des Pachtvertrages die Übernahme mitsamt des 100 Personen zählenden Personals abgeschlossen. Der Bau der Lindner-Pritschenwagen, Kipper und Auflieger wurde unter dem damals noch gut eingeführten Namen »Lindner« weitergeführt, so dass das Staufen-Fahrzeugwerk mit seinem 350-köpfigen Mitarbeiterstamm auch im Speditions- und Baustellentransport wieder präsent war. Auf Ausstellungen traten »Staufen« und »Lindner« gemeinsam auf. Wenn auch erhebliche Investitionen das Berliner Werk auf den neuesten Stand brachten, erschwerte die Insellage Berlins die Wettbewerbsfähigkeit der Berliner Produktion, was schließlich 1973 zur Aufgabe dieses Werkes führte.

Expansion und Niedergang

Die 1965 eingeführten Kunststoff-Kofferaufbauten des Systems »Poly-Therm« für die Fahrzeuge bewährten sich in der 50 Millimeter starken Isolierung für Frischdienst- und in der 100-mm-Isolierung mit ihren geringen Kälteverlusten für Tiefkühlaufbauten.

Staufen-Kühlkofferzug mit Zweiachsauflieger, 1961.

Staufen-Möbelzug mit Einachsauflieger mit Leichtmetall-Aufbau, 1964.

Staufen-Ferntransportauflieger mit Spurlenkaggregat, 1969.

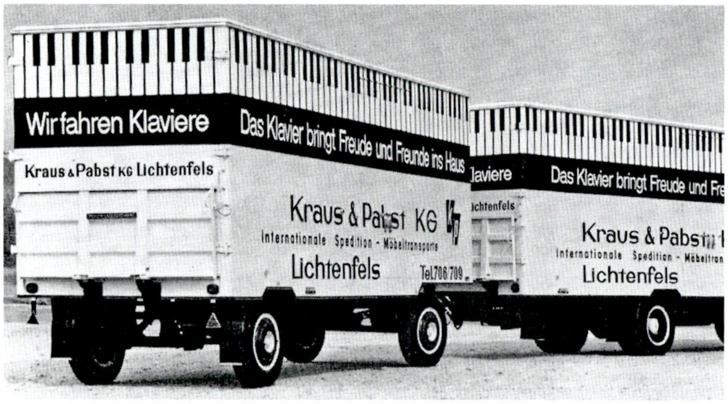

Staufen-Kofferzug für den Klaviertransport,1969.

Staufen-Kühlkofferzug »Europolar«, 1992.

1969 übernahm das Eislinger Unternehmen die Fahrzeugwerke Hubertia, Hans Morber in Küps/Bayern als weiteren Betriebsteil, der als Reparaturwerk und als Kundendienst-Stützpunkt im Nürnberger Raum für die Staufen- und Lindner-Erzeugnisse dienen sollte. Und ein weiteres Zweigwerk kam in dieser nachfragekräftigen Zeit in Süßen bei Göppingen sowie ein Service-Stützpunkt in Nenningen. hinzu.

Aber das Werk hatte aufgrund der immensen Konkurrenz den Zenit überschritten. In den 1970er Jahren standen Aufbauten, Wechselkoffer-Aufbauten, Möbeltransporter und Spezialfahrzeuge für die Lebensmittelbranche im Vordergrund. Letztes Prestigeobjekt stellte 1983 der dreiachsige, luftgefederte Tiefkühlsattel mit Poly-Therm-Aufbau in Palettenbreite dar. 1984 kam es zum Konkurs des traditionsreichen Unternehmens. Ein Jahr später übernahm die Ackermann-Gruppe den Eislinger Nutzfahrzeugaufbau- und Anhängerherstellers als Staufen Fahrzeugwerk GmbH. Die inzwischen gebildete Ackermann-Fruehauf-Gruppe gab 1987 das Werk an die dänische Norfrig A/S in Kjelderup ab, die zunächst das Programm weiterführen ließ.

1989 stellte das Werk die unrentabel gewordene Chassis-Fertigung ein und bezog die Fahrgestelle von Kässbohrer. Für den Ulmer Branchenprimus erstellten die Staufen-Fahrzeugwerke die Sesamat-Klappkoffer- und die »Aeropolar«-Aufbauten. 1990 folgte der Bau der 2,6 m breiten Tiefkühlkoffer auf vollverkleidetem dreiachsigen Kässbohrer-Satelchassis; 32 Europaletten fasste dieses Kässbohrer-Prestigeobjekt im »DCC-Hasnay-Design«. Für den Einsatz auf dem skandinavischen Markt baute das Werk in einer zweiten Linie einen Kofferauflieger mit Faltwänden und einen Vierachs-Kühlanhänger. Zwei Jahre später fertigte das Staufen-Werk auch die »Alpentrailer«-Tiefkühl-Auflieger von Kässbohrer mit 4 m Eckhöhe, die durch ihre Hubtechnik dem Lichtraumprofil der Tunnels im Alpenraum entsprachen. In nur noch einigen Exemplaren entstand 1991 der »Aeropolar III« auf Kässbohrer-Tandemachs-Fahrgestell. Da das Kässbohrer-Unternehmen sich inzwischen selbst in höchster Not befand, zog es die Vergabe der Auftragsfertigung zurück, so dass die Staufen Fahrzeugwerke 1992 geschlossen wurde.

Fahrzeugwerke Recklinghausen

Fahrzeugwerke Recklinghausen Karl Danz AG,
Recklinghausen, Hertener Str. 24–30, 1936–1960

Als eine Pionierfirma im allgemeinen Nutzfahrzeugbau werden die um 1900 gegründeten Fahrzeugwerke Recklinghausen angesehen. Omnibus- und Nutzfahrzeugaufbauten entstanden bis in die 1960er Jahre. Um 1936 stieg das Unternehmen auch in den Anhängerbau ein und erhielt im Schell-Plan die Festlegung auf die Fertigung von Einheits-Zweiachs-Anhängern und Kippern mit Nutzlasten bis zu 8 t. Ein Zweigwerk in Gelsenkirchen unterstützte die Fertigung.

FAKA

Fahrzeugfabrik Kannenberg (FAKA),
Salzgitter-Bad, Gittertor 21

1. 1948–1958: Fahrzeugfabrik Kannenberg (FAKA), Salzgitter-Bad, Gittertor 21
2. 1958–1972: FAKA Fahrzeugwerk Bückeburg GmbH, Bückeburg, Hannoversche Str. 21
3. 1973–2004: F. X. Kögel Fahrzeugwerke GmbH & Co, Werk 4, ab 1991 Kögel Fahrzeugwerke AG, Werk 4

Die ursprüngliche Fahrzeugfabrik Kannenberg (FAKA) war 1923 von dem späteren Kraftfahrzeug-Großhändler und Fabrikanten Kurt Kannenberg (1898–1956) in Danzig gegründet worden. Werke in Posen und in Stettin gehörten zu diesem als Transportgerätefabrik bezeichneten Kannenberg-Unternehmen.

1946 wurde die FAKA als sogenannter »Flüchtlingsbetrieb« in Salzgitter-Bad auf dem einstigen Gelände der »Hermann-Goering-Werke« neu gegründet, wobei Landesbürgschaften den Betrieb aufgrund der Beschäftigung von Flüchtlingen unterstützten. Zunächst vor allem als Reparaturwerk betrieben, begann 1948 der Anhängerbau. FAKA bot schon rasch im Anfangsprogramm Pritschenwagen für die Landwirtschaft und für das Speditionsgewerbe, Kipper, Möbel- und Langholzwagen an. Die Nutzlasten reichten von 1,75 bis 8 t. Die Krönung des Programms stellte 1949 ein Dreiachser LA 16 für 11 t Nutzlast dar, der 1951 auf eine Nutzlast von 16,5 t gesteigert wurde. Anstelle einer aufwendigen Druckluft- oder Hydraulik-Kippvorrichtung kam in den Standardkipper Ov7 eine Rollkipptechnik zum Einsatz. In den 1950er Jahren lag der Schwerpunkt der Fertigung auf dem Bau von Pritschen- und Kippfahrzeugen, darunter zwei- und dreiachsige Speditionsfahrzeuge mit Spriegel und Plane für 12 und 16,5 t und dem Kipper LK 5 für 4,8 t Nutzlast. Für die Borgward-, Hanomag- und Opel-Schnelllaster bot das Werk einen speziellen 1,75-t-Anhänger an.

Nachdem das Unternehmen 1958 die Fabrikationsanlagen der Hermann Harmening KG in Bückeburg übernommen hatte, führte FAKA dort den Bau selbsttragender Omnibusse fort. 1960 verlegte sich das Unternehmen auf den Bau von Dreiachs-Speditionsanhängern, Aufbauten und teleskopierbaren Container- und Wechselpritschen-Lafetten. Die Container-Fahrgestelle waren für zwei 20'- oder einen 40'-Container ausgelegt. Hinzu kam die Abwicklung von Behördenaufträgen, darunter von zweiachsigen 3-t-Stahlpritschenanhängern für die Bundeswehr und Kofferwagen für die Bundespost, bis 1973 der Fahrzeugbauer F. X. Kögel im Ulm die FAKA als Werk 4 übernahm. Im Zuge der Reorganisation des Kögel-Werkes wurde das Bückeburger Werk stillgelegt; die lange verwaisten Gebäudeanlagen wurden inzwischen verkauft.

FAKA-Zweiseitenkipper, 1949.

FAMAG-Werbeanzeige, 1950.

»FAMAG«

»FAMAG« Fahrzeug- und Maschinenbau GmbH, München, Blutenburgstr. 86, ab 1950 Dingolfing/Isar, 1949–1951

Ende der 1940er Jahre trat die »FAMAG« mit einem Zweiachs-Pritschenwagen für den Straßen- und Landwirtschaftseinsatz erstmals in Erscheinung. Schon rasch zog das Unternehmen, das aufgrund der Beschäftigung vieler Flüchtlinge einen Überbrückungskredit der Landesregierung erhalten hatte, nach Dingolfing. Eine ausgedehnte Fabrikanlage mit Eisen- und Stahlgießerei, Maschinenbau sowie ein Holzverarbeitungswerk standen dort für den Anhänger-, Kipper-, Karosserie- und Spezialfahrzeugbau zur Verfügung. Die »FAMAG« stellte anfänglich Einheitsanhänger der Ausführungen E3, E5 und E8 sowie einen Dreiseitenkipper mit Dreiecksrahmen und Schwingachsen her.

Ende 1950 erschien der neue Zweiachser »Ideal« für Schnelllastwagen und dreiachsige Anhänger bis 16 t sowie Dreiseitenkipper mit motorhydraulischer-FAMAG-Kippvorrichtung oder mit mechanischer Winden-Kippvorrichtung für 3 bis 8 t Nutzlast. Der 8-t-Speditionsanhänger wurde mit Schwingachsen versehen. Weitere Modelle stellten Langmaterial-Anhänger und Nachläufer, zwei- und dreiachsige Möbelwagen und zwei- oder dreiachsige Kofferanhänger sowie Thermosanhänger mit und ohne Kühlaggregat in dem erstaunlich üppigen Programm dar. Selbst für den Automobiltransport entwarf die »FAMAG« einen dreiachsigen Großraumanhänger mit zwei Etagen, der acht Fahrzeuge aufnehmen konnte. Ein Verladeaufzug sollte auf Wunsch eingebaut werden.

Neben den Nutzanhängern entstanden Lkw-Aufbauten und angeblich Omnibus-Anhänger. Aber schon rasch kam es zum Aus dieses Herstellers, als ein weiterer Kredit nicht mehr ausgezahlt wurde. Die Gebr. Eicher Traktoren- und Landmaschinenwerke übernahmen 1952 die »FAMAG« als Werk II. Die Anhängerfertigung wurde noch eine Zeitlang weitergeführt. 1971 gab Eicher das Werk an die aufstrebende BMW AG ab.

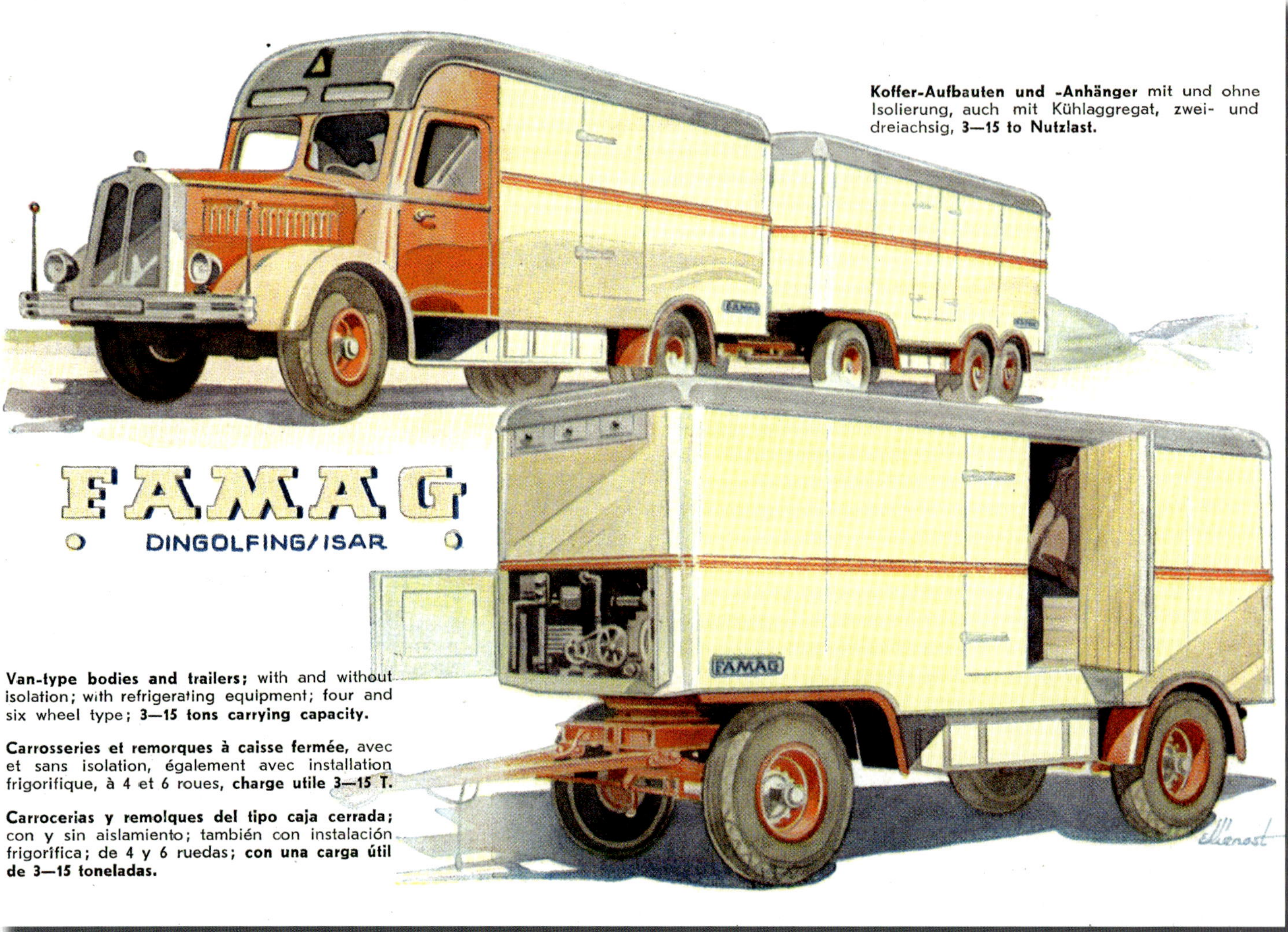

FAMAG-Koffer-Aufbauten und -Anhänger waren wahlweise mit oder ohne Isolierung und Kühlaggregat lieferbar, 1950.

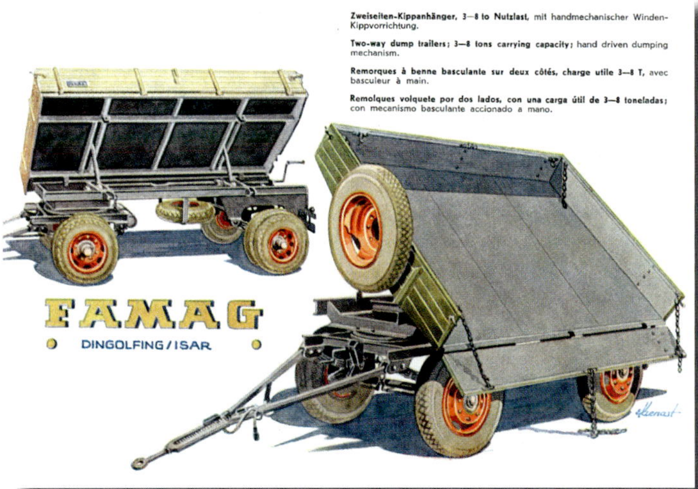

FAMAG-Zweiachs-Windenkipp-Anhänger, 1950.

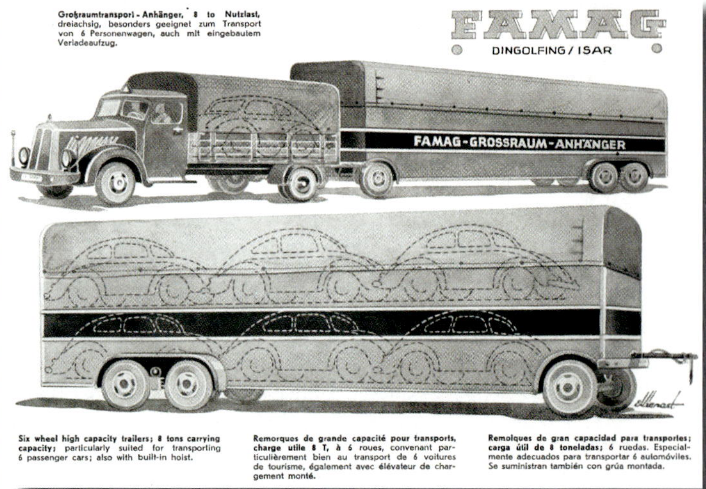

FAMAG-Autotransport-Anhänger, 1950.

Faust

Emil Faust Fahrzeugfabrik,
Hartha/Sa., Weststr. 12 , 1927–1945

Faust baute Normalanhänger der Baureihe »Ajax« mit Nutzlasten bis 5 t, mit Zwei- und Dreiseitenkipper der Baureihe »Atlas« mit Nutzlasten bis 7 t sowie mit Rollwagen mit Nutzlasten von 3 bis 7,5 t.

Im Schell-Plan wurde das Werk mit dem Bau von Einheitskonstruktion bis 8 t Nutzlast berücksichtigt.

Faust-Werbung, 1935.

Feldbinder

Feldbinder Spezialfahrzeugwerk,
Winsen (Luhe), Gutenbergstr. 12–26

1. 1975–1981: Feldbinder Fahrzeugbau, Drage b. Hamburg, ab 1980 Hamburg-Hamm
2. 1981 bis heute: Feldbinder Spezialfahrzeugwerk GmbH, Winsen (Luhe), Gutenbergstr. 12–26

Überzeugender Start mit Behälter-Fahrzeugen

1975 gründeten der gelernte Dreher Otto Feldbinder, der Erfahrungen im Verkauf von Silo-Fahrzeugen mitbrachte, und der Maschinenbauer Jan-Dirk Beckmann, der wiederum Kenntnisse aus einer Silo- und Tankwagen-Spedition besaß, den Feldbinder Fahrzeugbau (FFB) in Drage bei Hamburg. Nach fünf Jahren wurde zwischenzeitlich ein größeres Werk in Hamburg-Hamm genutzt, aber die inzwischen auf jährlich 120 Fahrzeuge gestiegene Fertigung erforderte erneut eine größere Produktionsmöglichkeit, die die beiden Unternehmer 1980 in Winsen (Luhe) fanden.

Im Anfangsprogramm standen neben Lkw-Silo-Aufbauten dreiachsige Silo-Auflieger in selbsttragender Bauweise der Baureihe EUT für den Lebens- und Futtermittel-, Getreide-, Baustoffe-, Chemikalien- und Kunststoff-Granulat-Transport sowie für Gefahrengüter wie Braunkohlenstaub mit bis zu 53 m³ Fassungsvermögen zur Verfügung. In einer zweiten Baureihe folgte der Drehschemel-Anhänger AS EUT 36.3 mit drei Eutern für 36 m³ Fassungsvermögen.

Die Chassis-lose Bauweise und die weitgehende Verwendung von Leichtmetall ermöglichten hohe Nutzlasten. Für die Entleerung nutzt das Feldbinder-Werk bis heute Auslaufschüsseln unter dem Siloaufbau, Euter genannt, die bis heute die Markenidentität darstellen. Mit Druckluft wird der Entleerungsvorgang unterstützt. Je nach Bautyp werden die Auslaufschüsseln im Heck oder bei Mehrkammer-Behältern in entsprechender Anzahl unter dem Kessel angebracht.

Und einen Ausflug in die Bauwirtschaft bildeten die dreiachsigen Muldenkipp-Auflieger MUL 24.3 und MUL 30.3 in Aluminium-Ausführung für die Aufnahme von 24 und 30 m³ Schüttgut. Außerdem bot Feldbinder eine Exportausführung mit 30-m³-Stahlspantenmulde an.

In den 1980er Jahre erweiterte Feldbinder die Angebotsskala auch auf Kastensiloaufbauten zum Transport von Getreide oder Kartoffeln. Hier nutzt Feldbinder ein dreiachsiges Stahlchassis, auf das der zur Leerung kippbare Aufbau gelagert ist und mit zwei Hydraulikstempeln zur Selbstentleerung gebracht werden kann. Diese KIP-Baureihe war anfänglich für 49 bis 55 m³ staubförmiger Güter oder in der Version KIP 48.3 für

Feldbinder-Siloauflieger mit 34 m³ Fassungsvermögen, 1977.

Feldbinder-Kippsilo-Auflieger für 48 m³ Fassungsvermögen, 1977.

48.000 Liter Flüssigkeiten ausgelegt. Die Aluminiumtechnik der Behälter bot höchste Nutzlasten bei großem Volumen.

1985 standen die selbsttragenden Eut-Silofahrzeuge, die Kippsolo-Auflieger (KIP) und der kastenförmige Silo-Auflieger Eut 61.3 sowie der Silo-Anhänger AS 28.2 in der Angebotspalette.

Feldbinder-Hinterkippauflieger mit Großraum-Kastenmulde für 54 m³ Schüttgut, 1977.

Verstärkung durch das Zweigwerke in Wittenberg und Sutton Bridge

1991 ergänzte ein weiteres Werk in der Lutherstadt Wittenberg (Belziger Straße 1) die Winsener Fertigung. Die einstige ACA, Apparate- und Chemieanlagenbau Wittenberg GmbH, die seit den 1930er Jahren Druckbehälter für die chemische Industrie und für die Eisenbahn-Verwaltungen in Europa fertigt, ermöglichte jetzt auch die Aufnahme des Tankfahrzeugbaus. Um das Winsener Werk zu entlasten, verlagerte FFB den Bau der leichten Silofahrzeuge in Edelstahltechnik nach Wittenberg. Im Bereich der Tank-Auflieger entstanden Fahrzeuge für 35.000 Liter Kraftstoff in Stahl- und Aluminium-Ausführung. Die Rohstoff-Auflieger mit offenen oder geschlossenen Aufbauten waren für 46 bis 66 m³ Schüttgut ausgelegt. Für den Export entstanden Kipp-Auflieger mit Behältern, die ein Fassungsvermögen von 70m³ aufwiesen. Und nachdem 1993 das Wittenberger Werk auch den Tankwaggon-Bau aufgenommen hatte, übernahm es 1995 auch die Fertigung der Silo-Containerchassis.

Feldbinder-Hinterkippauflieger MUL 24.3 mit Aluminium-Aufbau für 24 m³ Schüttgut, 1977.

1997 konnte sich Feldbinder mit 400 Mitarbeitern und einer jährlichen Produktion von 750 Modellen als einer der führenden deutschen Anbieter von Silofahrzeugen bezeichnen. Zielstrebig baute Feldbinder jetzt die Aktivitäten im Ausland aus. Vertriebs- und Servicestationen entstanden in Tschechien, in den Niederlanden und mit der Feldbinder France Sarl in Lyon. Ende 1997 gelang der Erwerb des englischen Silofahrzeug-Herstellers Metalair-Filliat Ltd. mit den Standorten Sutton Bridge in Lincolnshire. Die Feldbinder UK Ltd. konnte den Silofahrzeugbau in Leichtmetall-Ausführung und den Service in dem umfangreich modernisierten Werk in Sutton Bridge wieder in Schwung bringen.

Im gleichen Jahr kam ein Joint Venture-Geschäft mit dem südafrikanischen Silofahrzeugbauer TEE hinzu. Und die eigene Fertigung erstreckte sich jetzt auf Tank- und Silofahrzeuge, Container-Silo-Kippchassis, offene und geschlosse Kippkästen-Auflieger und Drehschemel- sowie Tandem-Silofahrzeuge. In einer Spezialausführung stellte Feldbinder eine beheizte Kippmulde zur Aufnahme von 85 m³ Schüttgut bereit.

Um die Jahrtausendwende konnte das jetzt 600 Mitarbeiter starke Unternehmen jährlich 1000 Fahrzeuge produzieren, die zu 50 Prozent in den Export gingen. Neuentwicklungen stellten 2006 der Holzpellet-Transporter und ein Tandemanhänger für den AdBlue-Transport dar. Im nachfolgenden Jahre schloss Feldbinder Lizenzverträge mit Herstellern in China, Süd-Korea (Firma Hyundai), Südafrika (Firma TEE), Argentinien, und Australien. Mit einem weiteren Ausbau des Werkes in Winsen ließ sich die Fertigungskapazität erneut steigern; mit beiden Werken kam Feldbinder jetzt

Feldbinder-Tankauflieger TSA 44.3-4 für den Kraftstofftransport, 1995.

auf 3000 produzierte Behälterfahrzeuge, von denen 70 Prozent außerhalb der Bundesrepublik verkauft wurden.

Feldbinder-Kippsiloauflieger KIP 57.3, 2015.

Unter den weltweit führenden Silofahrzeug-Herstellern

2009 konnte sich Feldbinder als einer der weltweit führenden Silofahrzeugbauer bezeichnen. Das Werk in Winsen steuerte die Silofahrzeuge für den Lebensmittel-, Wein-, Futtermittel- und Kunststoff-Granulat-Transport sowie großvolumige Fahrzeuge für die Recyclingindustrie bei. Aus der Fertigungsstätte Wittenberg folgten die Druckbehälter-Auflieger für flüssige, granulierte und pulverige Stoffe, Tankauflieger für den Kraftstoff- und Gastransport, Silowaggons und Silocontainer. Neuheiten bildeten der Tankauflieger TEUT mit Druck- und Euterentleerung, die Volumenausführung in Kastenform aus Aluminium mit einem Fassungsvermögen von 95 m³ und die CONS 59.40-Einkammer-Ausführung, bei der es sich um einen Tankcontainer handelt, für den Feldbinder auch gleich die Auflieger-Lafette beisteuert.

Feldbinder-Siloauflieger Eut 35.3 für Zementtransporte, 2006.

Im Jahre 2011 ergänzte der Bitumen-Transporter TSA 32 BIT mit 32.000 Liter Fassungsvermögen das Feldbinder-Programm. Während FFB den Fahrzeugbau am englischen Standort Sutton Bridge in diesem Jahr beendete und dort den Service sowie den After-Sales-Bereich für Großbritannien einrichtete, folgte die Gründung der Feldbinder Iberica S.L., um den spanisch-portugiesischen Markt besser bedienen zu können. Gleichzeitig übernahm Feldbinder einen Filialbetrieb in Lyon des französischen Herstellers Metalair Filliat S.A. in Venissieux, der für jetzt unter der Bezeichnung Feldbinder France SARL die französischen Kunden betreut.

Feldbinder-Kippsiloauflieger KIP 60.3, 2011.

Fellechner

Fellechner Fahrzeugbau GmbH, Zwickau, Brauereistr. 45
2011 bis heute

Seit 2011 fertigt Fellechner Anhänger und Auflieger für das Speditionsgewerbe. Der Angebotsfächer umfasst weitgehend nach Kundenwünschen gefertigte Drehschemel-, Tandem-, Tridem- und Tiefladeanhänger sowie Auflieger. Die zweiachsigen Drehschemel-Anhänger werden mit Pritschen-, mit Einrichtung zur Aufnahme von Wechselaufbauten und mit Gardinenaufbau versehen. Dreiachsige Tiefrahmenanhänger erstellt Fellechner mit Gardinen- sowie Tandem- und Tridemanhänger mit Plattform- und Pritschenaufbau. In einer zweiten Baureihe entstehen vierachsige Tiefrahmen-Anhänger für Baumaschinen-Transporte und in einer weiteren Produktlinie werden ein-, zwei- und dreiachsige Auflieger hergestellt, die individuell mit Aufbauten versehen werden.

Fellechner-Tandemachs-Pritschenhänger, 2016.

Fellechner-Plattformanhänger für den Absetzmuldentransport, 2016.

Feuchtemeyer

Fahrzeug- und Stahlbau Feuchtemeyer,
Kamenz, Theodor-Goebel-Str. 3
1929 bis heute (mit Unterbrechungen)

Aus einer 1733 gegründeten Huf- und Waffenschmiede entwickelte sich Ende der 1920er Jahre unter der Leitung von Schmiedemeister Richard Feuchtemeyer ein Handwerksbetrieb für den Anhängerbau. Mit stahlbereiften Rädern und dem obligaten Bremserhäuschen gingen um 1929 noch die ersten Modelle an die Kunden. Trotz aller Schikanen konnte der Betrieb die DDR-Zeit überstehen und nach der Wende den Fahrzeugbau wieder aufnehmen. Das Fertigungsprogramm besteht heute neben Fahrzeugaufbauten aus dem Bau von Tandemachsern mit Pritschenaufbau, von Schubboden-, Container- und Kipp-Aufliegern sowie von Anhängern mit Baustoffpritsche oder mit Rungenaufbau.

Fickers

J. Fickers, Fahrzeugfabrik,
Neuenhaus/Grafschaft Bentheim, Dackhorstweg 24
1. 1936–1945: J. Fickers, Fahrzeugfabrik, Nordhorn, Neuenhauser Str. 124
2. 1975–1981: J. Fickers Maschinen- und Fahrzeugbau, Neuenhaus/Grafschaft Bentheim, Dackhorstweg 24

Um 1936 trat dieses Unternehmen mit Anhängern in den Größen von 3, 4, 5 und 6 t Nutzlast sowie eines 6-t-Kippers auf. Nach dem Krieg standen Lkw-Anhänger bis 11 t Nutzlast in »Einheits- und Sonderbauart« im Programm.

1975 entwickelte Fickers die Aufliegerkonstruktion »2000«. Hierbei handelte es sich um einen teilbaren Auflieger mit einer Achse oder mit einem Tandemachs-Aggregat. Der mit einem trichterförmigen Fangmaul und einer entsprechenden Kupplung sowie mit einer Aufschiebe-Vorrichtung präparierte 7,49-Tonner konnte als Sattelzugmaschine den Auflieger übernehmen, der mit dem Führerschein der Klasse III (Pkw-Führerschein) gefahren werden konnte. In der Kombination entstand somit ein dreiachsiges Gefährt für 17,5 t Gesamtgewicht mit 12 m Ladelänge und hohem Ladevolumen, interessant für Gerüstbauer, für den Eisenhandel und mit Kofferaufbau für den Getränkevertrieb. Die Aufschiebe-Vorrichtung ermöglichte es aber auch, dass nach Abstützen des Aufliegerrahmens die vordere Hälfte der Pritsche auf den Motorwagen geschoben werden konnte. Somit entstand bei Bedarf wieder ein Solo-Lkw.

Fickers-Dreier-Brückenzug »2000« für 9 t-Nutzlast, 1980.

Fiebig

Kurt Fiebig KG, Fabrik für Transportanlagen, Waldenburg i. Schlesien, 1929–1941

Das schlesische Unternehmen fertigte spektakuläre Schwerlastwagen-Anhänger zum Transport von Transformatoren. Der 1929 vorgestellte Tiefladeanhänger besaß ein vorderes Drehgestell mit zwei Halbachspaaren mit jeweils drei Vollgummirädern, das hintere Drehgestell war mit drei Halbachspaaren ausgeführt. Über eine Differentialbremsung konnte die Mannschaft das Gerät bei abschüssiger Straße beherrschen. Die 8,5 m lange Aufnahmefläche des 21 t schweren Wagens konnte mit mechanisch oder hydraulisch betätigten Stempeln angehoben werden. Bei einer Transportgeschwindigkeit von 4,3 km/h ließ sich das Fahrzeug auch mit Schwerlasten bis 100 t ziehen.

Fiebig-Schwertransportanhänger für 100 t Nutzlast, 1930.

Finkl

Josef Finkl KG, Bissingen b. Donauwörth, Marktstr. 43 1970 bis heute

Das 1938 gegründete Fahrzeugbau-Unternehmen trat zu Beginn der 1970er Jahre mit Lkw-Aufbauten, mit Kippern, Kipp-Aufliegern, Pritschenanhängern, dreiachsigen Pritschenaufliegern und Tiefladern in Erscheinung. Inzwischen hat sich das Unternehmen auf den Bau von Doppelstock-Viehtransportern auf Anhänge- und auf zwei- und dreiachsige Sattelauflieger konzentriert. Vereinzelt werden auch Holztransport-Anhänger hergestellt.

Als Zweigbetriebe kam nach der Wende der ehemalige Kreisbetrieb für die Landtechnik/Kfl Gadebusch in Roggendorf hinzu.

Finkl-Viehtransportauflieger, um 2010.

Fleischhauer

Fahrzeugbau Fleischhauer KG,
Treuenbrietzen, Thälmannstr. 7
1. 1960er Jahre bis 1972: Fahrzeugbau Fleischhauer KG
2. 1972–1990: VEB Spezialanhängerbau Treuenbrietzen

Der Privatbetrieb mit schließlich staatlicher Beteiligung fertigte 16-t-Spezialanhänger. 1972 wurde das Unternehmen als VEB Spezialanhängerbau verstaatlicht und war in der Herstellung und Reparatur von Dreiachsern und Tiefladern für die Volksarmee tätig.

Plattformanhänger HL 170.05 VEB Spezialanhängerbau Treuenbrietzen für 17,5 t Nutzlast, 1984. (Foto: Ralf Weinreich)

Fliegl

Fliegl Fahrzeugbau GmbH, Triptis, Oberpöllnitzer Str. 8
1991 bis heute

Start in Triptis unter schwierigen Bedingungen

Das heute zu den ganz großen Fahrzeugherstellern zählende Fliegl-Werk geht in seinen Ursprüngen auf den Landwirt Josef Fliegl zurück, der seine Begabung für den Maschinenbau nutzte und 1981 in Tögging am Inn eine überaus erfolgreiche Fertigung von landwirtschaftlichen Maschinen, Anhängern und Geräten initiierte.

Nach der Wende sah Josef Fliegl die Chance, sich an der Erneuerung des ostdeutschen Marktes mit seinem veralteten und wenig konkurrenzfähigen Fahrzeugpark mit modernen und wirtschaftlichen Anhängern und Aufliegern zu engagieren. Im thüringischen Triptis bot sich dazu die Möglichkeit, von der Berliner Treuhandbehörde den ehemaligen VEB Landtechnisches Instandsetzungswerk (LIW) zu übernehmen. Dieser technische Großbetrieb befasste sich mit der Regenerierung von Lenkungen und Achsen sowie Getrieben von Mähdreschern, Traktoren und Lastwagen.

Nachdem Mitte 1991 Josef Fliegl mit seinem Sohn Helmut den Betrieb übernommen hatte, beschlossen sie hier, ausgehend von ihrem oberbay-

Fliegl-Dreiachs-Tiefladeanhänger mit Radmulden, 2003. (Foto: Fliegl)

erischen Fahrzeugbau, straßentaugliche Fahrzeuge zu produzieren. Mit der Herstellung von Tandemanhängern in breiter Bauweise bis 10,99 t Gesamtgewicht startete das Triptis Werk die Anhängerproduktion. Schon 1992 folgte ein dreiachsiger Tiefladeanhänger mit gerader Aufnahmefläche für Baumaschinen, Fahrzeugen, Steinpaletten und Baucontainer, der sich rasch durchsetzen und damit dem Werk den Aufstieg in den Kreis der Fahrzeugbauer bringen konnte.

Einstieg in den Aufliegerbau

Mitte der 1990er Jahre erweiterten Pritschenauflieger- und Container-Auflieger das im Aufbau befindliche Programm. Bis zur Jahrtausendwende füllten Tandem-Dreiseitenkipper mit 18 Tonnen, zwei- und dreiachsige Drehschemelanhänger bis 24 Tonnen, Kipp-Auflieger mit Stahl- oder Aluminiummulden, Curtainsider und Drehschemelanhänger in Normal-, in Volumen- oder in »ultra light«-Ausführung, Tiefladeauflieger und dreiachsige überfahrbare Tiefladeanhänger mit Radmulden bis zu 60 t Gesamtgewicht das Fliegl-Programm weiter an. Eine Besonderheit bildete dabei die Verwendung von Breitspurfahrgestellen.

Im Jahre 2004 folgten noch BDF- und Anhänger mit Spezialaufbauten für die Entsorgungswirtschaft. Der dreiachsige Hinterkipper mit einer Hardox-Halbschalenmulde und einem Eigengewicht von 6,6 t ging jetzt unter der Bezeichnung »Stone Master« an die Kunden. Nach Dänemark lieferte Fliegl vierachsige 92 m³-»Pushing Floor«-Schubboden-Auflieger mit einer innen mittlaufenden Schiebewand. Ein dreizylindriges Antriebssystem bewegte die Schiebewand; die Bodenprofile stammten aus dem Sortiment von Cargo Floor B.V. in Coevorden/Niederlande und Keith in Barneveld/

Fliegl-Dreiachs-Hinterkipp-Auflieger »Stone Master« mit Stahl-Rundmulde, 2004.

Niederlande. Das Jahr 2005 präsentierte ein Feuerwerk an Neuheiten. Mit Kühl- und Trockenfrachtauflieger, dem dreiachsigen Auflieger mit Hinterkippkasten vom Typ 350/50 mit Hecktüren, dem Satteltieflader SDS 470 T mit 9,2 m langem Tiefbett und Schwanenhalsauflage, dem Rungenanhänger und dem Mega-Curtainsider »Car Trailer« mit mechanisch betätigtem Hubdach wuchs das Portfolio erneut an.

Zweigwerke zur Kapazitätssteigerung

Gegen Ende dieses Jahres erweiterte ein zweites Werk in Triptis die Fertigungsmöglichkeiten im Großserienbau, wobei das Werk I die einachsigen »Citytrailer« mit Curtainsideraufbau, die Jumbo-, die Kipp- und die Universal-Container-Auflieger sowie alle Spezialfahrzeuge wie Tieflader und Sonderanfertigungen übernahm. Das neue Werk II wurde auf die Herstellung der Pritschen- und Curtainsider, der Tandemachser, der Drehschemelanhänger und der weiterer Kippauflieger ausgerichtet. Gleichzeitig steuerten ein in Abda in Ungarn und ein in Tschechien aufgebautes Werk die Fahrgestelle bei.

Neuheiten bildete 2006 ein zweiachsiger Mähdrescher-Tieflader mit entsprechenden Radmulden, um die Höhenbegrenzung einzuhalten. Der Trockenfracht-Plywood-Kofferauflieger SDS 380 wurde jetzt unter dem Namen »Trailerbox« angeboten. Und für die in Skandinavien zugelassenen 60-t-Züge (»Combi-Trailer«) entwickelte Fliegl zweiachsige Dollys, die somit einen Auflieger zum Anhänger machten. Mit einem Jahresausstoß von 3500 Fahrzeugen hatte sich Fliegl inzwischen in der oberen Liga der Fahrzeugbauer eingereiht.

Fliegl-Kippauflieger mit Leichtmetall-Kastenaufbau für den Getreidetransport, 2009. (Foto: Fliegl)

Fliegl-Schubbodenauflieger »Power Floor«, 2009. (Foto: Fliegl)

Im Jahre 2007 bildeten zwei- und dreiachsige Hinterkipp-Auflieger der Baureihe »Stone Master« mit Kasten- oder Halbrundmulden aus Aluminium oder Stahl die neuen Highlights, wobei die Aluminium-Kastenmulde mit einem Fassungsvermögen von 27 m³ auf ein Gewicht von 4,8 t kam. Im nachfolgenden Jahr belieferte Fliegl einen Kunden in Russland mit einer Serie von vierachsigen, 12,8 m langen Drehschemelanhängern mit Volumenaufbauten. Und den gut aufgenommenen Mähdrescher-Transporter optimierte das Werk in der Baureihe ZTS 200 Spezial mit einer auf Wunsch teleskopierbaren Ladebrücke.

Neuordnung der Fliegl-Firmengruppe

2009 reorganisierte die Eigentümerfamilie das dynamisch gewachsene Firmenkonglomerat. Zur Firmengruppe zählten jetzt die Sparten Fliegl-Trailer-, Bau- und Kommunalfahrzeuge, Fliegl-Agrartechnik in Töging am Inn. Weitere Produktionsstätten und Vertriebsniederlassungen richtete Fliegl in Kastl (Fliegl Agro-Center) und in Frankreich, in Slowenien und in Russland ein.

Den Container-Auflieger fertigte Fliegl jetzt auch mit Kipptechnik in der »Vario«-Ausführung für 30‘ und 40‘-Container und das Tiefladerprogramm umfasste im Baukastensystem Modelle bis zu fünf Achsen mit Nutzlast bis 53 t; die Möglichkeit, Container aufzunehmen, war gegeben.

Mit Beginn des neuen Jahrzehnts präsentierte das Thüringer Unternehmen den Typ SZS 300 Jumbo, einen zweiachsigen Baustoff-Auflieger mit einer 11 m langen Pritsche, den Curtainsider »Mega Coil« mit 7 m langer Mulde sowie mit Hub-/Schiebedach für die Kranbeladung, den einachsigen Sattelauflieger SES 85 mit Hubdach für den 11,99-t-Zug, den zweiachsigen Hinterkipper »Compact Coni light« mit konischer Aluminiummulde und einem automatischen Abdecksystem sowie wenig später die Container-Lafette SDS 390 für 20‘-Behälter.

Erneute Neuordnung der Fliegl-Firmengruppe

In den frühen Jahren des ersten Jahrzehnts bildeten die dreiachsige Container-Lafette »Chemie light« mit unter 3 t Eigengewicht, der einachsige Schiebeplanen-Auflieger EPS 50, ein einachsiger Satteltieflader, ein dreiachsiger Sattelkipper mit Coilmulde in dem gesickten, 50-m³-Kasten unter dem Namen »Coil-Master-light«, ein vierachsiger Baustahlmatten-Auflieger und ein gelenktes Dolly die ersten Novitäten. Als weitere Neuerscheinungen folgten der Tandem-Plattform-Anhänger mit Stahlbordwänden und klappbaren Auffahrtrampen, der dreiachsige Kippauflieger DHKA 350 mit neuer konischer Aluminiummulde für 25 m³ und die Container-Lafette »Coil light« mit 7 m Mulde.

Für die Panzertruppe der Bundeswehr entwickelte und fertigte Fliegl den siebenachsigen Flachbett-Auflieger SSS 900 T mit Auffahrrampen zum Transport von bis zu 64 t schwerem Gerät. Und für die Curtainsider-Fahrzeuge führte Fliegl zwei Baureihen ein: Die Version Standard läuft seitdem unter der Bezeichnung »Roadrunner«, die Version Volumen unter der Bezeichnung »Megarunner«. Darüber hinaus ermöglichte die Dachab-

Fliegl-Dreiachs-Auflieger »Coil Master light«, 2011. (Foto: Fliegl)

Fliegl-Lafette ZWP 18 mit BDF-Wechselaufbau, 2014.

Fliegl-Zweiachs-Curtainsider »Road Runner Twin«, 2016. (Foto: Fliegl)

rolltechnik »Free-Load-System« das schnelle Be- und Entladen des Curtainsiders per Krantechnik.

2015 nahm das 200 Beschäftigte starke Fliegl-Werk einen Tridemachs-Tieflader sowie einen siebenachsigen Sattelauflieger und einen vierachsigen 48-t-Tiefladeanhänger mit zweiachsigem Drehschemel ins Programm.

Mit »Roadrunner Twin« und »Megarunner 4.0« für die Zukunft gerüstet

2016 zeigte Fliegl erneut sein Innovationspotential: Der zweiachsige Trailer »Roadrunner Twin« war den neuen Mauttarifen angepasst. Ein Kipper mit isolierter 28-m³-Mulde steht für den Asphalttransport bereit; bei den Baustellenkippern erhielten die Mulden eine konische Form, die das Leeren verbesserte. Die dreiachsigen Volumenauflieger »Megarunner 4.0« erschienen in optimierter Leichtbauweise mit einem Eigengewicht von 6,4 t. Das dreiachsige, auf Wunsch kippbare Container-Chassis rollte auf klein dimensionierten Rädern, so dass eine Auflagehöhe von 3 m gegeben ist.

Auch der Standard-Curtainsider erhielt ein zweiachsiges Achsaggregat, zur Umgehung der höchsten Mauttarif-Stufe. Die Reduzierung der Rahmenhalshöhe des »Megarunner«-Chassis um 100 mm vergrößerte dementsprechend die Aufbauhöhe und die Aerodynamik. Und der Wechselbrückenanhänger ZWP erhielt in der »V-Stream«-Version eine zum Drehschemel hin V-förmige Rahmenkonstruktion, so dass das Eigengewicht nur noch bei 2 t liegt.

Und weiter ging der Trend zur Leichtbautechnik. 2016 brachte der dreiachsige Curtainsider »Maximum Ultralight« nur noch ein Eigengewicht von 4,9 t und der dreiachsige Coil-Auflieger »Road Runner Coil X-tra short« mit einer Länge von 10,4 m ein Eigengewicht von 4,t t auf die Waage.

Zum 1. Januar 2017 stieg der von Helmut Fliegl geführte Fahrzeugbau als alleiniger Gesellschafter bei dem österreichischen Traditionsunternehmen Hangler mit Sitz im oberösterreichischen Pramet im Innkreis ein.

Fliegl-Kurzholz-Anhänger, 2015. (Foto: Fliegl)

Fliegl-Hinterkippauflieger »Red Power« mit Leichtmetall-Kastenmulde, 2013. (Foto: Fliegl)

Fliegl-Hinterkippauflieger »Isotherm« mit Asphaltmulde, 2015. (Foto: Fliegl)

Florix

Gerh. Florix & Co., Fahrzeugbau,
Weinheim (Baden), Mannheimer Str., 1927–1936

Ein breites Programm an »Lastwagen-Anhängern jeder Ausführung« bot dieses Fahrzeugwerk an. Normalanhänger von 2 bis 10 t, ein- und zweiachsige Dreiseiten-Kipper und Niederflur-Glastransport- und Langmaterialanhänger mit hinterem Drehschemel sowie Eis-, Tank- und Großflächenwagen wurden angeboten.

Florix-Werbung, 1927.

Forschner

Ludwig Forschner, Fahrzeug- und Anhängerbau,
Ulm, Westerlingerstr., Reithalle, Eingang gegenüber Nr. 26
1949

Forschner fertigte kurzzeitig Anhänger bis 5 t Nutzlast und Langholzwagen für den Schlepper- und Lkw-Zug.

Fortuna

Fortuna Fahrzeugbau GmbH & Co. KG,
Ochtrup, Alte Maate 16, 2004 bis heute

Das im Jahre 1946 von Dipl.-Ing. Bernhard Schwartbeck gegründete Landmaschinenunternehmen mit der Marke »Fortuna« erweiterte nach der Jahrtausendwende das Produktionsprofil auf überfahrbare Drehschemel-Tieflader, einachsige Auflieger der Ausführung »Alu light« und Tandemachser mit Curtainsider-Aufbauten sowie mit Stahlpritschenausführungen insbesondere für GaLa-Betriebe.

Fortuna-Tandemachs-Dreiseitenkipper EDT, 2005. (Foto: Fortuna)

Fortuna-Volumenzug mit Tandemachser, 2005. (Foto: Fortuna)

Franz

Friedrich Franz, Fleetmark Krs. Salzwedel, Bahnhofstr. 14
1960er bis 1970er Jahre

Viehtransportanhänger der Ausführungen HL 50.88 und HL 51.88 fertigte dieser Privatbetrieb.

Frenzel

Frenzel GmbH, Ilsfeld-Auenstein, 1994

Das seit 1954 bestehende Frenzel-Unternehmen, das sich auf den Bau von Kühlbereichen für Omnibusse spezialisiert hat und in den späten 1980er Jahren Mercedes-Benz-Kleinbus-Rohbauten ausgestaltete, stellte Mitte der 1990er Jahre auch einen Tandemachser vom Typ Mokü 125 mit Kühlkoffer her.

Froizheim

Fahrzeugbau und Reparaturwerk Heinz Froizheim,
Haunstetten b. Augsburg, Eichenstr. 30, 1929–1955

Mit dem Bau von Pkw- und Lkw-Anhängern sowie mit Aufbauten trat dieses Unternehmen in Erscheinung.

FSN

FSN Ferdinand Schultz Nachfolger Fahrzeugbau GmbH,
Rostock, Osthafen,
ab 2008 Bentwisch b. Rostock, Hansestr. 18
1991–2017: Ferdinand Schultz Nachf. Fahrzeugtechnik GmbH
2017 bis heute: Ferdinand Schultz Nachf. Fahrzeugbau GmbH

Der Bentwischer Sonderfahrzeugbau ist ein Mitglied der traditionsreichen Firmengruppe Ferdinand Schultz Nachfolger, die auf das Gründungsjahr 1868 in Rostock zurückgeht und somit zu einem der ältesten Unternehmen Mecklenburg-Vorpommerns zu zählen ist. Ferdinand Schultz hatte in diesem Jahr eine Drahtwarenfabrik gegründet, die 1902 an Paul Erdmann und seinen Schwager Karl Dahll überging.
Nach der Ausbombung im Jahre 1942 konnten sie nach dem Krieg eine Automobil-Reparaturwerkstatt und einen Handel mit Ostblock-Pkw aufbauen. Wenig später richtete man einen Zuliefererbetrieb für die im Aufbau befindliche DDR-Schiffsbauindustrie ein. 1960 begannen die ersten Verstaatlichungsmaßnahmen mit der zwangsweisen Beteiligung des Staates, bis das Unternehmen 1972 enteignet und in den VEB Metallwerkstätten »Warnow« Rostock umgewandelt wurde.
Nach der Wende gelang es der Familie, ihren einstigen Besitz zurückzugewinnen. Nach erfolgreichem Neubeginn im Automobilhandel entstand 1991 die Ferdinand Schultz Nachfolger Fahrzeugtechnik GmbH (FSN), die zunächst Reparaturen von Nutzfahrzeugen und die Montage von Aufbauten im Betätigungsfeld hatte. Über die Eigenkonstruktion und Herstellung von Aufbauten entwickelte sich der FSN-Fahrzeugbau. »Nutzfahrzeuge nach Maß«, darunter Drehschemelanhänger für den Kurzholztransport, Tandemanhänger mit Kofferaufbau für Fahrzeugtransporte und mit Kofferaufbau sowie zwei- und dreiachsige Auflieger als Chassis oder als einfach gekröpfter Curtainsider mit Klappdach, als zweifach gekröpfter Tiefsattel-Curtainsider für den Getränketransport, als Rungenauflieger für den Holztransport, als Kofferaufbau mit Hubboden, als Satteltieflader mit Radmulden und Rampen und als gekröpfter Auflieger für 20'-Container stehen im FSN-Programm.

FSN-Dreiachs-Sattelauflieger für Holztransporte, 2017. (Foto: FSN)

FSN Dreiachs-Stufensattel, 2017. (Foto: FSN)

FSN-Zweiachs-Curtainsider mit Tiefbett, 2017. (Foto: FSN)

Fuchs I

H. Fuchs, Waggonfabrik AG, Heidelberg
1. 1925–1929 H. Fuchs, Waggonfabrik AG
2. 1930–1932 Fuchs Lastzug- und Schlepper-Bau GmbH, München-Gräfeling

Die 1862 gegründete Waggonfabrik nahm im Jahr 1925 zur Auslastung ihres Werkes während des Rückgangs des Güterwagengeschäftes die Fertigung eines 10-t-Motorlastzuges nach einer Idee des Aschaffenburger Ingenieurs von Dussmann auf. Auflieger mit einer Nutzlast von 8 bis 10 t gehörten zu diesem System. Hierbei war besonderer Wert auf ein einfaches Austauschen der Hänger für den Pendelverkehr gelegt worden. Auch eine Ausführung mit zwei luftbereiften und steuerbaren Hinterachsen zur Aufnahme einer Belastung von 15 t wurde angeboten.

1930 gliederte die Waggonfabrik die Fertigung des Lastzugsystems aus; in dem Münchener Zweigwerk wurden die modernisierten Züge weitergebaut, bis die Auswirkungen der Weltwirtschaftskrise die Einstellung dieser Fertigung erzwang. Im Heidelberger Stammwerk entstanden von 1962 bis 1965 die IHC-Schnelllastwagen.

Fuchs II

Heinrich Fuchs GmbH & Co. KG, Fahrzeugbau – Anhänger + Aufbauten, Lollar, Gießener Str. 60 u. Rothweg 1
1949 bis heute

Nachdem zunächst Pkw-Anhänger im Programm von »Fuchs Lollar« standen, spezialisierte sich das Unternehmen Mitte der 1950er Jahre auf den Bau von Langholzanhängern. In den 1980er Jahren nahm das Unternehmen die Fertigung von 11,9-t-Niederrahmen-Tandemachsern mit Auffahrrampen oder mit Curtainsider-Aufbau. Auch kompakte Lafetten für Absetzcontainer gehören zum Fuchs-Programm.

Fuchs-Absetzmulden-Transporter CA 12500, 2010.

Füchsel

Anhänger-Bau Ludwig Füchsel, Dingolfing
1. 1939–1953: Anhänger-Bau Ludwig Füchsel, Dingolfing
2. 1953–1955 (?): Gebr. Eicher Traktoren- und Landmaschinen-Werke GmbH, Forstern b. München, Werk II Dingolfing

Im Schell-Plan wurde das Unternehmen mit dem Bau von 4,8- und 7,5-t-Zweiseitenkippern beauftragt. 1953 wurde Füchsel vom Schlepper- und Landmaschinenhersteller Eicher übernommen, der es mit dem ebenfalls in Dingolfing übernommenen Anhänger-Hersteller FAMAG zum Werk II zusammenschloss.

Fuhrmann

Fuhrmann Fahrzeugbau GmbH, Erharting, Vorberg 11, 1992

Das im Service, in der Reparatur und in der Herstellung von Kofferaufbauten, Pritschen und Kühlkoffern tätige Werk bot in den frühen 1990er Jahren auch Kühlfahrzeuge auf Kögel-Tandemachsfahrgestellen an.

FVG

FVG (Fahrzeugbau) GmbH & Co. KG, Wildeshausen, Daimlerstr. 17, 1999 bis heute

Als Hersteller von Spezialaufbauten zum Fahrzeugtransport entstand die FVG in Bremen, die 1999 nach Wildeshausen verlagert wurde. Seit 2008 umfasst die Auflieger-Modellreihe das Pkw-Transportfahrzeug »FlexLiner« auf dreiachsigem Niederrahmenfahrgestell mit variabler Tiefbettlänge und ausstellbarer zweiter Ebene für ein zusätzliches Fahrzeug. Für den Transport von zwei Zugmaschinen steht der »TruckLiner« und für die Aufnahme von Landmaschinen steht der zwei- oder dreiachsige Flachbettwagen »AgraLiner« bereit. Der »StraightLiner« als Flachbettauflieger für Sattelfahrzeuge bis zu einem Gesamtgewicht von 7,5 t ergänzt das Programm.

FVG-Tridem-Auflieger »Truckliner« für den Lkw-Transport, 2008. (Foto: FVG)

Gärtner

Karosserie Gärtner GmbH, Elmshorn, Rudolf-Diesel-Str. 2
2002–2003

Aufbauten aller Art stehen im Fokus dieses seit 1886 bestehenden Unternehmens. Kurz nach der Jahrtausendwende standen auch Tandemachser mit Aluminium-Bordwänden und Planenaufbau im Repertoire dieser Firma.

Gärtner-Tandemachser mit Planenaufbau, 2003.

Gastell

Vereinigte Westdeutsche Waggonfabriken AG,
Werk Gastell, Mainz-Mombach, Hauptstr. 19
1935–1956 (mit Unterbrechungen)

Westwaggon-7,5-t-Kipper Ki 7,5, 1938.

Die Vereinigten Westdeutschen Waggonfabriken AG, kurz Westwaggon, ging 1927/28 aufgrund des durch Auftragsmangel und Überbesetzung der Waggonindustrie notwendigen Rationalisierungsdrucks aus den Firmen van der Zypen & Charlier in Köln-Deutz, Killing & Sohn in Hagen, Düsseldorfer Eisenbahnbedarf in Düsseldorf und der Waggonfabrik Gebr. Gastell in Mainz-Mombach hervor. Die Fabrikation wurde in den Werken Köln und Mainz konzentriert. Im Jahre 1956 übernahm der Klöckner-Humboldt-Deutz AG (KHD) die Westwaggon AG.

1935 präsentierte das Mainz-Mombacher Werk ein komplettes Programm an zweiachsigen Pritschenwagen der Baureihen N 2,5, N 3,5, N 5, N 6, N 7 und N 8 mit der entsprechenden Tonnage. Für den Baustellenverkehr gab es den Kipper Ki 7,5 und im Auflieger-Bereich konnte der Kunde den einachsigen L 4 oder den zweiachsigen L 8 wählen. Das Schell-Programm verpflichtete das Unternehmen zum Bau eines 4,8-t-Zweiseitenkippers.

Ein schwerer Luftangriff im Dezember 1944 zerstörte die Betriebshallen. 1950 war das Werk mit der großen »Phoenix-Halle« wieder im Bau von Eisenbahnwaggons und dreiachsiger Großraum-Wiegenkipper für die Trümmerschutt-Abfuhr tätig. Der Zehntonner besaß vollgummibereifte Halbachsen. Das Programm umfasste Mitte der 1950er Jahre Anhänger mit Nutzlasten von 4 bis 17 t sowie Auflieger mit Nutzlasten von 12,5 und 18,5 t. Schließlich war Westwaggon 1955 noch mit einem 16-t-Pritschenwagen vertreten. Im Jahre 1956 übernahm der Klöckner-Humboldt-Deutz-Konzern die Westwaggon AG für den Bau der Magirus-Deutz-Omnibusse und des Hotchkiss-Schützenpanzers.

Westwaggon-3,5 t-Pritschenanhänger S 3,5, 1936.

Westwaggon-Holztransportanhänger L 8, 1938.

Gaubschat

Gaubschat-Fahrzeugwerke GmbH, Berlin-Neukölln, Willi-Walter-Str. 32/38, ab 1945 Karl-Marx-Str. 269–273
1921–1955

Gaubschat-Werbung, 1937.

1904 richtete Schmied und Wagenbauer Fritz Gaubschat im noch nicht eingemeindeten Neukölln ein Fahrzeugbau-Unternehmen ein, das sich 1921 dem Karosserie- und Anhängerbau zuwandte. 1933 sind erstmals Dreiachs-Pritschenwagen für eine Nutzlast von 10 t nachzuweisen. Ab 1936 bot das Gaubschat einzelradbereifte Pritschenhänger in den Größen 2, 3, 4 und 7,5 t, zwillingsbereifte Anhänger in den Größen 5, 6 und 8 t sowie einen dreiachsigen 11-Tonner an, bei dem die dritte Achse hochwindbar war.

Hinzu kamen zwillingsbereifte Kipper für 5 und 7 t Nutzlast. Der Schell-Plan verpflichtete das Unternehmen, Einheits-Pritschen-Anhänger der Baugrößen 3 und 4 t zu fertigen. Während des Krieges musste Gaubschat in parallel zu seinem Gelände verlaufenden U-Bahn-Tunnels Rümpfe des zweimotorigen Bombers Ju 88 montieren. Aus noch bereitliegenden Teilen entstanden nach Kriegsende nochmals die Anhängertypen E3 und E5.

Nach der Demontage beschäftigte sich das Werk zunächst mit dem Wiederaufbau von Straßenbahnwagen. Aus vorhandenen Materialbeständen baute das Werk ab 1946 wieder Pritschenanhänger für 3 und 5 t Nutzlast. Mitte der 1950er Jahre endete der Anhängerbau und Gaubschat verlegte sich vollständig auf den Omnibus-Karosseriebau.

Gaubschat-Auflieger, 1933.

Gaubschat-Dreiachs-Speditionsanhänger Typ G 11e, 1938.

Gaubschat-Ferntransportanhänger, 1953. (Foto: Wolfgang Kohl)

Wilhelm Gebken gründete 1928 eine Schmiede und Vertriebsstätte für Hanomag-Schlepper. Mitte der 1950er Jahre richtete er die Abteilung Fahrzeugbau ein, die sich auf den Anhängerbau spezialisierte. Gebken bot einen 5-, 11,5- und 17,5-t-Fernverkehrs-, einen 8-t-Pritschenwagen, einen 4-t-Kipper mit Zahnstangen-Betätigung sowie einen zwei- und dreiachsigen 11- und 16-t-Thermosanhänger sowie Tieflader an. 1991 endete der Fahrzeugbau.

Gebken-Prospekttitel, 1955.

Gebken

Wilhelm Gebken, Fahrzeug- und Karosseriebau, Oldenburg-Tweelbäke, Hatter Str. 44, um 1953–1991

Gebken-4-t-Zahnstangen-Zweiseitenkipper, 1955.

Gelbke & Jaritz

Gelbke & Jaritz, Fahrzeug- und Eisenbau, Magdeburg, Reichspräsidentenstr. 102, 1933–1945

Gelbke & Jaritz fertigte unter dem Motto »Wagen für alle Zwecke« Einachs- und Zweiachs-Anhänger sowie Langholzfahrzeuge für den Pferdezug. In den 1930er Jahren versah das Unternehmen die »Modernen Pferdewagen« mit Rollenlagern und Luftreifen. 1933 trat Gelbke & Jaritz erstmals mit dem Bau eines Anhängers mit Planenverdeck in Erscheinung. Zwei Jahre später hatte das Unternehmen ein Programm mit Pritschenwagen in den Nutzlastgrößen von 2,5 bis 8 t Nutzlast aufgebaut. Im Kipper-Bereich standen 3,5-, 5- und 7,5-t bereit. Wenig später wagte sich Gelbke & Jaritz auch an den Bau eines Dreiachsers für 11 t Nutzlast. Um Gewicht und »Werkstoff« zu sparen, verwendete das Unternehmen profilierte Leichtbauachsen anstelle der üblichen Vierkantachsen. Laut Schell-Programm sollte sich Gelbke & Jaritz auf den Bau eines 5-t-Pritschenwagens und eines 4,8-t-Kippers konzentrieren.

Gelbke & Jaritz –Anhänger Typ 4, 1938.

Geomey

Geomey, Wismar, 1939

Mit einem geländegängigen Dreiachs-Anhänger mit tiefliegender Ladefläche trat dieses Unternehmen 1939 in Erscheinung.

Geomey-Dreiachs-Plattformwagen, 1938.

Georg

Edgar Georg Fahrzeugbau GmbH & Co. KG, Neitersen/Westerwald, Rheinstr. 11–13, 1949–2015

Auf das Gründungsjahr 1918 geht das Georg-Unternehmen zurück, das anfänglich mit Patent geschützte Wechselaufbauten herstellte. 1949 trat das Werk mit zwei- und dreiachsigen Speditionsanhängern im Bereich von 1,5 bis 18 t Nutzlast in Erscheinung. Eine Spezialität bildete ein 12-t-Fernverkehrs-Anhänger mit hinteren Pendelachsen, die dem Wagen ein optimales Fahrverhalten geben sollten. Weitere Produkte bildeten Kipper bis 12 t Nutzlast, Koffer- und Viehtransport-Anhänger sowie Tieflader bis zu 60 t Gesamtgewicht.

GERGEN

Kipper- und Fahrzeugbau GmbH,
St.-Ingbert, Geistkircherstr. 14

1. 1975–2010: Hydaulik Gergen GmbH & Co. KG, St. Ingbert, Industriegebiet Ost, später Geistkirchenstr. 14
2. 2010–2013: Gergen-Jung GmbH, Homburg/Saar, Michelinstr. 19
3. 2013 bis heute: GERGEN Kipper- und Fahrzeugbau GmbH, St.-Ingbert, Geistkirchenstr. 14

Leo Gergen gründete 1938 einen Betrieb, der handmechanische Kipper für Lkw-Fahrgestelle herstellte. Nach dem Krieg standen zunächst Hydraulikkipper und hydraulische Schaufellader im Programm, die sich in der Zeit der Trümmerbeseitigung bestens verkaufen ließen. Erste Absetzkipper, die das Profil des Werkes bis heute prägen, entwickelte Gergen in den frühen 1950er Jahren für den französischen Markt. Als das Abfallbeseitigungsgesetz von 1972 die verstärkte Müllsammlung vorschrieb und Recyclingfirmen sich auf diesem Sektor bildeten, griff Gergen zu und spezialisierten das Unternehmen auf die Herstellung der Aufnahmetechnik für Absetz- und Abrollmulden.

Um den Lkw-Transport rationeller zu gestalten, wurden Anhänger mit einem Aufnahmesystem entwickelt, so dass der Lkw-Absetzkipper auch diesen beladen konnte. Um 1977 erweiterte das inzwischen auf 135 Personen angewachsene Werk das Programm auch auf den Bau zweiachsiger Lafetten mit Schlittenaufbau zur Aufnahme einer Mulde. 1987 folgte ein zweiachsiger Sattelauflieger mit Aufnahmeschlitten für zwei Mulden; bei Leerfahrten ließ sich eine Achse anheben.

In dieser Zeit kam eine Partnerschaft mit der Firma Jung in Homburg/Saar zustande. Diese brachte den Anhänger 18 V4, 1995 einen Silotransporter und 1999 den Rollschlitten-Tandemachser der Baureihe ROLO 18 T für 55-m^3-Mulden in das gemeinsame Vertriebsprogramm, so dass Gergen und Jung zu den führenden Anbietern im Bereich der Komplettlogistik für Absetzmulden, Abrollcontainer und Großsilosteller (für stehende Zementsilos) aufstiegen.

Ab 2005 kam ein ultraleichter Drehschemel-Rollcontainer-Anhänger vom Typ »Apollino« mit einem Eigengewicht von unter 3 t für 7-m^3-Abrollmulden hinzu. Und mit einer Hinterkippmulde »Saar« in Hardox-Ausführung versuchte Gergen auch in den Kipperaufbau einzusteigen. 2007 folgte der Hinterkipp-Auflieger »Konic« mit Rundmulde, die zum Heck hin kastenförmig auslief. Eine Überarbeitung erfuhr der Tandemachser unter der Bezeichnung »Adonis 2«. Gleichzeitig erschien im mehr oder minder gemeinsamen Programm der Tandemachser TTA 13 L »Apollo« für 13,5 t Gesamtgewicht.

Anfang 2010 schlossen sich nach der jahrzehntelangen Kooperation das Gergen- und das Jung-Unternehmen zur Gergen-Jung GmbH mit Sitz in Homburg/Saar zusammen. Ein Produkt der Fusion bildete der dreiachsige Drehschemel-Schlittenanhänger T2MA 24 L. Aber schon 2013 kam es zur Auflösung des Gemeinschaftsunternehmens. Unter der Firmierung »GERGEN Kipper- und Fahrzeugbau GmbH« tritt das Unternehmen wieder als eigenständiger Hersteller von Abrollkippern mit hydraulisch betätigtem Hakenarm auf, der auch in einer teleskopierbaren Form geliefert werden kann. Hinzu kommt der Bau von Hüttenwerk-Absetzkipper und von Anhängern für den Muldentransport.

Im Bereich der Absetzbehälter-Anhänger stehen die Tandemachser TTA 13 »Adonis«, die zweiachsigen Drehschemelanhänger TMA 18 »Adonis« mit Plattform und Ladebrücke und der dreiachsige Anhänger T2MA 24 »Adonis«, die Abrollbehälter-Anhänger (T)CA 18 »Apollo« und TCA »Apollino« sowie die Kombianhänger der Baureihe TKA »Apollo Ion« oder »Hydrogrip« im Produktionsprogramm. Als Sondermodell gibt es schließlich den dreiachsigen Auflieger GSRK.

Gergen-Absetzmulden-Anhänger TTA 13 »Adonis« EACA, 2015.

Gessner

Fahrzeugbau Gessner GmbH, Kipphausen, Am Ring 4
2010 bis heute

Kraftfahrzeug- und Fahrzeugbaumeister Thomas Gessner gründete 1996 einen Fahrzeugbetrieb, der im Bereich Aufbauten- und Anhängerbau sowie in allen Bereichen des Kraftfahrzeuggewerbes tätig ist. Im Anhängerbau werden nach Kundenwünschen dreiachsige Plattformwagen, Eventfahrzeuge und Lafetten für Absetz- und Abrollkipper hergestellt.

Glas

Hans Glas GmbH, Isaria Maschinenfabrik,
Dingolfing, Landshuter Str. 56, um 1958

Die 1860 von Maurus Glas in Freising gegründete und seit 1908 in Dingolfing ansässige Landmaschinenfabrik mit der Marke »Isaria« ging in den 50er Jahren des vergangenen Jahrhunderts zum Roller- und zum Kleinwagenbau über. Als das Wehrbeschaffungsamt den Bau von Einheits-Einachsanhängern mit einer Nutzlast von 1,5 t ausschrieb, bewarb sich auch das Glas-Unternehmen um ein Fertigungslos. Im November 1966 übernahm die BMW AG das nicht mehr wettbewerbsfähige Glas-Unternehmen.

Gleich

Gleich Fahrzeugbau GmbH, Biebesheim am Rhein,
Justus-von-Liebig-Str. 4, 2000 bis heute

Der Dipl.-Ing. Andreas Gleich gründete im Jahre 2000 ein Fahrzeugbauunternehmen, das sich auf den Bau von BDF-Unterwagen und Tieflader spezialisiert hat. Unter den Sonderfahrzeugen sind Tandemachs-Fahrzeugtransporter, Tiefladeanhänger mit absenkbarer Brücke, Modul-Fahrwerke, ausziehbare Drehschemelanhänger, Tandemachs-Curtainsider und Plattformwagen sowie dreiachsige Container-Lafetten.

Glogger

Adolf Glogger Fahrzeugfabrik GmbH, Augsburg, Alpenstr. 22,
ab 1954 Neusäß, Daimlerstr. 2
1. 1925–1954: Glogger's Fahrzeugfabrik Augsburg GmbH, Augsburg, Katzenstadel

2. 1954–2016: Adolf Glogger Fahrzeugfabrik GmbH, Neusäß, Daimlerstr. 2
3. 2016 bis heute: ATS Aufbau- und Transportsysteme GmbH, Augsburg, Anwaltingerstr. 4

Seit 1925 konzentrierte sich das von Adolf Glogger in Augsburg gegründete Unternehmen auf Holztransportfahrzeuge. 1939 fand es Berücksichtigung im Schell Plan als Hersteller von Spezialfahrzeugen. Nach dem Krieg konnte Glogger mit dem Bau von Langmaterialanhängern und Einachs-Nachläufern rasch wieder auf dem Markt auftreten. 1954 wurde das Werk in ein größeres Domizil nach Neusäß verlegt. In den 1970er Jahren übernahm Sohn Adolf Glogger (1932–2017) die Geschäftsführung. Neben dem traditionellen Langmaterial-Fahrzeugbau für Holzstämme und Langeisen kamen jetzt auch Kurzholz-Plattformauflieger mit Rungen, Fertigbauteil-Auflieger mit Selbstlenk-Nachläufer der Baureihe SLD 30 und bis zu dreiachsige Selbstlenker-Nachläufer für eine Nutzlast von 30 t hinzu. Die zweiachsigen Nachläufer mit hydraulischer Selbstlenktechnik konnten mit dem Aufbaukran des Motorwagens bei Leerfahrten auf diesen »aufgeprotzt« werden.

Eine Neuheit in dem von langer Konstanz geprägten Programm an Sattelaufliegern für die Rundholz- und Kombinationsfahrzeugen für den Kurzholz- und Langholztransport stellte der im Jahre 1990 vorgestellte Plattformwagen dar, der wahlweise mit Rungen oder mit Bordwänden aus Leichtmetall bestückt werden konnte.

Erhebliche Umsatzrückgänge führten 2016 zu einem Insolvenzverfahren. Die Rettung kam durch die neugegründete ATS Aufbau- und Transportsysteme GmbH, so dass die Herstellung von Kurz- und Langholzfahrzeugen fortgesetzt werden konnte.

Glogger-Werbung, 1957.

Glogger-Langholzzug mit Kranaufbau und Zweiachs-Selbstlenker, 2001.

Glogger-Langholzanhänger mit lenkbarem Hinterwagen für 7 t Nutzlast, 1930.

Göbel

B. Göbel & Sohn GmbH Fahrzeug- und Karosseriebau, Aschaffenburg, Auhofstr. 11a

1. 1936–1977: B. Göbel & Sohn Fahrzeug- und Karosseriebau, Aschaffenburg, Äußere Glattbacher Str. 1, ab 1950 Auhofstr. 11a
2. 1977 bis heute: B. Göbel & Sohn GmbH Fahrzeug- und Karosseriebau

Aus der 1903 eingerichteten Werkstatt Hufbeschlag-Wagenbau Baltasar Göbel ging Mitte der 1920er Jahre die Firma B. Göbel & Sohn hervor, die 1936 neben Pferdezuganhängern auch erste Lkw-Anhänger fertigte. Der Schell-Plan teilte dem Unternehmen den Bau von Anhängern bis 8 t Nutzlast und von Kippern bis 7,5 t Nutzlast zu. Während des Krieges stellte die stark reduzierte Belegschaft Panzerschlitten, Pferdewagen für die Wehrmacht, Gespannwagen und vereinzelt Lkw-Anhänger her, die gegen Bezugsscheine abgegeben wurden.

Neben landwirtschaftlichen Anhängern, Pkw-Anhängern für den Viehtransport und Aufbauten auf Lkw standen in den frühen 1950er Jahren zunächst Pritschen-, Bremsluftkipp- und Langholzanhänger, Nachläufer mit gelenktem Schemel sowie Tieflader im Vordergrund der Fertigung, die zumeist im Wiederaufbau des schwer zerstörten Aschaffenburgs und der Umgebung ihre Abnehmer fanden. Neben Pendelachsen nutzte Göbel auch die Kässbohrer-Ausgleichsnaben in der Vorderachse für Kipper und Fernverkehrsanhänger. Für den Fernverkehr standen ab Mitte der 1950er Jahre ein- und zweiachsige Pritschenauflieger im Angebot und im Kipperbereich ersetzten Auflieger weitgehend die bisherigen Dreiachs-Dreiseiten-Kippanhänger.

Als die Nachfrage nach diesen Wiederaufbau-Fahrzeugen nachließ, sah Balthasar Göbel in der Herstellung von Leichtmetall-Kofferfahrzeugen für die Aschaffenburger Kleiderspeditionen eine neue Herausforderung. Zum Herstellungsprogramm des mainfränkischen Unternehmens zählten zu dieser Zeit neben den traditionellen Anhängern Aufbauten für die Brauerei-Fahrzeuge, Auflieger für Kleinlaster, die mit dem damaligen Führerschein der Klasse III gefahren werden konnten, und Pritschen für das Büssing-Werk in Braunschweig.

Göbel-Pritschenanhänger mit Planenverdeck, um 1950. (Foto: Göbel)

Als ab 1966 erstmals Büssing-Lastwagen mit Luftfederung angeboten wurden, entwickelte das Göbel-Werk ein Jahr später in Zusammenarbeit mit Birkart das revolutionäre Wechsler-System für die Kleider-Koffer der Aschaffenburger Speditionen. Nach Lösen der Twistlock-Verriegelung und Ausklappen der vier Vierkantstützen konnte der Lkw, nachdem er die Rahmenhöhe durch die Luftfederbälge abgesenkt hatte, abfahren und im umgekehrten Fall den BDF-Behälter wieder aufnehmen. Das ab 2001 eingeführte System »Airlifter« erwies sich als die perfekte Umsetzeinrichtung.

Ein Highlight im Aufliegerbau stellten 1969 nochmals Steintransporter mit mittig aufgesetztem Ladekran mit Greiferzange und zwei seitlich kippbaren Brücken dar. Der Serienbau der Auflieger und Anhänger wurde 1996 aufgrund der wirtschaftlich nicht mehr rentablen Stückzahlen aufgegeben.

Göbel-Pritschenanhänger mit Reling und Pendelachsen, 1950. (Foto: Göbel)

Inzwischen hat sich das Göbel-Unternehmen zu einem der führenden deutschen Hersteller von Wechselsystemen auf Motorwagen, auf zwei- und dreiachsigen Drehschemel- und auf Tandem- und Tridem-Anhängern entwickelt, die mit pneumatisch oder mit mechanisch arbeitenden Aufnahme- und Absetzsystemen ausgestattet sind. Darüber hinaus bietet das Hubsystem des Tandemachsers die Möglichkeit, den Aufbau exakt an unterschiedliche Laderampen anzupassen. Und als ein einzigartiger Auflieger ist der »Air-Cargo Trailer« im Angebot, der sich als zwei- oder dreiachsiger Curtainsider durch Rollenbahnen in flachster Ausführung und einer Innenhöhe von 3020 mm für Luftfracht-Container auszeichnet. Der Boden kann bei Bedarf auch von einem Stapler befahren werde.

Göbel-Zweiseitenkipper mit zwei Bremsluftzylindern, 1952. (Foto: Göbel)

Göbel-Ferntransportanhänger mit Kässbohrer-Vorderachse mit Ausgleichsnabe, um 1955. (Foto: Göbel)

Göbel-Kofferanhänger für den Getränketransport, 1952. (Foto: Göbel)

Göbel-Zweiachs-Dreiseitenkippauflieger, 1956. (Foto: Göbel)

Göbel-Tieflader mit abgezogener Hinterachse, 1955. (Foto: Göbel)

Göbel-Dreiachs-Dreiseitenkipper, um 1960. (Foto: Göbel)

Göbel-Zweiachsauflieger mit mehrfach geteilter Bordwand, 1961. (Foto: Göbel)

Göbel-Auflieger mit zwei Kippbrücken und Ladekran, 1975. (Foto: Göbel)

Göbel-Zweiachs-Lafette mit abgesetztem Wechselbehälter, um 1967. (Foto: Göbel)

Göbel-Brückenzug mit Einachs-Auflieger, 1964. (Foto: Göbel)

GOFA

Gocher Fahrzeugbau GmbH & Co. KG,
Goch/Ndrrh., Industriegebiet Nord (Am Mooshof 15)
1962 bis heute

Die Gocher Fahrzeugwerke (GOFA) wurden 1962 von Heinrich Janssen (1920–2003) zum Bau von Drucktankfahrzeugen gegründet. Anfänglich standen neben den Tank- und Silofahrzeugen auch 4- bis 16,2-t-Pritschenanhänger, Zwei- und Dreiachskipper für 10 bis 15,8 Tonnen mit Motor-, öl- und elektrohydraulischer oder auch Druckluft-Kipptechnik, Dreiachs-Koffer-Anhänger für 16,3 Tonnen in Iso-Therm-Ausführung mit Heizung oder Kühlaggregat, Spezialanhänger mit Spezialbehälteraufbau zum Sandtransport oder mit Pritsche und abnehmbarem, fahrbarem Kran für Steintransporte, Elektro-Dreiseiten-Kippanhänger in Exportausführung für 12 t Nutzlast, Einachs-Auflieger mit Muldenkipper-Aufbau, mit Dreiseiten-Kipper für den Export sowie Zweiachs-Auflieger mit Pritschenaufbau, mit Hinterkipp-Hochpritsche und Stirnwandhydraulik oder Rungenaufbau für Langeisentransporte und mit Kippkästen-Aufbau zur Verfügung.

In den 1970er Jahren beschäftigte sich die GOFA auch mit dem Bau von teleskopierbaren Langmaterial-Aufliegern mit Trio-Aggregat, mit dreiachsigen Aufliegern, mit Spezial-Aufliegern mit zwei hydraulisch kippbaren Müll-Container-Kästen, mit Aufliegern mit hydraulischer Ladevorrichtung zum Aufnehmen und Absetzen von gefüllten Standsilos und mit Kippaufliegern mit Aluminiummulde.

Im Bereich der Behälterfahrzeuge für flüssige und staubförmige Güter aller Gefahrenklassen gab es einen zweiachsigen Tankanhänger mit Druckentleerung und zweiachsige Auflieger mit Druckentleerung, einzellig für 23.000 l Inhalt, Tankauflieger, beheizt für den Bitumentransport, Tankauflieger aus Edelstahl mit Druckentleerung und Heizung für 20.000 Liter sowie einen Chemikalientransporter mit ovalem Tank für 24.000 Liter Inhalt. Für den Transport von Klärschlamm entwickelte die GOFA kippbare Druck-Vakuum-Tankauflieger bis zu 55 m^3 Klärschlamm oder Abwässer. Über zwei Stirnwand-Hydraulikstempel können diese Kessel angehoben und entleert werden. Für den Transport von Pressmüll entstanden Auflieger mit profilierten Kastenaufbauten nach dem System Geesink, einem holländischen Kommunalfahrzeug-Spezialisten. Auch dem Bau von selbsttragenden Silofahrzeugen wandte sich die GOFA mit dem »freitragenden Silo-Auflieger« zu. Ein niedriger, dreiachsiger Plattformwagen zur Aufnahme zweier Großraum-Müllcontainer rundete das Programm in dieser Zeit ab.

Für den Export produzierte die GOFA mit entsprechenden Achslasten einen Auflieger mit einem hydraulisch kippbaren Kessel für staubförmige Güter und ein ebenfalls für pulverige Güter bestimmter Doppel-Kastenkipper. Für den Ziegeltransport gab es einen überlangen, dreiachsigen Pritschenauflieger.

In den 1970er Jahren stieg das Unternehmen in den Bau von Flüssiggasaufliegern ein, und konnte sich auf diesem Gebiet zu einem der größten europäischen Hersteller entwickeln. Seit den frühen 1980er Jahren nahm die GOFA auch den Bau von Wechselsystemen, darunter Container, Wechselbehälter und Wechselaufbauten auf zweiachsigen Aufliegern auf. Weiterhin standen Pritschen- und Kipperfahrzeuge im Programm. Spezialausführungen bildeten der Auflieger mit zwei gegenläufig kippbaren 33-m^3-kubusförmigen Kästen zur Beförderung industriell erzeugten Rußes und ein Auflieger mit heizbaren Tanks für den Transport von Fetten und Wachsen. Und für die Beförderung von hochkorrosiven Produkten wie Salzsäure nutzte die GOFA Edelstahl-Tanks mit Innenbeschichtung auf Leichtmetall-Chassis. Bei den weiterhin in Stahlbauweise gefertigten Sattelaufliegern für Kippbehälter kamen zwei Hubstempel zum Einsatz.

1985 entstanden als europäische Pionierleistung die ersten Tankcontainer, Wechselbehälter und Wechselaufbauten zum Transport von tiefkalten (kryogenen) Gasen. In den 1990er Jahren erweiterte die GOFA das Angebot in diesem »kryogenen Bereich« auch auf den Transport von brennbaren Gasen wie LNG oder Ethylen. Im Jahre 1990 erweiterte ein Auflieger mit V-förmigem Silo für den Braunkohlenstaub-Transport sowie ein Kipp-Siloauflieger mit Druck-Vakuum-Technik zum Transport und zum Absaugen von Kunststoff-Granulaten das Gocher Fahrzeugprogramm. Eine weitere Baureihe stellten jetzt die dreiachsigen Container-Aufliegerchassis in unterschiedlicher Länge zur Aufnahme von 20'-, 30'- und 40'-Container dar, deren Trio-Aggregat mit lenkbarer erster und dritter Achse ausgestattet waren.

Gofa-Auflieger für den Bitumen und Schweröltransport mit 24.000 Liter Volumen, 1966.

1997 präsentierte die GOFA den ersten Tankauflieger mit einem kippbaren, isolierten und beheizten Druckbehälter zur Aufnahme zähflüssiger Farben. Ein Jahr später konnten die GOFA-Ingenieure einen Tanker für temperaturgeführte Güter entwickeln und ins Programm nehmen, der durch eine Elektro-, eine Warmwasser- oder eine rechtlich geschützte Webasto-Solarheizung mit Wärme versorgt wurde. Wenig später kam auch die Möglichkeit einer Glykol-Heizung hinzu.

Die Volumina der Kippsilos lagen in dieser Zeit bei 56 bis 58 m³, der liegenden Silos bei bis zu 80 m³. Zum Zweck der Nutzlastoptimierung erhielten die Kippsilo-Fahrzeuge Feinkorn-Chassis. Die Silos werden je nach Bedarf aus niedrig- oder hochlegierten Stählen, Titan sowie Nickellegierungen und Beschichtungen verschiedener Art ausgeführt.

Nach dem Tod des Gründers entschieden die Erben einige Jahre später, die GOFA an die weltweit operierende Chart Industries in Cleveland/USA zu verkaufen. Als Begleiteffekt konnte die GOFA unter Nutzung des Chart-Vertriebsnetzes die Exporte nach dieser Übernahme steigern. Inzwischen ist die Konstruktion der Kippsilos bei einem Volumen von 80 m³ angekommen. Für die Unterbauten stehen seit 2011 Auflieger mit ein bis vier Achsen und Drehschemelanhänger mit zwei bis fünf Achsen für den Transport von flüssigen, körnigen, staub- und gasförmigen Gütern bereit.

Gofa-16,3-Dreiachs-Thermosanhänger, 1966.

Gofa-20-t-Nutzlast-Kipperzug, 1966.

Gofa-Kippsilo-Auflieger, 1966.

Gofa-Hinterkipp-Kastenauflieger, 1966.

Gofa-Tankzug für den Mineralöltransport, 1970.

Goldhofer

Allgäuer Fahrzeugwerke Alois Goldhofer KG,
Memmingen, Donaustr. 95

1. 1946–1959: Allgäuer Fahrzeugwerke Alois Goldhofer KG., Amendingen bei Memmingen, Veitensteige
2. 1959–1975: Goldhofer KG, Allgäuer Fahrzeugwerk, Memmingen, Donaustr. 95
3. 1975–2000: Goldhofer Fahrzeugwerk GmbH & Co.
4. 2000 bis heute: Goldhofer Aktiengesellschaft

Mit den Tiefladern TU und TL begann der Aufstieg

Die Anfänge des Goldhofer-Unternehmens reichen bis in das Jahr 1705 zurück, als in Ammendingen bei Memmingen erstmals eine Schmiede der Familie Goldhofer urkundlich erwähnt wird. 1946 gründete Alois Goldhofer (1922–1981) in der 8. Generation des Familienerbes die nach ihm benannten Allgäuer Fahrzeugwerke Alois Goldhofer KG zur Produktion von luftbereiften Stahl-Anhängern. 1952 konstruierte er seinen ersten Tieflader vom Typ TU, der über die hintere Rampe mit einer Baumaschine befahren werden konnte. Damit stieg das junge Unternehmen in einen Geschäftsbereich ein, der die weitere Entwicklung des Unternehmens prägen sollte. Im Jahre 1956 folgte die Baureihe TL, bei der die Hinterachse nach dem Absenken der Ladebrücke vom Fahrzeug getrennt und abgezogen werden konnte.

Nach dem Bezug eines neuen Standortes in Memmingen ging das Unternehmen zum Bau der Schwerlastanhänger der Baureihe TA über, ab 1963 als TPA-Modelle bezeichnet. Neben diesem immer stärker ansteigendem Spezial-Fahrzeugprogramm, das hier nicht berücksichtigt werden kann, war das Allgäuer Fahrzeugbau-Unternehmen gegen Mitte der 1960er Jahre mit einem dreiachsigen, überfahrbaren Tieflader der Baureihe TU und einem »Schwenklast-Tiefladeanhänger« vertreten. Bei diesem Modell der neuen TL-Baureihe konnte die Brücke hydraulisch abgesenkt werden, so dass die beiden hinteren Halbachsen per Hand seitlich ausgeschwenkt und unter Umständen gelöst werden konnten. Anschließend ließ sich die Brücke im hinteren Bereich mit einer Baumaschine bis zu 17 t Gewicht befahren. Die Allradlenkung erfolgte dadurch, dass die Lenkkräfte von den Vorderachsen über gekreuzte Seilzüge und Lenkgestänge auf die hinteren Pendelachsen übertragen wurden. 1964 ging ein Tieflader der Ausführung TL 8/60 als 5000stes Modell an einen Kunden. Einen weiteren Plattform-Tieflader bot Goldhofer als Kombi-Fahrzeug an: Mittels Hydraulik-Stütze konnte das Modell auch zur Aufnahme von Wechselpritschen genutzt werden.

Goldhofer-Tiefladeanhänger, 1952. (Foto: Goldhofer)

Das Baukastensystem prägt die Schwerlastfahrzeuge

1966 folgten nach dem Baukastensystem zwei- bis vierachsige Sattel-Tieflader der Baureihe STÜA/STPA mit Belastungen bis zu 42 t. Im Bereich der Drehschemel-Tieflader standen zwei- und vierachsige Baumaschinen-Tieflader mit gelenkten Achsen bis 28 t Nutzlast und ein Spezial-Tieflader als »Aufbau-Wechsler für Fertigteile« zur Verfügung, der für den Transport großflächiger Betonfertigteile bis zu 25 t konzipiert war. Das Wechsel-Aufnahmegestell für die Betonplatte ließ sich seitlich auf Schienen hydraulisch ausfahren, so dass die Platten abgesetzt werden konnten.

Die Modelle der Baureihe T 2 besaßen abziehbare Halbachsen hinten und ein achsschenkelgelenktes Drehgestell. Bei den vier- und sechsachsigen Modellen TA 4 und TAG waren alle Halbachsen zwangsgelenkt. Bei der Baureihe TÜP war eine durchgehende, tiefliegende Ladebrücke eingebaut, die seitlich befahren werden musste. Die Tieflader der Baureihe TA verfügten über ein Dreiachs-Fahrgestell vor und hinter der absenkbaren Brücke.

Im Jahre 1968 präsentierte Goldhofer, drei Jahre nach dem Debüt des Memminger Herstellers Klaus, den »Swinglift«-Auflieger der Baureihe SL für den Umschlag von Containern. Mit zusammenklappbaren Hydraulikarmen vorne und hinten auf einem Tieflader oder auf einem Auflieger ließen sich Betonfertigteile oder Container aufnehmen und absetzen.

1971 entstand der erste teleskopierbare STN-Tieflade-Auflieger mit hydraulischer Lenkung. Die Möglichkeit, das Fahrzeug vor dem Schwanen-

Goldhofer-Tiefladeauflieger, 1986. (Foto: Ralf Weinreich)

Goldhofer-Speditions-Tiefladeauflieger STSN 3 mit Kröpfung für 24,7 bis 26,7 t Nutzlast, 1970.

Goldhofer-Tiefladeauflieger mit 6 Achslinien STHP 3, 1981.

hals und hinter den Rädern in der Länge zu verändern, ermöglichte die optimale Anpassung der Ladefläche an das Transportgut.

Im Bereich der konventionellen Schwerlastfahrzeuge umfasste das Programm Tiefladeanhänger-, Auflieger und Nachläufer. Die neue Tiefladeanhänger-Baureihe TÜ 2, TÜ 3, TÜ 4 und TÜ 5 erstreckte sich auf zwei- bis fünfachsige Baumaschinentransporter mit überfahrbarem zwei- oder dreiachsigen Aggregat mit Nutzlastklassen bis zu 80 Tonnen (je nach Ländervorschrift).

In der Baureihe SP wurden Pritschen-Sattelanhänger angeboten und die Abkürzung STPA kennzeichnete ausziehbare Sattelauflieger, darunter den STPA 5, der um 4 m teleskopierbar war.

1976 hatte der Satteltieflader STVAH 3-44/62 mit Achslastausgleich sein Debüt. Die Ladebrücke konnte mit 44 Tonnen belastet werden und war hydraulisch heb- und senkbar.

Für den Einsatz auf unbefestigten Pisten und unter extremsten Umweltbedingungen entwickelten die Goldhofer-Ingenieure 1983 den vierachsigen Tiefladeauflieger STUE4, der mit 100 t Nutzlast eingesetzt werden kann.

Stangenlose Flugzeugschlepper als zweite Säule des Unternehmens

Im Jahre 1987 hatte der erste Goldhofer-Flugzeugschlepper sein Debüt, der im Gegensatz zu den bisher genutzten Stangenschleppern das Bugfahrwerk des zu bewegenden Flugzeugs hydraulisch aufnahm.

Kurz vor der Jahrtausendwende nahm Goldhofer die Pritschenauflieger SPZ-DL mit Drehschemellenkung ins Programm. Mit bis zu sechs Achslinien lassen sich Nutzlasten bis zu 60 t transportieren. Die Ladefläche lässt sich bis zu 45 m teleskopieren, so dass das Fahrzeug für den Transport von Rotorblättern für Windkraftanlagen von Interesse ist.

Im Jahre 2009 erschien der Tiefladeanhänger TZ-L4 (1+3), der mit seinen drei zwangsgelenkten Hinterachsen speziell für Kunden in der Schweiz konzipiert ist, so dass enge Passstraßen bewältigt werden können. Eine weitere Neuheit stellte der Satteltieflader STZ-H8/H9 und H10 mit hydraulischem Achslastausgleich dar. Die Ausziehbarkeit ermöglicht, dass das Fahrzeug mit einer Basis-Ladefläche von 12.300 mm um 8.600 mm verlängert werden kann. Die 2010 vorgestellten Satteltieflader STZ-VP 2 AA und STZ-VP 3 A zeichnen sich als kompakte Fahrzeuge mit Pendelachstechnik in Leichtbauweise aus, was bei mehr Beweglichkeit auch zu einer höheren Nutzlast führt.

62-Meter-Tieflader für Windkraft-Flügel-Transporte

Für den zukunftsträchtigen Transport von Windkraft-Flügeln größter Dimension hatte der bis zu 62 m Gesamtlänge teleskopierbare Drei-

Goldhofer-Vierachs-Tiefladeauflieger STZ-L 4, 2014.

achs-Sattelauflieger SPZ-P3 AAA Premiere. Die Pendelachsen mit hydraulischem Achslastausgleich verleihen dem Fahrzeug eine optimale Manövrierbarkeit auch auf unebenem Gelände.

Mit einem Tiefbett von nur 200 mm Bauhöhe für den Transport schwerer Baumaschinen folgte 2012 der Satteltieflader STZ-VP8 mit fünf hinteren und drei vorderen Pendelachslinien vor dem Schwanenhals. Und in noch größere Dimensionen stieg der Sattelanhänger STZ-P10 A (2+8) ein. Das teleskopierbare Fahrzeug für eine Belastung von 140 t verfügt über zehn Pendelachs-Linien und kann sich an die Unebenheiten des Terrains anpassen.

Für den alternativen Transport der Rotorblätter von Windkrafträdern entwickelte die Goldhofer AG das selbstfahrende Transportsystem FTV 300, so dass diese sicher durch enge Kurven und auf schwer zugänglichem Gelände transportiert werden können.

Eine weitere Weltneuheit stellte 2013 die Präsentation der neuen Vierachs-Tieflade-Auflieger-Generation MPA4 dar. Die Pendelachsen sind hier an Querlenkern mit hydraulischem Achslastausgleich aufgehängt und werden entsprechend ihrem Spurkreis gelenkt.

Bis 2014 hat Goldhofer über 35.000 Fahrzeuge in 160 Länder der Welt geliefert.

Zu Beginn des Jahres 2013 übernahm die Goldhofer AG die Schopf Maschinenbau GmbH und die Schopf Rofan GmbH in Ostfildern bei Stuttgart, die in der Flugfeldtechnik ebenfalls mit Flugzeugschleppern und kleinen Vorfeld-Zugmaschinen präsent sind. Somit bietet die Goldhofer AG den Geschäftsbereich »Airport-Technology« und den Bereich »Transport Technology« mit der Produktsparte Tiefladeanhänger sowie gezogene und selbstfahrende Schwerlast-Module an.

Goldhofer-Dreiachs-Tieflade-Anhänger TU 3-24/80 für 24 t Nutzlast, 2012.

Goldhofer-Fünfachs-Schwerlastauflieger SPZ-DL 5, 2018.

Goldhofer-Sechsachs-Schwerlastauflieger für den militärischen Einsatz, 2008 (Foto: Ralf Weinreich)

Görich

L. Görich, Offenbach, Waldstr. 27, 1925

Die »Spezialfabrik für Lastanhängewagen Görich« bot ein- und zweiachsige Normalanhänger sowie Zweiseiten-Kipper in ein- und zweiachsiger Ausführung mit Vollgummibereifung und Bremserhaus an. Hinzu kamen Tieflader für eine Belastung mit 10 t.

Görich-Werbung, 1925.

Gothaer Waggonfabrik

Gothaer Waggonfabrik AG, Gotha, Kindlebener Str. 77
(von 1939–1945 General- Wever-Str. 77)

1. 1910–1945: Gothaer Waggonfabrik AG
2. 1952–1965 (?): VEB Waggonbau Gotha
3. 1991–1997: Gothaer Fahrzeugwerk GmbH
4. 1997–1999: Schmitz-Gotha Fahrzeugwerke GmbH Gotha, Kindlebener Str. 99
5. 1999 bis heute: Schmitz Cargobull Gotha GmbH

Eigentümer- und Produktionsvielfalt

Der Ursprung der Gothaer Waggonfabrik (GWF) liegt in der von dem Schlosser und späteren Unternehmer Fritz Bothmann 1883 eingerichteten Schlosserei, zu der 1892 der Kaufmann Louis Glück hinzukam. Vom anfänglichen Karussellbau gingen die beiden Unternehmer 1898 zur Konstruktion von Güter- und Straßenbahnwagen über. Nach Ende des Ersten Weltkrieges musste aufgrund der Bestimmungen des Versailler Vertrages der 1910 aufgenommene Flugzeugbau eingestellt werden. Bei der Ausschau nach neuen Produkten, die neben dem traditionellen Waggon- und Straßenbahnwagenbau die Kapazitäten füllen sollten, kam die Fertigung von Kesseln für Lokomotiven, Triebwagen und Lkw-Anhängern, Möbelwagen und Motorspritzen hinzu. 1930 übernahm die Berliner Maschinenbaufirma Orenstein & Koppel (O & K) das Thüringer Unternehmen.

Von ersten Lastenanhängern zum Waggontransporter

Erste »Lastanhänger« mit Holzrädern und Eisenbandagen entstanden 1910, die dann im Ersten Weltkrieg mit Vollgummibereifung versehen wurden. Gegen Ende des Krieges ließ das Werk die Fahrzeuge mit der geschützten Marke »Die Gothas« vertreiben.

Im Anhängerbau konnte Mitte der 1920er Jahre ein Programm mit 1 bis 5 t Nutzlast angeboten werden. 1927 standen neben Einachs-Kippern auch zweiachsige Zwei- und Dreiseitenkipper im Angebot. Auch der Blödner-Schwingachsen-Anhänger wurde zeitweilig im Programm geführt. 1929 ging die Anhängerabteilung auf die Elektroschweißung der Anhänger über, was vor allem zu einem geringeren Eigengewicht und damit größerer Beladungsmöglichkeit der »Gothas« führte. Ein Jahr später erhielten die Kipper erstmals einen ölhydraulischen Kippmechanismus.

Für den Waggontransport und für den Schwerlastverkehr übernahm das Thüringer Unternehmen 1931 die Zeichnungen des Reichsbahnrates Dipl.-Ing. Hans Culemeyer und realisierte diese unter der Bezeichnung »Straßenroller«. In dem zweiteiligen Rahmen mit jeweils zwei Achslinien waren acht elastikbereifte Halbachsen angebracht. Der ausziehbare und

WG-Flugplatz-Tankwagen, 1934.

WG-Prospekttitel von 1938.

damit auf die genaue Länge eines Güterwagens einstellbare Rahmen wog 8 bis 9 t und konnte mit 31 bis 32 (ab 1935: 40) t belastet werden. Eine 24-rädrige Ausführung mit einer Tragkraft von 60 bis 80 t folgte 1935; jeweils drei Achslinien besaßen die beiden Fahrzeughälften. In einteiliger Ausführung erschien 1938 ein 16-rädriger Straßenroller mit einer Tragkraft von 40 t.

Und eine weitere Entwicklung der Gothaer Waggonfabrik griff in die Zukunft. Zur Rationalisierung des Güterumschlags entwickelte das Werk umsetzbare Verladebehälter »für alle Zwecke, in Holz oder Eisen« mit DRGM-Rechtsschutz, die erstmals in Werbeanzeigen als »Container« bezeichnet wurden, sich aber damals nicht durchsetzen konnten.

Breit aufgestellt in den 1930er Jahren

Nachdem das Werk in der Endzeit der Weltwirtschaftskrise auf gerade mal 64 Mitarbeiter dahin dümpelte, aber noch einen Dreiachs-Anhänger vorstellte, begann mit der NS-Rüstungspolitik erneut der Aufstieg. Neben

WG-Schwerlastanhänger Bauart »Culemeyer«, 1942. (Foto: Smlg. Weinreich)

den traditionellen Schienenfahrzeugen entstanden jetzt Anhänger, Omnibuskarosserien und im Auftrag des Reichsluftfahrtministeriums Schul-, Transport- und Lizenzbau-Flugzeuge. Im Bereich der Anhänger, gefertigt in Rollbock-Montagetechnik, bot die GWF ab 1936 den Hänger NL II mit niedriger Bauhöhe an. Gleichzeitig stellte das Werk den Dreiachs-Anhänger G II mit Allradlenkung und Hochprofil-Pressstahlrahmen für 11,5 t Nutzlast vor, der bei einem Gesamtgewicht von 16,5 t die maximalen gesetzlichen Vorgaben ausnutzte. Die Pendelachsen wurden durch eine Kinematik auch hier zwangsgelenkt, um den Reifenabrieb bei engen Kurvenmanövern zu reduzieren. Die letzte Achse ließ sich hochwinden.

1938 bestand das Programm aus den 2,5- bis 8-Tonnern unter den Bezeichnungen »Fix II«, »Expreß II« und »Expreß III«, »A II« und »A III«, »Spediteur III« und »Spediteur V«, »G II« sowie den Kippern »Kurbelkipper II und IV«. Die Sattel-Auflieger »S IV« und »S VI« ermöglichten einen Transport von Geräten bis zu 6,5 und 8,5 t. Für den Waggontransport kam ein Spezialfahrzeug mit vier Achslinien hinzu, bei dem acht Pendelachsen die Belastung übernahmen.

Um die Besitzer von O & K-Schleppern anzusprechen, vermarktete das Unternehmen die Landwirtschaftsanhänger unter dem O & K-Markenzeichen.

WG-Pritschen-Sattelzug mit Anhänger, Spriegel und Plane, 1934.

WG-Dreiachs-Ferntransportanhänger für dir Deutsche Reichsbahn, 1940.

VEB WG-Tiefladeanhänger mit Pendelachsen und abziehbaren Hinterachsen, 1950. (Foto: Schmitz Gotha)

VEB WG-Schwerlastanhänger R 40 II, kurzgekuppelt, mit einteiliger Ladeplatte für den Transport schwerer Lasten, 1957. (Foto: Smlg. Weinreich)

1939 konnte das Unternehmen noch einen schweren, zweiachsigen Niederrahmen-Anhänger zum Transport von Baumstämmen präsentieren.

Der Schell-Plan berücksichtigte das Werk mit der Herstellung von 3- und 8-Tonner. Ab 1942 wurde nochmals eine in Gemeinschaft mit der Waggon- und Maschinenbau AG WUMAG gefertigte Serie von etwa 80 bis 120 einteiligen Straßenrollern der Baureihe R42 mit 12 außenliegenden Rädern für eine Nutzlast von 40 t. Neben weiteren Spezialfahrzeugen für die Wehrmacht wie zweiachsige Tieflader für 8 und 12 t Nutzlast sowie 5-t-Pontonwagen entstanden vor allem Flugzeuge verschiedener Bautypen, darunter die Lastensegler für Kommandoeinsätze.

Nach Kriegsende ging die GWF nach Teildemontage in eine Sowjetische Aktiengesellschaft (SAG) über. 1947 wurde das Werk aus dem Verband der SAG's entlassen und ging mit einem Zwischenspiel in der Lowa-Gruppe 1948 als VEB Waggonbau Gotha an das DDR-Ministerium für allgemeinen Maschinenbau über. Auf der Leipziger Messe von 1952 konnten erstmals wieder Schwerlastfahrzeuge mit Pendelachsen, also Tieflader, vorgestellt werden. Auch Waggontransporter mit sechs Achslinien für eine Nutzlast von 80 t entstanden unter der Bezeichnung R42II. Im Rahmen der Spezialisierung der RGW-Staaten auf verschiedene Industrieprodukte im Jahre 1964 wurde der Tiefladerbau einem polnischen Hersteller monopolartig zugeteilt. Der wieder eingerichtete Anhängerbau beschränkte sich auf zweiachsige Eiskühlwagen.

Neustart in den Fahrzeugbau

Nach der Wende erhielt der von der Treuhandstelle geführte Fahrzeugbau die Bezeichnung Gothaer Fahrzeugwerk GmbH. Ab 1991/92 startete die für den Fahrzeugbau zuständige GOTtech innerhalb der Gothaer Fahrzeugwerk GmbH die Fertigung von Aufliegern und Lkw-Anhängern, darunter Mulden-, Abroll- und Dreiseitenkipper, Tieflader, Auflieger mit Pritschen- oder Kofferaufbau und vollhydraulischem Schub-Auflieger für den Getränkekästen-, Stückgut- und Palettentransport.

Der Sattelanhänger SM 24 mit Feinkornstahl- oder Leichtmetall-Hinterkippmulde und Pendelrückwand für 27 m³ oder 40 m³ Schüttgut erwies sich als ein Zugpferd im neuen Gothaer Fahrzeugprogramm. Ein Zentralachskipper für 12 m³ Schüttgut rundete das Debut ab. Der Traditionsname »Die Gothas« prangte wieder an den Produkten. 1994 kam es zur Zusammenarbeit mit dem Schmitz-Anhänger-Fahrzeugbau GmbH in Al-

Gothaer Fahrzeugwerke-Hinterkippauflieger, 1994. (Foto: Schmitz Gotha)

tenberge, nachdem diese aus der Kooperation mit Kaiser in Longuyon/ Frankreich ausgestiegen war. Die Kipperfahrzeuge trugen jetzt die Bezeichnung »Schmitz/Die Gothas«.

1997 erfolgte die Angliederung der Sparte Fahrzeugbau mit der Konzentration auf Tandemachser und Sattelkipper in die Schmitz-Gruppe. Innerhalb dieses Verbundes fertigt das Gothaer Traditionswerk schwerpunktmäßig die Tandem- und Sattelkipper, die nun die neue Schmitz-Bezeichnung »Cargobull« trugen. Die Baustellenfahrzeuge wurden mit Kasten- und mit Rundmulden versehen; der Sattelkipper erhielt eine Liftachse für Leerfahrten. Im Jahre 2003 übernahm das Thüringer Werk zusätzlich zum Kipperbau die arbeitsintensive Fertigung der Schubboden-Fahrzeuge aus dem Münsterländer Stammwerk, jetzt »Cargo Floor« genannt.

Die Kipper gab es ab dem Jahr 2005 auch in der neuen Ausführung SKI »Light« mit Kastenmulde in Bimetall-Ausführung auf Stahlboden mit Aluminium-Seitenaufbau. Das Eigengewicht konnte somit reduziert werden. Eine Sonderentwicklung stellten die Kippsattel SKI »Heavy Duty« mit Stahlkastenmulde dar, die für eine technisch mögliche Belastung von 50 t ausgelegt waren. Der Tandemachs-Dreiseitenkipper Z KI »Solid« besaß eine Stahlrundmulde.

Das Gothaer Werk kam mit der Fertigung der Sattel- und Tandemkipper, der Schubboden-Fahrzeuge und der inzwischen auch hinzugekommenen Fertigung der Wechselaufbauten-Chassis auf eine jährliche Produktionsmenge von 6900 Einheiten. Einen Marktanteil von 23 Prozent hatten die Gothaer Kipper auf dem deutschen Markt inzwischen erzielt.

Die nächste, 2010 vorgestellte Garnitur an Kippern zeichnete sich durch weitere Reduzierung des Eigengewichtes aus. Der Sattelkipper ging als S.KLe »Light« mit Stahl-Rund oder mit Aluminium-Kastenmulde an den Start. Der dreiseitige Sattelkipper S.KI »Steel-X-Light« mit 24-m^3-Stahlrundmulde und einem Eigengewicht von 4.92 t und der S.KI »Alu-X-Light« mit der Leichtmetall-Rundmulde mit einem Eigengewicht von 4,46 Tonnen setzten neue Maßstäbe in der Leichtbautechnik.

Schmitz Gotha-Tiefkühl-Auflieger SK 24, 1997. (Foto: Schmitz Gotha)

Schmitz Cargobull Gotha-Hinterkippauflieger S.KI 24 mit Thermo-Isolierung, 2015.

Schmitz Cargobull Gotha-Hinterkippauflieger S.KI Light Volume AK mit gekröpftem Rahmen und Aluminium-Kastenmulde, 2017.

Schmitz Cargobull Gotha-Hinterkippauflieger S.KI mit Aluminium-Kastenmulde, 2017.

Graaff

Niedersächsische Waggonfabrik Josef Graaff GmbH, Elze, Heinrich-Nagel-Str. 1, 1965–1966

Die noch heute existierende Waggonfabrik Graaff in Elze wurde 1914 gegründet und befasste sich in erster Linie mit dem Bau von Schienenfahrzeugen, wie Güter- und Straßenbahnwagen. 1965 fertigte das Unternehmen einen Plattformauflieger für die Aufnahme von Leichtmetall-Kühlcontainer. Der nach einer Lizenz der Firma Clark Schumann Fahrzeugbau GmbH in Kirchheimbolanden/Pfalz hergestellte Leichtmetall-Tiefkühlkoffer konnte mit einer Kältemaschine oder mit einer Flüssiggasanlage versehen werden. Auch mit einer Lafette für 20'-Container war Graaff vertreten.

Nach der Wende übernahm das Waggonbau-Unternehmen (Kessel- und Staubgutfahrzeuge) den VEB Fahrzeugwerk Lübtheen und führte den Betrieb zeitweise unter der Firmierung Graaff Fahrzeugwerk Lübtheen (siehe Brüggen) fort.

Graf

August Graf KG Fahrzeugbau, Neustadt an der Weinstraße, Weinstr. 18, 1972–1983

Das auf einen langjährigen Bau von Nutzfahrzeugen hinweisende Unternehmen bot in den frühen 1970er Jahren neben Möbelwagenaufbauten zweiachsige Pritschen- und Koffer-Anhänger mit außenliegendem Rahmen an, was eine niedrige Aufbauhöhe und ein freies Durchdrehen des Drehschemels zur Folge hatte. Für Großraumzüge folgten Zwei- und Dreiachser mit hydraulisch anhebbarem Zwischenboden sowie dreiachsige Jumbo-Anhänger mit einem Volumen von 64 m³ und schließlich ein einachsiger Jumbo-Kofferauflieger mit einem Volumen von 62,5 m³. Auch ein Tieflader wurde gefertigt. Gegen Ende dieses Jahrzehnts standen zwei- und dreiachsige Anhänger mit Pritschen- Volumen- und Kipperaufbauten im Programm. Eine Besonderheit stellte die im Heck auf Wunsch angebrachte hydraulische Hebeanlage dar. Tandemachser gab es Ende der 1970er Jahre mit Tiefpritschenaufbau und zwei klappbaren Laderampen, einachsige Auflieger mit Leichtmetallkoffer und Ladebordwand.

Mit einem Tandemachser mit tiefgelegter Kurzkupplung und einem Jumbo-Aufbau zum Transport von Isolier-Dämmmaterial sowie einem Lastzug mit Tridem-Anhänger für insgesamt 38 t Gesamtgewicht konnte Graf nochmals ins Rampenlicht treten.

1982 kam Graf unter die Fittiche von Schmitz in Altenberge. Heute ist ein Nachfolgeunternehmen im Handel von Fahrzeugen tätig.

Graf-Tandemachs-Großraumanhänger TPG/3 mit 22 t Nutzlast, 1981. (Foto: Graf)

Greffenius-Ferntransport-Anhänger, 1949.

Greffenius

Dr. Greffenius KG, Fahrzeugbau, Elze, 1949–1951

Der Miteigentümer der Niedersächsischen Waggonfabrik Joseph Graaff GmbH, Dr. Paul Greffenius (1911–1965) richtete 1949 in einer Halle im Betriebsteil Mehle der Waggonfabrik eine Anhängerfertigung nach Einheitskonstruktionen. Vom Einachs-Pkw- über 3,7- bis 8-t-Pritschenwagen sowie über 3- und 5-t-Kipper für den Schlepper- und Lkw-Zug reichte das Programm bis zum schweren Dreiachsanhänger mit Lenkvorrichtung. Sogar einen vierachsigen 25-t-Pritschenwagen wollte er präsentieren. Als die etablierten Hersteller wieder lieferfähig waren und die Stahlkontingente aufgrund des Korea-Krieges rationiert wurden, musste Greffenius als Newcomer aufgeben.

Grimm

Grimm & Partner Fahrzeugbau GmbH & Co. KG, Suhl, Sommerbergstr. 26, 2000 - heute

Neben Aufbauten fertigt dieses 1998 gegründete Thüringer Unternehmen Baustoff-, Kurzholz- und BDF-Anhänger in Drehschemel- und Tandemachsbauweise sowie Auflieger mit Pritsche oder Curtainsider-Aufbau.

Grimm-Auflieger mit Curtainsider-Aufbau, 2015.

Greiner

Rudolf Greiner,
Lörrach/Baden, Herrenstr. 13–17, 1939–1945

Gemäß Schell-Plan sollte dieses Unternehmen Einheits-Anhänger bis 8 t Nutzlast bauen.

Grieskamp

A. Grieskamp, Ahlen i. W., 1953

In Gemeinschaft mit der Firma Gebr. Hagemann in Beckum i. W. fertigte Grieskamp Aluminium-Tankaufbauten für Kraftstoffe, Öle, Fette, Milch und Molkereiprodukte, die auf eigene Dreiachsfahrgestelle gesetzt wurden.

Gross

Gross Fahrzeugwerk GmbH, Ulm-Lehr, Industriestr. 9
1. 1949–1969: Georg Gross
   Karosseriebau und Fahrzeugwerk, Ulm, Karlstr. 108
2. 1969–2014: Georg Gross GmbH
   Fahrzeugwerk, ab 1995 Ulm, Industriestr. 19

Aus der 1912 von Georg Gross gegründeten Wagnerei ging ein Karosseriebauunternehmen hervor, das in den späten 1920er Jahren Aufbauten für Feuerwehrfahrzeuge und Getränkelastwagen fertigte. Mit zugekauften Fahrgestellen stieg Gross 1988 auch in den Bau von Großraum-Getränkefahrzeugen mit Hubwand ein. Weitere Meilensteine stellten 1997 der erste dreiachsige Jumbo-Curtainsider und 2001 der Mega-Auflieger mit Doppelkröpfung dar für die Doppelstockbeladung. Auch zweiachsige Drehschemelanhänger mit Schwenkwandaufbau standen für die Getränkelogistik im Angebot.

Gross-Sattelauflieger für die Getränkelogistik mit Tiefbett und Hubdach, 2009. (Foto: Gross)

Gross-Tandemachser mit Kofferaufbau und Ladebordwand, 2014.

Grundmann und Kuhn

Grundmann und Kuhn, Transportgeräte- und Fahrzeugfabrik,
Berlin, Köpenicker Str. 113, 1935

Die seit 1892 bestehende Firma für handgeführte Transportgeräte befasste sich Mitte der 1930er Jahre auch mit dem Bau von Anhängern.

H & W Nutzfahrzeugtechnik

H & W Nutzfahrzeugtechnik GmbH,
Vreden, Lise-Meitner-Str. 3
1. 1994: H & W Fahrzeugbau Willing GmbH
2. 1994 bis heute: H & W Nutzfahrzeugtechnik GmbH

H & W-Curtainsider, 201.7 (Foto: H & W)

H & W-Schubboden-Auflieger, 2015.

H & W-Tandemachslafette TCB 22, 2017.

1989 entstanden erste Pkw-Anhänger in einer Garage, bis 1992 eine große Halle im Gewerbegebiet von Vreden bezogen werden konnte. Mit einem eigens entwickelten Kurzkupplungssystem erschienenen 1994 die ersten Jumbo-Tandemanhänger für den Gliederzug. Der Erfolg mit diesen Fahrzeugen ließ das familiengeführte Unternehmen innerhalb kurzer Zeit ein respektables Programm aufbauen. Angefangen vom Baustoff-Pritschen- und Langmaterial-Transportanhänger über das BDF-Chassis, zwei- und dreiachsigen Aufliegern, Volumenzüge mit gekröpftem Auflieger und mit Ausschubzylinder für Pressmüll bis zum Dreiachs-Kippauflieger mit Stahl-Rundmulde reichte bald das Angebot.

2003 übernahm H & W neben dem Produktionsprogramm auch zahlreiche Mitarbeiter des Fahrzeugwerkes Orthaus. In das Produktportfolio kamen nun auch Schubbodenfahrzeuge mit Unterbau-Gurtförderanlage in wasserdichter Ausführung für 92 m³. Zum Be- und Entladen ist das Fahrzeug neben den Hecktüren auch mit Seitentüren und Faltwänden ausgestattet. Inzwischen ist dieses Selbstladefahrzeug mit Zellenradschleuse am Fahrzeugheck, in einer 98-m³- und in einer 70-m³-Ausführung mit zwangsgelenkter letzter Achse lieferbar. Eine weitere Spezialität bildet der Plateau-Auflieger, der auf Wunsch mit einer Verriegelung für die Container-Aufnahme oder mit Bordwänden versehen ist. Darüber hinaus fertigt das münsterländische Unternehmen auch Dollys und Baugruppen und Fahrgestelle für weitere Hersteller der Fahrzeugbranche.

Inzwischen umfasst die Palette der 100 Mitarbeiter starken H & W Nutzfahrzeugtechnik auch Curtainsider in Volumenausführung auf dreiachsigen Tiefrahmen-Fahrgestellen mit abgesenktem Heck, Tieflade-Auflieger mit Radmulden für Baumaschinen-Transporte und als weitere Spezialausführung Kippauflieger mit Krananlage für die Aufnahme von Altglas-Containern sowie einen Schubboden-Auflieger mit ausklappbarem Förderbandsystem.

Hage & Knapp

Hage & Knapp Tank- und Spezialfahrzeugbau GmbH, Mannheim, Ruhrorter Str. 1

1. 2012–2016: Hage, Knapp & Co. Tankwagen-Service GmbH, Neulußheim, Berliner Str. 18, ab 2008 Mannheim, Ruhrorter Str. 1
2. 2016 bis heute: Hage & Knapp Tank- und Spezialfahrzeugbau GmbH

Das zunächst im Service- und im Reparaturbereich für Tankfahrzeuge tätige Familienunternehmen ging 2012 zum eigenständigen Bau von Tankfahrzeugen in Einzelanfertigung und in Kleinserien über. Neben Heizölverteiler- und Altölentsorgungs-Aufbauten auf Motorwagen hat das Unternehmen auch die zwei- und dreiachsigen Drehschemel-Tankwagen TAH 18/2 und TAH 24/3 im Programm. Der dreiachsige Auflieger TSA-44 zeichnet sich im Design durch eine über dem Drehschemel abgesetzte Tankform aus. Auch Flugfeldtankwagen stehen im Programm.

Hage & Knapp-Tankauflieger TSA 44, 2017. (Foto: Hage & Knapp)

Häge

Georg Häge, Achsen- und Fahrzeugbau, Heilbronn/Neckar, Olgastr., 1949

Nach der Währungsreform versuchte Häge mit 3- und 5-t-Pritschenanhängern für den Schlepper- und Lkw-Zug in dieses Metier einzusteigen.

Hahn

Ernst Hahn Fahrzeugbau GmbH, Fellbach b. Stuttgart, Ringstr. 12–16, 1951–1965

Die von Ernst Hahn im Jahre 1919 in Cannstatt gegründete Reparaturwerkstatt entwickelte sich in den 1930er Jahren zu einer erfolgreichen Automobilhandlung. Ernst Hahn konstruierte zusammen mit Ferdinand Porsche die Drehstab-Federung des damaligen KdF-Wagens, der nach dem Krieg seinen Siegeszug als »Käfer« antrat. 1940 verlagerte Hahn seinen Betrieb nach Fellbach. Neben seiner prosperierenden VW-Handlung gründete er den Hahn-Fahrzeugbau mit Fertigungsstätte in Sinsheim, wo bis in die 1970er Jahre Achsen, Fahrgestelle und Bremsen für kleine Anhänger und Wohnwagen hergestellt wurden.

1951 entstanden erste einachsige Pritschenanhänger mit der Drehstabfederung. Mit Tandemachsen baute Hahn Omnibus-Gepäckanhänger mit einem Gesamtgewicht von 3,5 t. Für die Erstausrüstung der Bundeswehr mit Einachs-Anhängern lieferte er einige Serien derartiger Fahrzeuge für 0,5, 1,0 und 1,5 t Nutzlast.

Heute ist das Unternehmen weiterhin mit vielen Filialen im Raum Stuttgart als Vertreter der Volkswagen-Gruppe tätig.

Hahn-Einachsanhänger Typ 321/106.1 für die Bundeswehr mit 1,5 t Nutzlast, um 1960.

Hall

Hermann Peter Hall Nachf., Inh. E. Bauer, Karosserie- und Fahrzeugbau, Köln-Riehl, Amsterdamer Str. 135, 1936–1985

1829 nahm der Wagenbau Hall in Köln seine Tätigkeit auf. In den 1930er Jahren engagierte sich der Unternehmer Emil Bauer an der inzwischen als Karosserie- und Fahrzeugbau bezeichneten Firma, die erstmals 1936 mit der Vorstellung eines Anhängers auftrat. Auch wenn Hall im Schell-Plan nicht als eine leistungsfähige Firma aufgeführt ist, so konnte das Kölner Unternehmen schon 1949 ein Programm an ein- und zweiachsigen Pritschenwagen von 1,5 bis 8 t Nutzlast anbieten. Auch ein Langholzwagen befand sich unter den Modellen.

Hall-5-t-Pritschenanhänger mit Hamburger Verdeck, 1953.

Hall-5-t-Zweiseitenkipper, 1953.

Hall-16-t-Dreiachs-Zweiseitenkipper, 1953.

Hall-12-t-Ferntransportanhänger mit Pendelachsen, 1953.

In den 1950er Jahren gab es zweiachsige Pritschenanhänger mit 3 bis 12 t und Dreiachser mit starrem oder selbstspurendem Doppelachs-Aggregat für 17 t Nutzlast. Den 12-Tonner gab es auch in einer Spezialausführung für den Ferntransport mit vier Pendelachsen.

Im Kipperbereich konnte Hall einen handmechanischen oder handhydraulischen 4-Tonner, einen handmechanischen 5-Tonner sowie Zwei- und Dreiseitenkipper für 12 t Nutzlast mit allen gängigen Kipptechniken anbieten. Auch hier gab es einen Dreiachser als Zweiseitenkipper mit einer Pritsche oder mit zwei Kippkästen für 17 t Nutzlast. Im Bereich geschlossener Aufbauten bot Hall einen Möbelwagen und einen 4-t-Kastenanhänger. Ein 12-t-Thermoswagen rundete das Programm ab.

1964 überarbeitete Hall das Angebot; die aufwendige und anstrengende handmechanische Kipptechnik entfiel. Ein Spezialanhänger mit niedriger Pritsche für den Langeisentransport sowie Tiefladeanhänger mit überfahrbarer Hinterachse für 6 bis 12 t Belastung ergänzten das Programm. Hinzu kam ein Spezialanhänger für den Flüssigkeits- und ein Einachser für den Langholztransport. Und Hall wandte sich auch dem Bau von Aufliegern zu. Hier gab es Langmaterial-Sattelanhänger mit angelenkter Hinterachse, Spezialanhänger für Sandtransporte, Kesselwagen für Flüssigkeitstransporte, Tankauflieger, Leichtmetall-Kofferauflieger, Kippkasten-Auflieger und ein- und zweiachsige Ferntransport-Pritschenauflieger für 10 bis 11 t oder 15 bis 20 t Nutzlast.

Der Produktionsausstoß in den 1970er Jahren lag jährlich bei rund 350 Fahrzeugen.

In den frühen 1980er Jahren kam noch der Bau von Tandemachsern, zweiachsigen Container-Träger-Fahrgestellen und von ein-, zwei- und dreiachsigen Container-Aufliegern hinzu. Im Bereich der Kasten- und Kühlfahrzeuge lösten Aluminium-Aufbauten in Zellenbauweise die bisherige Stahlblech-Bauweise ab. Auch die Pritschenanhänger erhielten Leichtmetall-Bordwände. Für den großflächigen Glastransport entwickelte Hall einen vierachsigen Auflieger mit Schwanenhalsaufnahme, der wenig später für den Beton-Fertigteile-Transport modifiziert wurde. Weitere Spezialitäten in dieser Zeit bildeten der Auflieger mit zwei Kippkästen zum Trans-

Hall-Leichtmetall-Kofferauflieger, 1972.

port von Braunkohleabraum, ein Steintransporter mit Gitterbordwänden, ein Dreiachsanhänger in Tiefbettausführung für einen 3,5 m hohen Aufbau und ein zweiachsiger Auflieger mit Achsschenkel-gelenkten Hinterachsen. Nach 1985 konzentrierte sich das Werk unter der Firmierung Hall H. P. Nachf. GmbH & Co. KG noch eine Zeitlang auf den Karosseriebau.

Hall-Kühlzug mit Dreiachsanhänger, 1973.

Haller

Fahrzeugbau Haller GmbH, Stuttgart-Feuerbach, Wiesenstr. 29, ab 1972 Mauserstr. 20, 1941–1998

Das 1871 zum Bau von Apparaten und Behältern gegründete Unternehmen begann 1927 mit dem Bau von selbstaufnehmenden Kehrmaschinen. Ein Jahr später konstruierte und fertigte Haller seinen ersten Flugfeldtankwagen auf einem Lkw-Chassis. Ein Meilenstein im Tankwagenbau stellte 1941 die Vorstellung des ersten selbsttragenden Satteltankwagens dar, auf den das Unternehmen ein Reichspatent erhielt.

Hauptprodukte bildeten bis in die Kriegszeit jedoch Kommunalfahrzeug-Aufbauten. 1946 entstand der erste Müllwagen als Auflieger für die Stadt Berlin. Während der Kommunalfahrzeugbau in der ersten Abteilung geführt wurde, befasste sich die zweite Abteilung mit dem Behälter-Fahrzeugbau. 1952 konnte Haller in diesem Bereich den Serienbau selbsttragender Auflieger aufnehmen, darunter Behälterfahrzeuge für den Zementtransport, die über eine Druckluft-Entleerung verfügten. In einachsiger Ausführung präsentierte Haller Auflieger mit einem Fassungsvermögen von 8.300, 12.300 und 20.000 Litern. Ein dritter Fertigungsbereich befasste sich mit dem Bau von Pritschen- und Kipp-Anhängern.

Die »Normalanhänger« deckten Nutzlasten von 1,5 bis 8 t ab. Die handmechanisch betätigten Kipper konnten mit 4 und 5 t Schüttgüter belastet werden. Im Bau von Tankwagen konnte Haller 1958 den damals größten Flugfeldtankwagen der Welt mit einem Fassungsvermögen von 40.000 Liter Treibstoff vorstellen; zwei Jahre später war die Kapazität auf 45.000 Liter gesteigert worden.

Haller-Haller-Werbeanzeige von 1955.

Haller-Tankauflieger für 12.300 Liter Kraftstoff, 1951.

Haller-Tankauflieger für 27.000 Liter Heizöl, 1966.

Auf dem Sektor Behälterfahrzeugbau standen gegen Ende der 1950er Jahre Auflieger für den Kraftstofftransport mit Stahl- und Aluminium-Kesseln, Flugfeld-Tankauflieger und Auflieger für Bitumen- und Zement-, Chemikalien- sowie Lebensmitteltransporte im Angebot. Weitere Modelle bildeten Einachs-Pritschen-, Müll- und Schlauchtrommelwagen sowie Kehrricht- und Müllwagen-Auflieger, die speziell für den Unimog entwickelt wurden.

In den 1960er Jahren lieferte Haller ein- und doppelachsige, freitragende »Europa«-Tankauflieger in Stahl- und Aluminium-Ausführung für bis zu 35.000 Liter Kraftstoff, Flugfeldtankwagen, Bitumen- und Heizölfahrzeuge, Behälter-Auflieger zum Transport staubförmiger und körniger Güter und von Lebensmittel. Über einen Kippmechanismus wurde der 25-m³-Behälter senkrecht gestellt, so dass eine Restlos-Entleerung zustande kam. Ein weiteres Aufliegerfahrgestell besaß aufgesetzte, innen isolierte Leichtmetall-Tanks mit einem Fassungsvermögen von 23 bis 40 m³ zum Transport von Wein und Säften. Auch ein zweiachsiger Anhänger zum Transport von Heizöl und staubförmiger Güter war im Angebot. Ein Zweigwerk in Stade übernahm den Bau dieser Behälterfahrzeuge. Durch die Übernahme des Kommunalfahrzeugherstellers REF-Weygand konnte Haller seine Kapazitäten vergrößern.

Haller-Tankauflieger, einfachbereift, für 36.500 Liter Kraftstoff, 1967. (Foto: Ralf Weinreich)

Im Zuge der neuen gesetzlichen Bestimmungen folgten 1965 angepasste Modelle. Für den 38-t-Zug entstanden Zement- und Granulat-Auflieger in selbsttragender Bauweise mit einem Fassungsvermögen von 25 bis 40 m³ in Stahlleicht- oder in Leichtmetallbauweise. Im gleichen Jahr trat Haller dem Arbeitsring-Tankwagenhersteller/ART bei, der die Konstruktion eines 30.000-Liter-Einheitstankwagens vorbereitete. 1967 präsentierte der Stuttgarter Fahrzeugbauer den zweiachsigen Doppel-Keilform-Tankauflieger nach ART-Entwurf unter dem Markennamen »Europatank«, der in acht Kammern 36.500 Liter Kraftstoff fassen konnte.

Zu Beginn der 1970er Jahre standen neben Kommunalfahrzeug- und Tankaufbauten für Verteiler-Fahrzeuge weiterhin Behälterauflieger zum Transport von Kraftstoffen und von granulierten oder staubförmigen Gütern im Angebot. Der Dreiachsauflieger in zylindrischer Leichtmetallausführung konnte 36.000 Liter mit Armaturenschrank, unter dem Behälter 29- bis 31.000 Liter aufnehmen, der nach der ART-Konstruktion ausgeführt war. Schon wenig später kam ein freitragender Tanksattel für 38.000 Liter in Doppelkeilform als Restlosentleerer mit seitlichem Armaturenschrank hinzu.

Haller-Siloauflieger, 1969.

Haller-Sicherheits-Tankauflieger »TOPAS« für 41.000 Liter Kraftstoff, 1989.

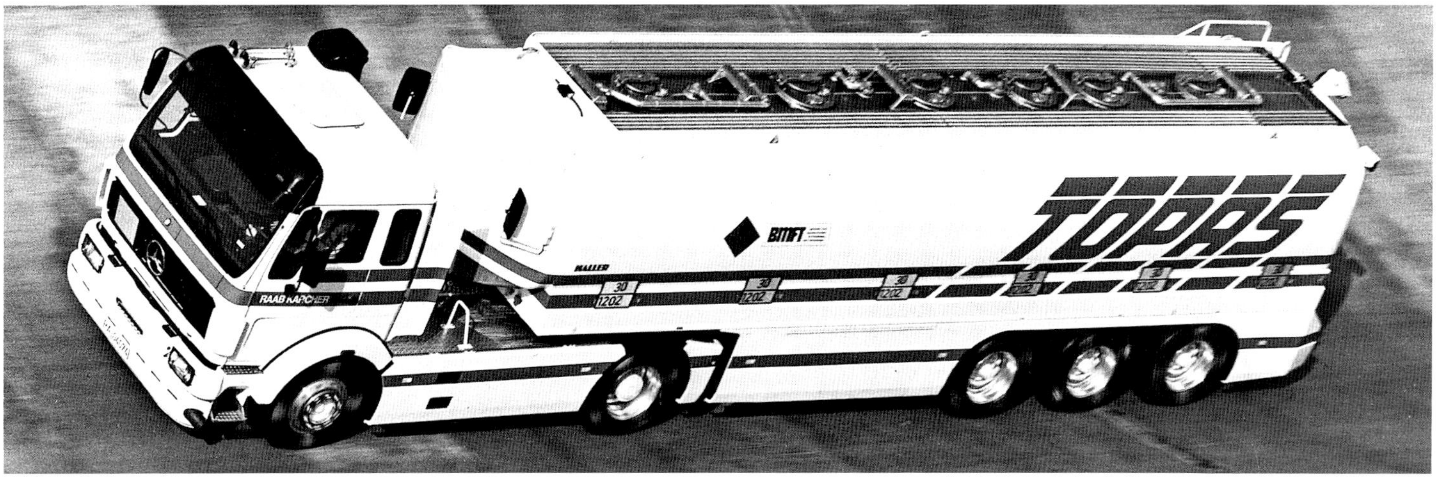

Haller-Sicherheits-Tankauflieger »TOPAS II« für 39.500 Liter Kraftstoff, 1996. (Foto: Smlg. Weinreich)

1973 gliederte Haller einen Behälterbau in Wettringen und den NFK Leichtmetallbau Kurt Hodermann in Berlin als Zweigwerke ein.

Eine Neuerung bildeten ein Jahr später die Landebahn-Beschäumungsanhänger mit vorderem und hinterem Zweiachsaggregat. 50.000 Liter Beschäumungs-Flüssigkeit konnte dieser Tanker mitführen. 1975 ging Haller zum Bau von selbstragenden Leichtmetall-Aufliegern über, deren Kessel in ovaler Form ausgeführt war; Bitumen-Transporter waren weiterhin in Zylinderform ausgeführt. 1976 gestaltete die Haller Abteilung »Kommunalfahrzeuge« einen Großraum-Mülltransport-Auflieger mit umlaufenden Spanten zur Erhöhung der Stabilität. Ein zweiachsiger Sattelauflieger als Saugewagen für Abfallprodukte erweiterte die Produktpalette.

Durch die verbesserte Leichtbauweise steigerte Haller zu Beginn der 1980er Jahre das Ladevolumen der Dreikammer-Tanker auf 39.000 und der Sechskammer-Tanker auf 37.200 Liter.

1987 entwickelte Haller infolge des schweren Tankfahrzeugunglücks in Herborn in Zusammenarbeit mit dem Bundesministerium für Forschung und Technik den Sicherheits-Tankzug »TOPAS« (Tankfahrzeug mit optimalen passiven und aktiven Sicherheitseinrichtungen) mit einem dreiachsigen Auflieger, der für ein Fassungsvermögen von 39 m³ ausgelegt war. Die verbreiterte Spur der luftgefederten Achsaggregate, der tiefer gelegte Schwerpunkt, ABS und ASR an allen Achsen und der Unterfahrschutz sowie eine GFK-Vollverkleidung zeichneten das in abgesetzter Koffer-Doppelkeilform gestaltete Modell aus. Die Beladung konnte von oben oder von unten ausgeführt werden. In den Versionen TOPAS I und II folgten Modelle mit Fassungsvermögen von 41.000 und 42.000 Litern. Allerdings hatte der »TOPAS« aufgrund der teuren Entwicklungsarbeiten und der technischen Ausstattung einen hohen Preis; als verschiedene Konkurrenzunternehmen auf den preiswerter zu bauenden Zylindertank mit niedriger Schwerpunktlage umgestiegen waren, sank das Interesse an den aufwändigen und schweren Sicherheitstankern.

Mitte der 1990er Jahre stand wieder ein dreiachsiger Anhänger für 22.500 Liter für den Tank-Zug bereit.

Die hohen Fertigungskosten und die Generosität des Firmeninhabers führten 1998 zu einschneidenden Umstrukturierungen. Das Unternehmen wurde als Haller Umweltsysteme GmbH & Co. in die Berliner Rigistr. 1–3 verlegt. Hier konzentrierte sich Haller auf die Abfallsammel- und weitere Entsorgungsfahrzeuge, wobei das Wettringer Werk weiterhin Baugruppen zulieferte. Im Jahre 2010 wurde Haller ein Teil der Zoeller-Gruppe, die schon zuvor die hydraulischen Hub-Kipp-Vorrichtungen für die Müllfahrzeuge geliefert hatte.

Hanomag

Hanomag, Hannoversche Maschinenbau-Aktien-Gesellschaft, vorm. Georg Egestorff, Hannover, Hamelner Str. 8
1927 und 1948–1953

Der Fertigung der ersten Hanomag-Radschlepper schob das Industrieunternehmen Anhänger für den Straßeneinsatz nach, so dass der Kunde beide Produkte aus dem Hannoveraner Werk erhielt. Nach dem Krieg ergriff Hanomag erneut den Anhängerbau, um als einstiger Rüstungsgigant von der Demontageliste weitgehend verschont zu bleiben. Das Werk in Hannover-Linden fertigte 5-t-und 8-t-Pritschenanhänger der Baureihen A5 und A8 sowie Winden-Kipper der Baureihe K8 und Langholzanhänger, die für die Zugmaschine »Gigant« vorgesehen waren. 1953 stand noch ein 12-t-Kipper im Programm.

Hanomag-Werbung mit 8-t-Anhängern Typ A8, 1949.

Hanomag-Anhänger aus den 50er Jahren. (Foto: Ralf Weinreich)

Hansa

Hansa-Kraftfahrzeug-Betriebe KG,
Berlin, Kirschstr. 10a, 1949

Dieses Unternehmen entwickelte in drei Ausführungen Rungenanhänger mit Vierradlenkung, die auf das Doppelte der normalen Länge ausziehbar waren.

Harmening

Hermann Harmening KG, Fahrzeug- und Karosseriefabrik,
Bückeburg, Hannoversche Str. 21, 1951–1956

Die 1879 gegründete Hof-Wagenfabrik Hermann Harmening begann um die Zeit des Ersten Weltkrieges mit dem Bau landwirtschaftlicher Anhänger. Nach dem Krieg beschlagnahmte die englische Besatzungsmacht das Werk, so dass nach Improvisationen erst mit der Freigabe des Werkes der Karosseriebau fortgesetzt werden konnte. Um an der großen Nachfrage nach Anhängern zum Wiederaufbau Deutschlands teilzuhaben, nahm das Werk 1951 auch den Anhängerbau mit einem 12-t-Zwei- und einem 15-t-Dreiachs-Pritschenwagen auf. Die Entwicklung eines Omnibusses mit halb-selbstragender Konstruktion und eines Lastwagens überforderten die Kräfte des Unternehmens, so dass die Harmening-Aktivitäten 1956 eingestellt wurden. Der Fahrzeugbau Kannenberg (FAKA) übernahm 1958 die Werksanlage.

Harmening 12-t-Anhänger, 1953.

Hartbrich

Heinrich Hartbrich, Berlin-Schmargendorf, Helgolandstr. 6
1937–1960

Seit 1933 ist das Hartbrich-Unternehmen im Pkw-Anhängerbau und später im Vertrieb der Anhänger der Gothaer Waggonfabrik nachzuweisen. Von 1937 bis 1941 fertigte das Berliner Werk auch Niederrahmen-Anhänger. Nach dem Krieg entstanden Kohlenanhänger und Kipper. 1951 überraschte Hartbrich die Fachwelt mit einem Pkw-Transport-Auflieger auf einer Ford-Diesel-Sattelzugmaschine. Das insgesamt 17,5 m lange Gespann besaß einen zweistöckigen Auflieger mit Holzboden und Riffelblech-Belag. Die Heckklappe diente mit Laufschienen als Auffahrtrampe für die oben platzierten Personenwagen. Zur Beladung der oberen Etage musste der zweiachsige Auflieger über die letzte Achse etwas angekippt werden. Anschließend konnten über Laufschienen und eine Seilwinde vier weitere Fahrzeuge auf das Oberdeck befördert werden. In der vorderen »Nase« befand sich eine blechverkleidete Kabine für das Begleitpersonal. Mehrere dieser Ausführungen sollen entstanden sein.

Hartbrich-Autotransporter, 1951.

Hartstein

Heinrich Hartstein, Berlin-Wilmersdorf, Wilhelmsaue 29

1. 1943–1949 Heinrich Hartstein, Berlin-Wilmersdorf, Wilhelmsaue 29
2. 1949–1969 Heinrich Hartstein OHG, Berlin-Wilmersdorf, Wilhelmsaue 29–32
3. 1969–1983 Hartstein-Fahrzeugbau GmbH, Berlin-Wilmersdorf, Wilhelmsaue 29

Das Schmiedeunternehmen Hartstein präsentierte sich während des Krieges als Anhänger-Hersteller. Bis in die 1980er Jahre warb Hartstein mit dem Bau von Fahrzeugen nach Ackermann-Lizenzen.

Heitling

Heitling Fahrzeugbau GmbH & Co. KG,
Melle, Wellingholzhausener Str. 6

1. Ernst Heitling GmbH & Co. KG, Fahrzeugbau/Maschinenfabrik, Melle, Maschweg 39
2. bis heute: Heitling Fahrzeugbau GmbH & Co. KG, Melle, Wellingholzhausener Str. 6

Der Fahrzeugbauer Heitling hat sich auf die Herstellung von »maßgeschneiderten Systemlösungen für den Futtermittel- und Mineralguttransport« mit der Produktion von Lkw-Aufbauten, Kippern und Silofahrzeugen konzentriert.

Vom leicht zu rangierenden Silo-Tandemachser bis zum dreiachsigen Auflieger für 39 t Gesamtgewicht in der Exportausführung reicht das Programm.

Heitling-Zweiachs-Getreidekipper, 2014.

Helbeg

Helbeg, 1957

Dieser bisher unbekannte Hersteller war 1957 mit einem Anhänger mit 6 t Nutzlast präsent.

Hellmers

Herm. J. Hellmers Fahrzeugbau und Maschinenfabrik,
Hamburg 24, Horner Landstr. 178–188, 1939–1944

Die Geschichte des Hellmers Fahrzeugbau geht auf eine Gründung als Stellmacherei im Jahre 1811 zurück. Um 1900 spezialisierte sich das Unternehmen auf die Herstellung von Schneepflügen, Sprengwagen (»Brauserohrwagen») und Kehrmaschinen für den Pferde- und ab etwa 1925 für den Lkw- oder Zugmaschinenbetrieb. Auch wenn bisher nur vereinzelt Spezialanhänger für Kommunalzwecke hergestellt worden waren, erhielt Hellmers im Schell-Plan den Zuschlag zum Bau von Einheits-Anhängern und Kippern mit Nutzlasten bis zu 8 t. Ob dies realisiert wurde, ließ sich nicht mehr nachweisen. Nach Totalzerstörung im Weltkrieg folgte der mühsame Wiederaufbau. Die Produktion von Kanalreinigungsfahrzeugen bildete jetzt das Fertigungsprofil. Das 2001 nach Wittstock an der Dosse verlagerte Unternehmen wurde von der KROLL Fahrzeugbau-Umwelttechnik GmbH übernommen.

Hellmich

H + F Hellmich Fahrzeugbau GmbH,
Werl, Am Maifeld 2, 1982–1992

Auflieger für Betonmischer stellte dieses Unternehmen her. Den Standort nutzt heute die Fa. Joachim Hellmich GmbH, die im Sonderfahrzeugbau u. a. mit Schausteller-, Promotions- und Verkaufsfahrzeugen tätig ist.

Hendricks

Hendricks, Karosserie- und Fahrzeugwerk,
Kleve, Ludwig-Jahn-Str. 6

1. 1950 (?)–1983 Hendricks, Karosserie- und Fahrzeugwerk, Kleve, Ludwig-Jahn-Str. 6
2. 1983 bis heute: Hendricks Fahrzeugwerke GmbH, Goch, Siemensstr. 74

Das Karosserie- und Fahrzeugwerk Hendricks begann in den 1950er Jahren in Kleve mit dem Bau von Aufbauten und von Anhängern. Für den Fernverkehr fertigte Hendricks zweiachsige 12-Tonner in Pritschenausführung mit Doppelbereifung und 17-t-Dreiachser mit Einzelbereifung. Auf gleichen Unterbauten wurden auch Leichtmetall-Thermos-Aufbauten gesetzt. Für den Baustellenverkehr bot das Klever Werk zwei- und dreiachsige Kipper mit mechanischer Zahnstangen-, Motor- oder Hand-hydraulischer sowie »Pressluft«-Kipptechnik an.

Erneut trat das Unternehmen 1982 in mit der Vorstellung von Prit-

Hendricks-Werbung, 1953.

Hendricks-17-t-Dreiachs-Ferntransportanhänger, 1953.

Hendricks-8-t-Dreiseitenkipper, 1953.

Hendricks-Dreiachs-Pritschenahnänger, 1965: (Foto: Ralf Weinreich)

Hendricks-Tankauflieger für 42.000 Liter Kraftstoff, 1987.

Hendricks-Tankauflieger in Zylinderform für 44.500 Liter Kraftstoff, 2002.

schen- und Kofferwagen sowie von Silofahrzeugen als Motorwagen und als Anhänger an. Zwei- und dreiachsige Tankanhänger und Tankauflieger in Koffer- oder Zylinderform waren für den Mineralöltransport vorgesehen. Weitere Auflieger erhielten Spezialtanks für Güter der chemischen Industrie, beheizte Tanks für den Bitumen-Transport sowie ausgekleidete Silos für Lebensmitteltransporte. Während das inzwischen als Werk I bezeichnete Stammwerk in Kleve Fahrzeuge für den Nah- und Fernverkehr, für den Lebensmittel- und Trockenfrachttransport sowie Tieflader mit einer Tragfähigkeit bis zu 50 t fertigte, übernahm das Werk II in Goch den Tank-, Silofahrzeug- und Anhängerbau. Auch der Firmensitz wurde 1983 dorthin verlagert.

Mitte der 1980er Jahre gingen aus dem Unternehmen zwei getrennte Gesellschaften hervor. In Goch (Werk I) firmierte das Unternehmen als Hendricks Behälterfahrzeugbau GmbH & Co. KG. In Kleve (Werk II) trat das Werk unter der Bezeichnung Hendricks Karosserie- und Fahrzeugwerk GmbH & Co. KG auf. Der Firmenverbund richtete jetzt vollständig auf den Behälterfahrzeugbau aus. Auf Anhänger- und Auflieger-Fahrgestelle setzte Hendricks Tank- und Siloaufbauten auf, die für die Aufnahme von Lebensmitteln, Chemikalien, Flüssiggas, schwerem Heizöl und in beheizter Ausführung für Bitumen konzipiert waren. Mit Innenverkleidungen ließen sich auch aggressive Güter in den Tank- und Siloaufbauten transportieren. Die Aufbauten besaßen ein Volumen zwischen 30.000 und 42.000 Liter. Das Gocher Werk steuerte die Tanks- und Silos bei, das Klever Werk die Chassis und die Aufbauten für Trockenfracht und Lebensmittel bei. Sofern die Chromnickelstahl-Behälter nicht zum Kippen ausgeführt waren, nutzte Hendricks die freitragende Bauweise.

Der allgemeinen Forderung nach einem unfallsicheren Tankfahrzeug aufgrund der Tankwagen-Katastrophe von Herborn kam das Hendricks Unternehmen in Zusammenarbeit mit der Shell-Tochter Deugerd nach. 1989 stand ein Tankauflieger in Niedrigbauweise mit Zylindertank und mit Sicherheitseinrichtung wie Oben- und Untenbefüllung sowie Rundumschutz bei einem Fassungsvermögen von 41 m³ Litern zur Verfügung. Unter der Bezeichnung »S-M-U 43/5« (für »Sicherheit-Mensch-Umwelt«, 43.000 Liter, 5 Kammern) vermarktete Hendriks den Mineralöltanker, der nach Verlagerung der anderen Produkte das Gocher Werk in seiner Fertigungskapazität voll und ganz auslastete.

Erneute Produktionsvielfalt gegen Ende der 1990er Jahre und Übergang in die türkische Tirsan-Gruppe

1997 hatte das Gesamtunternehmen wieder kräftig Fuß gefasst. Die Klever Firma besaß in ihrem Lieferprogramm Kühlfahrzeuge für Frisch- und Tiefkühlware, Kofferaufbauten für Motorwagen und Anhänger, Pritschen- und Kipper-Aufbauten, Tieflader, Anhänger für Wechselsysteme und Container.

Die Schwesterfirma in Goch spezialisierte sich auf den Tankfahrzeugbau für flüssige Lebensmittel, Chemikalien, hochaggressive Säuren und Laugen, Mineralöl, Bitumen und Flüssiggas.

Nach 2003 ist das Klever Ursprungswerk aufgegeben worden. Der Gocher Teil konzentriert sich seitdem auf die Herstellung von Tankfahrzeugen für chemische Güter, Lebensmittel und Produkte der Mineralölindustrie. Seit 2008 ist das Unternehmen wie der Kässbohrer Tankfahrzeugbau ein Teil der türkischen Tirsan-Gruppe. Inzwischen werden die Fahrzeuge im Werk Adapazari/Türkei gefertigt und von Goch aus vertrieben.

Hendricks-Tankauflieger für Gefahrgut, 2015.

Herberg

August Herberg, Maschinenfabrik, Fahrzeugbau, Autoreparatur, Pirna, Kohlbergstr. 2a, 1927–1928

Die aus dem Jahr 1874 stammende Maschinenfabrik versuchte erfolglos mit einem Einachs-Hinterkipp-Anhänger für 3 t Nutzlast auf den Markt zu kommen.

Herberg-Werbung, 1926.

Herrmann

Herrmann-Karosseriewerk, Wilhelm Herrmann, Hamburg-Wandsbeck, Schimmelmannstr. 131, 1949–1985

Nach der Währungsreform richtete Hermann einen Fahrzeugbau ein, der schon rasch 3- und 5-t-Pritschenwagen anbieten konnte. Auch mit dem Bau landwirtschaftlicher Anhänger befasste sich das Werk. Das Unternehmen ging 1985 in der Ackermann-Fruehauf-Gruppe auf.

Herrmann, Otto

Otto Herrmann Fahrzeugbau, Berlin-Reinickendorf, Breitkopfstr. 79–81, 1941–1986

Herrmann stellte Kohlen-, Tank- und Spezialanhänger sowie Kipper her. Spezial-Aufbauten, der Vertrieb hydraulischer Hebebühnen und Ladekränen kam in den 1980er Jahren hinzu.

Hermanns

Wilhelm Hermanns Staubfördertechnik-Fahrzeugfabrik GmbH, Köln-Porz-Gremberghoven, Hansestr. 74–76

1. 1939–1946: Hermanns, Porz, Hauptstr. 111
2. 1946–1958: Wilh. Hermanns, Karosserie-, Fahrzeug- und Aggregatebau GmbH, Porz, Friedrichstr. 38
3. 1958–1973: Wilh. Hermanns Staubfördertechnik-Fahrzeugfabrik GmbH, Porz-Urbach, Frankfurter Str. 462–464
4. 1973–1984: Wilhelm Hermanns Staubfördertechnik-Fahrzeugfabrik GmbH, Köln-Porz-Gremberghoven, Hansestr. 74–76
5. 1984 bis heute: HERMANNS Silo GmbH

Gegründet wurde die Firma Hermanns durch Karl Hermanns (1876–1946) im Jahre 1901 als Stellmacherei in Porz. Zunächst entstanden Pferdefuhrwerke, ab den 1920er Jahren unter der Leitung von Karosseriebau-Meister Wilhelm Hermanns (1907–1995) Karosserien für Automobile. Während des Krieges fertigte Hermanns Einachs-Anhänger mit Stromerzeugern oder Kompressoren, die von Deutz-Dieselmotoren angetrieben wurden. Nach Kriegsende entstanden erste Pritschen- und Kippanhänger sowie Lkw-Aufbauten. Im Zuge der Währungsreform ging das Unternehmen zum Bau von Silofahrzeugen für die Zementindustrie über. Das von Wilhelm Hermanns entwickelte System der Auflockerungs- und Entleerungstechnik für den Transport loser Güter unter der Bezeichnung »System Hermanns« begründete die bedeutende Stellung dieses Unternehmens für den Transport staubförmiger oder granulierter Güter. 1960 entstand der erste V-förmige Behälter-Silo-Sattelanhänger.

Hermanns-Werbeanzeige, 1957.

Hermanns-Siloauflieger mit 32.000 Liter Behältervolumen, 1957.

Hermanns-Siloanhänger mit 12.000 Liter Behältervolumen, 1957.

Diese Konstruktionen, unter Fuhrleuten »Hermanns Bananen« genannt, wurden zum wichtigsten Umsatzträger für das Unternehmen. Die Beladung durch nur ein Mannloch und die Entleerung durch nur einen Auslauf vereinfachte die Arbeit der Fahrer. 1963 folgte der erste »Tatzelwurm«, ein selbsttragender Auflieger mit einem Siloaufbau in Doppel-V-Ausführung. Die Besonderheit dieses Fahrzeugs lag in der doppelt geknickten Ausführung des Silo-Körpers, so dass eine tiefe Schwerpunktlage und ein größeres Fassungsvermögen erreicht werden konnten. Die Auslassventile befanden sich an den tiefsten Punkten des Kessels; zwei VW-Industriemotoren mit Kompressoren dienten der Druckerzeugung zur patentierten Restlosentleerung des Großraumkessels.

Neben diesen Modellen fertigte Hermanns 1965 die ersten Euter-Behälter-Silofahrzeuge mit Einzelradfederung des Anhänger-Fahrgestells oder des Aufliegers. Die nächste Entwicklungsstufe 2010 unter der Bezeichnung »Lupa« bildete einen zylindrischen Behälter mit drei und mehr Auslaufkonen am tiefsten Punkt des Behälter des Fahrzeugs. Diese Innovation führte zu einem größeren Ladevermögen und, da die Räder einzeln an dem selbsttragenden Körper angebracht werden können, zur Tieferlegung des Aufbaus sowie zur Gewichtsreduzierung. Über einen Kompressor wird die Restlosentleerung ermöglicht.

1971 entstanden auch erste Silofahrzeuge auf Dreiachs-Chassis mit einer Hinterkippeinrichtung, die aufgrund ihrer robusten Bauweise vor allem im Export punkteten. Bei einem Volumen von 51 m³ waren die Fahrzeuge für eine Nutzlast von 23,5 t ausgelegt, so dass sie in der Bundesrepublik im 38-t-Zug gefahren werden konnten. Ab 1974 führte das Werk auch erste Silofahrzeuge in Keilform für 27 m³ Inhalt vor. Und ein weiteres Fertigungsgebiet erschloss sich das Werk mit dem Aufbau von Silowaggons für die Eisenbahn und von Wechselsilos für die Schifffahrt.

In dieser Zeit erhielten die Modelle neue Bezeichnungen. Der dreiachsige »Euter«-Leichtmetall-Auflieger mit der Selbstentleerungstechnik trug die Kürzel SE Ala; der Kippsilo-Auflieger in Stahlbauweise wurde mit Ski Sta bezeichnet. Im nächsten Jahr, als ein neuer Fertigungsbetrieb die Kapazität erweiterte, verfeinerte das Unternehmen die Bezeichnungen. Bei der Typologie des neuen Sattelkippers in Aluminiumbauweise Ski AL 2235 zeigten die beiden letzten Ziffern das Volumen an. Der SV Al 2227 war demnach ein Auflieger mit einem V-förmigen Tank mit Auflockerungs- und Entleerungseinrichtung »System Hermanns« mit einer Kapazität von 27 m³.

Mit einem Doppelkipp-Auflieger mit eckigen Behältern für den Rußtransport erschien 1979 eine weitere Baureihe.

1980 ging das Werk zum Bau von Elliptik-Silos mit Auslaufkonen über, die einen noch niedrigeren Schwerpunkt und damit eine höhere Kippstabilität aufwiesen. Der Silo-Containerbau wurde 1981 wieder eingestellt, aber in anderen Ländern z. B. in Jordanien 2001 mit 180 Einheiten fortgesetzt. Das für Jahrzehnte beibehaltene Programm, das auf den kommenden 40-t-Zug ausgelegt war, bestand nun aus dem Siloauflieger (mit neuer Schreibweise) SEAL 2230 mit zwei Auslaufeutern für staubförmige und körnige Güter, dem GroßraumSilo-Auflieger SVAL 2250 in V-Form, auch »Bananensilo«in Speditionskreisen genannt, für extrem leichte Staubgüter wie Braunkohlenstaub sowie dem Kipp-Auflieger SKIAL 2250 für Staubgut- und Rieselware. Für den Export gab es die Version SVSt 4250, die für 50 m³ Zement ausgelegt war. Auch werden seit 2015 automatische Schiebedeckel für Silofahrzeuge und Waggons gebaut. Dadurch muss der Fahrer nicht mehr auf den Silobehälter klettern, was die Sicherheit in der Bedienung erhöhte.

In Spanien engagierte sich das Unternehmen in den 1970er Jahren in der dritten Generation unter der Leitung von Karl Hermann jun. mit der Hermanns Iberica S. A. in Madrid, die Silofahrzeuge und Betonmischer herstellte. In Polen wurden bis 2001 auch Muldenkipper für den deutschen Markt hergestellt. Von den Partnerfirmen in Griechenland, Ekuador,

Hermanns-Siloauflieger mit 30.000 Liter Volumen für den Mehltransport, 1957.

Hermanns-Siloauflieger für den Zementtransport in V-Form, 1972.

Ägypten, Jordanien, Indien, Sri Lanka, Vereinigte Arabische Emirate und in Thailand werden nach Plänen und Zulieferung wesentlicher Teile aus Porz Fahrzeuge gebaut, z. B. in Indien im Jahre 2017 ca. 45 Einheiten pro Monat!

Wenn auch die Fertigung der Hermanns-Silofahrzeuge inzwischen in den Hauptabnehmerländern erfolgt, so können bei Bedarf Fahrzeuge auch im Porzer Werk hergestellt werden. Jährlich entstehen insgesamt rund 600 Silo-Fahrzeuge, angepasst an die Bedürfnisse der Länder.

Die Firma HERMANNS Silo GmbH in Köln-Porz-Gremberghoven wurde inzwischen von Karl Hermanns aus Altersgründen im Jahre 2016 an den größten Kunden, an das Unternehmen MEHER TRAILERS PVT. LTD. in Mumbai in Indien verkauft.

Hermanns-Silo-Hinterkippauflieger SKiAL 2238, 1978.

Hermey

Hermey Maschinen- und Apparatebau Meyer & Co. KG,
Ballenstedt, Ermslebener Str. 3

1. 1960er Jahre bis 1972: Hermey Maschinen- und Apparatebau Meyer & Co. KG
2. 1972–1990: VEB Kombinat Baumaschinen, BT Ballenstedt

Der Privatbetrieb mit staatlicher Beteiligung fertigte unter den Bezeichnungen BTS 11 und HTS 11 D zweiachsige Auflieger mit 10.800-Liter-Kesseln für den Bitumen- und Heizöltransport. Ein weiteres Beschäftigungsfeld bildete die Herstellung von Straßenunterhaltungs-Aufbauten für Motorwagen. Nach der Verstaatlichung bildete das Unternehmen einen Betriebsteil des VEB Kombinates Baumaschinen (Baukema).

Hesselbein

Eduard Hesselbein, Braunschweig, Ludwigstr. 31a, 1949

Das auch im Omnibus-Karosseriebau tätige Unternehmen befasste sich Ende der 1940er Jahre auch mit dem Bau von Anhängern und Spezialfahrzeugen.

Heuser

Heuser GmbH Fahrzeugbau,
Bad Lippspringe, Neuhäuser Weg 6

1. 1936–1946 (?): Heinrich Marquardt, Dortmund, ab 1942 Bad Lippspringe
2. 1946–1953: Nass & Heuser Tieflade-Anhängerbau, Bad Lippspringe
3. 1953–1979: H. Heuser GmbH & Co. KG Fahrzeugbau
4. 1979 bis heute: Heuser GmbH Fahrzeugbau

1880 gründete Schmiedemeister Heinrich Marquart in Dortmund einen Schmiedebetrieb, der sich seit der Jahrhundertwende zu einem Karosseriebetrieb entwickelte. Tieflader für Schwertransporte bildeten um 1936 das erste Heuser-Fahrzeug-Produkt. Als die Luftangriffe auf das Ruhrgebiet zunahmen, wurde das Werk nach Bad Lippspringe verlagert. Ein Teil der Fachkräfte folgte dorthin, darunter der Schmiedemeister Heinrich Heuser und der kaufmännische Angestellte G. Nass.

Nach dem Krieg fertigte Heuser für die US-Army vierachsige Tiefbett-Tieflader, die zum Transport von Panzerfahrzeugen verwendet wurden. Die beiden hinteren Pendelachshälften eigener Fertigung ließen sich nach Anheben des hinteren Fahrzeugteils abziehen, so dass die Fahrzeuge über Rampen auffahren konnten. Für Schwersttransporte entwickelte das Werk ein tiefgekröpftes Fahrzeug mit vier Achslinien und Pendelachsen mit Zwillings-Vollgummibereifung; der Panzer musste seitlich auffahren und auf der Plattform drehen.

Heuser-Muldenauflieger für landwirtschaftliche Zwecke, 2010. (Foto: Heuser)

Da Marquardt keinen Erben hinterließ, übernahmen Heuser und Nass nach dessen Tod das Unternehmen und forcierten den Bau von Tiefladern zum Transport von Baumaschinen für zivile Zwecke. Auch hier ließen sich die Fahrzeuge nach Abzug der hinteren Achspaare be- und entladen. Als Nass die Firma verließ, trug das Unternehmen die neue Bezeichnung Heinrich Heuser KG Fahrzeugbau. Heinrich Heuser jun. verbreiterte die Fertigungsbasis des Werkes mit dem Bau von einachsigen Plateauanhängern zum Transport von leichtem Gerät, von Langmaterial-Anhängern, Pritschen- und Kippfahrzeugen.

Insbesondere der Bau von Kippanhängern mit Bremslufttechnik erwies als besonders erfolgreich, so dass 1960 eine neue Fertigungsstätte errichtet werden konnte. Nachdem Heinrich Heuser 1960 unerwartet verstorben war, übernahm seine Frau Elisabeth Heuser zusammen mit dem Prokuristen und den beiden Werkstattleitern das Unternehmen. Neben den zwei- und inzwischen dreiachsigen Kippern mit Bremsluft- und motorhydraulischer Kipptechnik ergänzten zweiachsige Dreiseitenkipp-Auflieger und wenig später dreiachsige Hinterkipp-Auflieger mit zwei Kippstempeln das Heuser-Programm. Für den Transport palettierter Steine entstanden zweiachsige Pritschenauflieger mit Heck-Ladekran und dreiachsige Auflieger mit zwei Kipp-Pritschen und einem mittig aufgesetztem Ladekran. Diese Modelle trafen bei vielen Kunden auf Interesse, zumal die Fahrzeuge auch für den Schüttgüter-Transport eingesetzt werden konnten. Für den Baustellenbetrieb löste ein dreiachsiger Auflieger mit Aluminium-Mulde die bisherigen Kastenauflieger mit Holzbordwänden ab und jederzeit konnte der Kunde einen Tieflader oder Kofferanhänger nach individuellem Zuschnitt erwerben.

1979 gab Elisabeth Heuser die Geschäftsleitung an ihren Sohn, Dipl.-Ing. Thomas Heuser ab, der die Konstruktionsabteilung und den Fertigungsablauf zunächst modernisierte.

Im Bereich der Deichselanhänger fertigt Heuser weiterhin Zweiachser mit Pritsche, mit Kippaufbau und mit Hinterkippaufbau für Trebertransporte. Dreiachser werden ebenfalls mit Pritsche und Kippaufbau sowie mit Hochbordaufbau für Getreidetransporte versehen. Auf Niederrahmenfahrgestell ist ein Plattformwagen lieferbar, der zum Transport großflächiger Betonteile vorgesehen ist. Und auf Wunsch setzt Heuser die altbewährte Bremslufttechnik bei den Kipp-Ausführungen ein.

Für den Vierachs-Lkw steht ein einachsiger Kippanhänger mit Starrdeichsel zur Verfügung. Mit Tieflade-Kippaufbau und einsteckbaren Rampen, mit Rungenaufbau für den Materialtransport, mit Dreiseitenkippaufbau oder mit thermoisolierter Mulde folgt ein Tandemachser. Mit drei Achsen folgt ein Tridemkipper mit Stahlmulde und mit thermoisolierter Mulde für Asphalttransporte.

Für Baumaschinen und Fahrzeugtransporte stehen ein-, zwei- und dreiachsige Tieflader sowie zwei- und dreiachsige Plattformanhänger im Angebot.

Auch vielseitig ist der Bereich der Auflieger. Mit drei Achsen stellt Heuser einen Pritschen-Auflieger mit zwangsgelenkter Hinterachse und Heck-Ladekran oder mit Plattformaufbau und Container-Aufnahme-Vorrichtung her.

Dreiachsige Sattel-Hinterkipper gibt es mit Aluminium-Halbschalen und einem Fassungsvermögen von 24 m³, 45 m³ und 53 m³ sowie mit Aluminium-Kastenaufbau mit Heizung, mit Schiebeverdeck, mit Hinterkipp- oder mit Dreiseitenkipptechnik.

HGE-Fahrzeugbau

HGE-Fahrzeugbau GmbH & Co. KG, Elzach, Freiburger Str. 23, ab 2003 Waldkirch-Kollnau, Kastelbergstr., ab 2007 Bergstr. 8, 2002 bis heute

1965 gründete Helmut Gießler ein metallverarbeitendes Unternehmen, aus dem 2002 der HGE Fahrzeugbau GmbH & Co. KG mit Sitz in Elzach und der Produktionsstätte wenig später in Kollnau, im einstigen Kumlin-Werk, hervorging.

Neben Aufbauten fertigt das Schwarzwälder Unternehmen zwei- (AK 18) und dreiachsige (AK 24) Drehschemelanhänger in Kippausführung mit Pritschen- und Planenaufbau. Die Modelle zeichnen sich durch individuelle Aufbaulängen und Bordwandhöhen aus. Für den Einsatz in der Landwirtschaft können die Fahrzeuge zum Beispiel mit Förderschleusen und pneumatische Druckförderanlagen, Getreideschieber und Hydraulikkränen ausgeführt werden. Dreiachsige Auflieger der Baureihe SK34 bietet HGE mit Pritschen- und Planenaufbau und mit hochbordigen Kippkästen an.

Hiebenthal

Hiebenthal Nutzfahrzeuge e. Kfm., Eschwege, Helgoländer Str. 9, 2005 bis heute

Das 1990 gegründete Unternehmen befasst sich mit dem Handel und Service von Nutzfahrzeugen. Im Jahre 2005 ging Hiebenthal zur Entwicklung und Fertigung von Anhängern in Kleinserien über, wobei Kundenwünsche im Vordergrund stehen. Unter der Zusatzbezeichnung »BauCraft« werden Niedrigrahmen-Tandemachser der Baureihe TTH mit Pritschenaufbau in den Klassen von 11, 14 und 18/19 t Gesamtgewicht mit einem patentierten Rampensystem gefertigt. Ebenfalls in Niederrahmen-Ausführung gibt es die Dreiseitenkipper der Ausführungen TTK 11,9/14/18. Als Dreiseitenkipper in Standardhöhe folgen die Modelle der TKB 18-Baureihe. Auch ein Tridem-Tieflader steht unter der Bezeichnung TTH 24/28 im Angebot.

In einer zweiten Produktlinie bietet Hiebenthal zwei-, drei- und vierachsige Tiefladeauflieger sowie drei- und vierachsige Tiefladeanhänger mit Tiefbett oder mit großen Radmulden unter der Zusatzbezeichnung »TiefCraft« an.

Hiebenthal-Tandemachs-Pritschenanhänger TTH 18.0 mit Auffahrrapmpen, 2015.

Hilbert

Hilbert & Co., Fahrzeugbau,
Bochum i. W., Wittener Str. 60, 1939

Einheitsanhänger im Bereich bis 8 t Nutzlast sollte Hilbert gemäß dem Schell-Plan herstellen.

Hildebrandt

Albert Hildebrandt KG, Karstädt b. Perleberg
1. 1960er bis 1972: Albert Hildebrandt KG
2. 1972–1992: VEB Anhängerbau Wittenberge,
   BT Tankanhängerbau Karstädt

Das Privatunternehmen mit staatlicher Beteiligung fertigte den Tankanhänger vom Typ 03.033 mit einem Fassungsvermögen von 2700 Litern. Hinzu kam ein Sondertyp für 6000 Liter. Nach der Enteignung produzierte dort der VEB Anhängerbau Wittenberge den Anhänger HL 30.45/2.

VEB Anhängerbau Wittenberge, Tankanhänger HL 30.45/2, 1974.
(Foto: Ralf Weinreich)

Hille I

Hille-Werke AG, Dresden-Löbtau,
Otto-Mohr-Str. 15 u. Chemnitzer Str. 22
1. 1912–1918: Dresdner Gasmotorenfabrik AG,
   vorm. Moritz Hille
2. 1918–1926: Hille-Werke AG

Hille-Druckluft-Zweiseitenkipper, 1949.

Moritz Hille gründete 1884 in Dresden eine Motorenfabrik, die 1892 als Dresdner Gasmotorenfabrik firmierte und 1911 auch in den Lkw-Bau einstieg. Wie damals üblich, stellte das Unternehmen auch die Anhänger her. Kurz vor Aufgabe des Nutzfahrzeugbaus bot Hille Anhänger mit drei Kippmulden für 4,5 bis 6,6 t Nutzlast an.

Hille II

Heinrich Hille KG Spezialfahrzeuge,
Harlingerode/Nordharz, 1949–1954

Der Fahrzeugbau Hille, 1902 als Stellmacherei gegründet, fertigte zweiachsige und dreirädrige Kabeltransport- und Verlegewagen sowie druckluftbetätigte Zweiseitenkipper in den Größen von 5 und 8 t. Das heutige Nachfolgeunternehmen ist in Bad Harzburg im Auto-Service tätig.

Werbeanzeige zu Heinrich Hille-Kabeltransporter, 1953.

Hinricher

Victor Hinricher, Fahrzeugbau, Holtwick i. W., 1949

Mit Zwei- und Dreiseitenkippern im Bereich von 2 bis 8 t Nutzlast trat Hinricher kurz in Erscheinung.

HKM Anhängerbau

HKM Anhängerbau Altenburg GmbH, Altenburg, Poststr. 5

1. 1991–1993: AREWA GmbH
2. 1995–2016: HKM-Fahrzeugbau GmbH
3. 2016 bis heute: HKM Anhängerbau Altenburg GmbH

Der heutige HKM-Anhängerbau knüpft an einen traditionsreichen Fahrzeugbau- und Instandsetzungsbetrieb an. Dieses Werk wurde in den 1950er Jahren zunächst als VEB VEMAG gegründet und fertigte Ausrüstungen für die Betriebe des Bergbaus. 1956 übernahm das Werk als VEB AREWA Altenburg Instandsetzungsarbeiten an Militärfahrzeugen und Omnibussen. Nach der Wende versuchte die Werksleitung in Zusammenarbeit mit dem Omnibus-Hersteller Neoplan robuste Exportomnibusse herzustellen. Als dieses Vorhaben recht bald scheiterte, kam eine Kooperation mit den Anhänger-Herstellern Blumhardt in Wuppertal, Langendorf in Waltrop und Georg in Neitersen zustande. Im Auftrag dieser Firmen entstanden Pritschenauflieger, Sattelkipper, Tiefladeanhänger und Behältertransportanhänger (BTA).

Da diese Auftragsfertigung keine Gewinne einbrachte, musste die AREWA GmbH 1993 liquidiert werden. Die ehemaligen Geschäftsführer der AREWA Ulrich Heider, Günter Kurch und Torsten Mundry gründeten daraufhin 1995 die HKM Fahrzeugbau GmbH, wobei die Anfangsbuchstaben ihrer Familiennamen dieses Kürzel bildeten. BTA-Fahrzeuge der Baureihe A 18 ZB für Meiller, dreiachsige Tiefladeanhänger für Langendorf und Lkw-Anhänger nach individuellen Vorgaben bildeten die eine Säule der Produktion. Die andere Säule umfasste Pferde- und Viehtransportanhänger nach individuellen Vorgaben.

Das seit 2016 zum Anhängerhersteller ZANDT cargo in Tirschenreuth gehörende Unternehmen führt in seinem Portfolio Absetz-Behälterwagen für die Entsorgungs- und Recyclingbranche der Kompaktbaureihe A 13 EB und der zwei- und dreiachsigen Drehschemel-Baureihe A 18 ZB und A 24 ZB. BTA-Anhänger für Abrollbehälter werden in den Typenreihen G 18 EB und als Tandemachser in der Typenreihe G 18 TSZL gefertigt. Hinzu kommen der Kombi-Anhänger K18 ZB und der Dreiachser G 24 ZB mit Stufendeichsel. Die traditionsreiche Disziplin des Baus von Pferde- und Viehanhänger wurde 2016 aufgegeben.

HLW GmbH

HLW GmbH Tank- und Fahrzeugbau,
Nordwalde, Westring 14
1982 bis heute

Speziell auf den Bau von Milchsammel- und -transport- sowie auf Weintransportfahrzeugen hat sich das von Manuela Lange und Helmut Winter geführte Metallbau-Unternehmen konzentriert. Im Lieferprogramm des nordrhein-westfälischen Tank- und Fahrzeugbauers stehen neben Motorwagenaufbauten zwei, drei- und vierachsige Drehschemel- und in dreiachsiger Aufliegerbauart gefertigte Tankfahrzeuge für den Transport flüssiger Lebensmittel.

Das rund 75 Mitarbeiter umfassende HLW-Werk fertigt die Chassis in feuerverzinkter Stahl- oder Edelstahlausführung. Im Bereich der Auflieger nutzt HLW die freitragende Ausführung; die dritte Achse ist liftbar.

HLW-Dreiachs-Tankanhänger für den Milchtransport, 2006. (Foto: HLW)

HKM-Tieflade-Anhänger A 24 mit höhenverstellbarer Zuggabel, 2016. (Foto: HKM)

HLW-Tank-Sattelauflieger für den Milchtransport, 2017. (Foto: HLW)

Auf Kundenwunsch ist hier aber auch eine Tragrahmen-Unterkonstruktion möglich. Die Tanks können nach individueller Vorstellung in Rund-, Oval, Koffer- oder Herzkoffer-Form in isolierter oder nicht-isolierter Ausführung gefertigt werden. Die Volumina bewegen sich zwischen 20.000 und 26.000 Liter.

Hochburger

Georg Hochburger KG Fahrzeugbau und Bremsendienst,
Glatten/Freudenstadt, 1981

Zu Beginn der 1980er Jahre erschien dieses Unternehmen mit dem Bau von dreiachsigen Kippern, Viehtransportern, Pritschenanhängern für den Fernverkehr, Anhängern mit Jumbo-Aufbauten sowie mit Aufliegern. Die Karosserien stellte Hochburger angeblich in eigener Regie her.

Hodermann

Leichtmetallbau Kurt Hodermann,
Berlin-Tempelhof, Colditzstr. 27, 1931–1954

Anhänger, Tankwagen und Sattelschlepper stellte Hodermann vor dem Krieg her. In den Nachkriegsjahren ging er von der Stahl- auf die Leichtmetall-Bauweise über. Neben Kommunal-Spezialfahrzeugen wie Müllauflieger entstanden Tankanhänger mit 23.000 Liter Fassungsvermögen in selbstragender Ausführung. 1973 ging das Unternehmen, das Müllpressbehälter fertigte, als NFK Leichtmetallbau Kurt Hodermann in den Besitz der Fahrzeugbau Haller GmbH über.

Hoffmann

HG Hoffmann Anhängerbau und Handel GmbH,
Gindorf, Gartenstr. 15,
ab 1995 Bitburg, Industriegebiet Flugplatz, 1995–1997

Landwirtschaftliche Geräte und Pkw-Anhänger standen zunächst im Fertigungsprogramm des Hoffmann-Werkes in Gindorf. Nach der Verlagerung des Betriebes nach Bitburg befasste sich Hoffmann auch mit dem Bau von Wechselbrücken und von Pritschen- und Schiebeplanen-Aufliegern, die in Kleinserien nach Kundenwünschen hergestellt wurden. Das bekannteste Modell bildete der Auflieger »Freight Liner II« auf einem luftgefederten Trioaggregat mit Spannschiebeplanen für 26,2 t Nutzlast.

Hodermann-Tanklastzug, 1957.

Hoffmann-Pritschenauflieger mit Spriegel und Plane, 1995.

Hofsess

Karl Hofsess, Anhänger- und Wagenbau KG,
Frankfurt a. M., Offenbacher Landstr. 33–341, 1936–1965

Karl Hofsess († 1953) gründete 1936 einen Fahrzeugbau, der Lkw-Anhänger und luftbereifte Ackerwagen herstellte und 1939 im Schell-Programm auf den Bau von Einheitsanhänger festgelegt wurde. Nachdem mehrfache Bombardierungen den Betrieb 1944 weitgehend zerstört hatten, konnte Hofsess ab 1947 Landwirtschafts- und Lkw-Anhänger der 3- und 8-t-Einheitskonstruktion herzustellen.

Hombsch

Max Hombsch, Wagenfabrik, Chemnitz, Hainstr. 94/98
(ab 1934 Straße der SA), 1925–1936

Normalanhänger mit Eisenrädern und Gummibereifung sowie Aufbauten für Liefer- und Lastwagen kamen aus dieser Wagenfabrik.

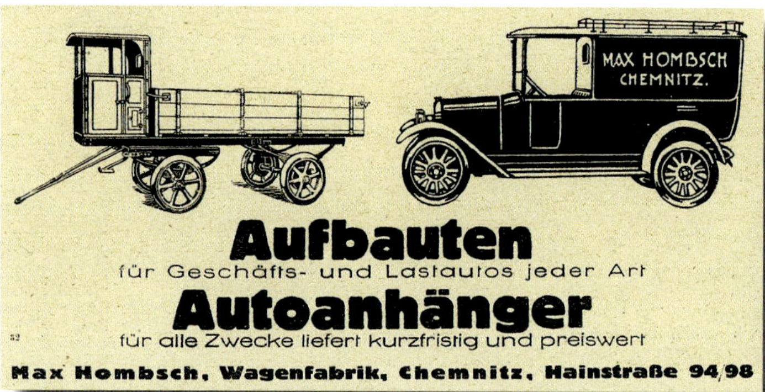

Hombsch-Werbung, 1925.

Hönkhaus

Karl Hönkhaus Fahrzeugbau GmbH & Co. KG,
Gelsenkirchen-Buer, Industriegelände am Verkehrshof
(Dieselstr. 4 und Benzstr. 2)

1. 1949–1957: Karl Hönkhaus, Eisen- und Fahrzeugbau, Gelsenkirchen, Idastr. 5
2. 1957–1984: Karl Hönkhaus Fahrzeugbau GmbH & Co. KG, Gelsenkirchen-Buer, Industriegelände am Verkehrshof (Dieselstr. 4 und Benzstr. 2)
3. 1984–2013: Hönkhaus Nutzfahrzeug GmbH, Gelsenkirchen-Buer, Dieselstr. 4, ab 1990 Essen, Bamlerstr. 15
4. 2013 bis heute: Beilharz Nutzfahrzeuge Essen GmbH

Der Schmiedemeister Josef Hönkhaus gründete 1876 seine »Huf- und Wagenschmiederei« in Gelsenkirchen, die 1907 an den Sohn Wilhelm und 1934 an den Enkel Karl Hönkhaus überging. Nach Ausbombung und provisorischer Neueinrichtung entschied sich Schmiedemeister Karl Hönk-

Hönkhaus-Prospekttitel, 1975.

Hönkhaus-Hinterkipper, um 1960.

haus, in den Fahrzeugbau einzusteigen. Mitte der 1950er Jahre füllte der Bau von Lkw-Aufbauten, von schweren Hinterkippmulden für Krupp- und Kaelble-Motorwagen und von Anhängern mit Pritschen- und Kesselaufbau bis zu 12 t das Produktionsprogramm aus. Als einer der ersten deutschen Hersteller fertigte Hönkhaus Dreiseitenkipper mit widerstandsfähigen Ganzstahlbordwänden mit Zentralverriegelung, die der Fahrer von der Kabine aus betätigen konnte. Ein breites Angebot an Pritschenwagen mit Holz- oder Leichtmetall-Bordwänden, Zweiseiten-Kipper, Muldenkippern und Aufliegern konnte Hönkhaus anbieten.

1980 entwickelte das Unternehmen im Auftrag der Tochtergesellschaft Rothalit des Baukonzerns Heitkamp den »Schiebex«-Auflieger für den Schüttgut-Transport. Bei dieser Technik drückte ein bis zu acht Meter langer, hydraulischer Schubstempel mit Schubschild die Transportmasse nach hinten aus der 20 bis 50 m³ fassenden, mit Spanten armierten Kastenmulde heraus. Die Kippgefahr des Hinterkippers auf unsicherem Boden konnte dadurch beseitigt werden. Darüber hinaus ermöglichte das patentierte horizontal-Ausschiebeverfahren das Entleeren in Tunnelbereichen oder unter Brücken, wo ein Kippen des Aufbaus nicht möglich war. Schließlich konnte dosiert im Fahren Schüttgut abgeschoben werden. Wenn auch das Gewicht gegenüber dem vergleichbaren Hinterkipper reduziert werden konnte, erforderte diese Entleerungsmechanik und die Verwendung von Feinkornstahl ihren Preis, so dass die »Schiebex«-Konstruktion in zwei- und dreiachsiger Ausführung für bis zu 24,5 t Schüttgut ein Nischenprodukt im Bereich des Hönkhaus-Werkes blieb.

Hönkhaus-Schiebesattelauflieger Schiebex, 2000.

Als die deutsche Wirtschaft in den frühen 1980er Jahren in eine Schwächephase geriet, versuchte Hönkhaus sein Glück mit weiteren Sonderkonstruktionen wie Steintransport-Aufliegern mit Ladekran, Langmaterial- und Tieflade-Aufliegern sowie Tiefladeanhängern.

Nach dem Konkurs im Jahre 1984 beteiligte sich die Georg Beilharz u. Sohn GmbH & Co. KG an dem Nachfolgeunternehmen Hönkhaus Nutzfahrzeug GmbH. Mit einer klaren Trennung der Fertigungsgebiete innerhalb der Beilharz-Gruppe übernahm Hönkhaus den Anhänger- und Aufliegerbau, wobei der »Schiebex«-Auflieger das Aushängeschild blieb. An Neuheit kam ein Sattelauflieger für Betonmischer kurzzeitig hinzu. 1990 wurde die Hönkhaus-Fertigung in eine neue Fabrikanlage nach Essen verlagert. Der Gelsenkirchener Betrieb übernahm die Großreparatur und wurde inzwischen an den Fahrmischer-Hersteller Karena verkauft.

Hörndl

Hörndl-Anhängerfabrik, Inh. X. Raith, Etterschlag/Obb.
1. 1949–1950: Hörndl-Anhängerfabrik, Inh. X. Raith
2. 1950–1985: Hörndl-Anhängerfabrik, Wirth & Co.

1949 trat das von Franz und Xaver Raith gegründete Unternehmen mit dem Bau von Pkw-, Lkw- und Schlepper-Anhängern, Dreiseiten-Kippern mit Nutzlasten von 3 bis 8 t sowie von Aufbauten in Erscheinung. 1950 ging das Werk in die Hände von Josef Wirth über. Mitte der 1950er Jahre waren die mit ölhydraulischer oder drucklufttechnischer Kippanlage ausgeführten Baufahrzeuge auf 10,5 und 11,6 t Nutzlast angestiegen. Zum weiteren Fertigungsgebiet gehörten Plattform-, Rungen- und Tankanhänger sowie gelenkte ein- bis dreiachsige Holztransporter. Später konzentrierte sich das Unternehmen auf den Bau von Spezialanhängern für

Hörndl-Prospekttitel 1964.

Hörndl-Sattelauflieger mit zwei Kippbrücken, 1964.

Hörndl-16-t-Hinterkipper, 1964.

den Unimog sowie auf den Bau von Tiefladern, Aufliegern mit Koffer- und Tankaufbauten sowie Edelstahltankwagen für den Transport von Milch, Lebensmitteln und Chemikalien. 1964 konnte Hörndl mit einem zweiachsigen Auflieger mit zwei Kippbrücken für 19,5 t Nutzlast Aufsehen erregen. Die hintere Brücke war als Dreiseiten-, die vordere als Zweiseitenkipper ausgebildet. Mittig war ein Hydraulik-Ladekran aufgesetzt. Um 1985 scheint die Fertigung eingestellt worden zu sein.

Höschle

Adolf Höschle Fahrzeugbau, Stuttgart, 1928–1939 (?)

Dipl.-Ing. Höschle (1899–1969) führte eine Vertretung für Meiller-Anhänger in Stuttgart. Ab 1928 baute er eine eigene Anhängerfertigung auf, über die keine näheren Informationen vorliegen. Bis in die 1960er Jahre war das Unternehmen in der Herstellung von Lkw-Aufbauten tätig.

HRD-Trailer

HRD-Trailer-Engineering GmbH, Emlichheim, Industriestr. 5a, 2002 bis heute

Das mittelständische Unternehmen befasst sich mit der Entwicklung und dem Bau von zwei-, dreiachsigen Aufliegerfahrgestellen, Schwertransportanhängern und Lafetten für Wechselsysteme, insbesondere für Beton- und Fertighausteile sowie Holz- und Stahlkonstruktionen. Die Aufliegerfahrgestelle versieht das Werk mit Container-Aufnahme-, Plattform-, Pritschen-, Schiebeboden- und Curtainsider-Aufbauten. Für Spezialtransporte entstehen vier- und fünfachsige Auflieger mit Plattformaufbau. Auch vierachsige Drehschemelanhänger mit Volumenaufbauten stehen im Programm. Darüber hinaus beliefert HRD-Trailer Aufbautenhersteller mit Fahrgestellen.

HRD-Curtainsider-Fahrgestelle, 2001.

Honold

Honold GmbH & Co. KG, Engen-Welschingen, Bundesstr. 3 1945 - heute

Aus der Dorfschmiede von Leo Honold entwickelte sich nach Kriegsende ein Fahrzeugbau, der zunächst landwirtschaftliche Anhänger und inzwischen neben Aufbauten Anhänger und Auflieger weitgehend nach Kundenwünschen herstellt.

Honold-Baustoffanhänger, 2015.

Hubertia

Hubertia-Fahrzeugfabrik Hans Morber, Küps/Bayern
1. 1930–1931: Hubertia Karosserie GmbH, Berlin
2. 1931–1945: Hubertia-Fahrzeugfabrik Hans Morber, Küps/Bayern und Berlin-Tempelhof, Germaniastr. 28
3. 1945–1969: Hubertia-Fahrzeugfabrik Hans Morber, Küps/Bayern

Der Hubertia-Wagenbau mit der Tochterfirma Hubertia Karosserie GmbH stellte vorwiegend Pkw-Karosserien her. Darüber hinaus fertigte Hubertia im Werk Küps einachsige Pkw- und »Biwak«-Anhänger mit ausklappbarem Zelt.

Als Vertretung für den Karosseriebau des Linke-Hofmann-Busch-Werkes in Werdau übernahm Hubertia ein Werdauer Patent für die 3-, 5- und 7-t-Kipper, dessen Umsetzung es ermöglichte, dass nur ein Mann die Kippbetätigung bewerkstelligen konnte. Die Planung sah sogar Modelle für Auflieger mit 10 und 12 t Nutzlast vor.

Um während der Zeit der Weltwirtschaftskrise die extrem rückläufigen Aufträge im Pkw-Karosseriebau auszugleichen, übernahm Hubertia Opel- und Chevrolet-Lkw-Modelle und rüstete sie zu Sattelschleppern mit Auflaufkupplung um. Die Auflauf-Verriegelung umschloss automatisch den Königsbolzen des Aufliegers. Gleichzeitig bot Hubertia hierzu unter dem Werbenamen »Hubertia-LHB-Doppeladler« auf Pressstahlrahmen ausgeführte Omnibus-, Pritschen-, Kasten-, Tank-, Möbel-, Langholz-und Flaschenbier-Auflieger an. Mit der Werbebezeichnung »Doppeladler« versuchte das Werk den Käufer zu überzeugen, dass eine Sattelzugmaschine die doppelte Last wie ein Lkw tragen könne. Mittels einer herunterklappbaren Stützradachse konnte der Auflieger abgekuppelt werden. Ein Einachs-Drehgestell (Dolly) ließ sich unter dem Königszapfen anbringen, so dass der Auflieger auch als Anhänger verwendet werden konnte.

Ob die Fahrzeuge im Berliner Hubertia- oder im Werdauer Werk gefertigt wurden, ließ sich nicht mehr feststellen. Im Rahmen des Schell-Planes wurde dem Werk die Herstellung eines Spezialanhängers vorgeschrieben.

Nach der Totalzerstörung des Werkes bei Kriegsende begann ein Neuanfang im Werk in Küps. Hier entstanden Fahrzeuge für die US-Besatzungsmacht und für die Deutsche Post.

Hubertia-Tankauflieger SA 14, 193x.

Hubertia-Sattelauflieger SA 15, 1931.

Hüffermann

Hüffermann Transportsysteme GmbH, Wildeshausen, Ahlhornstr. 89, ab 2002 Neustadt/Dosse, Kampehler Str. 10
1. 1920–2005: Hüffermann Fahrzeug- und Stahlbau
2. 2005 bis heute: Hüffermann Transportsysteme GmbH

Der Wagenschmied Wilhelm Hüffermann setzte 1913 mit einem Schmiedebetrieb und dem Bau landwirtschaftlicher Anhänger im niedersächsischen Wildeshausen den Grundstock für das heutige, auf spezielle Transportsysteme ausgerichtete Werk. Nach dem Zweiten Weltkrieg verlegte Hüffermann den Schwerpunkt auf Anhänger für den Lkw-Zug. Als das Abfallbeseitigungsgesetz 1972 zum Aufbau der Recycling-Industrie in Deutschland führte, erkannte das Unternehmen frühzeitig die Chance in diesem neuen zukunftsträchtigen Markt. Hüffermann entwickelte neben Hakenabrollsystemen für Motorwagenwagen zweiachsige Drehschemel-Schlittenanhänger für den Transport von Absetzmulden unter der Bezeichnung »Tristar«. 1987 erweiterte das Unternehmen mit seinen 100 Beschäftigten das Programm auf zweiachsige Behälter-Wechselanhänger der Baureihe »Harras« für 6 bis 7 m lange Behälter. In den späten 1980er Jahren folgten ein kleinbereifter Tandemanhänger zur Aufnahme von Kleincontainern sowie ein einachsiger Auflieger für 30-m³-Mulden für das Einsammeln von Müllsäcken, ein dreiachsiger, befahrbarer Kombi-Tiefladeanhänger unter der Bezeichnung HPA 24 für Behälter und Maschinen bis zu 18 t Gewicht sowie ein erster Auflieger zur Aufnahme eines 7 m langen Abrollbehälters.

Hüffermann-Schlitten-Lafette für Abrollmulde, 2010.

Hüffermann-Lafette »Vario-Carrier« für Absetzmulden, 2015.

Nach der Wende übernahm Hüffermann den Kreisbetrieb für Landtechnik (KfL) in Neustadt/Dosse. Mitte der 1990er Jahre stellte Hüffermann einen Tandem-Tiefladeanhänger mit Plateauaufbau der Baureihe HPA 20.72 und eine Lafette mit Schlitten des Typs HSA 18.70 für den Transport unterschiedlich langer Behälter vor.

Um sich den Marktanforderungen anzupassen, kam es 2002 zu einer Umstrukturierung des Unternehmens. Das Werk in Mecklenburg-Vorpommern übernahm die gesamte Fertigung der Anhänger; in Wildeshausen verblieb die Vertriebszentrale. Wenig später folgte der Schlittenanhänger mit Kipptechnik der Baureihe HKA 18.70 für Abroll- und Aufsetzmulden sowie der dreiachsige Niedrigchassis-Schlittenanhänger HMA 24.24, inzwischen als »Vario-Carrier« bezeichnet.

Hüffermann-Dreiachslafette »Vario-Carrier« 24.70 für Absetzmulden, 2015.

Hüffermann »Mini-Carrier« für eine Absetzmulde, 2015.

Humbaur

Humbaur GmbH, Gersthofen, Mercedesring 1
1989 bis heute

Anton Humbaur gründete 1957 in Donauwörth eine Werksvertretung für landwirtschaftliche Maschinen. Als in den Jahren 1978/79 der Absatz von Landmaschinen zurückging, sah er den Verkauf von Pkw-Anhängern als Alternative. Nach dem Einstieg von Sohn Ulrich Humbaur in das Unternehmen im Jahre 1982 begann man zwei Jahre später mit der eigenen

Humbaur-Tandemachs-Dreiseitenkipper HTK 10, 2007.

Humbaur-Tandemachs-Dreiseitenkipper HTK 19, 2016. (Foto: Humbaur)

Produktion von Pkw-Anhängern. Die Fertigungskapazität in diesem Metier stieg Mitte des ersten Jahrzehnts des neuen Jahrtausends auf rund 3800 ein- und zweiachsige Anhänger der leichten Klasse pro Jahr.

2001 bezog das Unternehmen das heutige Firmengelände in Gersthofen. Dort erweiterte Humbaur im Jahre 2004 das Fertigungsprogramm auch auf die schwere Klasse und begann mit der Produktion von druckluftgebremsten Anhängern ab 5 t zulässigem Gesamtgewicht. Bereits zwei Jahre später wurde das Programm um die Tieflader-Drehschemelanhänger mit einem zulässigen Gesamtgewicht von 30 t erweitert. Der nächste Meilenstein ließ nicht lange auf sich warten: Im Jahre 2006 präsentierte Humbaur seinen ersten Sattelauflieger, den Humbaur »Big One«.

Humbaur-Curtainsider »Big One Basic«, 2009.

2008 ergänzten ein Schubbodenauflieger sowie ein vierachsiger Tieflader-Drehschemelanhänger mit einem zulässigen Gesamtgewicht von 40 t das Schwerlast-Fahrzeugprogramm. Letzte Neuheit bildet der HTK 19-Dreiseiten-Kieskipper.

Im Jahre 2009 übernahm Humbaur als führender europäischer Anhängerhersteller den Sattelanhänger-Hersteller Kögel und deckt nun mit beiden Unternehmen, welche getrennt geführt werden, die Bedürfnisse des gesamten Anhängermarktes ab.

Humbaur-Fünfachs-Tieflader HTD 50, 2016. (Foto: Humbaur)

Hummel

H. Hummel Söhne, Landmaschinenfabrik und Fahrzeugwerk, ab 1952 Fahrzeugwerk und Maschinenfabrik KG, Ehrenstein-Blaustein, 1950–1969

Im Jahre 1862 erweiterte Heinrich Hummel die väterliche Schmiede in Ehrenstein bei Ulm zu einer Reparaturwerkstatt für Landmaschinen, darunter Rübenschneider, Häckselmaschinen und schließlich Dreschmaschinen. Als 1898 die Söhne Anton, Albert und Heinrich das Unternehmen übernahmen, kam es zur Umbenennung in »H. Hummel Söhne«. Anton Hummel verließ 1906 das Werk und machte sich in Heitersheim selbständig; der Kleinschlepper-Hersteller Ing. Ludwig Hummel Maschinenfabrik und Fahrzeugbau ging aus seinem Unternehmen hervor. Als Albert Hummel 1950 gestorben war, übernahm Heinrich Hummel den Ehrensteiner Betrieb und stellte ihn vom Landmaschinen- auf den Anhängerbau um.

Neben dem Bau landwirtschaftlicher Anhänger weitete Hummel seine Aktivitäten auf den Bau von zwei- und dreiachsigen Lkw-Pritschenwagen im Bereich von 1,5 bis 17 t Gesamtgewicht, Langholzwagen und

Hummel-Dreiachs-Ferntransportanhänger HG 17 mit Ausgleichsnaben, 1955.

Nachläufern aus. Darunter gab es Zweiachs-Pritschenwagen mit Nutzlasten von 1,5 bis 8 t, Dreiachser mit Schmitz-Hinterachsaggregat und mit Nutzlasten von 12, 16 sowie 18 t, Kipper im Bereich von 3 bis 16 t und einen 24-t-Sattelanhänger. Die zwillingsbereifte Ausführung stattete Hummel mit einer Ausgleichsnabe, ab 1960 mit einem Spurlenk-Mechanismus aus. Zu Beginn der 1960er Jahre standen zweiachsige Kipper mit Druckluft- oder handhydraulischer Kippbetätigung von 6 bis 12 t und Dreiachskipper mit zwei Kippbrücken und mit Druckluft- oder elektrohydraulischem Kippmechanismus im Angebot.

Hummel-Prospekttitel.

Zur Nutzlasterhöhung verwendete Hummel Bordwände aus Leichtmetall. Das Dreiachsfahrgestell diente auch für den Aufbau einer Sonderausführung für den Langmaterialtransport. Mit den neuen gesetzlichen Bestimmungen von 1965 gab es Auflieger als Einachser mit Doppelbereifung für 10 t, als Zweiachser mit Doppelbereifung und luftgefedertem Spurlenk-Aggregat für 20 t sowie als dreiachsigen »Großraum-Laster in Fernverkehrs-Ausführung« für 25 t Nutzlast. Bei diesem ebenfalls doppelt bereiften Modell ruhte das Dreiachs-Aggregat auf einem Drehschemel; die erste Achse wurde spurgelenkt.

Hummel-17-t-Dreiachs-Ferntransportanhänger HGD 12, 1960.

Hummel-Zweiachs-Tiefladeanhänger HTLA mit abziehbaren Pendel-Hinterachsen für 12 bis 15 t Nutzlast, 1962.

Als Baustellenkipper gab es den zweiachsigen, luftgefederten Auflieger für 19 bis 20 t Nutzlast mit Hinterkipperaufbau oder für 18 bis 19 t Belastung mit zwei Kippkästen, als Hinter- und Zweiseitenkipper.

Auch im Bereich der Tieflade-Anhänger war Hummel stark vertreten. Für leichte, sperrige Güter bot Hummel einen über der Vorderachse gekröpften Plattformwagen für 4 bis 7 t Nutzlast an. Für den Baustellenverkehr gab es Modelle mit überfahrbarer Hinterachse für Belastungen von 9, 11 und 14 t. Mit abziehbaren hinteren Halbachsen stand ein 15-Tonner und mit beidseitigen Halbachsen standen ein 18- und ein 21-Tonner zur Verfügung. Bei diesen Modellen ließen sich die hinteren Halbachsen ebenfalls abziehen. Schließlich bot Hummel noch einen 15-t-Dreiachser mit Tanks für den Flüssigkeiten-Transport und einen zweiachsigen, doppeltbereiften Spezialanhänger mit Kesselaufbau zum Transport von Zement an.

1969 gingen Grundstücke und Produktionsstätten an die Firma Kässbohrer über, die auch die gesamte Belegschaft übernahm. Der neue Eigentümer nutzte die Anhängerfertigung unter dem Namen Kässbohrer weiterhin, bis der Betrieb 1985 an einen Fensterhersteller verkauft wurde.

Hummel-Kesselanhänger HKZ 12
für Zementtransporte, 1966.

Hunger

**Walter Hunger Fahrzeugwerk, Frankenberg/Sa.
1948–1959**

Hunger-2-t-Pritschenanhänger, 1955.

Ein privates Vorzeigeunternehmen inmitten der Staatswirtschaft

1945 richtete der Schmiedegeselle Walter Hunger (1925–2008) in Frankenberg eine Werkstatt ein, die äußerst erfolgreich Pferdewagen mit Gummibandagen auf den Rädern versah, die er aus einer Sammelstelle für Wehrmachtsgut bezog. 1948 hatte Walter Hunger einen Kippmechanismus für Lastwagen und Anhänger entwickelt, der so gefragt war, dass er eine eigene Fertigung von Hydraulikanlagen für Kipper aufbaute. Für die Großserienfertigung erwarb er ein stillgelegtes Sägewerk sowie die einstige Zahnrad- und Dampfmaschinenfabrik Hermann Michaelis in Frankenberg, die allerdings in Eigenregie erst einmal wieder eingerichtet werden musste.

Hunger-Prospekttitel, 1955.

Um 1950 erschienen dann erste Kippanhänger mit eigener Hydraulikanlage. Bis zur Mitte der 1950er Jahre hatte Hunger ein umfangreiches Aufbauten- und Anhängerprogramm aufgebaut. Elektrisch geschweißte Zwei- und Dreiseitenanhänger für 1,5, bis 8 t Nutzlast konnten mit handbetätigter oder motorhydraulischer Kippanlage versehen werden. Den 8-Tonner bot das Werk auch als »Bremsluftkipper« an, bei dem die überschüssige Bremsluft des Zugfahrzeugs in einem zusätzlichen Luftbehälter des Hängers gespeichert wurde.

In einer weiteren Produktionslinie baute Hunger Transportanhänger mit Planen-Überdachung, darunter dreiachsige »Großraum-Anhänger« für 12 und 16 t Nutzlast. Hinzu kamen Möbelwagen, Viehtransporter, 3- bis 16-t-Thermosanhänger sowie Langmaterial-Wagen für 3 bis 6 t. Im Bereich der Spezialfahrzeuge entstanden Tieflader für 12 t Nutzlast mit hydraulisch betätigten Anlagen zum Heben und Senken der Ladeplattform. Die für den Transport von Raupen, Baggern und schweren Baumaschinen auf den Großbaustellen der damaligen DDR vorgesehenen Fahrzeuge besaßen vorne und hinten in jeweils zwei Achslinien jeweils rechts und links an Kurzachsen aufgehängte Räderpaare, um das Gewicht aufnehmen zu können. Diese Fahrzeuge wurden für den Export sogar zu 20, 40 und 60 t tragenden Giganten weiterentwickelt.

Auflieger, darunter zweiachsige 8-t-Ausführungen rundeten den Anhängerbereich auf.

Die Anhänger und Aufbauten gingen an die »Bedarfsträger« in der DDR und an einige Privatunternehmer. In großen Stückzahlen konnten die Fahrzeuge über den Deutschen Innen- und Außenhandel (DIA) der DDR gegen Naturalien oder Rohstoffe nach Polen, Ungarn, Bulgarien, Rumänien sowie in die CSSR, die Sowjetunion und nach China geliefert werden. Gegen Devisen fanden die Modelle auch ihren Weg nach Österreich und Syrien.

Repressalien der Partei gegen den größten und erfolgreichsten Privatbetrieb in der DDR

Walter Hunger hatte mit unternehmerischem Weitblick und rastlosem Einsatz aus dem Nichts ein prosperierendes Werk mit inzwischen einem Zweigbetrieb in Chemnitz (damals »Karl-Marx-Stadt«) und in Leipzig aufgebaut. Mit über tausend Beschäftigten stellte Hunger den größten Privatbetrieb in der frühen DDR-Zeit dar. Für die DDR-Führung in Berlin sowie für die SED-Bezirksleitung bildete Hunger zwar einen überaus wichtigen Betrieb, der für den Aufbau der DDR und für die Exportwirtschaft von großem Nutzen, aber in den Augen der DDR-Führung ein Dorn in der Ideologie war. So setzten ab 1956 erste Repressalien ein. Zwei Jahre später verlangte das Berliner Wirtschaftsministerium die Ablieferung aller Patente. Gleichzeitig stieg der Staat mit einer angeblichen Mehrheitsbeteiligung in Form einer Kommanditgesellschaft in den Betrieb ein.

Hunger-5 t-Dreiseitenkipper, 1955.

Von einer Investition war bei dieser vielfach gegen Privatbetriebe praktizierten Maßnahme keine Rede; dafür beteiligte sich das System aber an der Abschöpfung des »Profits« und fachfremde Genossen in der Geschäftsleitung hatten das Sagen. Walter Hunger, seine Familie, seine leitenden und loyalen Mitarbeiter entschlossen sich im Herbst 1958 zu einer spektakulären Flucht in die Bundesrepublik. In Lohr am Main begann der Neuaufbau der Firma Walter Hunger Comp. OHG, die sich auf die Hydrauliktechnik und auf große Aluminium-Kippmulden spezialisierte.

In Frankenberg/Sa. fehlte nach der Flucht des Managements die dynamische Kraft, die trotz aller Widrigkeiten der Planwirtschaft Materi-

Hunger-Werbeanzeige, 1956.

Hunger-Auflieger für 8 t Nutzlast, 1960. (Foto: Smlg. Weinreich)

al auftreiben und eine effektive Produktion einrichten hatte können. Die Fahrzeugfertigung wurde aufgegeben und das Werk zum VEB Fahrzeughydraulik, ehem. Walter Hunger KG »umprofiliert«. Über ein holländisches Schiedsgericht konnte Walter Hunger dem DDR-Betrieb die Nutzung seines Namens untersagen, so dass der Betrieb dann als VEB Fahrzeughydraulik Karl-Marx-Stadt geführt wurde.

Hunger-Werbeanzeige für Tieflade-Anhänger, 1960.

Huttner

Hans Huttner, Fahrzeugbau, Raisting (Obb.), Pählerstr. 1

1. 1936–1998: Hans Huttner, Fahrzeug- und Maschinenfabrik, Raisting (Obb.), Pähler Str. 1
2. 1998 bis heute: Huttner Fahrzeugbau GmbH, Landsberg am Lech, Marie-Curie-Str. 1

Aus einem jahrhundertealten Schmiedebetrieb entwickelte sich das heutige Huttner-Unternehmen, das schwerpunktmäßig im Bau von Holztransport-Fahrzeugen tätig ist. Firmengründer Hans Huttner baute 1936 seinen ersten Rungenwagen zum Holztransport, mit dem der Aufstieg des Unternehmens begann.

Mitte der 1960er Jahre bot das Unternehmen Aufbauten für den Holztransport für Lastwagen, Aufprotz-Vorrichtungen für Holztransportanhänger sowie Langholznachläufer mit oder ohne automatischer Lenkung

Huttner-Prospekttitel, 1968.

Huttner-Langholzug mit Einachsnachläufer, um 1949.

und zwei- oder dreiachsige Langholzanhänger an. Die Hänger konnten teilweise auch mit einer Pritsche oder mit einem Aufbau zum Transport von Fertigbetonteilen versehen werden.

In den frühen 1980er Jahren entwickelte Huttner einen teleskopierbaren Langholz-Auflieger, der von 16,5 auf eine Gesamtzuglänge von 20,5 m ausgezogen werden konnte. Gleichzeitig präsentierte Huttner einen Nachläufer mit hydraulisch betätigter Zwangslenkung, der für Langholzzüge bis zur maximal erlaubten Länge von 27 m geeignet war. Und für den Transport von bis zu 60 t schweren Betonfertigteilen kam jetzt der dreiachsige Nachläufer vom Typ LNS-36/3 hinzu. Gegen Ende dieses Jahrzehnts ergänzte der Tandemanhänger TM-18 für den Kurzholz-Gliederzug das Huttner-Zwei- und Dreiachsanhänger-Programm. 1989 ging die neue Auflieger-Generation SATY mit Lastverschiebung und hydraulisch gelenktem Doppelachsaggregat in Serie, die bis heute einen Schwerpunkt im Repertoire von Huttner bildet.

Als das Werk sich nach einem größeren Firmengelände umschaute, wurde man in Landsberg am Lech fündig und übernahm das Areal der einstigen DASA-Gesellschaft. Mit einem 2005 vorgestellten Anhänger zum Holzschnitzeltransport ergänzte Huttner sein Spezial-Fahrzeugprogramm. Mit dem ausziehbaren Auflieger der Typenreihe SAR-34/2H-2 startete Huttner die neue Generation der Auflieger mit hydraulisch betätigter Zwangslenkung der Doppelachse.

Huttner-Rungenauflieger mit hydraulischer Lenkung und Lastverschiebesystem, 1996.

Huttner-Zweiachs-Rungenauflieger für Kurzholz, 2009.

Hyder

Hyder, 1933

Dieses bisher unbekannte Unternehmen stellte einen Anhänger aus Nirosta-(Patina-) Stahl her.

Hydratec

Hydratec GmbH, Neubrandenburg, Augustastr. 22
1999–2003

Für den Kurzholztransport fertigte Hydratec zwei- und dreiachsige Drehschemel-Anhänger mit Plattform oder mit Schemel.

ITL-Fahrzeugbau

ITL-Fahrzeugbau GmbH, Ulm-Lehr, Industriestr. 19
2014 bis heute

Nach der Insolvenz des Gross-Fahrzeugwerkes übernahm einerseits das in Kempten ansässige Mildner-Werk das Fertigungsprogramm des Ulmer Getränkefahrzeugspezialisten, andererseits gründeten einstige Mitarbeiter den ITL-Fahrzeugbau im Domizil des Gross-Werkes. Neben dem traditionellen Schwerpunkt von Getränkefahrzeug-Aufbauten mit Schiebeplanen- und Klappwandöffnungen fertigt das Unternehmen gekröpfte Volumenauflieger mit Hubwandaufbauten für 56 Europaletten sowie Koffer- und Pritschenaufbauten auf Drehschemel- und geraden Auflieger-Fahrgestellen. 2016 wurde das Programm mit den in der Getränkelogistik favorisierten Tandemachs-Anhängern erweitert.

ITL-Getränke-Sattelauflieger mit gekröpftem Rahmen und hydraulisch betätigten Seitenwänden, 2015.

IWT

IWT, Industriewerke Transportsysteme GmbH, Lübeck
1. 1957–1971: IWT Industriewerke Transportsysteme AG, Lübeck
2. 1971–1978: IWT Industriewerke Transportsysteme GmbH

IWT-Hinterkipp-Sattelauflieger, 1972.

Die 1949 aus der Deutsche Waffen- und Munitionsfabrik (DWM) hervorgegangenen Industrie-Werke Karlsruhe AG/IWK der Quandt-Gruppe mit Werken in Berlin, Lübeck und Karlsruhe fertigten Waggons und für die Erstausrüstung der Bundeswehr mit Fahrzeugen Einachsanhänger für 1,0- und 1,9-t-, 4-t-Zweiachsachser und Langmaterialanhänger für 10 t Belastung.

In den 1960er Jahren gehörte die IWK zu einem der größten Container-Hersteller Europas. Ab 1968 entstanden auch die ersten Lafetten-Auflieger zum Transport dieser Standardbehälter. In Zusammenarbeit mit der Memminger Firma Klaus entwickelte die IWT einen Seitenlader unter der Bezeichnung »IWT-Kranmobil«.

Als Ende 1971 das Werk unter Auslastungsproblemen litt, richtete IWT auch den allgemeinen Fahrzeugbau ein. Ein umfangreiches Arsenal an Fertigungseinrichtungen ermöglichte den raschen Einstieg in die Serienproduktion. Neben dem fortgeführten Container-Bau umfasste das Fahrzeugprogramm auf Anhieb 20 Typen, darunter der Zweiachsanhänger der Baureihe PA mit Aluminium-Pritsche oder mit Plywood-Koffer, zwei- und dreiachsige Bremsluftkipper der Baureihe KA sowie der zweiachsige Auflieger mit Hinter-Kippeinrichtung oder 20‘ Container-Transportaufbau der Baureihe SA.

Als sich die hochgesteckten Erwartungen im Absatz der Fahrzeuge nicht erfüllten, gab die Quandt-Gruppe das 550 Mitarbeiter umfassende Lübecker Werk an einen Investor ab. Ein dreiachsiger Auflieger mit Aluminiummulde der Baureihe SK 70-22 AM oder mit Zwölfmeter-Pritsche der Baureihe PS 122-12 mit Aluminium- oder Plywood-Kofferaufbau gab sein Debut. Auf das Containerchassis FS 40-20 ließ sich ein 40‘ Behälter aufsetzen. Um 1978 endeten die Aktivitäten der IWT.

IWT-Dreiachs-Pritschenanhänger mit Spriegel und Plane, 1972.

IWT-Pritschenauflieger PS 122-20 SS, 1974.

IWT-Bremsluftkipper KA 60-22/3, 1972.

IWT-Dreiachs-Hinterkipp-Auflieger mit Aluminium-Mulde SK 70-22 AM, 1974.

J.V.G. Fahrzeugbau

J.V.G. Fahrzeugbau,
Mannheim, Industriehafen, Friesenheimer Str., 1925

»Für alle Tonnagen« und »für alle Verwendungszwecke« bot dieses Unternehmen Anhänger mit Vollgummibereifung und Bremserhaus an.

Jansch

Max Jansch, Fahrzeugbau,
Breslau, Lange Gasse 2, 1927–1945

Als einer der Ersten verwendete dieser Fahrzeughersteller Luftreifen für die Anhänger, darunter Spezialwagen für Brauereien. 1938 ist ein umfangreiches Programm an Pritschenwagen in den Größen 1,5 bis 11 sowie an Kipper in den Größen 4 bis 7,5 t Nutzlast nachweisbar. Und im Bereich der Auflieger konnte Jansch Modelle für 4,5, 6,5 und 11,5 sowie einen Zweiachser für 12 t Nutzlast anbieten. Im Schell-Programm wurde Jansch im Bau von Einheitsanhängern von 1,5 bis 8 t Nutzlast berücksichtigt.

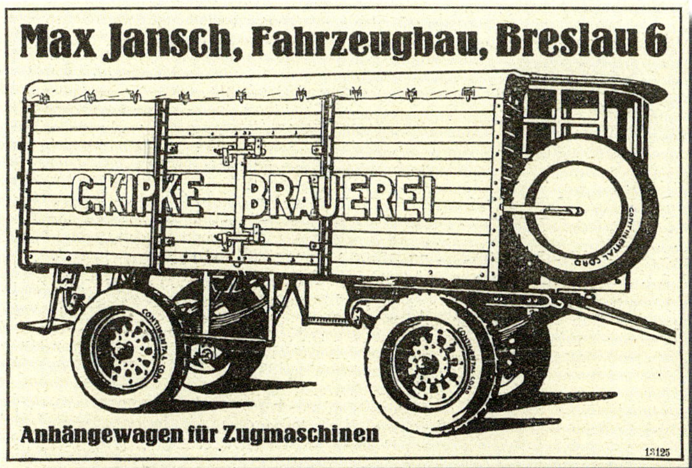

Jansch-Werbeanzeige von 1927.

Jester

F. Jester, Berlin, Düsseldorfer Str. 41, 1941

Tieflader bis zu 60 t Belastung stellte dieses Unternehmen her.

Jothawerke

Jothawerke, Inh. Josef Hindermayer,
Donauwörth-Berg, Nürnberger Str. 10, 1929–1980

Trotz der Perspektivlosigkeit während der Weltwirtschaftskrise gründete Josef Hindermayr einen Fahrzeugbaubetrieb, der Spezialanhänger fertigte. Zu Beginn der 1930er Jahre folgten vollgummibereifte Anhänger, später auch Ausführungen mit Hinterachslenkung. Nach 1949 standen Pritschen- und Kippanhänger für die Landwirtschaft und für den Straßeneinsatz und in den 1970er Jahren Tandemachs-Tieflader bis zu 10,5 t Gesamtgewicht im Angebot. Heute baut Jotha Kugelkopf-Anhänger.

Jung I

Jung Fahrzeugbau, Schönenberg, ab 1962 Homburg/Saar,
Kaiserslauterer Str., ab 1982 Michelinstr. 17–19
1. 1925–2010: Jung Fahrzeugbau
2. 2010–2013: GERGEN-JUNG GmbH
3. 2013 bis heute: A6 Nutzfahrzeuge GmbH & Co. KG

1925 gründete Robert Jung im pfälzischen Schönenberg eine Huf- und Wagenschmiede, die auch Anhänger für die Land- und Forstwirtschaft herstellte. 1930 folgten erste Speditionsfahrzeuge und ab 1935 die Entwicklung und der Bau von Einheitsanhängern.

1955 erschien der erste Jung-Anhänger für die Entsorgungswirtschaft. Mitte der 1960er Jahre befasste sich Jung mit dem Bau von Langeisen-Aufliegern, Teleskop-Aufliegern und Sonderfahrzeugen zum Transport schwerster Stahlkonstruktionen. Der Strukturwandel in der deutschen Stahlindustrie führte in den 1980er Jahren zur Verlegung des Produktionsprofils auf Fahrzeuge für die Entsorgungsunternehmen. Im Fahrzeugbau schälte sich immer stärker die Konzentration auf Lafetten für Absetz- und Abrollmulden heraus. 1985 lehnte sich Jung an den Mitbewerber Gergen

Jung-Lafette für Abrollbehälter, 1994.

Jung-Lafette für Abrollbehälter (mit Schlachtabfall-Container der Firma Loosen), 2016.

in St. Ingbert-Rohrbach an, mit dem gemeinsamen Schlittenanhänger für den Transport von Absetz- und Abrollmulden sowie für Zement-Silosteller entwickelt und vermarktet werden. In eigener Fertigung entstanden weiterhin Sonderfahrzeuge wie zum Beispiel Getränkeauflieger.

1998 baute Jung die zweiachsigen Plattformanhänger 2KKA 18 V und die dreiachsigen Modelle T2MA 24 L, denen 1999 der Kombi-Tandemanhänger TKA 18 HV mit Vollverkleidung sowie der Rollschlitten-Tandemachser ROLO 18 T für 55 m³-Container folgten.

Mit Beginn des neuen Jahrtausends erschien die Apollo-Baureihe für die Entsorgungswirtschaft. Im Jahre 2002 setzte der neue leichtgewichtige Drehschemel-Rollcontainer-Anhänger namens »Apollino« mit einem Eigengewicht unter drei t für 7-m³-Abrollmulden neue Maßstäbe.

Nach 25-jähriger Zusammenarbeit fusionierten Jung und Gergen 2010 zur GERGEN-JUNG GmbH; nach Lösung dieser Fusion 2013 etablierte sich das Unternehmen unter neuer Firmierung.

Jung II

Fritz Jung Tangermünde, Leninstr. 65
1960er Jahre bis 1972

Der Privatbetrieb stellte die Lkw-Pritschenanhänger E2, E2H und H3 her.

Jung-Pritschenanhänger E 3, 1966. (Foto: Smlg. Weinreich)

Junge

Junge Fahrzeugbau GmbH, Barsbüttel, Kibitzhörn 6–8
1983 bis heute

Auf den Bau von Pritschen- Trocken- und Kühlfahrzeugen im Bereich von 2,8 bis 26 t Gesamtgewicht hat sich das 1983 gegründete Unternehmen spezialisiert. Im Jahre 1991 kam ein Zweigwerk in Stralendorf bei Schwerin und 2006 ein Zweigwerk in Karlsdorf-Neuthard aus der Hand von Kögel hinzu.

Junge-Curtainsider-Zug mit Tandemachser, 2008.

Jüngst

Fritz Jüngst, Fahrzeugbau, Herborn, Bahnhofstr. 13, 1949

Mit der Herstellung von Pritschenanhängern und Kippern ist das Unternehmen kurzzeitig nachzuweisen.

KA-BA

Fiege tec Bereich KA-BA Fahrzeugbau, Bramsche/Engter, ab 2014 Greven, Carl-Benz-Str. 25–35

1. 1953–1995: Karl Bannas, Engter/Osnabrück
2. 1995–2001: KA-BA Fahrzeugbau GmbH & Co. KG, Bramsche-Lappenstuhl, Vördener Str. 111, ab 2000 (?) Bramsche/Engter
3. 2001 bis heute: Fiege tec Bereich KA-BA Fahrzeugbau, Greven, Carl-Benz-Str. 25–35

Das 1948 von Karl Bannas gegründete Unternehmen spezialisierte sich 1953 auf den Bau von Vieh- und Pferdetransportfahrzeugen. Ende der

1960er Jahre ging Bannas zur Ausführung der Aufbauten in Aluminiumtechnik über. Mit dem ersten Doppelstock-Großvieh-Auflieger mit hydraulischem Hubboden stellte das Unternehmen 1975 ein Vorzeigeprodukt her, das in stets verbesserter Form auch heute noch das Zugpferd darstellt. 1992 wurde der Fahrzeugbau Alfons Mersch in Emsdetten übernommen. Zur Jahrtausendwende erschienen vierstöckige Auflieger für den Schweinetransport, »Pigliner« genannt und unter der Bezeichnung »Horseliner« folgten Pferdetransporter.

2001 wurde der KA-BA Fahrzeugbau von der Logistikgruppe Fieg- tec in Greven übernommen. Heute stehen neben Lkw- und Transportaufbauten Drehschemel-Anhänger mit ein- und mehrstöckigem Aufbau und Auflieger in gerader oder in gekröpfter Ausführung mit bis zu vier Stockwerken im Angebot.

Kafa Biberach

Karosseriefabrik Biberach GmbH, Biberach/Riß, Freiburger Str. 39, 1984 bis heute

Der Ursprung der heutigen Karosseriefabrik Biberach (Kafa) liegt in der 1868 gegründeten Kutschwagenfabrik der Gebrüder Ottenbacher in Biberach. 1920 verlegte sich der Betrieb auf den Karosseriebau, insbesondere für Omnibusse und Kabinen, ein Metier, das bis in die 1970er Jahre gepflegt wurde. Seitdem befasst sich die Kafa mit der Fertigung von Drehschemel-Anhängern mit Koffer- und Pritschenaufbau für den Baustoff-Transport sowie mit dreiachsigen Aufliegern mit elektrisch betätigten Rollplanen. 2004 weitete die Kafa das Angebot neben mehrachsigen Landmaterialaufliegern auf Auflieger für den Getränke- und Kokillentransport aus. Im Anhängerbereich entstanden Getränkefahrzeuge mit elektrohydraulisch zu öffnenden Seitenwänden, die nach dem Wingliner-System auf das Dach geklappt werden.

Heute stehen Drehschemel-Anhänger in Niedrigflurbauweise, Einachs-Volumen- und Tandemachsanhänger mit offener oder geschlossener Ausführung sowie ein-, zwei- und dreiachsige Auflieger (auch mit Schwanenhals) mit Plattform-, Pritschen- und Kofferaufbau im Lieferprogramm dieses Unternehmens.

Kafa-Curtainsider mit elektrischer Rollplane, 2000.

Kafa-Baustoffzug mit Zweiachsanhänger, 2001.

Kafa-Auflieger für den Langmaterial-Transport, 2003.

Kafa-Auflieger für den Kokillentransport.

Kafa Leipzig

»Kafa«, Karosserie- und Fahrzeugfabrik GmbH, Leipzig, Schladitzer Str. 8, 1926–1939

Mit Langholz- und Langeisen-Anhängern füllte das Unternehmen seine Tätigkeit im Anhängerbau aus

KAMAG

KAMAG Transporttechnik GmbH & Co. KG, Karlsdorf/Baden, Industriegebiet, ab 1970 Neu-Ulm, Daimlerstr. 18, ab 2004 Liststr. 3, 1969 bis heute

KAMAG-Vierachs-Tieflader mit Allradlenkung und ausfahrbaren Fahrgestellen für 52 t Nutzlast auf der Straße, 1971.

Der Anhängerhersteller Franz Xaver Kögel und der Tieflader-Fabrikant Karl Weinmann gründeten 1969 die KAMAG in Karlsdorf/Baden, um Schwerlast-Transporter für Industriezwecke zu produzieren. Während in einem Bereich überdimensionale hergestellt werden, befasst sich der zweite Bereich mit der Herstellung von Plattformwagen mit Nutzlasten bis 205 t. Der dritte Bereich stellte zwei-, vier- und sechsachsige Tieflader mit Allradlenkung und ausfahrbaren Fahrgestellen in den Größen von 13,6 bis 90 t her. Hinzu kamen zwei- und dreiachsige Tieflader für 12 bis 58 t, bei denen die Hinterachse(n) überfahrbar war(en).

Schließlich folgten 1980 in Zusammenarbeit mit dem Kögel-Werk Innenlader-Auflieger mit je drei hydraulisch in der Höhe verstellbaren Rädern im jeweiligen Außenrahmen, die eine Plattform mit Betonteilen oder Glasplatten aufnehmen konnten.

Als das Kögel-Werk im Jahre 2004 in die Insolvenz geriet, ging die KAMAG in der »Transporter Industry International/TII« auf, zu der auch die Firmen Scheuerle, die französische Nicolas Industrie in Champs-sur-Yonne und die indische TII India/Tiiger in Bawal bei Dehli gehören.

KAMAG-Kögel-Innenlader für Betonteile, 1980.

KAMAG-Fünfachs-Satteltieflader mit Allradlenkung und ausfahrbaren Fahrgestellen für bis zu 90 t Nutzlast, 1972.

Kampf

C. Kampf, Wagenbau, Potsdam, Neue Königstr. 11, 1925

Kampf stellte 1925 einen luftbereiften Anhänger mit Seitenwänden und Rungen vor, der speziell für Gerüstbau-Betriebe geeignet war.

Kampf-Pritschenanhänger mit zusätzlichen Rungen, 1929.

Kappler/PL Fahrzeugbau

PL Fahrzeugbau GmbH, Schorndorf, Kellerwiesen
1. 1980–2005: Rolf Kappler GmbH & Co. KG, Fellbach, Welfenstr. 8 und 11
2. 2005 bis heute: PL Fahrzeugbau GmbH, Schorndorf, Kellerwiesen 27

Das Kappler-Unternehmen ging aus der Firma Feder Volz hervor. Es stellte seit etwa 1970 Aufbauten, Fahrzeuge und Sonderfahrzeuge her und stieg 1980 in den Anhängerbau ein. Um die Jahrtausendwende bestand das Programm aus zwei- und dreiachsigen Anhängern bis zu einem Gesamtgewicht von 24 t, aus Tandemachsern bis 18 t Gesamtgewicht und aus zwei- und dreiachsigen Aufliegern in Normal- und in gekröpfter Form. Im Karosseriebereich befasste sich das Werk vor allem mit Getränkeaufbauten.

Das insolvente Unternehmen übernahmen 2005 die Gesellschafter Manfred Pscheidl und Bernd Laukemann unter der Firmierung PL-Fahrzeugbau GmbH. Seitdem werden neben vielfältigen Aufbauten Einachser als Curtainsider, Tandemachser mit Kofferaufbau und Durchladeöffnung, mit Schiebeverdeck für die Kranbeladung und als Curtainsider gefertigt. Drehschemelanhänger entstehen als Koffer-, als Pritschenwagen mit Spriegel und Verdeck, als Plattformwagen mit Steckrungen und als Trägerfahrzeuge für Wechselaufbauten. In einer dritten Baureihe folgen ein-, zwei- und dreiachsige Auflieger als City-Sattel mit Ladebordwand, als Koffer- und als Kühlkofferfahrzeug.

PL-Tandemachser mit Kurzkupplung und Kofferaufbau, 2017. (Foto: PL)

PL-Tandemachser mit Durchlademöglichkeit sowie mit hinterer Klappwand und Ladebordwand als Verschluss, 2017. (Foto: PL)

PL-Drehschemel-Kofferanhänger mit Ladebordwand, 2017. (Foto: PL)

PL-Tandemachs-Curtainsider mit Hubdach, 2017. (Foto: PL)

Kärcher

Alfred Kärcher, Fabrik für Heizmaschinen,
Winnenden, Leutenbacher Str. 30, 1949

Das 1935 von Alfred Kärcher (1901–1959) gegründete Werk befasste sich zunächst mit der Herstellung von Salzbadöfen zum Härten und Veredeln von Leichtmetallen. Einen weiteren Produktionszweig bildeten Heißluftbläser, die Flugzeugmotoren vor dem Starten aufwärmten. Als nach dem Krieg diese Produkte weitgehend nicht mehr gebaut werden konnten, fand Kärcher für kurze Zeit den Ausweg, Anhänger in den Größen von 1,5 und 3 t für den Straßen- und Landwirtschaftseinsatz herzustellen. Die Achsen steuerte der Ernst Hahn Fahrzeugbau in Fellbach b. Stuttgart bei. Mit der Entwicklung des ersten Heißwasser-Hochdruckreinigers im Jahre 1950 begann der Aufstieg des Unternehmens zum weltweit führenden Hersteller von Hochdruck-Reinigungsgeräten.

Kärcher-Pritschenanhänger A 2, 1949. (Foto: Alfred Kärcher GmbH & Co. KG)

Kässbohrer

Karl Kässbohrer Fahrzeugwerke GmbH,
Ulm-Donau, Peter-Schmid-Str. 13

1. 1922–1934: Wagen- und Karosseriefabrik Karl Kässbohrer, Ulm, Karlstr. (heute Hartmannstr.)
2. 1934–1994: Karl Kässbohrer Fahrzeugwerke GmbH, Peter-Schmid-Str. 13

Die Kässbohrer-Stellmacherei als Ausgangspunkt

Im Jahre 1893 gründete der Wagnermeister und Stellmacher Karl Kässbohrer (1864–1922) eine Wagenfabrik in Ulm. Neben Landauern, Schlitten, Gespann-Gesellschaftswagen und Luxus-Kaleschen wurden ab 1897 auch Transportwagen (»Brückenwagen«) gefertigt. Zu den Pritschen- und Flaschenbierwagen gesellten sich während des Krieges Wassertankwagen für das Militär hinzu.

Kässbohrer-5-t-Zahnstangenkipper, 1924.

Nach dem frühen Tod von Karl Kässbohrer musste der erst 19 Jahre alte Otto Kässbohrer (1904–1989) zusammen mit seinem Bruder Karl Kässbohrer (1901–1973) 1922 den damals 20 Mann starken Betrieb übernehmen. Während sich Karl Kässbohrer dem Bau von Anhängern und der Konstruktion von Speziallastwagen zuwandte, konzentrierte sich Otto Kässbohrer auf den Karosseriebau. 1928 konnte sogar die einst renommierte Karosseriefabrik Neuer & Thieme neben dem Magirus-Werk in der Söflinger Straße mit ihrem wertvollen Facharbeiterstamm übernommen werden. Gleichzeitig beschloss man, sich ganz auf den Omnibus-Karosserie- und Anhängerbau zu konzentrieren. 1934 erwarben die Brüder Kässbohrer ein großes Areal an der Peter-Schmid-Straße (ab 1950 Karl-Kässbohrer-Straße), wo 1935 die Fertigung aus den beiden vorherigen Standorten in einem neuen Fabrikareal zusammengeführt wurde. Mit dem Kauf der benachbarten Transportgerätefabrik A. Mattes & Co. im Jahre 1938 konnte das inzwischen 1000 Beschäftigte starke Unternehmen die Kapazität im traditionellen Anhängerbau verstärken.

Karl Kässbohrer sen. erkannte frühzeitig die Bedeutung des gummibereiften Lkw-Anhängers für die wirtschaftliche Nutzung des Lastwagengespanns und entwickelte noch kurz vor seinem Tod einen ersten Lkw-Anhänger mit Gummibandagen auf Holzspeichenrädern, der sich für die Nachkriegslastwagen mit ihren gestiegenen Geschwindigkeiten eignete. Sein Sohn Karl lieferte 1923 diesen ersten 4-t-Anhänger mit Gleitlagerachsen, Bremserhaus und Holzklotzbremse an eine Molkerei aus. Und schon ein Jahr später präsentierte der Fahrzeugbauer einen Zweiseitenkipper, der erstmals zwei mittig im Rahmen untergebrachte Zahnstangenwinden besaß, die über eine durchgehende Welle mit Zahnrädern betätigt wurde. Das bisherige Anstecken der in einem Kasten mitgeführten Winden entfiel. Auch ein mit Eisenbandagen versehener Tieflader und ein Langholz-Nachläufer sowie Aufbauten für Möbeltransporte oder für die Müllabfuhr ergänzten das erste Anhängerprogramm aus dem Hause Kässbohrer.

Kässbohrer-10-t-Dreiachs-Fernverkehrsanhänger, 1931.

Kässbohrer-Dreiachs-Tiefladeanhänger für 20 bis 24 t Nutzlast, 1935.

Moderne Technik setzt Maßstäbe im Anhängerbau

1925 rüstete Karl Kässbohrer jun. seine Fahrzeuge mit automatisch wirkenden Auflaufbremsen aus, so dass der zweite Mann im Lastwagengespann, der Bremser, entfallen konnte. Weitere technische Meilensteine setzte Karl Kässbohrer 1929, als er erstmals hochwertige Pressstahlprofile für den Rahmen und für die Zuggabel anstelle von schweren Eisenträgern verwendete sowie 1930 Innenbackenbremsen mit Saug- oder Druckluftbetätigung für die luftbereiften und damit schnelleren Fahrzeuge einführte. 1931 gelang ihm die Konstruktion des Kugeldrehkranzes zur verschleißfreien Bewegung des Drehschemels unter dem Rahmen des Anhängers. 1934 ersetzte die automatische Lenkung des Langholz-Nachläufers den Bediener auf einer Sitzplattform, der mit einem Lenkrad den Drehschemel bei Kurvenfahrten drehen musste.

Das Nutzfahrzeugangebot erweiterte Kässbohrer 1928 mit einem Auflieger mit einer eigenen Aufsattelvorrichtung, 1930 mit einem 2,5-t-»Expreß-Anhänger« in Niederrahmentechnik und einem 7,5-t-Zweiseitenkipper, 1931 mit dem ersten dreiachsigen 10-t-Pritschenwagen mit Pendel- oder mit Normalachsen mit liftbarer letzter Achse und 1932 mit zweiachsigen Pritschen-Aufliegern. Für die zwillingsbereiften Fahrzeuge entwickelte das Werk eine Ausgleichsnabe, die das Fahrverhalten verbesserte und den Reifenabrieb verminderte.

1938 bestand das Angebot aus den zweiachsigen »Verkehrsanhängern« der V-Serie und dem zwillingsbereiften Kipper VK 81. Hinzu kamen der Dreiachser D 12 mit der Ausgleichsnaben-Konstruktion für 11 t Nutzlast und die von den Anhängern abgeleiteten Auflieger.

1939 lieferte Kässbohrer Kessel-Auflieger und -Anhänger an chemische Industriebetriebe sowie Anhänger mit Kofferaufbauten für den Getränketransport. Und ein Tieflader mit zwei Drehgestellen für eine Tragfähigkeit von 40 bis 50 t schloss den Anhängerbereich nach oben hin ab. In zwei Achslinien waren hier jeweils Pendelhalbachsen mit je drei Vollgummirädern angebracht.

Aber schon im Frühjahr 1939 reduzierte das Schell-Programm die Anhängerbau-Aktivitäten auf die Herstellung des 5-t-Einheits-Pritschenwagens E5 und des 7,5-t-Kippers EK8. Zwar konnte Kässbohrer diese beiden Modelle bis zur Zerstörung des Werkes im Dezember 1944 durch einen Luftangriff noch fertigen, aber die Rüstungsfertigung mit Generatoranhängern, Brückengerätewagen, schwimmfähigen Tieflade-Anhängern, sechsachsigen Tiefladern für den Panzertransport, Kühlbehälter, Leichtmetall-Baugruppen für die V-Waffen und schließlich hölzerne Panjewagen für die Wehrmacht füllte die Kapazitäten aus. Ein zweiter Luftangriff im März 1945 beschädigte die Gebäude und Maschinenanlagen erneut, so dass auch ein provisorisches Weiterarbeiten unmöglich war.

Kässbohrer-Thermoszug mit Zweiachs-Auflieger, 1948.

Kässbohrer-Kesselwagen, 1953.

Neubeginn mit Materialschwierigkeiten

Nachdem das zunächst von der US-Besatzungsmacht beschlagnahmte Werk wieder freigegeben war und die Probleme in der Materialbeschaffung gelöst waren, konnten 1947 die ersten Pritschen- und Kofferanhänger, zweiachsige Kofferauflieger, 8-t-Druckluft-Kipper der Baureihe VKH, Langmaterial- und Tiefladefahrzeuge montiert werden. Die immense Nachfrage nach Anhängern als Ersatzbeschaffung für den verschlissenen Fahrzeugpark und zum Wiederaufbau des zerstörten Landes veranlassten Otto und Karl Kässbohrer, schon 1948 ein zweites Werk für die Anhänger- und die Aufbauten-Fertigung im Stadtteil Neu-Ulm einzurichten, so dass mit dem Zeitpunkt der Währungsreform zügig und umfassend produziert werden konnte. Neben 40-t-Tiefladern mit Elastikbereifung bildeten 8-t-Koffer-Anhänger mit Leichtmetallprofilen und 8-t-Zweiseitenkipper den Schwerpunkt der Kässbohrer-Fertigung.

Zu Beginn der 1950er Jahre ergänzten zwei- und dreiachsige Thermosanhänger, 3,5-t-Pritschenwagen und Kipper, Möbelwagen, dreiachsige Zweiseiten-Druckluftkipper der Baureihe DKD 18 mit zwei Kippkästen, Silo-Fahrzeuge mit Restlos-Entleerungstechnik und zweistöckige Autotransporter auf zweiachsigem 18-t-Auflieger-Fahrgestell das frühe Nachkriegsprogramm. 1953 konnte das 7000ste Fahrzeug der Neuproduktion ausgeliefert werden und im Zweigwerk Neu-Ulm wurde der neue Dreiachs-Pritschenwagen D 17 mit Achslastausgleich aufgelegt, der sich zu einem der erfolgreichsten Modelle innerhalb der Kässbohrer-Baureihen entwickelte. Hinzu kam ein vierachsiger, luftbereifter 20-t-Tieflader. Mit dem Bau von weiteren Silofahrzeugen mit Kesseln in stehender, liegender und kippbarer Ausführung sowie mit einteiligen, 12-rädrigen Straßenrollern für die Bundesbahn stockte Kässbohrer das Angebot auf. Für den Baumaschinentransport führte das Werk einen 20-t-Tieflader mit gelenkten Mehrfach-Vorderachsen und einer ohne Hubvorrichtung ausfahrbaren Hinterachse ein, die durch eine Seilwinde wieder einziehbar war.

Zweigwerke in Dortmund, in Hamburg, in Frankfurt am Main und in Berlin-Marienfelde

Ebenfalls im Jahre 1951 übernahmen die Ulmer den Heinrich Wagener Fahrzeugbau in Dortmund-Hafen, der als Zweigwerk im Ruhrgebiet zu-

Kässbohrer-Dreiachsanhänger D 18, einfachbereift, mit Spriegel und Plane, 1953. (Foto: Ralf Weinreich)

Kässbohrer-Kofferzug mit Zweiachs-Auflieger, 1965.

nächst für die Omnibus-Reparatur und dem beschränkten Weiterbau der Wagener-Anhänger genutzt wurde. Und ein Exportauftrag aus der Türkei auf 1000 Anhänger feuerte die Produktion an.

Für die Erstausstattung der 1955 gegründeten Bundeswehr lieferte Kässbohrer 1,5-t-Einachs- sowie 4- und 6-t-Zweiachs-Pritschenwagen, vierachsige Tieflader mit Halbachsen für eine Belastung von 25 t für die Brückenpioniere, denen 1958 weitere 12-t-Tieflader folgten. Verkaufs- und Reparaturstützpunkte richtete Kässbohrer 1956/57 in München und in Hamburg ein, die bei geringem Reparaturanfall in die Anhängerfertigung einbezogen werden konnten.

1959 stellte der drei Jahre zuvor eingerichtete eigene Achsenbau neben den luft- oder blattgefederten Starrachsen eine patentierte Kurbelachse mit Luftfederung und Einzelradaufhängung vor, die durch den Achslastausgleich den Anhängern ein ruhiges und straßenschonendes Fahrverhalten gaben. Gleichzeitig stieg das Werk in den Bau von Fahrzeugen und Aufbauten für den Wechselverkehr ein. Der Neu-Ulmer Betriebsteil wurde im Zuge einer Reorganisation zum zentralen Omnibus- und Anhänger-Reparaturwerk umgestaltet. 1963 entstand in Frankfurt am Main ein weiterer Stützpunkt für Anhänger und Omnibusse, dem 1964 eine Repräsentanz in Berlin-Marienfelde folgte.

Kurz vor Mitte der 1960er Jahre ging Kässbohrer bei den Kühl-Kofferfahrzeugen der Baureihe SG 20 zu Vollkunststoff- und Leichtmetall-Aufbauten über, wobei das Werk für die geschlossenen Aufbauten die gerippelose AME-Bauweise mit profilierten Aluminium-Montage-Elementen in Aluminium-Kunststofftechnik nutzte. Für Speditionen bot das Unternehmen die ein- und zweiachsigen Pritschen- und Kastenauflieger SG 11 und SG 20 sowie die zwei- und dreiachsigen Drehschemelanhänger D 12 (ab 1961 V 12 B) an. Die Anhänger rüstete Kässbohrer in den Versionen D 12 L und D 17 L mit dem luftgefederten Kurbelachs-Aggregat oder in der Standardversion D 17 mit dem »No-hop«-Aggregat von Trenkamp aus. Den Kastenauflieger SG 209 versah Kässbohrer mit einem Doppelachsaggregat, bei dem die Schlussachse über ein Drehgestell, Kugellenkkranz und eine Seilscheibe zwangsgelenkt wurde. Hinzu kam der ankippbare Restlos-Entleerer SZE 23 für 30 m^3 Fassungsvermögen. Für die Bauwirtschaft bildeten der Kippsattel SKE mit einer Doppelachse, der dreiachsige Dreiseitenkipper DKD 17 D mit Leichtmetallbordwänden und elektro-hydraulischer Kippanlage und der Silo-Auflieger SSM 20 mit tiefliegendem, selbstragendem oder in der Fahrgestell-Version SSZ 20 mit kippbarem Behälter für den Zementtransport die Paradepferde. Im Spezialfahrzeugbau lieferte Kässbohrer den Langholz-Anhänger DL 17 und den Tieflader Tisa 30/30.

Übernahme des Hummel-Anhängerwerkes und Fabrikationsneubau in Burtenbach

1964 stellte der zweiachsige, elektrohydraulische Dreiseitenkipper VKH 12 das neue Aushängeschild im Kipperbau dar. Durch die Leichtmetallbordwände und durch die Verwendung von Super Single-Reifen konnte Gewicht eingespart werden, was somit der Nutzlast von 11,7 Tonnen zu Gute kam. Ein weiteres Highlight stellte der Kofferaufbau in Vollkunststoff-Ausführung dar.

Der Sattelmuldenkipper SKE war jetzt für 24 t Nutzlast ausgelegt; einvulkanisierte Gummiprofile an der Bordwandklappe sorgten für die Wasserdichtigkeit der Mulde. Im Tieflader-Bauprogramm waren zu dieser Zeit Modelle von 8 bis 150 t Tragkraft im Angebot, wobei Kässbohrer drei verschiedene Systeme nutzte. Die kleinen Modelle besaßen fest angebaute, kippbare Auffahrrampen. Die mittleren Typen waren mit den ausschwenkbaren Pendelachsen und der absenkbaren Ladebrücke versehen. Die schwere Gruppe war symmetrisch gebaut. Die Achsaggregate ließen sich vorne oder hinten von der Ladebrücke abziehen.

Mit dem Wiederanziehen der Konjunktur in den späten 1960er Jahren baute das Unternehmen 1968 in Salzburg-Kleßheim die Kässbohrer Austria Fahrzeugwerke GmbH auf, die den Bau von Anhängern und Aufbauten übernahm. Ein Jahr später kaufte Kässbohrer die in Not geratene H. Hummel & Söhne Fahrzeugwerk und Maschinenfabrik in Ehrenstein-Blaustein

Kässbohrer-Kofferzug, 1965.

Kässbohrer-Kipperzug mit Auflieger SHK 18-1, 1965.

Kässbohrer-Pritschenanhänger, 1974. (Foto: Ralf Weinreich)

Kässbohrer-Tankzug mit Auflieger in Doppelkeilform, 1967.

bei Ulm. Mit den vergrößerten Kapazitäten konnten die Ulmer an die Spitze in dieser Fahrzeugbau-Sparte aufsteigen. Von der bisherigen Auftragsfertigung ging das Unternehmen zur Serienfertigung »auf Vorrat« über.

Zeitweilig verlagerte Kässbohrer den Bau verschiedener Modelle in die zu Zweigwerken umgewandelten Reparaturbetriebe, zumal Großaufträge aus Ostblock-Ländern diese Maßnahme nötig machten. Und um langfristig für weitere Steigerungen der Herstellung gewappnet zu sein, trafen die beiden Geschäftsführer die Entscheidung, in Burtenbach bei Augsburg ein weiteres Anhängerwerk aufzubauen. Als während der Bauphase die Bestellungen die Fertigungskapazitäten überstiegen, vergab Kässbohrer einen Auftrag auf den D 17-Dreiachsanhänger an den Landmaschinen-Hersteller Krone in Spelle, der mit dieser Montage zu einem der erfolgreichsten und bedeutendsten Anhänger- und Auflieger-Hersteller aufstieg.

Mit Beginn der 1970er Jahre stand ein überarbeitetes Nutzfahrzeugprogramm unter der Werbebezeichnung »Rational« bereit. Für Speditionen gingen die zweiachsigen BDF-Wechselbrücken-Anhänger VC 8L , die Pritschenanhänger V 12, die dreiachsigen Pritschen- und Kofferanhänger mit luftgefederten Kurbelachsen oder in der Version DL 17 mit automatisch gelenkter Nachlaufachse und die ein- und zweiachsigen Pritschenauflieger SG 8, SG 13 und SB 24-38 sowie die dreiachsigen Siloauflieger SSZN 25-38 mit Nachlaufachse an den Start. Das Baugewerbe wurde mit dem zwei- und dreiachsigen Dreiseitenkipper VK 8 und VKD 12 mit Drucklufttechnik und dem Typ DKH 17 mit Kipphydraulik und Aluminium-Bordwänden, dem zweiachsigen Dreiseiten-Kippsattel SKH 24-36 sowie den dreiachsigen Tiefladeanhängern DT 24 (ab 1973 DT 25) und den dreiachsigen Aufliegern TisaÜ mit lenkbaren Achsen für Nutzlasten bis zu 29 t bedient.

Einstieg in den Tankfahrzeugbau

Als 1973 der Behälter-Fahrzeugbau der Josef Stadler KG an die Firma Aurepa ging und das Stadler-Werk nur noch als Zulieferer diente, traf Otto Kässbohrer die Entscheidung, auch die Produktgruppe Tankfahrzeugbau für die Mineralöl- und chemische Industrie im Neu-Ulmer Betriebsteil aufzunehmen, zumal das freigewordene Fachpersonal hierzu bereit stand.

Ein Jahr später lieferte Kässbohrer die ersten dreiachsigen Leichtmetall-Tankfahrzeuge der Baureihe TS 36 B in Keil- und Rundform für 26.000 Liter aus, mit dem das Unternehmen innerhalb kürzester Zeit an dritter Stelle unter den Herstellern in der Bundesrepublik stand.

Im gleichen Jahr folgten der Brücken-Auflieger SBS 23-36, der dreiachsige Tiefladeauflieger Tisa-P für 37 t und der vierachsige, »militärische« Tiefladeanhänger STH 35 mit zwei Drehschemelachsen für die Aufnahme von Panzern bis zu 42,8 t sowie dem Langmaterialanhänger VL 12 und die zweiachsige Container-Lafette SC 26-36 für 40'-Behälter. Durch die Nutzung von Feinkornstählen konnte das Gewicht der Modelle weiter reduziert werden. Der dreiachsige Pritschen-Dauerbrenner D 17 mit Spriegel und Plane für eine Nutzlast von 16,8 t brachte ein Eigengewicht von nur noch 4700 gegenüber in der Erstausführung von 1957 mit 7500 kg auf die Waage. Die Verkürzung der Deichsel ermöglichte die zusätzliche Aufnahme von zwei Paletten. Und der neue dreiachsige Hinterkipp-Auflieger SKM 26-38 mit Aluminium-Mulde in Jetstream-Ausführung und ebenfalls einem Leichtmetall-Fahrgestell bot eine Nutzlast von 26 t. Ebenfalls für die Bauwirtschaft gesellte sich der dreiachsige Spezial-Tiefladeauflieger Tisa P3 zum Transport von Betonfertigbauteilen

Kässbohrer-Kipperzug mit Dreiseiten-Kippauflieger, 1968.

hinzu. Ein weiterer überfahrbarer und gekröpfter Tieflader nahm es mit einer Beladung von 48 t auf.

Für die Bundeswehr übernahm Kässbohrer die Fertigung der in Zusammenarbeit mit der Krupp AG entwickelten schweren Tieflade-Auflieger Tiso 56 für bis zu 52 t schwere Panzerfahrzeuge. Eine vierachsige FAUN-Schwerlastzugmaschine bewegte dieses »ELEFANT« genannte Gespann. Das geländegängige, vierachsige Fahrzeug mit Zwillingsbereifung besaß eine Zwangslenkung der beiden letzten Achsen und wurde von 1976 bis 1979 in 324 Exemplaren gefertigt. Ein weiterer Großauftrag auf 300 Kastenauflieger für den Export in den Ostblock schloss dieses Geschäftsjahr im europäischen Bereich ab. In den Export in den Orient ging die Produktreihe »Transoriental« mit schweren Aufliegern in den Versionen als Plattformwagen, Tiefladern, Kippern, Kühl-, Silo- und Tankwagen.

Im Jahre 1974 verlagerte Kässbohrer die Teileproduktion in die modernisierte Dortmunder Produktionsstätte. Auch das Werk in Burtenbach wurde in einer zweiten Baustufe erheblich vergrößert, so dass der Bau der schweren Tieflade-Auflieger, der Normal- und der Wechselpritschen-Anhänger dorthin verlagert wurde. Neuheiten bildeten der teleskopierbare dreiachsige Tieflade-Auflieger Tisa P3x10 mit hydraulischer Zwangslenkung, der zwei- und dreiachsige Koffer-Auflieger in Sandwich-Bauweise und mit Schiebewand-Öffnung sowie der dreiachsige, kippbare Silo-Auflieger SSK 48/10-22 mit einem Fassungsvermögen von jetzt 48 m^3.

Der weitere Anstieg der Omnibus-Produktion im Stammwerk zwang 1977 zur Auslagerung auch des Kipper-Baus nach Dortmund, wo jetzt neben dem zweiachsigen Druckluftkipper (ab 1978 Typ VKH 12 mit Hydraulik-Kippung) und dem dreiachsigen Hydraulikkipper auch die zweiachsigen Baustellen-Auflieger mit Dreiseiten-Kippkasten und die neue Version SKM 25-36 L (ab 1978 SKM 26-38) als 25-t-Hinterkipper gefertigt wurden. Für den Verteilerverkehr steuerte Kässbohrer den einachsigen Kofferauflieger V6K mit Kunststoff-Aufbau und Schiebetüren, das Wechselpritschen-Fahrzeug VC 12 L sowie für den Fernverkehr den dreiachsigen Pritschen-Auflieger SBN 25-38 bei. Und für die Bauwirtschaft gab es den neuen dreiachsigen Tiefladeanhänger DT 19/25 für Baumaschinen bis zu 25 t sowie erstmals den Tandemachser T 5 für 5,4 t Nutzlast.

Kässbohrer-Hinterkipp-auflieger SKH 24-1-36, 1970.

Marktführer im Anhängerbau in der Bundesrepublik

1978 kam Kässbohrer in der Bundesrepublik auf einen Marktanteil von 29,2 Prozent und errang damit die Spitzenposition in Westdeutschland; auch der Exportanteil von 30 Prozent war beeindruckend. Der Tank- und Silo-Wagenbau ging in diesem Jahr auch in das Dortmunder Werk. In Umkirch bei Freiburg übernahm Kässbohrer den Langholz-Anhängerbau der Firma Welte. Im Sektor Tankfahrzeuge ergänzten ein zweiachsiger Tanker für 18.000 Liter und der dreiachsige Bitumen-Transporter TS 32 in selbsttragender Bauweise die Modellreihe.

Kässbohrer-Seitenladerzug mit Zweiachs-auflieger, 1968.

Kässbohrer-Silozug mit Kippsilo mit 52 m³ Fassungsvermögen, 1971.

1979 überschritt die Anhänger-Produktion erstmals die Marke von 4100 Exemplaren; eine Neuorientierung nach Produktgruppen war aus Rationalisierungsgründen jetzt notwendig. Das Werk in Dortmund übernahm zusätzlich zu den Kippern den Bau der Tieflader, der Auflieger, einen Teil der Aufbauten und einen Teil der Pritschenanhänger sowie den neuen Auflieger für Coil-Transporte; der gerade erst angelaufene Behälter-Fahrzeugbau ging nach Ulm zurück. Das Hamburger Werk spezialisierte sich auf die Herstellung von Kofferaufbauten und Sonderfahrzeugen und die Stützpunkte in Berlin, Frankfurt und München bauten aus angelieferten

Kässbohrer-Export-Pritschenauflieger mit Gitteraufbau für 56 t Nutzlast, 1979.

Kässbohrer-Pritschenzug »Transmaximal« mit Kurzkupplung, 1975.

Kässbohrer-Vierachs-Tiefladeauflieger Tiso 56 für den Panzertransport, 1977. (Foto: Ralf Weinreich)

Kässbohrer-Hinterkippauflieger SKM 14-16 mit Leichtmetall-Kastenmulde, 1979.

Kässbohrer-Plattformauflieger SBP 10-22 L mit Wechselaufbau, 1983.

Bausätzen Kofferaufbauten auf. Das Werk in Burtenbach konzentrierte sich auf einen weiteren Teil der Drehschemel-Anhänger, der schweren Tieflade-Fahrzeuge und der Wechselbrückenchassis. Im Stammwerk in Ulm waren der Bau der Hilfsrahmen, der Brückenkonstruktionen, der Pkw-Transporter, der Sonderfahrzeuge und der Kofferaufbauten untergebracht. Der Tank- und Silofahrzeug-Bau erstarkte wieder im Werk Neu-Ulm. Das Werk in Salzburg übernahm zusätzlich einen Teil der Pkw-Transporter- und der Auflieger-Fertigung. Weitere inzwischen eingerichtete Werke in Italien, in Frankreich (Kässbohrer France S.A.R.L. in Sarcelles bei Paris) und in den Niederlanden passten die Exportfahrzeuge an die landestypischen Anforderungen an.

Kässbohrer-Export-Kipperzug mit Hinterkipp-Auflieger SKM 22-48 »Transoriental«, 1985.

Kässbohrer-Pritschenauflieger SB 10-24 »Transrational«, 1983.

Der Dreiachs-Drehschemel-Kipper für 16,6 t Nutzlast wurde in diesem Modelljahr in der Version DKD 17 mit Druckluft-Technik ausgestattet. Ein dreiachsiger Leichtmetall-Siloauflieger in selbsttragender Bauweise sowie das zweiachsige Container-Chassis SC 24-36 für 20'-Behälter erweiterten neben den neuen Sattelkippern SKH und SKM 14-16 AL mit Aluminium-Jetstream-Mulde das Standardprogramm. Wenig später erhielt dieses Modell (ab 1983 SKB 14-16 AL) eine liftbare vordere Achse, wodurch das Fahrzeug auf schwierigem Boden leichter manövrierbar war. Schließlich konnte ein hydraulischer Zusatzantrieb eingebaut werden. Als

Kässbohrer-Zweiachs-Getreidekipper, 1987. (Foto: Kässbohrer)

weitere Neuheit kam ein Dreier-Brückenzug hinzu, der aus einer leichten Zugmaschine und einem einachsigen Pritschen-Auflieger bestand, zugeschnitten für Besitzer des Führerscheins der damaligen Klasse III.

Transrational« in Europa, »Transoriental« im Nahen Osten

Mit Beginn der 1980er Jahre entwickelte sich der dreiachsige Fernverkehrs-Pritschen-Auflieger SB 10-22 »Transrational« mit einer Nutzlast von 25,6 t zum Standardfahrzeug im Güter-Fernverkehr. Im Bereich der Behälterfahrzeuge erschien der Tank-Auflieger TS 37 B für 37.200 Liter Kraftstoff sowie der dreiachsige Silo-Auflieger SZE 40.38. Mit dem neuen dreiachsigen Kühlkoffer-Auflieger SFK 10-22 »Transpolar« in Vollkunststoff-Ausführung ging Kässbohrer an den Start und der Pritschen-Auflieger mit Spriegel und Plane brachte es in der Jumbo-Ausführung auf einen Laderaum von 80 m³. Mit dem neuen Bitumen-Auflieger TS 30 S, dem dreiachsigen, keilförmigen Silo-Auflieger SSE 50/10-22 mit Mittenentleerung und einem Fassungsvermögen von 50 m³ sowie der neuen Lafette SC 10/22 »Universal« für Container bis zu 40' war das Programm wiederum differenziert und auf den neuesten Stand gebracht worden. Und als die Bundeswehr für den Transport der »Leopard 2«-Panzer einen 56 t tragendes Transportfahrzeug ausschrieb, entwickelte Kässbohrer den sechsachsigen, zwillingsbereiften Schwanenhals-Auflieger TISA 56, dessen beide letzten Achsen zwangsgelenkt waren. Auf eine Geländegängigkeit war bei diesem Modell aus Kostengründen verzichtet worden. 1988 wurden 47 Schwerlastzüge der Version SLT 56 mit FAUN-Zugmaschinen ausgeliefert.

Das Baujahr 1983 brachte folgende Neuheiten: Der Pritschen-Auflieger SB 10-22 erhielt in Kooperation mit dem Schenk-Werk einen Getränkeaufbau. Der Tankauflieger STB 37/10-22 in Leichtmetall-Keilform ersetzte die bisherige Version TS 37 B und der Silo-Auflieger SSL 31/10-22 mit einer Kapazität von 31 m³ erhielt zwei Ausläufe. Die Drehschemel-Anhänger konnten in der »Transmaximal«-Ausführung mit »Niederquerschnittrahmen« und einem Abstand von 800 mm zum Motorfahrzeug kurzgekuppelt werden, so dass Ladefläche und Höhe vergrößert werden konnten. Ein Ladevolumen von 72 m³ stand somit zur Verfügung. Schließlich führte Kässbohrer den dreiachsigen Tieflade-Auflieger SST 17-30 N mit seilgelenkter Nachlaufachse ein. Das Zweigwerk in Ehrenstein-Blaustein veräußerte Kässbohrer 1985 an einen Türen- und Fensterhersteller.

Im Rahmen der für 1986 großzügigeren Zulassungsverordnungen erschienen der bewährte Dreiachs-Fernverkehrs-Anhänger in der Ausführung D 19 und als dreiachsiger Kipper in der Ausführung DKH 17-3P. Der Silo-Sattelkipper folgte in der Version SSK 49/10-22 L mit einem Fassungsvermögen von 49 m³. Weitere Neuheiten stellten der Tandem-Dreiseitenkipper TKH 12 und der Tieflade-Auflieger SSTP 17-30 für den Transport für Fertigbauteile dar. Und in den Export ging der dreiachsige Hinterkipp-Auflieger SKM 22-40 »Transoriental«, der für eine Nutzlast von 45 t konzipiert war.

Die neuen Zulassungsgrößen nutzten 1987 der neue dreiachsige Pritschen-Auflieger SB 10-24 »Transrational« in der neuen Standardlänge von 13,6 m mit 33 Paletten-Stellplätzen, der dreiachsige Kühlkoffer SFK 10-24 L »Transpolar« mit Staufen/Norfrig-Aufbau, der dreiachsige, selbstragende Silo-Auflieger SSL 35/10-24 mit einem Fassungsvermögen von 35 m³ sowie der dreiachsige Hinterkipp-Auflieger SKM 10-24 L mit Kastenmulde aus.

Den Fuhrpark der Bundeswehr ergänzte das Kässbohrer-Werk in dieser Zeit mit 1,5-t-Pritschen-Einachsern, mit 4- und 7-t-Pritschen- und Plattform-Anhängern sowie mit dreiachsigen 10- und 15-t-Tieflade-Aufliegern.

Gegen Ende der 1980er Jahre folgten neben einem Standard-Drehschemel-Anhänger der Baureihe VC 14-2, den Tandem-Kippern der Baureihe ZKH 14 V mit einer Nutzlast von 12,7 t, der Kurzkupplungs-Baureihe ZC 14 L/21 mit Kofferaufbau, auch mit Doppelstock-Einrichtung, als Curtainsider und als Trägerfahrzeug für einen Wechsekoffer. Der dreiachsige Silo-Auflieger SSK 73/10-24 L mit einer Kapazität von 73 m³ sowie der Getränke-Auflieger mit Schiebeplanen und ohne Mittelstreben nach dem »Tautliner«-Prinzip schlossen sich an. Im Bereich der Sicherheits-Tankwagen erschien der Mehrkammer-Tanksattel STB 41/10-24 L in Dreifach-Keilform mit Liftachse, abgesenktem Schwerpunkt und Untenbefüllung mit einemFassungsvermögen von 40.900 Litern.

Schwierigkeiten trotz Wiedervereinigungsboom

Mit Beginn der 1990er Jahre verschlechterte sich die Ertragslage der Kässbohrer GmbH dramatisch, auch wenn Kässbohrer die Spitzenposition im Anhängerbau hielt. Von dem Erneuerungs-Boom in den neuen Bundesländern hatte der Fahrzeugbauer kaum profitieren können und eine effektive Rationalisierung der Fertigungsvorgänge war versäumt worden. Das familiengeführte Kässbohrer-Unternehmen konzentrierte sich weitgehend nur noch auf die Optimierung der Trailer-Fahrzeuge. Der in Zusammenarbeit mit der Firma Bönders gestaltete dreiachsige »Klappwand-Auflieger« auf Basis des Standardmodells SB 10-24 L »Transuniversal« war durch kleiner dimensionierte Räder im Schwerpunkt abgesenkt, mit breiterer Radspur sicherer auf der Fahrbahn und mit Überrollbügeln im Dachrahmen des geschlossenen Aufbaus versehen. Zur Be- und Entladung konnten die Hecktüren genutzt oder die zweiteiligen Bordwände nach oben und nach unten versetzt werden. Beim neuen Sicherheits-Tanker STB 42/10-24 mit einem Fassungsvermögen von 42 m³ war der Mehrkammer-Kessel nochmals im Schwerpunkt abgesenkt worden und unter der Bezeichnung CSK 48/30 erschien ein Auflieger mit einem abnehm-

Kässbohrer-Hinterkippauflieger SKM 10.24 mit Kastenmulde, 1993.

baren ovalförmiger Silo-Behälter in einem 30'-Kastenrahmen. Im Baustellensektor folgte der dreiachsige Hinterkipp-Siloauflieger SSK 80/10-24.

Im Modelljahr 1991 führte Kässbohrer als neues Vorzeigeprodukt ein, den »Alpentrailer«, der für die Verladung auf Tiefbett-Waggons auf den Bahnstrecken in den Alpen konzipiert war. In Zusammenarbeit mit der KOWAP-Kombiwaggon-Projekt GmbH, der Kombiverkehrs KG und der Waggonfabrik Talbot in Aachen entstand die Aufliegergattung SGK 10-24 L mit Pritsche und Spriegel-, mit Staufen-Koffer- und Norfrig-Kühlkoffer-Aufbauten, die durch die Federbälge bei der Bahnverladung pneumatisch abgesenkt werden konnte, so dass die im Straßenverkehr in der Höhe 4 m messenden Fahrzeuge unterhalb des Lichtraum-Tunnelprofils blieben.

Der Sicherheits-Tankwagen konnte durch die zylindrische Ausführung des Leichtmetall-Kessels in der Version STB 43/10-24 L auf ein Fassungsvermögen von 43 m³ gesteigert werden. In verkleideter und damit isolierter Stahl-Bauweise gesellte sich der vollverkleidete Bitumen-Tankwagen STC 31/10-24 L hinzu. Ein Heizaggregat sorgte für die Temperaturkonstanz.

Untergang aus heiterem Himmel

Schließlich erschien 1993 der Standard-Auflieger SB 10-24 »Transuniversal« als Curtainsider mit Schiebeplane, die ein schnelleres Be- und Entladen ermöglichte. In der Ausführung als »Maxitrailer« mit einem Fassungsvermögen von 100 m³ sollte das Fahrzeug eine mechanische Höherstellung des Daches erhalten, was den Gabelstapler-Einsatz erleichterte. Der Baustellen-Kipper SKM 10.24 wurde mit einer elektronischen Wasserwaage versehen, die das Ausrichten der Luftfederung steuerte.

Der sich immer größerer Beliebtheit erfreuende Tandemachser erhielt in der Version ZKH L eine liftbare Vorderachse, in der Version CVC 14 L eine Langdeichsel und in der Lafettenversion ZC 14 GL ein mechanisch in der Länge veränderbares Kurzkupplungssystem sowie die Luftfederung zur Anpassung an unterschiedliche Verladehöhen.

1993 gelang es nicht mehr, die Finanzprobleme in den Griff zu bekommen. Die Auflösung des Fahrzeug-Imperiums war unvermeidlich, um den Konkurs zu vermeiden. Die Sparte Anhänger- und Aufliegerbau wurde an den Rivalen Kögel verkauft. Der Tank- und Silowagen-Bau, der 1994 noch den Tanker der Ausführung STB 41/10-24, den STS 31/10-24-Bitumen-Auflieger sowie einen zweiachsigen Tankanhänger mit einem Fassungsvermögen bis zu 20.500 Litern fertigte, ging an die Rohr Nutzfahrzeuge GmbH. Die Kässbohrer Geländefahrzeug GmbH wurde 1994 an den Unternehmer Merckle abgegeben. 1995 musste schließlich auch der renommierte Omnibus-Bau an die Daimler-Benz AG abgetreten werden. Einzig, das getrennt geführte Salzburger Pkw-Transporter-Werk konnte die Familie Kässbohrer weiterführen.

Kautz

Kautz & Sohn, Altenstadt, Eichbaumstr. 15
1. 1925–1965: F. W. Kautz, Florstadt, Niddastr. 36
2. 1965–1990: Kautz & Sohn, Altenstadt, Eichbaumstr. 15
3. 1990–1995: Kögel Fahrzeugwerke GmbH, Werk Altenstadt

1904 gründete der Schmiedemeister Friedrich Wilhelm Kautz in Florstadt in der Wetterau eine Schmiedewerkstatt, die Mitte der 1920er Jahre zum Bau von Ackerwagen verwendet wurde. Unter der Leitung von Sohn Wilhelm Kautz (1910–2001) bot das Werk Mitte der 1950er Jahre Speditionsanhänger der KFA-Baureihe mit Hamburger Verdeck und die Zweiseitenkipper KK 5 und 6 an. Der Dreiachs-Pritschenwagen KA 17 rundete das Programm ab. Eine außergewöhnliche Konstruktion bildeten die Hoch- und Dreiseiten-Umladekipper, deren Dreitonnen-Pritsche mit Sägemehl zur Direktverladung in Waggons über ein hydraulisch betätigtes Scherenhubsystem angehoben und gekippt werden konnte. Die 4 t-Version war für das direkte Umladen von landwirtschaftlichen Gütern vorgesehen.

Zu Beginn der 1960er Jahre ersetzten die elektro-hydraulischen Zweiseitenkipper der Baureihe KEHK 8 und KEHK 12 die bisherigen Luft-Kipper-Modelle. Für den Schwertransport baute das Kautz-Werk zweiachsige Auflieger mit Pritsche, mit Kastenkipper und mit Langmaterialaufbau, der nach beiden Seiten gekippt werden konnte.

Das Werk fertigte 1961 erstmals Dreiseiten-Kippauflieger für 24 t Nutzlast. Das Fahrgestell war in Kastenprofil-Bauweise als Schweißkonstruktion ausgeführt worden, so dass der Unterbau absolut verwindungssteif war. Die außergewöhnliche Stabilität des Sattelkippers der Baureihe SK

Kautz-Hochkippanhänger zum Transport von Sägemehl zur Bahnverladung, 1955. (Foto: Kurt Kautz)

Kautz-Zweiseitenkippanhänger KEHK 12, 1955. (Foto: Kurt Kautz)

beim Abkippen nach hinten führte dazu, dass dieses Modell in größerer Anzahl gebaut wurde. Breitreifen (»Pilote-Reifen«) ersetzten die Doppelbereifung, so dass die Manövrierfähigkeit beim Rückwärtsfahren erleichtert wurde.

1965 entschied sich Wilhelm Kautz zur Verlagerung der Fahrzeugfertigung nach Altenstadt, wo eine große Fabrikanlage mit Montagestraße aufgebaut wurde.

Das Fahrzeugbau-Programm der 1980er Jahre bestand aus den zweiachsigen Modellen der Baureihen LK 12, MHK 12 und MHDK 12 sowie den dreiachsigen Ausführungen LK 16, MHK 16 und MHDK 16. Im Bereich der Dreiseiten-Kippsattel-Auflieger bot Kautz die SK-Modelle an, die wiederum auf einem Kastenprofilrahmen als Längsträger aufgebaut waren.

In den späten 1980er Jahren ergänzte unter der jetzigen Geschäftsleitung von Karosserie- und Fahrzeugbaumeister Kurt Kautz der Bau von Müllcontainern und Maschinen das Programm. Im Herbst 1990 ging das Unternehmen an das Kögel-Unternehmen über, das den Tandemkipperbau aus dem Werk Hanau (ehemals Seibel) dorthin verlagerte. Als Kögel 1994 den Kässbohrer- Anhängerbauer übernommen hatte, wurde die Tandemkipperfertigung nach Ulm bzw. nach Burtenbach verlagert, so dass das Altenstadter Werk aufgegeben wurde.

Kautz-Dreiachs-Pritschenanhänger KA 17, 1960. (Foto: Kurt Kautz)

Kautz-Dreiseitenkipper, 1960. (Foto: Kurt Kautz)

Kautz-Zweiachs-Hinterkippauflieger, 1960. (Foto: Kurt Kautz)

Kautz-Dreiachs-Hinterkippauflieger, 1967. (Foto: Kurt Kautz)

Kempf

Fahrzeugbau Kempf GmbH & Co. KG,
Bad Marienberg, Rudolf-Diesel-Str. 4

1. 1951–1963: Walter Kempf, Langenbach bei Bad Marienberg
2. 1963–2005: Walter Kempf Kipper-Anhänger-Auflieger, Bad Marienberg, Zinhainer Weg 10
3. 2005–2017: Fahrzeugbau Kempf GmbH, ab 2008 Bad Marienberg, Rudolf-Diesel-Str. 4
4. 2017 bis heute: Fahrzeugbau Kempf GmbH & Co. KG

Walter Kempf (1928–1997), ein gelernter Schmied, gründete im Frühjahr 1950 in Langenbach im Westerwald eine Werkstatt, die zunächst Vorkriegs-Lastwagen zu Zugmaschinen für die Landwirtschaft umrüstete und ein Jahr später erste Anhänger herstellte. Nachdem 1958 auch ein Dreiachs-Anhänger für 16 t Nutzlast erschienen war, folgten mit Beginn der 1960er Jahre Zweiachs-Kipper sowie zwei- und dreiachsige Pritschenwagen insbesondere für den Obsttransport.

In den frühen 1970er Jahren bildeten dann Kipper den Schwerpunkt, die aufgrund ihrer Palettenbreite sowohl in der Bauwirtschaft als auch im Speditionsgewerbe ihre Abnehmer fanden. 1978 folgten Stahlpritschen-Auflieger mit Spriegel und Plane sowie mit »orientalischem Aufbau«, die in den Nahen Osten verkauft wurden.

Mit den bewährten zwei- und dreiachsigen Anhängern, den Aufliegern und Neuentwicklungen und vor allem von Kippkasten-Aufliegern in Aluminiumtechnik für den Getreide-, Obst-, Kartoffel- und Zuckerrübentransport konnte das Unternehmen den durch die politischen Umstände verursachten Exportrückgang ausgleichen und weiterhin dynamisch wachsen.

Im gleichen Jahr gründete Kempf eine Tochterfirma in Kowary (Schmiedeberg) in Polen, die vor allem Kippbrücken für die Chassis fertigt. Die 1992 präsentierte Kasten-Hinterkipper-Baureihe SKM 32/3 und die Großraum-Hinterkipper mit Jetstream-Spanten und zwei hinteren Türöffnungen bildeten die ersten Modelle mit Feinkorn-Technik.

Für den Landhandel präsentierte Kempf die zwei- und später dreiachsigen »getreidedichten« Kipper der Baureihen HKD 18 und HKD 24, die mit einem Spriegelverdeck und auf Wunsch mit einem Getreideschieber zur dosierten Entleerung ausgestattet waren.

Mit dem Tandemanhänger THKD 16 und 18 für 16 oder 18 t Gesamtgewicht steuerte Kempf eine weitere zukunftsträchtige Kipper-Baureihe für den Baustellenverkehr und den Getreidetransport bei.

Für die Getränkelogistik entwarf Kempf den Auflieger SPTG-B 34/3 mit einem mehrfach gekröpften Trägerchassis zur zusätzlichen Aufnahme von PET-Flaschenkästen. Der »Getränkesattel« verfügt über ein ein- oder beiderseitig hebbares Dach, so dass der Stapler problemlos das Fahrzeug be- und entladen kann. Zur Jahrtausendwende erschienen Auflieger

Kempf-Hinterkippauflieger SKM 32/2, 2000.

mit einem Hochbord-Kastenaufbau für Agrarprodukte. Die palettenbreiten Drehschemel-Kipper HKD 18 P und 24 P wurden mit 1,9 m hohen Bordwänden weiterhin optimiert. Im Bereich der Kipperfahrzeuge standen dreiachsige Auflieger mit zur Seite kippbaren Hochbordkästen und Hinterkipper mit Aluminium-Halbrund- oder hochbordiger Kastenmulde der Baureihe SKM 32/2 für Schüttgüter bereit.

Im Jahre 2005 bot Kempf seinen Kunden Standard- und Großraummulden in Stahl-, Aluminium- und Bimetall-Konstruktion. Im folgenden Jahr zählte eine kompakte Rundmulde in Leichtmetalltechnik zum Repertoire des Unternehmens, die eine Alternative zum klassischen Vierachs-Muldenkipper bildet und 6 t mehr Schüttgut aufnehmen kann. Die 2010 erschienene kompakte Stahlmulden-Version SKM 35/3 SRB für grobes Schüttgut und die Leichtmetall-Version SKM 35/3 ARB zur Aufnahme von weichem Schüttgut zeichnen sich durch ihr Leichtgewicht aus.

2013 wandte sich Kempf auch der Konstruktion eines Innenladers für Betonfertigteile zu. 2015 folgte der isolierte Muldenkipp-Auflieger SPB 36/3 als Spezialtransporter für 26,5 m³ Asphalt. Der Rollbandboden ermöglicht den Entleerungsvorgang in Bereichen, wo ein Kippen nicht möglich ist. Für die Entsorgungswirtschaft gesellte sich ein Pritschenanhänger mit automatischem Be- und Entladesystem per Rollboden hinzu. Und der Kastenkipper SKM 35/3 AK mit zwei Kippstempeln und einem Fassungsvermögen von 53 m³ ging 2013 an den Start.

Im Jahre 2016 führte Kempf den »Bioliner« unter der Typenbezeichnung SKM 35/3 AK mit einem Tankaufbau vor, der für die Belieferung von Biogas-Anlagen entwickelt wurde. Die Konstruktion ermöglicht es, dass der Auflieger auf der Hinfahrt feste Stoffe oder Schüttgüter aufnehmen kann.

Kempf-Hinterkippauflieger SKM 35/3 SR mit Stahl-Halbrundmulde, 2009.

Kempf-Hinterkippauflieger SKM 35/3 AU mit Aluminium-Kastenmulde, 2009.

Kempf-Tandemachs-Dreiseitenkipper THKD 18 mit Jetspanten, 2001.

Kempf-Auflieger mit Behältern für flüssiges Metall, um 2016.

Keppler

Keppler Fahrzeugbau GmbH, Appenweier, Industriestr. 5
2001–2009

Das 1949 in Bühl gegründete Aufbauten-Unternehmen verlegte 1990 mit neuer Umfirmierung seinen Sitz nach Appenweier. 2001 führte Keppler den ersten Auflieger mit Schiebeplanenaufbau und einer gelenkten Achse vor. 1992 entstanden die Getränke-Klappkoffer auf Kässbohrer-Tandemachs-Chassis ZA 18 L. Auch Drehschemel-Fahrgestelle nutzte das inzwischen aufgelöste Unternehmen.

Keppler-Kofferauflieger mit zwangsgelenkter Achse, 2001.

Keppler-Getränkezug»Pro-Sero« mit Tandemachser, 2004.

Kettmann

Fahrzeugbau B. Kettmann, Berlin, Alt-Kaulsdorf 40
Um 1960

Einen Spezial-Tieflader zum Transport von Gabelstaplern stellte der Schmiedemeister Bernd Kettmann her.

Keufen

Theod. Keufen, Fahrzeugfabrik, Aachen, Emmichstr. 15, ab 1946 Lütticher Str. 28, 1936–1949

1936 trat dieses Unternehmen erstmals im Anhängerbau auf. Der Schell-Plan teilte dem Unternehmen den Bau von Einheits-Anhängern und Kippern bis 8 t Nutzlast zu.

Kfl Brand-Erbisdorf

Kfl Brand-Erbisdorf, Brand-Erbisdorf, 1983–1990

Dieser Kreisbetrieb für Landtechnik fertigte Tieflader mit bislang unbekannten technischen Daten.

Kreisbetrieb für Landtechnik/Kfl Gadebusch

Kfl Gadebusch BT Roggendorf, Roggendorf, Breesener Str. 5
1. 1970er Jahre bis 1990: Kfl Gadebusch BT Roggendorf
2. 1990–2000: Landtechnik Roggendorf
3. 2000–2006: Fahrzeugbau Roggendorf
4. 2006 bis heute: Fahrzeugbau Roggendorf GmbH

Viehtransportanhänger der Baureihen HL 50.88 und HL 51.88 stellte dieser Betrieb in Nordwestmecklenburg her. Nach der Wende wurde der Spezialfahrzeugbau als Landtechnik Roggendorf privatisiert. Daraus entstand im Jahre 2000 der Fahrzeugbau Roggendorf, der aber schon 2006 nach der Insolvenz aufgeben musste. Nun engagierte sich die Josef Finkl KG in Bissingen an dem Unternehmen, das als Fahrzeugbau Roggendorf GmbH weiterhin in der Herstellung von Spezialanhängern, Karosserien und Fahrzeugaufbauten tätig ist. Die Spezialität des 43 Mitarbeiter starken Werkes stellen die auf Kundenwunsch gebauten Zweiachs-Anhänger mit vier Etagen für Ferkel, mit drei Etagen für Schweine und mit zwei Etagen für Rinder dar.

Kfl Potsdam

Kfl Potsdam, Potsdam, 1980er Jahre

Dieser Kreisbetrieb für Landtechnik stellte ab den 1980er Jahren den Sattelauflieger HTS 30.10 her.

Kiepe

Kiepe Fahrzeugbau KG,
Oberhausen (Rhld), Mülheimer Str. 306–312, 1949

Theodor Kiepe gründete 1906 eine Spezialwerkstatt für die Reparatur elektrischer Bogenlampen, aus der sich 1940 ein Unternehmen für elektrische Schaltanlagen im Fahrzeugbau, insbesondere bei Obussen und Straßenbahnen entwickelte. Nach der Währungsreform beteiligte sich Kiepe auch mit Anhängern und Spezialanhängern für den Transport von Möbeln, Milch, Benzin und Langmaterial im Fahrzeugbau. Mit dem wieder begonnenen Obus-Bau, insbesondere für den Export, konzentrierte sich Kiepe wieder auf die Schaltungstechnik.

Kiffe

Fahrzeugfabrik F. Kiffe Söhne,
Münster, Albersloher Weg 54, 1936–1952

Fritz Kiffe sen., Theodor Kiffe und Fritz Kiffe jun. gründeten 1922 die Fahrzeugfabrik F. Kiffe Söhne (FKS), die sich zunächst mit dem Handel und dem Service von Büssing-Nutzfahrzeugen befasste. 1936 ergänzten erste Anhänger das Fahrzeugprogramm und im Schell-Plan wurde die FKS mit dem Bau von Einheits-Anhängern und Kippern bis zu 8 t Nutzlast berücksichtigt. Nach der Währungsreform versuchte Kiffe mit 3- bis 11-t-Pritschenwagen sowie 3- und 5-t-Zweiseitenkippern mit handhydraulischer Betätigung am Wiederaufbaugeschäft in Deutschland zu punkten.

Eine Spezialität bildete der 1,5-t-Drehschemelanhänger für den Opel »Blitz« oder für den Borgward-Kleinlaster. Weiterhin umfasste das Fertigungsprogramm Lkw- und Omnibus-Aufbauten, gewöhnlich auf Büssing-Modellen sowie Tankanlagen und Kippaufbauten zur Aufnahme und zum Absetzen von Heizöltanks.

Die Einrichtungen am Münsterer Haverkamp wiesen große Hallen und auch einen Gleisanschluss auf. Daraus ergab sich, dass die FKS auf Weisung der Alliierten nach dem Krieg mit der Instandsetzung von Eisenbahnfahrzeugen begann, was sich inzwischen zum Hauptbetätigungsfeld des Unternehmens entwickelt hat.

Kiffe 1,5-t-Anhänger, 1950. (Foto: Kiffe Söhne)

Kiffe 3-t-Zweiseitenkipper, 1950. (Foto: Kiffe Söhne)

Kiffe 3-t-Kofferanhänger, 1950. (Foto: Kiffe Söhne)

Kiffe-Heizöltankwagen, 1952. (Foto: Kiffe Söhne)

Kirsten

Peter Kirsten, Trier, Gerberstr. 21/25 und Deutschherrenstr. 30
1949–1989: Peter Kirsten, Trier-Gerberstr. 21/25 und Deutschherrenstr. 30, ab 1989 Niederkircher Str. 4
1989 bis heute: PEKI GmbH Karosserie- und Fahrzeugtechnik, ab 1990 Osburg bei Trier, Am Neuhaus 2

Peter Kirsten richtete 1937 einen Fahrzeugbau-Betrieb ein, der von 1949 bis 1954 zwei- und dreiachsige Normal- und Kippanhänger herstellte. Nutzlasten von 3,5 bis 18 t konnten bei diesen Modellen befördert werden. Rund 2000 Anhänger entstanden unter dem 1954 eingetragenen Markennamen PEKI (für Peter Kirsten).

Mit dem Bau von Einachsanhängern für Getränkehersteller und Brauereien betrat das Unternehmen 1955 ein zukunftsfähiges Neuland. Im gleichen Jahr entstanden die ersten Getränkeaufbauten, denen 1967 die ersten Verkaufsanhänger folgten. Mitte der 1970er Jahre begann PEKI mit der schrittweisen Umstellung des Programms auf den Bau von Fahrzeugen für die Brau- und Getränkewirtschaft, darunter Getränke-, Verkaufs-, Kühl- und Transportfahrzeuge.

1990 errichtete PEKI ein neues Werk in Osburg bei Trier. Für den Massentransport von Getränkekästen stieg PEKI zur Jahrtausendwende in den Curtainsider-Aufbau auf Tandemachser und Aufliegern um.

Peki-Großraum-Getränkesattelauflieger mit Kröpfung und Hubdach, 1998.

Peki-Großraum-Getränkesattelauflieger »Peki Cargo King«, 1999.

Klaeser

Klaeser-Fahrzeugbau GmbH,
Herten, Hohewardtstr. 333–335, 1981 bis heute

Die renommierte, 1954 gegründete Hans Klaeser-Spedition gründete 1981 eine Schwestergesellschaft, die sich auf den Bau von Behälterfahrzeugen für den Mineralöl- und Chemikalien-Transport konzentriert, die im eigenen Transportunternehmen eingesetzt, aber auch verkauft werden. Je nach Anforderung und Einsatzart fertigt dieses Werk selbsttragende Auflieger in Zylinder- oder abgerundeter Kofferbauart auf einem Trio-Aggregat. Auffallendes Merkmal der Klaeser-Fahrzeuge ist die Beschichtung der säurebeständigen Edelstahltanks mit einer Chromlegierung und dem Klaeser-Schriftzug.

Schon zwei Jahre später erweiterte der Klaeser-Fahrzeugbau den Fertigungsbereich auf Behälterfahrzeuge zum Transport von Lebensmitteln und Getränken, wobei auch hier die kundenspezifische Ausführung im Vordergrund steht.

Klaeser-Edelstahl-Tankanhänger mit 12 m³ Fassungsvermögen und vier unabhängig wirkenden Heizkreisen, 2007.

Klaeser-Edelstahl-Tankauflieger mit vier Kammern, 2017. (Foto: Klaeser)

Klaeser-Willig-Tankauflieger für den Schmieröltransport, 2018.

Um die Jahrtausendwende standen Zweiachsanhänger für 16.000 und Großraum-Auflieger für 56.000 Liter Aufnahmevermögen mit einer variablen Anzahl von Kammern und mit Schwallblechen im Angebot. Auch isolierte und beheizbare Versionen standen jetzt zur Verfügung. Seit Mitte des ersten Jahrzehnts konzentriert sich die Ausführung der Behältergrößen auf 26.000 bis 36.000 Liter. Exportausführungen werden aber auch zur Aufnahme von 55.000 Liter Flüssigkeiten angeboten.

Ein Auflieger zum Transport von Bitumen in gummierter Ausführung oder aus einem Spezialstahl mit Unterwegs-Beheizung erweiterte das Klaeser-Angebot. Ab 2008 stehen Fahrgestelle aus Bau- oder Edelstahl mit verschiedenen Achsaggregaten für die kippbaren Ausführungen zur Verfügung, wobei lift- und anlenkbare Achsen bei Leerfahrten genutzt werden können. Anfang 2012 konnte das Unternehmen die Fertigstellung des 1000sten Fahrzeugs feiern.

Klaus

Fahrzeug- und Maschinenfabrik Klaus,
Memmingen, Schlachthofstr. 46
1. 1949–1953: Kaspar Klaus GmbH
2. 1953–1994: Klaus Fahrzeug- und Maschinenfabrik GmbH
3. 1994–1997: Arbau-Klaus GmbH Fahrzeug- und Maschinenbau

1907 begann die Klaus-Wagnerei als Fertigungsstätte für Kutschen, Landauer und Pferdeschlitten. Im Laufe der Zeit entstand daraus ein Industrieunternehmen in Memmingen, das gegen Ende der 1940er Jahre im

Klaus-Werbeanzeige, 1953.

Klaus-Auflieger für 8 m³-Transportbetonmischer von Stetter, 1980.

Karosseriebau, in der Erfindung des Bremsluft-Kippers sowie in der Krantechnik aktiv war. 1964 spaltete sich der heute weltweit führende Hersteller von Multiparking-Anlagen unter dem Namen KLAUS Multiparking GmbH ab.

Nach der Währungsreform erschienen die ersten zweiachsigen 3- bis 8-t-Zweiachs- und die dreiachsigen 11,5-t-Dreiseitenkipper der LK-Baureihen. Klaus nutzte hier angeblich als erster Hersteller die Bremsluft-Technik für den Kippvorgang. Die in einem Längskessel gespeicherte und komprimierte Druckluft, erzeugt durch den Luftpresser des Motorwagens, strömte beim Kippvorgang in ein oder zwei Druckluftkessel und drückte dabei den einen oder beide Stempel nach oben.

Für den Straßenverkehr entstanden Spezialfahrzeuge zum Verladen von Steinpaketen und Fertigbau-Elementen. Das Spitzenmodell dieser Technik bildete der dreiachsige Auflieger KM 32 mit zwei hydraulisch arbeitenden Kränen. Und die in dieser Zeit eingeführte »Rekord-Sattelautomatik« sollte das automatische Aufnehmen des Aufliegers erleichtern. Weitere Produkte bildeten Auflieger-Chassis für die großen Fahrmischer der benachbarten Firma Stetter GmbH und Hinterkipp-Auflieger der Baureihe SRKMA 22-38 für 25 t Nutzlast mit Trio-Aggregat, wobei zwei Achsen bei Leerfahrt liftbar waren.

Mit dem verstärkten Aufkommen des Kombi-Verkehrs mit Containern und Wechselaufbauten wandte sich das bayerische Unternehmen 1965 einerseits von Absetzeinrichtungen auf Motorwagen, andererseits der Konstruktion von Umsetzanlagen auf Sattelaufliegern zu, um das Transportfahrzeug unabhängig von stationären Krananlagen zu machen. Die spektakuläre Entwicklung des Dipl.-Ing. Wolfgang Metzeler mündete in der Vorstellung der ersten Prototypen eines Seitenladers vom Typ KSL 284 für 20‘-Container. An beiden Enden des Container-Aufliegers befanden sich zusammenklappbare Hydraulikarme, die den Container auf- und absetzen konnten. Auch im Bereich von Paletten, Müllbehältern, Betonfertigteilen und »sonstigen unverpackten und großflächigen Gütern« sollte der Seitenlader von großem Nutzen sein. Nach Anlaufen der Serienproduktion folgte 1980 die größere Ausführung des Lade-Transportfahrzeugs KM 32/SAC für den Transport und Umschlag von 30 für 40‘-Containern, wiederum auf dreiachsigem Aufliegerfahrgestell.

Zu Beginn der 1980er Jahre war das Klaus-Unternehmen noch mit Anhängern, Kippern und Aufliegern sowie Sonderfahrzeugen und Lkw-Aufbauten vertreten.

1966 verfeinerte Klaus das Bremsluftkipper-Programm. Ein Zentralrohrrahmen bildete den tragenden Körper der zwei- und dreiachsigen Dreiseitenkipper. Gleichzeitig diente der Rohrrahmen als Luftbehälter für die beidseitigen, an Traversen angebrachten Kippstempel. Über Steuerventile wurde jeweils ein Luftzylinder beim seitlichen Kippen betätigt; beim Hinterkippen wurden beide Luftzylinder mit Druckluft beaufschlagt, die innerhalb von 3 Sekunden die Pritschen anhoben.

Als die Bundeswehr im Rahmen der Einführung der 2. Fahrzeuggeneration nach neuen Lösungen für die Aufbauten nachdachte, lieferte Klaus 1993 einige 20‘-Seitenlader zur Erprobung.

Im weiteren Spezialfahrzeugbau entstand ein fünfachsiger Auflieger mit längsverschiebbarem, hydraulisch arbeitendem Kranaggregat als Typ KM 32-298, der nach beiden Seiten mit einer Hublast von bis zu 32 t arbeiten sowie 20‘- oder 40‘-Container aufnehmen und absetzen konnte.

Nach einem Vergleich im Jahre 1997 wurde das Unternehmen aufgelöst; das umfangreiche Firmenareal steht seitdem leer.

Die Firma Trautwein Fahrzeugbau in Benningen hat neben dem Weiterbau der Garagentransporter die Reparatur und Wartung der Seitenlader übernommen.

Klaus-Seitenlader KM 26-298 für den Container-Transport, 1997.

Kleinhenz & Schaefer

Kleinhenz & Schaefer GmbH, Maschinenfabrik, Eisenkonstruktionen, Kesselschmiede, Wagen- und Apparatebau, Mainz-Mombach, Verlängerte Rheinallee 93, 1925–1928

Neben Straßenbaumaschinen bot dieses Unternehmen unter dem Namen »KleinSchaefer-Anhänger« luft- oder luftbereifte Normalanhänger für 2,5 bis 5 t Tragkraft, hydraulisch betätigte Kipper, Tankwagen mit auf Wunsch tiefliegendem Kessel, Bauwagen, Einachsanhänger für 2,5 t Nutzlast, Auf-

Kleinhenz und Schäfer-Spezialanhänger mit ausfahrbarem Hinterwagen zum Transport von Sägegattern für die Reichswehr, 1934.

lieger sowie Fahrzeuge für den Kommunaldienst an. Im Spezialfahrzeugbau entstanden Tieflader mit abziehbarer Hinterachse und Stützrädern zum Transport von Kleinlokomotiven, Straßenwalzen, Kabeltrommeln und Transformatoren bis zu einem Gewicht von 30 t. Hinzu kamen Aufbauten auf Lkw-Fahrgestellen.

Kleinhenz und Schäfer-10-t-Spezialanhänger zum Transport von Straßenwalzen, Baulokomotiven und Kabeltrommeln, 1934.

Kleinhenz und Schäfer-5-t-Zweiseitenkipper mit handhydraulischer Kippvorrichtung, 1934.

Kleinhenz und Schäfer-Auflieger für den Kohlentransport, 1934.

Kleinhenz und Schäfer-Tankwagen, 1934.

Kloos

Kloos Fahrzeugbau GmbH, Wilnsdorf, Am Sonnenberg 21
2015 bis heute

Nach jahrzehntelanger Erfahrung im Vertrieb und in der Herstellung von Nutzfahrzeugen machte sich Thomas Kloos selbstständig und gründete ein Fahrzeugbau-Unternehmen, das sich auf die Herstellung von dreiachsigen Großraum-Aufliegern konzentriert. Die kippbaren »Ferrotrailer«-Stahl- und die Aluminium-Mulden mit einer Größe von 55 m³ werden in glattwandiger oder gesickter Ausführung ausgeführt. Ein fünfachsiger Spezialauflieger krönt die Ingenieur-technische Leistung dieses Betriebes.

Kloos-Hinterkippauflieger mit Großaummulde, 2015.

Ködel & Böhm

Ködel & Böhm GmbH Industrieprogramm, Lauingen/Donau, 1963–1969

Aus der 1870 von Michael Ködel errichteten mechanischen Werkstatt entstand 1890 eine überaus erfolgreiche Dreschmaschinenfabrik, die in den 1930er Jahren die Spitzenposition in Europa einnahm. 1909 hatte der Gründer das Unternehmen an seinen Sohn Wilhelm Ködel und seinen Schwiegersohn Paul Böhm weitergegeben; das Werk übernahm jetzt die Firmenbezeichnung Ködel & Böhm (K & B). Unter der Leitung von Wilhelm Ködel stieg das Landmaschinen-Unternehmen mit einer Belegschaft um 1963 auch in den Anhängerbau ein. Mit zwei- und dreiachsigen Pritschenanhängen mit Nutzlasten von 5 bis 16 t für den Nah- und Fernverkehr, elektro-hydraulisch betätigte Dreiseiten- oder druckluftbetätigten Zweiseitenkippern auf gekröpften Rahmen, mit Aufliegern und Tiefladern beteiligte sich K & B auf diesem Markt. Eine Besonderheit stellte der 3,3-t-Pritschenwagen mit einer Achsschenkellenkung dar.

Mit der Übernahme des Werkes durch die Kölner Deutz AG endete der Fahrzeugbau.

Ködel & Böhm-Prospekttitel, 1967.

Ködel & Böhm-Dreiachs-Pritschenanhänger für den Ferntransport A 3-22, 1965.

Kögel

F. X. Kögel, Karosserie-Fahrzeugbau, Ulm, Söflinger Str. 96

1. 1935–1945: F. X. Kögel, Neu-Ulm, ab 1937 Ulm, Blaubeurer Str. 66
2. 1945–1956: F. X. Kögel Karosserie- und Fahrzeugbau, Ulm, Söflinger Str. 96
3. 1956–1991: F. X. Kögel Fahrzeugwerke GmbH & Co., ab 1956 Ulm-Donautal, Daimler Str. 18
4. 1991–2004: Kögel Fahrzeugwerke AG, ab 1999 Burtenbach, Industriestr. (Am Kögel-Werk) 1
5. 2004–2009: Kögel Fahrzeugwerke GmbH
6. 2009 bis heute: Kögel Trailer GmbH & Co. KG

Kögel-12-t-Zweiachs-Druckluftkipper, 1955.

Ein Anfang mit mehreren Rückschlägen

Wagnermeister Franz Xaver Kögel (1910–2007) übernahm 1934 die Wagnerei seines Lehrherrn in Neu-Ulm, die sich mit Reparaturen und Karosseriebauten befasste. Schon ein Jahr später konnte Kögel seinen ersten Pferdezug-Anhänger und seinen ersten Kipper ausliefern. 1937 verlegte er die Betriebsstätte in eine eigene und größere Anlage nach Ulm. Die NS-Rüstungswirtschaft verpflichtete das Werk zu Beginn des Krieges, Teile für Militärfahrzeuge insbesondere der Marke Magirus zu fertigen. 1945 konnte Franz Xaver Kögel nach Kriegszerstörung die Gebäude wieder aufbauen lassen; gleichzeitig ließ er eine weitere Fertigungsstätte im einstigen Heereszeugamt in unmittelbarer Nähe zum Magirus-Werk einrichten, wo neben Fahrerhäusern Pritschen und Spezialaufbauten sowie Landwirtschafts-Anhängern auch wieder erste Lkw-Pritschenwagen und Kipper in Einzelanfertigung entstanden. Allerdings vernichtete 1948 ein Großbrand diese Produktionsstätte, so dass der Aufbau erneut gemeistert werden musste. Der Umzug in ein neues Werksgelände im Industriegebiet Donautal im Jahre 1956 ließ das Unternehmen von der handwerklichen zur industriellen Fertigung von Fahrzeuganhängern übergehen; die beiden Ulmer Betriebe wurden aufgegeben.

Mit Normalanhängern und Spezialitäten auf Erfolgskurs

Das erste Serienprogramm des Kögel-Werkes bestand neben Lkw-Aufbauten aus zweiachsigen Fernverkehrsanhängern der N-Baureihen, wobei das N für »Normalanhänger« und die nachfolgende Ziffer für die Nutzlast standen. Im Kipperbereich fertigte Kögel Zwei- und Dreiseitenkipper mit Druckluft- und hydraulischer Kipptechnik. Zweiachsige Pritschen-Auflieger, dreiachsige Thermos-Anhänger und zweiachsige Kesselwagen für den Zementtransport rundeten das Programm ab. 1952 ergänzte ein dreiachsiger 18-Tonner das Kögel-Nutzfahrzeug-Angebot. Und 1956 stellte Kögel als erster deutscher Hersteller einen ersten Aufbau für das Straße/Schiene-Kombisystem vor.

Kögel-Kippsattelauflieger, 1965. (Foto: Ralf Weinreich)

Im Bereich der Kühlkofferaufbauten nutzte das Unternehmen ab 1961 die »Poly-Zell«-Kunststoff-Zellenbauweise, die der Auflieger S 20 LFKK mit einem Nutzlastvermögen von 22,5 t erstmals erhielt.

In den frühen 1960er Jahren baute Kögel einen eigenen Achsenbau auf. Dieser stellte Ausgleichs-Achsaggregate mit Luftfederung, Nachlaufachsen und Lenkachsen her.

Ab 1963 führte Kögel den Kipp-Auflieger SK 16 mit Aluminium-Bordwänden für 20 t Nutzlast im Programm, der auch mit einer Beschichtung aus Asbest für den Transport von heißem Asphalt für den Schwarzdeckenbau geliefert werden konnte. Der Tieflader TI 19 AP erhielt nach hinten ausfahrbare Pendelachsen und für die Pritschenwagen nutzte Kögel ebenfalls Bordwände aus Leichtmetall. Ein Jahr später erschien im Rahmen der neuen gesetzlichen Bestimmungen auch ein dreiachsiges Aufliegerchassis in Leichtmetalltechnik für den 38-t-Zug. Den Ferntransport-Auflieger stattete Kögel mit einem eigenen 2x8-t-Aggregat und einer nachgegliederten 6-t-Achse aus. Diese war achsschenkelgelenkt und konnte bei Leerfahrten angehoben werden. Gleichzeitig führte Kögel einen Dreiachsanhänger vor, dessen Chassis und Aufbau aus Leichtmetall gefertigt waren und somit einen Nutzlastgewinn von 1,2 t erzielten. Der allerdings hohe Preis verhinderte einen durchschlagenden Erfolg.

Kögel-Innenlader für Betonteile, 1975.

Kögel-Export-Tieflade-Stahlpritschenauflieger mit orientalischem Aufbau, 1987.

1966 intensivierte das Unternehmen seine Aktivitäten im Bereich der Baustellenfahrzeuge. Die Kippanhänger mit Aluminium-Bordwänden und mit elektro-pneumatischer Verriegelung waren als Zweiachs-Zweiseitenkipper mit Bremslufttechnik, der Dreiachs-Dreiseitenkipper mit elektro-hydraulischer Kippanlage ausgestattet. Die zweiachsigen Kipp-Auflieger SK 16/38 erhielten einen mit Spanten armierten Fachwerk-Aufbau und eine herausragende Schütte für 24 t Nutzlast. Die letzte Hinterachse wurde über eine Seilzug-Mechanik gelenkt. Eine Stufe tiefer war der Typ SK 20 mit Aluminium-Bordwänden der Kippbrücke angesiedelt. Elektropneumatisch konnte der Bordwandverschluss vom Fahrerhaus der Sattelzugmaschine aus geöffnet werden.

Darüber hinaus stieg Kögel in das Metier der Silofahrzeuge ein. Die zwei- und dreiachsigen Auflieger für den Transport staubfreier Güter besaßen eine Stirnpresse zum Kippen und Löschen des Behälters. Hinzu kam ein Dreiachsanhänger mit Siloaufbau und Druckluftaggregat zum Leeren des Kessels.

Kögel auf Expansionskurs

Die hohe Nachfrage nach Thermoswagen führte 1962 dazu, das Werk 2 im badischen Karlsdorf-Neuthard bei Bruchsal aufzubauen. Als Werk 3 kam 1967 der ehemalige Fahrzeugbau Wilhelm Seibel in Hanau (Schloss Philippsruhe) hinzu, das zeitgemäß neu eingerichtet wurde. Und für den Bau von Tiefladern und Sonderfahrzeugen für den Schwersttransport gründete das Kögel-Werk mit dem Fahrzeughersteller Karl Weinmann 1969 die KAMAG Transporttechnik GmbH & Co. mit Sitz und Produktion im Kögel-Werk. Eine erneute Kapazitätsausweitung und damit eine bessere Präsenz im norddeutschen Raum gelangten 1973 mit der Mehrheitsbeteiligung an der FAKA (Fahrzeugwerke Kannenberg) in Bückeburg. Dieser als Werk 4 bezeichnete Betriebsteil konzentrierte sich auf den Lkw-Kofferund den Anhängerbau, insbesondere mit geschlossenen Aufbauten für die Bundespost. Neuheiten stellten 1969 der Tieflader S/Ti 24 mit 25-t-Brücke und der Dreiachsauflieger S 22 mit hinterer Lenkachse dar.

Kögel-Rungenauflieger für Langeisentransporte, 1987.

Kögel-Innenlader für Großflächen-Flachglas, 1987.

Kögel-Vierachs-Tiefladeauflieger für Panzertransporte, 1987.

In dieser Epoche, die von zunächst ständiger Expansion gekennzeichnet war und Kögel zu einem Aufsteiger im Anhänger- und Aufliegerbau machte, kam aufgrund des Konjunkturabschwunges im Jahre 1974 zur Auslastung der Fertigungsstätten der Betriebszweig »Lkw-Umrüstung« im neuen Werk Weingarten bei Bruchsal hinzu. Gleichzeitig versuchte Kögel mit einem stärkeren Export einen Ausgleich zu finden; so wurden Tieflade-Sattelauflieger mit überfahrbarer Doppelachse mit einer Brücke für 60 t Belastung gebaut. Und im gleichen Jahr ergänzte der Tandemachser N5T als Hinterkipper das Programm; das einstige Seibel-Werk fertigte ausschließlich dieses Modell sowie die folgenden Zentralachser.

Nach den Ansätzen der Firma Spitzer entwickelte Kögel als einer der ersten deutschen Hersteller im Jahre 1976 in Zusammenarbeit mit KAMAG einen Innenlader mit gabelförmigem Träger für die jeweils drei luftgefederten Einzelräder. Mit der absenkbaren Ladefläche konnten palettierte großflächige Güter, Fertigbauelemente und Tafelglas bis zu 24,6 t transportiert werden.

1975, auf dem Höhepunkt der damaligen Rezessionsphase, präsentierte Kögel den Tandem-Dreiseitenkipper K 12-35, der sich wesentlich leichter rangieren lässt und ein Erfolgsmodell wurde. Mit weiteren Innovationen ging Kögel 1976 in Angriff. Die drehkranzlose Tandemachs-Technik übertrug das Werk jetzt auch auf den Pritschenwagen, der immer stärker die Drehschemel-Ausführung verdrängte.

Kögel-Hinterkippauflieger HKM mit Aluminium-Kippkasten, 1987.

1977 bildete der Großraumauflieger NJ 17 mit einer liftbaren Ladefläche das Highlight des Jahres; das Fahrzeug konnte sich mit den unterschiedlichen Höhen den Laderampen anpassen. Auch der dreiachsige Kühl-Auflieger SKK 22 mit Kunststoffaufbau erwies sich als ein Zugpferd. Der eigene Achsenbau steuerte in diesem Jahr das dreiachsige Starr-Aggregat mit hydro-pneumatischem Achslast-Ausgleich bei.

Ein Jahr später baute Kögel das Werk in Karlsdorf weiter aus, um die Serienfertigung von Pritschen- und Kofferaufbauten, darunter nochmals Kofferanhänger für die Bundespost, zu vergrößern.

Ebenfalls für die Post lieferte Kögel 1979 eine größere Anzahl an Paketpost-Lastzügen mit einheitlichem Plywood-Kastenaufbau. Hinzu kamen Lafetten für 20'-Container für die Bundesbahn. Die Kögel-Tochter Innova-Fahrzeugtechnik entwickelte ein Kompaktgespann aus einem 7,5-t-Motorwagen und einem 8,8-t-Auflieger, der mit dem Führerschein der damaligen Klasse III gefahren werden konnte. Ein Jahr später ging dieser »Dreier-Brückenzug« zum Transport von Wechselaufbauten für 10 oder 12 t Gesamtgewicht in die Serienfertigung.

Stabübergabe an Herbert Kögel bei weiteren Innovationen

Ein Jahr später übertrug Franz Xaver Kögel die Geschäftsleitung des Unternehmens an seinen Sohn Herbert Kögel. Der Kühltransporter-Bau erfuhr in dieser Zeit einen Aufschwung. Weiterhin erwies sich die Tandem-Anhängertechnik als ausbaufähig. Die Deichsel des Tandemgefährts wurde jetzt in die bis zum Breitspur-Hinterachsaggregat des Zugfahrzeugs zurückverlagerte Rockinger-Kupplung eingeklinkt, so dass die Länge des Aufbaus, darunter jetzt auch mit Wechselaufbauten, vergrößert werden konnte. Wenig später setzte sich dieses Tief- und Kurzkupplungssystem auch für Kühlaufbauten durch.

1984 übernahm Kögel den österreichischen Fahrzeugbauer in Marz/Burgenland. Gleichzeitig ging das Ulmer Werk von der Einzelfertigung der Kühlaufbauten zur Serienfertigung im Baukasten-System über.

Für die Ausstattung der Bundeswehr mit Fahrzeugen der 2. Generation lieferte Kögel in dieser Zeit 1,5-t-Einachser, Zweiachser für 7 t, einachsige Container-Auflieger für 10 t und zweiachsige Container-Auflieger für 25 t Nutzlast. 1989 erregte der Gleitschubboden-Auflieger SLMG 24 die Aufmerksamkeit, der für Massengüter und Paletteneinheiten vorgesehen war.

Engagement in Werdau/Sachsen und Umwandlung in eine Aktiengesellschaft

Nach der Wiedervereinigung Deutschlands erwarb Kögel 1990 von der Treuhandgesellschaft einen Teilbereich des einstigen VEB Kraftfahrzeugwerk »Ernst Grube« in Werdau/Sachsen. Den desolat organisierten Betrieb baute Kögel mit hohen Investitionen zu einem modernen und leistungsfähigen Hersteller von Anhängern auf. Als im gleichen Jahr der Pachtvertrag des Zweigwerkes in Hanau im Schloss Philippsruhe auslief, kaufte Kögel das Unternehmen Kautz & Sohn in Altenstadt. Dorthin wurde die gesamte Tandemachser-Fertigung konzentriert. Und schließlich kam mit der Öffnung der Grenzen zum Osten eine Produktionsstätte in einem ehemaligen Stahlbaubetrieb in Polen als Marcam Kögel S.A. hinzu, der Fahrzeugkomponenten für die deutschen Kögel-Werke fertigte.

In diesem Zeitpunkt bildeten Kühlfahrzeuge, jetzt »Eurocooler« genannt, tief- und kurzgekuppelte Tandemanhänger, Großraum- und Kipp-Auflieger die Schwerpunkte der Kögel-Produktion. Als Neuentwicklung kam der Bundesbahn-»Trailerzug SFSS 24« hinzu, der in ein weiteres Kombi-System Straße/Schiene einsteigen sollte. Der luftgefederte »Road-Railer«-Auflieger konnte auf zwei Eisenbahn-Drehgestelle aufgelagert werden, wobei die Zugmaschine mit Druckluft Hilfestellung gab. Das somit zum Waggon gewordene Fahrzeug war für eine Zuggeschwindigkeit bis 140 km/h vorgesehen.

Die enorme Nachfrage nach Anhängern und Aufliegern nach dem Ende der Teilung Europas erforderten hohe Investitionen in die Vergrößerung der Fertigung. Um diesen Kapitalbedarf zu bewältigen, wurde das Kögel-Werk 1991 als erster deutscher Anhänger- und Aufbauten-Produzent in eine Aktiengesellschaft umgewandelt. Mehrheitseigner wurde eine Münchener Investorengesellschaft; die Familie Kögel schied somit aus dem Unternehmen aus. Im gleichen Jahr konnte ein Lizenzabkommen mit dem tschechischen Auflieger-Hersteller Orlican in Chocen (Chotzen) geschlossen werden; diese Firma fertigte nach Kögel-Vorgaben komplette Kühlfahrzeuge und Großbaugruppen. 1996 gliederte die Kögel-Beteiligungsgesellschaft dieses Unternehmen unter der Bezeichnung Kögel a.s. in den Firmenverbund ein. 1992 schloss Kögel mit dem Jinan-Auto-Refitting FactoryUnternehmen, mit der seit 1989 Kontakte im Kühlfahrzeugbau bestanden, ein Joint Venture-Geschäft, aus dem die Jinan Kögel Special Automobile Co. Ltd. hervorging. Weitere Joint-Venture-Abkommen kamen mit der Gründung des Gemeinschaftsunternehmens Jinan

Kögel-Volumen-Gliederzug mit Wechselaufbauten und Niedrigrahmen-Tandemachser, 1997.

Kögel-Hinterkipp-Zweiachs-Auflieger SKHL mit Aluminium-Rundmulde, 1998.

Hongqi-Kögel Trailer Marketing Co. Ltd. für die Fertigung von Aufliegern mit Trockenfrachtaufbauten und mit der Jinan SAF Axle Co. Ltd. unter Beteiligung der österreichischen Kögel-Manz Ges. mbH zur Produktion von Achsen hinzu.

Mit der Kässbohrer-Teilübernahme an die Spitze

Mit der spektakulären Übernahme der Kässbohrer-Nutzfahrzeugproduktion (außer dem Behälterfahrzeugbau) im bayerischen Burtenbach im Jahre 1993 stieg Kögel zeitweise zum führenden Hersteller von Aufbauten und Fahrzeugen für die Bauwirtschaft mit einem Marktanteil von 17 Prozent auf.

Die einzelnen Baugruppen erhielten im Zuge der Eingliederung der einstigen Kässbohrer-Produktion zeitgemäße Bezeichnungen. »Eurotrailer« stand für die Auflieger, »Eurocombi« für die Wechselfahrzeuge, »Eurobox« für die Trockenfrachtkofferfahrzeuge, »Eurocooler« für die freitragenden Fahrzeuge mit temperaturgeführter Ware und »Eurokipper« für die Dreiseiten-Kippauflieger.

1994 verlagerte Kögel die Tandemkipper-Produktion aus dem Werk Altenstadt nach Werdau/Sachsen; das Wetterauer Werk wurde abgestoßen. 1998 startete das Unternehmen wieder den Bau der halbrunden-Leichtmetall-Kippermulden auf zwei- und dreiachsige Aufliegern, die sich in den 1970er Jahren aufgrund des damals hohen Fertigungspreises nicht durchsetzen konnte. Weitere Neuheiten bildeten ein Volumenanhänger mit Doppelstock-Ladeeinrichtung und hydraulisch-mechanischem Hubdach zum Transport von bis zu 69 Gitterboxen. Und ein Auflieger mit Gardinenverkleidung, »Curtainsider« genannt, der eine Wanne im Bodenbereich zum Transport von Coils besaß, erweiterte das Angebot.

Kurz vor der Jahrtausendwende ließ das Unternehmen die Fertigungsstätte in Burtenbach unter dem Motto »Kögel 2000« mit umfangreichen Investitionen zum modernsten Anhängerwerk Europas ausbauen, wohin auch der Sitz der Aktiengesellschaft verlegt wurde. Im Rahmen dieser Modernisierung entstand 2001 eine Anlage zur kathodischen Tauchlackierung (KTL) mit Zinkphosphatierung, so dass die Metallteile einen dauerhaften Korrosionsschutz erhielten.

2003 kam es zur Bildung von zwei Fertigungs-Kompetenzzentren des inzwischen mit einer Belegschaft von 1200 Personen starken Kögel-Unternehmens. Das Werk Burtenbach übernahm den gesamten Bau von offenen Fahrzeugen, also von Anhängern und Aufliegern mit Pritschen- und Kipperaufbauten. Das Werk im sächsischen Werdau konzentrierte sich auf die Fertigung aller Fahrzeuge mit geschlossenen Aufbauten, darunter für den Trockenfrucht- und Isoliertransport. Das bisherige zentrale, aber nicht mehr zeitgemäße Werk für die Kühlfahrzeugproduktion in Karlsdorf wurde dafür aufgegeben und 2006 an den Junge Fahrzeugbau in Barsbüttel verkauft. Mit dem Volumenauflieger »X-MAXX«, der speziell für den Transport von Gitterboxen und damit für die Teilelogistik der Automobilindustrie konzipiert war, präsentierte Kögel zu Beginn des neuen Jahrtausends wieder eine Neuheit.

Zwei Jahre später überarbeitete Kögel die Kipper-Modelle. Der Kunde konnte jetzt die Mulden in reiner Aluminiumtechnik oder als Komponentenmulde in Bi-Metallausführung, also mit Stahlboden und Aluminumwänden, bestellen, »Half-Traxx« genannt. Den Kühl-Auflieger SVKT 24 gab es jetzt in der Länge von 13,35 m sowie mit verbesserter Luftzirkulation. Die Trockenfracht-Auflieger wurden jetzt als »Paper-Box«-Modelle mit Plywood-Paneelen beplankt und als »Cargo-MAXX plus«-Version erhielt er zur besseren Be- und Entladung ein hydraulisch-mechanisch hebbares Dach.

Schwierigkeiten und Neuaufstellung

Im Zusammenhang mit der Schließung des Werkes in Karlsdorf 2003 beschloss der Großaktionär eine schicksalsträchtige Kooperation. Die französische Tochtergesellschaft Kögel France s.a.r.l. übernahm den insolventen französischen Kühlfahrzeughersteller Ets. Jean Chéreau S.A.S. in Avranches/Cedex in getrennt geführter Rechtsform. Die Herstellung der Kühlaufbauten wurde daher zum größten Teil in dem französischen Partnerbetrieb konzentriert, zumal die Chéreau-Modelle weiterentwickelt waren; Kögel lieferte hingegen die Unterbauten an. Der Kögel-Chéreau-Kühlauflieger »Cargo-BOXX iso« sollte das erste Gemeinschaftsprodukt bilden.

Zu Beginn des Jahres 2004 mussten die Kögel Fahrzeugwerke AG und die SMB selber den Antrag auf Eröffnung eines Insolvenzverfahrens stellen. Im Laufe des Jahres übernahm die Trailor Holding GmbH in München Teile der Kögel AG, die unter der Firmierung Kögel Fahrzeugwerke GmbH das Unternehmen weiterführte. Chéreau war von der Insolvenz nicht betroffen und wurde wieder selbständig: allerdings stand Kögel jetzt ohne

Kögel-Tiefladeanhänger T 24 für 18 t GG, 2001.

Kögel-Kühlkofferauflieger »Euro-Cooler«, 2001.

einen eigenen Kühlaufbauten-Hersteller da.

Die gesamte Rahmenfertigung für die Auflieger ging in das Werk in Choce . Die verlusteinfahrende Sparte Drehschemel-Anhänger-, Baustellen- und (verbliebene) Kühlfahrzeuge musste aufgegeben werden. Das Sortiment der Sattelkipper verkaufte die Trailer Holding mitsamt dem Werk Donautal an das Münchener Meiller-Werk. Der Bau der Tandemkipper und der Fahrzeuge mit geschlossenen Aufbauten verlagerte die neue Geschäftsführung aus dem Werk in Werdau nach Burtenbach. Das sächsische Zweigwerk wurde an die SAXAS Nutzfahrzeuge Werdau AG verkauft. Der Schwerlastfahrzeug-Hersteller KAMAG kam hingegen an die Transporter Industry International/TII und das kaum ausgelastete Werk 4 in Bückeburg wurde geschlossen.

Nach dieser Reorganisation bestand das zusammengestutzte Programm aus den Baukasten-Baureihen »BOXX«, »Combi«, »Cooler«, »Trailer« (für den allgemeinen Güterverkehr), »MAXX« (für Getränke-Transport und mit Wanne zu Transport von Coils und Papierrollen. 2005 zeigte sich Kögel wieder innovationsstark mit dem um 1,3 m verlängerten Planen-Auflieger »Mega Trailer« als Schrittmacher in der Optimierung der Ladefläche und dem »Cargo-MAXX rail« für den unbegleiteten Kombiverkehr auf der Schiene.

Wieder in stabilen Bahnen als Allround-Anbieter

Ein Jahr später war der Neuanfang wieder in stabilen Bahnen. Die Kögel Fahrzeugwerke GmbH konnte 2006 mit 1000 Mitarbeitern rund 12.000 Fahrzeuge fertigen, von denen zwei Drittel in den Export in europäische Länder gingen.

Am Ende dieses Jahres versah Kögel die Versionen der Auflieger mit neuen Produktbezeichnungen. Die Marke »MAXX« umfasst die komplette Bandbreite der Trailer und der Wechselverkehrs-Fahrzeuge. Unter der Marke »Foxx« bietet Kögel Standardauflieger mit Schiebeplane, Schiebeverdeck und Portaltüren an, die kostengünstig nur über das Kögel-Internetportal zu bestellen waren. Der für den Stahlmatten-Transport konzipierte Auflieger trug die Bezeichnung »Steelfix«. Der Name »Phoenixx« kennzeichnet die Fahrzeuge des Premium-Segments mit Innovationen wie etwa der Verwendung des Kohlenfaser-Verbundwerkstoffs Carbon für die Stirnwand.

Kögel-Kühlkofferauflieger in Zusammenarbeit mit Chérau, 2005.

Kögel-Curtainsider »Mega MAXX-Coil« für den Coil-Transport, 2005.

Und um als Komplettanbieter wieder in den Kühlwagenbau einzusteigen, führte Kögel den Typ »Cool-MAXX« ein. Der in GFK-Sandwich-Bauweise ausgeführte Koffer mit dem Luftverteilungssystem Climatex eignete sich besonders für Fahrzeuge mit Mehrkammer- oder Doppelstockeinrichtungen. Allerdings mussten die Beplankungsteile für die »Cooler« zugekauft werden, da das »Kompetenzzentrum Kühlfahrzeuge« in Werdau ja nicht mehr zur Verfügung stand. Der »X-Light-MAXX« folgte als Schiebeplanen-Auflieger mit reduzierter Bodentragfähigkeit für leichtgewichtige Volumentransporte.

2008 ging der 13,6 m lange Standard-Kühlauflieger mit der Climatex-Technik in den Serienbau. Darüber hinaus zeigte Kögel den auf 14,9 m ausgelegten Kühlauflieger »Big Cool-MAXX«, der somit mit zusätzlich drei Paletten einen größeren Stauraum für Kühlgüter bot, aber nur mit Ausnahmegenehmigung zugelassen werden konnte. Danach folgte der »Port-MAXX 45 duplex« als zweifach ausziehbares Container-Chassis für 45'-Einheiten. Und schließlich kam der »Cargo-MAXX strong« als leichter Standard-Planenauflieger hinzu.

In diesem Jahr erzielte Kögel einen Rekordumsatz und eine Jahresproduktion von 24.000 Modellen. Kögel hatte es damit geschafft, wieder zu den zehn größten europäischen Anhänger- und Auflieger-Herstellern zu zählen. Ein neues Werk in der Nähe von Stettin wurde geplant, das ein Jahr später in Betrieb gehen sollte. Weitere Werke entstanden für den überaus aufnahmefähigen russischen Markt in Moskau und in St. Petersburg.

Erneute Insolvenz und Übernahme durch Humbaur

Aber wieder drehte sich das Schicksal. Die durch den Zusammenbruch der amerikanischen Lehmann-Bank in Europa hervorgerufene Wirtschafts- und Finanzkrise führte zu einem dramatischen Rückgang der Absatzzahlen und damit zur Reduzierung der Produktion. Über tausend auf Vorrat produzierte oder aufgrund stornierter Aufträge nicht abgenommene Fahrzeuge mussten behelfsmäßig auf Feldern und Plätzen in der Umgebung geparkt werden. Für den Trailer-Bauer musste im Herbst 2009 erneut der Insolvenzantrag gestellt werden. Die Rettung kam jetzt durch das mittelständische Fahrzeugbau-Unternehmen Ulrich Humbaur in Gersthofen, das das angeschlagene Unternehmen übernahm. Im Rahmen der von Humbaur gepflegten Zweimarkenstrategie konzentriert sich die Humbaur GmbH nach dem Versuchsstart mit Aufliegern und Kippern auf Fahrzeuge weitgehend bis 11,9 t Gesamtgewicht. Die neugebildete Kögel Trailer GmbH & Co. KG befasst sich weiterhin mit dem Bau der schweren Auflieger für das Bau- und Speditionsgewerbe. Darunter bildete der »Eurotrailer« mit 14,9 statt den bisher üblichen 13,6 Metern Länge einen weiteren Superlativ, der wiederum nur mit Ausnahmegenehmigung genutzt werden konnte. Und unter der neuen Geschäftsführung wurde beschlossen, wieder in den Baustellensektor mit Satteltiefladern und Tiefladeanhängern einzusteigen.

Um das Transportvolumen in der maximal zulässigen Bauhöhe auszuschöpfen, stellte Kögel 2011 den »Mega perfect height«, einen Mega-Trailer mit 4 m Gesamthöhe vor. Und in den lukrativen Kipperbau stieg Kögel nach fast zehnjähriger Abstinenz wieder ein. Für den Baustelleneinsatz stand ein neuer dreiachsiger Kipper mit Halbrund-Mulde zur Verfügung. Auch der Tandemanhänger als Container-Chassis und als Fahrzeug mit Koffer-, Kühl- und Wechselpritschenaufbau kam wieder ins Programm. Im nachfolgenden Jahr erwarb Humbaur den Fertigungsbereich für Sandwichpaneele in Duingen/Leinebergland von der European Van Company. Dieses Werk war in den 1970er Jahren von dem Graaff-Waggonbau gegründet worden und hatte sich zum gefragten Zulieferer für Trockenfracht- und Kühlkoffer-Hersteller entwickelt. Mit der Humbaur Development GmbH, wenig später umbenannt in Kögel PurFerro GmbH & Co. KG war es wieder möglich, eigenständig Kühl-Kofferaufbauten herzustellen.

Kögel-Bordwand-Auflieger mit Curtainsider-Verschluss, 2010.

Kögel-Kesselanhänger für den Lebensmitteltransport, 2017.

Wiederum zeigten die Kögel-Ingenieure 2012 ihr Können. Für gasbetriebene Fahrzeuge entwickelten sie einen »CNG-Trailer«, der im Rahmen Gastanks enthielt, die die Reichweite der Zugmaschine erhöhten.

Im Jahre 2013 konnte sich Kögel wieder gemessen an den Produktionszahlen als größter Aufliegerhersteller in Europa bezeichnen. Als Neuheiten präsentierte das Unternehmen einen neuen dreiachsigen Kipp-Auflieger mit Bodenwanne aus Hardox 450-Stahl- und Aluminiumwänden oder mit einem thermoisolierten Aufbau sowie einen Pritschen-Trailer namens »Multi« für den Baustofftransport mit verstärktem Chassis und Leichtmetallwänden. Für den Baumaschinentransport folgte der dreiachsige Tieflade-Auflieger mit gekröpftem Plateau und angeschrägtem Hochbett. Für die Auflage auf eine zwei- oder dreiachsige Zugmaschine lässt sich der Königszapfen verstellen. Schließlich können neue Kühlfahrzeuge vorgestellt werden, die mit der PurFerro-Technik einen Leichtmetall-Boden und mit einer Stahldeckschicht für die Seiten und das Dach ausgestattet werden.

Die Fertigung im Jahre 2016 überschritt die Marke von 555.000 gefertigten Fahrzeugen, seit Franz Xaver Kögel 1934 den Fahrzeugbau aufgenommen hatte

Kögel-Lafette für BDF-Wechselaufbauten, 2018.

Köhler I

Willy G. Köhler, Spezialfabrik für Pkw-Anhänger, Bremen
1949–1951

Neben Einheits-Pkw-Anhängern bis zu 1 t Nutzlast versuchte das seit 1909 bestehende Köhler-Unternehmen mit einem 1,5- bis 2-t-Anhänger mit Schwingachsentechnik ins Geschäft zu kommen. Über den Erfolg ist bisher nichts bekannt.

Köhler II

Hermann Köhler GmbH & Co. KG, Elmshorn, Daimlerstr. 9

1. 1973–1990: Hermann Köhler GmbH & Co. KG, Elmshorn, Daimlerstr. 9
2. 1990–1994: Köhler-Interconsult GmbH
3. 1995 bis heute: Köhler Fahrzeugbau GmbH & Co. KG, ab 2006 Elmshorn, Carl-Zeiss-Str. 3–5

Ursprung dieses Unternehmens ist die Federschmiede von Schmiedemeister Hermann Köhler, der 1932 einfache Anhänger und Aufbauten für die Landwirtschaft herstellte. Mit einem kompletten Programm an Straßen-Nutzfahrzeugen überraschte das Köhler-Unternehmen 1973 den Markt. Zwei- und Dreiachsanhänger mit Leichtmetall-Pritschen-, Koffer und Tiefkühlkoffer in Kunststoff-Leichtmetall-Ausführung für Speditionen und Brauereien sowie mit liegenden und stehenden Siloaufbauten für Futter- und Nahrungsmittel sowie Baustoffe, Tieflader, Langmaterialtransporter, Kombi- und Sonderfahrzeuge standen im Anfangsprogramm.

Weitgehend im Baukastenverfahren erschienen 1977 in Überarbeitung die Pritschen-Paletten-Anhänger der Baureihe EP 16 und EP 22. Der neue Silo-Auflieger besaß jetzt ein Fassungsvermögen von 48 m³, und als außergewöhnliches Highlight entstand der dreiachsige Auflieger SP 303/16 mit Spanten- und Gitteraufbau mit einer Nutzlast von 66 t für den Export nach Nahost.

1978 erzielte das 200 Mitarbeiter starke Köhler-Unternehmen einen Exportanteil von 90 Prozent. Neben dem Verkauf in europäische Länder

Köhler-Prospekttitel, 1971.

Köhler-Dreiachs-Kippanhänger mit zweiteiliger Kippbrücke. (Foto: Ralf Weinreich)

erwies sich der Nahe und Mittlere Osten sowie Nordafrika als ein überaus aufnahmefähiger Markt. Insbesondere Anhänger für den Zementtransport, Pritschenauflieger und Kipper sowie Tieflader für Schwertransporte gingen in den Orient. Aus Kapazitätsgründen mussten Fremdfirmen sogar in die Abwicklung der Aufträge einbezogen werden.

In diesem Jahr ergänzten ein Auflieger mit ausziehbarer Pritsche und ein Zentralachser mit drei stehenden Silos das Sortiment. Ende der 1970er Jahre rundeten ein Silo-Großraum-Auflieger mit einem Fassungsvermögen von jetzt 62 m³ und ein Tieflader für den Schwerguttransport mit zwangsgelenkten Hinterachsen das Sortiment ab.

Für den Export in den Orient entwickelte Köhler einen Auflieger mit Kasten- und »orientalischem Aufbau«, der einen Ladekran in Fahrzeugmitte erhielt. In einer weiteren Version erhielt das Modell einen Plattformaufbau, um als Schwerlast-Sattelanhänger bis zu 70 t schwere Ölfeldgeräte aufnehmen zu können.

Mit Beginn der 1980er Jahre kamen Großraum-Auflieger mit Hochbordwand und Gitteraufsatz mit einer Nutzlast von 68 t im Exportprogramm hinzu.

Für den europäischen Markt präsentierte Köhler einen Tandemachser mit Siloaufbau, einen Abrollkipper mit drei Staubgutbehältern sowie einen im kubischen Design ausgeführten Silo-Auflieger mit einem Ladevolumen von 62 m³ mit Boden-Entleerung. Mit dem dreiachsigen Dreiseiten-Kippauflieger KOL 22 füllte 1983 nochmals ein Universalfahrzeug für den Transport von losem Schüttgut das Programm aus. Und Mitte der 1980er Jahre nahm das Werk auch einen kurzgekuppelten Tandemachser für Jumbozüge in den Fertigungsbereich auf.

Der Aufwärtstrend dieses Neueinsteigers schien ungebrochen zu sein. 1987 konnte Köhler den Hersteller Briab-Interconsult in Feldkirchen bei München des schwedischen Fahrzeugugbauers Briab erwerben. Der aus diesem Programm übernommene Hinterkipp-Siloauflieger STRT mit einem 53-m³-Behälter für Granulate ergänzte das Köhler-Repertoire.

Im gleichen Jahr beschloss Günter Köhler, da kein geeigneter Nachfolger bereit stand, den Betrieb an den schwedischen Konzern Componenta Interconsult AB zu verkaufen, der wiederum Interesse hatte, seine in Schweden gefertigten Silobehälter in Deutschland zu verkaufen. Mit der bisherigen Tochtergesellschaft Interconsult in Feldkirchen wurde jetzt die Firma Köhler-Interconsult GmbH gegründet. Aber schon gegen Ende der 1980er Jahre musste der Köhler-Interconsult-Fahrzeugbau nach abruptem Abebben des Geschäftes mit dem Irak sowie dem ganzen Mittleren Osten, vor allem aufgrund des Ersten Golfkrieges, sich nach neuen Absatzmärkten umsehen. Diesen fand das Unternehmen in Skandinavien, wohin Anhänger- und Aufliegerfahrzeuge in entsprechender Größenausführung geliefert wurden. Auf dem deutschen Markt konzentrierte sich Köhler auf Silofahrzeuge mit stehenden und liegenden Aufbauten, insbesondere für den Futtermitteltransport, darunter dreiachsige Auflieger der Baureihe STRT mit einem Volumen von 53 m³ für Granulate.

Im Angebotsfächer blieben weiterhin die Fahrzeuge mit den beiden Silo-Bauarten. Neu kam für den skandinavischen Markt der vierachsige Anhänger mit doppelachsigem Drehschemel der Baureihe PC 24 für 40 Container sowie ein Auflieger mit angedeutetem Schwanenhals (»Gooseneck«) für 45‘ Container hinzu.

Letzte Neuvorstellung im Köhler-Interconsult-Programm bildeten 1992 der Silo-Auflieger »Mega-Wiesel« mit Zwangslenkung und einem Fassungsvermögen von 51 m³ sowie die Container-Lafette CS 20/2 mit Zentralachs-Kastenrahmen.

Köhler-Stahlpritschenauflieger mit Ladekran, 1971.

Köhler-Großraum-Siloauflieger in kubischer Bauweise mit 62 m³ Ladevolumen, 1981.

Köhler-Silozug mit Euterentleerung, 1983.

Köhler-Dreiachs-Ferntransportanhänger mit Aluminium-Bordwänden, 1983.

Da das strategische Konzept der schwedischen Eigentümer, Marktführer im Silo-Fahrzeugbau in der Bundesrepublik zu werden, nicht aufging, stellte dieser das Werk zum Verkauf. Der damalige Betriebsleiter Frank H. Mohr erwarb daraufhin den Silobau und den Instandsetzungsbereich für Nutzfahrzeuge. 1995 konnte mit reduzierter Belegschaft in einem Teil der Werksanlage die Herstellung von Kesselfahrzeugen wieder aufgenommen werden. Im Jahre 2002 gab Frank H. Mohr das Familienunternehmen an seinen Sohn, Kraftfahrzeugmeister Frank Christian Mohr weiter.

Im Jahre 2006 zog das Unternehmen in ein größeres Domizil im Elmshorner Industriegebiet um. Mit 35 Mitarbeitern entstehen heute Silofahrzeuge auf Drehschemel- und Tandemachsfahrgestell.

Köhler-Interconsult-Silozug mit Tandemachser T 2-18 A, 1991.

Köhler-Interconsult-Silozug mit Auflieger BSCX 31/46 6A für 46 m³ Ladevolumen, 1993.

Köhler-Kastenauflieger für landwirtschaftliche Transporte, um 2012.

Kohr

Christian Kohr, Fahrzeugbau, Siegburg, Mahrstr. 6, 1949

Neben Pkw-Anhängern fertigte Kohr Pritschenanhänger mit 2 bis 8 t Nutzlast sowie Kipp-Anhänger.

Komnick

Franz Komnick, Automobilfabrik, Elbing, Herrenstr. 52
1. 1914–1922: Franz Komnick, Automobilfabrik
2. 1922–1930: Automobilfabrik Komnick AG

1898 machte sich der Schlossermeister Franz Komnick (1857–1938) selbständig und erwarb in Elbing eine Maschinenfabrik, die zunächst Anlagen zur Herstellung von Kalksandsteinen fertigte. Hinzu kam eine weitere stillgelegte Fabrik für Leinenweberei am Elbingfluss, in deren Werkshallen er 1907/08 die Automobil- und Motorpflug-Fabrikation aufnahm. Im Herbst 1914 begann das Unternehmen auf Weisung des Berliner Kriegswirtschaftsamtes mit dem Bau von Nutzfahrzeugen für das Militär. Die Lastwagen lieferte das Werk mit standardisierten 2- und 4-t-Anhängern aus. Nach dem Krieg entstanden weiterhin Anhänger »mit jedem gewünschten Aufbau«, unter denen der 7,5-Tonner für den Malztransport mit Vollgummibereifung ein Standard-Produkt bis zum Übergang des Unternehmens auf die Büssing-NAG bildete. Der neue Eigentümer spezialisierte das Werk auf die Zugmaschinen- und Omnibus-Fertigung.

Komnick-Hinterkipper im Lastzug mit 5-l-Motorwagen, 1926.

Komnick-Kastenanhänger für den Malztransport, 1926.

Köpf

Köpf-Fahrzeugbau GmbH,
Schemmerberg, Adolf-Kolping-Str. 1
1. 1950 bis ?: Köpf-Fahrzeugbau GmbH,
   Schemerberg, Adolf-Kolping-Str. 1
2. bis heute: Köpf Fahrzeugbau GmbH & Co. KG

1920 entstand die Firma Köpf in Schemmerberg bei Biberach und befasste sich ab 1950 mit dem Fahrzeugbau, wobei ab den 1960er Jahren Aufbauten für Viehtransporter den Schwerpunkt bildeten. 1981 kam inzwischen dominierend der Bau von Entsorgungsfahrzeugen für Schlachtabfälle, Speisereste und Sondermüll hinzu.

Ebenfalls zu Beginn der 1980er Jahre entstanden dreiachsige Auflieger für den Groß- und Kleinvieh- sowie für den Schafe-Transport. 1983 präsentierte Köpf einen Auflieger für den Lebendvieh-Transport mit Kettenhub- oder Hydraulikhubboden zur Nutzung von zwei Etagen.

Köpf-Viehtransport-Großauflieger, 1980.

Köstner

Georg Köstner Nutzfahrzeuge GmbH,
Neustadt/Aisch, Werner-von-Siemens-Str. 10–12
1. 1929–1996: Georg Köstner, Neustadt/Aisch
   Schmiedegasse 2, ab 1952 Nürnberger Str. 49
2. 1996 bis heute: Georg Köstner Nutzfahrzeuge GmbH,
   Neustadt/Aisch, Nürnberger Str. 49,
   ab 1997 Werner-von-Siemensstr. 10–12

Der Schmied und spätere Schmiedemeister Georg Köstner richtete 1906 eine Schmiede ein, an die auch ein Wagenbau angeschlossen wurde. Ende der 1920er Jahre entstanden die ersten Allzweckwagen für die Landwirtschaft. 1953 befasste sich das Unternehmen mit Aufbauten aller Art, darunter auch Vieh- und Getränketransport-Aufbauten.

Köstner-Viehtransportzug mit Köstner-Dreiachsanhänger, 2005.

1970 entstand der erste Doppelstock-Viehtransporter in dem mittelfränkischen Betrieb. Zu Beginn des neuen Jahrtausends überarbeitete Köstner-Nutzfahrzeugwerk die jetzt dreiachsigen Anhänger und Auflieger für den Transport von Lebensmitteln, Getränken und Kühlgüter. Für den Viehtransport entstanden verbesserte Modelle mit Doppelstockverladung und für die Getränkelogistik kamen Aufbauten mit Faltplane oder mit Wingliner-Falttüren auf Tandemachs-Fahrgestell zum Einsatz.

Kotschenreuther

Kotschenreuther Fahrzeugbau GmbH & Co. KG,
Wallenfels, Geusergrund, ab 1979 Pfarrer-Gareis-Str. 6
1952 bis heute

Kotschenreuther-Tandemachser mit Stahlbordwänden und Spriegelaufbau, 1985. (Foto: Kotschenreuther)

Kotschenreuther-Pritschenzug, 1983. (Foto: Kotschenreuther)

Hans Kotschenreuther (1919–2008) eröffnete 1952 einen Fahrzeugbaubetrieb im oberfränkischen Wallenfels. Erste Erzeugnisse bildeten Holztransportanhänger mit einer speziellen Lenkung sowie einer besonderen Einzelachskonstruktion. 1979 übernahm Sohn Wolfgang Kotschenreuther, Karosserie- und Fahrzeugbaumeister, das Unternehmen und verlegte es in eine größere Produktionsstätte. 1992 kam es zur Gründung eines Zweigwerkes in Jahnsdorf bei Chemnitz. Eine zusätzliche Produktionsstätte existierte von 1993 bis 1996 in Sonneberg/Thür. Der Standort in Jahnsdorf wurde 2009 an die damaligen Geschäftsführer verkauft; wird aber unter dem Namen Kotschenreuther-Jahnsdorf weitergeführt.

Im Wallenfelser Stammwerk entwickelte sich das Unternehmen zu einem Spezial-Fahrzeughersteller mit der Philosophie »System nach Maß«, wobei die Palette der Spezialfahrzeuge durch neue und innovative Ideen erweitert wurde. So entstehen Volumenauflieger mit integrierter Be- und Entladeeinrichtung, die als »Air-Cargo-Transportsystem« für die Übernahme von Luftfracht konzipiert sind. Als weitere Spezialität bietet Kotschenreuther einen dreiachsigen Megatrailer mit kleindimensionierten Rädern und gekröpftem Rahmen an. Großvolumenaufbauten für Lkw und Tandemanhänger entstehen als »Jumbofahrzeuge« sowie als weitere Besonderheit Wechselbrücken-Fahrzeuge mit Doppelstockverladung.

Mit Beginn des neuen Jahrtausends beteiligte sich die Firma Meusburger in Eging am See an dem Unternehmen. Neuheiten stellen Volumenfahrzeuge in Curtainsider-Ausführung als Hauptprodukt des Unternehmens dar. Diese können mit Kotschenreuther-Topside- oder Tarpex-System und weiteren Austattungselementen wie Stückgut-Ladesicherungssystem und Halterungen für Mitnahmestapler geliefert werden. Weitere Produkte sind Getränke-, der erwähnte Luftrachtauflieger, BDF-Fahrgestelle und Kurzholz-Transport-Aufbauten und -Anhänger, darunter ein als Tandemachser erscheinender Innenlader. In einem weiteren Bereich entstehen Modulachsen und innerbetriebliche Transportsysteme.

Im Jahre 2014 wurde das Wallenfelser Unternehmen von der Firma Meusburger Fahrzeugbau GmbH übernommen.

Kotschenreuther-Anhänger mit Hecktüren und waagerechten und senkrechten Schiebeplanen, 2018. (Foto: Kotschenreuther)

Kotschenreuther-Tandemachser mit Curtainsideraufbau, 2018.

Kotschenreuther-Getränkezug mit gekröpftem Auflieger mit Hubdach, 2018. (Foto: Kotschenreuther)

Kraemer

Georg Kraemer Fahrzeugbau GmbH & Co. KG, Erndtebrück, Melbacher Höhe 4, 1932 bis heute

Den Grundstein für das Spezialfahrzeugbau-Unternehmen legte 1817 der Schmied Johannes Kraemer. Um 1932 setzte der Kraemer-Fahrzeugbau erste luftbereifte Anhänger zusammen. 1952 entstand der erste Nachläufer für den Langholztransport mit eigener Antriebsachse. Damit hatte das Werk das Metier gefunden, in dem es bis heute erfolgreich und innovativ präsent ist. 1959 folgte der erste Selbstlenknachläufer. Inzwischen füllen Aufbauten, dreiachsige Drehschemel- und Zentralachsanhänger mit Plattform und Steckrungen sowie Auflieger mit und ohne Teleskopierbarkeit sowie bis zu vierachsige Selbstlenknachläufer das Programm der Lang- und Kurzholzfahrzeuge aus. Im zweiten Fertigungsgebiet entstehen die »Euroflat« genannten niedrigen Drehschemelanhänger mit Kippaufbau aus Rungen und zusätzlich einsetzbaren und zum Teil als Türen ausgeführten Hochbordwänden, so dass die Fahrzeuge der Ausführung K7 für wechselnde Holz- und bis zu 86 m³ Schüttguttransporte für Holzschnitzel und Pellets einsetzbar sind. Schließlich fertigt der 30 Mitarbeiter umfassende Betrieb Tandemachser mit Leichtmetall-Pritschenaufbau für den Baustofftransport.

Kraemer-Kurzholzanhänger DAah mit Euroflat K7-System, 2006. (Foto: Kraemer)

Kraemer-Kurzholzauflieger mit Ladekran für 21 t Nutzlast, 2015. (Foto: Kraemer)

Kramer I

Wilhelm Kramer KG, Gütersloh, Carl-Miele-Str. 207–209

1. 1948–1980: Kramer-Fahrzeugbau, Gütersloh-Avenswedde
2. 1980–2010: Wilhelm Kramer KG, Gütersloh, Carl-Miele-Str. 207–209
3. 2010 bis heute: Wilhelm Kramer GmbH & Co. KG, Verl, Nickelstr. 25

Bis in das Jahr 1910 reicht die Geschichte des Fahrzeugbaus der Firma Kramer zurück, wobei Anhänger für Pferdefuhrwerke den Ausgangspunkt darstellen. Nach dem Zweiten Weltkrieg spezialisierte sich das Unternehmen zwar auf Pferdetransport-Anhänger und auf Aufbauten, aber auch Straßenanhänger entstanden in den Aufbaujahren der Bundesrepublik. So war Kramer mit 1,5- bis 8-Tonnern mit Pritschen-, Kasten- und Kofferaufbauten, einem 11,5-t-Dreiachser und einem Langholzanhänger präsent. Die Fahrgestelle wurden zugekauft.

In den 1980er Jahren präsentierte Kramer in Individualanfertigung einen dreiachsigen Auflieger mit Coilmulde und Schiebeverdeck. Ein weiteres, aber einachsiges Modell war für den Gasflaschen-Transport konzipiert. Wenig später folgten ein Drehschemel-Anhänger und ein Auflieger für Möbelspeditionen. Der Anhänger konnte auch als Basisfahrzeug zur Auf-

Kramer-Pritschenauflieger mit abdeckbaren Coilmulden und Edscha-Schiebeverdeck, 1980.

Kramer-Kastenauflieger für Altglastransport, 1981.

Kramer-Spezialauflieger zum Einsammeln von Altglas oder Altpapier mit Ladekran und zwei Greiferbauarten, 1990.

nahme von Wechselaufbauten genutzt werden. Für die Entsorgungswirtschaft standen ein Auflieger mit einem mit Spanten verstärkten Kastenaufbau zur Aufnahme von Glas im Angebot.

Schon ein Jahr später folgten als weitere Sonderentwicklungen ein zweiachsiger Auflieger mit einer Technik zum automatischen Beladen mit bis zu 40 Paletten in zwei Etagen und ein einachsiger Kipp-Auflieger mit Kastenaufbau zur Aufnahme von 50 m³. 1985 machte sich das Werk an den Bau eines zweiachsigen Aufliegers mit Kastenaufbau zur Aufnahme von 20 t Schüttgut. 1989 erweiterte ein zweiachsiger Kastenauflieger mit Schubboden und elektrisch angetriebenem Pressschild sowie Schiebedach für 61 m³ Altpapier das Angebot im Entsorgungssektor. Ein Auflieger mit Schiebewandaufbau in Plywood-Bauweise für die Heck- und Seitenbeladung sowie ein Kofferauflieger mit integrierter Automatikbeförderung von 33 Autositzgestellen bildeten erneut außergewöhnliche Konstruktionen.

Ein zu Beginn der 1990er Jahre aufgebautes Zweigwerk versorgte das Stammwerk jetzt mit Fahrgestellen, so dass der Angebotsfächer sich in mehr oder minder Einzelstücken auch auf Pritschen-, Koffer-, Getränke-, Langmaterial-, Verkaufsfahrzeug-, Kipper- und Pferdetransport-Aufbauten erstreckte.

2010 ging Kramer neben dem inzwischen schwerpunktmäßigen Bau von Entsorgungsfahrzeugen verstärkt auf das Gebiet der Getränke-Tandemachser mit Klappwandaufbau über, bei denen die Oberwand auf das Dach hydraulisch hochgeschwenkt wird, und auf Autotransport-Auflieger mit Kastenaufbau, bei denen die Seitenwände sich beidseits öffnen lassen. Schließlich folgte in den frühen Jahren des neuen Jahrtausends ein zweiachsiger Kofferauflieger mit Schubbodensystem.

Kramer-Zweiachs-Kofferauflieger mit automatischem Be- und Entladesystem, 2011.

Kramer II

Kramer, Berleburg, 1968

Mit dem Bau von Langholzanhänger trat dieses Unternehmen in Erscheinung.

Krause I

Kurt Krause, Dresden, Tittmannstr. 24/26
1960er Jahre bis 1972

Der Privatbetrieb fertigte bis zur Verstaatlichung Spezialanhänger.

Krause II

Kurt Krause Fahrzeugbau und Tragfedern GmbH,
Dresden, Tittmannstraße 24, und Zwickauer Str. 123
1929–1972

Der Schmiedemeister Kurt Krause errichtete 1926 eine Hufbeschlag- und Wagenbaufirma, die er bis 1953 leitete. 1929 ging Krause zum Bau von Anhängern nach Kundenwünschen über. 1945 wurde das Werk durch den Luftangriff auf Dresden zu 80 Prozent zerstört. Nach mühevollem Wideraufbau konnte 1952 die Federnschmiede und die Härterei wieder in Betrieb genommen werden. Die Herstellung von Bau-, Werkstatt-, Oberleitungsrevisionswagen und Pritschenanhängern sowie Kippern bildete das weitere Profil. 1972 wurde das Unternehmen verstaatlicht und zu einer Betriebsstelle des VEB Kraftfahrzeuginstandsetzungswerkes Dresden umgewandelt. Nach der Wende konnte die einstige Eigentümerfamilie ihr Unternehmen zurückerhalten.

Kroll

Kroll (Tankfahrzeugbau) GmbH,
Reinbek, Gutenbergstr. 26–30
1. 1972–1997: Kroll (Tankfahrzeugbau) GmbH
2. 1997–2002: Hünert Fahrzeugbau GmbH
3. 2002 bis heute: Kar Kunz Aviation Refueling GmbH

Die 1946 in Hamburg gegründete Bruno Kroll & Co. OHG befasste sich seit Ende der 1940er Jahre mit der Herstellung von Aufsetztanks. Im Zuge des Ausbaus der Fertigungsmöglichkeiten errichtete das Unternehmen

Kroll-Einachs-Tankauflieger für 22.000 Liter Kraftstoff, 1978.

in Reinbek bei Hamburg 1972 ein zweites, eigenständiges Werk unter der Firmierung Kroll (Tankfahrzeugbau) GmbH. Das Fertigungsspektrum umfasste den Maschinen-Rohrleitungs- und Stahl- sowie den Tankwagenbau. Neben den hier beschriebenen Tankfahrzeugen entstanden im Speziellen Straßen- und Flugfeldtankanlagen, Abfüll- sowie Pipelineeinrichtungen.

Mit Leichtmetallbehältern zur Aufnahme von 22.000 Litern entstanden neben Motorwagen mit Tankaufbauten erste Dreiachs-Auflieger in selbsttragender Bauweise. Im Serienbau- und nach individuellen Kundenwünschen ging die Fertigung der Tankfahrzeuge für die Versorgung von Flughäfen und Tankstellen voran, so dass schon ein Jahr später ein respektabler 34.000-Liter-Auflieger in Doppelkeilform mit seitlichen Armaturen im Programm stand. 1975 ergänzte ein zweiachsiger Leichtmetall-Anhänger mit einem Fassungsvermögen von 16.500 Litern Benzin, Diesel und Kerosin das Tankfahrzeugangebot. Ein Jahr später stand ein Auflieger mit Rundtank für die Aufnahme von 45.000 Litern Flüssiggas zur Verfügung.

Eine Neuentwicklung stellte 1977 der einachsige Auflieger für 22.000 Liter Kraftstoff oder Heizöl dar, der im Gegensatz zum schweren Dreiachser leichter rangiert werden konnte.

In den frühen 1980er Jahren erweiterten Varianten für den Transport von Lebensmitteln, Wasser und Chemikalien das Angebot. Für die Ausstattung des Fuhrparks der Luftwaffe mit »Fahrzeugen der 2. Generation« erhielt die Kroll GmbH den Auftrag zur Lieferung der zweiachsigen Auflieger zur Aufnahme von 24.000 und 30.000 Liter Kerosin.

Nach der Tankfahrzeug-Katastrophe von Herborn befasste sich der Kroll Tankfahrzeugbau auch mit der Konstruktion eines Sicherheits-Tankwagens. Das Resultat bildete der sicherheitsoptimierte, mit niedrigem Schwerpunkt ausgeführte Dreifachkeil-Tankauflieger »Alpha TSA 40.0« mit einem Volumen von 43 m³ auf einem Dreiachsfahrgestell. Zu den weiteren Schutzeinrichtungen zählten die Untenbefüllung und die seitliche Verkleidung.

Einen weiteren Sicherheits-Tankauflieger in zweiachsiger Ausführung für 18.500 Liter nahm Kroll 1994 ins Programm. In gleicher Dimension konnte der Tanker auch als dreiachsiger Anhänger für den Verteilerzug geliefert werden.

Den Fuhrpark der Bundeswehr bereicherte Kroll im Jahre 1996 mit der Lieferung von dreiachsigen Fahrgestellen zur Aufnahme von 25-t-Containern.

Wenn auch die Kroll GmbH eine starke Stellung vor allem im Flugfeld-Tankwagenbau, darunter auch im Export nach China, verzeichnen konnte, geriet das Unternehmen in Schwierigkeiten und wurde 1997 von der Hünert Fahrzeugbau GmbH in Hamburg übernommen. Zur Auslastung dieses Standortes verlagerte Hünert die 1993 aus der Ad. Strüver Tankfahrzeuge GmbH & Co. KG ausgegliederte und ebenfalls erworbene Ad. Strüver Airport Equipment GmbH an den vormaligen Kroll-Standort. Als wiederum das Hünert-Unternehmen das Interesse an diesem Spezialhersteller von Flugfeld-Fahrzeugen verloren hatte, übernahm Karl Kunz, der zuvor in leitender Position in der Hünert-Gruppe tätig war, dieses Unternehmen mitsamt einem Teil des Fachpersonals und positionierte es als Kar Kunz Aviation Refueling GmbH.

Kroll-Dreiachs-Tankauflieger für 45.000 Liter Flüssiggas, 1978.

Kroll-Dreiachs-Tankauflieger »Alpha TSA 40.0«, sicherheitsoptimiert und mit abgesenktem Dreifachkeil-Aufbau für 40 m³ Volumen, 1979.

Krone

Fahrzeugwerk Bernard KRONE GmbH, Werlte,
Mecklenburger Str. 7, ab 1. Juli 2004 Bernard-Krone-Str. 1

1. 1948–1998: Maschinenfabrik Bernard Krone GmbH, Spelle (ab 1971 Fahrzeugproduktion Werlte)
2. 1998–2016: Fahrzeugwerk Bernard Krone GmbH, Spelle (Nutzfahrzeugherstellung Werlte, Mecklenburger Str. 7, ab 1. Juli 2004 Bernard-Krone-Str. 1)
3. 2016 bis heute: Fahrzeugwerk Bernard KRONE GmbH & Co. KG, Werlte

Von der Landschmiede zum Landmaschinen- und Anhängerhersteller

Im emsländischen Spelle gründete 1906 der Schmiedemeister Bernhard Krone (1872–1935) einen Schmiedebetrieb für Hufbeschlag und Reparaturarbeiten. Mitte der 1920er Jahre übernahmen seine Söhne Bernard (1903–1970) und Heinrich Krone (1905–1977) die Landschmiede und bauten sie zu einem Landmaschinenwerk aus. Während des Krieges konnten zunächst noch diese Geräte produziert werden, bis auch Krone gezwungen wurde, in die Rüstungsproduktion mit Bunkertüren, Fahrgestellen für Geschütze und anderen Geräten einzusteigen. Das unbeschädigt gebliebene Werk konnte nach Kriegsende die Landmaschinenfertigung wieder aufnehmen. 1948 kam eine neue Produktionshalle hinzu, in der jetzt auch der Bau von luftbereiften Anhängern für den Schlepper- und Pferdezug eingerichtet wurde. Die ständig steigende Nachfrage nach diesen Radfahrzeugen führte 1964 zum Aufbau eines Zweigwerkes im benachbarten Werlte, wo ein Teil der »Krone-Emsland«-Kipper in den Größen von 2,5 bis 8 t montiert wurde.

Als Anfang der 1970erJahre eine Flaute im Landmaschinen-Markte eintrat, wollte das Familienunternehmen unter der Leitung von Dr. Bernard Krone jun. (* 1940) gerade das nicht mehr ausgelastete Werk in Werlte schließen, als 1971 ein Auftrag von Kässbohrer in Ulm eintraf, einen Großauftrag zur Fertigung der Dreiachs-Anhänger der Baureihe DL 17 zu übernehmen. Der Bestand des Werlter Werkes war somit gesichert.

Nachdem der Lohnauftrag von Kässbohrer ausgeführt war und sich ein Auftrag einer Spedition anschloss, entschieden die Familiengesellschafter, den Straßenfahrzeugbau zum zweiten Standbein des Krone-Unternehmens zu machen. Zwei Fließbänder und ein im Fahrzeugbau inzwischen versiertes Personal standen ja zur Verfügung. Die Baukastenmethode rationalisierte darüber hinaus die Fertigung. Innerhalb kurzer Zeit stellte Krone nach Kässbohrer-Vorgaben ein Programm auf die Beine, das den Zweiachsdrehschemel-Speditionsanhänger AZP 16, den jetzigen Dreiachser ADP 22e, den dreiachsigen Pritschen- und Kasten-Kippauflieger SDKH 22e in Aluminium-Technik mit senkrechter Spantenarmierung für 25,6 t sowie das zweiachsige Wechselbrücken-Fahrzeug A2W umfasste, das für 7,8 und 8,1 m lange Behälter vorgesehen war. Den Pritschenauflieger gab es auch für den Steinpaletten-Transport mit einem unter der Ladefläche angebrachten, über eine Hydraulik ausschieb- und ausklappbaren Ladekran, so dass kein Transportraum verlorenging.

1973 löste sich Krone von den Kässbohrer-Nachbauten und stellte seine Eigenkonstruktionen im Bereich der Drehschemelanhänger und Auflieger vor. In Abkehr vom Standard-Leiterrahmen ging Chefkonstrukteur Heinz Evers zum Rahmen mit sechs längslaufenden Trägern und durchgesteckten Quertraversen über. Diese Konstruktion stabilisierte die Bodenauflage erheblich stärker, so dass die Ladefläche auch von einem Stapler befahren werden konnte. Um als Newcomer in diesem Metier Aufmerksamkeit zu erlangen, versah das Werk die Fahrzeuge mit einem hinteren Blechteil als Unterfahrschutz, das werbewirksam den eingeprägten Krone-Schriftzug trug. Dass der bahnverladbare Pritschensattel ab 1974 eine abdeckbare Coilmulde besaß, sprach sich schnell im Transportgewerbe herum. Weitere Neuheiten bildeten ein Kühlauflieger mit Kunststoff-Ausführung und in Palettenbreite sowie eine Dreiseitenkipper-Version auf den Dreiachs-Drehschemel-Anhängern.

Diversifikation des Fahrzeugbaus

Um auf dem damals lukrativen brasilianischen Markt präsent zu sein, entschloss sich Krone 1975 zur Gründung der Krone-Tochtergesellschaft Bernard Krone do Brasil Ltda. mit Sitz in Curitiba, die ab 1977 Auflieger herstellte. Hyperinflation und Konjunkturschwäche ließen eine wirtschaftliche Produktion illusorisch werden, so dass Krone sich rasch wieder von diesem Werk trennte.

Eine weitere Neuheit bildete 1975 ein einachsiger Kofferauflieger mit Zwangslenkung für die City-Logistik, dem ein Jahr später eine zweiachsige Version folgte. Später war diese Baureihe auch als Volumenauflieger im Programm. Das dreiachsige Fahrgestell des Hinterkippers erhielt eine spurgeführte dritte Achse und für den Export entstanden zweiachsige Stahlpritschen-Auflieger mit oberem Gitteraufbau für eine Nutzlast von 35 t, die 1982 auf gewaltige 50 t erhöht wurde.

1977 war die Fertigung des Senkrechstarters auf rund 2000 Fahrzeuge angestiegen, von denen die Hälfte in den profitablen Export nach Saudi Arabien und in die Ölförderländer des Nahen Ostens ging.

Einen nur kurzzeitigen Ausflug in das Tiefladergeschäft bildete 1978 der zweiachsige Auflieger für militärische und zivile Zwecke, der bis 1981 im Programm stand.

Ebenfalls 1978 erschienen die ersten zwei- und dreiachsigen Container-Lafetten der Baureihen SZC 16/2 und SDC 24/3 mit Kipptechnik. In der zweiachsigen Version lieferte Krone 1980 einige 12,5 m lange Container-Fahrzeuge an die Bundeswehr.

Technische Innovation: Tandemachser mit Kurzkupplung

1982 erregte Krone mit der Kurzkupplung für den Drehschemelanhänger erneut Aufsehen. Mittels einer ausgefeilten Umlenk-Kniehebeltechnik im Drehschemelrahmen regulierte sich dabei die Länge des Zugrohres, so dass sich die Distanz zum Motorwagen bei Geradeausfahrt auf 350 bis 450 mm reduzierte und sich bei Kurvenfahrt entsprechend vergrößerte. Der Anhänger AZP 12 zT konnte somit mit einer größeren Baulänge zwei Paletten mehr befördern. 6000 Exemplare ließen sich bis 1994 verkaufen; mit der Zulassung des 13,4-m-Aufliegers endete das Interesse an dem Kurzkuppler.

Die Nachfrage nach den Standard-Pritschen-, Kippanhängern und Kipp-Aufliegern war inzwischen so stark zurückgegangen, dass diese

Krone-Pritschenauflieger mit vierteiliger Bordwand, Spriegel und Plane, 1997.

in den frühen 1980er Jahren aus dem Programm zeitweise fielen. Den erfolgreichen dreiachsigen Auflieger gab es ab 1985 als Universalfahrzeug auch mit Steckrungen und einem in der Länge variablen Rahmen sowie mit abdeckbarer Trapezmulde für Stahl- und Aluminiumblech-Coils und auf Wunsch ab 1987 mit Einrichtung zur Doppelstockbeladung. 1988 konstruierte Ingenieur Evers den vorderen Chassisbereich des Drehschemel-Anhängers, so dass ein Niedrigrahmen-Fahrzeug entstand und damit ein höheres Ladevolumen zustande kam. Diesem »Tunnelanhänger« folgte der Standardauflieger mit ebenfalls abgesenkter Bauhöhe. Die auf 3 m vergrößerte Bauhöhe ermöglichte es, Gitterboxen in drei Ebenen aufzunehmen.

1989 führte Krone im Zuge der gesetzgeberischen größeren Längenbegrenzung auf 13,4 m die Bezeichnung »Eurotrail« für die neuen Speditionsauflieger der Baureihe SDP 27e LDH ein, die jetzt für 34 Europaletten ausgelegt und wiederum bahnverladbar waren. Und ebenfalls unter diesem Werbebegriff trat der neue kurzgekuppelte Zentralachser mit Wechselbrücke oder mit Volumenaufbau auf. Auch hier nutzte Krone die Kurzkupplungs-Kinematik, auf Wunsch in tiefliegender Version. Ein Jahr später überarbeitete der Chefkonstrukteur die Container-Auflieger mit einem ansatzweisen Schwanenhals, die Mitte der 1990er Jahre als Universalchassis mit Aufnahmeeinrichtungen für maximal 45'-Container oder für 34-Paletten-Wechselbrücken in den Serienbau gingen. Zwei- und dreiachsige Anhänger in Niedrigrahmen-Bauweise mit Kurzkupplung und mit Volumenaufbauten gingen 1990 nochmals an den Start, ohne jedoch größeren Anklang zu finden. Und verstärkt engagierte sich Krone zu Beginn der 1990er Jahre im Bau von neuen zweiachsigen Drehschemel- und zweiachsigen Aufliegern mit Plywood-Koffern für den Trockenfracht-Transport.

Im Jahre 1994 befasste sich der Trailer-Hersteller erneut mit einem Kühlkoffer-Auflieger. Das in selbsttragender Bauweise ausgeführte Modell besaß Paneele aus Stahlblech und Plywood. Im Dachbereich waren innen Fleischhängebahnen angebracht und Schiebegardinen ermöglichten das Einrichten einzelner Kühlbereiche.

Zum festen Programm gehörten seit 1996 die Volumenauflieger der Baureihe »Megatrailer« und die dreiachsigen Schiebeplanenauflieger mit einer Einrichtung für die Doppelstockbeladung sowie die Wechselbrücken-Tandemachser. Diesen kombinierte Ingenieur Evers mit einem 15,6-Meter-Auflieger, so dass ein in seinen Augen zulassungsfähiger Gliederzug entstand. Die Kombination, »Swap Trailer« genannt, erhielt dann doch keine Zulassung. Für skandinavische Fuhrunternehmer griff Krone das Prinzip des überlangen Gliederzuges wieder auf. Der 28 m lange »Longliner« bestand aus dem Sattelzug und einem mit einem doppelachsigen Dolly zum Anhänger umgerüsteten Auflieger.

Einstieg in den Kühlfahrzeugbau

Da die bisherigen Kühlfahrzeug-Entwicklungen nicht den gewünschten Erfolg gebracht hatten, nahm Krone Verhandlungen mit dem weltweit größten amerikanischen Kühlfahrzeugproduzenten Wabash National Corporation in Lafayette/Indiana für eine Auftragsproduktion auf.

Den Pritschen-Auflieger gab es jetzt auch in der Leichtbauversion mit nur noch 6,3 t Eigengewicht und der Getränkeauflieger mit einer Rahmenhalshöhe von 650 mm erhielt ein Hubdach für die problemlose Gabelstapler-Beladung. Und um die Krone-Produkte mit größtmöglichem Korrosionsschutz zu versehen, führte Dr. Bernard Krone in einem anspruchsvollen Investitionsprogramm die kathodische Tauchlackierung (KTL) mit anschließender Pulverbeschichtung im Chassisbau ein. Der Ausstoß der Fahrzeuge mit jetzt höchster Qualitätsstufe hatte in diesem Jahr die Marke von 6000 Modellen überschritten.

1998 konnte Krone die ersten selbsttragenden »Cool Liner« aus amerikanischer Fertigung anbieten. Krone lieferte für den Kühlkoffer die wichtigsten Bauteile wie Achsen und Elektrik an Wabash, der wiederum die fertigen Fahrzeuge per Schiff nach Europa transportieren ließ.

Kurz vor der Jahrtausendwende schickte Krone den luftgefederten »Safe Liner« mit Glattwand-Kofferaufbau ins Rennen. Hierbei präsentierte das Werk ein neues Auflieger-Konzept, das sich durch einen tief nach unten gezogenen Außenrahmen mit Bodenabschlussplatte, »Plankenrahmen« genannt, anstelle der Leiterkonstruktion auszeichnete. Alle tragenden Rahmenteile waren nach außen verlagert worden. Der Rahmen diente gleichzeitig als Unterfahrschutz und als Knautschzone. Im Innern der Konstruktion war der Stauraum für leere Paletten und für Ersatzräder untergebracht. Dieses Vorzeigeprodukt, das auch als Kühlkoffer gebaut wurde, erforderte jedoch seinen um 15 Prozent höheren Preis, so dass aufgrund der zu geringen Nachfrage die Bauzeit nach 800 Exemplaren schon im Jahre 2003 endete.

In traditioneller Leiterrahmen-Bauweise umfasste das Programm den Standard-Auflieger mit Bordwand oder mit Curtainsideraufbau, der unter der neuen Bezeichnung »Profi Liner« vermarket wurde.

Der imposante Anstieg der Stückzahlen führte in den späten 1990er Jahren zur strategischen Überlegung, die Rahmen- und Fahrgestell-Fertigung an Fachbetriebe zu vergeben. Verschiedene Produzenten übernehmen seitdem die Herstellung dieser Vorprodukte, so dass im Werlter Werk Teile der Komponentenfertigung, die Lackierung und die Endmontage stattfinden. Insbesondere die Brüggen GmbH des Landmaschinen-Schlossermeisters Bernd Brüggen entwickelte sich zum wichtigsten »Kompetenzpartner« von Krone und spezialisierte sich auf die Herstellung der Chassis, der Stirnwände, der Heckportale sowie der Entwicklung und Fertigung der Wechselbrücken und Boxen.

Als 1999 aufgrund der Wechselkursänderungen der US-Dollar anstieg und der Import der Kühl-Trailer unwirtschaftlich wurde, beschlossen Wabash und Krone sich an dem dänischen Kühlkofferhersteller Norfrig in Hvam bei Viborg auf Jütland zu engagieren, der zum Verkauf stand. Als kurz vor Unterzeichnung des Vertrages Wabash ausschied, gründete Dr. Bernard Krone die Tochtergesellschaft Bernard Krone A/S, die nun den Bau der Kühlkofferfahrzeuge mit GFK-Sandwichpaneelen übernahm, wobei Brüggen wiederum die Unterbauten anlieferte. Für den skandinavischen Markt baute das dänische Werk die Kofferaufbauten und Brüggen lieferte vierachsige Drehschemel-Fahrgestelle an.

Die neue Trailer-Generation mit dem Flaggschiff »Profi Liner«

Im Jahre 1998/99 überarbeitete Krone sein Aufliegerprogramm und gleichzeitig erhielten die einzelnen Baureihen ihre entsprechenden »Liner«-Bezeichnungen. Das Vorzeigeprodukt »Profi Liner« mit Pritsche oder Schiebeplane und einem auf 6250 kg reduzierten Eigengewicht führte diese Familie an und erhielt mit kleiner dimensionierten Rädern die Volumenvariante »Mega Liner« mit 100 m³ Laderaum und 3 m Innenhöhe. Wenig später folgte die Ausführung »Paper Liner« mit Schienen zur Arretierung der Papierrollen.

2004 konnte das Modell auch in der Version »Light« mit Aluminium-Stirnwand und Türen geliefert werden. Und im Jahre 2009 gliederte sich diese Standardbaureihe in die Ausführungen »Prof Liner«, in die 1000 kg leichtere Variante »Prof Liner Light«, »Mega Liner« (wahlweise mit Coilmulde), »Mega Light« sowie »Paper Liner« und »Coil Liner«. Das Paradepferd konnte auch als Type »Profil Liner Steel« mit einem variablen Rungensystem für den Transport von Baustahlmatten geliefert werden. Der »Profi Liner Light« ging in den Ausführungen »Eco Light« (mit aerodynamischer Verkleidung) und »Light ultra« über. Insbesondere für die Alpenländer bieten sich diese leichteren, aber teureren Modelle an, die günstiger auf Bergstrecken eingesetzt werden können.

Der »Mega Liner« erhielt in der Ausführung »Multos« eine hydraulische Vorrichtung zur Höherstellung des Daches und in der Version »Variofloor« zwei Beladungsebenen mit einer rechtsseitigen Be- und Entlademöglichkeit. Der »Cool Liner« aus dänischer Produktion wurde wenig später mit einer internen Luftzirkulation verbessert. Das Brüggen-Werk in Lübtheen ergänzte das Kühlkoffer-Programm ab 2007 mit Aufbauten und Deckschichten. Für kurze Zeit bot Krone einerseits den »Cool Liner« mit dänischem GFK-Aufbau und den »Cool Liner Duoplex Steel« mit Brüggen-Aufbau an. Mit dem Ausbau des Lübtheener Werkes im Jahre 2008 entfiel die GFK-Version. (Zur weiteren Entwicklung der »Cool Liner« siehe unter VEB Lübtheen.)

Die Verteiler-Auflieger der Baureihe »Dry City« für Trockenfracht, die ebenfalls von der Partner-Firma Brüggen in Herzlake mit Stahl- oder Plywood-Paneelen hergestellt werden, gingen als »Dry Liner« von der »Duoplex Steel«-Technik zur Bauweise mit Carbonfront-Paneelen über; mit Sandwichpaneelen werden sie als »City Liner« ausgeliefert. Die moderne Tridec-Zwangslenkung erhielt der zweiachsige Auflieger »Big City«. Alle Verteilerfahrzeuge sind mit Ladebordwänden ausgestattet.

Erfolgreich in der vierten Krone-Generation

Im Jahre 2008 übergab Dr. Bernard Krone den Vorsitz in der Geschäftsführung an seinen Sohn Bernard Krone (* 1977), so dass das Unternehmen jetzt in der vierten Generation geführt wird.

Die Container-Lafetten-Baureihe mündete 2009 in die Baureihe »Box Liner« für die Aufnahme von 20'- und 30'-Containern; auch in einer ausziehbaren Version ist das Modell für Container der Größe 45' lieferbar.

Die Produktlinie Tandemachser präsentierte sich im neuen Jahrtausend als

Krone-Curtainsider »Safe Liner «mit Flankenschutz, 1998, (Foto: Krone)

Krone-Pritschenauflieger mit Planenaufbau, 2016.

Krone-Zweiachs-Sattelauflieger, 2012.

Krone-Lafette für BDF-Wechselaufbauten, 2014.

Curtainsider-Volumentransporter für den Gliederzug unter der Bezeichnung »Mega Box« und ab 2006 als »Giga Koffer«; 2010 kam die Kühlkoffer-Ausführung »Cool Carrier« hinzu. Der zweiachsige Drehschemel-Anhänger »Load Carrier« mit Bordwänden für den Baustoff- und mit Gardinen-Aufbau für den Stückguttransport rundet das Krone-Programm ab.

An Sonderentwicklungen ist noch der »Giga Liner« von 2004 hervorzuheben, den es ja zuvor in ähnlicher Ausführung für Skandinavien gab. Für den Einsatz der geplanten 60-t-Züge auf festgelegten deutschen Straßenabschnitten kombiniert Krone einen Auflieger mit einem angehängten Tandemachser. Während ein Standard-Auflieger auf eine Nutzlast von 26 t kommt, steht hier bei einer Gesamtlänge von 25,25 m eine Effizienzsteigerung auf 40 t Nutzlast zur Verfügung.

Im Jahre 2004 erreichte Krone ein Umsatzplus von 50 Prozent und stand jetzt mit 16.000 ausgelieferten Exemplaren nach den Schwierigkeiten im Hause Kögel an zweiter Stelle der deutschen Trailer-Hersteller. 2007 konnte Krone einen Absatz an Fahrzeugen im Bereich von 33.000 Exemplaren verbuchen; vorsorglich war das Werk auf eine Kapazität zum Zusammenbau von 60.000 Fahrzeugen ausgelegt worden. Seit 2014 zeichnen sich die Krone-Fahrzeuge durch Leuchtdioden in den Rückleuchten aus, die das Krone-Logo bilden.

Krone-Zweiachs-Trockenfracht-Auflieger »Dry Liner«, 2016.

Krone-Lafette WP 7,3 für BDF-Wechselaufbauten, 2005.

Auf Einkaufstour an verschiedenen Fronten

Nachdem Krone mit Beginn des Jahres 2013 den Achsenhersteller Trenkamp & Gehle mit der Marke »Gigant« in Dinklage bei Osnabrück übernommen hatte, kommen die Fahrwerke seitdem aus diesem Werk und damit aus dem eigenen Unternehmen. Im gleichen Jahr baute Krone das Zweigwerk Krone Dogus Treyler A.S. in Tire in der Türkei zur direkten Belieferung des dortigen äußerst aufnahmefähigen Marktes auf. Das seit 2008 immer weniger ausgelastete Werk in Dänemark wurde im Jahre 2014 geschlossen.

Im Jahre 2016 wurde das Brüggen-Fahrzeugwerk in die inzwischen gebildete Bernard Krone Holding GmbH & Co. KG mit Sitz in Spelle integriert, da für Bernd Brüggen kein Nachfolger bereit steht. Die bisherigen Krone Tochtergesellschaften wie die Gigant Achsen, die Krone Used, das Trailerwerk in der Türkei und die verschiedenen ausländischen Vertriebsgesellschaften wurden in die neue KRONE Nutzfahrzeug-Gruppe integriert.

Krone-Tandemachs-Kofferanhänger AG 18 T mit Durchlademöglichkeit, 2017.

Krone-Plattformauflieger Profiliner HD mit Bordwänden, 2017.

Krone-Baustoff-Anhänger AZ, 2017.

KRONE Lang-LKW »B-Double«, 2012.

Krukenmeier

Krukenmeier Fahrzeugbau GmbH, Delbrück, Weststr. 8
1987 bis heute

Aus der 1981 von Günter Krukenmeier gegründeten Zweimann-Werkstatt in der väterlichen Garage hat sich inzwischen ein mittelständisches Unternehmen mit über 50 Mitarbeitern entwickelt. Neben der Fertigung von Aufbauten engagiert sich Krukenmeier im Bau von Einachs-, Tandem- und Drehschemelanhängern mit Pritschen- und Volumenaufbau. Auflieger werden nach individuellen Kundenwünschen in ein-, zwei- und dreiachsiger Ausführung mit Pritschen-, Koffer- und Curtainsider-Aufbauten hergestellt. Für Maschinentransporte steht auch ein gekröpfter Pritschen-Auflieger im Sortiment. Hinzu kommt ein breites Programm an Sonderfahrzeugen wie offene oder verkleidete Autotransporter, Motorsport-Trailer, Promotions- und Ausstellungsfahrzeuge, Verkaufs- und Ausstellungsanhänger, zweiachsige Tieflader mit Auffahrrampen und Wechselsystem-Lafetten.

Krukenmeier-Tandemachs-Pritschenanhänger, 2018. (Foto: Krukenmeier)

Krukenmeier-Pritschenanhänger in Leichtmetallausführung, 2018.
(Foto: Krukenmeier)

Krukenmeier-Tandemachser mit Curtainsider-Aufbaut, 2018.
(Foto: Krukenmeier)

Krukenmeier-Auflieger mit Klappwand und Hecktüren, 2018.
(Foto: Krukenmeier)

Kübler

Sigmund Kübler, Leimen b. Heidelberg, Friedrichstr. 8
1949–1950

Kübler fertigte nach der Währungsreform Pritschenanhänger und Kipper mit Windentechnik in den Größen von 3,5, 5 und 8 t. Auch mit einem Langholzwagen war das Unternehmen vertreten.

Kücke

Fahrzeugbau Hans Kücke, Kisdorf/Holstein, 1951

Kücke war in den frühen 1950er Jahren im Bau von 5-t-Kippern, Mannschafts- und Gerätewagen tätig.

Kuka

Kuka AG, Augsburg, 1966

Aus der 1898 in Augsburg durch Johann Josef Keller und Jakob Knappich gegründeten Leuchtmittel- und Schweißgeräte-Fabrik ging 1922 die Bayerische Kesselwagen GmbH hervor, die unter der Bezeichnung Kuka (Keller und Knappich Augsburg) Kommunalfahrzeug-Aufbauten herstellte. 1966 entstand ein einachsiger Kippkastenauflieger mit einem Fassungsvermögen von 36 m³ mit Schwiebewand-Technik für den Mülltransport.

Inzwischen ist das Unternehmen weltführend in der Schweiß-Robotertechnik tätig.

Kumlin

Karl Kumlin GmbH & Co. KG Fahrzeugfabrik,
Waldkirch-Kollnau. Moltkestr. 16, ab 1980 Bergstr. 8
1950–2002

Aus einer im Jahre 1866 eingerichteten Schmiede entwickelte sich ein Fahrzeugwerk, das zunächst leichte Bau- und Ackerwagen und schwere Baustellenkipper herstellte. In den 1960er Jahren fand das Werk seinen Schwerpunkt in der Herstellung von dreiachsigen Dreiseitenkippern mit Hochbordwänden für den Getreidetransport. Neben diesen Modellen entstanden Anhänger mit Leichtmetall-Kofferaufbauten in Niettechnik.

In den 1970er Jahren umfasste das Betätigungsfeld neben Lkw-Aufbauten Schwerlast- und Sonderfahrzeuge, Hinterkipper mit Hochbordwänden in Palettenbreite für den Getreide- und Malztransport, zwei- und dreiachsige Anhänger mit Pritschen- und Dreiseitenkipp-Aufbau sowie ein- und zweiachsige Auflieger mit Plattform für Langmaterialtransporte.

Kumlin-Kipperzug aus Leichtmetall für Agrarprodukte, 1983.

Kumlin-Gliederzug mit Dreiachs-Dreiseitenkipper AK 24/3, 1997.

Für die Fertigung stand das Stammwerk in Waldkirch, das Zweigwerk Kumlin-Büttner GmbH in Ludwigshafen und seit 1974 das einstige Eylert-Zweigwerk in Ilsfeld bei Heilbronn unter der Bezeichnung Kurt Kumlin GmbH Fahrzeugbau zur Verfügung.

Zu Beginn der 1980er Jahre standen zweiachsige Kipper bzw. Baustoffanhänger in Palettenbreite der Baureihen AK 18/3 (B), Kipp-Kühlkoffer-, Agrar-Anhänger und dreiachsige Silo-Auflieger der Baureihe SKS-BR für 52 m³ mit pneumatischer Entleerung zur Verfügung, die in Zusammenarbeit mit der Firma Schallex entwickelt worden waren.

Im Nischenbereich fertigte Kumlin Fahrzeuge für den Sägemehl- und für den Tonkügelchen-Transport, Austausch-Auflieger für Kipper- oder Betonmischeraufbau, Anhänger für Rollbehälter und Dreiseiten-Kippauflieger der Baureihe AK 24/3 für den Transport von landwirtschaftlichen Gütern. Auf Wunsch konnte eine automatische Achsverriegelung bei den Anhängern gewählt werden, um die Standfestigkeit bei Rückwärtskippen zu erhöhen. Ein weiteres Betätigungsfeld stellte der Bau von Wechselpritschen dar.

1987 präsentierte Kumlin zweiachsige, palettenbreite Kipper für Steinpakete, Stückgut und für Granulate. Die Ausführung für den Transport von Granulaten konnte auch mit einer pneumatischen Druckförderung versehen werden.

Um 1990 stieg Kumlin auch in den Bau von Aufliegern mit Coilmulde ein und 1992 präsentierte das Werk den zweiachsigen Anhänger AK 18/1C für die Aufnahme von Abrollcontainern. Auf dreiachsigem Aufliegerfahrgestell entstand der Großraum-Dreiseitenkipper SK 34/3 in Palettenbreite, der Mulden-Hinterkipper SKM 34/1 in Aluminiumausführung für den Schrotttransport und der Kasten-Hinterkipper SKM 34/1 B für das Baugewerbe. Auch als kippbare Lafette für Container und Wechselaufbauten lieferte Kumlin dieses Chassis unter der Bezeichnung SK 34/1 C. Schließlich entwickelte Kumlin in dieser Zeit einen Gliederzug mit Dreiseiten-Kippaufbauten, bei dem der Hochpritschenanhänger mit einem hydraulisch ausziehbaren Kurzkupplungssystem ausgestattet war.

Neuheiten bildeten 1994 Großraum-Aluminium-Auflieger SP 34 SB mit Schubbodentechnik und der Zentralachsanhänger ZAK 18/3 B bzw. ZAK 18/1 TS in Normal- und Tiefrahmenausführung als Dreiseitenkipper sowie der Großraum-Kipper MK 25/1 LS. Mit dem Kühlsattel SKO 34 war Kumlin auch im Kühlguttransport präsent. Weitere Innovationen stellten abklappbare oder pendelnde Seitenwände, Planenverdecke für die Erntegutfahrzeuge und Einseitenkippanlagen dar.

Für die Fahrgestelle und Brücken nutzte Kumlin Mitte der 1990er Jahre den hochfesten Naxtra-Stahl. Als Neuheit stand der Holzspänezug mit

Kumlin-Großraum-Dreiseiten-Kippsattel SK 34/3, 1997.

Kumlin-Gliederzug mit Holzspäne-Kastenaufbauten MK 24/1 S und AK 18/1 S, 1997.

Kumlin-Großraum-Alu-Palettensattel SP 34 SB mit Schiebeboden, 1997.

Kumlin-Tandemachs-Dreiseitenkippanhänger ZAK 18/3 B, 1997.

dem Anhänger AK 18/1 S im Angebot, bei dem die kippbaren Aluminium-Kastenaufbauten ein hydraulisch betätigtes Hubdach zur Befüllung besaßen. Auf Wunsch konnten variable Kammern und Querförderschnecken und Gebläse mit Zellradschleuse zum rationellen Entladen von Schüttgut eingebaut werden.

Nachdem das Werk eine hochmoderne neue Fertigungsanlage in Kollnau aufgebaut hatte, geriet es in Schwierigkeiten und musste stillgelegt werden. Ein großer Teil des Fachpersonals ging daraufhin zum neugegründeten HGE-Fahrzeugbau. Und im Jahre 2003 übernahm der Kurt Dinkel Karosserie- und Fahrzeugbau das Kippfahrzeug-Programm der Marke Kumlin.

Kunath

Kunath Fahrzeugbau GmbH, Döbeln, Hermann-Otto-Schmidt-Str. 13, 2000–2010

Zur Jahrtausendwende gründete Dipl.-Ing. Gerd Kunath sein Fahrzeugbau-Unternehmen, das sich nach dem anfänglichen Bau von Tandemachsern inzwischen auf den Aufbau von Kleinlastwagen, Pick-ups und Transportern spezialisierte.

Küppers

Peter Küppers, Fahrzeugbau, Mönchen-Gladbach, Neußer Str. 7, 1912–1955

Schon vor dem Ersten Weltkrieg war das Küppers-Unternehmen im Lkw-Anhängerbau tätig, ohne dass Näheres bekannt geworden ist. 1944 fiel das Werk einem Bombenabwurf zum Opfer. Schon nach Kriegsende konnte Küppers 3- und 5-t-Pritschenanhänger fertigen. 1953 bestand das Programm aus Zweiachsern für 12- und Dreiachsern mit Schmitz-Achsaggregat für 16,6 t Gesamtgewicht. Auch ein Muldenkipper für 16 t Gesamtgewicht stand im Programm.

Küppers-hydraulischer Zweiseitenipper für 11,3 t Nutzlast, 1954.

KWB

KWB, Birkenfeld, Am Bahnhof 12, 1997

Mit dem Bau eines dreiachsigen Kofferauflieger mit einem Rollboden trat KWB kurz in Erscheinung.

KWB-Sattelauflieger mit Rollboden, 1997. (Foto: KWB)

L + M Fahrzeugbau

Lischka + Müller Fahrzeugbau, Eschenau,
später Heilbronn-Obersulm, Wieslensdorfer Str. 44
1962 bis heute

Die Firma Lischka und Müller (L + M) wurde 1962 von H. Lothar Lischka und H. Müller in Eschenau zur Produktion von Tiefladern für den Transport von Baumaschinen gegründet. Die Standardmodelle bildeten zwei- und vierachsige Tieflader mit einer Traglast von 6,4 und 12 t. Im Jahre 2010 pachtete Siegfried Bürkle, der seine Ausbildung in dem Unternehmen absolviert hatte, den Betrieb; 2012 konnte er den Spezialfahrzeughersteller übernehmen. Während zunächst Tieflader mit zwei bis vier Achsen im Programm standen, umfasste die Produktionspalette zu Beginn der 1980er Jahre Tieflader bis zu einer Nutzlast von 50 t, von Tandemachs-Tiefladern und Kabeltransportern. Der fünfachsige Tieflader TAT 5/5062 war mit vorderem zweiachsigen Drehschemel für 35 t Belastung ausgelegt; in der Version SAT 3/5062 besaß das Fahrzeug mit absenkbarer Mittelbrücke einen Schwanenhals für den Sattelzugtransport.

Inzwischen besteht das Programm aus dem Tandem-Tiefladeanhänger TD 2/1280 und den Drehschemelversionen der Baureihen T3/3080, T4/4080, TKA/4080 sowie der Tieflade-Auflieger der Ausführungen TD 2/1800 und T4/4080 B. Des Weiteren fertigt L + M Tandemachs-Tieflade- und Drehschemelanhänger mit Planenaufbau der Baureihe PL 3/2480.

Lampferhoff

Johannes Lampferhoff GmbH & Co. KG,
Gelsenkirchen-Horst, Auf dem Schollbruch 38

1. um 1950–1988: Johannes Lampferhoff GmbH & Co. KG, Gelsenkirchen-Horst, Auf dem Schollbruch 38
2. 1991 bis heute: Karosseriebau Lampferhoff GmbH

Die Brüder Johannes und Alfons Lampferhoff übernahmen in den 1950er Jahren den 1898 gegründeten Stellmacher- und Wagnereibetrieb und bauten ihn zu einem leistungsfähigen Karosseriebau-Unternehmen aus. Aufbauten für Lkw und Omnibusse, Auflieger für den Pferdetransport sowie Auflieger mit Leichtmetallaufbauten für den Lebensmitteltransport bildeten die Schwerpunkte. Ein Erfolgsmodell wurde der Getränke-Tieflader mit Mittelrahmen-Fahrgestell, der in fast 1000 Exemplaren gebaut werden konnte. In den 1980er Jahren standen Anhänger mit Containeraufbauten sowie Spezialkofferaufbauten insbesondere für Lebensmittelketten und Getränkehändler im Programm. 1983 entwickelte Lampferhoff einen Großraum-Gliederzug mit dem Tandemachser TAP 12 mit Volumenauf- oder Kühlkoffer-Aufbau. 1985 folgte der dreiachsige Auflieger SP 32/80 mit Bachomatic-Rollplanen-Abdeckung, die eine straffe Aufwicklung ermöglichten und wenig später zweiachsige Kofferanhänger und -Auflieger mit Heck- und seitlich zu öffnenden Türen für den Möbeltransport. Auch wenn das Unternehmen einen beträchtlichen Teil der Fahrzeuge exportierte und Lizenzen an ausländische Hersteller vergab, kam es 1988 zum Konkurs. Die Firma Beilharz & Sohn in Essen übernahm die Konstruktionen im Getränkefahrzeugbau sowie das eingespielte Personal und führt diesen Fahrzeugbau als einen Schwerpunktbereich der Beilharz-Gruppe weiter.

Unter dem Namen Karosseriebau Lampferhoff GmbH gründete der Urenkel, Dipl.-Ing. Johannes Lampferhoff, 1991 am alten Standort ein neues Fahrzeug- und Karosseriebauunternehmen, das neben Um- und Sonderaufbauten für den Getränke- und Kühlwaren-Transport sowie Reparaturen auch Drehschemel- und Tandemachs-Anhänger als Tief- und Hochlader fertigt. Seit der Jahrtausendwende stehen auch Tandemachser als Curtainsider oder als Möbelwagen im Programm. Kühlfahrzeuge

Lampferhoff-Tandemachser mit Kippaufbau für den Holzspänetransport, 1999.

Lampferhoff-Einachs-Kastenauflieger, 2015. (Foto: Lampferhoff)

auf Tandemachser werden seitdem mit einem Rolltor zum dichteren Abschluss der GFK-Sandwich- oder Ferroplast-Paneel-Aufbauten ausgestattet. Seit 2005 nahm Lampferhoff, dessen Metier die »Sonderanfertigung nach Maß« ist, auch zweiachsige Drehschemel-Anhänger mit Plane und Spriegel wieder ins Programm. Ein Jahr später folgte ein dreiachsiger Kühlkoffer, den das Unternehmen je nach Kundenwunsch mit GFK-Sandwich- oder Ferroplast-Paneelen versieht. Für Trockenfracht-Kofferaufbauten kommen Plywood-, Aluminium-Holz- und Ferroplast-Paneele zur Verwendung.

Lampferhoff-Tandemachser mit seitlicher Planenwand und Ladebordwand, 2015. (Foto: Lampferhoff)

Lampferhoff-Anhänger mit Curtainsider-Aufbau und Hubdach, 2018. (Foto: Lampferhoff)

Lancier

Peter Lancier Maschinenbau GmbH, Münster-Wolbeck, Petersheide 37

1. 1949–1960: Maschinenbau Hafenhütte Peter Lancier, Münster i. Westf.
2. 1960–1975: Peter Lancier Maschinenbau GmbH, Münster-Wolbeck, Petersheide 37

Das 1905 im Bau von Geräten für die Telegrafie tätige Unternehmen fertigte nach der Währungsreform zweiachsige Spezialanhänger für den Kabeltransport. In den 1960er Jahren folgten Einachser, die mit 4,8 t belastet werden konnten. Im Jahre 2002 wurde der Betrieb nach dem Konkurs aufgelöst.

Lancier-Werbeanzeige, 1959.

Langendorf

Fahrzeugbau Bernhard Langendorf und Sohn, Waltrop, ab 1960 Bahnhofstr. 115

1. 1952–1993: Fahrzeugbau Bernhard Langendorf und Sohn
3. 1993 bis heute: Fahrzeugbau Langendorf GmbH & Co. KG

Mit dem »Kippermann« auf Erfolgskurs

Der Fahrzeugbau der Familie Langendorf geht auf das Jahr 1889 zurück, als Max Langendorf eine Schmiedewerkstatt mit Hufbeschlag und Wagenbau gründete. 1892 ging die Schmiedewerkstatt zum Bau von Kutschen und Fahrzeugen für die Landwirtschaft über. Im Jahr 1950 übernahm Heinrich Langendorf in dritter Familien-Generation die Geschicke des Unternehmens und bereitete nach Investitionen in die Gebäudeanlagen die Möglichkeiten für die Aufnahme des modernen Fahrzeugbaus vor. 1952 entstanden die ersten luftbereiften Landwirtschafts-Anhänger sowie die ersten Kipper für die Bauwirtschaft. Die Figur des »Kippermännchens« bildet seitdem das Logo des Unternehmens.

Einen ersten Meilenstein setzte Heinrich Langendorf 1956 mit dem Bau von Tieflade-Anhängern, deren hintere Pendelachsen selbsttätig ausgeschwenkt werden konnten, so dass die Baumaschine auf- oder abfahren konnte. Diese patentierte Technik und der erfolgreiche Absatz dieser Fahrzeuge führten zum Aufstieg des Unternehmens in den Kreis der bedeutenden Fahrzeughersteller in der Bundesrepublik.

1960 folgte der Umzug in die Waltroper Bahnhofstraße, wo größere Fertigungsmöglichkeiten für den Sonderfahrzeughersteller geschaffen werden konnten. 60 Mitarbeiter waren zu diesem Zeitpunkt in der Herstellung von Pritschenanhängern, Kippern, Tiefladern und Sonderfahrzeugen beschäftigt. Zehn Jahre später musste das Werk erneut vergrößert werden; rund 250 Mitarbeiter wurden jetzt beschäftigt.

Ein hervorzuhebendes Erzeugnis stellte der 1964 erschienene dreiachsige Dreiseiten-Kippauflieger mit zwei kardanisch neben dem Rahmen gelagerten Teha-Pressen. Schon zwei Jahre später optimierte der Kippsattel- und Tiefladerspezialist das Baustellen-Fahrzeugangebot mit einem Dreiseitenkipper, der zwei Pressen unter dem Rahmen sowie Stabilisatoren und eine automatische Rückwandverriegelung besaß. Die Stabilisatoren sicherten die Parallelführung der Kippstempel. Beim Seitenkippen konnten diese manuell oder automatisch ausgerastet werden. Die Rückwandverriegelung ließ sich vom Fahrerhaus aus regeln. Und mit einer Spezialbeschichtung konnte das Modell mit einer unter einem Drehkranz gelenkten zweiten Achse des Schmitz-Wiehl-Aggregats auch zum Transport von Heiß-Bitumen eingesetzt werden. Ein konventioneller Dreiachs-Zweiseitenkipper mit Druckluft- oder hydraulischer Kippvorrichtung rundete das Baustellen-Repertoire ab.

Der Tieflader als zweite Standardbaureihe

Neben Anhängern und Kippaufliegern wurden vierachsige Tieflade-Anhänger der Baureihe 16/60-2 angeboten. Die Besonderheit dieses Modells lag darin, dass die unter der Brücke angebrachten hinteren Pendelachsen automatisch auf Kontakt beim Rückwärtsfahren ausschwenkten und die Brücke sich senkte. Beim Anziehen des Fahrzeugs hob sich die Brücke wieder in Normalstellung und die Pendelachsen scherten ein. Bei einem Eigengewicht von 4 t trug der Tieflader eine Nutzlast von 12 t. Als weitere Modelle folgten ein vierachsiger Tieflader und ein dreiachsiger Tieflade-Auflieger mit Zwangslenkung, ab Anfang der 1970er Jahre mit einer hydraulisch liftbaren Tiefbettbrücke versehen. Damit stiegen die Langendof-Tieflader bis in die 40-t-Nutzlastklasse auf. Durch die extrem niedrige Ladefläche konnten unter Ausnutzung der zugelassenen 4-m-Transporthöhe somit größere Betonfertigteile transportiert werden.

Ein weiteres Erfolgsmodell stellte ab 1969 der zweiachsige Auflieger für den palettierten Stein-Transport dar. Ein mittig aufgesetzter, später mit einem am Heck montierten Kran mit Steingreifzange diente dem Bewegen der Steinpakete; eine absenkbare Bordwand vereinfachte den Be- und Entladungsvorgang.

Pritschenanhänger und Kipper wurden in dieser Zeit, als die Jahresproduktion zwischen 350 und knapp über 400 Modellen pendelte, nur

Langendorf-Kippsattel aus den Sechziger Jahren. (Foto: Ralf Weinreich)

noch auf Nachfrage hergestellt und verschwanden dann ganz aus dem Programm.

1975 folgte der überarbeitete, überfahrbare Tiefbett-Anhänger THS 24/62-3 mit hinterem Doppelachsaggregat sowie mit hydraulisch heb- und senkbarer Ladebrücke, um beim Transport von Baumaschinen die zulässige Höhe von 4 m nicht zu überschreiten. Der THS 24 war für 24 t, der im Jahr darauffolgende THS 31 für 31 t Belastung ausgelegt.

Auf der Baumaschinenausstellung 1976 führte das Unternehmen einen einachsigen Auflieger mit Stahl-Hinterkippmulde für eine Nutzlast von 14 t vor. Das Fahrzeug war für enge und kurvenreiche Baustellen konzipiert.

Der Langendorf-»Innenlader« setzt den Maßstab

Im Jahre 1977 konnte Langendorf wieder ein revolutionäres Modell vorstellen, den als »Innenlader« bezeichneten Spezialtransporter, der bis heute ein Langendorf-Erfolgsmodell darstellt. Hierbei handelte es sich um einen Auflieger mit U-förmigem Rahmen, dessen rechter und linker Träger die achslosen, jeweils drei Räder aufnehmen. Durch Luftfederbälge lässt sich der Auflieger absenken, so dass spezielle Gestelle für Flachgasschei-

Langendorf-Flachglas-Innenlader, 1986. (Foto: Ralf Weinreich)

ben in die Transportstellung gehoben, eingeschoben und arretiert werden können. Der für eine Nutzlast von 23 t ausgelegte Innenlader kann somit unter Einhaltung der 4-m-Höhenbegrenzung entsprechend große Scheiben transportieren.

Eine weitere Neuheit bildete der Kipp-Auflieger mit jetzt einer Aluminiummulde für 19,3 t Nutzlast, der sich, wie die bisherige Stahlversion, ebenfalls leicht manövrieren ließ. Ein hydraulischer Niveauausgleich stabilisierte jetzt das Fahrzeug auf unebenem Boden.

Weitere Spezialitäten waren der dreiachsige Tieflade-Auflieger der Baureihe TÜ 40 für ein Gesamtgewicht von 40 t, ein Tiefladeanhänger mit einem selbständig ausscherenden Pendelachsaggregat, der dreiachsige Aluminium-Kipp-Auflieger mit Kastenmulde der Baureihe SKA 22/26, ein Auflieger mit Dreiseiten-Kippvorrichtung für die Pritsche und ein Langmaterialanhänger mit Lenkaggregat. Und gegen Ende der 1970er Jahre ging Langendorf zum Bau von 25,5-t-Stahl-Dreiachsaufliegern mit liftbarer erster Achse bei Leerfahrt oder bei Teillast über.

Der Schubbodenauflieger als weitere Standard-Disziplin

Neu aufgenommen wurde der Bau von Schüttgut- und Müllaufliegern der Baureihe FM mit durch Stahlspanten armierter Kastenmulde und mit Kettenförder-Entladesystem nach dem Patent der französischen Firma Legras Industries. 65 m³ Haus- und Industrie-Müllgut ließen sich damit transportieren und über den Schubboden, »Kettenlift« genannt, selbsttätig entleeren.

Mit dem Spezial-Sattelttieflader stellte Langendorf 1983 ein Fahrzeug für Speditionen im Ausland und im Werksverkehr vor, das für eine Nutzlast von 64 Tonnen ausgelegt war. Gleichzeitig nahm das Werk Tandem-Kippanhänger für 11,7 t Nutzlast ins Programm. Mitte der 1980er Jahre präsentierte Langendorf einen Auflieger mit Muldenheizung, durch dessen doppelten Boden die Abgase des Zugfahrzeugs durchströmten, so dass nasse Güter bei Kälte nicht festfrieren konnten. Weitere Varianten erhielten Leichtmetall-Glattwände oder einen Stahl-Muldenaufbau. Ein Spezialanhänger zum Transport von Fertig-Garagen und ein vierachsiger Tieflader mit mechanischer und hydraulischer Zwangslenkung rundeten das Nischen- Bauprogramm ab.

Zwei Jahre später folgten Tandem-Dreiseitenkipper und Tandem-Tieflader. Und mit dem zeitweiligen Bau von Hinterkipp-Silo-Aufliegern der Baureihe STF in Aluminium-Technik für 38 bis 54 m³ und ab 1991 mit 60 m³ Rauminhalt erweiterte Langendorf erneut das Bauprogramm durch diese Silo-Absetzanlagen.

Langendorf-Schubbodenauflieger FMS, 1998.

Für den Container-Transport entstand 1989 der MSCF/Multi-Container-Auflieger mit einer Sattelzug-unabhängig bedienbaren Rangierlenkung durch zwei ausfahrbare vordere Achsen. Wenig später gesellte sich ein Container-Auflieger mit kippbarem Rahmen hinzu.

1990 ergänzten Schwanenhals-Tieflader das Fahrzeugprogramm im Transport von Baumaschinen; der Bagger oder die Raupe konnten nach automatischem Abtrennen des Schwanenhalses nach vorne abgefahren werden. Hinzu kam der Hakenabroll-Auflieger ARK 282 SF für 40-m³-Behälter.

Der Innenlader wurde ab 1992 auch für den Transport von Betonfertigteilen mit hydraulischem Achslastausgleich als Typ SBH 24 angeboten. Das auch im Betonplatten-Transport erfolgreiche Innenlader-Modell ging 1995 mit neuer Absenktechnik über die Radaufhängung als Typ SBH 34 in die zweite Generation. Je nach Bedürfnissen lassen sich luft- oder hydraulisch abgestützte Räderaufhängungen in die Gabelenden der Innenlader einsetzen. Und den Dreiachs-Sattel mit Hinterkippvorrichtung gab es jetzt auch in der Ausführung SKS 24/28 mit einer Leichtmetall-Rundmulde. Im gleichen Jahr übernahm Langendorf die Produktion der Silo-Fahrzeuge des schwedischen Herstellers Interconsult.

Engagement in Potsdam und neue Baustellenkipper

1996 erwarb Langendorf einen ehemaligen DDR-Betrieb in Potsdam und gliederte ihn als Zweigwerk unter dem Namen Langendorf Potsdam GmbH ein; dort wurden Stahlmuldenkipper mit glatten Außenwänden hergestellt.

Langendorf-Hinterkippauflieger mit Stahl-Kastenmulde, 1996.

Langendorf-Dreiachs-Tiefladeauflieger mit Radmulden, 1999.

Langendorf-Tandemachs-Dreiseitenkipper, 2001.

Langendorf-Hinterkippauflieger SKS HS mit Hardox-Stahlmulde, 2007.

Neben diesen Rechteckmulden für die Auflieger folgten 1997 Stahlmulden in Schalenbauweise nach Patenten der französischen Firma Marrel, die keine seitlichen Verstärkungen mehr benötigten und somit leichter waren. Wenig später kamen auch Mulden-Auflieger in leichter Aluminiumbauweise hinzu, die nur noch 4950 kg auf die Waage brachten. Seit dem Baujahr 2001 bietet Langendorf die Auflieger-Kasten-Muldenkipper SKA 22 in Aluminium-Ausführung vorwiegend zum Getreidetransport und in Stahl-Technik (Hardox) in der Baureihe SKS HS für den Gesteinstransport an; die Fahrgestell-Rahmen werden aus Feinkornstahl gefertigt, so dass bei geringem Eigengewicht hohe Nutzlasten zur Verfügung stehen. In den Längen von 7,1 und 9 m können die Mulden ausgeführt werden.

Nachdem weitere Vergrößerungen des Werkes in den 1980er und 1990er Jahren stattgefunden hatten, ging Ende der 1990er Jahre die Geschäftsleitung mit Heinz Bernd Langendorf auf die vierte Generation über. Im Jahre 2001 erweiterten ein Tandem-Kipper und ein Auflieger mit einer Aluminium-Halbschale das Baustellen-Programm, das inzwischen den Schwerpunkt der Langendorf-Fertigung bildet.

Ein neues Geschäftsfeld erschloss sich das Unternehmen in diesem Jahr mit der Gründung der Langendorf Trading GmbH, die sich um das Gebraucht-Fahrzeug- und um das Vermietungsgeschäft kümmert. Ein Jahr später folgte die Langendorf Service GmbH, die in den Standorten

Langendorf-Zweiachs-Hinterkippauflieger SKS HS 20/25, 2011

Waltrop und Potsdam den Service für eigene und fremde Anhängerfahrzeuge betreibt. Die dritte Geschäftsneuheit bildete 2005 die Gründung eines Fahrzeugbau-Werkes in Medias in Rumänien.

Im Jahre 2005 konnte sich Langendorf mit 650 produzierten Fahrzeugen und einem 220-köpfigen Mitarbeiterstamm zu den großen Herstellern im Kipper-, Innenlader- und im Tiefladerbereich sowie als Technologie-Marktführer im Bereich der Innenlader zählen.

Mit dem Doppelstock-Auflieger wieder im Pionierbereich

Eine weitere technische Neuheit bildete in diesem Jahr der Doppelstock-Sattelauflieger mit Ferroplast-Kofferaufbau, der zwei Etagen besitzt und somit 54 Europaletten aufnehmen kann. Ein Jahr später kam

Langendorf-Doppelstockauflieger »Flexliner«, 2001.

Langendorf-Innenlader »Flatliner«, 2007.

Langendorf-Hinterkippauflieger SKS ISOXX mit Leichtmetall-Kastenmulde, 2014.

eine Ladebühne hinzu, die es ermöglicht, eigenständig die Paletten in die zweite Ebene zu heben oder wieder nach unten zu befördern. Im Bereich der Satteltieflader erweiterte die teleskopartig von 6 auf 8 Meter ausfahrbare Brücke die Aufnahmemöglichkeit bei jetzt 34 t Belastung. Ein Sattelauflieger mit nach rechts oder links kippbarem Aufbau und Pendelbordwänden ergänzte das Baustellen-Fahrzeugprogramm.

Gegen Ende dieses Jahrzehnts bekamen die Innenlader für Glas die Markenbezeichnung »Floatliner«, die Betontransporter die Bezeichnung »Flatliner« und die Doppeldecker die Bezeichnung »Flexliner«. Dieses Doppelboden-Fahrzeug gab es ein Jahr später auch als »Trideck-Flexliner« mit Hubboden-Technik. Und im Kipperbau bot Langendorf einen kompakten Auflieger als Alternative zum Vierachs-Kipper an.

Reorganisation und neuer Eigentümer

Auch wenn Langendorf zu den führenden deutschen Fahrzeugbauern zählt, musste 2012 Insolvenz in Eigenverantwortung angemeldet werden. 2013 übernahm die neu gegründete Strautmann Fahrzeugbau GmbH des Politikers Dr. Klaus P. Strautmann (und einstigen Gesellschafters der B. Strautmann & Söhne GmbH & Co. KG) zusammen mit der NRW-Bank das Langendorf-Unternehmen, so dass die auf 180 Mitarbeiter gesunkene Mannschaft weitgehend ihren Arbeitsplatz behielt und der Kundenstamm nicht abwanderte. Mit einer Bürgschaft des Landes Nordrhein-Westfalen zur Sicherung des Kredits konnte Langendorf in neue Hallen zur Verbesserung der Fließfertigung investieren. Dr. Strautmann reorganisierte den Materialzufluss, so dass der Produktionsablauf rationeller vor sich ging. Auch die zwei- und dreiachsigen Chassis für die Leichtmetall- und Stahl-Muldenauflieger wurden vereinheitlicht.

Langendorf-Innenlader WLAS GL »Flatliner« mit 27 t Nutzlast, 2018.

2014 zeigte sich, dass das Werk mit seinen nun wieder 235 Mitarbeitern abermals erfolgreich und profitabel mit den Schwerpunkten Hinter- und Dreiseitenkipper, Innen- und Tieflader sowie Motorwagen-Kippaufbauten arbeitet. 700 Langendorf-Modelle, darunter auch dreiachsige Auflieger mit 73-m³-Aluminium-Kastenmulden für die Landwirtschaft, konnten trotz aller Umstrukturierungsmaßnamen produziert werden. Die Exportquote von 50 Prozent trug zu diesem guten Ergebnis bei.

Das Jahr 2015 brachte eine Steigerung der Fertigung auf 800 Fahrzeuge. Neuheiten bildeten darunter das dreiachsige Auflieger-Fahrgestell mit gelenkter letzter Achse, überarbeitete Tieflader der Baureihe SATH 30/35, Tiefbettsattel-Auflieger mit und ohne abfahrbarem Schwanenhals, Auflieger mit isolierten Asphaltmulden sowie Tandem-Kippanhänger der Baureihe TK 18.

2016 folgten die im Eigengewicht reduzierte Innenlader-Version SBH 15, die Kippauflieger SKA-HS mit thermo-isoliertem 26-m³-Aluminium-Kastenaufbau – mit dem Produktnamen ISOOX bezeichnet – und die Stahl-Halbschalen-Auflieger SKS-HS der Hardox-Ausführung. Das Jahr konnte das zielstrebig wachsende Unternehmen, inzwischen Weltmarktführer mit Innenladern, mit 1000 gefertigten Modellen abschließen.

Erneut kam es zu einem Eigentümerwechsel. Im Mai 2017 übernahm der polnische Sattelanhänger-Hersteller Wielton SA in Wielun bei Lodz 80 Prozent der Geschäftsanteile.

Langendorf-Dreiachs-Tiefladeauflieger, 2015.

Lemke

Alfred Lemke KG,
Bottendorf über Roßleben/Unstrut, Roßlebener Str. 17
1966–1972

Die Lemke KG stellte Lkw-Pritschenanhänger der Baureihe E3 und Kipper der Baureihe HK 3 her.

Lindner I

Gottfried Lindner AG, Wagen- und Waggonfabrik, Ammendorf/Halle, Schachtstr. 18

1. 1907–1945: Gottfried Lindner AG, Wagen- und Waggonfabrik, Ammendorf/Halle, Schachtstr. 18
2. 1952–1957: VEB Waggonbau Ammendorf, ab 1953 VEB LOWA Waggonfabrik Ammendorf

Lindner-Werbung, 1932.

Lange Tradition mit Zaumzeug, Kutschen, Straßenbahnen und Karooserien

Im Jahre 1823 gründete der Sattlermeister Gottfried Lindner in Halle eine Werkstatt zur Herstellung von Sätteln und Zaumzeug, die 1830 zum Bau und zur Reparatur von Kutschen überging. 1883 begann das Unternehmen unter der Leitung von Heinrich Lindner Aufbauten für Straßenbahnwagen herzustellen. 1900 erfolgte die Verlagerung in moderne Neubauten nach Ammendorf und 1903 wurde das Familienunternehmen, jetzt geführt von Heinrich und Reinhardt, in der dritten Lindner-Generation in eine GmbH und wenig später in eine Aktiengesellschaft umgewandelt. Erste Anhänger entstanden ab 1907 in Einzelfertigung. Kurz vor Beginn des Ersten Weltkrieges kam der reguläre Bau von Lkw-Aufbauten und Anhängern hinzu, so dass man während des Krieges Militärwagen fertigen konnte. 1922/23 wurde das auf über 2000 Mitarbeiter angewachsene Werk reorganisiert; die Sparten Eisenbahnwagen, Straßenbahnen und Omnibusse, Lkw-Aufbauten und Anhänger sowie Automobilkarosserien konzentrierten sich jeweils auf ihre Fertigungsgebiete.

Lindner-Zweiseitenkipper mit angesetzter Zahnstange, 1925.

Aufstieg zum führenden Anhänger-Hersteller

Mitte der 1920er Jahre präsentierte die Gottfried Lindner AG ein breites Anhängerprogramm, das Nutzlasten von 1,5 bis 10 t abdeckte. Der 1,5-Tonner mit Blechmulde wurde hauptsächlich an die Hansa-Lloyd-Werke geliefert, die damit ihr Modell »Coeur-Ass« als Gespannzug anboten. Ein Spezialanhänger für den Langmaterialtransport krönte das Angebot.

1928 ging das Unternehmen zum Bau von Anhängern mit Luftbereifung und der Verwendung eines patentierten gekröpften Rahmens sowie dem Einbau einer automatischen Auflaufbremse mit patentierter Stoppvorrichtung über. Plattformwagen, hochbordige Kohlentransporter, Windenkipper, Zweiseiten-Rollkipper, Dreiseiten-Getriebekipper, Ferntransport-, Rungen-, Langmaterial-, Speditions-, Möbel-,Tank- und Gitterwagen

Lindner-Ferntransportanhänger mit Auflaufbremse, 1929.

Lindner-Tankanhänger mit Bremserkabine, 1929.

standen im Programm dieses Komplettanbieters. Beim Lindner-Rollkipper wurde die Pritsche nach rechts oder links verschoben und dann an der gegenüberliegenden Seite mit einer Zahnstange angehoben. 35 Kurbelumdrehungen waren hierzu notwendig.

Für den Vertrieb der Nutzfahrzeug-Aufbauten und Anhänger entstand 1925 die Lindner-Karosserie-AG in Berlin, zumal die Nachfrage nach Anhängern für den Güterverkehr stark zugenommen hatte. In diesem Jahr präsentierte das Werk erste Ferntransport-Anhänger für 5 und 7,5 t Nutzlast auf einem gekröpften Rahmen und mit Riesenluftreifen. Ebenso folgte eine neue Generation von hydraulisch betätigten Kippern. Die automatische Auflaufbremse mit Stoppvorrichtung der Fahrzeuge ließ sich Lindner patentieren.

1932 entstanden erste Auflieger mit einer Auflaufkupplung sowie mit Fichtel & Sachs-Stoßdämpfern und ein Jahr später folgte der erste 10-t-Dreiachser für den Fernverkehr.

Langholzwagen nach Bauart »Glogger« standen für die Holzwirtschaft bereit. Ein Einachs-Langmaterial-Nachläufer mit Lenkvorrichtung für 5 t sowie 4-t-Möbelwagen mit oder ohne Mannschaftskabine folgten; sollte der Möbelauflieger im Schlepp bewegt werden, so konnte ein Hilfsvordergestell untergeschoben werden.

Mit dem Aufschwung der Konjunktur zu Beginn der NS-Zeit wandelte Lindner die Stützpunkte in Berlin, Dresden, Düsseldorf, Gaggenau, Hamburg-Barmbeck, Hannover, Köln-Ehrenfeld, Königsberg und Nürnberg in Zweigwerke um. Als 1934 die Deutsche Lastanhänger-Exportgemeinschaft »Delaport« in Hamburg gegründet wurde, beteiligte sich Lindner mit einem Anteil von 27 Prozent. Als eigenständige Vertriebsorganisation im Deutschen Reich wurde 1937 die Perack-Lindner GmbH in Berlin gegründet; 1941 kam in Berlin-Tempelhof ein großes Reparaturwerk hinzu.

Im Schell-Programm erhielt das Werk den Großserienbau von 3- und 8-t-Anhängern zugeteilt. Während des Zweiten Weltkrieges fertigte das sich 1941 als größter deutscher Lastanhängerhersteller bezeichnende Unternehmen Transportwagen aller Art, Selbstfahrlafetten, Anhänger mit Kreuzlafette für Flak-Geschütze, Artillerie-Fahrzeuge sowie Flugzeugteile. Unter den Wehrmachts-Lieferungen befanden sich auch Einachsanhänger, zweiachsige Tieflader für 8 und 12 t sowie zweiachsige Lafetten für 6 und 10 t Nutzlast. Auch der Meiller-Spezialwagen zum Transport und zum

Lindner-Ferntransportzug mit zwei 7,5-t-Anhängern, 1934.(Foto: Smlg. Weinreich)

Aufrichten der V2-Raketen entstand in Lizenz in rund 180 Exemplaren.

Im Jahre 1942 bildete das Werk die Lindner-Fahrzeugwerke-Ost GmbH im besetzten Bialystok/Polen.

Spärliche Anhängerproduktion bei Neuausrichtung des Werkes

1946 wurde das wenig beschädigte, weiterhin fertigungsfähige Unternehmen aufgrund der Rüstungsproduktion von der Sowjetischen Aktiengesellschaft (SAG) Transportmittelbau übernommen. Güterwagen in verschiedenen Spurweiten und mit unterschiedlichen Aufbauten gingen jetzt als Reparationsgüter in die Sowjetunion. 1952 ging das Werk wieder in deutsche Verwaltung als VEB Waggonbau Ammendorf über, der der Vereinigung Volkseigener Betriebe Lokomotiv- und Waggonbau (VVB LOWA) unterstand. Im Anhängerbau entstand der 2,5-t-Einheitstyp der Baureihe E 3.

Einen Ausflug in den Omnibusbau bildete die Übernahme des Werdauer H6B-Busses in den Jahren 1955 bis 1957.

Die Anhängerfertigung wurde 1957 zugunsten der Konzentration auf Normal- und Breitspurwaggons aufgegeben. Mit schließlich 4900 Mitarbeitern entwickelte sich dieses Werk als ein Vorzeigeunternehmen der DDR zum größten Schienenfahrzeughersteller der Welt.

1990 kam es zur Reprivatisierung des Unternehmens, das nach verschiedenen Eigentümern weiterhin im Bau und in der Reparatur von Schienenfahrzeugen tätig ist.

Lindner-8-t-Kombinationsanhänger Typ LK 8, 1936.

Lindner-Dreiachs-Thermoanhänger, 1937. (Foto: Smlg. Weinreich)

Im Bau von Sattelschleppern erwarb sich Lindner schon in den 30er Jahren weltweites Ansehen. (Foto: Smlg. Weinreich)

Lindner II

Gottfried Lindner AG, Wagen- u. Waggonfabrik – Lastanhängerbau, Nürnberg, Peyerstr. 27, 1947–1965

Als die sowjetische Besatzungsmacht das Ammendorfer Werk, einst die führende deutsche Fabrik für Lkw-Anhänger, unter Sequester stellte, flüchtete ein Teil des Managements in die amerikanische Besatzungszone und richtete im Nürnberger Betriebsteil das westdeutsche Nachfolgeunternehmen für den Neustart ein. Die Reparaturbetriebe in Gaggenau und Köln wurden in die Zulieferung von Teilen einbezogen. Die Niederlassung in Berlin-Tempelhof widmete sich ebenfalls der Reparatur von Lindner-Fahrzeugen und dem Neubau von Spezialanhängern.

Zunächst konzentrierte sich das Nürnberger Werk um den Bau von Normalanhängern mit Nutzlasten von 3, 5 und 8 t nach Vorkriegsvorbildern. Hydraulik-Kipper entstanden in den Klassen 3, 5 und 7,5 Tonnen. Auch der mechanisch betriebene 11-t-Rollkipper erlebte eine Wiederauferstehung. Zu Beginn der 1950er Jahre war wieder ein umfangreiches Programm aufgebaut worden. Normalanhänger der Baureihe F gab es jetzt in den Stufen von 3, 5, 8 und 12 t Nutzlast. Der Dreiachser war für 17 t ausgelegt. Die Dreiseitenkipper der Ki-Baureihe konnten mit elektrohydraulischer oder mit Drucklufttechnik geliefert werden. Langmaterial-Nachläufer gab es für 3 oder 4 t Nutzlast mit oder ohne Steuerung. Langmaterialanhänger für Zugmaschinen wurden für 6, 8 und 10 t Nutzlast gebaut. Ein Experiment blieb der zweiachsige Pritschenwagen AF 12, der Rahmen und Aufbau aus Leichtmetall besaß und die Stahlversion F 12 ersetzen sollte.

Da die Auftragseingänge trotz völliger Auslastung der fränkischen Fertigungsstätte die Kapazitäten übertrafen, kam es zu einem Übereinkommen mit der Waggonfabrik Rastatt im Badischen. Lindner pachtete von Anfang 1953 bis 1956 einen Teil des dortigen Werkes und fertigte dort neben einem Teil des Standardprogramms auch Tieflader der Baureihe St für 5, 8,3, 11,5, 20 und 22 t Nutzlast.

Mit Sättigung des westdeutschen Marktes kam es 1965 zum Konkurs, nachdem noch kurz zuvor ein Dreiachs-Pritschenwagen mit Leichtmetall-Bordwänden vorgestellt worden war. Die Robert Schenk GmbH & Co. KG übernahm die Fabrikationsstätte zu Beginn der 1970er Jahre.

Das Berlin-Tempelhofer Zweigwerk hatte 1949 die Fertigung der erwähn-

Lindner II-Werbung, 1950.

Lindner II-8-t-Zweiseitenkipper Kli 12 mit elektro-hydraulischer Betätigung, 1954.

Lindner II-Tiefladeanhänger St 30 mit Pendelachsen für 28 t Nutzlast, 1956.

ten Rollkipper aufgenommen. 1951 folgte der dreiachsige Pritschenanhänger H 22 für den Ferntransport. Das mit beträchtlichen Subventionen aus Bundesmitteln geförderte Werk ging 1957 (teilweise und 1962 vollständig) an die Staufen-Fahrzeugwerke Eislingen über und erhielt die Firmierung Staufen-Fahrzeugwerke Eislingen, Lindner-Anhängerbau. In den 1960er Jahren konzentrierten die Württemberger das Berliner Werk auf den Bau der Pritschenanhänger mit Leichtmetall-Bordwänden, auf dreiachsige Dreiseitenkipper, auf zweiachsige Hinterkipp-Auflieger und auf Tieflader. Die Modelle trugen die bekannte Produktbezeichnung Lindner weiterhin. 1973 reichten die Aufträge für eine wirtschaftliche Fertigung nicht mehr aus und das Nutzfahrzeugwerk musste auch geschlossen werden.

Lindner II-17-t-Ferntransportanhänger H 17, 1956.

Lindner & Fischer

Lindner & Fischer Fahrzeugbau GmbH,
Langenau, Riedheimer Str. 34, 1988 bis heute

Nach dem Ende der Josef Stadler Tankwagenaufbauten in Neu-Ulm im Jahre 1988 übernahmen Alfred Lindner und Josef Fischer einen Teil der Spezialmaschinen für den Tank- und Fahrzeugbau. Sie mieteten einen Hallenkomplex in Langenau bei Ulm und begannen mit zehn Mitarbeitern und dem Know-How aus ihren Tätigkeiten als Fertigungs- und Betriebsleiter bei Stadler, Neubauten herzustellen. 1990 konnte das Gelände käuflich erworben werden. Tankaufbauten auf Motorwagen, zwei- und dreiachsige Tankanhänger und Tankauflieger für den Mineralöltransport bildeten das Produktionsportfolio von Lindner & Fischer (L&F). 1991 ergänzte der erste abgesetzte, also stufenförmige Tanker in Druckbehälter-Bauweise das ansonsten drucklos aufgestellte Sortiment.

Die kreativen und praxisorientierten Fahrzeugbauer von L & F präsentierten 1993 als erster deutscher Tankfahrzeughersteller den Zentralachsanhänger für Mineralöltransporte als wendige und kompakte Alternative zum Drehschemelanhänger. Der TA 187 ZA besaß in seiner Grundkonfigeration ein Fassungsvolumen von 18.700 Litern.

Ein vollkommen neues Fahrzeugkonzept verwirklichte das Unternehmen 1996 mit der Präsentation des TSA 20 Duo. Hier handelte es sich um eine Kombination aus Tank- und Pritschenauflieger für den Lebensmitteltransport. Auf dem Fahrgestell war ein 22.500 Liter fassender

L & F-Tankzug mit Einachsauflieger TSA 24 LDK mit Ladevolumen von 25.000 Liter, 1994.

L & F-Kombinationszug mit Auflieger TSA 20 Duo für (unten) 22,5 m³ Tankvolumen für flüssige Lebensmittel und (oben) für 32 Paletten, 1996.

Edelstahl- Flachtank aufgesetzt, über dem eine 13 m lange Pritsche zur Aufnahme von 32 Europaletten angebracht war. Eine Armaturen- und Pumpeneinrichtung sowie eine Planenabdeckung gehörten zur Ausstattung des Spezialfahrzeugs.

Das Jahr 1997 stellte wieder einen Meilenstein für das aufstrebende Unternehmen dar, das mit rund 60 Mitarbeitern jährlich 150 Anhänger und Auflieger für den Gefahrgut- und Lebensmitteltransport (mit dem Kombifahrzeug) herstellte. L&F wandte sich mit der Gründung der Landtechnikabteilung auch dem Fahrzeugbau für Landwirte und Lohnunternehmer zu. Zu Beginn des neuen Jahrtausends konnte sich das Unternehmen als Marktführer im Export von Tankfahrzeugen bezeichnen. So gingen und gehen Standard- und Spezialversionen nach Afrika, in den Nahen und Fernen Osten, nach Asien und nach Südamerika. Inzwischen werden auch komplette CKD-Bausätze in verschiedene Länder geliefert, die den Import kompletter Fahrzeuge zollmäßig erschweren.

Eine Neuheit bildete der dreiachsige Auflieger TSA in Edelstahlausführung mit den Versionen 24, 30 und 45 VA, der je nach Größe des Aufbaus bis 45.000 Liter Kraftstoff fasste. Weitere Ausführungen für Brauereien, für die Mineral- und Schmierölindustrie, für den Bitumen-Transport (mit beheiztem Kessel), für die Entsorgungswirtschaft und als Trinkwasserwagen für den Katastrophenschutz konnten geliefert werden. Für den Kraftstoff-Transport empfahl sich der in Leichtmetalltechnik ausgeführte, zylinderförmige und weitgehend überarbeitete Tank-Auflieger TSA 43 LTD, der ein Fassungsvermögen von 43.500 Liter aufweist.

2005 nahm L&F auch den Bau von Tankcontainern und Wechselsystemen in das Bauprogramm auf. Das Aufliegerprogramm im unteren Bereich erneuerte das Unternehmen ein Jahr später mit dem einachsigen Sattelfahrzeug mit einem Behältervolumen von 22.500 bis 27.000.

Das Zentralachsfahrgestell diente ab 2012 unter der Bezeichnung PAH 20 ZA für den Aufbau des 20-m^3-Silos für den Holzpellet-Transport; die Tankversion war inzwischen auf ein Fassungsvermögen von 27.000 Litern gesteigert worden. Und unter der Bezeichnung TSA 42 LTD erschien der neue Auflieger für die Tankstellenversorgung. Viele weitere Sonderprojekte wie Tankcontainer für den kombinierten Verkehr, Tankfahrzeuge für Untertage, Sattelauflieger für Flüssigschokolade, Bitumen und Blutplasma etc. unterstreichen die Expertise der schwäbischen Fahrzeugbaumanufaktur als ausgewiesene Spezialisten in Sachen Sonderfahrzeuge.

Heute stehen im Programm von L & F klassische Tankfahrzeuge für Mineralöltransporte als Aufbauten, Anhänger und Auflieger sowie im Export zusätzlich für Trink- und Brauchwasser. Fahrzeuge und Messtechniken für AdBlue, Schmier- und Pflanzenöle sowie Silofahrzeuge für Holzpellets ergänzen neben Entsorgungsfahrzeugen für Altöle und Emulsionen das Produktprogramm.

Im weltweiten Export stehen zudem Vakuumfahrzeuge zur Entsorgung fließfähiger Medien, Spülfahrzeuge zur Kanalreinigung, Mobile Werkstatt- und Servicefahrzeuge sowie diverse Pritschen- und Sonderaufbaulösungen der internationalen Kundschaft zur Verfügung. L & F produziert heute an drei Standorten in Deutschland mit rund 135 Mitarbeitern ca. 450 Einheiten jährlich.

L & F-Tandemachs-Lafette für BDF-Koffer, 2010.

L & F-Tankzug mit Tandemachser, 2013.

L & F-Tankzug mit Auflieger TSA 30 VA für Lebensmittel, 1998.

L & F-Tankzug mit Zweiachsanhänger für Heizöltransporte, 2010.

L & F-Tankauflieger TSA 42 LTD mit 42.000 Liter Fassungsvermögen, 2014.

Link

Link Fahrzeugbau GmbH, Heidelberg, Heinrich-Lanz-Str. 4–10, 1947 bis heute

Auf das Gründungsjahr 1946 blickt der heutige Link-Fahrzeugbau zurück, als Alois Link sen. einen Karosseriebaubetrieb einrichtete. Das in der dritten Familiengeneration von Andreas Link geführte Unternehmen fertigt schwerpunktmäßig maßgeschneiderte Leichtmetall-Aufbauten für Pritschen-, Koffer-, Kühl-, Feuerwehr-Geräte-Fahrzeuge aller Fabrikate, Absetz- und Abrollkipper sowie Promotions- und Fernsehübertragungsfahrzeuge.

Im Link-Fahrzeugbau entstehen Drehschemel-, Tandem- und Sattelanhänger, die mit eigenen Aufbauten versehen werden. Darüber hinaus ist das mittelständische Unternehmen im Bereich Service, Reparaturarbeiten und Radstands-Veränderungen tätig.

Link-Zweiachs-Kofferauflieger, 1965. (Foto: Link)

Link-Zweiachs-Auflieger mit kippbarem Kessel, 1957. (Foto: Link)

Link-Dreiachs-Niederrahmenanhänger mit Heckladekran, 2015. (Foto: Link)

Link-Stufen-Sattelauflieger, 2015. (Foto: Link)

Linke-Hofmann-Busch

Linke-Hofmann-Busch AG, Breslau, Grundstr. 12
1933–1945

Die im Bau von Lokomotiven, Eisenbahnwaggons, Triebwagen und Bergwerksausrüstungen tätige schlesische Firma Linke-Hofmann-Busch (LHB) trat 1933 mit einer umfassenden Baureihe von Sattelaufliegern auf den Markt. Unter der Typenbezeichnung DL 3, DL 4, DL 5, DL 6, DL 7, DL 8 und DL 9 entstand ein fein abgestuftes Programm, wobei die Zahl die jeweilige Belastungs-Tonnage angab. Eine Zusammenarbeit bestand mit der Hubertia-Fahrzeugfabrik.

Während des Krieges fertigte die LHB unter Anderem vierachsige Tiefladeanhänger mit 23 und 33,5 t Tragfähigkeit für den Panzertransport.

Nach dem Krieg etablierte sich im LHB-Werk die Fabryka Wagonow PAFAWAG, die sich mit dem Bau von Waggons und Lokomotiven befasste und heute in der Bombardier Transportation aufgegangen ist.

LHB-Werbeanzeige von 1933.

LHB-vollgummibereifter Pritschenanhänger mit Spriegelgestell, 1934.

Linnhoff

Linnhoff Maschinenbau GmbH, Winsen
1950–1955

Der traditionsreiche Hersteller von Gussasphaltkochern auf Lkw- und Anhängerfahrgestell stellte 1950 einen zweistöckigen Auflieger mit Auffahrrampe zum Transport von fünf bis sieben Pkw vor. Weitere Spezialmodelle bildeten Kommunal-Anhänger und Kabeltransport-Fahrzeuge. 1955 trat das Unternehmen als Eduard Linnhoff Maschinenfabrik, Berlin-Tempelhof und Northeim auf. Straßenbaumaschinen, Schneeräumer, Anhänger für 1,5 bis 17 t sowie Tieflader bis 40 t Gesamtgewicht standen im Programm.

Im Jahre 2005 erfolgte die Fusion mit dem ebenfalls auf dem Gebiet der Asphalttechnik tätigen Hersteller Richard Henne GmbH in Holzminden.

Linnhoff-Autotransport-Auflieger, 1950.

Linnhoff-Henne-Gussalsphaltkocher, 1970.

Löchel

Fritz Löchel Fahrzeugbau, Breslau, Neue Graupenstr.
1936–1944

Das seit 1936 im Anhängerbau nachweisbare schlesische Unternehmen erhielt 1939 im Rahmen des Schell-Planes den Zuschlag zum Bau von Einheits-Anhängern und Kippern mit Nutzlasten bis zu 8 t.

Loosen

Carl Loosen KG, Stahl-, Maschinen- u. Anhängerbau, Bingen-Büdesheim

1. 1937–1946: C. Loosen Ing.
2. 1946–1979: Carl Loosen KG, Anhängerbau
3. 1979 bis heute: Carl Loosen GmbH & Co. KG, Stahl-Maschinen-Anhängerbau, Bingen, Matthias Erzberger Str. 8–18

Das 1924 in Bingen von Maschinenbauingenieur Carl Loosen (1895–1974) gegründete Stahlbau-Unternehmen befasste sich zunächst mit der Herstellung von Becherwerken, Superphosphat-Schleudern und Ammoniakmühlen sowie Kaminhauben für die umliegende Düngermittelindustrie. Bei den Winzern im Nahetal hatte Loosen großen Erfolg mit einem leichten Anhänger, der unter dem Namen »Loosen-Ackerrolle« vertrieben wurde. In den frühen 1930er Jahren verlegte die Firma den Schwerpunkt auf den Tiefladerbau. In dieser Disziplin entstanden Fahrzeuge mit Luftreifen bis 10 t, mit Pendelachsen und Vollgummibereifung für Nutzlasten bis 20 t. Die Hinterachsen ließen sich nach dem Einsatz von zwei Zahnstangenwinden abziehen. Auf Wunsch versah Loosen diese Modelle mit seitlichen Bordwänden, so dass sie als Pritschenwagen eingesetzt werden konnten.

Loosen-Schwerlastanhänger mit Pendelachsen und Vollgummibereifung, 1939. (Foto: Loosen)

Eine weitere Baureihe stellten die Schwerlast-Hochbordpritschenwagen dar, die als Fahrwerk Pendelachsen mit der Vollgummibereifung besaßen.

Im Schell-Plan wurde das Unternehmen mit dem Bau von Einheits-Zweiachsanhängern mit bis zu 8 t und mit Kippern bis zu 7,5 t Nutzlast beauftragt. Den Tiefladerbau konnte Carl Loosen bis zur Beschlagnahme des Werkes durch die Wehrmacht im Jahre 1943 weiterführen. Die Reparatur von Militärfahrzeugen stand bis Kriegsende im Vordergrund. Der Abtransport wichtiger Maschinen konnte bei der französischen Kommandantur rückgängig gemacht werden, so dass der Tiefladerbau und der traditionelle Stahlbau mit Weintrauben-Transportkästen, Stapelregalen und weiteren Metallartikeln für die Lebensmittelindustrie wieder aufgenommen werden konnte.

Die immense Nachfrage nach Transportfahrzeugen infolge der Währungsreform führte dazu, dass das Binger Unternehmen auch die Fertigung von landwirtschaftlichen Anhängern sowie von Pritschen- und Kippanhängern mit Bremsluft- und mit Hydraulik-Kipptechnik für den Lkw-Zug aufnahm.

Neben diesen Serienmodellen wurden stets auf Kundenwunsch Fahrzeug-Modelle gezeichnet und realisiert. So entstanden Schausteller-, Viehtransport-Fahrzeuge und Einachs-Pritschenauflieger mit Hamburger Verdeck.

Loosen-Tiefladeanhänger mit Pendelachsen und Vollgummibereifung, 1938. (Foto: Loosen)

Loosen-Tiefladeanhänger mit Luftbereifung, 1950. (Foto: Loosen)

Loosen-Dreiachs-Kofferanhänger mit anhebbarer Achse, 1952. (Foto: Loosen)

Mitte der 1950er Jahre wurde das Loosen-Programm mit der Präsentation von dreiachsigen Zweiseitenkippern mit einer oder mit zwei Kippbrücken gekrönt. In dieser Phase der Aufbauzeit in der Bundesrepublik umfasste das Loosen-Programm schließlich auch zwei- und dreiachsige Kofferanhänger, Langholz- und Plattformwagen, Einachs-Material-Nachläufer, aufprotzbar auf den Lkw, Kesselwagen für den Zementtransport nach Kässbohrer-Vorbild und Müllsammelanhänger. Ein besonders erfolgreiches Produkt bildete der Zement-Siloaufsteller auf Motorwagen und auf Anhängerfahrgestell. Auch der Bau von einachsigen Treber-Transportaufliegern mit nach hinten abfallendem Boden und der trichterförmigen Auslauföffnung, der Bau von zweiachsigen Aufliegern mit zwei stehenden Staubgut-Kesseln für die umliegende Zementindustrie oder der Bau von dreiachsigen Großraum-Siloaufliegern für den Transport von Malz oder Gerste bewiesen die technische Qualifikation dieses Pfälzer Unternehmens. Ein seitlich angebrachtes Förderband konnte bei Bedarf genutzt werden.

1963 baute Loosen das Angebot an Silo-Fahrzeugen mit zweiachsigen Tankaufliegern zum Transport von staubförmigen und granulären Gütern für die Lebensmittelindustrie aus. Bei den Modellen BSA 20 für 18,5 bis 19,5 t Nutzlast kamen schrägliegende Stahlbehälter mit zwei Kammern und Gewebeförderbahnen sowie pneumatischer Entleerungsanlage zum Einsatz. Die Modelle BSAK 20 für 18,5 bis 20 t Nutzlast besaßen ankippbare Stahlbehälter mit einer Kammer und einem konischen Auslauf. Über eine pneumatische Entleerungsanlage konnte der Inhalt herausgepresst werden. Beim Typ BSAK/2 kamen zwei ankippbare Kessel zu je 9 t Nutzlast zum Aufbau. Auch einen Kippsilo-Lastzug mit Gesamtnutzlast von 18 t für den Transport von Zement und Kalk hatte Loosen im Angebot. Die Kessel für diese Spezialfahrzeuge lieferte die Firma Wilhelm Hermanns in Porz am Rhein an.

Dem Trend nach Hinterkippaufliegern kam Loosen mit dem Bau von Ein- und Zweiachsaufliegern mit Spanten-armierten Mulden und zunächst zwei Kippstempeln nach. Im Standard-Kipperbau ersetzten profilierte Stahlpritschen mit Pendelbordwänden die bisherigen Holz-Ausführungen. Hinzu kamen in kleineren Serien ein- und zweiachsige Pritschenauflieger mit Spriegel, Plane und Ladebordwand. Als in den frühen 1970er Jahren die großen Hersteller den Markt an Pritschen-, Koffer-, Kipper- und Silofahrzeugen nahezu völlig beherrschten, fand das Loosen-Unternehmen einen neuen Schwerpunkt im Bau von Schaumstoff-Kofferaufbauten auf Motorwagen und auf Niedrigrahmen-Anhängern.

In einen weiteren interessanten Nischenbereich stieg Losen mit dem Bau von Entsorgungsaufbauten auf Motorwagen und Drehschemelanhänger ein. Der spantenarmierte Kippkastenaufbau besaß im Heck eine hydraulisch betätigte Lademulde, die Abfälle, Schlamm, Müll oder Schneereste aufnahm und in den Behälter kippte. Gleichzeitig verschloss die auf die Einschüttöffnung aufgesetzte 400-Liter-Lademulde den Behälter beim Fahren.

Ein weiteres Feld stellte kurzzeitig die Herstellung von Anhängern mit Volumen-Aufbauten für den Transport von Leichtbauplatten dar und vereinzelt stellte Loosen in dieser Zeit noch Dreiachs-Pritschenanhänger mit Alumnium-Bordwänden her.

Loosen-Zweiseitenkipper, 1956. (Foto: Loosen)

Loosen-Dreiachsanhänger mit zwei Kippbrücken, 1956. (Foto: Loosen)

Loosen-Zementsilo-Aufstell-Anhänger, 1957. (Foto: Loosen)

Als das Geschäft mit den Schaumstoff-Transportfahrzeugen nachließ, sah das Unternehmen die Chance im hochspezialisierten und zukunftsträchtigen Bau von Fahrzeugen zum Transport von Schlachtabfällen. Die Erfahrungen im Bau der Schlamm- und Unrat-Entsorgungsfahrzeuge dienten als Grundlage. Die wiederum mit einer elektro-hydraulischen Betätigung arbeitende Mulde konnte die Abfälle einbringen; gleichzeitig diente sie wiederum zum Verschluss der Einfüllöffnung. Über Hydraulikstempel ließ sich der Kasten nach hinten ankippen, damit die Abfälle nach hinten rutschten. Umgekehrt wurde der Aufbau beim Abkippen vorne angehoben. Seit der Jahrtausendwende befasst sich Loosen erfolgreich mit dem Bau von Schlachtabfall- und Tierkörperbeseitigungs-Aufbauten in Ein- und Mehrkammerausführung. Die Edelstahlbehälter verfügen über Heck- und Seitenbeladungssysteme und werden auf Motorwagen und auf Tandemachs-Fahrgestelle aufgesetzt. Auf Wunsch können auch Auflieger oder Wechselsysteme genutzt werden. Ein weiteres Spezialgebiet ist der Bau von Aufbauten für den Transport ölhaltiger Abfälle wie Brems- und Kühlflüssigkeiten.

Loosen Transportzug mit Zementsilos, 1960. (Foto: Loosen)

Loosen-Siloauflieger BSAK 20/2 mit zwei Kippsilos, 1961. (Foto: Loosen)

Loosen-Dreiseiten-Kippauflieger mit Pendelbordwänden, 1965. (Foto: Loosen)

Loosen-Siloauflieger mit zwei Kippbrücken, 1957. (Foto: Loosen)

Loosen-Auflieger für den Trebertransport mit Förderschnecke, 1965. (Foto: Loosen)

Lorenz-7,5-t-Zweiseitenkipper, 1942 (Foto: Lorenz)

Lorenz

Fahrzeugfabrik Philipp Lorenz, Seiffen i. E., Bahnhofstr. 6–8 u. 12, 1938–1946

Loosen-Spezialanhänger für Schlachtabfälle mit Lademulde, 1968. (Foto: Loosen)

Die Reparaturwerkstatt und Automobilhandlung des Schmiedemeisters Paul Lorenz nahm im Jahre 1936 unter der Initiative des Sohnes, Kfz-Meister Philipp Lorenz (1907–1987) die Fertigung von Pkw- und Lkw-Anhängern auf. In einer zweiten Baureihe entstanden 1,5-t-Einachsanhänger-sowie zweiachsige 3- und 4-t-Dreiseitenkipper.

Kurz nach dem Krieg begann das Lorenz-Werk als erster Hersteller in der Sowjetischen Besatzungszone mit dem Bau von Schleppern; auch Anhänger insbesondere mit Kutscherbock für den Pferdezug konnten wieder hergestellt werden. Aufgrund des von der SED inszenierten Volksentscheides vom 30. Juni 1946 über die »Enteignung der Nazi- und Kriegsverbrecher und der Überführung ihrer Betriebe in Volkseigentum« wurde das Unternehmen enteignet.

In einem neu gegründeten Betrieb entstanden ab 1948 die »Fahrlo«-Schlepper. Auch hier folgte die Verstaatlichung als »VEB Fahrzeugwerk Olbernhau«, der bis zur Wende Campinganhänger mit ausklappbaren Wohnzelten fertigte. Nach der Wende baute Eckhard Lorenz, Sohn des Bruders von Philipp Lorenz, wieder eine Automobilhandlung in Seiffen auf.

Loosen-Schlachtabfall-Transportzug mit Tandemachser, 2018. (Foto: Loosen)

Lübeck

**Karl Lübeck, Karosserie- und Fahrzeugbau,
Trier, Nellstr. 15a, 1949**

Neben Pkw-Anhängern fertigte Lübeck auch Zweiachsanhänger für den Lkw-Zug.

Lück

**Lück Fahrzeugbau GmbH, Wilnsdorf,
ab 1985 Siegen-Kaan Marienborn, In der Hellerbach 7,
ab 2010 Freudenberg, Alte Eisenstr. 32–36, 1982–2018**

Die Lück Fahrzeugbau GmbH wurde 1981 in Wilnsdorf (südöstlich von Siegen) gegründet und stellte im Frühjahr 1982 ihren ersten Dreiseitenkipper vor. Bei der Konstruktion lag die Überlegung im Vordergrund, palettenbreite Kippfahrzeuge für den Speditionseinsatz, für den Recyclingbereich und für den Einsatz als Transportfahrzeuge im Landhandel zu produzieren. Die Ausführung der Kastenmulde mit seitlich großen Winkelprofilen, die durch senkrechte Streben verstärkt sind, gab den Lück-Mulden ein unverwechselbares Design. Nach einer ersten Verlagerung 1985 in einen größeren Standort in Siegen folgte ein entgültigerUmzug nach Freudenberg im Jahre 2010.

Nachdem das Unternehmen mit den palettenbreiten Kippaufliegern in Leichtmetalltechnik den Serienbau aufgenommen hatte, folgten Auflieger für die Baustoffindustrie mit Pritschenaufbau. Auf Wunsch konnten ein fest montierter oder verfahrbarer Ladekran und ein Mitnahmestapler geordert werden. Auch in den Bereich der Spezialfahrzeuge für den Schwerlastverkehr wagte sich Lück mit dem Bau von sechsachsigen Coil- und Walzentransportern bis zu einer Nutzlast von 80 t. Für den Transport von Maschinen und Baggern erweiterten Satteltieflader mit Tiefbett das Programm. Und als Zugpferd im Lück-Programm erwies sich um die Jahrtausendwende vorgestellte »Ferroliner«, ein dreiachsiger Auflieger mit einer 50-m³-Hardox-Stahlmulde. Mit dem verschleißfesten Aufbau war das Fahrzeug für den Schrotttransport konzipiert.

Schritt für Schritt erweiterte das Siegerländer Unternehmen die Produktionspalette. Neben Motorwagenaufbauten entstanden zwei- und dreiachsige Kippanhänger als Rückwärts-Kipper mit Schiebeplane und Portaltüren, als hochbordige Zwei- und Dreiseitenkipper, als Seitenkipper, als Kippanhänger mit Pritsche und Schiebeplane. Ein Zentralachsanhänger mit Aluminium-Kipp- oder Muldenaufbau steht ebenfalls für den Gliederzug bereit.

2005 stellte Lück die ersten Schubbodenaufbauten auf Motorwagen, auf Zweiachs-Drehschemel- und Tandemanhänger sowie auf dreiachsigem Auflieger mit einem Fassungsvermögen von 93 m³ vor. Ein Jahr später stand der überarbeitete Satteltieflader mit vier Achsen und auf Wunsch einer hydraulischen Zwangslenkung zur Verfügung.

2010 folgte dem »Ferroliner« der »Stoneliner«, der speziell für die Recycling- und Kreislaufwirtschaft angeboten wird. Die sich als Dauerbrenner erweisenden hochbordigen Kipper für den Fernverkehr und für den Agrarbereich erhielten auf Wunsch seitliche Türen.

Der Satteltieflader kann ab 2012 auch mit einer ausziehbaren Brücke geliefert werden. Der vierachsige Tieflader für den Coiltransport erhielt eine auf 4500 mm verbreiterbare Mulde. Hinzu kamen drei- und vierachsige Sattel-Tieflader. Weitere Spezialitäten bildeten die Kartoffelbandwagen, der zweiachsige Rungenanhänger, der fünfachsige Auflieger mit Haube für Warmtransporte und das kompakte dreiachsige Fahrgestell für den Aufbau eines Gussasphaltkochers sowie das Kipp-Containerchassis in Leichtmetallausführung für 30‘-Container, wahlweise ausziehbar.

2016 stellte Lück den überarbeiteten Schrotttransporter mit der im typischen Lück-Design gehaltenen Membran-Mulde oder mit einer Rundmulde unter der Bezeichnung »Ferrostar« mit weiter reduziertem Eigengewicht mit einem Volumen von 45 bis 86 m³ vor. Eine Klasse tiefer rangierte der »Rockstar« mit einem Volumen von 26 bis 40 m³.

Inzwischen hat der belgische Fahrzeughersteller Stas in Waregem das Sagen im Lück-Werk.

Lück-Kippsattelauflieger mit Aluminium-Kippkasten, 2006.

Lück-Schrottmuldenauflieger »Ferroliner« (66 m³), 2012.

Lüders

Lüderswerk GmbH, Bremen, Gröpelinger Heerstr. 253
1929–1931

Diese im Boots- und Yachtbau tätige Firma stellte ab 1927 vierrädrige Schnelllieferwagen her. Nach Ende dieser Tätigkeit versuchte das Werk erfolglos die Krisenzeit mit dem Bau von Anhängern in den Größen von 0,5 bis 10 t zu meistern. Lüders bemühte sich erfolglos, diese Fahrzeuge an den ortsansässigen Lkw-Hersteller Hansa-Lloyd zu verkaufen.

Lüders-Werbung, 1931.

Lungwitz & Watermann

Lungwitz & Watermann, Hamburg-Wandsbeck,
Friedrich-Ebert-Damm 111a,
ab 1954 Humboldtstr. 90–92 1947–1954

Unter der Markenbezeichnung »Luwa« fertigte dieses Hamburger Reparaturwerk einen 3-Tonner als Pritschen- und als Kippwagen sowie einen 8-t-Thermoswagen. Das Unternehmen war darüber hinaus im Spezialfahrzeug- und im Karosseriebau tätig.

Luther & Jordan

Luther-Werke GmbH & Co.,
Braunschweig, Frankfurter Str. 249–255
1. 1946–1963: Luther-Werke Luther & Jordan KG,
   Braunschweig, Frankfurter Str. 249–255
2. 1963–1975: Luther-Werke, Luther GmbH & Co.

MIAG-Aktivitäten in Braunschweig

Gottlieb Luther (1813–1968) gründete 1875 ein Mühlenbau-Unternehmen unter dem Namen »G. Luther Maschinenfabrik und Mühlenbauanstalt Braunschweig«. Als nach dem Ersten Weltkrieg verschiedene Mühlenbau-Werke aufgrund der Export-Restriktionen der Siegermächte in Schwierigkeiten gerieten, gelang es 1921 dem Frankfurter Mühlenbau-Unternehmer Hugo Greffenius fünf Firmen dieser Branche, darunter das Braunschweiger Werk, unter dem Dach der Mühlenbau- und Indust-

Luther & Jordan-Werbeanzeige, 1953.

Luther & Jordan-Tankzug für 21.500 Liter Kraftstoff, 1954. (Foto: Smlg. Weinreich)

rie Aktiengesellschaft (MIAG) zunächst zur Zusammenarbeit zu vereinigen und diese 1922 als MIAG-Werke (siehe unter MIAG) zu vereinigen.

1935/36 übernahmen der Enkel des Firmengründers Stephan Luther und der von den Heinkel-Flugzeugwerken kommende Walter Jordan sen. die Geschäftsleitung. 1941 erfolgte die Ausgliederung des Braunschweiger Werkes aus dem MIAG-Konzern unter der Neufirmierung als Luther & Co. GmbH. Unter dem Namen Luther-Werke, ab 1943 unter dem Namen Luther-Werke Luther & Jordan montierte das Unternehmen im Fließbandverfahren Messerschmitt-Jäger in einem Lizenzabkommen. Ein alliierter Luftangriff zerstörte 1944 das Werk weitgehend. Da Stephan Luther dabei umgekommen war, ging die Firmenleitung an Walter Jordan sen. über. In den Hallen auf dem eigenen Flughafen Waggum wurden erneut Flugzeuge montiert.

Bei Kriegsende war das Braunschweiger Werk weitgehend zerstört. Unter großen Mühen ließ Jordan jetzt Anhänger bauen, um mit diesem dringend benötigten Produkt der Demontage zu entgehen. Die Besatzungsmacht beschlagnahmte in Einklang mit den Bestimmungen des Potsdamer Abkommens das einstige Rüstungswerk. Erst 1950 erfolgte die Freigabe des Werkes. Walter Jordan jun. nahm Reparaturaufträge für die US-Army in Zusammenarbeit mit dem Mainzer-Instandsetzungswerk für Panzer (MIP), dem einstigen Gastell-Waggonbau-Werk, an.

Luther & Jordan-8-t-Zweiseiten-Druckluftkipper, 1953.

Neuanfang im Anhängerbau in Braunschweig

Im Jahre 1951 entschieden die Geschäftsführer Luther und Jordan, sich von den Reparaturaufträgen weitgehend zu lösen und in den in der Bundesrepublik prosperierenden Anhängerbau einzusteigen. Unter dem Kürzel »LA« für »Lastanhänger« entstanden Zweiachs-Pritschenwagen mit Belastungen für 5 bis 12 t, Zement-Silowagen sowie ab 1952 Dreiachser mit Belastungen von 17 t. Bei diesem Modell ließ sich neben dem starren Hinterachsaggregat auf Wunsch ein selbstspurendes Hinterachspaar einbauen, bei dem sich die erste Achse hochwinden ließ. Das »LAK«-Programm (für »Lastanhänger-Kipper«) führte Zweiachs-Kipper für 3 bis 11 t, als Zwei- und Dreiseitenkipper mit mechanisch-hydraulischer, motorhydraulischer oder Druckluft-Kippvorrichtung. Den 16-t-Dreiachser gab es als Zweiseitenkipper mit zwei Kippkästen oder als Dreiseitenkipper. Die Kipptechnik wurde hydraulisch oder mit Druckluft betätigt.

Auch Kofferaufbauten auf einem Auflieger-Fahrgestell, Kerosin-Tank- und Pumpfilter-Fahrzeuge fertigte das Werk für die US-Army. Für die Bundespost lieferte Luther & Jordan eine größere Anzahl von zweiachsigen Paketpostwagen. Für den Transport von Langmaterial gab es einen dreiachsigen Rungenwagen mit dem selbstspurenden Hinterachsaggregat. Auch einen überschweren Tieflader für 80 t Nutzlast mit zwei zweiachsigen Drehgestellen in Anlehnung an den einst von Möller gebauten Wagen hatte das Unternehmen im Programm. Als Besonderheit entstanden »Halb-Anhänger«, die einen Tank und eine Pritsche über dem Rahmen besaßen.

Für die Erstausrüstung der Bundeswehr mit Spezialfahrzeugen lieferte Luther & Jordan ab 1956 eine kleine Anzahl von zweiachsigen Aufliegern für 12 t Nutzlast sowie – mit den Erfahrungen aus dem Bau der Kerosin-Tanker – einige zweiachsige Tank-Sattelanhänger für die Aufnahme von 18.000 Liter Kraftstoff.

1963 kam es zur spektakulären Verhaftung einiger Führungskräfte des Fahrzeugbau- und Reparaturwerkes, darunter Walter Jordan, denen Betrug bei der Lieferung von Panzer-Ersatzteilen für die Bundeswehr vorgeworfen wurde. Infolge der Verhaftung des Komplementärs war eine Umbenennung des Unternehmens nötig, das als Luther-Werke im Produktionsfeld die Bezeichnung »Anhänger, Industriemaschinen, Prototypen und Teile für die Bundeswehr« führte.

Mit Tankfahrzeugen nochmals Schwung

Mitte der 1960er Jahre standen die Pritschen- und Kipper-Fahrzeuge weiterhin im Programm. Bei den Spezialfahrzeugen setzte das Luther-Werk jetzt auf den Bau zweiachsiger Anhänger mit Tankaufbauten für den Transport von Mineralöl und Benzin sowie reinem Alkohol. Mit beheizbarem Kessel kamen Bitumen-Transporter hinzu. Auf Dreiachs-Fahrgestell entstanden vor allem Lebensmittel-Tanker mit pneumatischer Entleerung. In einachsiger Aufliegerbauart entstand der Tanker 20 TCU für 18.000 Liter Kraftstoff, in zweiachsiger Ausführung der luftgefederte Pritschenauflieger SA 25. Und zu Beginn der 1970er Jahre ging Luther zur Konstruktion von luftgefederter Tankfahrzeugen in Stahl- und Leichtmetall-Ausführung über.

Als die Aufbaujahre der Bundesrepublik gegen Ende der 1970er Jahre endgültig vorbei waren, und Großserienhersteller immer stärker den Markt beherrschten, geriet das Luther-Werk mit seinem Nischenprogramm an Pritschen-, Kipp- und Tankwagen immer stärker unter Druck. In einem letzten Versuch setzte das Werk auf die jetzt gefragten Container-Fahrgestelle als Anhänger oder als Auflieger. Entsprechende Tank-Container hatte Luther hierzu im Köcher. Ein Anhänger mit Kesselaufbau für den Biertransport und ein dreiachsiger Tankauflieger mit sechs Kammern und einem Volumen für 36.000 Liter rundeten das Angebot ab.

Trotzdem musste 1975 aufgrund wirtschaftlicher Schwierigkeiten der Fahrzeugbau eingestellt werden; 1979 kam es zur Auflösung des Unternehmens.

Luther-Einachs-Tankauflieger für 14.000 Liter Kraftstoff, 1961.

Luther-Tankauflieger für den Transport von 15.000 Liter Säure, 1961.

Lüttgens

Waggon-Fabrik Gebr. Lüttgens GmbH, Saarbrücken, 1936

Die Gebrüder Leonhard, Theodor und Andreas Lüttgens gründeten 1860 ihre Waggonfabrik, die Schienenmaterial, Grubenförder- und seit 1971 Güterwagen herstellte. Mitte der 1930er Jahre trat das Werk kurzzeitig auch als Anhänger-Hersteller auf. Heute firmiert das Unternehmen als Saar Stahlbau GmbH.

M & V Trailer

M & V GmbH »Siegmar«, Jahnsdorf, Wilhelmsdorfer Str. 30, 2006–2013

1996 wurde die Metallbearbeitung und Vorrichtungsbau GmbH »Siegmar« gegründet, die auf dem Gelände des einstigen Wismut-Fahrzeugbaubetriebs in Chemnitz – einst das Wanderer-Automobilwerk – die Blechbearbeitug und den Vorrichtungsbau aufnahm. 2001 zog das Unternehmen in das neue Domizil in Jahnsdorf südwestlich von Chemnitz. Zweigbetriebe in Leipzig und in Jena konnten zur Erweiterung der Produktion eingerichtet werden. Das äußerst dynamische Unternehmen stieg zu Beginn des Jahres 2006 auch in die Nutzfahrzeugbranche mit der Aufnahme der Fertigung von Anhängern der Marke »M & V Trailer« und änderte gleichzeitig den Firmennamen in »M & V GmbH „Siegmar"«. Erwartungsvoll wurden Kapazitäten für jährlich 1000 Fahrzeuge geschaffen, so dass die Fahrzeugmontage des in Schwierigkeiten geratenen Renders-Werkes in Chemnitz teilweise fortgesetzt werden konnte.

Das Fertigungsprogramm umfasste Container-Chassis, Stufenauflieger, Tieflader unterschiedlicher Ausführungen und Nutzlastklassen, Pritschen- und Kipper. Die Kipper- und Auflieger erhielten Leichtmetall- oder Stahlmulden.

M & V-Multifunktions-Containerlafette »Euro 802« mit drei verschieden Heckausschüben, 2009.

Um 2010 kamen ein Tandemkipper und ein teleskopierbarer Auflieger mit Coilmulde hinzu. Das Container-Chassis erhielt auf Wunsch ein Unterflur-Kühlaggregat zum Halten der Temperatur beim Weitertransport des Containers. Letzte Neuheit stellten die Plateau-Auflieger für den Stahlplatten-Transport dar.

Die Entwicklung des Fahrzeuggeschäftes blieb jedoch deutlich unter den unternehmerischen Erwartungen, so dass 2013 dieser Fertigungszweig aufgegeben wurde. Seitdem beschäftigt sich das Werk wieder erfolgreich mit der Blechbearbeitung.

M & V-Curtainsider mit Kröpfung und Hubdach für den Getränketransport, 2006.

M & V-Auflieger mit Aluminium-Kastenmulde und Luftfederung, 2011.

MAFA

MAFA Maschinen und Fahrzeuge GmbH, Vippachedelhausen, Schillerstr. 1d, 1993 bis heute

Aus einem einstigen staatlichen Betrieb für Landtechnik in Vippachedelhausen bei Weimar ging 1990 die thüringische Maschinen und Fahrzeuge GmbH, abgekürzt MAFA, hervor. Die Instandsetzung landwirtschaftlicher Fahrzeuge stand zunächst im Vordergrund. 1995 konnten vier Mitarbeiter im Rahmen eines Management-Buy-out-Prozesses den Betrieb von der Treuhandanstalt Erfurt erwerben. Das Werk mit seinen großen Fertigkeiten in der Fahrzeugreparatur wurde auf die Metallbearbeitung und auf den Fahrzeugbau neu orientiert. Innerhalb kurzer Zeit konnte das Unternehmen ein breitgefächertes Programm an Fahrzeugen auf die Beine stellen, wobei sich die MAFA zunächst an bewährten Blumhardt-Konstruktionen orientierte. Im Anfangsprogramm standen Drehschemel- und Tandemanhänger mit Dreiseitenkipp-Aufbauten, Auflieger mit Kastenmulden bis zu 70 m³, Auflieger-Fahrgestelle für Container und für Tankaufbauten.

2006 verfeinerte das Thüringer Werk die Kipper, indem nun auch eine Aluminium-Mulde aufgesetzt werden konnte. Das Fahrgestell für 20'-Container erhielt auf Wunsch unter der Bezeichnung SAL 40.27eHK einen kippbaren Rahmen. Hinzu kamen Auflieger mit Pritschenaufbau nach Vorgaben der Kunden, auch in Überlänge, und mit Gastankaufbau sowie Tieflader.

2009 nahm die MAFA auch den Bau von zweiachsigen, in der Aufnahmehöhe verstellbaren Dollys auf. Ein Jahr später fasste die Gesellschaft den Entschluss, sich auf den Bau der Kipper und der weitgehend nach Kundenwünschen gefertigten Pritschenfahrzeuge, auf das Containerchassis und auf die Belieferung von Aufbautenproduzenten mit maßgeschneiderten Anhänger- und Auflieger-Fahrgestellen zu konzentrieren.

Im Jahre 2013 präsentierte die MAFA ein Tridem-Fahrgestell, das vor allem für Hersteller von landwirtschaftlichen Anhängern interessant ist. 2016 erweiterte ein Rungenanhänger das Programm.

Mafa-Dreiachs-Auflieger-Fahrgestell SAL 40.24/82e FG mit Schwarte Jansky-Kesselaufbau für Lebensmitteltransporte, 2006.

Mafa-Fahrgestell L 18/62e 118 mit Schwarte Jansky-Kesselaufbau für Lebensmitteltransporte, 2006.

Mafa-Dreiachs-Anhänger mit Schwarte Jansky-Kesselaufbau, 2018.

MAFI

MAFI Transport-Systeme GmbH, Tauberbischofsheim, Hochhäuser Str. 18

1. 1957–1968: MAFI Transport-Systeme GmbH (PHB-Gruppe)
2. 1968–1975: MAFI-Fahrzeugwerk GmbH & Co. International
2. 1975 bis heute: MAFI Transport-Systeme GmbH

Die MAFI Transport-Systeme GmbH wurde 1957 von den Brüdern Fiala gegründet, wobei die Initialen von Martin Fiala den Kunstnamen ergaben. Das zunächst in Schwieberdingen und Tauberbischofsheim ansässige

MAFI-Zweiachs-Tiefladeauflieger Typ SAT mit abklappbarem Schwanenhals für 30 t Nutzlast, 1970.

Unternehmen hatte den Produktionsbereich der Bleichert-Elektroschlepper der PHB Transport-und Lagersysteme GmbH übernommen. Die MAFI spezialisierte sich auf die Herstellung von Anhängern, Tiefladern und Elektroschleppern sowie auf Sektionstransportern für den innerbetrieblichen Transport in Seehäfen, Industrie, Logistik- und Distributionszentren. Insbesondere durch die Erfindung des »Roll on/Roll-off«-Systems im Jahre 1960, das mittels Zugmaschine und »Rolltrailer« den Containerumschlag vereinfachte und beschleunigte, konnte die MAFI mit ihren 350 Mitarbeitern eine weltweit anerkannte und führende Stellung einnehmen. Für den Containertransport fertigt MAFI neben den Zugmaschinen die »Rolltrailer« genannten Auflieger mit Schwanenhals zum Transport von Containern.

In den 1960er und 1970er Jahren befasste sich MAFI auch mit dem Bau von Container-Hub-Transportern (»Porta-Lift«), von Container-Umschlaganlagen auf Lkw-Fahrgestellen (»Container-Lift«), innerbetrieblichen Schwerlastanhängern bis zu 200 t Tragfähigkeit, Schwerlasthubwagen für den Schiffssektionstransport bis zu 2100 t Tragkraft, Straßentiefladern mit abklappbarem Schwanenhals bis zu 500 t Tragkraft, Schwenksachs-Tiefladern mit hydraulisch betätigtem Ausschwenken der Räderpaare und schließlich vielfältigen Flughafenfahrzeugen. Das Unternehmen gehört inzwischen zur NDW-Gruppe in Eberbach.

Maiwald

Erich Maiwald Fahrzeugbau – Pferdezugwagen, Berlin, Köpenicker Str. 75, ab 1953 Bürknerstr. 17, ab 1964 Wissmannstr. 30, 1940–1968

Im Anhängerbau ist dieses Unternehmen von 1940 bis etwa 1968 nachzuweisen. Nach dem Krieg betätigte sich Maiwald unter der Firmierung »Schweißerei und Fahrzeugbau« weiterhin im Bau von Fahrzeugen.

Marschall

Marschall-Fahrzeugbau GmbH, Freudenberg, Asdorfer Str. 120–130, 1997 bis heute

Nach dem Ende des Silofahrzeugbaus der Firma Schallex in Siegen machte sich der Mitarbeiter Georg Maschall selbständig und richtete in Freudenberg mit weiteren ehemaligen Schallex-Spezialisten einen eigenen Silofahrzeugbau ein, wobei die Ausführung von Fahrzeugen nach Kundenwunsch im Vordergrund steht. Neben Lkw-Aufbauten entstehen zweiachsige Drehschemel- und Kipp-Auflieger-Silofahrzeuge. In einer weiteren Baureihe fertigt das Marschall-Werk Drehschemel-Chassis zur Aufnahme von Abroll-Silobehältern.

Martini-Hüneke und Salzkotten

Martini-Hüneke und Salzkotten, Maschinen- und Apparatebau AG, Salzkotten i. W. , 1938–1939

Kurz vor Kriegsbeginn präsentierte der bekannte Hersteller von Tankanlagen auch Anhänger und Sattelauflieger mit Tankkessel-Aufbauten. Der Hersteller hob bei den Mehrkammer-Fahrzeugen die Ausgleichstechnik bei wärmebedingten Volumen-Änderungen hervor.

Das 1907 als Martini & Hüneke Maschinenbau AG gegründete, 1908 nach Berlin und 1934 mit dem Erwerb der Fabrik explosionssicherer Gefäße GmbH(FEG) nach Salzkotten i. W. verlagerte Unternehmen trug seitdem die Firmierung Martini-Hüneke und Salzkotten(MHS). Nach dem Krieg erfolgte die Umbenennung in Deutsche Gerätebau Salzkotten; später ging das Unternehmen in der Gilbarco Veeder-Root-Gruppe auf.

Martini-Hüneke & Salzkotten-Tankzug, 1938.

Martini-Hüneke & Salzkotten-Tankauflieger, 1939.

Maschinenfabrik Esslingen

Maschinenfabrik Esslingen, Esslingen, 1949

Die Maschinenfabrik Esslingen (ME) wurde 1871 von Ingenieur Emil Keßler (1813–1867) zum Bau von Lokomotiven gegründet. Der inzwischen auch zum Hersteller von Straßenbahnen und Eisenbahnwaggons aufgestiegene Maschinenbauer begann 1936, auch elektrisch angetriebene Lastwagen und Gabelstapler herzustellen.

Nach dem Zweiten Weltkrieg konnte die ME ihr Produktionsprogramm rasch wieder aufnehmen. Den Lastwagenbau ergänzte das Unternehmen mit dem zeitweiligen Bau von 3-t-Anhängern.

1965 übernahm die Daimler-Benz AG das Werk gab die aktuelle Produktion der Gabelstapler an die Hamburger Still GmbH ab.

ME-Straßenroller, 1949.

Maßholder

L. & R. Maßholder Fahrzeugbau, Heidelberg, (Alte) Eppelheimer Str. 39, 1925–1968

Auf das Gründungsjahr 1896 gehen die Fahrzeugbau-Aktivitäten des Maßholder-Werkes in Heidelberg zurück. 1925 begann das Werk erste Pkw-, Lieferwagen- und Lkw-Anhänger sowie Aufbauten aller Art zu fertigen. Bis kurz vor Beginn des Zweiten Weltkrieges bestand das Bauprogramm aus Anhängern, Sonderfahrzeugen und Aufbauten. Im Schell-Programm wurde dem Werk der Bau von zweiachsigen Einheits-Pritschenanhängern und Kippern zugeteilt.

In der frühen Nachkriegszeit entstanden zunächst Pkw-, landwirtschaftliche und Speditions-Anhänger. Mit Zweiachsern in den Nutzlastklassen von 1,5 bis 5 und einem Dreiachser in der Größe von 11 t, mit Dreiseitenkippern für 5 und 8 t und einem Langholzwagen war Maßholder wieder präsent. Mit Beginn der 1950er Jahre konnte Maßholder ein breites Angebot an Fahrzeugmodellen aufbauen. Neben Normal- und Ferntransport-Pritschenwagen mit Staukästen zwischen den Achsen,

Maßholder-Werbung, 1954.

Maßholder-7,5-t-Zweiseitenkipper, 1960.

Maßholder-Transportanhänger mit hydraulisch betätigtem Kipprahmen für Zement-Silos, 1961.

Massholder-15-t-Tieflader mit abziehbarer Hinterachse, 1960.

Maßholder-Einachs-Pritschenauflieger, 1961.

Maßholder-Ferntransportanhänger mit Pritsche und Spriegel, 1964.

zweiachsigen Kippern mit handhydraulischer, elektro-hydraulischer und Motor-hydraulischer Betätigung entstanden Dreiachser mit hochwindbarer letzter Achse mit Speditionspritsche oder mit zwei Kippbrücken.

Auflieger für 7 bis 18 t Nutzlast und abziehbarer Hinterachse, Niederflur-Anhänger für 4 und 6 t Nutzlast zur Aufnahme von Bahn-Kleinbehältern, Baustellen-Silofahrzeuge und Einachs-Nachläufer für den Holz- oder Stangentransport sowie Tiefladeanhänger mit Vollgummibereifung für die Aufnahme von 16 und 36 t schweren Baumaschinen füllten das Programm aus.

Maßholder-Ferntransportauflieger, 1964.

Matthiass

Reinhold Matthiass, Maschinenfabrik,
Erfurt, Weidenmühle 1, 1937–1940

Die »Maschinenfabrik und Mühlenbau-Anstalt Weidenmühle«, 1889 von Reinhold Matthiass gegründet, stieg 1936 unter der Leitung des Schwiegersohnes Heinrich Kleinspehn in den Bau von Acker- und Straßenschleppern ein. Den Kunden bot das Unternehmen, abgekürzt als »Reima«, gleichzeitig einen 3-t-Anhänger und einen Langholwagen an. Im zweiten Kriegsjahr musste sich der Betrieb auf die Rüstungsproduktion umstellen. 1948 erfolgte die Enteignung der »Reima« unter der neuen Bezeichnung »LEB Thüringer Betrieb für Mühlenbedarf, vorm. Reinhold Matthiass, Landeseigener Betrieb«. Ab 1950 nutzte eine Samenzucht und Großgärtnerei das Gelände; in den 1980er Jahren wurden die Gebäude abgerissen.

Meier I

Arnold Meier Fahrzeugwerk,
Burgstemmen (Hann.), Reichsstr. 16
1. 1949–1974: Arnold Meier Fahrzeugwerk
2. 1974–2002: Arnold Meier Fahrzeugwerk GmbH & Co. KG

Meier-Werbung, 1963.

Arnold Meier gründete 1932 eine Schmiede und stellte wenig später Ackerwagen her. Nach der Währungsreform ging Meier zum Bau von Straßen-Anhängern über. Zu Beginn der 1960er Jahre standen Pritschen-Anhänger der P-Baureihe mit Nutzlasten 2 bis 16 t, luft- oder ölhydraulisch angetriebenen Kippern der K-Baureihe mit Nutzlasten von 6 bis 16 t, Aufliegern mit Pritsche oder Kipper-Aufbau der Modelle SP 4 bis SP 16 und SK 8 bis SK 16 und Tieflader der T-Baureihe T 12, T 14 bis T 24 im breitgefächerten Angebot des Unternehmens. Die Ziffern gaben das jeweilige Gesamtgewicht der Fahrzeuge an. An Spezialfahrzeugen fertigte Meier Mulden-Kipper, Müllsammel-Fahrzeuge, Mannschaftswagen, Langmaterialanhänger, Tank-Auflieger und Einachs-Gerätefahrzeuge. 1978 ging das Unternehmen in die Hände der Söhne Arnold und Gerhard Meier über, die die Fertigung bis zum Jahre 2002 fortführten.

Meier-Dreiseitenkipper K 16, 1963.

Meier-Dreiachs-Pritschenhänger für den Ferntransport, 1963.

Meier-Tieflader für 18 t Nutzlast, hinten überfahrbar, 1963.

Meier II

Gebr. Meier Fahrzeugbau, Inhaber Alfred Meier, Wülfingen, 1965–1968

Anhänger aller Art standen im Programm dieses Herstellers.

Meier-Werbeanzeige von 1965

Meierling

Theodor Meierling Fahrzeugfabrik, Schwerte/Ruhr, Hagener Str. 72

1. 1936–1971: Theodor Meierling, Fahrzeugfabrik, Dortmund, Kampstr. 137/139, ab 1952 Schwerte/Ruhr, Hagener Str. 72
2. 1971–1991: Th. Meierling Anhänger- und Karosseriefabrik
3. 1991 bis heute: Meierling GmbH & Co. KG, Anhänger und Fahrzeugbau, Hagen, Profilstr. 13

Mit Tradition in den Straßen-Anhängerbau

Das Unternehmen Meierling ging 1885 aus einer Schmiedewerkstatt mit Wagenbau in Dortmund hervor. Nachdem schon 1912 vollgummibereifte Lastwagen-Anhänger nachzuweisen sind, wandte sich das Unternehmen in den 1930er Jahren verstärkt dem modernen Anhängerbau zu. Im Schell-Plan wurde Meierling der Bau von Einheitsanhängern und Kippern bis 8 t Nutzlast zugeteilt. In den späten 1940er Jahren befasste sich das Werk mit dem Bau von zweiachsigen Pritschenanhängern mit Nutzlasten von 3 bis 8 t, einem Dreiachser mit 11,5 und Kippern für 3 bis 8 t Nutzlast.

Meierling-Werbeanzeige, 1953.

Zu Beginn der 1950er Jahre erhielt der Dreiachser mit kippbarer Einfach- oder Doppelpritsche eine hochwindbare Achse. Ein 6-t-Spezialanhänger für sperrige Güter ergänzte das bisherige Programm. Darüber hinaus bot Meierling Fahrzeuge mit Spezialaufbauten sowie Omnibusanhänger an. Mit dem um 1952 erfolgten Umzug nach Schwerte/Ruhr standen größere Produktionsmöglichkeiten zur Verfügung, so dass das familiengeführte Unternehmen mit dem nun auch aufgenommenen Bau von zweiachsigen Aufliegern für 20 t Nutzlast beginnen konnte. Ein weiterer Auflieger brachte es mit verschiebbarem Achsaggregat auf 22,5 t. Im Kipperbereich folgte ein Auflieger mit einem Zweiseiten-Kippaufbau für 19 t Nutzlast. Ein Tieflader mit abziehbaren hinteren Halbachsen und einer ausklappbaren Rampe nahm Baumaschinen bis zu 12 t Gewicht auf.

Die größere Ausführung mit hinterem Doppel-Halbachsen-Aggregat war für 25 t Nutzlast ausgelegt. Weitere Modelle waren Auflieger für den Langeisentransport und Einachser mit Trinkwassertank- und Omnibus-Gepäckaufbau sowie ein Nachläufer für den Langholztransport. Der Karosseriebau stellte jetzt auch Möbel-, Kasten- und Thermosaufbauten für die Anhänger- und für die Lkw-Chassis her. Auch Kesselaufbauten zum Transport von körnigen Schüttgütern, darunter auch von Glasgranulaten, standen jetzt im Programm. Das Spitzenprodukt bildete Anfang der

Meierling-5-t-Kofferanhänger, 1954.

1960er Jahre der zweiachsige Dreiseiten-Kippauflieger MK 16 mit zwei Hydraulikstempeln. Da die Bordwände aus Aluminium-Hohlprofilen gefertigt waren, warb das Unternehmen damit, dass die eingeschlossenen Luftkammern eine ausreichende Wärmeisolierung beim Transport von Asphalt ermöglichten. Hydraulische Bordwandverschlüsse erleichterten vor allem beim Rückwärtskippen den Entladevorgang. Eine weitere Spezialität bildete Mitte der 1960er Jahre der mit einem Ladekran versehene Steintransport-Auflieger MS A 16.

Mit Kippern und Coil-Aufliegern gut im Geschäft

Mit den Kipp- und den ins Programm genommenen dreiachsigen Pritschenaufliegern für Coil-Transport für die Stahlindustrie entwickelte sich Meierling damals zu einem namhaften Hersteller auf diesen Sektoren. Und mit dem Bau von Aluminium-Hinterkippmulden setzte Meierling am Ende der 1960er Jahre Maßstäbe. Die mit Rundspanten verstärkten Hohlprofil-Mulden waren für eine Nutzlast von 26,4 t ausgelegt. Die Verwendung hochwertiger Feinkornstähle im Chassis- und von Aluminium im Aufbautenbereich führte in den 1970er Jahren zu einer Gewichtsreduzierung der Fahrzeuge, wodurch das Untenehmen insbesondere auf dem Gebiet der Coil-Mulden-Auflieger mit einer Nutzlast von 25 Tonnen punkten konnte.

Neuheiten im Fahrzeugbau dieser Zeit waren Auflieger mit drei Kippkästen für die Teilentladung, Auflieger mit Kesselaufbau zum Transport von körnigen Gütern mit elektropneumatisch betätigten Füll- und Entleerungsschiebern für den Inhalt von 22 m³. Weitere Neuerungen waren ein Langmaterial-Auflieger mit zwangsgelenktem Doppelachsaggregat, ein zweiachsiger, hinten überfahrbarer Tieflade-Auflieger für eine Belastung von 20,5 t sowie ein dreiachsiger Tieflader mit herab senkbarer Auffahrt-

Meierling-Siloauflieger mit 22 m³ Volumen, 1966.

Meierling-Kippauflieger mit drei Kippbrücken für Teilentleerung, 1966.

Meierling-Hinterkippauflieger mit zwei parallel angeordneten Hydraulikzylindern für 24,5 t Nutzlast, 1969.

rampe in Fahrzeugbreite. Für den Transport von Steinpaletten entwickelte Meierling einen dreiachsigen Auflieger mit zwei Ladehälften und einem verfahrbaren Ladekran; für die Beförderung von Industriegasen folgte ein dreiachsiger Auflieger mit giebelförmig aufgeschichteten Druckflaschen. Auch in den Bau der immer stärker gefragten Drehschemel-Lafetten-Anhänger für Absetzmulde stieg das Werk ein. Schließlich überarbeite Meierling die Kofferaufbauten unter Nutzung von Aluminium und Kunststoff.

Ein weiterer Meilenstein im Bestreben das Eigengewicht zu reduzieren und damit die Nutzlast zu erhöhen, stellte der zu Beginn der 1980er Jahre eingeführte Bau der Chassis in Aluminiumtechnik dar, wenn auch die Kundschaft die ebenfalls leichtgewichtige Feinkornstahl-Ausführungen noch bis zu Beginn der 1990er Jahre bevorzugte.

Mit einem neuen Dreiseiten-Kipp-Auflieger für 22 t Nutzlast bei einem Eigengewicht von nur 6,5 t eröffnete Meierling das Neuheitenprogramm der 1980er Jahre. Als Nächstes folgten Anhänger und Auflieger mit Tiefsilo-Aufbauten mit Bodenentleerungstrichtern für den Kies- und Sandtransport. Ein luftgefederter Zugrohr-Einachsanhänger konnte als Langmaterial-Nachläufer oder zum Anbau an das hintere Doppelachsaggregat eines Lasters verwendet werden, so dass dieser als Vierachser eine entsprechend belastbare Mulde oder einen Betonmischer aufnehmen konnte.

Meierling-Pritschenauflieger mit Aluminium-Chassis und Coil-Mulde, 1990.

Neuausrichtung des Werkes im Jahre 1987

Nach der Umstrukturierung des Unternehmens durch die Becker/MTB-Gruppe im Jahr 1987 erfolgte 1991 der Umzug in die neu errichteten Fertigungshallen in Hagen.

Zuvor konnte 1989 auch das neue Silo-Fahrzeug MSA 24 AL vorgestellt werden. Der selbsttragende Silo-Auflieger mit einem 34-m³-Tank für Baustoffe besaß ein luftgefedertes Trio-Achsaggregat; bei Leerfahrten ließen sich die erste und die dritte Achse anheben. Durch die Leichtmetall-Technik ergab sich eine Nutzlast von 28,2 t bei einem Eigengewicht von 4,3 t. Auch der Coil-Auflieger MSA 24 AL mit einer 8,5 m langen Wanne kam gerade mal auf 4,5 t Eigengewicht; weitere Details waren das Schiebeverdeckgestell, die Luftfederung und die Liftbarkeit der letzten Achse. Mit einer Abdeckung über der Wanne ließ sich das Fahrzeug zum Palettentransport umrüsten.

Zu Anfang der 1990er Jahre konnten die Leichtmetall-Chassis mit einem Anteil von 80 Prozent gegenüber den Feinkornchassis klar dominieren. Ein weiteres Produkt des Leichtbaupioniers stellte konsequenterweise 1990 der neue Leichtmetall-Kippauflieger mit einer Glattmulde mit einem Ladevolumen von 41 m³, beziehungsweise mit einer Nutzlast von 26,5 t dar. Für den Fernverkehr standen jetzt die neuen Pritschenauflieger MSA 24 KR und MSA 27 KR mit 11,5 m Ladelänge, linksseitig geteilten Bordwänden für die Seitenbeladung, mittig angebrachtem Ladekran und einer Planenabdeckung im Repertoire. Für den Baustofftransport stand mit nur 3,1 t Eigengewicht ein 7-m-Drehschemel-Pritschenanhänger zur Verfügung. 1994 wagte sich der Leichtbauspezialist auch in den Bau von Tiefkühlfahrzeugen. In dem Auflieger MSA 24 AL/FRC konnten 30 Europaletten verstaut werden. Und mit dem MSA 24 AL mit Schubboden und Rollplane für ein Volumen von 23 m³ bei einem Leergewicht von 4,9 Tonnen stieg Meierling auch in diese Fahrzeugtechnik ein.

1997 erhielt der Coil-Auflieger eine Neuauflage als »Alu-Star« in kompletter Aluminium-Bauweise für eine Nutzlast von 29,4 t. Weitere Innovationen bildeten jetzt auch kippbare Silofahrzeuge im Bereich von 20 bis 50 m³ Aufnahmevolumen, und Auflieger mit kippbaren Kastenmulden in Aluminium- und Stahlbauweise auf robustem Aluminium-Fahrgestell; die Aluminium-Ausführung brachte 5,1, die Stahl-Version 6,2 t auf die Waage. Schließlich erweiterte eine Auflieger-Spezialausführung für den Transport von Betonröhren das Programm.

Mit Aluminium-Leichtbauweise und Hardox-Stahl

Mit einer weiteren Novität zeigte Meierling 1998 das Können seiner Ingenieure. Ein vierachsiger Export-Coil-Auflieger mit Aluminium-Fahrgestell und Gitteraufbau konnte Nutzlasten von 40 Tonnen tragen. Die letzte Achse war nachlaufgelenkt, die erste Achse konnte angehoben werden. Mit angehobener Vorderachse ließ sich das Modell ohne Sondergenehmigung als 40-t-Zug einsetzen.

Seit der Jahrtausendwende hält die Hardox-Mulde als einziges Produkt noch die Stahlbau-Fahne hoch. Einen erneuten Fortschritt in der Technik der Mulden stellte 2004 die Meierling-Kombimulde dar, die einen Boden aus Hardox-Stahl mit angeschweißten Seitenwänden aus Aluminium besitzt, die das Eigengewicht reduziert, wenn auch weiterhin Mulden aus Aluminium oder Stahl angeboten werden. Auch in den Bau von kippbaren Chassis für die Aufnahme von 20'- und 30'-Containern trat Meierling ein. Ein weiteres Produkt der Innovationstechnik des Unternehmens stellte der 2004 erstmals vorgeführte, in Kohlenstofffaser-Verbundwerkstoff-Technik ausgeführte Sattelkipper dar. Der Prototyp bewährte sich in der Dauererprobung, ging jedoch aus wirtschaftlichen Gründen nicht in die Serienfertigung.

Die Ausstattung der drei- und vierachsigen Coil-Auflieger mit Rungenaufbau für den Profilstahl-Transport erweiterte diese Baureihe; dabei konnte die Aufnahmelast des vierachsigen Coil-Transporters MSA 24c/ALKS auf 49 t gesteigert werden.

Nach der erfolgreichen Entwicklung eines Aluminium-Glas-Innenladers in enger Zusammenarbeit mit der Emons-Transport-Gruppe in Milsbeek/Holland ergaben sich derart viele gemeinsame wirtschaftliche Interessen, dass die Meierling GmbH & Co. KG seit Beginn des Jahres 2013 Mitglied der Emons Group ist.

Inzwischen avancierte das Fahrzeugbau-Unternehmen mit den Produktgruppen Pritschen-, Coil-Mulden-, Mulden- und Kasten-Kipp-Auflieger sowie Innenlader der Baureihe MSA 27/GL-AL 10,5 und Container-Lafetten zu einem Spezialisten in der Aluminium-Leichtbauweise.

Meierling-Vierachs-Pritschenauflieger mit Coil-Mulde, 2002.

Meierling-Kippauflieger mit Aluminium-Fahrgestell und Hardox-Mulde, 2006.

Meiller

F. X. Meiller, Fahrzeug- und Maschinenfabrik GmbH & Co. KG, München, Ambossstr.

1. 1907–1917: F. X. Meiller, Hammer- und Waffenschmied und Windenmacher, München, Lilienstr. 2/4
2. 1918–1944: F. X. Meiller Maschinenfabrik und Wagenbauanstalt OHG, München, Hindenburgstr.
3. 1945–1952: F. X. Meiller Maschinenfabrik und Wagenbauanstalt KG, München, Landshuter Allee
4. 1953–1961: F. X. Meiller Fahrzeug- und Maschinenfabrik KG
5. 1962–1995: F. X. Meiller, Fahrzeug- und Maschinenfabrik GmbH & Co. KG
6. 1996 bis heute: F. X. Meiller Fahrzeug- und Maschinenfabrik GmbH & Co. KG, München, Ambossstraße

Von der Königlich Bayerischen Werkzeugfabrik zum Kipperhersteller

Den Grundstein für das heutige Meiller-Werk legte der Schmied Lorenz Meiller (1821–1905), als er 1850 in der Münchener Vorstadt Au, Lilienstraße eine Schmiede einrichtete und dort Werkzeuge und Winden für die Forstwirtschaft herstellte. Das erfolgreiche Schmiedeunternehmen ging 1881 an seinen Neffen, Franz Xaver Meiller (1852–1935) über. Seine F. X. Meiller K(öniglich). B(ayerische) Werkzeugfabrik stellte 1904 den ersten Lkw-Windenkipper her, mit dem der Aufstieg des Unternehmens mit dem Markennamen »Meiller-Kipper« begann. Zwei seitliche Zahnstangenwinden hoben für den Entladevorgang die Pritsche auf der einen Seite an. Im Jahre 1907 übertrug dieser die Windentechnik auf einen Anhänger, der sich schon rasch durchsetzen konnte. Mit Kippern, Pritschen-, speziellen Subventions- und Schwerlastanhängern sowie Langmaterial-Nachläufern belieferte Meiller seine Kunden im In- und Ausland in stetig wachsender Zahl.

Meiller-Dreiseitenkipper, 1920. (Foto: Meiller)

Meiller-3-t-Pritschenhänger RN3, 1933. (Foto: Meiller)

Die nicht mehr wegzudenkende Meiller-Hydraulik

Als die Firma Büssing im Jahre 1924 eine motorhydraulische Presse für einen Zweiseitenkipper bestellte, entwickelten die Söhne ein derartiges Aggregat. Die drei- oder vierstufige Teleskop-Presse ruhte mit einem Kugelfuß in der Pfanne in der Traverse eines Hilfsrahmens. Über den Öldruck einer Zweikolben-Ölpumpe wurde die Brücke seitlich in einen Kippwinkel von 60°, beim Rückwärtskippen in einen Winkel von 50 bis 65° gebracht. Der Generator des Motorfahrzeugs trieb über einen Elektromotor die Hydraulikpresse für die Kippbrücke an, so dass das umständliche und anstrengende Kurbeln an den Winden entfallen konnte. Diese zwar aufwändige, aber zuverlässige und bequeme Technik brachte mit dem wenig später nachfolgenden Dreiseitenkipper den Durchbruch in der modernen Kipper-Bauweise. Und die revolutionäre Technik mit dem »Hydraul. MEILLER-Kipper« erhielt das Deutsche Reichspatent sowie Weltpatente und begründete den weltweiten Ruf der »Meiller-Kipper«, die seit eh und je das (inzwischen) gelbfarbige Meiller-Logo in Form eines Ambosses tragen.

Und weitere bahnbrechende Neuentwicklungen kamen Mitte der 1920er und zu Beginn der 1930er Jahre aus dem Hause Meiller: Neben der Meiller-Sicherheitsbremse und der Hebebühne stellte die Anhängerkonstruktion mit über dem Drehschemel gekröpften Rohrrahmen und abgefederten Achsen der Firma Kadner in Roßwein/Sachsen, Schwingachsen genannt, eine neuartige Konstruktion dar. Die am Mittelrohr angelenkten Halbachsen mit Stützstreben waren mit Querblattfedern abgestützt. Unbeladen lief der Anhänger leichtgängig auf den Außenrändern der Räder. Hervorragende Laufeigenschaften und ein geringeres Gewicht zeichneten diese Anhänger aus.

Meiller-Tiefladeanhänger STA 35 für 40 t Nutzlast, 1937. (Foto: Meiller)

Einstieg in den Rohrachs-Anhängerbau

Meiller baute innerhalb kurzer Zeit ein respektables Anhängerprogramm auf. Der Buchstabe R in der Typenbezeichnung stand für die Rohrachstechnik, das nachfolgende N kennzeichnete den Pritschenanhänger und die Buchstaben HK gaben die Hinterkipp-Ausführung an. Waren es zunächst noch Zweiachser mit einer Nutzlast von 2,5 t, so stand 1933 ein Programm mit Einachsern (kenntlich am Buchstaben E) in der Typenbezeichnung) mit einer Nutzlasten von 1,5 t und mit Zweiachsern mit Nutzlasten von 2,5 bis 7,5 t und einem Dreiachser mit einer Nutzlast von 11,5 t zur Verfügung. Bei diesem Modell ließ sich die dritte Achse zum leichteren Rangieren oder bei Leerfahrten mechanisch anheben.

Das Dreiachsfahrgestell nutzte Meiller 1937 zur Konstruktion des sechsachsigen Tiefladers STA 35 mit einer Tragfähigkeit von 33 t. Die doppelt gekröpfte Ladebrücke ruhte auf Kugeldrehkränzen auf den beiden Fahrgestellen. Das hintere Chassis wurde über »einen statt der Deichsel montierten Lenkstock, der an den Deichselbeschlägen und an einem Bolzen unter der Aufnahmefläche befestigt wurde, zwangsgelenkt«. Die gegensätzliche Anordnung der Fahrgestelle vorne und hinten mit jeweils einer Lenkachse führte dazu, dass der Reifenabrieb bei Kurvenfahrten gering blieb. Die Deichsel konnte bei dem symmetrisch ausgeführten Modell an beide Enden angebaut werden, so dass schwierige Wendemanöver auf Baustellen entfiel. 1938 umfasste das Lieferprogramm der Pritschenanhänger Ein-, Zwei- und Dreiachser sowie Hinter- und Zweiseitenkipper.

Eingriffe durch den Schell-Plan und durch das Heereswaffenamt und Neuanfang

Aber schon mit dem Schell-Typenprogramm wurde die Bandbreite der Meiller-Kipper auf nur noch den 5-t-Pritschenwagen und den 4,8-t-Zweiseitenkipper gestutzt. Dafür gab jetzt das Heereswaffenamt die Entwicklung eines Sonderanhängers für den Transport, für das Aufrichten und Absetzen der A4-Rakete in Auftrag. Der als »Meiller-Wagen« bekannt gewordene Raketentransport- und Aufsteller MA 4 besaß einen Gitterrohrrahmen, der vorne auf einem zweiachsigen Drehgestell und hinten auf einer zwangsgelenkten Hinterachse ruhte. Die auf einem Kipprahmen liegende Rakete wurde über zwei Meiller-Teleskoppressen in die Senkrechte bewegt. Die Hydraulikpumpe wurde von einem 25-PS-VW-Motor angetrieben. Meiller fertigte etwa 20 Exemplare, Lindner in Ammendorf weitere (vermutlich) 180 Modelle. 1942 musste sich das Münchener Werk auf die Rüstungsproduktion umstellen.

Nach dem Wiederaufbau 1945/46 nahm Meiller das Vorkriegsprogramm mit den Schwingachs-Anhängern und Kippern wieder auf. Der Schwerpunkt der Meiller-Aktivitäten verlagerte sich nach der Währungsreform auf den Bau von Kippbrücken auf Motorwagen, so dass der Anhängerbau 1951 aufgegeben wurde. Sofern das eigene Potential nicht ausreichte, vergab Meiller Fertigungsaufträge an die Waggonfabrik Jos. Rathgeber AG in München-Moosach. 1956 bot sich die Möglichkeit, 75 Prozent des Aktienkapitals an diesem Unternehmen zu erwerben.

Wiedereinstieg in den Anhängerbau mit Kippaufliegern

Während das Paradeprodukt der Kippbrücken, die in über 85 Länder exportiert werden, und der Lkw-Aufbauten bis 1975 das Portfolio des Meiller-Werkes beherrschten, stieg das Unternehmen auch wieder in den Fahrzeugbau ein. Für Kunden im Nahen Osten entstanden zweiachsige Stahlpritschen-Auflieger mit Hochbord-Gitterumfassung für Nutzlasten bis zu 80 t sowie großvolumige Kippsattel mit Jetspanten verstärkten Kästen.

Mit dem Serienbau von dreiachsigen Kipp-Aufliegern der Baureihe MHKS 38/3K und einer Frontpresse war das Unternehmen 1979 wieder auf dem deutschen und europäischen Markt präsent. Wenig später folgte eine zweiachsige Version, die sich auf Baustellen leichter rangieren ließ.

Im Jahre 1986 übernahm Meiller die Rathgeber-Fabrik vollständig. Da das eigene Firmengelände nicht mehr ausbaufähig war, wurde die gesamte Produktion nach Moosach in das Rathgeber-Werk verlagert. 1987 ging nochmals eine größere Serie von zweiachsigen Kippaufliegern der Baureihe MHKS 70/2 mit einer Nutzlast von 40 t in den Orient. Wenig später ergänzte der Tandemachs-Dreiseiten-Kipper MZDA 18/2 das Programm der in Ganzstahltechnik ausgeführten Modelle.

Das sich durch Modellkonstanz auszeichnende Programm überarbeitete Meiller Mitte der 1990er Jahre durch eine verbesserte Hydraulik-Technik, mit der der luftgefederte, dreiachsige Hinterkipp-Auflieger MHKS 41/3 mit 24 ^{3}-Aluminium-Kasten ausgestattet wurde. 1998 ergänzte der Auflieger MHPS 41/3-S mit Halbrundmulde in der Stahlausführung »Heavy« und in der Aluminiumausführung »Light« das Repertoire. Auch eine zweiachsige »Halfpipe«-Version stand zur Verfügung, und nach der Jahrtausendwende nutzte Meiller den Tandemachser in der Version G 18 ZL 5.0 als Behältertransportanhänger.

Meiller-3-t-Rohrrahmen-Dreiseiten-Kippanhänger RHK 28D, 1950. (Foto: Meiller)

Meiller-Hinterkippauflieger mit Jetspanten für den Export, um 1966. (Foto: Meiller)

Meiller-Stahlpritschenauflieger für den Export, um 1975. (Foto: Meiller)

Expansion nach dem Fall des Eisernen Vorhangs

Darüber hinaus waren die 1990er Jahre durch Expansion gekennzeichnet. 1993 kaufte das inzwischen 1100 Mitarbeiter starke Meiller-Werk einen Hersteller in Slaný bei Prag und übernahm ein Werk im österreichischen Asten, das zuvor als Lizenznehmer IFE-AG tätig war. Als die Kögel Fahrzeugwerk AG in Schwierigkeiten geriet, erwarb der Metallbau- und Hydraulik-Spezialist im Jahre 2004 deren Produktgruppe Kipperbau. Das Münchener Werk konnte somit sein Portfolio schlagartig neben den Kögel-Kippaufliegern auch auf zwei- und dreiachsige Drehschemel-Anhänger sowie Tandemachser erweitern.

Im ureigenen Programm bot Meiller jetzt die zwei- und dreiachsigen Kippsattel-Auflieger mit Halbrundmulde unter der Bezeichnung »Half Traxx« an. Der Boden dieser Halbrundkipper besteht aus hochverschleißfestem Stahl, die Bordwände aus abriebfester Aluminium-Legierung. Seit 2016 wird diese Ausführung unter der Bezeichnung »Medium« geführt. Die klassische Kastenmulde mit 1,1 und 1,8 m hohen Bordwänden lief jetzt unter der Zusatzbezeichnung »Classic«. Und in Zusammenarbeit mit der Firma Doll machte sich Meiller an die Konstruktion eines dreiachsigen Schubboden-Aufliegers, der im Jahre 2007 vorgestellt wurde, aber dann doch nicht in die Serienproduktion ging.

In diesem Jahr, als der Ausstoß der Fahrzeuge auf 1500 Stück gestiegen war, eröffnete Meiler im polnischen Niepołomice bei Krakau ein Montagewerk. Im Jahre 2008 erweiterte Meiller die Produktpalette um den tiefgekuppelten Tandemachser G 189 TS ZL 1.3 für den Transport von Großraumbehältern. Ein Jahr später wurde der Kippsattel »Airlight-Direct« mit luftgefedertem BPW-Achsaggregat ausgestattet.

2012 erhielt Tandemachser gewichtsreduziertes Feinkornstahl-Chassis und eine 22 m³-Hardox-Mulde für den harten Einsatz. Der Zentralachsanhänger als Dreiseitenkipper unter der Bezeichnung MZDA 18/22 wurde mit einer elektrisch betätigten Plane ausgestattet und in der Version BTA G18 ZL erhielt er eine Hakenliftanlage für Abrollkipper. Wenig später folgte die ioslierte Kippkasten-Version für Bitumentransporte, und der Muldenkipper erschien in der optimierten Version als Typ MHPS 43/3, seit 2017 als Typ MHPS 44/3. Ein Jahr später stand auch der Auflieger mit thermoisolierter Mulde bereit.

Im Jahre 2017 betrat Meiller mit der Übernahme des walisischen Aufbautenherstellers Boweld Truck Bodies Ltd in Holywell, Flintshire/GB den englischen Markt. Boweld fertigt seitdem nach Meiller-Vorgaben Kippauflieger, Abroll- und Absetzkipper auf den Tandemachsfahrgestellen.

Die 1850 gegründete Firma MEILLER befindet sich in wechselnden Gesellschaftsformen im alleinigen Familienbesitz in fünfter und sechster Familiengeneration unter der Leitung von Dipl.-Kfm. Franz Xaver Meiller.

Meiller-Hinterkipp-Auflieger MHKS 41/3 mit Aluminum-Kastenmulde, 1997.

Meiller-Tandemachs-Dreiseitenkipper, 2013.

Meiller-Hinterkippauflieger MJPS 41/3 mit Abrollplane, 2016.

Meißner

Alfred Meißner, Fahrzeugbau, Anhänger für Lkw und Pkw, Berlin-Friedrichsfelde, Alt-Friedrichsfelde 107/8, 1939–1951

Meißner stellte kurz vor Kriegsbeginn Anhänger her. Nach dem Krieg warb das bis 1960 nachzuweisende Unternehmen mit dem Bau von Fahrzeugen im Bereich von 1 bis 17 t Nutzlast.

Menke

C. Bernhard Menke Fahrzeug- und Karosseriebau, Wieste/Meppen

1. 1961–1998: C. Bernhard Menke Fahrzeug- und Karosseriebau KG, Wieste/Meppen
2. 1998 bis heute: Menke-Janzen Fahrzeug- und Karosseriebau GmbH, Wieste, Wiester Str. 21

1980 trat das 1961 gegründete Menke-Unternehmen mit einem Siloanhänger in Erscheinung. 1998 kam es zum Zusammenschluss mit der Firma Gerhard Janzen Nutzfahrzeuge, die 1959 eingerichtet wurde. Das inzwischen 100 Mitarbeiter umfassende Werk fertigt Nutzfahrzeugaufbauten in den Standorten Werlte, Wieste und Wehm.

Kernstücke der Produktion sind Aufbauten für den Viehtransport auf Motorwagen, zweiachsigen Drehschemel-Anhängern in mehrfach gekröpfte Doppelstockbauweise sowie Holztransporter auf Lkw- und Drehschemel-Anhänger-Unterbauten. Auf Kundenwunsch werden auch Tandemachs-Pritschenanhänger und dreiachsige, überfahrbare Tieflader gefertigt.

Mersch

Franz Mersch GmbH & Co. KG, Emsdetten, Taubenstr. 51, 1975 bis heute

Der Ursprung des Mersch-Fahrzeugbaus liegt in einer 1894 gegründeten Hufbeschlagschmiede, die sich später als Schlosserei und als Wagenbau-Betrieb weiterentwickelte. Das westfälische Unternehmen fertigt mit seiner 60 Mitarbeiter umfassenden Belegschaft neben einachsigen Autobahn-Verkehrssicherungsanhängern Autotransporter als Motorwagen, als zweiachsiger Anhänger, als ein- und zweiachsige Auflieger mit zweiter hebbarer Ebene sowie in gekröpfter Form mit ebenfalls zweiter hebbarer Ebene.

Für den Transport von Baumaschinen und Schleppern stehen Schwerlast-Auflieger bereit und in einem dritten Segment fertigt Mersch verdeckte Autotransporter auf Tandemachs- sowie auf zwei- und dreiachsigem Auflieger. Über die zur Hubbühne umwandelbare Heckklappe werden die Personenwagen in die zweite Ebene befördert.

Meusburger

Meusburger Fahrzeugbau GmbH, Eging am See, Kollmering 7, 1992 bis heute

Das Schweizer Familienunternehmen Meusburger-FTS Altstätten AG mit Stammsitz in Altstätten richtete 1992 eine Nutzfahrzeugproduktion in Eging am See ein. Neben Aufbauten entwickelte das Werk rasch ein respektables Lieferprogramm an Anhängern, Aufliegern und Tiefladern; einen großen Raum nahmen dabei Spezialausführungen nach Kundenvorstellungen ein. So entstanden zwei- und dreiachsige Drehschemelanhänger mit Pritschen- oder Dreiseiten-Kippaufbau, Auflieger mit Rundmulden in Aluminium- und Stahlbauweise, Curtainsider, auch mit Thermoplane sowie Tieflader für Baumaschinen und mit Schrägladeraufbau zum Transport von Betonplatten. Die unkonventionellen Schräglader, Fahrzeuge für den Kombiverkehr und die Thermoplanen-Trailer mit Liftachse entwickelten sich zu Vorzeigeprodukten.

2004 ergänzte ein zweiachsiger Auflieger mit Hardox-Rundmulde und hydraulisch betätigter Heckklappe das Meusburger Programm.

Im Bereich der klassischen zwei- und dreiachsigen Drehschemel-Anhänger stehen inzwischen Dreiseitenkipper und Modelle mit Schlitten- und Plateauaufbau für Abroll- und Absetzmulden, mit Pritschen für den Baustoff-, mit Hochpritschen für den Getreide- und mit Rungen für den Holztransport neben Tandem- und Tridem-Kippern zur Auswahl. Trailer baut Meusburger in den Ausführungen Curtainsider, doppeltgekröpfter Getränke-, Holz-Rungen-, Container-, Plateau-, Hinter- und Seitenkipp- und als Tiefbett-Transporter mit zwei, drei, fünf und sechs Achsen für schwerste Lasten. Im dritten Bereich entstehen Innenlader für Betonplatten und Maschinen.

Mersch-Autotransporter mit Verkleidung, 2008.

Meusburger-Dreiachs-Tiefladeauflieger mit Radmulden, 2016. (Foto: Meusburger)

Nachläufer in zwei- und vierachsiger Ausführung sowie ein- und zweiachsige Dollys runden die Angebotsvielfalt dieses Standard- und Spezialfahrzeugherstellers ab, der seine Produktion der Anfangsjahre von 100 auf inzwischen 1000 Fahrzeuge pro Jahr hat steigern können. Im Jahr 2014 übernahm Meusburger den Kotschenreuther Fahrzeugbau in Wallenfels, mit dem schon seit 2003 eine Zusammenarbeit bestand.

Meyer

Karosseriewerk Heinrich Meyer GmbH, Göttingen, Große Breite 5, 1975 bis heute

Von Geschäfts- und Kutschwagen zu Verteilerfahrzeugen

1862 gründete Heinrich Meyer in Göttingen eine Werkstatt, die Geschäfts- und Kutschwagen herstellte. Kurz vor der Jahrhundertwende ging das Unternehmen zum Bau von individuellen Aufbauten auf Fahrzeug-Fahrgestellen über. In den 1920er Jahren kamen Karosserien für Verteilerfahrzeuge hinzu, die wenig später zu Frischdienst-Fahrzeugen für die Lebensmittelversorgung weiterentwickelt wurden. Nach dem Krieg stieg Meyer in den Bau von Thermos-Aufbauten in Leichtmetalltechnik ein. In den 1970er Jahren ließ das Unternehmen ein neues Werk am Stadtrand von Göttingen errichten, wo erstmalig in Deutschland Kofferaufbauten im vorgefertigten Modulsystem zusammengesetzt wurden. Eine weitere Spezialität bildeten in dieser Zeit dreiachsige Doppelstock-Anhänger, die sich zu einem Standardfahrzeug für den Fernverkehr von Handelsketten, Supermärkten und Einrichtungshäusern im Meyer-Repertoire entwickelten.

Meyer-Zweiachs-Kühlanhänger für den Frischdiensttransport, 1978.

Meusburger-Dreiachs-Tiefladeauflieger mit Kröpfung und Heckauffahrrampe, 2012.

Mitte der 1970er Jahre präsentierte Meyer seinen ersten einachsigen Auflieger mit kombiniertem Leichtmetall-GFK-Aufbau, der durch seine Wendigkeit und sein Ladevolumen von 30 Europaletten oder 45 Rollbehältern ein großer Erfolg in der City-Logistik wurde. Die Zwangslenkung ermöglichte eine hervorragende Wendigkeit beim Andocken in den Lebensmittel- oder Möbellagern. 1978 folgten in Leichtmetall-GFK-Ausführung ein zweiachsiger Koffer-Anhänger und ein zweiachsiger Auflieger für den Frischdienst und mit Mehrkammerausführung für den Tiefkühl-Produkt-Transport.

Der Aufbautenspezialist schickte 1980 den dreiachsigen Jumbo-Schwanenhals-Auflieger unter der Bezeichnung MGS 7932 mit überarbeiteter Technik ins Rennen. Das luftgefederte Trio-Aggregat war mit einer zwangsgelenkten Hinterachse bestückt. Die zweite Plattform des Großraum-Aufliegers konnte in zwei Stufen geliftet werden; eine heckseitige Ladebordwand transportierte die maximal 45 Paletten in die Ebenen des 91 m³ großen Fahrzeugs.

Zentralachser mit Kurzkupplung und Durchlademöglichkeit

1985 ergänzten durch teleskopierbares Zugrohr kurzgekuppelte Zentralachser mit Trockenfracht-Koffer-, Frischdienst- und Tiefkühlauf-

Meyer-Kühlkoffer-Anhänger, 1998.

Meyer-Koffer-Auflieger für den Verteilerverkehr, 2016.

bauten das Verteilerfahrzeug-Programm des Meyer-Werkes, das seine Modelle unter dem Werbetext »Sensible Güter brauchen besondere Transport-Systeme« anbot. So versah das Werk ab 1988 die Fahrzeuge mit dreiteiligen Heckschiebetüren, um die Temperaturverluste beim Öffnen zu minimieren.

Zu Beginn der 1990er Jahre rationalisierte Meyer erneut den Transport im Verteilerverkehr durch innovative Technik. Der Tandemachser für 36 Europaletten erhielt wahlweise eine Durchlademöglichkeit zum Zugfahrzeug, um die Stand- und Ladezeiten zu verkürzen. Die Kofferaufbauten der inzwischen luftgefederten Verteilerfahrzeuge wurden mit Mehrkammer-Einteilungen für Trockenfracht-, Frischdienst- und Tiefkühlprodukte versehen. Den einachsigen, zwangsgelenkten Auflieger entwickelte das niedersächsische Unternehmen mit spezieller FCKW-freier Innenbeschichtung zum »Öko-Sattel« weiter. Durch diesen Innenausbau konnte die Temperatursicherheit erhöht werden; gleichzeitig ließ sich der Hygienezustand durch die Resistenz gegen die Dampfstrahlreinigung optimieren.

1996 war der Jahresausstoß auf 1000 Aufbauten beziehungsweise Fahrzeuge gestiegen, darunter 100 Auflieger. Als Neuheit führte Meyer den »Intercity« mit Schmitz-Fahrgestell und Zwangslenkung als Verteilerverkehrsmodell für 12 t Nutzlast mit 27 Europaletten ein.

Zu Beginn des neuen Jahrtausends versah das Unternehmen die Kühlfahrzeuge mit einem »Airschott«-Luftrückhaltesystem. Auch bei den Drehschemel-Anhängern ging Meyer zur Durchlade-Technik über.

Heute umfasst das Programm klassische Verteilerfahrzeuge auf Motorwagen, Verteiler- und Durchladezüge mit Tandemachser und einachsige Auflieger für die City-Logistik sowie dreiachsige Trailer für den Volumentransport. Hinzu kommen Koffer- und Spezialaufbauten für Lkw-Unterbauten.

Meyer-Tandemachs-Kühlkofferanhänger mit Unterflur-Kühlaggregat und Durchlademöglichkeit, 2018.

MIAG

MIAG Mühlenbau- und Industrie AG, Braunschweig, Roßstr. 40/41, Werk Frankfurt am Main

1. 1937–1938: MIAG, Werk Frankfurt am Main, Mainzer Landstr. 331–335
2. 1938–1945: MIAG, Werk Sporbitz

In den Jahren 1921/22 gelang es dem Unternehmer Hugo Greffenius (1876–1954) fünf Mühlenbetriebe in Deutschland zur MIAG/Mühlenbau und Industrie AG zu vereinigen. Sein Frankfurter Stammwerk, das aufgrund der desolaten Lage der Weltwirtschaftskrise stillgelegt war, wurde 1936 mit neuer Ausstattung reaktiviert und stellte Dieselzugmaschinen und Ackerschlepper her. Um dem Kunden auch ein Gespann aus gleichem Haus anbieten zu können, kam schon rasch die Anhängerfertigung hinzu.

Da die Kapazitäten des Frankfurter Werkes für die Fahrzeugfertigung vollständig genutzt werden sollten, wurde dieses Betätigungsfeld schon um 1937 in das MIAG-Werk Sporbitz bei Dresden verlagert, das früher als Mühlenbauanstalt und Maschinen-Fabrik Gebrüder Seck firmiert hatte. Das Programm bestand aus 3- und 4-t-Anhängern, Zwei- und Dreiseitenkippern sowie aus Langholzanhängern. Im Schell-Plan wurde dem Werk 1939 der Bau von Spezialanhängern zugeteilt. Nach dem Krieg kam es zur völligen Demontage des Werkes in Sporbitz. Das Frankfurter Werk nahm den Zugmaschinen- und Traktorenbau für einige Jahre wieder auf.

MIAG-5 t-Pritschenanhänger mit Vollgummibereifung, 1936.

MIAG-5-t-Hochpritschenanhänger mit Luftbereifung, 1936.

Miesen

Chr. Miesen, Bonn, Dottendorfer Str. 165, 1936–1945

Der 1870 vom damaligen Wagenschmied Christian Miesen gegründete Stellmacherbetrieb stellte Pferdekutschen und Pritschenwagen her. Mit Aufkommen der Automobile spezialisierte sich das Unternehmen auf den Bau von Sanitätsfahrzeugen. In den 1930er Jahren entstanden neben Omnibus-Aufliegern Drehkipper auf Lkw-Fahrgestell. Ab 1936 ist der Bau von Anhängern der Ausführungen A 1500 bis A 5000 mit entsprechenden Nutzlasten vermerkt. Auch der Auflieger S 5000 für 5 t Nutzlast stand im Angebot. Im Schell-Programm wurde dem Unternehmen der Bau von Anhängern bis 8 t zugeteilt. Schwerpunkt des Unternehmens blieb jedoch bis heute der Bau von Kranken-Transportern auf Basis handelsüblicher Transporter.

Mildner

Mildner Fahrzeugbau GmbH, Kempten, An der Stiftsbleiche 4, 2000 bis heute

1963 gründete Helmut Mildner einen Karosserie- und Fahrzeugbau, der sich vornehmlich mit Lkw-Aufbauten befasste. Im Jahre 1998 übernahm Fahrzeugbau-Ingenieur Bernd Mildner den väterlichen Betrieb, der 2005 in das Kemptener Industriegebiet verlagert wurde, wo größere Produktionsflächen vorhanden sind.

Die Aktivitäten des Unternehmens umfassen inzwischen im ersten Geschäftsfeld den Bau von Aufbauten für nahezu sämtliche Branchen auf Motorwagen, Anhänger und Auflieger, die weitgehend nach Kundenwünschen ausgeführt werden. Im zweiten Segment entstehen Wechselbrücken-Rahmen für Zugfahrzeuge sowie BDF-Anhänger. Hier umfasst die Produktionspalette einachsige und Zentralachs-Lafetten. Seit 2005 (?) stehen auch Drehschemelausführungen zur Verfügung.

Als 2014 das im süddeutschen Raum mit Getränkefahrzeugen gut etablierte Gross Fahrzeugwerk in Ulm in Schwierigkeiten geriet, übernahm Mildner diesen Hersteller.

Mittag

Paul Mittag Nachf., Inh. Schnare & Brehmer, Freital-Potschappel b. Dresden, Untere Dresdner Str. 3/5 1936–1944

Die auf eine Gründung im Jahre 1858 zurückgehende Firma fertigte seit Mitte der 1920er Jahre Normal- und Möbelwagen-Anhänger mit Stabholzaufbauten mit integrierter Kabine. Auch Möbelwagen mit klappbarem Kutschbock standen im Programm. Im Schell-Programm wurde Mittag mit der Herstellung von Einheitsanhängern in den Nutzlastklassen bis 8 t berücksichtigt.

Mittag-Werbung, 1936.

MKF Metallbau

**MKF Metallbau GmbH & Co. KG,
Güstrow, Glasewitzer Chaussee 31, 1999 bis heute**

Aus dem Unternehmen Technologischer Stahlbau und Blechverarbeitung löste sich 1999 der Bereich Maschinen- und Antriebstechnik GmbH Güstrow heraus, der unter der Bezeichnung MKF Metallbau GmbH & Co. KG eigenständig weitergeführt wurde. Als Zuliefererbetrieb in der Stahl-Verarbeitung entstehen Schweißkonstruktionen wie Baggerschaufeln, Kabinen, Blechverkleidungen, Tanks, Transport- und Lagergestelle, Staplerrahmen sowie Fahrgestelle. Die inzwischen gebildete Abteilung Fahrzeugbau fertigte zwei- und dreiachsige Aufliegervarianten der Baureihen CS 29/18 Standard, CS 20/27 Standard, CS 40 G Standard, CS 40 GV Standard und CS 20/27 KR Standard für 20'- und 40'-Container-Größen. Die jährliche Fertigungsgröße lag teilweise bei 400 Fahrgestellen.

Als nach dem Krisenjahr der Fahrzeugbranche ein erneuter Preiskampf einsetzte, beschloss MKF sich wieder auf das Kerngeschäft als Lohnfertiger im Metallbau zu konzentrieren. Weiterhin werden aber für Bestandskunden und, sofern Aufträge von Aufbautenherstellern eingehen, Komponenten, Fahrzeugrahmen und auch komplette, fahrbereite Fahrzeuge hergestellt.

MKF-Dreiachs-Container-Auflieger, 2011. (Foto: MKF Güstrow)

Möller I

Conrad Möller Fahrzeugfabrik, Berlin-Tempelhof, Schöneberger Str. 28, Einfahrt Alboinstr. 15

1. 1925–1936: Conrad Möller Fahrzeugfabrik, Berlin-Tempelhof, Schöneberger Str. 28, Einfahrt Alboinstr. 15
2. 1936–1950: Conrad Möller Fahrzeugbau GmbH, Berlin-Tempelhof

Mitte der 1920er Jahre bot dieses Unternehmen mit einem Verkaufsbüro in Berlin-Charlottenburg, Kaiserdamm 100 Spezialfahrzeuge für den Kabeltrommel- und Transformatortransport an. Der Universal-Wagen »System Möller« besaß zwei zweiachsige Drehgestelle mit zwei elastikbereiften Halbachsen, die die tiefgekröpfte Brücke trugen. Die Spezialachsen lieferte die Sächsische Patentachsenfabrik Kadner & Co. in Roßwein in Sachsen. Eine Mechanik ermöglichte, das Vorderteil mit Kutschbock auszufahren; der Hinterwagen konnte zum Beladen auf Stützrädern vorgefahren werden. Nutzlasten von 5 bis 35, ab 1936 sogar bis 50 t ließen sich damit befördern.

Möller-Tiefladeanhänger 35 t Nutzlast, 1925.

Möller-Kofferanhänger, 1934.

Der »Plateauwagen« besaß zwei zweiachsige Drehgestelle, um die gekröpfte, heb- und senkbare Brücke aufzunehmen. Bis zu 70 t schwere Transformatoren konnten damit transportiert werden. In einer dritten Baureihe entstanden Einachsanhänger und Auflieger, die vornehmlich für das Verlegen von Erdkabeln und Oberleitungen konzipiert waren.

1936 bot Möller Pritschen- und Kastenwagen mit geschweißtem Rahmen an. Im Schell-Plan wurde das Berliner Unternehmen zum Bau von Einheits-Zweiachs-Pritschenwagen und Kippern bis zu 8 t aufgeführt. Für die Wehrmacht lieferte Möller Einachs- und zweiachsige 5-t-Einheitsanhänger. Wenn auch über die Nachkriegsproduktion Angaben fehlen, so ist das Unternehmen noch bis 1950 nachzuweisen.

Möller II

Fahrzeugbau Möller GmbH,
Leipzig, Görlitzer Str., ab 2013 Ostwaldstr. 6
1982 (?) bis heute

Unter widrigen Umständen wagte der Schmiedemeister Joachim Möller 1963 den Aufbau eines Privatunternehmens im Fahrzeugbau. Zu Beginn der 1980er Jahre entstanden neben Aufbauten erste Anhänger, darunter Tiefladefahrzeuge. Der Möller-Nutzfahrzeugbau fertigt heute zweiachsige Drehschemelanhänger mit Rungen- und Tiefpritschen- sowie Curtainsider-Aufbauten, Tandem- und Tridemanhänger mit Jumbo-Aufbauten mit Durchlademöglichkeit für den Volumenzug.

Möller II-Gardinenzug mit Zweiachsanhänger, 2016.

Möslein

Leo Möslein GmbH, Schwebheim, Gulbranssonstr. 1
1994 bis heute

Der von Landmaschinen-Mechanikermeister Leo Möslein gegründete Fahrzeugbau stellt inzwischen in der zweiten Familiengeneration ein Anhängerprogramm von 3,5 bis 58 t Gesamtgewicht her. Auflieger, Pritschen- und Kippanhänger, Tandemanhänger, Satteltieflader und Anhängertieflader, Wechselsystem- und Muldenanhänger stehen im heutigen Repertoire.

Zur Jahrtausendwende entstanden zwei- und dreiachsige Auflieger mit Hardox-oder Aluminium-Halbschalen- oder Kastenmulden mit Gummilagerung auf dem Rahmen. Die Klappe ließ sich hydraulisch nach oben schwenken. In verstärkter Ausführung gab es das Modell für den Einsatz in Steinbrüchen; Steinbrocken bis zu 5 t Gewicht konnten abgekippt werden. Für den Gütertransport entwickelte das fränkische Unternehmen Curtainsider auf Aufliegerfahrgestellen.

Tiefladeauflieger für den Baumaschinentransport stattet Möslein seit 2004 mit bis zu vier Achsen aus; auf Wunsch kann das Fahrzeug auch in einer ausziehbaren Version genutzt werden. Tandem-Tieflader bringen es auf 2,5 bis 18 t Gesamtgewicht. Auch einen Container-Auflieger führt Möslein im Programm.

Neben Motorwagen-Aufbauten stehen heute Einachs- und Tandemachs- und Zweiachs-Drehschemelanhäner mit verschiedenen Aufbauten, sowie zwei- bis vierachsige Tiefladeanhänger in der Fertigung.

Möslein-Dreiachs-Tiefladeanhänger, 2000.

Möslein-Tiefladeauflieger mit Kröpfung, 2016.

Möslein-Kofferzug mit Tandemachser mit 10 t GG, 2018.

Möslein-Tandemachs-Pritschenanhänger mit Auffahrrampe, 13 t GG, 2018.

Mössbauer-Werbeanzeige von 1971.

Mössbauer

Mössbauer & Söhne Fahrzeugwerk oHG, Waldershof, Harlachhammer, 1949–1982

Die Mössbauer Fahrzeugbau-Aktivitäten begannen mit dem Jahre 1856, als ein Mössbauer eine Wagnerei für landwirtschaftliche Fahrzeuge in Waldersdorf im Landkreis Tirschenreuth aufbaute. Nach der Währungsreform entstanden die ersten zwei- und dreiachsigen Speditionsanhänger mit Nutzlasten von 3 bis 15 t. 1954 wandelte Alois Mössbauer die Manufaktur zu einem Reparaturbetrieb um. Ein Fertigungsbetrieb für landwirtschaftliche Anhänger wurde in Ebermannstadt gegründet, dem 1962 ein weiterer Betrieb in Waldershof mit der Straßenbezeichnung Harlachhammer folgte. Dort entstanden zunächst einachsige Kippanhänger und später Anhänger verschiedener Größen. Mitte der 1960er Jahre krönte ein dreiachsiger Dreiseitenkipper das Baustellen-Programm. Auch den Bau eines Lebensmittel-Tankwagens mit einem Fassungsvermögen von 20 m^3 nahm das Werk auf. Für die Bundeswehr lieferte Mössbauer in den 1960er Jahren leichte 1,9-t-Drehschemelanhänger.

1973 befassten sich Mössbauer und seine 150 Mitarbeiter mit dem Bau von zwei- und dreiachsigen Anhängern im Bereich von 4,8 bis 18 t Nutzlast sowie mit Aufliegern, die mit Pritschen-, Tank-, Langmaterial und Kippaufbauten mit Rundspantenverstärkung oder Kippkästen in Aluminium- oder Stahlbauweise ausgeführt wurden. Das Programm ergänzten Spezialanhänger für den Unimog sowie für den forst- und landwirtschaftlichen Einsatz.

Die Kipper wurden mit hand-, elektromechanischer oder motorhydraulischer und mit Bremsluft-Kipp-Betätigung ausgestattet. Auch Aufbauten mit geteilten Bordwänden konnten für die 3 bis 11 t Nutzlast tragenden Modelle geliefert werden. Die Sattelkipper wurden in der Ausführung als

Hinterkipper oder in der Ausführung als Auflieger mit zwei Kippbrücken geliefert, wobei die hintere über das Heck, die vordere nach beiden Seiten angehoben werden konnte. Die Tieflade-Anhänger mit überfahrbarer Hinterachse waren für 5,2 bis 16,4 oder für 6,8 bis 23,2 t Belastung ausgelegt.

In den 1970er Jahren erweiterte Mössbauer die Fertigung auch auf Tanksattel-Auflieger, Wechselaufbauten, Container-Chassis sowie Container- und Koffer-Auflieger. Für den schweren Baustellenverkehr standen Auflieger mit Stahl- und Aluminiummulde für 19, 22 und 23 beziehungsweise 19,6, 23 und 24 t Schüttgut im Angebot. Hinzu kam ein Kipp-Auflieger mit einer Zwei- und einer Dreiseitenbrücke für 17, 20 und 21 t.

1980 folgte als Neuheit ein einachsiger Hinterkipper der Baureihe SKM 1910 für für 1,9 bis 2,3 t Nutzlast. Gleichzeitig präsentierte Mössbauer einen Tandemachser mit Dreiseitenkipp-Aufbau oder mit Koffer in Speditionsausführung.

Mössbauer-Hinterkippauflieger mit Kastenmulde, Typ SAK 19, 1971.

Mössbauer-Kippauflieger mit zwei Kippbrücken, Typ SAK 21, 1971.

1981 erhielt der dreiachsige Hinterkipp-Auflieger SKM 26 22 ein Trioaggregat, bei dem die erste und die letzte Achse liftbar waren. Und eine neue Baureihe stellte der Ziegelstein-Transportauflieger mit mittig aufgesetztem Ladekran dar.

Für die Ausstattung der Bundeswehr mit Fahrzeugen der 2. Generation beteiligte sich das fränkische Unternehmen in den frühen 1980er Jahren wieder mit einachsigen Anhängern für 1,6 t Nutzlast.

Letzte Entwicklung bildeten Viehtransporter, Fahrgestelle für Wechselaufbauten und Tieflader der Baureihe STL 35-30 mit hydraulischer Lenkung für den Transport von bis zu 22,8 t schweren Baumaschinen. 1982 wurde der Fahrzeugbau aufgegeben.

Müller

Heinrich Müller, Bünde i. W., 1951

Unter der Markenbezeichnung »Bosse« fertigte Müller Anhänger im Bereich von 1,5 bis 11 t.

Müller-Mitteltal

Karl Müller, Spezialfabrik für luftbereifte Pferdewagen, Mitteltal/Schwarzwald

1. 1929–1931: Karl Müller, Spezialfabrik für luftbereifte Pferdewagen, Mitteltal/Schwarzwald
2. 1931–1971: Karl Müller Fahrzeugwerk(e)
2. 1971 bis heute: Karl Müller GmbH & Co. KG, Fahrzeugwerk, Baiersbronn-Mitteltal, Karl-Müller-Str. 18–42

Der Anhänger für den »Gemeinde-Unimog«

Karl Müller übernahm 1929 die väterliche Landschmiede in Mitteltal, die auf das Gründungsjahr 1798 zurückgeht. Zuerst entstanden land- und forstwirtschaftliche Anhänger mit Holzräder und aufgezogenen Gummibandagen. 1931 ging Müller dann zur Serienfertigung von Ganzstahl-Langholz-Anhängern mit Luftreifen über. Nach den Kriegswirren und der Währungsreform konnte der Anhängerbau wieder aufgenommen werden. Zunächst bildeten Ein- und Zweiachs-Pritschenwagen, Kipper und Langholz-Anhänger für die Land- und Forstwirtschaft das Fertigungsprofil des im Westen des Schwarzwaldes gelegenen Werkes. Mit der Verbreitung

MM-Werbung, 1960.

MM-3,3-t-Druckluft-Kipper UBK mit Stahlbordwänden, 1955.

des »Unimogs« aus dem Hause Daimler-Benz gerade im Schwarzwaldraum sah Karl Müller die Herausforderung, passende Fahrzeuge für diese Spezial-Zugmaschine zu entwickeln. In robuster Bauweise, mit gleicher Spurbreite und mit gleicher Rädergröße erschienen in den 1950er Jahren Dreiseitenkipper für Nutzlasten von 3 bis 6,2 t mit Druckluft-Kipptechnik unter der Marke »Müller-Mitteltal«. Und da der »Gemeinde«-Unimog in den Schwarzwald-Regionen eine große Verbreitung fand, entwickelte das Werk auf gleichem Pritschenwagen-Chassis allen erdenklichen Kommunalaufbauten. Dieses ausgefeilte System ermöglichte es den Kommunen, einen Basis-Anhänger anzuschaffen, auf den nach Bedarf die einzelnen Aufbauten gesetzt werden konnten und da bei dem Unimog-Gespann die Höchstgeschwindigkeit gering war, konnten die Anhänger-Fahrgestelle massiv und damit robust und verwindungssteif ausgeführt werden.

In einem weiteren Bereich entstanden ebenfalls für den Unimog zugeschnittene Zwei- und Dreiseitenkipper mit Zahnstangen-, hand- und motorhydraulischer Kipptechnik, wobei das Werk darauf hinwies, dass durch die hydraulische Kippung »die leichte und fixe Entladung nicht nur zur erhöhten Rentabilität, sondern gleichzeitig zur gesteigerten Arbeitsfreude Ihres Fahrers beitrage«. Der in der Länge ausziehbare Langholzanhänger besaß die Möglichkeit, dass über die Zapfwelle des Unimogs die Achse im vorderen Drehgestell angetrieben werden konnte.

Erweiterung des Portfolios mit Tiefladern

Der Erfolg mit diesem Ergänzungsprogramm zum Unimog, darunter auch einachsige Kabeltransporter, ermöglichte »Müller-Mitteltal«, auch in den Markt der Bauwirtschaft mit überfahrbaren Tiefladeanhängern mit 24 t Nutzlast und Tieflade-Aufliegern, insbesondere für den Transport von Gabelstaplern, einzusteigen.

Zunächst als typisches Ergänzungsprodukt zum Unimog konzipiert, stand 1965/66 der erste Tandemachser UDBK als Dreiseitenkipper für 5 t Nutzlast zur Verfügung, der wenig später in der mittleren Größe von 10,99 Tonnen eine Standard-Version im Fahrzeugbau wurde, zumal das Gespann mit dem Führerschein der Klasse III gefahren werden konnte.

Die anhaltende Nachfrage nach Baufahrzeugen und die Zulassung der 38-t-Kombination veranlasste das Unternehmen, 1966 mit einem dreiachsigen Dreiseitenkipper mit Stahl-Hohlprofil-Bordwänden und einer Nutzlast von 15,5 Tonnen einzusteigen.

MM-Müllsammelwagen TAM-SE, 1955.

Die anhaltende Auftragslage führte Ende der 1960er Jahre zur Vergrößerung des Fabrikareals mit den Werksteilen II und III; der Jahresausstoß an Fahrzeugen lag in dieser Zeit stets im Bereich von über 800 Einheiten.

Zu Beginn der 1970er Jahre verfeinerte »Müller-Mitteltal« das Tieflader-Programm mit ein-, zwei- und dreiachsigen Fahrzeugen von 4,8 bis 24 t Nutzlast, bei denen über eine ausklappbare Rampe die Hinterachsen überfahren werden konnten, die auch an die Pioniertruppe der Bundeswehr geliefert wurden.

Erfolg mit Tandemachsern

Mitte der 1970er Jahre hatte Müller-Mitteltal inzwischen weit über 20.000 Fahrzeuge produziert. Das Portfolio des Schwarzwälder Fahrzeugherstellers umfasste unter anderem einachsige Kabeltransporter der Baureihen KWH mit Nutzlasten von 5,2 bis 8,8 t, Tandemachser mit Stahlpritsche als Typ EAL-TA für 6,5 t Nutzlast, als Dreiseitenkipper des Typs DHK-TA, als Großmulden-Hochkipper des Typs GHK 3 und als Transportwagen für Absetzmulden, Zweiachsanhänger der Baureihe VA-2, zweifach gekröpfte Tieflader der Baureihe TS-Z2 und Z3 mit luftgefedertem und zwangsgelenktem Ein- und Zweiachsaggregat für Belastungen von 24 bis zu 29 t sowie zweiachsige Auflieger für 17,2 t Nutzlast.

1978 überschritt die Zahl der ausgelieferten Tandemachser die Marke von 5000, darunter der neue Pritschen-Hinterkipper KA-TA 12 und der Tiefrahmen-Dreiseiten-Kipper DHK 12. Im Tiefladerbau präsentierte Müller-Mitteltal den vierachsigen, überfahrbaren Anhänger T4 für eine Nutzlast von 31,5 t.

Neuheiten bildeten ein Langeisen-Auflieger mit Luftfederung und zwangsgelenktem Zweiachs-Aggregat, bei dem sich die 12,5 m lange Ladefläche um 2 m ausziehen ließ. Ein Schwanenhals-Tieflade-Auflieger für eine Nutzlast von 31 t erneuerte dieses Spezialprogramm und der Tandemachser erstarkte auf 17,5 t Gesamtgewicht als Schlittenfahrzeug für Kommunal-Wechselbehälter. Das Programm der Drehschemel-Schlittenfahrzeuge der Baureihe RA baute Müller-Mitteltal mit den 16- und dem 22-Tonnern mit Seilzug-Ketten- und Hakenliftsystem für die Kombi-Aufnahme von Abgleit-Behälter und Absetz-Mulden aus.

Mitte der 1980er Jahre erschien der vierachsige Tieflade-Anhänger in

MM-Dreiachs-Tiefladeanhänger MTF für 24,4 t Nutzlast, 1971.

der Ausführung TT40N für 31 t Nutzlast mit Nachlauf-Lenkachse und der konventionelle 8,2 m-Dreiachser als Kipper PK 24, der auch für den Paletten-Transport ausgelegt war.

Gegen Ende dieses Jahrzehnts ging neben einem fünfachsigen Baumaschinen-Tieflader für 60 t Nutzlast der Tridem-Dreiseitenkipper DHK 24 in Serie und Drehkranz-gelenkten Kombi-Anhänger erstarkten unter der Typenreihe RA 18 und RA 24.

1990 nutzte der Fahrzeugbauer den Tiefrahmen-Tandemachser ETM-TA als Basisfahrzeug für Absetzmulden, in der Hochkipp-Ausführung CHK für schmale Abstellmulden und in der schweren Version KA-TA 18 als Hinterkipper, die sich mit ihren Aluminium-Bordwänden als ein Dauerbrenner erwies. Wenig später ergänzten die Tandemachser mit Hakenliftsystem der TRA-Baureihen sowie die Drehschemel-Rollbehälteranhänger RAK 18 mit Behälter-Hinterkipprahmen das Entsorgungfahrzeug-Programm. Für die Bau-, Kommunal- und GaLabau-Wirtschaft stand der universell nutzbare Tandemachser KA-TA-T für die Gesamtgewichtsklassen 10,5, 13,3 und 18 t bereit. Und für den kommunalen Mulden-Transport empfahlen sich die Tieflade-Zweiachsanhänger TM 2 und TM 3 mit kleindimensionierter Zwillingsbereifung.

MM-Dreiachs-Dreiseiten-Kippanhänger PK 24 für 18 t Nutzlast, 1987.

Mit Tiefbett-Auflieger im Nutzlastbereich von 47 Tonnen

1997 schob Müller-Mitteltal mit seinen 140 Mitarbeitern den neuen Tieflader PT 3 und den Tiefbett-Auflieger TTS-VLL 3 für 47 t Nutzlast nach, dem ein Jahr später der TTS-VLL 2 für ein Gesamtgewicht von 35 t folgte.

Zur Jahrtausendwende verfeinerte Müller-Mitteltal die schwere Tandemachs-Baureihe mit Luftfederung und auf Wunsch mit einem eigenen Achsaggregat. Die 18-t-Versionen EAL-TA als Pritschenwagen, KA-TA-M als Hinterkipper, KA-TA-L als Dreiseitenkipper und KA-TA-T als kombinierter Kipper und Tieflader mit Einschubrampen sowie die wenig später nachfolgende Version KA-TA-RM mit nach hinten kippbarer Rundmulde füllten das facettenreiche Programm aus, mit dem das Unternehmen zu einem der führenden Anbieter aufstieg. Für die Luftwaffe der Bundeswehr lieferte Müller-Mitteltal 1999 eine Serie von dreiachsigen Tiefladeanhängern der Baureihe T3 30.0.

Im Jahre 2001 nahm das Werk den neuen, teleskopierbaren Dreiachs-Auflieger TS-VLL 3 serienmäßig ins Programm, dessen Tiefladebrücke von 8,7 auf 15 m ausgezogen werden konnte. Im Jahre 2006 wurde das Modell in der Ausführung TS3-VVL 3 mit Lenkachsen im Fahrverhalten optimiert. Der dreiachsige, überfahrbare Tieflader T3 DF »Mover« für 24,1 t Belastung erhielt einen hydraulisch ausschiebbaren Außenrahmen.

MM-Tandemachs-Dreiseitenkipper KA-TA-L 18, 1997.

Mitte des ersten neuen Jahrzehnts widmete sich Müller-Mitteltal erneut mit dem Tiefpritschen- und Baumaschinen-Transporter KA-TA-T 10,5 der mittleren und mit dem Hochbord-Dreiseitenkipper KA-TA-L der schweren Tandemachs-Anhängerbaureihe.

Im Jahre 2010 präsentierte der Schwarzwälder Hersteller den überfahrbaren Tieflade-Auflieger TS3 RM für den Transport von schweren Radladern und Dumpern; durch Auszugselemente kann das Modell auch zum Plattform-Auflieger mit Einsteckmöglichkeiten von Rungen oder Container-Verriegelungen mutieren.

Drei Jahre später hatte der Tandemachser HL-TA als Hakenliftanhänger Premiere. Und im Jahre 2013 erweiterte der dreiachsige Tieflader mit Radmulden für den Transport hoher Bagger und Radlader diesen Produktionszweig.

Nachdem 2014 die überarbeiteten zwei- und dreiachsigen Tiefladeanhänger der Baureihe TRA Kombi für Baumaschinen, Rollbehälter und zwei Absetzbehälter an den Start gegangen waren, erweiterte Müller-Mitteltal das Tandemachser-Angebot um den Typ HL-TA 14,4 mit einem Palfinger-Hakenlift.

MM-Tiefbett-Tiefladeauflieger TTS-VLL 2, 1999.

MM-Dreiachs-Tiefladeanhänger T 3 30,0, 2001.

MM-Zweiachs-Tiefladeanhänger T 2 Kompakt, 2003.

MM-Tandemachs-Dreiseitenkipper KA-TA R 10,5, 2007.

MM-Tandemachs-Dreiseitenkipper KA-TA-R 18,0, 2018.

Münz

(Otto) Münz-Fahrzeugbau GmbH & Co. KG, Pliezhausen, Robert-Bosch-Str. 13, 1955 bis heute

Otto Münz (1902–1973), gelernter Bauschlosser, richtete 1928 in Rübgarten (1975 nach Pliezhausen eingemeindet) eine Schlosserei und einen Schmiedebetrieb ein, der Anfang der 1970er Jahre von seinen Söhnen übernommen wurde. Zweiachsige Landwirtschaftsanhänger wurden als Zwei- und Dreiseitenkipper gebaut. Hinzu kamen Ladewagen, einachsige Kleinkipper und zweiachsige Pferdetransport-Anhänger. Im Bereich der Lkw-Anhänger werden auf Tandemachs-Fahrgestellen Dreiseiten-Absenkkipper, Heck-Absenkkipper, Baumaschinen-Tief- und Hochlader, Speditionsanhänger mit Curtainsider-Aufbau und weitere Fahrgestelle hergestellt. Hinzu kommen Sonderanhänger und Langmaterialanhänger.

In der Disziplin Agrarfahrzeuge werden Ein- und Zweiachs-Pritschenhänger mit Leichtmetallbordwänden, Einachs-Dreiseitenkipper, Zweiachs- und Tandemachs-Dreiseitenkipper, Maschinentransporter, Muldenkipper und Tandemachs-Forstanhänger mit Ladekran gebaut.

Münz-Tieflade-Tandemachser mit Auffahrrampen, 2016. (Foto: Münz)

Münz-Tandemachser mit Kippbrücke zum Aufnehmen von Baumaschinen, 2018. (Foto: Münz)

Nagel

Maschinenfabrik vorm. Louis Nagel AG, Inhaber E. Lang, Karlsruhe, Listr. 5 u. Ziegelstr. 1, 1925

Normal-Anhänger, Seiten- und Hinterkipper mit Kugellagern für die Räder lieferte diese 1899 eingerichtete Maschinenfabrik, die hauptsächlich Entstaubungs- und Holztrocknungsanlagen herstellte.

Nagel-Werbung, 1925.

Nägele

Hofwagenfabrik Otto Nägele, Stuttgart, Marienstr. 14 1907

Seit 1854 fertigte dieser Betrieb Kutschen und stellte ab 1907 auch Anhänger für den Lkw-Zug her.

Neukirch

F. W. Neukirch AG, Bremen, 1954

Einen schweren Tieflade-Anhänger mit einer Belastungsfähigkeit von 100 t stellte dieses Unternehmen her.

NFP Eurotrailer

Nutzfahrzeugproduktion Eurotrailer GmbH, Potsdam, Zum Heizwerk 16–18, 1995–2012

Das Potsdamer Fahrzeugwerk, bekannt unter der Abkürzung NFP, stellte schwerpunktmäßig Kipper- und Tieflader her. Tandemanhänger versah NFP mit Dreiseiten- und Hinterkippmulden. Zwei- und dreiachsige Auflieger-Fahrgestelle erhielten Hardox-Mulden in Schalen- oder in Kastenbauweise. Ein weiteres Arbeitsgebiet stellten Satteltieflader mit einer Belastung bis zu 48 t dar.

NFP Eurotrailer-Kippauflieger SKS 27 mit Stahlmulde, 2005.

NFP Eurotrailer-Kippauflieger mit Kastenmulde und Getreideschieber für 50,6 m³, 2009.

Niedersachsen

Fritz Rothstock und Walter Heuer Fahrzeugbau Niedersachsen, Harburg-Wilhelmsburg, Eißendorfer Str. 161 1936–1937

Unter der Markenbezeichnung »Niedersachsen-Anhänger« versuchte dieses Unternehmen 1936 mit Pritschenanhängern bis zu 8 t Nutzlast auf den Markt zu kommen.

Niedersachsen-Werbung, 1936

Nöhrenheim

E. & W. Nöhrenheim,
Hamburg-Wilhelmsburg, Neuländer Elbdeich 6

1. 1933–1942: E. & W. Nörenheim,
   Hamburg-Wilhelmsburg, Neuländer Elbdeich 6
2. 1947–1955: Wilhelm Nöhrenheim, Fahrzeugbau,
   Hamburg-Wilhelmsburg, Hohe-Schaarstr. 46

Nöhrenheim trat Mitte der 1930er Jahre mit Zweiachs-Anhängern für 2 bis 6 t und Dreiachs-Pritschenwagen für 11,5 t Nutzlast mit »außenliegendem Rahmen« sowie mit Langholzanhänger, Tiefladern und Tankwagen mit ovalem Kessel und vier Kammern auf. Im Schell-Plan ist Nöhrenheim mit dem Bau von einem 5-t-Pritschenwagen und einem 7,5-t-Kipper aufgeführt. 1942 verkauften die Eigentümer das Anhängerwerk an die Herbert Vidal & Co.

Nach 1947 gründete Wilhelm Nöhrenheim erneut einen Fahrzeugbau und ließ behelfsmäßige Neubauten errichten. Vor allem nach der Währungsreform konnte wieder neben Ackerwagen und Pkw-Anhängern ein feinabgestuftes Programm an Pritschenwagen mit Nutzlasten von 1,7 bis 8 t, sowie Kipper mit Nutzlasten von 3 bis 8 t angeboten werden. Auch mit einem Langmaterial-Anhänger war Nöhrenheim vertreten. Eine Spezialausführung stellte der Export-Dreiachs-Pritschenwagen mit Pendelachsen für 22,5 t Gesamtgewicht dar.

Der Nöhrenheim-Anhängerbau wurde 1955 abermals von der Herbert Vidal & Co. übernommen, die in dem Areal ein Großreparaturwerk einrichtete.

Nöhrenheim-Werbung, 1950.

Nöhrenheim-Pritschenanhänger mit Pendelachsen, 1951.

Nordwestdeutscher Fahrzeugbau

Nordwestdeutscher Fahrzeugbau GmbH,
Wilhelmshaven-Mariensiel, Industriegelände West
1948–1955

Gegründet 1946 im einstigen Marine-Gelände, sollte die Nordwestdeutsche Fahrzeugbau GmbH (NWF) auf Initiative der britischen Besatzungsmacht dringend benötigte Transportfahrzeuge reparieren und Eisenbahnersatzteile produzieren. Mit Stabilisierung der Währung 1948 ging das Unternehmen auf den Bau von Anhängern in den Größen von 3 bis 12 t Nutzlast über. Bis 1955 entstand ein Programm, das zwei- und dreiachsige Pritschenwagen von 3 bis 11,5 t, Kipper im Bereich von 3 bis 8 t und Thermosanhänger bis 12 t Nutzlast umfasste.

In einem weiteren Bereich fertigte das Unternehmen Omnibuskarosserien und die Aufbauten der Lloyd- und Maschinenfabrik Esslingen-Paketpostwagen. 1949 beteiligte sich die Münchener Krauss-Maffei AG an der NWF, die in Wilhelmshaven nun ihren Stromlinienomnibus fertigen ließ. Auch das Kleinlastwagenmodell »Fuldamobil« entstand in Wilhelmshaven.

1955 zog sich Krauss-Maffei aus dem norddeutschen Unternehmen zurück, zumal ein eigener Karosseriebau in München zur Verfügung stand. Da auch die zunächst ausgiebigen Omnibus- und Karosseriebau-Aufträge der britischen Besatzungsmacht zurückgegangen waren, kam es noch im gleichen Jahr zum Konkursverfahren. Auf das Gelände in Mariensiel zog nach der Auflösung der NWF die Bundesmarine ein.

Nothnagel

Fahrzeugbau Nothnagel GmbH, Griesheim, Mühlenweg 1
1. 1929–1949: Helwig Nothnagel, Griesheim, Mühlenweg 1
2. 1949–2002: Fahrzeugbau Nothnagel GmbH, Griesheim, Pfützenstr. 68

Aus der 1859 von Schmiedemeister Helwig Nothnagel gegründeten Gemeindeschmiede in Griesheim bei Darmstadt ging ein Kleinbetrieb zur Herstellung von landwirtschaftlichen Maschinen und Geräten hervor. 1929 konnte die Fertigung von luftbereiften Anhängern für den Straßenverkehr und für die Landwirtschaft aufgenommen werden, bis 1944 ein Luftangriff das Werk zerstörte. Seit den 1950er Jahren befasste sich das Unternehmen schwerpunktmäßig mit der Montage von Pkw-Anhängern. Auf Kundenwunsch entstanden aber auch zweiachsige Drehschemel-Anhänger sowie Auflieger. Highlights waren 1998 Zweiachs-Tieflade- und dreiachsige Curtainsider-Auflieger mit Nachlaufachswerk für 33 Paletten. Daneben gab es Anhänger mit Koffer-, Kühl-, Getränke- und Pritschenaufbauten. Im Jahre 2000 kam neben leichten Speditionsanhängern und -aufliegern als letzte Entwicklung ein Tandemachsanhänger mit Tiefkuppelsystem für 15 t Gesamtgewicht hinzu.

Nowack

August Nowak AG,
Bautzen, Martin-Mutschmann-Str. 32, 1936–1945

Mit dem Bau von Kutschen begann August Nowack im Jahre insbesondere für das Phänomen-Werk in Zittau erstellte Nowack die Fahrerhäuser und Aufbauten. Mitte der 1930er Jahre fertigte das Werk auch Anhänger. Im Schell-Plan wurde das Werk auf den Bau von Spezialanhängern festgelegt.

Nach der Enteignung und Demontage kam es zu Beginn der 1950er Jahre zu einer Neueinrichtung des Werkes, das bis 1990 die Lkw- und Omnibus-Aufbauten für das Phänomen- bzw. Robur-Werk lieferte.

Oberschlesische Hüttenwerke

Vereinigte Oberschlesische Hüttenwerke AG,
Gleiwitz, 1939–1944

Mit dem Bau von 5- und 8-t-Pritschenwagen sollte dieses Eisen- und Stahlwerk, kurz »Oberhütten« genannt, im Schell-Plan beauftragt werden.

Odenwaldwerke

Odenwaldwerke Rittersbach GmbH,
Elztal-Rittersbach, Oberschefflenzerstr. 9, 1957–1965

Im Jahre 1947 gründeten Wilhelm Kern und August Großkinsky die Odenwaldwerke Rettersbach (OWR), die zunächst Holzkisten und Möbel herstellte. Über Aufträge der US-Besatzungsmacht und deutscher Behörden ging das Unternehmen immer stärker zur Produktion von Bauzügen und Spezialfahrzeugen für das Technische Hilfswerk und für den Bundesgrenzschutz über. Die Bundeswehr bestellte in den späten 1950er Jahren eine große Anzahl von Einachsanhängern für 1,5 t und Zweiachsanhänger für 7 t Nutzlast.

In den 1980er Jahren spezialisierten sich die OWR auf den Bau verwindungsarmer Pritschenlagerungen für Lkw und vor allem auf die Ausrüstung von Fahrzeugen für den Katastrophenschutz und für die ABC-Abwehr. Nach mehreren Umstrukturierungen wurde das Unternehmen 2012 »wegen Vermögenslosigkeit« aufgelöst.

ELG Oranienburg

ELG Oranienburg, Oranienburg, 1973–1989

Die Einkaufs- und Liefergenossenschaft des Handwerks/ELG in Oranienburg übernahm neben anderen Betrieben den Bau des HW 80-Anhängers aus dem Werdauer »Ernst Grube«-Werk, als dieses sich auf den Pkw-Karosseriebau umstellen musste. Kurz vor der Wende entstanden noch Tieflader.

Orten

Orten Fahrzeugtechnik GmbH, Bernkastel-Kues, Hauptstr. 155, 1995 bis heute

Schmiedemeister Robert Orten gründete 1925 in Bernkastel eine Schmiede, die unter der Leitung seines Sohnes Robert J. Orten zum Wagen- und schließlich zum Fahrzeugbau überging. Ende der 1970er Jahre folgte die Spezialisierung des Unternehmens auf die Herstellung von Getränkeaufbauten auf Motorwagen. 1997 erregte das Unternehmen mit der Präsentation des Volumen-Stufenaufliegers »Step-Star« mit einer Ladekapazität von 54 Euro-Paletten Aufsehen. Der Tiefbettauflieger mit Kröpfung vor und hinter dem Achsaggregat war mit einem hydromechanisch oder elektrohydraulisch gesteuerten Hubdach versehen, was den Zugang des Gabelstaplers vereinfachte.

Mit Beginn der Jahrtausendwende erweiterten Kühlauflieger, Fernverkehrs-Curtainsider mit automatisch betätigtem heckseitigem Rolltor und Anhänger für den BDF-Verkehr das Orten-Angebot. Im Jahre 2011 ergänzte ein Stufen-Megatrailer mit der Möglichkeit zur Doppelstockbeladung die Baureihe mit dem Getränkeauflieger.

2013 kam ein Zweigwerk in Rothnaußlitz bei Bautzen hinzu. Ein Jahr später folgte als weitere Anhängerbaureihe der Koffer- und Getränkeanhänger auf einem Tandemachser-Fahrgestell hinzu.

Erneut bewies Orten 2016 seine außergewöhnliche Innovationskraft mit der Vorstellung des Kombinations-Curtainsiders »SafeServer« mit in der Schiebeplane integrierten Aluminium-Paneelen. Durch diese Verstärkungen lässt sich die Planenverkleidung in Art einer Ziehharmonika zur Stirnwand zusammenschieben. Nach Arretierung der Verkleidung steht auf der Plattform dann die passende Fläche mit der Verriegelungstechnik für die Aufnahme eines 40'-Containers zur Verfügung. Und mit dem »SprintLoader« ging ein Auflieger mit mobiler Stirnwand an den Start. Die um 9 cm verschiebare Wand gibt dann die formschlüssig geladenen Paletten günstiger für die Gabelstapler-Be- und Entladung frei.

Orten-Tandemachser mit Pritsche und Planenaufbau, um 1995.

Orten-Tandemachser AG 18 T für den Getränketransport, 2015.

Orthaus

Fahrzeugwerk Orthaus GmbH & Co. KG, Ahaus, Harmate 20

1. 1948–1984: Fahrzeugwerke Wüllen, B. & J. Orthaus oHG., Wüllen 163, ab 1979 Ahaus, Harmate 20
2. 1984–2003: Fahrzeugwerk Orthaus GmbH & Co. KG

Orthaus-Jumbo-Lastzug »Transoptimal« mit kurzgekuppeltem Niedrigrahmen-Anhänger, 1991.

Orthaus-Schubboden-Auflieger, mit zusätzlichen Gebläse am Heck, zum Transport von Kaolin 1987. (Foto: Archiv Verlag Kraftakt)

Bernhard Orthaus gründete mit seinem Bruder Josef 1925 eine Kutschenwerkstatt, aus der schon rasch der Karosserie- und Wagenbau Gebr. Orthaus hervorging. Lkw- und Omnibusaufbauten stellten das Metier der Brüder dar, bis sie im Zweiten Weltkrieg Panjewagen herstellen mussten.

Mit der Währungsreform richteten sie den Betrieb auf den Pritschen-Anhänger- und Kipperbau (mit handbetätigter Hydraulik) aus. In den 1960er Jahren ging das Werk zum Bau von Aufliegern mit Hinterkippmulden mit zwei Hydraulikstempeln und zum Bau von Dreiseiten-Kippanhängern über.

In den späten 1970er Jahren konnte Orthaus dann ein respektables Programm vorweisen. Neben Aufbauten fertigte das Unternehmen Tandem-Großraum-Anhänger mit eigenem Tiefkupplungssystem, zwei- und dreiachsige Anhänger mit Koffer- und Kippaufbauten, Auflieger mit Pritschen-, Kipper- Muldenaufbauten in Aluminium- und Stahlbauweise, Tieflader sowie Spezialfahrzeuge nach Kundenwünschen. Eine technische Raffinesse bildete die Ausstattung des dreiachsigen Aufliegers mit einer durch Hydromotoren antreibbaren Achse.

Orthaus-Sattelauflieger »3 in 1« mit anhebbarem 22.000-Liter-Tank, 1999.

Orthaus-Sattelauflieger mit Heckladekran zum Steintransport, 1998.

1980 verlegte Orthaus die Fertigung in das Industriegebiet Wüllen, das inzwischen in die Stadt Ahaus eingemeindet worden war. Und mit der Entwicklung und Präsentation des ersten europäischen Schubboden-Aufliegers hatte Orthaus ein echtes Highlight im Programm. Mit dem »Koelman-Moving-Floor«-Entladungsssystem war der dreiachsige Auflieger O.F.S 22 AL in der Lage, ohne Kippvorgang das Transportgut herauszuschieben, was der Aufnahmekapazität durch den Vorfall des Kippchassis und der Hydraulikanlage zu Gute kam. 24 Bodenelemente sorgten für das Herausschieben der Ladung. Eine Nutzlast von maximal 27 t ließ sich mit diesem unter der Bezeichnung »Gleitschubboden-Fahrzeug« vermarkteten Modell befördern. Schon rasch konnte diese Nischentechnik einen Teil des Orthaus-Programms ausmachen.

Der Neubau der Werksanlage und die hohen Investitionen in das Schubbodenkonzept überforderten jedoch die Orthaus-Familie; 1984 kam es

Orthaus-Betonteile-Innenlader, 1999.

zum Konkurs. Örtliche Investoren engagierten sich jetzt und gründeten das Fahrzeugwerk Orthaus GmbH & Co. KG zur Erhaltung der Arbeitsplätze und zur Aufrechthaltung der Produktion.

Nach der Reorganisation des 60 Mitarbeiter starken Betriebes konnte wieder ein vielseitiges Programm angeboten werden. Kipper, dreiachsige Anhänger und Tieflader, kurzgekuppelte Tandemanhänger, Volumenzüge mit oder ohne Kurzkupplung, Steintransport-Auflieger mit heckseitig aufgesetztem Ladekran, Auflieger mit Coilwannen-Vorrichtung, Bodenentleerer mit Schiebetechnik zum Abtransport von Zechenabfällen und die Schubbodenauflieger bewiesen die technische Leistungsfähigkeit des Werkes, aber die geringen Stückzahlen innerhalb der vielfältigen Modellreihen bildeten weiterhin ein wirtschaftliches Problem.

Eine Zukunftsperspektive bildeten jetzt die Kontakte zur DDR-Staatsspedition Deutrans, die bei Orthaus für den Straßenbau hydraulisch betätigte Dreiseitenkipper mit drei 10-t-Achsen mit Zwillingsbereifung orderte. Bis zum Ende des ostdeutschen Staates gingen jährlich nahezu 100 Modelle an Jumbo-Zügen mit Spannplanen-Aufbau, teilweise mit Kurzkupplung, Schubboden- und Coilmulden-Auflieger in die Abnahmezentrale in Potsdam.

Und mit der Vorstellung eines Innenladers in achsloser Bauart für die Beförderung von großflächigen Flachglas-Paletten (»Floatglass«) setzte das Unternehmen 1987 einen weiteren Schwerpunkt. Mittels der Luftbälge ließ sich das »Niederflur-Hubfahrzeug« genannte Modell mit den Aufnahmeschienen bis auf 40 mm absenken, so dass der Aufnahmeboden eingeschoben werden konnte. Im beladenen Zustand hoben die Federbälge das Fahrzeug auf 480 mm Bodenhöhe an. Die größtmögliche Ausnutzung der Höhenvorgabe konnte somit erzielt werden. Der Innenlader erreichte bald einen Anteil von 50 Prozent an der Orthaus-Produktion. Eine weitere Optimierung dieser Fahrzeuge erfolgte wenig später mit dem Einsatz von Aluminium- und GFK-Paneelen für die Verkleidung.

Als weitere Sonderentwicklung entstanden Auflieger mit Spezialaufbauten für den Kohleanlieferung mit einem ausschwenkbaren Förderband, auch wenn sich abzeichnete, dass die Brennstoffversorgung in der Bundesrepublik im Wandel war.

1992 erweiterten ein Tandemachser mit Kippsattelaufbau und ein wiederum tiefgekuppelter Tandemachser mit Volumenaufbau oder mit Jumbo-Wechselbrücke unter der Bezeichnung »Transoptimal Volumenzüge« das Programm des inzwischen erweiterten und fast 200 Beschäftigte umfassenden Werkes. Auch der zwei- und dreiachsige Auflieger mit Stahl- oder Aluminiummulde gehörten zu den Überarbeitungen.

Mitte der 1990er Jahre setzte ein dreiachsiger Auflieger mit liftbarer erster und lenkbarer dritter Achse einen neuen Maßstab. Der Innenlader wurde jetzt auch für Betonfertigteile und Papierrollen für die Druckindustrie bis zu einer Nutzlast von 26,7 t ausgestaltet und der Glastransporter für 30,9 bis 38 t (im Export) Gesamtgewicht ließ sich jetzt von 480 auf 40 mm zur Aufnahme eines Schlittens absenken, wobei dieser mittels Führungsschienen in das Fahrzeug hineingeschoben wurde.

Gegen Ende des Jahrzehnts kam ein dreiachsiger Auflieger mit zwei zwangsgelenkten Achsen und einem mittig aufgesetzten Ladekran, wenig später mit verfahrbarem Kran für den Palettentransport von Steinen ins Orthaus-Sortiment.

Erneut konnte Orthaus 1997 mit einem neuen Konzept Aufmerksamkeit gewinnen. Der »Megatrailer 3 in 1« besaß als Auflieger einen Tank für 22.000 Liter Flüssigkeit, der im leeren Zustand unter das Planendach gehoben werden konnte, um dann als Doppelstock-Auflieger 32 Euro-Paletten aufnehmen zu können. Sofern der Tank herausgenommen wurde, ließen sich standardmäßig 52 Paletten aufnehmen. Allerdings zog der Patentinhaber seine Rechte zurück, so dass die Serienfertigung nicht mehr zustande kam.

Der Floatglass-Innenlader erhielt in seiner dritten Entwicklungsstufe wahlweise eine Drei- oder Vier-Radanordnung.

Die im Jahre 1999 beschlossene Kooperation mit dem Fahrzeughersteller Meierling, die eine Kostensenkung bewirken sollte, ging schon rasch wieder auseinander.

Ein weiteres nicht alltägliches Konzept stellte 2001 der »Multitrailer« in Doppelstockausführung mit Einzelradaufhängung dar, der eine nutzbare Ladehöhe von 3,75 Meter bot. 52 Euro-Paletten oder 86 Rollbehälter konnten mit diesem Fahrzeug befördert werden. Den wirtschaftlichen Erfolg verhinderte aber das hohe Gewicht der achslosen Radaufhängung.

Auch im Bereich der Entsorgungsfahrzeuge mit Mehrkammereinteilung für Glas und Papier beteiligte sich Orthaus mit einem Auflieger, der mit Schubboden, Hubdach oder mit Schiebeverdeck ausgeführt wurde.

Wenn auch Orthaus mehrfach die Initiative für außergewöhnliche Fahrzeugentwicklungen ergreifen konnte, so überforderte das aufwändige, zu umfangreiche, in den Stückzahlen zu geringe und daher wenig gewinnbringende Programm das Unternehmen. Im Jahre 2003 kam es zur Insolvenz und ein Jahr später zur Auflösung des münsterländischen Werkes. Der belgische Konkurrent Faymonville übernahm den Firmennamen, die Rechte und Patente sowie die Ersatzteilversorgung.

Orthaus-Jumbo-Zug mit Niedrigrahmen-Tandemachser, 2000.

Fahrzeugbau Osterberg

Fahrzeugbau Osterberg, Schwerte/Ruhr, Jägerstr. 3, 1949

Anhänger im Bereich von 3 bis 8 t sowie Kipper stellte Osterberg her.

Papler

Papler Karosseriewerk GmbH, Köln, Neußer Str. 27, 1949

Der seit 1868 bestehende Papler-Kutschenbau ging 1936 zum Aufbautenbau für Lastwagen über. Nach der Währungsreform fertigte das Unternehmen zeitweise auch Anhänger. 1958 übernahm die FAUN GmbH das Werk als Servicestützpunkt.

Pechstein

Max Pechsteins Erben, Wagenfabrik,
Leipzig, Kochstr.21, 1930–1945

Aus der seit der Jahrhundertwende bestehenden Werkstatt für Hufbeschlag und Wagenbau entstand 1920 die Max Pechsteins Erben Wagenfabrik, die erstmals 1930 für ihre Anhänger mit Bremserhaus und zwei Kippmulden warb. Für die Wehrmacht lieferte Pechstein Ein- und zweiachsige 2,5-t-Anhänger.

Peemöller

F. Peemöller GmbH, Anhängerfabrik, Hamburg-Wellingsbüttel, Poppenbütteler Str. 32–38, 1933–1951

Peemöller-Einachs-Pritschenauflieger mit Spriegel und Plane, 1935.

Die auf das Gründungsjahr 1847 zurückgehende, spätere Anhängerfabrik Peemöller, trat erstmals 1933 im Bau von luftbereiften Anhängern auf. Mitte der 1930er Jahre stand ein umfangreiches Programm an Fahrzeugen im Angebot, darunter zwei- und dreiachsige Pritschenwagen, Kastenwagen, »Spezial-Thermosanhänger«, Rungenwagen und Auflieger. Im Schell-Programm wurde dem Unternehmen der Bau von Einheits-Zweiachs-Anhängern und Kippern zugeteilt. 1951 ist Peemöller noch im Fahrzeugbau nachzuweisen.

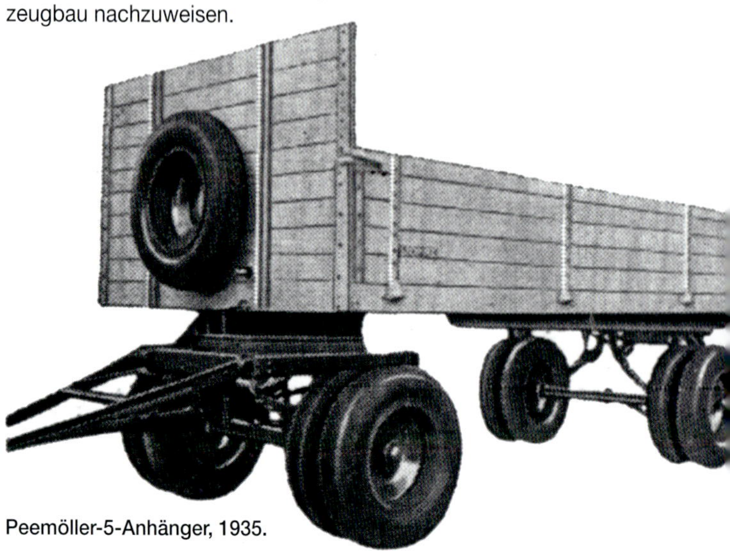

Peemöller-5-Anhänger, 1935.

Plasswilm

Franz Plasswilm, Karosserie- u. Fahrzeugbau,
Köln-Braunsfeld, Eupener Str. 137, 1949–1951

Plasswilm fertigte in der frühen Wiederaufbauphase der Bundesrepublik Pritschenwagen sowie Motor-hydraulische Zwei- und Dreiseitenkipper mit Nutzlasten von 5 und 8 t. Auch Thermoswagen, Langholzwagen und Nachläufer enthielt das Programm der Aufbauten- und Karosseriefabrik. 1950 ergänzte noch ein 1,5-t-Pritschenwagen das Angebot. Mehr Erfolg hatte Plasswilm mit Omnibusaufbauten.

Pohlig

Pohlig Fahrzeugbau, J. Pohlig AG, Köln-Zollstock
1937–1938

Julius Pohlig (1842–1916) gründete 1874 die Seilbahnfabrik J. Pohlig in Köln, die er 1899 mit der Seilbahnfabrik Theobald Obach in Wien zur J. Pohlig AG zusammenfasste. 1937 versuchte der Betrieb, sich auch im Aufliegerbau zu etablieren. Pohlig griff dabei auf einen Rückgratrahmen und auf ein Hinterachs-Schwingachsen-System zu, dass das Eigen-

gewicht verringern und die optimale Anpassung der Hinterräder an die Straßenwölbung zur Folge haben sollte. Der Mittelträger, das sogenannte Rückgrat, war als Kastenträger ausgebildet, an den die Rippen rechts und links angeschweißt waren. Diese Traversen waren dann am äußeren Ende jeweils mit umliegenden Profilen verschweißt. Diese allerdings aufwendige Konstruktion reduzierte das Eigengewicht des Unterbaus. Anstelle einer durchgehenden Achse nutzte Pohlig ein System, bei dem die Radpaare an jeweils in Fahrtrichtung liegenden Rohren angebacht waren. Die Rohre waren wiederum drehbar an den Endspitzen der Federpakete eingesteckt und diese Federpaare waren wiederum an ihrer Mitte mit dem Rahmen verbunden. Somit konnten sich die Räderpaare den Bodenunebenheiten anpassen. Die drehbare Lagerung der Schwingachsen ermöglichte nach Anheben des Fahrzeugkörpers das Schwenken der Achsen um 180°, so dass die inneren Reifen gewechselt werden konnten. Weitere Finessen waren die vier Bremstrommeln mit Saug- oder Druckluftunterstützung, die vollautomatische Kupplung sowie die hydraulisch verstellbare Vorderstütze mit Lenkeinrichtung beim abgekoppelten Auflieger. Die abgerundeten vorderen Kanten sollten beim Ausscheren einen Zusammenprall mit entgegenkommenden Fahrzeugen verhindern, was jedoch die Ladefläche beinträchtigte.

Pohlig bot diesen Einachsanhänger mit den Typen SS 5, SS 6, SS 8 und SS 10 an, wobei die Ziffern für die Nutzlasttonnen standen. Das aufwendige System konnte sich nicht durchsetzen und Pohlig konzentrierte sich wieder auf die Seilbahntechnik.

Pohlig-Werbung zum Einachsauflieger, 1937.

Pohlig-3-t-Anhänger, 1937.

Popp I

August Popp Maschinenfabrik, Windach v. d. Ammersee
1949

Neben Omnibuskarosserien stellte Popp auch Anhängern her.

Popp II

Johann Popp, Fahrzeugbau, Nürnberg, Goethestr. 37
1930 bis heute

Schmiedemeister Johann Popp gründete1910 einen Fahrzeugbaubetrieb in Nürnberg. 1930 entstanden die ersten Kippaufbauten und Lkw-Anhänger. Den gegen Kriegsende zerstörten Betrieb baute der Sohn des Gründers, Johann Popp jun., unter schwierigsten Bedingungen wieder auf, so dass nach der Währungsreform zwei- und dreiachsige Lkw-Anhänger mit Nutzlasten von 3 bis 15 t sowie motor- und handhydraulische Kipper im Bereich von 3 bis 11,5 t im Angebot standen. Ab 1951 gab es auch einachsige Auflieger mit individuell ausgeführten Aufbauten. Heute entstehen auf Kundenwunsch Tandemachs-Silosteller, zweiachsige Auflieger für Langmaterialtransporte mit heckseitiger Ladestütze und mittig aufgesetztem Ladekran, dreiachsige Plattformanhänger für Baumaschinen-Transporte, vierachsige Auflieger mit Seitenladekran und sechsachsige Schausteller-Spezialauflieger als Bestandteil eines Riesenrades mit einem Gesamtgewicht von 77 t.

Popp-Steintransport-Auflieger mit Heckladekran, 1980. (Foto: Popp)

Popp-Vierachsauflieger mit Seitenlader-Anlage, 2017. (Foto: Popp)

Popp-Vierachs-Auflieger für Schaustellerzwecke, 2017. (Foto: Popp)

Popp-Tridem-Plattformanhänger, 2017. (Foto: Popp)

Pries

A. J. Pries & Co., Hamburg, Heidenkampsweg 117–119
1936–1939

Das seit 1936 im Anhängerbau tätige und auf das Jahr 1875 zurückgehende Unternehmen fertigte 1938 Anhänger unter dem Motto »Kraftzug-Anhänger«. Im Schell-Plan erhielt Pries den Zuschlag für den Bau von Einheits-Anhängern und Kippern bis 8 t Nutzlast. Das Unternehmen war nach dem Krieg als Fahrzeugfabrik weiterhin in der Hamburger Canalstraße 10 tätig.

Pries-»Kraftzug«-Anhänger, 1939.

Rathgeber

Waggonfabrik Jos. Rathgeber AG, München-Moosach, Untermenzinger Str. 1, 1949–1951

Die 1852 von dem Huf- und Wagenschmied Josef Rathgeber (1810–1865) gegründete Waggonfabrik, die von 1907 bis 1914 auch Büssing-Lastwagen in Lizenz für den bayrischen Raum als Subventionslastwagen gefertigt hatte, befasste sich nach dem Zweiten Weltkrieg auch mit der Herstellung von Anhängern. Das Unternehmen warb 1949 für Ackerwagen, für Lkw-Pritschen-Anhängern und für Kippanhänger ab 5 t Nutzlast. Als das Unternehmen 1951 in den Omnibusbau einstieg, endete der Anhängerbau. Aber auch dieser wurde schon ein Jahr später eingestellt und Rathgeber konzentrierte sich wieder auf den Schienenfahrzeugsektor mit Eisenbahnwaggons, D-Zug- und Triebwagen sowie Straßen- und U-Bahnen. Von 1952 bis 1958 baute das Unternehmen die rekonstruierte FAMO-Raupe »Boxer«. Ein weiteres lukratives Betätigungsfeld bildete die Herstellung von Bäckereimaschinen und Fahrstuhltüren. Das Meiller-Werk ab 1956 übernahm Zug um Zug das Moosacher Unternehmen und verlagerte 1986 den aus allen Nähten platzenden Kipperbau in diese großzügig angelegte Produktionsstätte.

Raymakers

Theodor Raymakers GmbH & Co. KG Karosserie- und Fahrzeugwerk Goch, Goch, Feldstraße
1. 1950: Th. Raymakers Fahrzeugbau
2. 1966: Theodor Raymakers GmbH & Co. KG, Karosserie- und Fahrzeugwerk Goch

Raymakers-Ferntransportanhänger mit Pendelachsen, 1953.

Aus der »Werkstatt des ehrbaren Schmiede- und Wagenbaumeisters Franz Raymakers« entstand 1907 eine Huf- und Wagenschmiede, die schon 1908 in einen Stellmacherbetrieb überging.

In den 1950er Jahren baute Raymakers ein umfangreiches Programm an Anhängern, Aufliegern und Aufbauten auf. Das Pritschenwagen-Angebot reichte vom Landwirtschaftsanhänger mit Kutschbock über Pritschenanhänger von 3 bis 12 t bis zum Fernverkehrs-Dreiachser für 16,5 t Nutzlast. Hier nutze Raymakers einen Drehschemel mit Pendelachsen. Mit Koffer- oder Möbelwagenaufbauten gab es den Zweiachser und mit Leichtmetall-Thermos-Aufbauten den Dreiachser. Im Bereich der Kipper bot Raymakers Zweiachser für 5 bis 6 und für 11 bis 12 t Nutzlast mit kombinierter Hand- und Motor- oder elektrohydraulischer Kippeinrichtung sowie einen 16,5-t Dreiachser mit zwei Kippkästen an.

Das Fahrgestell des Dreiachsers diente auch als Basis für einen 18.000 Liter fassenden Milchtransportwagen. Auch im Bau von Aufliegern engagierte sich Raymakers. Neben Aufliegern, auf Wunsch mit eingebauter Achsschenkellenkung, mit Hinterkipper, mit Koffer- und Tiefkühlaufbauten gab es ein breites Angebot von Tankaufliegern. Mit Stahlkesseln mit 22.000 Litern Fassungsvermögen baute das Werk Fahrzeuge für den Heizöltransport mit eingebauter Dampfheizung oder auch mit eingebautem VW-Motor und Pumpe, für den Chemikalientransport mit eingebauter Heizung durch Ölfeuerung und für den Bitumen-Transport mit beheiztem Stahldruckkessel. Für den Kraftstofftransport fertigte das Werk einen 24.000 Liter fassenden Stahlkesselaufbau und für den Transport von Wein und Fetten gab es Auflieger mit innen isoliertem Leichtmetallkessel. Schließlich befasste sich Raymakers auch mit Tiefladern und Spezialfahrzeugen wie einem dreiachsigen Träger-Chassis für die Aufnahme von Kesseln, einem Langmaterial-Anhänger und einem Langmaterial-Auflieger. Beim Tieflader für Schwertransporte ließen sich die hinteren Halbachsen abziehen, beim Tieflader für 16 t ließ sich der gekröpfte Vorderwagen ausfahren.

Zu Beginn der 1960er Jahre war die Firma Raymakers mit dem Weltkugel-Logo mit Pritschen- und Kipp-Anhänger und Aufliegern, Behälter-,

Raymakers-Dreiachs-Kofferanhänger auf der Hebebühne, 1951.

Koffer- und Kühlwagen sowie Spezialfahrzeugen vertreten. 1965 erneuerten im Rahmen der neuen gesetzgeberischen Bestimmungen ein 25-t-Spezial-Langmaterial-Sattelauflieger in selbstragender Bauweise mit über eine angekuppelte Stange zwangsgelenktem Dreiachs-Fahrgestell sowie ein 12-t-Anhänger mit hinteren Halbachsen, Pendelachsen genannt, das Spezialfahrzeug-Angebot. Und mit einem zweiachsigen Silo-Kippauflieger mit einem 27-m³-Kessel und einer Edbro-Hydraulik sowie einem dreiachsigen Hochbord-Anhänger versuchte Raymakers nochmals im Behälterfahrzeugbau präsent zu sein.

Zum Jahresende 1966 gab Raymakers die Fertigung auf; der größte Teil der Beschäftigten fand wieder Anstellung bei den ortsansässigen Gocher Fahrzeugwerken (GOFA) und bei den Fahrzeugwerken Hendricks.

Raymakers-Werbung, 1954.

Recker

Gebr. Recker Fahrzeugbau GmbH, Harsewinkel-Greffen, Hauptstr. 2, 1990 bis heute

Aus einer 1833 erworbenen Schmiede in Harsewinkel-Greffen ging 1912 die Huf- und Wagenschmiede von Bernhard Recker hervor. Die Tätigkeiten des Unternehmens auf dem Kraftfahrzeugsektor führte 1952 zur Bildung der Unternehmensgruppe Gebr. Recker als Fahrzeughändler in Harsewinkel-Greffen und als REWU Nutzfahrzeuge Berlin GmbH. 1990 kam eine Zusammenarbeit mit der Firma Fagema in Klöden bei Wittenberg zusammen, die im Fahrzeugbau tätig war.

Für den Transport von Mähdreschern, Traktoren und Baumaschinen fertigt Recker den Spezial-Tieflader mit Einzelradaufhängung und mit Radmulden vom Typ JTA 24 sowie die Ausführung JTA 24B für den Transport von landtechnischen Fahrzeugen, Booten und Yachten. In einer zweiten Disziplin entstehen zwei- und dreiachsige Auflieger mit hydraulisch absenkbarem Schwanenhals, Volumentransportauflieger für die Aufnahme von Schleppern und Zugmaschinen, Kippanhänger mit Zwei- und Dreiseitenkipptechnik.

REF-Weygandt & Klein

REF-Weygandt & Klein GmbH, Stuttgart-Feuerbach, Cannstadter Str. 130a und Siemensstr. 150, 1925–1951

Die um 1920 gegründete Firma Rohleder & Ehinger/REF spezialisierte auf den Bau von Kommunal- und Kesselfahrzeugen. 1932 kam es zur Fusion mit dem Schneepflughersteller Weygandt & Klein. Der REF-Weygandt & Klein Apparatebau entwickelte sich zu einem bedeutenden Kommunalfahrzeug-Hersteller in Deutschland 1936 erschien als größtes Modell ein dreiachsiger Tankanhänger. Der Schell-Plan teilte dem Unternehmen den Bau von Spezialfahrzeugen zu. 1951 wurde der Fahrzeughersteller von der Firma Haller übernommen.

REF-Tankanhänger mit tiefliegendem Kessel für für 1000 l Kraftstoff, 1925.

REF-Tankanhänger für 5000 l Kraftstoff mit Abgabezähler und Handflügelpumpe, 1925.

REF-Tankzug mit Kesseln für je 5000 l Kraftstoff, 1930.

REF-Weigand & Klein-Tankauflieger, 1949.

Rein

G. Rein, Anhängerbau, Fahrzeugbau, Reutlingen, Metzgerstr. 75, 1949

Hersteller von Anhängern für Schlepper und Lkw sowie von Viehtransport-Anhängern.

Reisch

Martin Reisch GmbH, Ehekirchen-Hollenbach, Reischstr. 14
1. 1951–1999: Martin Reisch OHG
2. 1999 bis heute: Martin Reisch GmbH

1951 nahm Martin Reisch (1925–1984) in Ehekirchen-Hollenbach, nordöstlich von Augsburg, die Fertigung von Dungstreuern, Förderbändern und Ackerwagen auf. Unter den landwirtschaftlichen Anhängern bildeten die Seiten- und Wannenkipper Grundtypen, die mit steter Weiterentwicklung bis heute in der Sparte Agrarfahrzeuge des Reisch-Werkes hergestellt werden.

Im Jahre 1961 erwarb der Betrieb am Ortsrand von Hollenbach eine stillgelegte Ziegelei, an deren Stelle die erste große Produktionshalle errichtet wurde. 1965 ging das Unternehmen auch zum Bau von Anhängern für den Straßenbetrieb über. Die steigenden Fertigungszahlen führten 1970 erneut zu Kapazitätserweiterungen. 1977/78 folgten weitere Hallenneubauten und nach der Wiedervereinigung entstand 1991/92 ein Zweigwerk in Eliasbrunn bei Bad Lobenstein in Thüringen unter der Firmierung Martin Reisch GmbH, Fahrzeugbau.

1983 präsentierte Reisch mit seinen 200 Mitarbeitern ein breitgefächertes Programm an Aufbauten, landwirtschaftlichen Anhängern und Straßenverkehrs-Fahrzeugen. Dieses umfasste im Straßenbereich Pritschen-Kipp- und Kofferanhänger, Tieflader, Einachser und Tandemanhänger mit Pritschenaufbau sowie Auflieger. Im Bereich der Sattelfahrzeuge bot Reisch einen einachsigen Auflieger mit Kastenaufbau für die Lebensmittel-Logistik an. Für die Bauindustrie entstanden die Hinterkipp-Auflieger der Baureihen RHKS mit Aluminium- und Stahlmulden mit Rundumspanten sowie Dreiseitenkipp-Auflieger der Baureihen RDKS mit Aluminium-Hohlprofilbordwänden.

Reisch-Klappwand-Auflieger, um 1974.

Reisch-Klappwand-Auflieger, 2004.

Reisch-Schubbodenauflieger RSBS-35/24 PV mit Seitentüren, 2004.

Reisch-Kippauflieger RHKS-35/24SSL mit Schrottmulde, 2004.

Reisch-Dreiachs-Dreiseitenkipper RDK-24, 2006.

Auch wenn es 1989 zu einer Betriebserweiterung kam, so stand erst mit dem Aufbau des Thüringer Zweigwerkes die ausreichende Fertigungskapazität zur Verfügung. Das Werk in Eliasbrunn spezialisierte sich auf die Herstellung der Baustellenfahrzeuge in Form der Auflieger, der Tandem-Kipper der Baureihe RTDK und der Zwei- und Dreiachs-Drehschemel-Anhänger der Baureihe RDK 24 und schließlich der zwei- und dreiachsigen Drehschemel-Chassis der Baureihe REA für Abroll- und Absetzbehälter.

Das Stammwerk konnte mit den freigewordenen Kapazitäten zum führenden Hersteller von landwirtschaftlichen Anhängern mit Drehschemel- und Tandem-Fahrzeugen aufsteigen. Im Straßenfahrzeugbau bildeten neben Sonderfahrzeugen die dreiachsigen Schubboden-Auflieger der Baureihe SB 3/92 mit bis zu 92 m³ Ladevolumen für Stück- und Schüttgut, Paletten und Papierrollen den Schwerpunkt der Fertigung.

Neben den landwirtschaftlichen Anhängern entwickelten sich zur Jahrtausendwende die Sparten Kipper, Anhänger für Abroll- und Aufsetzbehälter sowie die Schubbodenfahrzeuge zu den Schwerpunkten des Reisch-Unternehmens. Diese »Walkliner«-Aufbauten auf Dreiachs-Auflieger und dreiachsigem Deichselanhänger konnten jetzt auch für 50 bis 102 m³ Volumen und auch mit Seitentüren ausgeführt werden.

Die zwei- und dreiachsigen Kippauflieger in Feinkornstahl-Bauweise mit Schalenmulden aus Stahl oder Aluminium für den Gesteins-Transport mit einem Aufnahmevolumen erhielten auf Wunsch eine hydraulisch betätigte Heckklappe. Hinzu kamen Ausführungen mit Stahl-Kastenmulden sowie kippbare Kästen mit Planenverdeck in Palettenbreite zur Aufnahme bis zu 80 m³ Ladegut.

Im gleichen Jahr erweiterte das Thüringer Zweigwerk die Fertigung auf zwei- und dreiachsige Auflieger mit Aluminium-Kastenaufbauten mit Stahlspantenverstärkung und Halbschalen aus abriebfestem Stahlblech unter der Bezeichnung Hardox. Hinzu kamen Dreiseitenkipp-Auflieger mit Großraummulden für den Fernverkehr mit einem Fassungsvermögen von 80 m³, Stahlmulden für den Schrotttransport mit gleicher Kapazität sowie Zweiseitenkipper mit Aluminiumaufbau und mit Pendelbordwänden. Und für den Transport von zwei Abroll- oder Aufsetzbehältern kam eine dreiachsige Lafette hinzu.

2004 präsentierte Reisch den modifizierten Kippsattel-Auflieger RHKS 35/24 AP mit einem 9,5 Meter langen Leichtmetallkasten mit einem Fassungsvermögen von 50 m³ für den Transport von Schütt- und Stückgütern.

Der Auflieger RHKS 35/24 ASL mit Aluminium-Halbschale erhielt ein Stahl-Leichtbauchassis, was zu einer Einsparung von einer Tonne Gewicht und damit zu einer größeren Nutzlast führte. Auch das Zugpferd Schubboden-Auflieger RSBS 35/24 PV war um 400 kg Gewicht reduziert worden. Im nachfolgenden Jahr erhielt dieses Modell eine hydraulisch zu öffnende Seitenwand, so dass die Mittelrunge entfallen und Ladevorgänge vereinfacht werden konnten. Wenig später erhielt das Schubboden-Fahrzeug unter der Typenbezeichnung RSBS-35/24 PV-WL in weiterer Optimierung eine hydraulisch faltbare »Wingliner«-Seitenwand.

Speziell für die Aufnahme von Schrott entstand der weiterentwickelte

Reisch-Kippauflieger RHKS-35/24 SSL Isotexx mit thermoislierter Schalenmulde, 2017.

Reisch-Zweiseiten-Kastenkippauflieger mit Pendelbordwänden und Abrollplane, 2017. (Foto: Reisch)

Reisch-Hinterkipp-Kastenauflieger RHKS-3 agrar mit Hecköffnung, 2017. (Foto: Reisch)

Dreiseiten-Kippsattel-Auflieger RHKS 35/24 SSL aus Feinkornstahl mit Stahlmulde.

Für den Straßenbau stellte Reisch als neues Vorzeigeprodukt Mulden mit einer Kunststoffauskleidung aus Polyethylen vor, um sie gegenüber Temperaturschwankungen beim Transport von Bitumen resistent zu machen.

Erneut wurde der Schubboden-Auflieger 2007 überarbeitet. In der Version RSBS-32 24-LK für bis zu 94 m³ Schüttgut war er mit hydraulisch faltbaren Seitenwänden oder zwei durchgehenden Seitentüren versehen. Mit einem Ladekran und einer Rollplane zur Beladung von oben ließ sich das Großraumfahrzeug ausstatten. Bei dem Hinterkipp-Auflieger RHKS-3524 AL mit Kastenmulde in langgesickter Bauweise ging das Unternehmen 2008 zum Einsatz einer Pendelklappe und beim Tandem-Dreiseitenkipper RTDK-18 zu einer automatischen Rückwandverriegelung über.

2010 folgte Reisch dem Trend im Kippsattel-Aufliegerbau, indem ein kompakter zweiachsiger Auflieger mit Kastenwänden als Alternative zum Vierachskipper mit seinem großen Lenkradius ins Programm genommen wurde. Durch die gelenkte letzte Achse ist das Fahrzeug auf engen Baustellen anpassungsfähiger einzusetzen.

Eine Optimierung erfuhr der Tandemkipper als kompakte und leicht manövrierbare Alternative zum zweiachsigen Drehschemel-Anhänger. Bei einem Eigengewicht von 4350 kg konnte er mit 13.650 kg beladen werden. Gleiches Chassis diente neben den Drehgestell-Unterbauten auch für die Aufbauten für Abroll- und Absetzkipper. Im Jahr 2012 erfuhr auch der Schubboden-Auflieger eine abermalige Überarbeitung. Als Typ RSBS 35/24 LK war er bei einem reduzierten Eigengewicht von 7 t für ein Volumen von 80 m³ ausgelegt.

Zwei Jahre später erschien auch der Kippauflieger mit Leichtmetall-Aufbau mit nur noch 4950 kg Eigengewicht. Mit dem Kippauflieger RHKS-356/24 SSL »Isotexx« ist das Unternehmen seit 2015 auch mit einem Fahrzeug mit thermoisolierter Mulde für den Asphalttransport präsent.

Heute betätigt sich das 250 Personen starke Reisch-Unternehmen mit der Zielsetzung »Alles was kippt und schiebt« im Fahrzeugbau für den Agrarbereich sowie für den Baustellen- und Entsorgungsbereich mit Drehschemel-Dreiseitenkippern, Muldenaufliegern und Schubbodenfahrzeugen.Hier stellen die Modelle RSBS-09/10/12/13 mit Hecktüren für 63 bis 93 m³ und das Modell RSBS-3-ST13 mit zusätzlichen Seitentüren für 87 m³ Schüttgut bereit.

Reisch-Hinterkippauflieger RHKS-3 ak mit Kastenmulde, 2017. (Foto: Reisch)

Reisch-Tandemachs-Dreiseitenkipper RTDK 18, 2017.

Renders

Renders International GmbH,
Chemnitz, Jagdschänkenstr. 31

1. 1973–1990: SDAG Wismut, Kraftfahrzeug-Reparatur-Betrieb, Chemnitz (damals Karl-Marx-Stadt)
2. 1992–2000: Renders International GmbH, Chemnitz, Jagdschänkenstr. 31

Im einstigen, 1928 gegründeten Wanderer-Automobilwerk, das nach Demontage und Wiedereinrichtung in der DDR-Zeit als Kraftfahrzeug-Reparatur-Betrieb/KRB der Sowjetisch-Deutsche Aktiengesellschaft/SDAG diente, wurden nach der Einstellung des Anhängerbaus im VEB Kraftfahrzeugwerk »Ernst Grube« Tankwagen und nach Bedarf Sonderfahrzeuge, darunter Spezialauflieger zum Transport von Rohkarossen des Barkas-Werkes zwischen den verstreut liegenden Werksteilen, hergestellt. Nach der Wende versuchte der personalmäßig stark reduzierte und privatisierte Betrieb erfolglos mit dem Bau von Containern sowie dem Stahl- und Maschinenbau einen neuen Anfang zu finden. 1991 übernahm das belgische Renders-Unternehmen die Fertigungsanlagen, aber nur die Hälfte der Mannschaft. Rasch entstand ein umfangreiches Programm an Drehschemel-Anhängern und Aufliegern mit Pritschen- und Curtainsider-Aufbauten; eine weitere Aufliegertype war für den Transport von Baumaschinen vorgesehen.

In den 1990er Jahren ergänzte Renders das Programm mit Tandemachs-Anhängern mit Zwei- und Dreiseiten-Kippaufbau in Stahl- und Leichtbauweise. Für die Entsorgungswirtschaft bot das Unternehmen einen Tieflader mit Spezial-Behälteraufbau an.

Auch Container-Auflieger fanden sich im Programm. Das Modell RSCC gab es auf Wunsch in teleskopierbarer Ausführung und liftbarer letzter Achse.

Um die Jahrtausendwende folgte der luftgefederte Muldenauflieger SKM 34-32 RS mit Hardox oder Leichtmetall-Halbschale. Auch ein Kasten-Kippaufbau konnte aufgesetzt werden. Das neue Feinkorn-Container-Fahrgestell »Euro 800 E« war für 20'-, 30'- und 45'-Container geeignet und eroberte sich bald einen Anteil von 30 Prozent an der Renders-Produktion.

Renders-Hinterkippauflieger SKM 34-32 RSA mit Aluminiummulde, 2000.

2002 erneuerte Renderrs mit einer jährlichen Fertigung von 1300 Fahrzeugen das Angebot mit Zentralachsern der Baureihe NS ZW21 und präsentierte gleichzeitig den dreiachsigen Stufen-Auflieger NS4L 37 mit Schiebeplane und Hubdach für den Getränketransport.

Im Jahre 2005 erweiterte das Unternehmen das Produktionsprofil mit zweiachsigen Lafetten für BDF-Wechselaufbauten, Absetz- und Abrollbehälter. Schließlich rundeten der dreiachsige Tieflader der Baureihe TAN 3-1 für 30 t Gesamtgewicht und ein Export-Stufensattel für bis zu 45 t Gesamtgewicht das letzte Renders-Programm aus sächsischer Fertigung ab. Im Jahre 2006 endete die Fertigung aufgrund der Insolvenz.

Renders-Curtainsider-Sattelauflieger Typ N SG 4 G 31-E, 2001.

Renders-Hinterkippauflieger SKM 34-32 RS, 2002.

Renger

Renger Transportgeräte, Eisengießerei,
Arnstadt, Ichtershäuser Str. 2
1. 1925–1936: Renger Transportgeräte, Eisengießerei
2. 1936–1946: Johann Renger Transportgeräte
2. 1947–1974: Renger Fahrzeugwerke KG
3. 1974–1990: VEB Anhängerbau Arnstadt

Um die Mitte der 1920er Jahre des 20. Jahrhunderts entstanden die ersten Elektrokarren-Anhänger mit Vierradlenkung. Hinzu kamen vielfältige Transportwagen für Bahnsteige. 1938 standen der Anhänger LA 4 und der Kipper LA 3 K im Programm. Innerhalb des Schell-Programms war das Unternehmen mit dem Bau von Einheitsanhänger von 1,7 bis 7,5 t vertreten.

Nach dem Krieg stand der Typ ZA 5 lange in der Fertigung, bis 1971 der Zweitonner AW-K 2002 in verschiedenen Ausführungen die Nachfolge antrat.

Nach der Enteignung war das Unternehmen im Rahmen des VEB TAKRAF-Kombinats als größter Betrieb in Arnstadt in der traditionellen Fertigung von Bahnhofskarren, von Lkw-Anhängern der Baureihen AW-KS 3002 und AW-3 SK 2002 sowie von Plattform-Tiefladern für den Betonplatten-Transport tätig. Neben der Mitteldeutsche Fahrzeugwerke und Apparatebau Lampe & Co. KG, Möser bei Magdeburg steuerte das Werk die Zweiseiten-Kippanhänger HM 20.11 für das Multicar-Fahrzeug bei.

1991 bildete sich aus dem einstigen VEB Anhängerbau die Arnstädter Fahrzeugbau GmbH, die in die AFA Fahrzeugbau GmbH & Co. KG überging und im Jahre 2010 aufgelöst wurde.

Renger-Werbung, 1936.

Renger-3-t-Zweiseitenkipper LA 3K, 1938.

Riwa-Fahrzeugbau

Riwa-Fahrzeugbau, Ridinger & Waldschmidt GmbH,
Leimen b. Heidelberg, St. Ilgener Str., 1949–1950

Karosserien, Anhänger für den Lkw- und Schlepperzug sowie Langholz-Anhänger entstanden im Riwa-Fahrzeugbau.

Robert

Fahrzeugbau Robert, GmbH, Bocholt, Franzstr. 105–107
1928 bis heute

1883 gründete Wilhelm Robert eine Stellmacherei und Wagenbauerei, der 1899 eine Schmiede angeschlossen wurde. Kurz vor Ende der 1920er Jahre erweiterten der Straßenfahrzeugbau und eine Lackiererei die Aktivitäten des Betriebes. Das Unternehmen befasst sich heute mit dem Bau von Tandemachsanhängern nach individuellen Wünschen, mit dem Bau von Sonderfahrzeugen und von Aufbauten. Inzwischen erweitern Tridemanhänger mit Curtainsideraufbau und dreiachsige Tieflader das Portfolio.

Robert-Pritschen-Tandemachser für 10,5 t GG, 2010.

Robertz

Peter Robertz und Sohn GmbH, Viersen, Industriering 12
1927

Mit dem Anhängerbau trat dieses Unternehmen kurzzeitig in Erscheinung.

Rockinger

Johann Rockinger Wagenbau , München-Ost, Orleansstr. 12
1927

1875 gründete der Schmiedemeister Johann Rockinger in München seine eigene Schmiede. Nachdem er schon länger Teile für den Fahrzeugbau hergestellt hatte, entwickelte er eine »Sicherheitskupplung für Lastwagenzüge«. Diese setzte sich als erste vollautomatische Kupplung durch, die den Erfolg der Firma bis heute begründete. Um den Kunden die Praxistauglichkeit zu beweisen, nahm Rockinger kurzzeitig auch den Anhängerbau auf. Die Firma bot einen 5-t-Kipper mit Vollgummibereifung und Bremserhaus an. Daneben entstanden Einachsanhänger mit Nutzlasten von 1,5 bis 2 t sowie Zweiachser für den Fassbiertransport, die bei Münchener Brauereien Verwendung fanden.

Im Schell-Plan wurde das Unternehmen im Bau von Einheitsanhänger von 1,5 bis 8 t Nutzlast berücksichtigt. Nach 1945 bildet der Bau von Anhängerkupplungen den Schwerpunkt des Unternehmens.

Rockinger-Anhänger mit 8-t Nutzlast von 1937. (Foto: Ralf Weinreich)

Rockinger-Werbeanzeige von 1927.

Roer

Heinrich Roer, Münster, Bremerstr. 42–56, 1936

Mit dem Bau von Anhängern trat Roer kurzzeitig in Erscheinung.

Rofa

Rofa Rostocker Fahrzeugbau GmbH,
Rostock, Ost-West-Str./Überseehafen/Pier 1,
1991 bis 2000

Als nach der Wiedervereinigung der Rostocker Hafen seine Blütezeit verloren hatte und somit Arbeitsplätze verloren gegangen waren, gründeten Mitarbeiter der Wartungsmannschaft für Kräne den Rostocker Fahrzeugbau, abgekürzt Rofa. Eine Chance sahen diese engagierten Unternehmer realistischer weise nur im Bau von Nischenprodukten auf dem Fahrzeugmarkt. Auf Kundenbestellung entstanden Kipp-Auflieger des Typs HKS-A24/27 mit 25-m³-Stahl- oder Leichtmetallmulde sowie für den Export mit Mulden für 80 m³, Auflieger der Typenbezeichnung HKS

GS-24/27 mit Kippkasten für den Schrotttransport, zwei- und dreiachsige Baustoffanhänger mit verfahrbarem Ladekran sowie Tandemanhänger mit Tiefladebett und mit Dreiseitenkipp-Aufbau im Bereich von 3,6 bis 18 t Gesamtgewicht. Die Modelle fanden ihre Abnehmer vorwiegend in Norddeutschland und im Export.

Rofa-Kippsattelauflieger HKS-A24/27 mit Aluminiummulde, 1996.

Rohr

Adalbert Rohr, Straubing, Ittlinger Str. 157

1. 1945–2000: Adalbert Rohr, Straubing, Passauer Str. 33, ab 1960 Ittlinger Str. 157
2. 2000–2004: Rohr AG & Co. Fahrzeugwerke GmbH
3. 2004–2016: ROHR Nutzfahrzeuge GmbH
4. 2016 bis heute: ROHR Spezialfahrzeuge GmbH

Landwirtschaftliche Anhänger als Startobjekt

Schmiedemeister Adalbert Rohr baute 1945 seinen ersten landwirtschaftlichen Anhänger in der auf das Gründungsjahr 1850 zurückgehenden Schmiede in Straubing. 1962 entstand der erste Rohr-Tankwagen, mit dem die Spezialisierung des Unternehmens auf den Tankfahrzeugbau eingeleitet wurde. Zehn Jahre später folgte die Produktionsaufnahme von »temperaturgeführten« Kofferfahrzeugen für deutsche Lebensmittelfilialisten.

Zu Beginn der 1980er Jahre fertigten 80 Mitarbeiter jährlich schwerpunktmäßig 140 Tankanhänger und -Auflieger mit einem Fassungsvermögen bis zu 40.000 Liter. Die Kessel waren zur Aufnahme von Kraftstoffen, Heizöl, Chemikalien und in Wärme-isolierter Ausführung für Bitumen ausgelegt. Weitere Versionen waren für den Transport von Lebensmitteln und Milch zugeschnitten. Auch für die Entsorgungswirtschaft gab es spezielle Ausführungen. Hinzu kamen zweiachsige Pritschen-, Kipp- und Kofferanhänger für den Frischdienst.

Aufgrund des schweren Tanker-Unglücks in Herborn entwickelte Rohr in Zusammenarbeit mit der Shell-Tochter Deugerd den dreiachsigen, luftgefederten Sicherheits-Tankauflieger TAL-A DK 35-1 mit abgesenktem Schwerpunkt, Tankboden-Befüllung und Flankenschutz sowie einer ABS-Einrichtung. Der in doppelter Keilform ausgeführte Mehrkammer-Behälter besaß ein Fassungsvermögen von 35, wenig später von 39 m^3. Auch ein Sicherheits-Tankanhänger mit 18,5 m^3 Behältervolumen kam hinzu.

Eine weitere Neuentwicklung bildete der Vollkunststoff-Kofferanhänger für Tiefkühlfracht mit Ladebordwand und Rolltor.

Übernahme des Kässbohrer-Tank- und Silowagen-Baus

Infolge des Zusammenbruchs der Kässbohrer GmbH übernahm das Rohr-Unternehmen 1994 den Kässbohrer Tank- und Silowagen-Bau und gründete hierzu eine eigenständige GmbH, die allerdings schon 1996 in Konkurs ging. Die Teilübernahme des Flugfeldtankwagen-Herstellers Kroll (Tankfahrzeugbau) GmbH im gleichen Jahr führte dazu, dass nun auch die Fertigung von Flugfeldtankern bis 85.000 Liter ins Portfolio hinzukam.

Das zweite Standbein des inzwischen 230 Mitarbeiter zählenden Rohr-Unternehmens, den Bereich der Kofferfahrzeuge baute Röhr 1998 mit dreiachsigen Aufliegern für Trockenfracht, Frischware und Tiefkühlprodukte weiter aus. Durch variable Zwischenwände konnten unterschiedliche Temperaturzonen gehalten werden.

Der neue Sicherheitstanker TAL-A-MKZA 42 L (bzw. 43 L) erhielt 1999 einen Rundtank, der einen noch tieferen Schwerpunkt bei einem Fassungsvermögen von 42.000, ab 2000 von 43.000 Liter aufwies und einen geringeren Fertigungsaufwand erforderte. Die Schlussachse war liftbar. Und mit einem dreiachsigen Dreiseitenkipper baute Rohr sein Produktionsprogramm aus. Um die Jahrtausendwende folgten zwei- und dreiachsige Container-Auflieger, die auch in kippbarer Ausführung geliefert wurden.

Gleichzeitig ging das Straubinger Unternehmen in eine neue Rechtsform über. Im Kühlfahrzeugbau schickte Rohr jetzt den zweiachsigen Auflieger der neuen Generation »Isoplus« ins Rennen, der insbesondere für den Verteilerverkehr entwickelt worden war. Und speziell für den Transport landwirtschaftlicher Güter entstanden dreiachsige Großraum-Kipper in Palettenbreite.

Rohr-Tiefladeanhänger mit abziehbarer Pendel-Hinterachse, um 1955.

Rohr-Tankzug mit Zweiachs-Auflieger in Ellipsenform, 1961. (Foto: Rohr)

Rohr-Dreiachs-Tankauflieger in Kofferform für 40.000 Liter Kraftstoff, 1975. (Foto: Rohr)

Rohr-Dreiachs-Tankauflieger in Kofferform, 1990. (Foto: Rohr)

Im Jahre 2002 ergänzte der kleinere Sicherheitstanker TAL-A-MKZA 34 L die Baureihe für den Mineralöl-Transport. Mit dem französischen Tankerhersteller Maisonneuve SAS in Cerences in der Normandie vereinbarte Rohr eine Zusammenarbeit. Auch mit dem Milchsammelwagen-Hersteller Jansky kam eine Kooperation zusammen.

Mit einem Tandem-Kofferfahrzeug mit Durchlademöglichkeit für Trockenfracht erweiterte Rohr 2004 seine Produktpalette.

Reorganisation infolge der Kässbohrer-Teilübernahme

Die hohen Bankverbindlichkeiten infolge der Übernahme des Kässbohrer-Teiles führten 2004 zu einer erneuten Restrukturierung des Tank- und Kühlfahrzeugbauers. Die neugebildete, durch zwei neue Gesellschafter finanziell verstärkte Röhr GmbH führte mit reduzierter Belegschaft die Aktivitäten weiter. Der Kühlkoffer erhielt unter der Bezeichnung »Isoplus II« eine Außenhaut aus verzinktem Feinblech und eine Innenseite aus Kunststoff, die die Innen-Paneele umschlossen. Die neue Technik nutzte Rohr für die Gliederzüge mit Drehschemel- oder Tandemachs-Anhänger und für die ein- oder zweiachsigen Auflieger.

Und mit einem Koffer-Auflieger mit Klappwand-Aufbau sowie einem ausziehbaren Baustoff-Auflieger versuchte das Unternehmen neue Nischenbereiche zu besetzen. Im Bereich der Tankwagen konnte Rohr 2006 der Zuschlag zum Bau von Tankern für die Bundeswehr gewinnen. Gleichzeitig stellte das jetzt mit 180 Mitarbeitern arbeitende Werk die ersten Kipper auf Drehschemel- und Tandemachs-Fahrgestellen her. Mit einem 25 Meter langen Jumboliner unter dem Namen »Big Food«, einem dreiachsigen Auflieger mit einem Tandemachsanhänger, präsentierte Rohr eine zukunftsweisende Transportlösung, die 51 Europaletten oder 84 Rollbehälter an Bord nehmen kann.

Rohr-Dreiachs-Getreidekipper, 1999.

Rohr-Dreiachs-Tankauflieger TAL-A-MKZA 43 A in abgesetzter Zylinderform für 43.000 Liter Kraftstoff, 2000. (Foto: Rohr)

Rohr-Kipp-Pritschenzug mit Planenverdeck, 2001.

Rohr-Tankzug mit Drehschemel-Anhänger, 2010.

Rohr-Sicherheits-Tankauflieger in Zylinderform, 2010. (Foto: Rohr)

Rohr-Kühlzug mit Drehschemelanhänger und Unterflur-Kühlaggregat, 2018. (Foto: Rohr)

Aufmerksamkeit erregte das Unternehmen im Jahre 2010 mit der Vorstellung von Tunnel-Durchladezügen mit den Kühlaufbauten. Nach Öffnen der Frontschwenkwand des Tandemachsers lässt sich mittels einer Hydraulik die Kurzkupplung des Tandemanhängers zusammenschieben, so dass ein nahtloser Übergang vom Zugfahrzeug zum Hänger gebildet wird.

Im Jahre 2016 musste das Unternehmen Insolvenz anmelden. Nach erneuter Reorganisation seitens des Insolvenzverwalters übernahm die österreichische Kässbohrer Transport Technik mit Sitz in Eugendorf bei Salzburg den Straubinger Tank- und Kühlfahrzeugspezialisten und führt ihn mit seinen 200 Mitarbeitern als ROHR Spezialfahrzeuge GmbH weiter, die jährlich 600 bis 750 Anhänger und Auflieger herstellt.

Roland

Roland Tankbau GmbH & Co KG,
Pinneberg, Haderslebener Str. 7, 1980–1994

Das in der Umwelttechnik, im Tank- und Containerbau tätige Unternehmen des Fabrikanten Rockoll fertigte neben Lkw-Aufbauten anfänglich Zentralachsanhänger für die Aufnahme von Abrollbehältern. Auf das gleiche Fahrgestell setzte das Werk Dreiseitenkippaufbauten für Schüttgüter oder landwirtschaftliche Produkte auf. Schon ein Jahr später wurde das Programm um einen zweiachsigen, luft- oder blattgefederten Drehschemel-Anhänger mit Pritschenaufbau oder mit einer Vorrichtung für die Aufnahme von Abroll- und Absetzbehältern erweitert. Auch ein Großraum-Auflieger für den Container-, den Schrott- und den Mülltransport stand im Angebot. Die letzten Neuerscheinungen im Jahre 1994 stellten der Abrollanhänger RCA 1850/65 HE für 18 t Nutzlast mit Einzel- oder Zwillingsbereifung und der RKA 1857/70-12/2 für Abrollcontainer oder für zwei Absetzmulden dar. Wenig später ist das Unternehmen aufgelöst worden.

Rose

Robert Rose GmbH Karosserie- und Fahrzeugbau,
Dortmund, Oberste Wilms-Str. 16, 2001–2003

Die Wurzeln dieses Dortmunder Karosserie- und Fahrzeugbauunternehmens reichen bis in das Jahr 1873 zurück, als der Stellmacher Josef Rose eine eigene Firma in der Dortmunder Wilhelmstraße gründete. Mit Aufkommen der Motorwagen konzentrierte sich Rose auf den Bau von Liefer- und Lastwagenaufbauten für Brauereizwecke. Zum Standardrepertoire des seit 1984 im Gewerbegebiet Dortmund-Wambel ansässigen Familienbetriebes gehören inzwischen neben Pritschen- und Kofferaufbauten, Inneneinrichtungen für Werkstattwagen, Getränke-, Kommunal- und Behindertenaufbauten auch Feuerwehr- und Pferdetransportfahrzeuge. Tandem- und Zweiachs-Drehschemel-Anhänger mit individuellen Aufbauten erweiterten zeitweise das Rose-Programm.

Röttger

Röttger Fahrzeugbau GmbH,
Relbehausen bei Homberg (Efze), Poschweg 2
1. 1978–1981: Herbert Röttger,
   Fahrzeugbau und Bremsendienst
2. 1981 bis heute: Röttger Fahrzeugbau GmbH

In einem umgebauten Scheunentrakt eines ehemaligen Bauernhofes eröffnete Herbert Röttger eine Werkstatt für den Fahrzeugbau und den

Lkw-Bremsendienst. In den späten 1970er Jahren ging Herbert Röttger neben der Herstellung von individuellen Aufbauten für Motorwagen zum Anhängerbau über, wobei die besonderen Anforderungen der Kunden im Vordergrund der Drehschemel-Fahrzeuge mit Pritschen und Rungenaufbauten standen bzw. noch heute stehen. Um die Jahrtausendwende ist das Programm zielgerichtet für den Holz- und Baustofftransport erweitert worden. So werden nach Kundenwunsch weiterhin zweiachsige Drehschemel-Anhänger mit Leichtmetall-Baustoffpritschen und mit Rungenaufbauten jetzt auch Dreiachs-Anhänger, Tandemachser und dreiachsige Auflieger mit Kurz- und Langholzaufbauten im Programm geführt.

Röttger-Baustoffanhänger, 2016.

Rufa

Rufa Fahrzeugbau GmbH, Zwörnitz, Wehrgasse 2c bis heute

Hersteller von u. a. Tandemachs-Pritschenwagen mit Leichtmetallaufbau mit Fertigung im Betrieb in Niederdorf.

Rufa-Tandemachser mit Pritschenaufbau, 2016.

Rufa-Tandemachs-Lafette mit BDF-Curtainsider-Aufbau, 2015.

Rüter

Hermann Rüter Industriefahrzeuge, Langenhagen b. Hannover, 1927–1930

Rüter fertigte nach Konstruktionen des holländischen »Zivilingenieurs« H. Heck Schwerstlastanhänger in Brückenbauweise mit über 6 Meter langen Ladeflächen. Die beiden symmetrisch ausgeführten Drehschemel mit Zahnkranz, die von jeweils einem seitlich sitzenden Bediener gesteuert wurden, besaßen in jeweils einer Achslinie zwei Halbachsen mit jeweils vier Rädern mit Gummibandagen. Eine Last von 30 t konnte aufgenom-

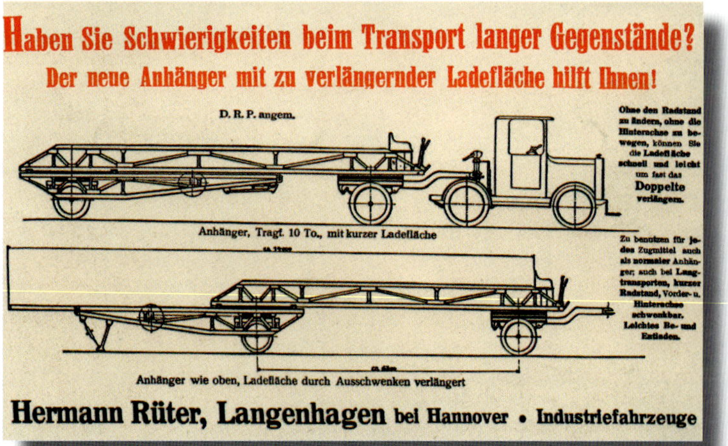

Rüter-Werbeanzeige für den Spezialanhänger, 1929.

men werden. Die größeren Ausführungen mit jeweils zwei Achslinien waren als 45-, 70- und 100-t-Tieflader ebenfalls zum Befördern von Transformatoren oder Industrielokomotiven vorgesehen. 1929 erhielt die Brücke vier Zahnsegmentstempel, mit denen zum Laden und Entlasten der Räder der Anhänger hochgebockt werden konnte.

Eine weitere Spezialität bildete ein als Gitterträger ausgebildeter, auf eine Zugmaschine aufsattelbarer Plattform-Anhänger, der hinten auf einem Drehschemel ruhte. An diesem war eine weitere Gitterträgerbrücke mit umlegbarer Stütze und herunter klappbarer Achse befestigt. Im Standardeinsatz war diese Brücke unter dem Rahmen eingeschwenkt und arretiert. Wurde der Drehschemel um 180° gedreht und die Hilfsachse ausgefahren, so entstand ein »Langtransportwagen« mit einer 12,4 m langen Plattform. Mit dem Auszug einer 1,6 m langen Verlängerung kam das Gefährt auf eine nutzbare Länge von 14 m.

Rüter-Schwerlasttransporter mit zwei Drehschemeln für 30 t Nutzlast, 1930.

Rüter-Schwerlastanhäger für 25 t Nutzlast, 1936.

Sackmann

Maschinen- und Fahrzeugbau Mario Sackmann, Kehl am Rhein, Hafenstr. 23b, 1992 bis heute

Maschinenbaumeister Mario Sackmann gründete 1992 eine Werkstatt für Sonderfahrgestelle und Spezialaufbauten. Auch der Herstellung von Schubboden-Aufliegern in eigener Regie wandte sich Sackmann zu. So entstanden 2012 in Einzelmontage dreiachsige Modelle mit geeichter Wiegezelle und Zellradschleuse für den Transport von Futtermitteln und Holzpellets. Hinzugekommen ist Bau von individuell ausgeführten Aufliegern mit Entstaubungsanlagen.

Sackmann-Pritschenauflieger, 2015.

Salm

Johann Salm, Karosserie- u. Fahrzeugbau, Bonn, Endenicher Str. 369, ab 1949

Ein- und zweiachsige Anhänger fertigte dieses Unternehmen.

Schäfer

Fahrzeugbau Erwin Schäfer KG, Worms, Dechanaigasse
1. 1936–1952: Fahrzeugbau K. Schäfer
2. 1952–1970: Fahrzeugbau Erwin Schäfer KG

Schäfer-8-t-Pritschenanhänger mit Spriegel, 1962.

Das 1874 gegründete Unternehmen begann um 1936 mit dem Anhängerbau und wurde 1939 im Schell-Plan mit der Herstellung von Einheitsanhängern in der Ausführung als Pritschenwagen und als Kipper beauftragt. Nachdem das Unternehmen zu Beginn der 1950er Jahre an den Sohn des Gründers übergegangen war, präsentierte es sich mit einem Programm, das kaum einen Wunsch offenließ. Vom Ackerwagen mit Kutscherbock über Pritschenanhänger und Auflieger erstreckte sich das Angebot bis zu Spezialfahrzeugen. Zweiachsige Normalanhänger für 3- bis 12-t- und Dreiachser für 17 t Nutzlast und 4-, 10- und 12-t-Kipper mit elektrohydraulischem oder druckluftbetätigtem Kippmechanismus sowie zweiachsige, einzel- oder doppeltbereifte Pritschenauflieger, auch mit zwei Kippkästen, bildeten das Standardprogramm.

Im Bereich der Spezialanhänger gab es Zweiachser mit geschlossenem und kippbarem Müllkasten, mit Koffer-, mit Möbel- und mit ovalen oder runden Tankaufbauten. Auflieger wurden mit Aluminium-Aufbauten und vorderer Mannschaftskabine sowie mit Tankaufbauten angeboten. Für die Forstwirtschaft gab es 16-t-Langholzanhänger und Einachs-Nachläufer. Für den Glastransport baute Schäfer Einachsanhänger mit schräggestellten Aufnahmeflächen für Glasscheiben. Für den Transport von Baustellenfahrzeugen bot Schäfer einen Tieflader mit abnehmbarer Hinterachse an. In einem weiteren Geschäftsbereich entstanden Lkw-Aufbauten, darunter Müll-Behälterwagen und Operationswagen. Auch auf dem Gebiet der Herstellung von Vorbau-Seilwinden war der Fahrzeugbau Schäfer tätig.

Schäfer-Kühlanhänger, 1962.

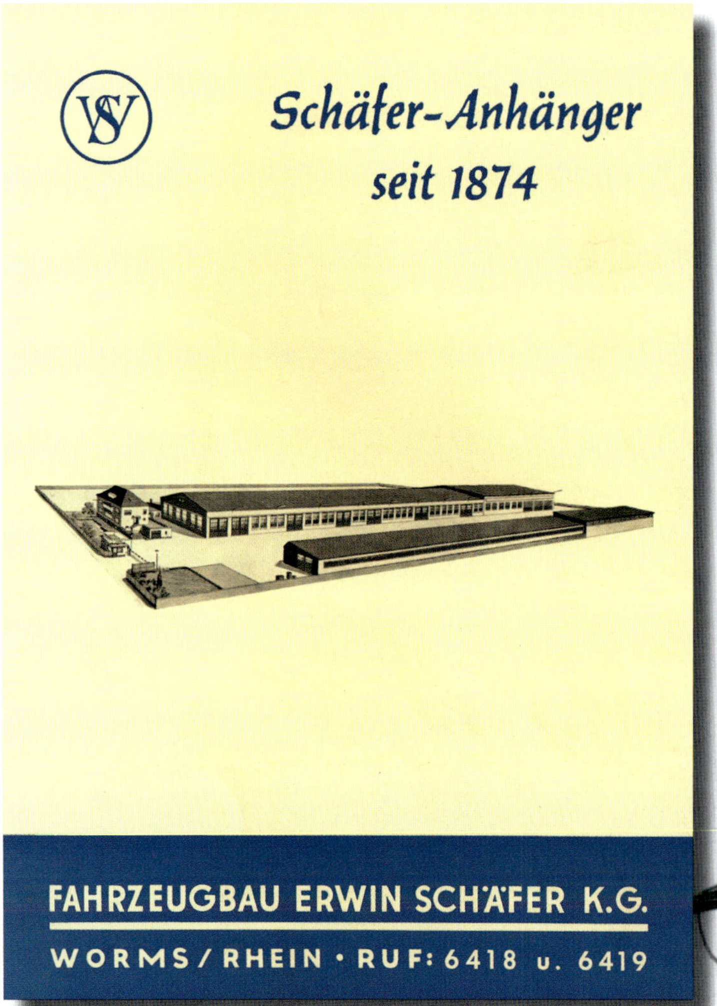

Schäfer-Prospekttitel von 1962.

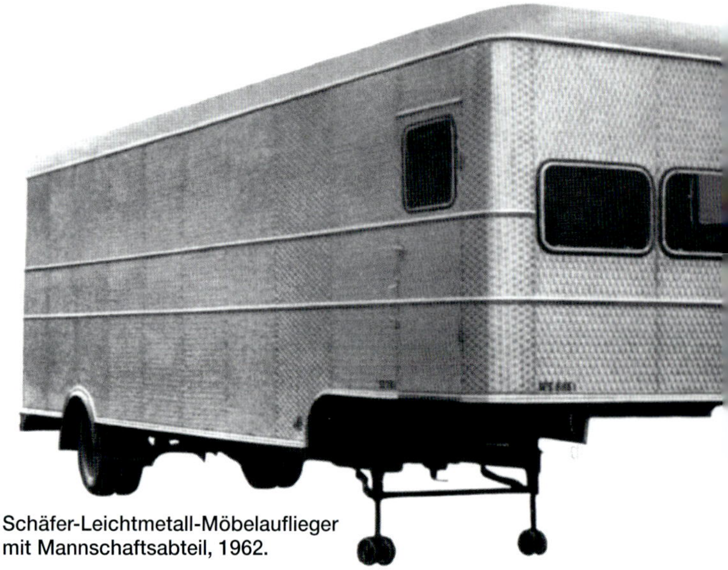

Schäfer-Leichtmetall-Möbelauflieger mit Mannschaftsabteil, 1962.

Schäfer-Tankanhänger, 1962.

Schäfer-Ferntransport-Pritschenauflieger mit Hamburger Verdeck, 1962.

Schallex

Schallex-Apparatebau Herbert Balogh GmbH, Siegen, Eiserfelder Str. 176, 1976–1996

Nachdem das Schaubstahl-Werk die Silofahrzeug-Fertigung eingestellt und sich nur noch um den Vertrieb der Spitzer-Fahrzeuge sowie auf Reparaturen konzentrierte, übernahm der Schallex-Behälterbau in Siegen den größten Teil des Fachpersonals, der technischen Einrichtungen und der Zeichnungen, um die Schaubstahl-Silowagensparte für die Nahrungs-, Futter- und chemische Industrie – hier insbesondere für Zement und PVC-Granulate – weiterzuführen.

Innerhalb kürzester Zeit konnte somit Schallex ein umfangreiches Programm auf die Beine stellen, wobei Auflieger in selbsttragender Bauweise nach Schaubstahl-Zeichnungen, aber auch Kipp-Silofahrzeuge mit Fahrgestellrahmen im Programm vorzufinden waren. Zur Weiterentwicklung gehörten variable Kammervolumina, extrem niedrige Bauhöhen, die weitgehende Verwendung von Leichtmetall neben Stahl und Edelstahl sowie der Einsatz eines Retarders im Achssystem.

Die Paradepferde dieses Siegener Unternehmens bildete der neuentwickelte Siloauflieger AL SA 2042 L/SE mit Auslaufkonen vor dem BPW-Trio-

Schallex-Siloauflieger mit 38 m³ Volumen, 1985.

aggregat, der ein Fassungsvermögen von 42 m³ in fünf Kammern aufwies und der Kipp-Siloauflieger AL SA 2252 K/SE mit drei Kammern für 52 m³ Gefahrgut. Das Chassis mit zunächst zwei Frontstempeln, ab 1980 nur noch mit einer Presse, war weitgehend in Leichtmetalltechnik ausgeführt worden. Mit den zweiachsigen Anhängern vom Typ AL A 1624 L und Typ AL A 1626 L mit 24 und 26 m³ Fassungsvermögen betrat das Unternehmen erfolgreich Neuland.

Zwei Jahre später bewegte sich das teils in Serie, aber weitgehend nach Kundenwünschen geprägte Schallex-Programm im Bau von Anhängern mit einem Fassungsvermögen von 20 bis 26 m³ und von Aufliegern

Schallex-Silo-Kippsattelauflieger AL SA 2252 K/SE mit 52 m³ Volumen, 1979.

Schallex-Silozug mit 26 und 28 m³ Volumen, 1987.

Schallex-Siloauflieger für den Futtertransport, 1986. (Foto: Ralf Weinreich)

im Bereich von 20 bis 55 m³, für Exportzwecke bis 80 m³. Bei einer Jahresproduktion von rund 200 Fahrzeugen gingen 60 Prozent der Fahrzeuge in den Nahen Osten. Allerdings dauerte das lukrative Geschäft mit den in Serie gebauten Modellen mit den Staaten am Persischen Golf aufgrund der Krisen und Kriege nur kurze Zeit, so dass dieser Höhenflug in den frühen 1980er Jahren endete.

1989 präsentierte Schallex den Kippsilo-Auflieger AL SA 2460 K/SE mit 60-m³-Leichtmetall-Behälter; kurz vor Einstellung der Fertigung war dieses Modell durch ein niedrigeres Eigengewicht auf 64 m³ Volumen gesteigert worden. Im Anhängerbau erweiterte 1989 ein dreiachsiger Kipp-Silowagen mit 42 m³ das Programm. 1996 kam es zur Liquidation des Unternehmens.

Schallex-Silo-Kippsattelauflieger AL SA 2462 K/SE mit 57 m³ Volumen, 1993.

Schaub

Schaub-Fahrzeugbau GmbH,
Gengenbach, Berghauptenerstr. 5
1. 2009–2014: Schaub-Fahrzeugbau GmbH
2. 2014 bis heute: Schaub Nutzfahrzeuge Silvia Biegert e. V., ab 2014 Berghaupten, Obere Gewerbestr. 3

Ursprung des heutigen Schaub-Unternehmens ist die 1923 von Wilhelm Schaub gegründete Huf- und Wagenschmiede in Gengenbach. 1978 kam es zur Trennung der beiden Betriebszweige Fahrzeugbau und Stahlbau. Franz Schaub, Sohn des Gründers, führte von nun an mit seinem Schwiegersohn Rolf Biegert den Fahrzeugbau mit Lkw-Reparaturbetrieb und Krandienst, der 1992 mit einer Service-Werkstatt für Renault-Lastwagen erweitert wurde.

Der Schaub-Fahrzeugbau präsentierte um 2009 einen zweiachsigen Mini-Sattelauflieger mit Pritschen- und mit Kofferaufbau. Das Programm in der 12-t-Gesamtgewichtsklasse entwickelte sich zur Spezialität des Werkes mit weiteren Modellen wie Tieflade- und einachsigen Volumen-Aufliegern.

Schaubstahl

Schaubstahl-Werke Behaco GmbH, Kreuztal b. Siegen, Siegener Str. 30 und Kaiserstr. 13, 1965–1976

Schaubstahl-Silo-Sattelauflieger
Al Sa 2050 L/SE mit 50 m³ Volumen, 1966.

Im Jahre 1905 ließen die zuvor in Ferndorf ansässigen Justus Stahlschmidtschen Werke eine neue Fabrikanlage für den Großkessel- und Apparatebau in Kreuztal bei Siegen gegenüber dem Bahnhof errichten. Aus Teilen des Familiennamens des Kompagnons Albert Schaub, der das Hammerwerk »Vorm Berge« einbrachte, und des Namens Stahlschmidt erhielt das Unternehmen die Bezeichnung »Schaubstahl-Werke«. Die Herstellung von Großbehältern, Dampfkesseln und Silos für die Bauwirtschaft bildeten das Tätigkeitsfeld.

Ab Mitte der 1960er Jahre befasste sich Schaubstahl auch mit großvolumigen Silo-Fahrzeugen in selbsttragender Bauweise. Für die Aufnahme der Schüttgüter wie Kalk, Gips, Zement Düngemittel, Schwerspat und Metallsand sowie für Lebensmittel wie Braumalz, Mehl und Flocken nutzte das Unternehmen Behälterkonstruktionen aus Leichtmetall. Neben den zweiachsigen Aufliegern Sa2236 L/SE und Sa 2050 L/SE in selbsttragender Bauweise für 24,5 t Ladegut füllten dreiachsige, ebenfalls in selbstragender Bauweise der Typenreihen Sa 2245 L/SE, Sa 2227 L/SE, Sa 2230 L/SE und Sa 2245 L/SE, Sa 2248 L/SE und Sa 2252 L/SE für Nutzlasten von 23 bis 25,5 Tonnen das Programm aus. Als Zugpferd kristallisierte sich der Gefahrguttanker Sa 2252 L/SE mit seinen neun Entleerungsöffnungen heraus. Während das zylinderförmige Modell Sa 2232 L/SE mit Auslassöffnungen in Aluminiumtechnik ausgeführt war, nutzte Schaubstahl für die kompakten Auflieger Stahl als Baumaterial. Mit Fahrgestell und Kipptechnik gesellte sich 1969 das Modell SA 2245/K/FE hinzu.

Aber schon 1975 kam die Fertigung nahezu zum Erliegen; Schaubstahl ließ noch einige Modelle bei der Firma Spitzer produzieren und vertrieb nach 1976 die Modelle dieses badischen Großserienherstellers und konzentrierte sich auf die Reparatur von Silofahrzeugen. Ein Teil der Belegschaft fand bei der Siegener Firma Schallex eine Weiterbeschäftigung, wo unter Nutzung der Schaubstahl-Konstruktionszeichnungen Behälterfahrzeuge entstanden. 1984 endete die industrielle Tätigkeit bei Schaubstahl.

Schaubstahl-Silo-Sattelauflieger AL Sa 2248 L/SE mit 48 m³ Volumen, 1966.

Schaubstahl-Prospekttitel, 1966.

Schaubstahl-Silo-Sattelauflieger AL 2245 L/SE mit 45 m³ Volumen, 1966.

Schebera

Süddeutsche Carosseriewerke Schebera, Heilbronn AG
1921

Die als Heilbronner Fahrzeugfabrik gegründeten und nach dem Ersten Weltkrieg in Süddeutsche Carosseriewerke Schebera umbenannten Fahrzeugbauer annoncierten 1921 mit dem Bau von Karosserien, Aufbauten und Anhängern. Im Zuge der Weltwirtschaftskrise ging das Unternehmen 1930 unter.

Schenk

Robert Schenk (Last)Wagenbau OHG, Stuttgart-Feuerbach, Retraitestr. 3, ab 1933 Stuttgart-Feuerbach, Siemensstr. 140, ab 1936 auch Cannstadter Str. 120a

1. 1914–1949: Robert Schenk (Last)Wagenfabrik OHG, Stuttgart-Feuerbach, Retraitestr. 3, ab 1933 Siemensstr. 140, ab 1936 auch Cannstadter Str. 120a
3. 1949–1977: Robert Schenk Fahrzeugfabrik, Stuttgart-Feuerbach, Siemensstr. 140
4. 1977–1982: Robert Schenk GmbH & Co. KG, Bietigheim-Bissingen, Rosenstr. 39
5. 1983: Schenk-Fahrzeugwerke GmbH

Jahrhundertlange Tradition im Fahrzeugbau

Eine überaus traditionsreiche Firmengeschichte zeichnet diesen Fahrzeugbauer aus. 1806 gründete der Schmied Jacob Abel eine Beschlagschmiede in Feuerbach. Diese ging 1872 an Carl Brüning über, der nun auch den Ackerwagenbau aufnahm. Die Nachfolge trat 1893 der königliche Hofschmiedemeister Robert Schenk an und richtete eine Huf- und Wagenschmiede in der Stuttgarter Wolframstraße ein, die schon rasch wegen des Baus des Stuttgarter Hauptbahnhofs in die Retraitestraße verlegte. 1895 baute Robert Schenk seinen ersten Tieflader für den Pferdezug und für die Subventionslastwagen entstanden ab 1914 2- und 4-t-Anhänger mit Holzspeichenrädern und Eisenbandagen.

Nach dem Tod von Robert Schenk im Jahr 1914 übernahmen seine Söhne Robert jun. und Eugen Schenk die Werksleitung. 1919 gingen sie zur Verwendung von Vollgummibereifung für die Anhänger über. Auch den Bau von Aufbauten richtete das Schenk-Werk ein. So entstanden 1920 neben den Pritschen- auch Möbelwagen. Einen technischen Fortschritt stellte 1927 die Ausstattung der Fahrzeuge mit Kugellager- und Schrägrollen-Achsen, mit geschmiedeten Achskörpern, mit Luftbereifung und mit Innenbackenbremsen und Luftdruck- oder Saugdruckbremsanlage dar. Schenk leitete somit als einer der ersten den modernen Anhängerbau ein, bei dem auf den obligatorischen Bremser mit seinem Sitz oder seiner Kabine an der Stirnwand verzichtet werden konnte. Der außenlie-

Schenk-Dreiseitenkipper KK 7 mit handhydraulischer Betätigung, 1936.

Schenk-8-t-Hochpritschenanhänger La 8 mit Spriegel, 1936.

Schenk-Großraum-Auflieger für 15 t Nutzlast, 1936.

Schenk-Tiefladeauflieger für 60 t GG, 1938.

gende Rahmen ermöglichte eine niedrige Ladehöhe, weil die Vorderachse die Längsträger nicht berührte.

1930 erhielten Robert und Eugen Schenk ein Reichspatent auf ihren Anhänger mit einem großen Kugeldrehlager für die vordere Lenkachse. Eine weitere Innovation stellte Auflieger mit zwei gelenkten Hinterachsen dar. Für die Reichsbahn entstanden in dieser Zeit zweiachsige, luftbereifte Auflieger mit dreiachsigen MAN-Zugmaschinen zum Transport schwerster Güter.

Vierachs-Ferntransportanhänger als Aushängeschild

1933 verlegten die Brüder Schenk das Werk nach Stuttgart-Feuerbach, um größere Fabrikationsmöglichkeiten zu nutzen. Pritschenanhänger mit Nutzlasten von 3, 5, 8 und als Dreiachser mit 12 t standen für den Nah- und Fernverkehr im Angebot. Zahnstangen- und motorhydraulische Zweiseitenkipper für 7 t Belastung für die Bauwirtschaft folgten im zweiten Bereich. Weitere Modelle waren Möbel-Auflieger und ein 6-t-Tieflader sowie ein Langholz-Einachsanhänger mit Kugeldrehkranz und steuerbaren Pendelachsen. Die Krönung des Programms stellte der zweiachsige Auflieger für eine Belastung von 50 t dar, der an einen Kunden in Frankreich geliefert wurde. 1936 stellte das Schenk-Werk seinen ersten hydraulisch betätigten Dreiseitenkipper vor.

Zwei Jahre später präsentierte Schenk auf der Berliner Automobil-Ausstellung einen prestigeträchtigen Vierachs-Ferntransportanhänger für 16,5 t Nutzlast. Das hintere und vordere Zweiachsaggregat besaß Parallelogramm-Führung, um einen optimalen Radbelastungsausgleich bei ungleicher Fahrbahn zu erzielen. Die letzte Achse konnte hochgewunden werden, um das Manövrieren auf engen Fabrikhöfen zu erleichtern; ein Reichspatent schützte diese Konstruktion. Die Räder der ersten Vorderachse waren achsschenkelgelenkt. Die zweite Achse war zwar starr ausgebildet, folgte aber unter dem Drehkranz zwangsgelenkt nach. Ein wirtschaftlicher Erfolg stellte sich bei diesem technisch aufwändigen Boliden jedoch nicht ein. Eine weitere Neuheit bildete der Dreiachser mit einem isolierten Aufbau. Im Schell-Plan wurde dem Unternehmen der Bau eines Einheits-Pritschenwagens für 8 Tonnen und eines Dreiachsers für 11 t Nutzlast zugeteilt. Für die Wehrmacht liefert Schenk zweiachsige Tieflader für 8 bis 12 t und vierachsige Tieflader für 23 t Nutzlast.

Schenk-16,5-t-Vierachs-Pritschenanhänger mit Spriegel, 1939.

Neustart nach Demontage und Wiederaufbau

Nach der Demontage im Jahre 1945/46 folgte ein mühsamer Wiederaufbau, so dass das Werk ab 1948 mit Pritschenwagen, Kippern und Langholzwagen wieder lieferfähig war. In den frühen 1950er Jahren stellte Schenk in einem weiteren Bereich Aufbauten, Landwirtschaftsanhänger und auch Fahrerhäuser her. Das Programm umfasste jetzt wieder Anhänger für Zugmaschinen und Lastkraftwagen als Zwei- und Dreiachser als Pritschenwagen oder mit gewünschten Aufbauten, angefangen vom 2- bis zum 17,5-Tonner mit hochwindbarer letzter Achse. Kipper fertigte Schenk im zweiten Bereich mit hand- oder motorhydraulischem Zweiseiten- oder Hinterkippsystem, wobei beim Dreiachser die mittlere Achse bei Leerfahrten oder beim Manövrieren auf Bauplätzen angehoben werden konnte. Weitere Modelle bildeten ein- und zweiachsige Auflieger, Lang-

Schenk-Einachs-Pritschenauflieger, 1951.

Schenk-Thermosanhänger, 1951.

Schenk-Prospekttitel von 1955.

holzanhänger und Tankanhänger-Fahrgestelle. Auch in der Konstruktion von zwei- und dreiachsigen Schwerstlastanhängern für Belastungen von 25 bis 50 Tonnen und Tieflade-Aufliegern mit eigenen Pendel-Halbachsen, die anfänglich für Belastungen bis 25 und 55, schließlich bis 100 t ausgelegt waren, betätigte sich das Unternehmen. Die Ladebrücke ließ sich beim 25-Tonner hydraulisch heben und senken. Ein Mann steuerte die hinteren Pendel-Halbachsen.

1955 nahm Schenk das Vierachs-Fahrgestell wieder in den Produktionsprozess auf, ohne jedoch in Deutschland auf große Resonanz zu stoßen. In 80 Exemplaren lieferte das Werk damit einen Getreide-Silowagen für 15 t Belastung in die Türkei. Die beiden identischen Drehgestelle ließen sich von beiden Seiten an einen Lkw kuppeln, nachdem das jeweils hintere Drehgestell arretiert worden war. Der neue 12-t-Tieflader TLA 12/ETO 14 besaß eine abziehbare Hinterachse, die das Auf- und Abfahren von Baumaschinen vereinfachte. Und in die Leichtbautechnik stieg Schenk 1956 mit einem zweiachsigen Koffer-Auflieger ein, der mit einem Dolly auch zum Anhänger umfunktioniert werden konnte.

Schenk-Kühlkofferauflieger SA 22/120 in Allplastik-Verbundbauweise und mit gelenkten Achsen, 1966.

Einzug der Kunststofftechnik im Kühlfahrzeugbau

1957 gliederte das inzwischen stark im Export expandierende Unternehmen eine Abteilung für die Kunststofftechnik an, die Karosserieteile und vor allem Beplankungen in Sandwichtechnik für Tiefkühlwagen mit der patentierten »Allplastik«- oder in Schalenbautechnik mit GFK-Polyesterharz und PVC-Schaumkern herstellte. Eine konstante Kühltemperatur konnte somit bei einem langen Zeitraum erreicht werden.

Die inzwischen aufgebaute Achsenschmiede stellte Einzelachsen, Doppelachsaggregate, gelenkte Einzelachsen für Sattelanhänger und Langmaterialien-Auflieger und Luftfederungen her.

Zu Beginn der 1960er Jahre ergänzten die Tiefkühl-Auflieger und -Anhänger, die Silofahrzeuge und die ein- und zweiachsigen »Kohlenkuli«-Auflieger mit Schwenk-Förderband-Entleerung das bisherige Programm. Eine weitere Neuheit bildeten 1963 die Tiefkühlfahrzeuge unter Nutzung von flüssiger Luft, bei denen Kryogen-Generatoren eingesetzt wurden.

Den Kipper-Bereich erweiterten in dieser Zeit Auflieger mit Zweiseiten- oder Hinterkipp-Möglichkeit. Die weitere Produktpalette umfasste dreiachsige Stahlpritschen-, Kipp-Silo- und Plattformauflieger für Ölfeldzwecke, kompakte ein- oder zweiachsige Tieflader zum Baumaschinentransport, Langholzwagen mit aufsattelbarem Nachläufer, vierachsige Tankanhänger sowie eine Vielfalt von Tiefladern als zwei- und dreiachsiger Anhänger, entweder mit abziehbarer Achse oder mit überfahrbaren Achsen. Für schwerste Belastungen bot Schenk Vierachser mit zwangsgelenkten Achsen oder mit zwangsgelenkten Pendelachsen in jeweils vier Achslinien an. Als Auflieger gab es diese Tieflader ein- und zweiachsig.

Für die Auflieger entwickelte Schenk Mitte in den frühen 1960er Jahre ein zwei- und dreiachsiges, luftgefedertes Aggregat auf einem Drehschemel, der über Schubstanden von der Sattelkupplung aus gelenkt wurde. Darüber hinaus war die letzte Achse nochmals zwangsgelenkt, so dass ein optimales Kurvenverhalten erzielt wurde. Im Bereich der Luftfederung entwickelte sich somit Schenk zu einem Schrittmacher in dieser Disziplin.

Neuer Schwerpunkt im Baufahrzeug-Programm

Dem Geschmack der Fuhrleute entsprachen im Rahmen der neuen gesetzlichen Vorgaben von 1965 die konventionellen zwei- und dreiachsigen Kippanhänger, insbesondere der dreiachsige Dreiseitenkipper K 22/60 mit Bremsluft- oder elektro-hydraulischer Kippung und der zweiachsige Hinterkipp-Auflieger mit Stahlblechmulde mit Fachwerkgerüst für die Tragfunktion. Der Boden wurde hier mit Querprofilen anstelle von Längsträgern stabilisiert. Eine Stirn-Teleskoppresse hob die Mulde für 20 Tonnen Schüttgut an. Die Heckklappe konnte hydraulisch und damit dosiert geöffnet werden.

Ein weiteres Unikat stellte der 14 m lange Pritschen-Auflieger für Langmaterial mit gelenkter Doppelachse dar, der nur mit Sondergenehmigung gefahren werden konnte. Auf größeren Zuspruch kam der Niederflur-Dreiachsanhänger mit einer Ladelänge von 9 m und einer Belastbarkeit von 13,5 t, der für Baumaterial- und Baumaschinentransporte vorgesehen war. Und mit einer weiteren ungewöhnlichen Konstruktion trat Schenk an: Der 24-t-Tieflade-Auflieger besaß einen außenliegenden Fischbaurahmen für die 14 m lange Plattform. Das hintere luftgefederte Aggregat wurde über Drehkränze, Spurstangen und eine Teleskopgabel gelenkt. Mit luftgefedertem Schenk-Dreiachsaggregat stattete Schenk den »Allplastik«-Tiefkühl-Auflieger aus. Den hervorragenden Laufeigenschaften standen jedoch das hohe Gewicht und die hohen Fertigungskosten gegenüber. Und weiterhin erfreute sich der stets weiter verbesserte Dreiachs-Fernverkehrs-Anhänger La 22 mit Spriegel und Plane seiner Nachfrage. Hier sorgte eine preiswerte Waagebalken-Technik zwischen den Federn für einen Achslast-Ausgleich.

Mit Zuversicht in die Expansion

Zu Beginn der 1970er Jahre baute das Unternehmen in Bietigheim-Bissingen und mit Übernahme des Nürnberger Lindner-Werkes in Nürnberg Zweigwerke auf. Neue Produkte bildeten jetzt Auflieger mit wieder zwei gelenkten Hinterachsen, Kipp-Sattelauflieger mit zwei Kästen sowie Wechselpritschen-Anhänger. Die nächsten Innovationsschritte stellten die Auflieger mit Aluminium-Mulde und der Sattel-Tieflader mit überfahrbarer Dreiachspartie dar. Und für Speditionsunternehmen, die Fahrer mit dem Führerschein der Klasse III einsetzen wollten, gab es den einachsige Auflieger Sa 5/105 als 5-Tonner mit Leichtmetall-Bordwänden für den Brückenzug mit einem 7,5-t-Lkw.

Als in den 1970er Jahren der Druck auf die kleinen und mittelständischen Hersteller immer größer wurde, gründete Schenk 1973 den Leistungsverbund selbständiger Fahrzeughersteller e. V. (LSF), aus dem ein schlagkräftiger Block hervorgehen sollte. 1975 kamen als Neuheiten zweiachsige Auflieger für den Steintransport mit mittig aufgesetztem Kran und für den Getränketransport hinzu.

Rückzug auf den Standort Bietigheim-Bissingen

1977 gab Schenk die Fertigungsstätte in Stuttgart-Feuerbach auf und konzentrierte die gesamte Fertigung im Werk in Bietigheim-Bissingen, wo auch der Sitz der LSF seinen Sitz hatte. Letzte Neuheiten waren Ölplattform-Auflieger mit unter der Ladefläche angebrachter Kupplungsplatte, Kipp-Auflieger mit Entsorgungsaufbauten mit Zweikammereinteilung. Brauerei-Kofferwagen mit Telma-Wirbelstrombrems und dreiachsiger Getränke-Trailer SB 10-22 mit seitlich zugänglicher Be- und Entladungsmöglichkeit nach Kässbohrer-System. Schließlich folgte noch ein Selbstentleerungs-Auflieger mit Förderbandboden nach dem System Legras für 75-m³-Massengüter. Der zweiachsige, einzelbereifte »Schenk-Roll-off-Auflieger« war für eine Nutzlast von 25 Tonnen ausgelegt; ein Schiebstempel drückte über das Rollensystem die Ladung heraus. Schließlich folgte noch ein überarbeiteter Standard-Auflieger mit Hinterkippmulde für die Bauindustrie. Das Exportprogramm wurde nochmals durch den Ölfeld-»Multipurpose«-Auflieger M.P.S. 26/125 für 35 t Nutzlast mit von 12,5 auf 16,5 m ausziehbarer Brücke gekrönt.

Im November 1982 kam es zum Konkurs des traditionsreichen Schenk-Unternehmens mit seiner Auflieger-, Anhänger-, Aufbauten- und Omnibus-Nachläufer-Fertigung für MAN. Zwar bildete sich schon 1983 das Nachfolgeunternehmen Schenk-Fahrzeugwerke GmbH, das sich auf den Bau von Getränkeaufbauten spezialisieren wollte. Im Rahmen einer Vereinbarung mit Kässbohrer entstanden auf Kässbohrer-Auflieger der Baureihe SB 10-22 einige Getränkefahrzeuge. Aber schon in diesem Jahr endete die Aktivität dieses Unterfangens.

Schenk mit Steintransportauflieger SA 20/125 mit Ladekran, 1971.

Schenk-Kesselzug für Bitumen-Transport, 1980.

Schenk-Selbstentleerungsauflieger »Roll Off« mit Förderbandboden, System Legras mit 75 m³ Fassungsvermögen, 1980.

Schenk-Export-»Multipurose«-Auflieger MPS 26/125 für 35 t Nutzlast, 1981.

Schenk-Bodenentleer-Zug mit Auflieger SA 20/103 »Drop-off« für 19 m³ Fassungsvermögen, 1981

Scheuerle

Willy Scheuerle Fahrzeugfabrik, Pfedelbach-Öhringen
1. 1938–1997: Willy Scheuerle Fahrzeugfabrik GmbH & Co. KG, Pfedelbach-Öhringen
2. 1998 bis heute: Scheuerle Fahrzeugfabrik GmbH, Pfedelbach-Öhringen, Otto Rettenmaier Str. 15

Langholzwagen als Ausgangspunkt der Scheuerle-Produktion

Christian Scheuerle gründete 1869 eine Dorfschmiede in Pfedelbach, östlich von Heilbronn. Sein Enkel Willy Scheuerle konstruierte und fertigte in den 1930er Jahren neben gummibereiften Langholzwagen und luftbereiften Kippanhängern mit Druckluft- und Hydraulik-Kippsystem auch Spezialfahrzeuge für den Schwerlasttransport. 1949 konnte das Unternehmen den Tiefladerbau mit mechanisch gelenkten Halbachsen und einem mechanischen Achslastausgleich wieder aufnehmen, was den modernen Tiefladerbau begründete. In den 1950er Jahren entwickelte Scheuerle im Baukastensystem Schwer- und Schwerstlast-Fahrzeuge mit Allradlenkung.

So entstanden zweiachsige Tieflader mit Pendelachsen und einer vorderen und hinteren Achsschenkellenkung für 8 bis 20 t Nutzlast. Das Fahrzeug konnte von beiden Seiten bewegt werden. Die nächste Größe namens »Tiefladewagen« besaß Doppelhalbachsen mit Zwillings-Vollgummirädern in vier lenkbaren Achslinien und war für 24 bis 60 t vorgesehen. Durch das hydraulische Herablassen der Ladebrücke und Abziehen der hinteren Fahrgestellhälfte konnte das Be- und Entladen bewerkstelligt werden.

Auch dieses Modell konnte in beiden Richtungen spurend gefahren werden; die 16 luftbereiften Räder wurden automatisch gelenkt. Die Ausführung mit sechs Achslinien trug 100 und die Version mit acht Achslinien trug bis zu 160 t. Für schwere Maschinen- oder Waggontransporte kam noch ein kompakter Transporter mit Schienen- oder Plattformaufbau hinzu, der zwangsgelenkte Pendelachsen in vierachsiger Anordnung besaß. Ebenfalls mit zwangsgelenkten, dreiachsigen hinterem Pendelachs-Aggregat folgte ein Auflieger für 80 t. Schließlich entstand in dieser ersten Baureihe ein Spezialtransporter, der eine Aufnahmebrücke besaß, die sich auf ein vorderes und hinteres Achsaggregat mit jeweils 6 Achslinien mit 24 Pendelachsen abstützte. Schwerste Transformatoren bis zu einem Gewicht von 240 t ließen sich somit befördern.

In einem weiteren Fertigungsbereich entstanden ein- und zweiachsige Langholztransporter mit Pendelachstechnik. Mit diesen Achsaggregaten bestand die Möglichkeit, einen tiefgekröpften Plattformwagen der Eisenbahn nach Abzug der Schienenfahrgestelle auf den Straßeneinsatz umzurüsten.

Nach der Mitte der 1950er Jahre nutzte Scheuerle die Kurbelachstechnik in mehrachsiger Ausführung, wobei jede Achslinie aus zwei Pendelachsen bestand.

Erfolg mit unkomplizierten Tiefladern

In den 1960er Jahren ersetzten die einfacher zu bedienenden Tieflader der U-Baureihe für bis zu 20 t Tragkraft das bisherige Zweiachsmodell. Die hinteren Pendelachsen konnten zur Aufnahme der Baumaschine abgezogen werden. Schon 1963 verdrängten die Ausführungen der T-Baureihe die U-Versionen. Die Brücke ruhte auf einem gekröpften Träger, der vorne und hinten auf den achsschenkelgelenkten Fahrgestellen auflag. Die Fahrgestelle konnten sowohl vorne als auch hinten abgezogen werden. Die nächstgrößere Reihe umfasste die vierachsigen T-Modelle bis zu 60 t Tragkraft. Die nur mit Ausnahmegenehmigung zu nutzenden Tieflader waren in beiden Richtungen fahrbar, besaßen eine hydraulisch absenkbare Brücke und die automatische Allradlenkung.

Scheuerle-Zweiachs-Tieflader »Universal« mit zusätzlichen Drehschemeln, 1957.

Scheuerle-Prospekttitel, 1966.

1964 ergänzten Tieflade-Auflieger mit einem Vielfachachsaggregat das Programm. Das Aggregat konnte gelöst und als Nachläufer für Langmaterial verwendet werden. Eine weitere Raffinesse stellte ein Tieflader mit einer hydraulisch absenkbaren Ladebrücke und einem abschwenkbaren Schwanenhals dar. Zum Transport zog die Hydraulikanlage den Tieflader in die Fahrstellung. Die Nachlaufdoppelachse wurde hydraulisch gelenkt. In den Ausführungen für 24 und 42 t Nutzlast konnten diese Fahrzeuge geordert werden.

In den 1970er Jahren entstanden die Hydraulik-Schwenkachs-Tieflader der zweiachsigen TKS-Baureihen und der neuen vierachsigen T-Baureihen. Die Tieflader waren mit vorne und hinten gleichen Fahrwerken für beide Fahrtrichtungen ausgelegt und besaßen vollkommen ebene Ladebrücken, die über eine hydraulische Hebeeinrichtung nach Abzug eines Aggregats abgesenkt oder angehoben werden konnten. Für den Transport von Betonteilen gab es Ausführungen mit Anlenkböcken für die Fertigbauteile. Sechs-, acht- und zwölfachsige Spezialtransporter für bis zu 200 t Beladung rundeten das Programm ab. In einer weiteren Baureihe entstanden Satteltieflader mit abnehmbarem Schwanenhals, so dass Baumaschinen über den Vorderteil auffahren und abfahren konnten. Die Modelle der STG-Serie waren zur Aufnahme von Lasten von 21 bis 35 t ausgelegt.

Neuheiten in den 1980er und 1990er Jahren bildeten Satteltieflader-Kombinationen mit abfahrbarem Schwanenhals und Dolly, Sattel-Plattformwagen mit Tiefbett-Baggerbrücke, Teleskop-Ladebrücken, Spezialfahrzeuge zum Transport von Groß-Containern, Einseiten-Muldenkipper mit 25 m³ Fassungsvermögen sowie Langguttransportwagen in zwei bis fünfachsiger Ausführung, die, unter lange Betonsegmente gesetzt, über Funk gelenkt wurden. Mehr als vier Fünftel der Produktion gingen in den Export, zeitweise in beträchtlichem Umfang in den Nahen Osten.

Scheuerle-Achtachs-Tieflader T 4041 S mit Pendelachsen für bis zu 57 t Nutzlast, 1966.

Spezial-Tieflader als Vorzeigprodukte

Neben diesen für den Straßenverkehr (mit Ausnahmegenehmigung) zugelassenen Fahrzeugen begann Scheuerle in den 1950er Jahren Spezial-Plattformwagen als Vielachsfahrzeuge zu entwickeln, die mit Ausnahmegenehmigung oder auf Privatgelände wie Großbaustellen, Raketenstartbereichen und Werften Lasten bis zu 500 t tragen konnten. Im Baukastensystem entstanden hierfür allradgelenkte Tieflader-Kombinationen mit einer Vielzahl von Halbachsen.

Mitte der 1990er Jahre stützte sich das Standardprogramm auf die überfahrbaren Tiefladeanhänger mit bis zu vier Achsen und einer Belastung von 35 t und auf die zwei- bis fünfachsigen Auflieger mit Tragfähigkeiten bis zu 70 t ab. Diese in Schwanenhalstechnik ausgeführten Modelle konnten heck- und frontseitig (nach Abzug des Schwanenhalses) beladen werden. Die bis zu 29 m langen Fahrzeuge konnten auf Wunsch teleskopierbar ausgeführt werden.

Nachdem die Deutsche Bahn ihre Straßenroller-Transporte eingestellt und diese Spezialfahrzeuge nahezu vollständig verkauft hatte, fertigte Scheuerle für Privatkunden nach 1996 eine kleine Serie von fünfachsigen Waggon-Transporter mit einer Tragfähigkeit von 40 t.

Als der 350 Beschäftigte umfassende Schwerlast-Spezialist 1997 in eine Krise kam, engagierte sich ein Investor an dem Unternehmen, das in die Holdinggesellschaft Transporter Industry International (TII) einging, zu der auch der Schwerlast-Fahrzeugbauer Nicolas S.A. in Auxerre und nach der Insolvenz der Kögel Fahrzeugwerke AG seit 2004 deren Ulmer Schwerlast-Fahrzeughersteller KAMAG Transporttechnik gehören.

Scheuerle-Zweiachs-Tiefladeauflieger STG 3024 SAF mit abnehmbarem Schwanenhals für 28 t Nutzlast, 1966.

Scheuerle-Schwerlastmodule, mit Tragschnabel für den Transport von Transformatoren, 2007. (Foto: Ralf Weinreich)

Schieke

Schieke Anhängerbau, Berlin, Waldstr. 45, 1939–1950

Kurz vor Kriegsbeginn trat Schieke als Anhänger-Hersteller auf. 1949 präsentierte das Werk einen dreiachsigen Thermosanhänger mit einer Nutzlast von 15 t. Noch bis 1960 war das Unternehmen als Fachbetrieb zum Umbau von Fahrzeugen tätig.

Schier

Schier GmbH & Co. KG, Hövelhof, Mühlensenner Str. 2, 1985 bis 2017

Der Ursprung des Schier-Unternehmens ging auf das Jahr 1931 zurück, als hier erstmals Aufbauten für Nutzfahrzeuge hergestellt wurden.

In den 1980er Jahren trat Schier mit Aufliegern mit Hubböden für die Doppelstockbeladung mit Personenwagen in Erscheinung. Eine zweite Baureihe stellten in den späten 1980er Jahren Jumbo-Kurzkupplungszüge mit 11-t-Tandemachsern dar. Schier nutzte hierzu Peitz-Kurzkupplungs-Rohrdeichseln. Auch an den Bau von doppelstöckigen Luftfracht-Aufliegern mit pneumatisch oder elektro-pneumatisch heb- und senkbaren Rollenbahnen zur bequemen Be- und Entladung wagte sich das Unternehmen. Schließlich zeigte ein dreiachsiger Curtainsider mit Transportbahnanlage und Andockachse das Können der Schier-Ingenieure. 2017 wurde das Unternehmen im Firmenregister gelöscht.

Schier-»Maxi-Trailer« mit Transportbandsystem, 2000.

Schmahl

Joh. Schmahl, Maschinenfabrik und Kesselschmiede, Abt. Wagenbau, Mainz-Mombach, 1926–1931

Die Abteilung Wagenbau der Mainzer Maschinenfabrik und Kesselschmiede begann Mitte der 1920er Jahre mit dem Bau von »Spezialwagen aller Art für Pferdebespannung und als Autoanhänger«. »Transportwagen für Benzin, Benzol, Teer- und Dieselmotorenöl« bildeten die Haupterzeugnisse.

Transportwagen
für Benzin, Benzol, Teer- und Dieselmotorenöl, sowie
Spezialwagen aller Art
für Pferdebespannung und als Autoanhänger
Joh. Schmahl, Maschinenfabrik und Kesselschmiede
Abt. Wagenbau, Mainz-Mombach 3

Schmahl-Werbeanzeige, 1925.

Schmid Fahrzeugbau

Schmid Fahrzeugbau GmbH, Prittriching, Hauptstr. 64, ab 20xx Haag i. OB, Kolbingerstr. 8 bis heute

Neben Aufbauten und Pkw-Anhängern befasste sich dieses oberbayerische Unternehmen anfänglich nur mit leichten Drehschemel-Anhängern und Dreiseitenkippern auf Tandemachs-Fahrgestell bis zu 18 t Gesamtgewicht, wobei die individuelle Fertigung nach Kundenwünschen im Vordergrund stand und auch heute noch gepflegt wird.

Auf vollverzinkten Chassis entstehen heute »Anhänger nach Maß« in den Bauarten Pritschen-Plateau-, Kipper- und Tieflade- sowie Sonderfahrzeuge. Im Bereich der Pritschenfahrzeuge stehen neben Ein- und Tandemachsern mit Pritschen-, Planen-, Tieflader- und Curtainsideraufbau zwei- und dreiachsige Drehschemel-Anhänger mit Pritschen-, Rungen- und Plattformaufbau im Angebot. Eine Spezialität stellen dabei die Varianten mit ausziehbarem Heckteil für überlange Bauteile und der Aufnahme- und Verriegelungsmöglichkeit für Container dar.

Auf Zentralachsfahrgestell baut Schmid Zweiseitenkipper mit Auffahrrampen und Dreiseitenkipper mit Hardoxboden für Gesamtgewichte im Bereich von 7.5 bis 19 t.

Tieflader folgen in zweiachsiger Drehschemel-, in Tandem- und in Tridemausführung, wobei hier das Achsaggregat eine Nachlauf-Lenk- und eine liftbare Achse besitzt.

Im Sortiment befinden sich schließlich auch zweiachsige Rungenanhänger mit verstellbarem Zentralrohr für den Mastentransport sowie Zentralachs-Kranfahrwerke.

Schmid-Tandemachs-Dreiseitenkipper, 2010.

Schmidt, August

August Schmidt GmbH & Co. KG, Hagen, Dolomitstr. 45
1936 bis heute (mit Unterbrechung)

Auf eine hundertfünzigjährige Firmengeschichte blickt das August Schmidt-Werk inzwischen zurück, das 1936 erstmals mit Lkw-Anhängern in Erscheinung trat. Nach 2005 baute das Unternehmen das Kerngeschäft mit der individuellen Fertigung von Spezialfahrzeugen aus. Neben Pritschen- und Kofferaufbauten fertigt das Hagener Werk zwei- und dreiachsige Drehschemel- und Tandemanhänger mit Verdeck-, Koffer- und Jumbo- sowie Absetz- und Abrollbehälter-Aufbauten. Im Bereich der dreiachsigen Auflieger entstehen Schräglader für Blechtransporte, die von der Standardlänge von 13.600 mm auf 19.600 mm ausziehbar sind. Über Hubstempel werden die Stahlplatten in Schräglage gehalten. Hinzu kommen die Spezial-Auflieger zum Transport von Gasflaschen und die Variante in Brückenbauweise mit Gas-Composite-Behältern. In einem weiteren Segment fertigt das Unternehmen ein- bis sechsachsige Auflieger mit und ohne Coil-Mulde mit zulässigen Gesamtgewichten von 18 bis 78 t. Jumbo-Auflieger, ein- bis vierachsig, mit und ohne Coil-Mulde, und Auflieger für Langeisen- und Blech- und großvolumigen Transport, die bis auf 27.100 mm ausziehbar sind und zwei mechanisch oder drei hydraulisch angelenkte Achsen besitzen, runden das Programm ab.

Schmidt-Auflieger mit Gasflaschen-Container, 2009.

Schmidt, C.

C. Schmidt Lastanhängerbau,
Oschersleben/Bode, Moltkestr. 7, 1936–1940

Das 1908 gegründete und seit Mitte der 1930er Jahre im Fahrzeugbau tätige Unternehmen fertigte Anhänger im Bereich von 1 bis 10 t Nutzlast. Das Erfolgsmodell stellte der zwillingsbereifte 8-t-Pritschenwagen dar. Im Schell-Plan erhielt das Werk die Zuteilung, den Einheits-8-t-Pritschen und den 7,5-t-Kipper zu fertigen.

Schmidt-Werbeanzeige von 1935.

Schmidt, Chr.

Chr. Schmidt & Co. Fahrzeugfabrik,
Ründeroth, Bez. Köln (auch Derichsweiler-Düren)
1936–1940

Der Pkw-Anhänger-Hersteller erhielt 1939 im Rahmen des Schell-Planes den Auftrag, Einheits-Anhänger und -Kipper herzustellen. Daneben befasste sich das Unternehmen mit dem Bau von Omnibus-Karosserien.

Schmidt, J. J.

J. J. Schmidt KG, Erfurt, Kartäuser Str. 44/46
1900–1944

Das im Bau von Schwertransportanhängern tätige Thüringer Unternehmen wurde im Schell-Plan mit dem Bau von Spezialanhängern beauftragt.

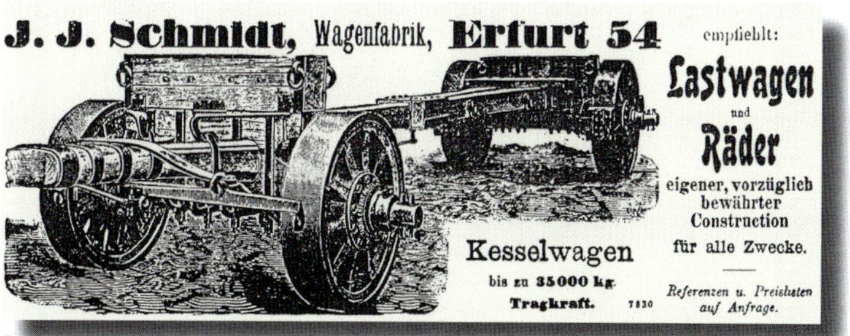

Schmidt-Werbung, um 1900.

Schmitz-Kofferanhänger aus den 60er Jahren. (Foto: Ralf Weinreich)

Schmitz

Schmitz Cargobull AG, Zentrale Horstmar, Bahnhofstr. 22
1. 1928–1957: Heinrich Schmitz Maschinen- u. Fahrzeugbau, Altenberge bei Münster, Henseller Str. 5
2. 1948–1957: Schmitz-Anhänger Fahrzeugbauanstalt
3. 1957–1988: Schmitz-Anhänger Fahrzeugbau-Gesellschaft mbH
4. 1989–1998: Schmitz-Anhänger Fahrzeugbau-GmbH, Horstmar, Bahnhofstr. 22
5. 1998 bis heute: Schmitz Cargobull AG

Unverwechselbar mit dem geflügelten »S«

Das inzwischen größte deutsche und europäische und weiterhin sich im Familienbesitz befindliche Trailer-Werk hat seinen Ursprung in der 1892 von Melchior Schmitz eingerichteten Schmiede in Altenberge bei Münster. Mit der Verbreitung des motorisierten Nah- und Fernverkehrs nahm der Handwerksbetrieb unter der Führung von Heinrich Schmitz (1856–1943) Ende der 1920er Jahre den Anhängerbau auf. Der Erfolg mit diesen zunächst noch mit Vollgummibereifung versehenen Fahrzeugen führte 1928 zur Serienfertigung von Anhängern, so dass aus dem Handwerksbetrieb ein industrieller Fahrzeughersteller wurde. Ein geflügeltes »S« auf dem Typenschild oder in der Werbung diente als unverwechselbares Markenzeichen.

Das erste Programm füllte ein- und zweiachsige Pritschenauflieger, Tankfahrzeuge und dreiachsige Pritschenwagen mit einer Nutzlast von 10 t aus. Als die deutsche Wirtschaft durch die NS-Wirtschaftspolitik wieder in Schwung kam, allerdings finanziert durch eine ungesicherte Kreditpolitik, konnte das Münsterländer Fahrzeugbau-Unternehmen unter der Leitung von Josef (1899–1976) und August Schmitz (1902–1970) rasch ein respektables Fahrzeug- und Karosserieprogramm aufbauen. Mitte der

Schmitz-Sattelzug mit 5-t-Auflieger, 1936.

Schmitz-Werbung für das Spurlaufaggregat, 1938.

1930er Jahre standen Lkw-Anhänger mit zwei und drei Achsen, ein- und zweiachsige Auflieger, Kofferfahrzeuge mit Holzgerippe und Blechbeplankung, Tankwagen im Angebot des 72-köpfigen Unternehmens. 1938 produzierte das Unternehmen Zweiachser für 2,5 bis 3,5 t Nutzlast für den Nahverkehr, Zweiachser für 5 bis 8 t Nutzlast mit besonders breitem Fahrwerk für den Fernverkehr sowie Zwei- und Dreiseitenkipper. Für den Holztransport gab es Langholzanhänger auf einem Niederrahmenfahrgestell, um die Kippgefahr zu reduzieren.

Die weitere Spezialität bildete ein Dreiachser für 11 t Nutzlast mit von Josef Schmitz entwickelten selbstspurenden, elastisch angelenkten Hinterachsen, was ein leichtes Kurvenfahren und ein nur noch geringes Radieren der Reifen aufwies. Die beiden mittig am Rahmen befestigten Anlenkstreben führten die auf Gummikissen gelagerten Achsen, die nach rechts oder links etwas ausscheren und Straßenunebenheiten ausgleichen konnten. Für den Autobahn-Fernverkehr erschien 1938 ein vierachsiger Pritschenanhänger mit Spriegel und Plane für eine Nutzlast von 15 t. Schmitz nutzte einen zentralen Blechkastenträger anstelle eines doppelzügigen Rahmens, der das Eigengewicht reduzierte. Das Vorderachs-Aggregat besaß »starre Achsen in einem in Gummikissen gelagerten Wiegebalken« in einer Drehschemel-Lenkung mit Kugeldrehkranz. Die Hinterachsen waren ausscherbar in der inzwischen patentierten Spurachs-Technik des Dreiachsers ausgeführt. Die letzte Achse dieses Giganten ließ sich zum Rangieren über eine Winde anheben. Dieser Vierachser steigerte wie bei den Kokurrenten mit ihren Versionen das Renommee der Firma; ein Erfolgsmodell wurde der Vierachser nicht, zumal die entsprechend starken Lastwagen für den Fernverkehr fehlten und die Reichsbehörden auf leichte und mittlere Anhänger setzten. Im Schell-Programm wurde dem Unternehmen der Großserienbau des 11-t-Pritschenwagens als einziges Modell zugeteilt.

Schmitz-Dreiachs-Rungenauflieger, 1951. (Foto: Schmitz)

Schmitz-Werbemotiv von 1955.

Zielstrebiger Neuanfang nach dem Krieg

Nach dem Krieg standen zunächst Zweiachser im Programm; im Zuge der Währungsreform warb das Unternehmen wieder mit dem Vierachs-Boliden, der in der Werbung ein Prestigeobjekt darstellte, dem aber die Käuferschicht fehlte. Die bewährten Zwei- und Dreiachser E3 und E5, die Kipper EK 3 und EK 5 mit Winden-Kipptechnik, Langmaterial-Anhänger, 9-t-Nachläufer und ein Auflieger bildeten ab 1949 das neue Programm. 1950 stellte Schmitz seine ersten zwei- und dreiachsigen Thermoswagen mit isoliertem Alfol-Schalen-Aufbau und temperiertem Innenraum sowie Fleischeinhängevorrichtung und Etagenböden vor. Eine weitere Baureihe bildeten die ein- und zweiachsigen Tankauflieger mit hinterem Armaturenschrank. Zwei Jahre später ging das Unternehmen zum Bau von 12- und 24-t-Tiefladeanhängern über, die im Rahmen des Wiederaufbaus für die Bauwirtschaft überaus gefragt waren. Das 10 m lange und 3,10 Meter breite 24-t-Gefährt in der Pritschen- (Typ PE 24) und in der geschlossenen, also in der Kofferausführung (Typ GE 24) besaß Pendelachsen mit jeweiliger Doppelbereifung. Eine weitere Zukunftsentwicklung stellten erste schwere Tandem-Kippanhänger dar.

Gegen Ende der 1950er Jahre erhielt die zweite Achse des Spuraggregats eine druckluftgesteuerte Anhebe-Vorrichtung für Rangierzwecke, die das bisherige mechanische System ablöste. Für die Zweiachs-Pritschen-Auflieger bot Schmitz ein Dolly als »Vorderachsprotze« an, die den Betrieb des Aufliegers als Dreiachser im Sammelgut- sowie im Be- und Entladeverkehr mit Zugmaschine ermöglichte.

Im Kipperbereich standen weiterhin die Zweiachser für 3 bis 12 t Nutzlast mit öl- und elektrohydraulischem sowie druckluftbetätigtem Kippaggregat im Angebot. Der Dreiachskipper mit Spuraggregat für 17 t Nutzlast konnte mit einem oder mit zwei Kippkästen geliefert werden; einer als Seiten-, der zweite als Hinterkipper. Auf einem zweiachsigen Aufliegerfahrgestell ergänzte ein Zweiseiten- oder Hinterkipper das Baustellenprogramm. Behälterfahrzeuge für 27.000 Liter Fassungsvermögen gab es als Dreiachs-Anhänger auf Fahrgestell oder in freitragender Bauweise für den Transport von Lebensmitteln, Chemikalien, Zement, Kraftstoffen und Heizölen. Der Heiß- Bitumen-Auflieger zeichnete sich durch eine zusätzliche Ummantelung und Heizschlangen mit Hochdruckdampf aus.

In der Sparte Kofferfahrzeuge bot Schmitz Leichtmetall-Anhänger an, bei denen die Säulenprofile in Verbindung mit Dachspriegel und Fahrgestellrahmen ein stabiles Spantensystem bildeten, beplankt mit Leichtmetallplatten. Ein- und zweiachsige Auflieger mit Koffer- und isolierte Kühlaufbauten mit Kühlaggregat ergänzten diesen Bereich. Der auf Wunsch nach hinten verschiebbare Dachaufbau ermöglichte die Kranbeladung. Pritschenauflieger mit Spriegel und Plane und dreiachsige Langmaterial-Auflieger mit Spurlenkung rundeten das Fernverkehrs-Programm ab.

Sonderfahrzeuge und Anpassung an die neuen gesetzlichen Vorgaben

Im Bereich der Sonderfahrzeuge, die vorwiegend in den Export gingen, fertigte Schmitz einen achtachsigen, gefederten 80-t-Tieflade-Anhänger mit Pendelachstechnik, der in beide Richtungen fahrbar war und eine zusätzliche Steuerung im Heckfahrwerk besaß. Das hintere Laufwerk ließ sich lösen, so dass schwere Güter aufgenommen auffahren konnten. Die

Schmitz-Pritschenauflieger für den Ferntransport, 1968.

Schmitz-Kesselauflieger für den Bitumentransport, 1970.

Ladebrücke ließ sich hydraulisch senken und heben. Der Tieflade-Auflieger für 25 t Nutzlast besaß wiederum das Doppelachsaggregat mit vier Pendelachsen. Ein Pendelachs-Auflieger für ebenfalls 25 t mit Stahlbordwänden und hydraulischer Zweiseiten-Kippvorrichtung und ein einachsiger Dreitonnen-Universalanhänger zum Transport von Kabeltrommeln und Masten für das Fernmeldewesen rundeten das Spezialprogramm der Marke Schmitz ab.

Zweiachs-Pritschenwagen für den Fernverkehr, jetzt in Palettenbreite, Wechselpritschenanhänger mit hydraulischer oder druckluftbetätigter Wechselvorrichtung, Kofferwagen mit Kunststoffaufbauten sowie Tankwagen entsprachen jetzt den gesetzlichen Vorgaben von 1965. In dreiachsigen Versionen folgten Fahrzeuge mit Koffer-, Thermos- und Kühlkofferaufbauten. Für die Kofferaufbauten mit Heck- und Seitentüren nutzte das Werk dünnwandige Kunststoffpaneele, die durch senkrechte Metall-Hohlprofile stabilisiert wurden und gleichzeitig zur Aufnahme der Halteschienen für die Etagenböden dienten. Eine bisher unerreichte Innenbreite von 2450 mm wiesen diese Kunststoff-Aufbauten auf.

Pritschenauflieger gab es in zwei- und dreiachsiger Ausführung für den Palettentransport und zweiachsige Tank-Auflieger in Zylinder-, Koffer- und Doppelkeilform aus Stahl, Edelstahl und Aluminium. Im Spezialfahrzeug-Programm erschienen Export-Langmaterial-Anhänger mit zwei und drei Achsen für Nutzlasten von 60 bis 90 t, Tieflader mit spurgeführter Hinterachse zum Transport von Betonteilen und Fahrzeuge mit Silokasten-Aufbau zum Staubgut- und PVC-Granulat-Transport. Die zweiachsige Bitumen- und Heizöl-Tankauflieger fassten 25.000 Liter. Ein Spezialmodell, das sich an der Schubstempel-Technik der Firma Hönkhaus orientierte, bildete in dieser Zeit der Kastenauflieger mit der in Lizenz gebauten »Murfit«-Fördervorrichtung, bei der eine vorrückende »Löschwand« das Schüttgut zur Entladung brachte.

Schmitz-Kastenauflieger für den Verteilerverkehr mit seitlichen Türen, 1989.

Großserienbau für das deutsche und internationale Geschäft

Als nach den Boomjahren des westdeutschen Wirtschaftswunders der Absatz in Deutschland zurückging, erwiesen sich jetzt die Großaufträge aus den Öl-Förderstaaten des Nahen Ostens mehr als ein Ausgleich. So richtete Schmitz 1969, nachdem schon zwei Jahre zuvor ein Zweigwerk in Berlin-Borsigwalde aufgebaut worden war, ein zweites Zweigwerk in Vreden ein, um die angestiegene Nachfrage zu bewältigen. Ein weiterer Betrieb folgte in Hamburg und als Reparatur- und Servicestützpunkt kam der Betrieb in Bischofsheim hinzu. Anfang der 1970er Jahre erstreckte sich das Schmitz-Fahrzeugprogramm auf nahezu alle Bereiche des Güterverkehrs: Zweiachs-Anhänger bis zu 12 t, Dreiachser bis zu 17 t, Auflieger mit einer und mit zwei Achsen bis zu 25,5 t und Dreiachser für 26,5 t Nutzlast für das Speditions- und Baugewerbe. Die Auflieger erhielten Pritschen-, Koffer-, Silo-Aufbauten und Tanks in Dreifach-Keilform. Weitere Baureihen waren Langmaterial- und Tieflader-Fahrzeuge sowie Anhänger für den Straße/Schienen-Kombiverkehr. Ein großer Teil der Fahrzeuge wurde mit eigenen Achsen ausgestattet; die Zwei- und Dreiachs-Aggregate verkaufte Schmitz auch an andere Fahrzeughersteller.

Ab 1974 nutzte der jetzt 400 Mitarbeiter starke Betrieb Aluminium-Kunststoffaufbauten in Sandwich-Bauweise mit Hartschaum-Isolierkern, Aluminium-Außenhaut und GFK-Innenbeschichtung für die Frischdiensttransporter. Unter den Kesselfahrzeugen befanden sich ein dreiachsiger Silo-Auflieger mit einem Fassungsvermögen von 40 m³, der Dreifachkeil-Tankwagen ST LKK 37.2/22 AL mit Leichtmetallbehälter für 37.200 Liter und der Stahlblech-Tanksattel ST ESR 30.0/22 mit isoliertem Zylinderkessel für 30.000 Liter Heizöl oder Bitumen.

Für die Bauwirtschaft gab es den Schwanenhals-Tieflader ST 30.26 SA mit festem oder ausziehbarem Tiefbett, mit hydraulischem oder lufttechnischem Niveauausgleich und lenkbaren Pendelachsen im Heck. Und für eine Belastung bis zu 50 t folgte ein fünfachsiger Auflieger mit Teleskopbrücke, bei dem vier Achsen mitgelenkt wurden. Als weitere Neuheit präsentierte Schmitz zu dieser Zeit Aluplast-Kofferfahrzeuge mit Faltseitenwänden zur ganzseitigen Öffnung der Längsseiten.

Erfolgreich mit dem Ferroplast-Aufbau

1980 ging das Unternehmen im Kühlkofferbau im Werk Vreden immer stärker zum Ferroplast-Aufbau über. Diese neue Isoliertechnik besteht aus großflächigen, feuerverzinkten und einbrennlackierten Stahlblech-Paneelen und einem Kern aus Polyurethan-Hartschaum. Diese Abdämmung eignet sich für Trockenfracht-Kofferaufbauten mit höhenvariabler Paletten-Doppelstockbeladung und für die später als »Cargo-Bull« bezeichneten Kühlkoffer-Aufbauten mit Kühlaggregat auf Wechselpritschen- und inzwischen luftgefedertem Auflieger-Chassis. Der Tiefkühlsattel SKO 22-80/40 wurde als erstes Modell mit dieser Aufbautechnik ins Rennen geschickt.

1981 intensivierte das Westfälische Unternehmen den Bau von Container-Chassis, zunächst mit der einachsigen Lafette SCF 10-20 für 20'-Container. Für den Bahnverkehr kam das Huckepack-Fahrzeug SPR 22 DB als »Cargo-Bull«-Auflieger hinzu, das den Namen einführte, der wenig später zur Namensergänzung des westfälischen Unternehmens wurde.

Einen Exoten stellte 1983 der »Steinwinter-Schmitz-Zug« dar, bei dem auf das extrem niedrige Zugfahrzeug ein 18,2 m langer Ferroplast-Kofferauflieger mit Dreiachsaggregat gesetzt wurde. Eine Stellfläche von 45 Europaletten war hier gegeben. Für den Serienbau war das Gespann jedoch nicht geeignet. Dafür erwies sich das Schmitz-Anhänger-Lenksystem ALS mit verkürztem Abstand zwischen Zugfahrzeug und Anhänger zukunftsträchtig. Ein weiterer Versuch zur Vergrößerung der Ladefläche unternahm Schmitz 1985 mit dem »Novotrail 600-Kurzkupplungszug«, bei dem das Achsprinzip des Hängers mit einem zweiachsigen Drehschemel und einer zwangsgelenkten Schlussachse umgekehrt wurde und 600 mm Ladefläche gewonnen werden konnte. Das konventionelle, jetzt zwangsgelenkte Anhängerdrehgestell war hier ins Heck verlagert worden. Das vordere Drehgestell besaß zwei starre Achsen. Schmitz konnte somit eine Ladefläche von insgesamt 15,4 m erzielen, so dass dieser Zug mit Fernfahrerhaus 38 Euro-Paletten transportieren konnte.

Von wesentlich größerem Zukunftsnutzen war hingegen der Coil-Sattelauflieger SPR 22C, der drei Stahlblechrollen in den Mulden des Fahrgestells aufnehmen konnte. Eine weitere Innovation stellte die Technik der Seiten-Spanngardinen für die »Curtainsider« SCS 24/L-12,5 genannten Auflieger für den Maschinen-, Stückgut- und Getränkekästen-Transport dar, deren seitlicher Bereich durch Planen verkleidet wurde. Den Bau von Schubboden-Aufliegern nach Lizenz der US-Firma Keith Manufacturing Corp. nahm Schmitz in dieser Zeit auf. Nach dem »Walking-Floor«-System bewegen hier Hydraulikzylinder 25 Leichtmetall-Leisten den über dem starren Fahrzeugboden angebrachten zweiten Boden je nach Einstellung hin und her, so dass die Paletten oder das Schüttgut in Richtung Laderaum oder in Richtung Türen bewegt werden. Der Dreiachs-Schubboden-Auflieger, der auch bei Blumhardt gebaut wurde, war in der Lage, 70 m³ Schüttgut aufzunehmen, das innerhalb von 7 Minuten herausgeschoben werden konnte.

Neuaufteilung der Produktionsschwerpunkte unter dem »Blauen Elefanten«

1989 beschloss die Firmenleitung, das Unternehmen mit den Zweigwerken neu und rationeller zu strukturieren. Das Stammwerk in Altenberge konzentrierte sich auf die Pritschenaufbauten, »Cargobull«-Anhänger- und Sattelchassis sowie die Wechselaufbau-Garnituren. Die im Nachbarort Horstmar gelegene Verwaltung übernahm zusätzlich die Konstruktionsabteilung, den Marketing- und den Service-Bereich. Dem Werk Vreden wurde der Bau aller geschlossenen »Ferroplast«-Fahrzeuge zugeteilt. Und der sympathisch wirkende »Blaue Elefant« erschien jetzt anstelle des angreifenden Stiers auf den Fahrzeugen als neuer Werbeträger.

Im Jahr 1990 gab es erste rahmenlose Auflieger der »Plus«-Ausführung, die sich für den Transport von leichten Volumengütern eigneten. Die Wechselkoffer sowie die Gefahrguttransporter erhielten unter der Bezeichnung »Safety Box« gesicherte Verschlusseinrichtungen. Die dritte Innovation stellte das Tandemachse-Chassis ZWF 18/L-20 dar, das das traditionelle, aber in der Fertigung aufwendige Zweiachs-Drehgestell-Fahrgestell ablöste. Als vierte Neuheit folgte der »Cargobull«-Kofferauflieger SKO 24/L mit Faltwänden an den Längsseiten.

Schmitz-Kesselauflieger STEVP 25-22, 1996.

Schmitz-Tiefkühlauflieger FP 80/60 mit Doppelstockbeladung, 2003.

Schmitz-Tiefkühlauflieger in Zusammenarbeit mit Carrier und Mariba, 2004.

Schmitz-Kühlkoffer-Auflieger S.KO »Cool«, 2008.

Für die neue Fahrzeuggeneration der Bundeswehr lieferte Schmitz 4- und 7-t-Zwei- sowie 10-t-Dreiachser sowie 6,1-t-Tandem-Anhänger.

1991 ergänzte das Container-Aufliegerchassis SCF 24/L-45, gleichzeitig für Wechselaufbauten geeignet, das Programm. Nochmals in den Schwerlast-Aufliegerbau stieg Schmitz mit dem STI 60/8,5 mit 85 t Nutzlast für ein Weltbankprojekt zur Wüstenbewässerung ein. Der Erwerb des britischen Herstellers von Kühlfahrzeugen, Thermostar in Hareslaw ermöglichte schlagartig die Präsenz des Schmitz-Unternehmens in Großbritannien. Und drei neue Großraum-Auflieger stellte das Unternehmen in diesem Jahr vor. Der »Cargomax« SPR als Pritschenauflieger war für 34 Europaletten ausgelegt, der »Freemax SCS« besaß als Curtainsider die verschiebbaren Spannplanen und der Tiefkühl-Sattelkoffer »Thermomax«

SKO verfügte über ein Innenvolumen von 92,4 m³. Zweiachsige Auflieger für den Wechselbehälter- und den Containertransport sowie zweiachsige Tieflader zur Belastung mit 20 t und dreiachsige Tieflader zur Belastung mit 25 t gingen erneut an die Bundeswehr.

Mit »Wachstum durch Verzicht« durch die allgemeine Wirtschaftsflaute

Die Sättigung des deutschen Marktes nach den ersten Jahren nach der Wiedervereinigung, der damit einhergehende Preisverfall von bis zu 30 Prozent, das Auslaufen von Großaufträgen in die Ölförderländer, die zuvor zu einem Drittel zum Umsatz beigetragen hatten und der Start des europäischen Binnenmarktes führten 1993/94 zu bedenklichen Verlusten, auch wenn die Produktion auf über 2000 Einheiten angestiegen war. Um diese Krise zu bewältigen, verordnete Geschäftsführer Peter Schmitz dem Unternehmen eine Radikalkur. Alle Nischen- und Kleinserien-Baureihen entfielen in dieser Aktion. Das Rückgrat der Produktion bildeten jetzt nur noch die Baureihen Auflieger mit Pritsche und Plane, Koffer- und Kühlfahrzeuge, Kipper und Container-Lafetten. Mit der konsequenten Ausrichtung dieses Standard-Programms auf die weitgehende industrielle Großserienfertigung konnte Schmitz wieder wirtschaftlich Fahrt gewinnen und am Jahresende auf 5100 gefertigte Fahrzeuge zurückblicken.

Schmitz-Curtainsider S.CS »Mega X-Light«, 2011.

Schmitz-Baustoffanhänger APR 18 aus dem Gothaer Werk, 2017.

Nachdem ein Geschäft mit dem französischen Muldenkipper-Hersteller Kaiser in Longuyon nicht zum gewünschten Erfolg geführt hatte, stieg Schmitz über ein Joint Venture-Abkommen mit den Gothaer Fahrzeugwerken wieder in den boomenden Bereich der Baustellenfahrzeuge ein. Die Auflieger trugen die Markenbezeichnung »Schmitz/Die Gothas« (weiter unter »Gothaer Waggonfabrik«). 1996 waren über 2000 Mitarbeiter in dem Unternehmen tätig und Schmitz konnte sich als größter europäischer Aufliegerproduzent bezeichnen.

Das Standardmodell Curtainsider SCS 24/L erhielt eine höhenverstellbare Doppelstock-Einrichtung, so dass 66 Europaletten in zwei Ebenen untergebracht werden konnten. Und der neue Einachsauflieger für den Verteilerverkehr erhielt eine Zwangslenkung.

Der neue Kühlauflieger SKO 24/L verließ das Montageband im »Schäumwerk« Vreden jetzt auch in selbstragender Bauart, wobei nur noch ein kompaktes Fahrgestell zur Aufnahme der Achsen angeschraubt war. Die zweite bei diesen Fahrzeugen eingesetzte Neuerung betraf die Verbindungstechnik des Ferroplast-Aufbaus aus dem Berliner Werk, jetzt ansässig in Berlin-Wildau. Anstelle von Nieten, deren Köpfe für das Einfahren der Paletten stets einen Widerstandspunkt bildeten, wurde der Aufbau verklebt. Die modular zusammengesetzten Auflieger wurden mit höhenverstellbaren Achsaggregaten ausgestattet, wobei die Federbälge je nach Fülldruck die Distanz zum Straßenboden bewirkten. Dieses unter der Bezeichnung »Flexos« eingeführte System ermöglichte es, dass der Auflieger ohne Neigung auf Zugmaschinen mit unterschiedlicher Sattelkupplungs-Höhe gefahren werden konnte.

Die Eckprofile der Kofferaufbauten wurden jetzt auch nicht mehr genietet, sondern ineinander verclippt und die Achsen erhielten jetzt Scheibenbremsen.

Kipper aus dem Gothaer Fahrzeugwerk, Koffer aus dem Werk Toddin

1997 übernahm Schmitz den Fahrzeug-Baubereich der Gothaer Fahrzeugwerke vollständig, so dass das Werk Gotha den fünften Produktionsstandort mit der Disziplin Baustellen-Fahrzeuge bildete.

Das Jahr 1998 stellte erneut einen Höhepunkt in der Produktion des jetzt mit 2300 Mitarbeitern produzierenden Unternehmens dar. Über 11.000 Fahrzeuge konnten ausgeliefert werden, zu 50 Prozent Curtainsider und zu 30 Prozent Kofferfahrzeuge für Temperatur-geführte Güter. Dabei lösten die »Cargobull«-Curtainsider mit einem Eigengewicht von weniger als 6 t und die Auflieger mit der Faltwandtechnik die Pritschenauflieger mit Spiegel und Plane weitgehend ab. Weitere Novitäten bildeten die hintere Liftachse für Leerfahrten.

Fahrwerkstechnisch entwickelte Schmitz seit 1996 zusammen mit

Komponentenspezialisten ein neues Achsaggregat unter der Bezeichnung »Rotos«. SAF lieferte die Achsen, Knorr steuerte die Scheibenbremsen bei, SKF wiederum war für die wartungsfreie Lagereinheit und Wabco für das elektronische Bremssystem verantwortlich. Dieses Achsaggregat kam Zug um Zug in die Fahrzeuge; im Jahre 2004 gehörte es zur Standardausstattung der Schmitz-Fahrzeuge.

Das Aufliegersystem »Flexos«, das das Einrasten in unterschiedliche hohe Sattelkupplungen ermöglichte, wurde weiter ausgebaut. Ein weiteres Zuliefererwerk entstand Ende dieses Jahrzehnts in Toddin bei Hagenow, das den arbeitsintensiven Bau der Kofferaufbauten, der Kofferanhänger und der Faltwände übernahm. Schließlich wurde das Unternehmen unter der neuen Bezeichnung »Schmitz Cargobull« in eine Aktiengesellschaft umgewandelt, die in Familienbesitz blieb.

Nachdem der Markenname »Cargobull« schon seit drei Jahren für die Kofferauflieger genutzt wurde, erhielten im Jahre 2000 auch die Planen- und die vereinzelten Pritschenauflieger diese Bezeichnung. Neu in das Schmitz-Angebot kam in diesem Jahr das teleskopierbare Container-Chassis SCF, fachtechnisch »sliding bogie« genannt, das für die Aufnahme von zwei 20'-, einem 30'- oder 40'-Container genutzt werden konnte. Im Jahre 2002 verbesserte das Werk die Verriegelung der Container auf den Lafetten. Neben dem patentierten Multi-Lock- und Step-Lock-System kam das »Trailer-Elektronik-Stability-Programm/TR-ESP« hinzu, das seitdem eine spezifische Technik des Markenfahrwerks »Rotos« bildet; die Kippgefahr ließ sich dadurch erheblich vermindern.

In der Fertigung der jetzt vollverzinkten Kurz-Fahrgestelle ging Schmitz von der Schweiß- und Schraub- zur Bolztechnik mit Schließringbolzen über. Ein hohes Maß an Fahrstabilität, guter Oberflächenqualität und ein einfacheres Reparieren ermöglichte dieses inzwischen »Modulos« genannte System.

2003 eröffnete Schmitz ein weiteres Zweigwerk in Zaragoza in Spanien, das unter dem Namen Schmitz Cargobull Ibérica S. A. geführt wird. In Litauen folgte das Werk Schmitz Cargobull Baltic UAB in Panevezys. Und um die Montagebänder in Altenberge voll und ganz für die Curtainsider und die Wechsel-Chassis zu nutzen, übernahm das Thüringer Werk zusätzlich zum Kipperbau die arbeitsintensive Fertigung der Schubboden-Fahrzeuge, »Cargo Floor« genannt.

Ein neuer Planenauflieger mit kleiner dimensionierten Rädern ermöglichte eine Innenhöhe von jetzt 3 m. Diese Ausführung eignete sich für den dreilagigen Transport von Gitterboxen der Automobilindustrie. Und nochmals erhielt die Bundeswehr Satteltieflader zum Transport von schwerem Gerät bis zu 25 t Gewicht.

Kontinuierliche Produktionsrekorde

Mit 28.000 produzierten Fahrzeugen stellte das inzwischen auf 3600 Mitarbeiter angewachsene Unternehmen einen neuen Spitzenwert auf. Und diese Leistung wurde im nachfolgenden Jahr 2005 schon auf 35.000 Einheiten gesteigert. Den S.KO Cool gab es wahlweise auch mit Doppelbeladungs-Einrichtung und der SKO »Express« für Trockenfracht und Güter für Express- und Paketdienste mit Ferroplast-Seitenwänden und Heck-Rolltor gab es ebenfalls mit variabel einstellbaren Doppelstockbalken. In Zusammenarbeit mit den Firmen Carrier und Mariba entstand in dieser Zeit ein Kühlaggregat, das in die Kühlfahrzeuge der Sonderbaureihe »Low noise« eingesetzt wurde.

Schmitz-Kühlkofferauflieger mit Ferroplast-Aufbau, 2017.

Den Gardinenplanen-Auflieger S.CS »Mega« war jetzt für Papierrollen, Coils und Getränkekästen in der Version »Vario« mit Sattelkupplungshöhen von 965 und 1150 mm vorgesehen.

Wiederum konnte der Ausstoß an Fahrzeugen signifikant gesteigert werden. 66.500 Modelle verließen im Rekordjahr 2008 die Schmitz Cargobull-Werke. Ein Jahr später entwickelte Schmitz Cargobull die variabel einsetzbare zweite Etage mittels Tragbalken für die zweite Etagefür den S.CS »Mega-Curtainsider« mit der »Varios«-Technik. Das Fahrzeug konnte vom Heck her, seitlich sowie von oben durch einen Kran beladen werden, was vor allem bei Papier- und Bandstahlrollen von Vorteil war. Mit Faltwand-Kofferaufbau brachte das Unternehmen den S.KO »Express« für Trockenfracht und den S.KO »cool« für Kühlgüter auf den Markt. Im Baukastensystem entstanden jetzt das Container-Chassis A.CF und das Wechselbrücken-Chassis A.WF mit Single- oder Zwillingsbereifung.

Wie auch beim Rivalen Kögel kam 2010 ein Einachs-Verteiler-Auflieger als Typ S.CS »City« auf den Markt. Der Curtainsider S.CS X »Light« mit geringem Eigengewicht und der zweiachsige S.CS »Eurocargo« konnten wahlweise auch mit seitlicher Vollverkleidung(»Aerodynamikpaket«) an-

Schmitz-BDF-Lafette, 2017.

Schmitz-Kofferauflieger, 2013. (Foto: Ralf Weinreich)

stelle des profilartigen Seitenschutzes geliefert werden. Und beim S.CS »Speed Curtain« ließen sich die Seitenwände innerhalb von 35 Sekunden öffnen. Schließlich folgte der speziell zur Aufnahme von Tank-Containern das gewichtsreduzierte Chassis S.CF 20‘ »Tank«.

Wenn auch im Jahr 2012 nur 45.000 Modelle an sieben Standorten gefertigt wurden, so blieb das Unternehmen mit der jetzigen Bezeichnung »Schmitz Cargobull« umsatz- und fertigungsstärkster Anhänger- und Auflieger-Hersteller in Europa. Der Curtainsider S.CS »Speeder« erhielt durch oben und unten durch in kugelgelagerten Stahlrollen geführte Planen eine derartige seitliche Stabilität, so dass auf die seitlichen Rungen verzichtet werden konnte. Der Verteilerverkehrs-Auflieger erschien jetzt auch mit einer zweiten gelenkten Achse, so dass sich seine Tonnage erhöhte und der Wagen präziser manövriert werden konnte.

Expansion mit Werken in Russland und in der Türkei sowie Kooperation in China und in Südafrika

Zur Abdeckung des aufnahmefähigen russischen Marktes kam als weiterer Satelliten-Standort ein Werk in St. Petersburg in Russland hinzu. Auch in der Türkei engagierte sich Schmitz Cargobull mit einem Werk in Sakarya.

Die bisherige äußerst erfolgreiche Fertigung der Tiefkühlfahrzeuge führte jetzt zum Einstieg in die Herstellung eigener Kühlaggregate, die mit abgerundetem Design an der Stirnwand eingesetzt und zunächst in kleiner Stückzahl als Baureihe T.KM »One« im S.KO »Cool Exekutive« erprobt werden sollten.

Im Jahre 2014 konnte der Ausstoß wieder auf 45.300 Fahrzeuge bei einer Belegschaft von 5000 Personen gesteigert werden. Mit dem bedeutenden chinesischen Lkw-Hersteller Dongfeng Motor Company Ltd. (»Roter Osten«) in Wuhan wurde im Rahmen eines (für unsere Rechtslage ungünstigen) Joint Venture-Abkommens eine weitere Produktionsstätte errichtet.

In der Aufbautentechnik ging das Unternehmen einen neuen Weg. Die Längsträger und andere Profilteile der Curtainsider wurden jetzt im Rollierverfahren aus einem Rohling kaltverformt und nicht mehr geschweißt. Diese Fertigungstechnik unter der Bezeichnung »Genios« kam erstmalig bei dem Planenauflieger S.CS »Universal« zum Einsatz. Die Herstellungszeit konnte dadurch verkürzt und die Stabilität verbessert werden. Der neue Trockenfrachter S.KO »Express« erhielt Falt- anstelle von Klapptüren. Der Schubboden-Auflieger wurde jetzt »bahnverladbar« ausgeführt.

2015 lieferte Schmitz für die auf verschiedenen Autobahn-Strecken zugelassenen Lang-Lkw-Züge die entsprechenden Fahrzeuge aus. Dabei wurde der Auflieger mit dem Dolly DO 18/2-2 zum konventionellen Anhänger umgerüstet. Gleichzeitig ging die inzwischen im Langzeittest erprobte Transport-Kältemaschine T.KM »One« in den Serienbau. Nachdem schon seit 2016 eine Kooperation im Bereich des Kühlfahrzeugbaus mit dem südafrikanischen Fahrzeugbauunternehmen GRW Holdings aufgebaut worden war, übernahm Schmitz Cargobull Mitte 2017 33 Prozent der Anteile an diesem Trailerhersteller, der vor allem Tank- und Auflieger in Worcester, darunter jetzt auch Pritschenauflieger und Curtainsider, herstellt. Mit insgesamt 5500 Mitarbeitern erzielte der Trailer-Hersteller 2017 einen Produktionsrekord von 56.000 Fahrzeugen.

Schneider, A.

Adolf Schneider, Fahrzeugindustrie mbH,
Heilbronn a. Neckar, Schillerstr. 16,
ab 1949 Sontheimer Str. 36, 1927–1950

Als »Spezialfabrik für Lastanhängewagen« bezeichnete sich dieses seit 1909 bestehende Unternehmen, das Normanhänger, Kipper, Möbel-, Langholz-, Eis- und Tankwagen in ein- und zweiachsiger Ausführung mit Vollgummibereifung und einem Bremserhaus herstellte. Die Spezialität bildete der gekröpfte Rahmen. Hinzu kamen Zweiradanhänger für Elektrokarren. Nach der Währungsreform trat Schneider nochmals auf, ohne dass über das Programm etwas bekannt wurde.

Schneider-Werbeanzeige, 1932.

Schneider, J.

Johannes Schneider,
Reichenbach i. Vogtland, Zwickauer Str. 225, 1936–1945

Erstmals trat dieses Unternehmen 1936 mit dem Bau von Anhängern auf. Gemäß Schell-Plan sollte Schneider Einheits-Anhänger und Kipper bis 8 t Nutzlast bauen.

Schober

Windenfabrik G. Schober, Augsburg i. B., 1929

Schober-Zweiseiten-Windenkipper, 1929.

Mit der Marke Pfaff erschienen gegen Ende der 1920er Jahre Hartgummibereifte Zweiseiten- und Hinter-Kippanhänger mit Zahnstangenmechanik und Mannschaftskabine. Die Fahrgestelle bezog Schober von den Berliner Gaubschat-Werken.

Schomäcker

Heinrich Schomäcker & Co., Fahrzeugbau und Federnwerke,
Hamburg-Hammersbrook, Bullerdeich 49–51, 1936–1956

Die Stiefbrüder Heinrich und Friedrich Schnatmeier gründeten 1880 die Wagenbauanstalt Heinrich Schomäcker & Co, die in Melle Federn und in Hamburg Fahrzeuge herstellte. 1936 trat das Unternehmen unter den Eigentümern F.G. Schnatmeier & Söhne erstmals als Hersteller von Lkw-Anhängern auf und wurde im Schell-Plan in der Kategorie Einheitsanhänger mit Nutzlasten bis 8 t berücksichtigt.

Nach dem Krieg baute das Unternehmen unter dem Motto »Fahrzeuge nach Maß« ein umfangreiches Fahrzeugprogramm mit Pritschen-, Kipp-, Sattel-, Tieflade-, Silo-, Langmaterial-, Baustellen- sowie Elektrokarren-Anhänger auf. Auch luft- und eisenbereifte Gespannwagen für die Landwirtschaft standen im Programm der frühen Nachkriegszeit. Daneben fertigte das Werk Koffer-, Möbel-, Isolier- und Spezialaufbauten. Die Tieflader gab es mit zwei Achsen, wobei sich die hintere Achse abziehen ließ. Die schwere Ausführung besaß vier Doppel-Halbachsen, um schwerste Lasten zu befördern. Das eigene Federnwerk in Melle steuerte die Federn bei.

In den 1950er Jahren entstanden Kohlensilo-Anhänger zur Aufnahme von bis zu 9 bis 18, als Dreiachser bis 22 m³ Kohle. Das Fahrgestell war mit verwindungsfreiem, einseitig gelagertem Rahmenrohr konstruiert, so dass auf der Entladeseite ein freier Bewegungsraum für die Schütten entstand. Im Jahre 1956 endete der Schomäcker-Anhängerbau; das Federnwerk in Melle ist weiterhin als Lieferant für verschiedene Fahrzeughersteller tätig.

Schomäcker-Dreiachs-Kohlensilo-Anhänger, 1954.

Schoon

**Schoon Fahrzeugsysteme und Metalltechnik GmbH,
Strackholt, Zwischenberger Str. 142, 2002–2003**

Das 1960 von Friedrich Schoon gegründete Fahrzeugunternehmen befasst sich vorwiegend mit der Produktion von Kugelkopfanhänger. Kurz nach der Jahrtausendwende präsentierte der inzwischen nach Wiesmoor verlagerte Karosseriebauer auch Tandemachser mit Niedrigpritschenaufbau und Maulkupplung.

Schoon-Tandemachser mit Pritschenaufbau, 2007.

Schörling

**Schörling Fahrzeugbau Häuslingen GmbH,
Häuslingen, Hauptstr., 2002**

Das traditionsreiche hannoversche Waggonbau-Unternehmen begann 1951 mit der Fertigung von Kommunalfahrzeugen. Nach mehreren Besitzerwechseln ist das Unternehmen heute unter der Firmierung HS Fahrzeugbau GmbH in Emstek ansässig und produziert Müllsammel-Fahrzeuge. Schörling fertigte kurz nach der Jahrtausendwende Großraum-Abfallsammel-Auflieger der Baureihe 2R-35 mit Trio-Aggregat und einem Fassungsvermögen von 35 m³.

Schörling-Großraum-Müllauflieger 2 R, 2002.

Schröder

**Schröder Fahrzeugtechnik GmbH,
Wiesmoor, Oldenburger Str. 24**
1. 1946–1981: Unterelbe Fahrzeugbau,
   Osterwanna bei Cuxhaven,
   ab 1956 Wiesmoor, Hauptstr. 240,
   ab 1995 Oldenburger Str. 24
2. 1981 bis heute: Schröder Fahrzeugtechnik GmbH

Friedrich Schröder (1918–1994) richtete 1946 in Osterwanna bei Cuxhaven unter dem Namen »Unterelbe Fahrzeugbau« eine Werkstatt ein, in der er Pritschen- und Kippanhänger für die Landwirtschaft fertigte. 1956 verlegte er den Standort nach Wiesmoor. Hier entstanden für das Speditionsgewerbe neben Aufbauten auf Motorwagen Anhänger und Auflieger mit Pritschen-, Koffer-, Viehtransport- und Kühlaufbauten. In einem zweiten Segment fertigte der Betrieb Kippsauflieger mit zwei Kästen sowie Zwei- und Dreiachskipper mit Luftdrucktechnik. Auch in den Bau von zweiachsigen Behälteraufliegern stieg Schröder ein, wobei die Tank- und Siloaufbauten zugekauft wurden.

Als nach dem Ende der Wiederaufbauphase in Deutschland der konventionelle Fahrzeugbau zurückging, bildete der Bau von Tiefladern, Plattform-, Langholz-, Milch-, Flaschenbier- und Kühlanhängern mit Kunststoffpaneelen weitgehend nach Kundenwünschen eine erneute Auslastung der Fertigungskapazitäten.

Anfang der 1970er Jahre vergrößerte das 50 Personen umfassende Unternehmen erneut die Fabrikanlage, um Exportaufträge zu erfüllen. Für einen Kunden im Nahen Osten konstruierte und fertigte das ostfriesische

Unterelbe-Zweiseitenkipper mit Handhydraulik, 1949. (Foto: Schröder)

Unterelbe-Hinterkipp-Sattelauflieger, 1965. (Foto: Schröder)

Unterelbe-Sattelauflieger mit zwei Kippkästen, 1960. (Foto: Schröder)

Werk in 20 Exemplaren einen 12 m langen Pritschenauflieger mit »orientalischem Aufbau« für 35 t Nutzlast.

Die Söhne Rüdiger und Helmut Schröder beteiligten sich 1984 nach dem Ende des Böseler-Fahrzeugbaus in Oldenburg an dem dortigen Nachfolgeunternehmen Schröder Fahrzeug- und Karosseriebau GmbH. Nach dem Tod von Friedrich Schröder trennten sich die Brüder von dem Oldenburger Unternehmen, das ihr einstiger Partner Günther Wilken unter der Neufirmierung Wilken Nutzfahrzeuge GmbH übernahm. Rüdiger Schröder übernahm als alleiniger Inhaber das Wiesmoorer Fahrzeugwerk. Nach dem Wiedervereinigungsboom konnten 1994/95 die Produktionsmöglichkeiten entgegen dem allgemeinen Trend erneut den gestiegenen Anforderungen angepasst werden, so dass das Domizil in ein größeres Betriebsgelände in Wiesmoor verlagert wurde. Ein wieder umfangreiches Programm nach weitgehend individuellen Vorstellungen der Kunden enthielt um die Jahrtausendwende Fahrzeuge für die Getränkelogistik mit Hub- und Klappwandverdeck sowie Schiebeplanensystem und Auflieger mit Pritschen-, Koffer- und Volumenaufbauten. Für den Baustofftransport entstanden Anhänger und Auflieger mit verfahrbarem Kran, Tiefladeanhänger und -Auflieger, darunter eine vierachsige Ausführung mit hydraulisch gelenkten Achsen für den Gabelstaplertransport.

Inzwischen stehen Volumen-Auflieger mit doppelt gekröpftem Rahmen für den Getränketransport sowie Einachser und Tandemachser mit Volumenaufbauten im Programm.

Schröder-Curtainsider-Sattelauflieger mit mehrfacher Kröpfung, 2017. (Foto: Schröder)

Schröder-Kofferauflieger mit mehrfacher Kröpfung, 2017. (Foto: Schröder)

Schrottke

Maschinenfabrik Wilh. Schrottke und Söhne, Haynau/Schlesien

1. 1925–1929: Maschinenfabrik Wilh. Schrottke und Söhne, Haynau/Schlesien
2. 1929–1944: Schrottke-Waas-Werke GmbH
2. 1949: Fahrzeugwerk Wilhelm Schrottke KG, Poxdorf OT Hagenau Krs. Forchheim

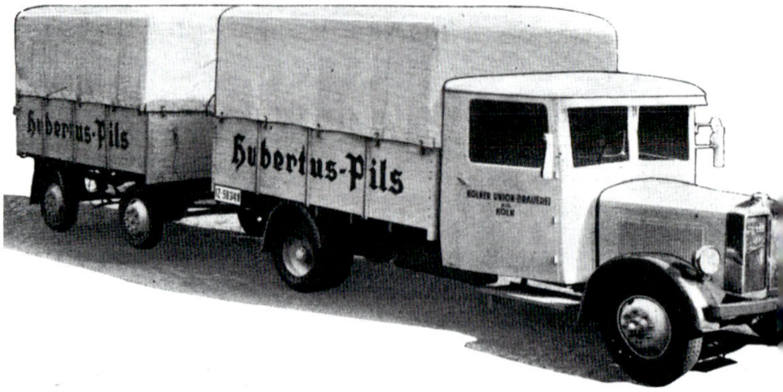

Schrottke-Gliederzug mit Pritschen- und Planenaufbau, 1936.

Diese schlesische Maschinenfabrik, die 1925 auf eine 30-jährige Erfahrung im Fahrzeugbau hinwies, stellte Normalanhänger für 2 bis 5 t Nutzlast mit Vollgummibereifung und Bremserhaus her. 1928 kam eine weitere Aktivität unter der Bezeichnung Schrottke Söhne & Val. Waas GmbH hinzu, die sich auf die Fertigung von Möbel-, Speditions-, Kohlentransport-Müllerei- und Rungenwagen konzentrierte. Dieser Langmaterial-Transporter besaß zwischen Drehgestell und hinterer Achse eine Rohrverbindung.

Schrottke-Werbeanzeige von 1936.

Ein Bediener lenkte den hinteren Drehschemel im beladenen Zustand mit einer Zahnsegmentsteuerung. Der vordere Drehschemel ließ sich abziehen und mit einem Stützrad abstellen. Mit der Rohrverbindung konnte somit ein Nachläufer zum Motorwagen gebildet werden. Ab 1929 nutzte das Unternehmen Pressstahl-Träger und Pressstahl-Drehgestelle anstelle der bisher üblichen Walzeisenprofile, was zu einer Gewichtsreduzierung führte. 1930 nahm Schrottke auch hydraulisch betätigte Kipper ins Programm. Ein Zweigwerk in der Marienhütte in Kotzenau-Mallmitz versorgte ab 1933/34 die beiden Fahrzeugwerke mit Schmiedeteilen. Über 10.000 Anhänger konnten bis in die Kriegszeit gefertigt werden.

1945 flüchtete Wilhelm Schrottke mit einem Teil seiner Mitarbeiter nach Werdau, wo er eine neue Fertigung aufziehen wollte. Dies gelang ihm 1946 in Poxdorf OT Hagenau, wo er in einem ehemaligen Luftwaffen-Ersatzteillager eine größere Werkstatt fand. Die »Vertriebenenfirma« stellte in Einzelmontage Lkw-Anhänger her, bei denen zunächst Flugzeugreifen Verwendung fanden. Nach der Vorstellung und Fertigung zweiachsiger-Pritschenwagen für 3 t Nutzlast, zweiachsiger Speditionsanhänger mit Doppelbereifung für 8 t Nutzlast und eines dreiachsigen Thermoswagens sowie des Langholzanhängers 5 LA 6,5 trat Schrottke nicht mehr auf.

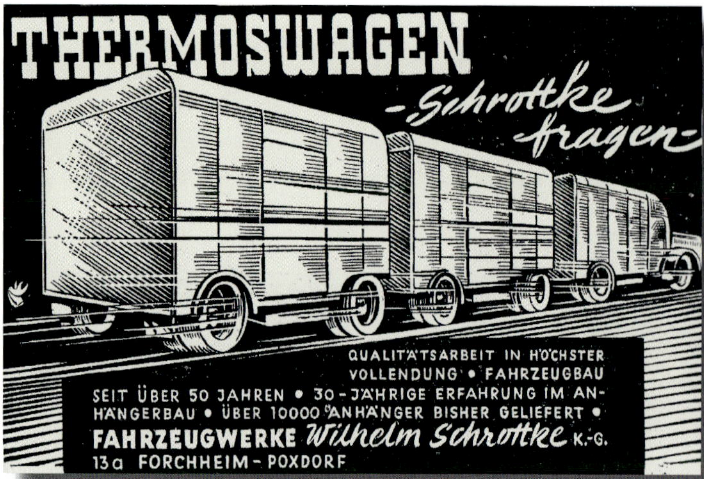

Schrottke-Werbeanzeige von 1949.

Schubert I

F. & W. Schubert Fahrzeugfabrik,
Breslau 17, Frankfurter Str. 54,
ab 1938 Ysselsteinstr. 5–9, 1934–1944

1934 trat dieses schlesische Unternehmen mit dem Bau von Zweiachs-Pritschenwagen mit Nutzlasten von 2,5, 5, und 8 t sowie einem Dreiachser mit 11,5 t Nutzlast in Erscheinung. Hinzu kamen ein 7,5-t-Zweiseitenkipper und ein 9-t-Auflieger. Im Schell-Plan wurde Schubert mit dem Bau eines 8-t-Pritschenwagens und eines 7,5-t-Kippers beauftragt.

Schubert-Werbeanzeige zum Dreiachs-Ferntransportanhänger, 1934.

Schubert-7,5-t-Zahnstangen-Zweiseitenkipper Typ 12, 1936.

Schubert-8-t-Pritschenanhänger mit Spriegel und Plane Typ 6, 1936.

Schubert II

Emil Schubert, Berlin-Neukölln, Weigandufer 314 und
Berlin-Halensee, Mansfelder Str. 60, 1936

Mitte der 1930er Jahre trat Weigand in Berlin-Neukölln als Anhänger-Hersteller auf.

Schuchardt

Schuchardt Fahrzeugbau GmbH & Co. KG,
Kassel, Dennhäuser Str. 53, 2014 bis heute

Das 1925 von Arthur Schuchardt gegründete und 1985 von Heinz Schneider übernommene Unternehmen befasst sich schwerpunktmäßig mit dem Bau von Kurz- und Langholztransportern in Schemel- und Plateauausführung. Neben verschiedenen Motorfahrzeug-Aufbauten fertigt das Werk selbstlenkende und aufprotzbare, zweiachsige Nachläufer. Mit dem 2014 vorgestellten Leichtbau-Kurzholz-Drehschemel-Anhänger für 15 t Nutzlast stieg der Kasseler Fahrzeugbau auch in den Pritschen-Anhängerbau ein. Das modifizierte Fahrgestell wird auch für die Aufnahme von Abroll- und Absetzkippern angeboten. Eine Klasse höher ausgefallen sind dreiachsige Auflieger-Fahrgestelle, die mit Plattform-, Rungen-, Curtainsider- und Kofferaufbauten versehen werden können.

Schuhknecht

Anhänger & Fahrzeugbau Schuhknecht GmbH,
Leipzig, An der Hebemärchte 10, 1990 bis heute

Nach Kundenwünschen stellt dieses Unternehmen vorwiegend leichte Tandemachser mit Pritschenaufbau her.

Schuhknecht-Tandemachs-Pritschenanhänger, 2010.

Schulze, Mann & Co.

Schulze, Mann & Co.,
Bielefeld, Blome Str. 18, 1980–2012

Mit Leichtmetall-Aufbauten machte sich dieses Karosseriebau-Unternehmen einen Namen. Für den Transport von Schaumstoffen entstanden zu Beginn der 1980er Jahre Anhänger und Spezialauflieger mit einem Hubdach, um die Schaumstoffplatten für den Transport zusammenzupressen.

Schulze, Mann & Co.-Schaumstoff-Transportanhänger, 1983.

Schumann

Fahrzeugbau Schumann GmbH, Werdau/Sa., Greizer Str.
1. 1876–1898: Hermann Schumann Wagenfabrik
1. 1898–1917: Sächsische Waggonfabrik Werdau
2. 1917–1928: Hermann Schumann AG,
3. 1928–1932: Linke-Hofmann-Busch-Werke AG Werk Werdau
4. 1932–1943: Fahrzeugbau Schumann GmbH Werdau
5. 1943–1945: Schumann-Werke
6. 1948–1952: VEB LOWA Waggonbau Werdau
7. 1952–1990: VEB Kraftfahrzeugwerk »Ernst Grube« Werdau
8. 1990–2004: Kögel Werdau GmbH & Co. Fahrzeugwerk
9. 2004 bis heute: SAXAS Nutzfahrzeuge Werdau AG, Werdau, Am SAXAS-Werk 1

Wagen und Waggons aus einer Hand mit ständig wechselnden Eigentümern

Der Wagenbauer Hermann Schumann (1843–1921) hatte 1866 in Werdau eine Schmiedewerkstatt mit Fahrzeugbau gegründet. 1894 nahm er die Herstellung von Möbel-, Roll- und Kesselwagen und schließlich von Waggons auf. Querelen mit seinen Geldgebern führten zum Ausscheiden und er gründete daraufhin die Waggon- und Wagenfabrik Hermann Schumann in Zwickau. Der steigende Kapitalbedarf führte 1917 zur Umwandlung der GmbH in eine AG. Dieser gehörten auch die Waggon- und Maschinenfabrik AG (vorm. Busch) in Bautzen und wiederum die Waggon- und Wagenfabrik Hermann Schumann in Zwickau an. Während des Krieges fertigte das Unternehmen Munitions- und Transportwagen für den Pferdezug.

Nach dem Krieg gelang es dem 1800 Personen umfassenden Unternehmen wieder im Waggonbau zu punkten. Als Mitte der 1920er Jahre die Reichsbahn-Aufträge zurückgingen, versuchte die Waggonfabrik die Kapazitäten mit dem Bau von Omnibus-Aufbauten in Ganzstahltechnik, von Aufbauten für den Pkw-Hersteller Pilotwagen AG in Bannewitz bei Dresden, mit Motordraisinen und Anhängern auszulasten. In diesem Bereich entstanden unter anderem Rungenwagen der Baureihe RS, Möbelwagen der Baureihe MA, Rollgardinenwagen der Baureihe GA und »Lift-Vans« der Baureihe LV. Hierbei handelte es sich um Fahrgestelle, auf die mit Stahlprofilen armierte Holz-Container für den Übersee-Transport aufgesetzt werden konnten.

Trotzdem konnte nicht gewinnbringend gefertigt werden. Den Ausweg aus der Misere bildete 1928 das Engagement des inzwischen gebildeten Linke-Hofmann-Busch-Konzerns (LHB) in Breslau, der nun über Fahrzeugwerke in Breslau, Weimar, Werdau und Zwickau verfügte. Das Zwickauer Werk wurde zur Rationalisierung der Produktion schon rasch geschlossen und der dortige Straßenfahrzeugbau mit dem Facharbeiterstamm kam jetzt nach Werdau. Spezialfahrzeuge aller Art für den Lkw- und Pferdezug, zwei- und dreiachsige Anhänger, Kipper und Möbelwagen

Schumann-Zahnstangen-Hinterkipper mit Bremserhaus, um 1930.

sowie Tieflader konnten somit in Werdau unter dem Namen Linke-Hofmann-Busch, Werk Werdau gefertigt werden. Umgekehrt ging der Werdauer Waggonbau überwiegend nach Bautzen. Um den Absatz der Produkte vor allem im Ausland zu fördern, trat das Unternehmen 1928 dem Absatzkartell Delaport bei.

Wieder auf eigenen Füßen

Der dramatische Rückgang der Bestellungen auf dem Höhepunkt der Wirtschaftskrise führte 1931 dazu, dass die Breslauer Konzernleitung das Werdauer Werk für unrentabel erklärte und die Schließung zum Jahresende 1931 verfügte. Trotz der nahezu ausweglosen Lage gelang es dem Werdauer Prokuristen, Geldzusagen vom Sächsischen Wirtschaftsministerium zur pachtweisen Überlassung einiger Werkhallen zu erlangen.

Zu Beginn des Jahres 1932 konnte der Fahrzeugbau Schumann GmbH mit dem Gegenstand der Fertigung von Möbelwagen, Straßenbahn-Aufbauten, Aufliegern und der Reparatur von Postwaggons gegründet werden. Ab 1933 entwickelte sich die Geschäftslage so prächtig, dass im Oktober 1934 die gepachteten und bei der LHB verbliebenen Anlagen erworben werden konnten. Pritschen- und Tank- und Pferdezugwagenwagen, Kipper und Langmaterial-Nachläufer konnten in großen Stückzahlen gebaut werden. Darunter befanden sich die Anhängertypen 3 bis 8 t Nutzlast. Für den Kraftstofftransport baute Schumann einen 4-t-Tankwagen für 2500 Liter in zwei Kesselsegmenten und mit einer Behelfspritsche. In der Klasse der 10- und 11-Tonner stand der Typ 7 mit Doppelfederaggregat zur Verfügung. Im Kipperbereich bot das Schumann-Werk Modelle mit Nutzlasten bis zu 7,5 Tonnen an. Zahnstangen- oder handhydraulische Technik kam hier zum Einsatz. Auflieger nahmen Nutzlasten von 4,5, 6,5 und 9,5 Tonnen auf. Hinzu kam ein 6-t-Langmaterial-Auflieger mit umsteckbarem Sitz zur Betätigung des Lenk- und Bremsmechanismus der Achse.

Schumann-4-t-Tankanhänger mit Gebindepritsche, 1934.

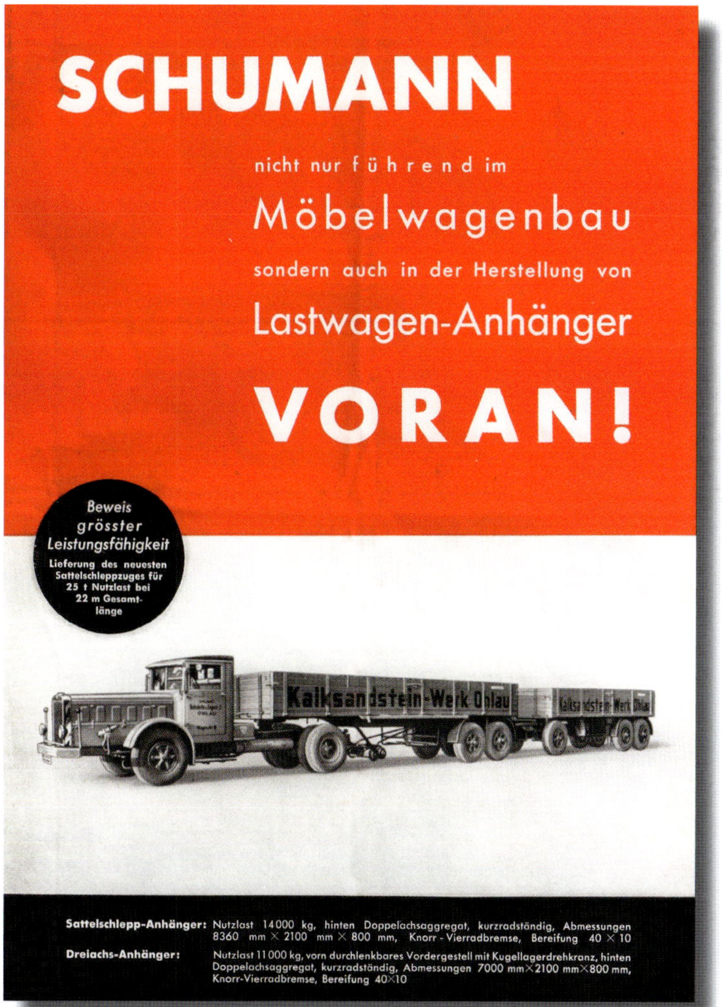

Schumann-Prospekttitel von 1935.

Schumann-Möbelwagenzug mit Auflieger und zweitem Auflieger mit Dolly, 1934.

In einem weiteren Bereich entstanden Möbelanhänger und Aufbauten für Lastwagen, ein Bereich, der das Schumann-Werk zum Produktführer im Deutschen Reich machte. Hier gab es Modelle in den Längen von 5 bis 8 m Länge, mit oder ohne Möbelpacker-Abteil. Und für den Einsatz in unwegsamem Gelände, z. B. in Afrika, bot das Werk einen Halbraupen-Anhänger mit vorderer Rad-Achse und hinterem Kettenteil an.

Mit einem Vierachser im Kreis der renommierten Hersteller

Schaustellerwagen, Elektrokarren-Anhänger und Reichspost-Bautrupp-Wagen sowie Einachs-Langmaterialtransporter rundeten das Programm ab. Im 1938 überarbeiteten Programm erhielten die Fahrzeuge entsprechend ihrer Tonnage die Bezeichnungen LA3, LA4, LA5 und LA8. Das größte Modell bildete der auf der Berliner Automobil-Ausstellung vorgeführte Vierachser für 16,5 t. Der Rahmen »ruhte auf zwei Drehgestellen, die zur Steuerung untereinander zwangsmäßig gekuppelt« waren und es gestatteten, »den Wagen vorwärts oder rückwärts zu fahren«. Sowohl mit Pritschen- als auch mit Thermos-Aufbau konnte dieser Bolide geliefert werden, der zwar viel Aufmerksamkeit, aber kaum Käufer fand. Die Auflieger wurden mit LN gekennzeichnet. Eine Sonderkonstruktion stellte die Kombination eines Aufliegers (LN 5s) mit einem Anhänger (LA 5) als Version LA8a dar. Größtes Modell in diesem Kombi-Bereich war der FAUN-Zug, bestehend aus der Zugmaschine L 600 D 87 S, dem 11-t-Auflieger und dem 11-t-Anhänger. Insgesamt maß dieser Zug 22 m.

Der Schell-Plan konzentrierte die zivile Schumann-Produktion radikal auf den Bau eines 7,5-t-Kippers und eines 11-t-Dreiachsers. Die Realität sah aber auch hier anders aus. Anstelle der vorgegebenen Größen wurde Einheitsanhänger der Baureihen E 3 für 3 t und E 5 für 10,5 t gefertigt. Hinzu kamen Langmaterialanhänger. Die dafür freigewordenen Kapazitäten nutzte das Werk für den Bau von Rüstungsgütern, darunter auch Tieflader, Raupenanhänger, Flak-Lafetten und Teile für Junkers-Düsentriebwerke.

Schumann-3,5-t-Pritschenanhänger Typ 4, 1935.

Besetzung, Enteignung und schwieriger Neuanfang

Die sowjetische Besatzung unterstellte das Werk der SAG Transportmittelbau, gab es aber schon 1947 als Waggonfabrik Schumann-Werke, landeseigener Betrieb an die Sächsische Landesregierung ab. 1948 erfolgte die offizielle Enteignung als einstiger Rüstungsbetrieb gemäß dem Volksentscheid von 1946. Das Unternehmen wurde der Vereinigung Volkseigener Betrieb Lokomotiv- und Waggonbau VVB LOWA) unterstellt. Neben Straßenbahn- und Waggonreparaturen konnte der vereinzelte Bau von Anhängern für den während der Kriegszeit völlig vernachlässigten Kommunalbereich, für Schausteller- und für Langholztransport aufgenommen werden. Diese Anhänger sollten das Holz für den Bau von Standard-Baracken herbeischaffen, die als Reparationsleistung in die SU verfrachtet wurden.

Um 1948, als eine notdürftige Produktion von Rädern, Achsen und Reifen in der SBZ wieder angelaufen war, konnten auch wieder die Einheitsanhänger E3 und E5 3 montiert werden. Wenig später folgten auch wieder erste Tieflader.

1952 kam es zur staatlichen Entscheidung, das Werdauer Werk für die Lkw-Fertigung zu nutzen. Die Waggonbaufertigung ging an die VEB Waggonbauwerke Ammendorf und Görlitz. Das Werdauer Werk, jetzt mit dem Namen des ermordeten Kommunisten Ernst Grube versehen, bildete den Stammbetrieb des IFA-Kombinats Nutzkraftwagen und Anhänger.

Nach Einstellung der schweren Laster übernahm das Werk die Montage des 4-t-Lkw S 4000 aus dem Horch-Werk in Zwickau.

Zweite »Umprofilierung« auf die Anhänger-Herstellung

Nach Ende der Lkw-Produktion im Jahre 1967 wurde der Betrieb wieder auf die Anhängerfertigung umgestellt. Der mit großem Aufwand entwickelte 12-Tonner für den Transitverkehr ging nicht in Serie, dafür begann ab 1969 die äußerst erfolgreiche Produktion des Zweiseiten-Kippanhängers der Baureihen HW 80.11 für die Landwirtschaft und des Universal-Auf-

Schumann-6,5-t-Zweiseiten-Kippauflieger, 1935.

liegers HLS 90, der Containerlafette (Tragrahmenauflieger genannt) HLS 100 für 20'-Container, der Kraftstoff-, Pritschen- und der Container-Anhänger der Baureihe HL 50, des Tragrahmen-, des Kraftstoff- und des Betonplatten-Aufliegers der Baureihe HLS 200. 1970 wurde das Werk mit einer Belegschaft von 2670 Personen in das IFA-Kombinat »Anhänger« eingegliedert, wobei das Werdauer Werk der Leitbetrieb der Erzeugnisgruppe »Straßenanhänger« mit den Werken in Lübtheen, Olbernau und Waltershausen wurde. Aber schon 1983 kam die Unterstellung unter das IFA-Kombinat »Nutzkraftwagen« in Ludwigsfeld, für den man einst den Lkw W 50 entwickelt hatte, was zu großer Missstimmung führte. Im gleichen Jahr musste die dringend erforderliche Fertigung von Reversierbändern für Kraftwerksöfen aufgenommen werden, um die Energieversorgung der Braunkohlekraftwerke zu erhöhen.

In einem weiteren Schritt folgte »zur Steigerung der Produktion von hochwertigen Konsumgütern« die Herstellung von Pkw-Baugruppen für den Eisenacher Typ »Wartburg« und den Zwickauer Typ »Trabant«.

Diese Umstellung führte zur Auslagerung verschiedener Bereiche, so wurde z. B. der Tankwagen und Auflieger an den VEB Maschinenbau Babelsberg abgegeben. Die Herstellung der »Uralzüge« und eines Tankanhängertyps erfolgte jetzt bei der SDAG Wismut in Chemnitz (damals Karl-Marx-Stadt).

Kein Glück mit Kögel

Nach der Wende ging das Werk in die Rechtsform der Fahrzeugwerk Werdau GmbH über; die Fertigung der Pkw- und der anderen fachfremden Teile musste mangels Nachfrage umgehend eingestellt werden. Zu Beginn des Jahres 1991 engagierte sich die Ulmer Firma Kögel Fahrzeugwerke AG mit einer 60-Prozent-Beteiligung an dem Unternehmen, das nun den Namen Kögel Fahrzeugwerke Werdau GmbH & Co. KG trug. Trockenfracht- und Verteilerverkehrs-Auflieger sowie Aufbauten, insbesondere für KEP-Fahrzeuge fertigte der auf 200 Mann geschrumpfte Betrieb. Die Hoffnung, einen Teil der Fertigung eines Teiles der Ernst Auwärter- und des Drögmöller-Omnibusse im Werk anzusiedeln, erschlug sich. Einzig,

VEB Werdau-Milch-Tankauflieger HLS 90.451, 1972. (Foto: Smlg. Weinreich)

1994 verlagerte Kögel die Tandemachser-Fertigung aus dem Altenstädter Werk zur besseren Auslastung in das Werdauer Werk. Als das Kögel-Werk 2004 Insolvenz beantragen musste, wurde im Rahmen der Sanierung als eine der ersten Maßnahmen die Aufgabe des Zweigwerkes in Werdau beschlossen. Die gesamte Fertigung wurde in das Hauptwerk in Burtenbach verlegt, um dort die Kapazitäten auszulasten.

Solider Neubeginn unter der Marke SAXAS

Im Rahmen eines Managements-buy-outs wurde ein Teil des Werkes aus der Insolvenzmasse von ehemaligen Mitarbeitern herausgelöst und firmiert seit dem 1. Juli 2004 unter dem Namen SAXAS Nutzfahrzeuge Werdau AG. In einem anderen Werksteil etablierte sich zeitweise die T-AX-O Trailer GmbH, die sich auf mittlere Tandemachser spezialisiert hatte und mit SAXAS kooperierte.

SAXAS gelang es rasch, mit zunächst 180 Beschäftigten ein leistungsfähiges und ansprechendes Programm auf die Beine zu stellen. So fertigt das Unternehmen einerseits unterschiedlichste Aufbauten auf Lkw der verschiedenen Gewichtsklassen. Andererseits baut SAXAS Anhänger, die mit den entsprechenden Aufbauten versehen werden. Im Bereich der Drehschemelanhänger stellt der (mautfreie) 11,9-Tonner vom Typ APB-12 das Basisfahrzeug für verschiedene Aufbauten dar. Tandemachser stellt SAXAS in der Ausführung APB-5-Z für 5,5 mit Ultraleicht-Koffer- und Schiebeplanenaufbau und in der Ausführung APB-11-Z für 11,9 Tonnen mit Koffer-, Pritschen-, Schiebeplanen und Kipperaufbau her. Auf Wunsch werden die Schiebeplanen-Fahrzeuge auch mit einer Durchlademöglichkeit versehen. In der Version APK-12-3Z100 steht ein Kipper mit 13 t Gesamtgewicht zur Verfügung. Und für GaLa-Betriebe werden die Tandem-Tiefladeanhänger APT-11-EZ100 und APT-12-EZ100 gefertigt.

1997 erschien der einachsige, gelenkte und 12,5 Meter lange Kofferauflieger vom Typ »Varioliner« für Gesamtgewichte von 7,49 und 11,9 t für die Distributionslogistik. Im Jahre 2008 nahm SAXAS auch einen dreiachsigen Curtainsider mit einer Innenhöhe von 3110 mm ins Programm, aber schon 2014 fielen diese Auflieger aus dem Programm.

SAXAS-Tandemachser für 8,4 t Nutzlast mit Durchlademöglichkeit, 2011.

Schwarte Jansky

Schwarte Jansky, Ahlen, Kruppstr. 2
1956 bis heute

Aus der 1932 von Alfons Schwarte gegründeten Schwarte Werke GmbH, die seit 1956 ihr Metier im Bau von Melkfahrzeugen und Melktechnik gefunden hat, entstand nach der Eingliederung der Firma Jansky aus Emsdetten, die seit 1954 ebenfalls Melkwagen herstellte, die Firma Schwarte Jansky in Emsdetten. Für den Milchtransport nutzt das Unternehmen Fahrgestelle der Firma MAFA. Bei den Dreiachsern und den Aufliegern können auf Wunsch liftbare Achsen eingebaut werden. Für die Außenverkleidung verwendet Schwarte Jansky wahlweise Edelstahl oder GFK. Für die Entsorgungswirtschaft werden nach Kundenwunsch Auflieger mit Edelstahl-Kesseln und Pumpen hergestellt. Schließlich folgen für den hygienischen Transport von Flüssigkeiten wie Wein, Bier und Fruchtsaft Tankaufbauten auf Motorwagen, Aufliegern und Wechselbrücken.

Schwarz, H.

Herm. Schwarz Karosserie- u. Anhängerbau,
Bremen, Baumstr. 60 und Sottrum i. Hann., Am Bahnhof
1936–1939

In der zweiten Hälfte der 1930er Jahre ist die Firma Herm. Schwarz im Bau von zweiachsigen Pritschenwagen sowie von Omnibus-Karosserien nachzuweisen

Schwarz-Werbeanzeige von 1939.

Schwarz, Gebr.

Gebr. Schwarz Fahrzeugfabrik GmbH, Kaiserslautern, Barbarossa-Str. 54, ab 1950 (?) Denisstr. 34
1939–1997

Der Schell-Plan wies diesem Werk den Bau von Anhängern im Bereich von einer bis 8 t zu. Nach dem Krieg standen Anhänger für die Landwirtschaft sowie für das Bau- und Speditionsgewerbe im Angebot. 1976 war das Unternehmen mit dem Standort in der Kaiserslauterer Merkurstr. 40 mit der Herstellung von Karosserie, Aufbauten und Anhängern im Leistungsverbund selbständiger Fahrzeughersteller/LSF vertreten. Mit Beginn der 1980er Jahren verlegte Schwarz den Schwerpunkt auf die Herstellung von Aufliegern für Betonmischer.

Gebr. Schwarz-Werbeanzeige von 1965,

Schwelmer Eisenwerk-Tankauflieger für 20.000 Liter Kraftstoff, 1960.

Schwelmer Eisenwerk

Schwelmer Eisenwerk Müller & Co. GmbH,
Schwelm, Loher Str. 1–2

1. 1936–1983: Schwelmer Eisenwerk Müller & Co. GmbH
2. 1983–1989: Schwelmer Tankfahrzeugbau GmbH
3. 1989: Schwelm Anlagen & Apparate GmbH

Das 1886 gegründete Schwelmer Eisenwerk stellte zunächst Stahlblech-Fässer in allen Größen für den Transport brennbarer Flüssigkeiten her. Nach dem Ersten Weltkrieg entstanden »explosionssichere« Tankanlagen. Zu Beginn der 1930er Jahre nahm der metallverarbeitende Betrieb auch den Bau von Tankwagen-Aufbauten in Stahl- und in Aluminiumausführung auf. 1936 ist der erste Tank-Anhänger nachweisbar. Im gleichen Jahr entstand der 20-Liter-Einheitskanister mit Bajonettverschluss, der heute noch den Stand der Technik vorgibt. Für die Wehrmacht lieferte das Unternehmen zweiachsige Tankanhänger mit Kesselaufbauten für 6375 Liter Kraftstoff.

Nach dem Krieg nahm das Unternehmen den Tankwagenbau wieder auf. Waren es zunächst Anhänger, so kamen in den 1960er Jahren verstärkt Auflieger hinzu.

Für die Betankung der neuen Großraum-Flugzeug-Generation entwickelte das Schwelmer Eisenwerk 1967/68 einen Gliederzug mit einem Fassungsvermögen bis zu 30.000 Liter Düsenkraftstoff.

Mitte der 1960er Jahre trat das Schwelmer Eisenwerk dem Arbeitsring-Tankwagenhersteller bei, der die Konstruktion eines 30.000-Liter-Einheits-Tankwagens vorbereitete.

In den frühen 1970er Jahren umfasste das Schwelmer Eisenwerk-Programm Tankaufbauten für Motorwagen für den Verteilerverkehr, Tankanhänger und dreiachsige Auflieger in Leichtmetallausführung. Erneut wandte sich das Unternehmen auch der Herstellung von Großraum-Tankaufliegern für den Einsatz auf Flughäfen zu. Die nach unten gekröpften Oval-Keilform-Kessel waren für eine Aufnahme von 67.000 und 80.000 Litern Kerosin ausgelegt.

Auch im Bau von zweiachsigen Gefahrgut-Behältern in isolierter Stahl-Ausführung für 24.000 Liter Chemikalien, insbesondere Säure oder Flüssiggas, war das Werk präsent.

Schwelmer Eisenwerk-Tankauflieger Typ TSA 370 LHK für 37.000 Liter Kraftstoff, 1983.

Schwelmer Eisenwerk-Flugfeld-Tankauflieger mit Behälter aus Alu-Legierung für 85.000 Liter Kerosin, 1986.

1975 schloss sich das Schwelmer Eisenwerk dem Produktionsverbund von Aurepa und Stadler unter der Firmierung SAS Nutzfahrzeug GmbH an. Das Schwelmer Werk sollte für den Leichtmetall-Behälterbau zuständig sein. Von Vorteil für das Schwelmer Eisenwerk erwies sich diese Spezialisierung aber nicht, so dass das Werk nach dem Austritt aus diesem Verbund wieder ein nahezu vollständiges eigenes Programm anbot. Ein neues Fertigungsgebiet erschloss sich das Werk 1980 mit dem Bau von Tankcontainern und 9000-Liter-Weintank-Wechselaufbauten. Im Gefahrguttransport trat der dreiachsige Auflieger TSA 135 mit isoliertem 13.500-Liter-Druckbehälter in Edelstahltechnik für die Aufnahme von Schwefelsäure oder Laugen an.

1983 folgte als weitere Neuentwicklung der Anhänger und Auflieger-Tanker mit Druckbehälter für 14.000, 2250 und 46.000 Liter Flüssiggas. Für den Transport von Granulaten und pulverigen Gütern schickte das jetzt als Schwelmer Tankfahrzeugbau bezeichnete Unternehmen den dreiachsigen TSA 370 LHK mit einem Volumen von 37.000 Liter ins Rennen. Das Fahrgestell mit Frontkipphydraulik war aus Feinkornstahl gefertigt.

Infolge der Tankwagenkatastrophe von Herborn nahmen sich die Schwelmer Ingenieure auch den Bau des Sicherheitstankwagens unter der Projektbezeichnung des Bundesministeriums für Forschung und Technik an. Der Prototyp für 55.000 Liter kam jedoch nicht zur Vollendung. Dafür ging der sicherheitsoptimierte Tankanhänger TAH als Zwei- und Dreiachser für 18.000 und 26.000 Liter Kraftstoff in die Serienproduktion.

Mit dem Aufbau des Zweigwerkes Tankwagenbau Süd in Stuttgart kam es 1989 zu einer Umorganisation der Produktionsbereiche unter der Holding Schwelmer Eisenwerke Müller & Co. GmbH. Der Bau der Straßentankfahrzeuge wurde nach Stuttgart verlagert und das Schwelmer Werk befasste sich mit der Fertigung des traditionellen stationären Anlagenbaus und der Flugfeld-Betankungsfahrzeuge.

In diesem Geschäftsfeld lösten Gliederzüge und Auflieger in »Low Line«-Ausführung zum Unterfahren von Tragflächen mit einem Armaturen-Heckschrank und einem Fassungsvermögen von 85.000 Liter Kerosin die bisherige Generation ab.

Das Ulmer Werk erneuerte die Auflieger zum Transport flammbarer und nicht-flammbarer Flüssigkeiten und Güter im Jahre 1999 mit dem Typ 502/164 für 26.000 Liter. Für Flüssiggas- und Gastank-Container stand ein Universal-Fahrgestell zur Verfügung.

Der Schwund der Tankstellenbetriebe in den 1980er und 1990er Jahren sowie die enorme Konkurrenz auf diesem Sektor brachte das Unternehmen in Schwierigkeiten, so dass es 2003 nach der Insolvenz geschlossen wurde.

Seeleke

Fahrzeugwerk Heinrich Seeleke, Wernigerode
1. 1934–1939: Fahrzeugwerk Heinrich Seeleke
2. 1976–1990: VEB Karosseriebau Wernigerode

Seeleke-Werbeanzeige, 1934.

Das auf eine Fertigungszeit »seit Jahrzehnten« zurückblickende, zunächst in Bremen ansässige Werk entwickelte 1930 ein Auflaufbremssystem, das entweder auf die Vorderachse oder auf beide Achsen wirkte. 1934 bot Seeleke, nun im Harz ansässig, elektrisch geschweißte Kipper mit diesem Bremssystem an. Eine Zusammenarbeit muss mit den Pfingstmann-Werken bestanden haben; ab 1935 bot das Harzer Unternehmen die Anhänger unter der Marke »Pfingstmann-Seeleke« an.

Nach der Enteignung fertigte der VEB Karosseriebau Wernigerode den HL 50.76/1- und Personenbeförderungsanhänger.

Seibel

Fahrzeugbau Wilhelm Seibel, Hanau, Schloss Philippsruhe
1. 1946–1967: Fahrzeugbau Wilhelm Seibel, Hanau, Schloss Philippsruhe
2. 1967–1990: F. X. Kögel Fahrzeugwerke GmbH & Co., Werk 3

Wilhelm Seibel (1902–1967) betrieb zunächst eine Apfelweinkelterei und ab 1935 in Hochstadt eine Automobilhandlung mit Reparaturwerkstatt, die während des Krieges durch Bomben zerstört wurde. Nach dem Krieg wies die Landeswirtschaftskammer dem Unternehmer die Reithalle im Schloss Philippsruhe in Hanau zu, wo der mit dem Anhängerbau begann. Mit Pritschen- und Kipp-, Langmaterial und Tiefladeanhängern sowie Aufliegern und Spezial-Fahrzeugen baute Wilhelm Seibel ein umfangreiches Programm auf. Das Zugpferd des Herstellers bildete der dreiachsige Ferntransport-Pritschenanhänger. 1965 präsentierte Seibel einen zweiachsigen Tiefbett-Auflieger für den Transport von Fertigbetonteilen. Diese wurden auf einer auswechselbaren, 7 m langen Brückenkonstruktion transportiert, die durch vier elektrohydraulisch betätigte Abstellstützen – nach Lösen der Verriegelung – angehoben werden konnte, so dass der Rumpfauflieger mit der Dreiachs-Zugmaschine abfahren konnte, um die nächste Palette anzuliefern. Mit einer MAN-Sattelzugmaschine verreichte das Gespann ein Gesamtgewicht von 42 t, von denen 26,7 t auf die Ladung entfielen.

1967 übernahm das Ulmer Kögel-Unternehmen den Seibel-Betrieb als Werk 3 und konzentrierte den Betrieb auf den Tandemachser-Bau. Als 1990 das Pachtverhältnis der Reithalle 1990 auslief, verlagerte Kögel die Produktion in das Kautz & Sohn-Werk in Altenstadt.

Seibel-Werbeanzeige, 1967.

Seidler

Fahrzeugbau Seidler GmbH & Co. KG,
Oberkirch-Haslach, Friedhofstr. 5,
ab 1998 Achern-Önsbach, Handwerkerstr. 10
1998 bis heute

1986 gründete Karosserie- und Fahrzeugbaumeister Edgar Seidler in Oberkirch-Haslach ein Fahrzeugbauunternehmen, das zunächst Pkw- und landwirtschaftliche Spezialanhänger herstellte. 1998 erfolgte der Umzug nach Achern-Önsbach, wo ein größeres Fertigungsareal genutzt werden konnte. Gleichzeitig erweiterte Seidler die Produktpalette auf Lkw- Anhänger und Auflieger.

Im Bereich der zwei- und dreiachsigen Drehschemelanhänger entstehen nach individuellen Vorgaben der Kunden Fahrzeuge mit Baustoffpritschen, mit Pritschen und Spriegel für Speditionszwecke, mit Kurzholzaufbauten, mit Abrollmulden-Aufbau und mit Kippaufbauten. Tandemachser werden mit Tiefladepritschen, mit Dreiseiten-Kippaufbauten sowie mit Curtainsider-Aufbauten in Volumenausführung und Durchlademöglichkeit gefertigt.

Für den Verteilerverkehr steht ein einachsiger Koffersattel im Angebot. Ein zweiachsiger Auflieger mit hinterer Lenkachse und eine dreiachsige Version werden nach Kundenwünschen mit Plattformen, mit Pritsche und Plane, mit Curtainsider- und mit Baustoff-Pritschenaufbau sowie mit Heckstapler ausgestattet.

Seidler-Niederrahmen-Tandemachs-Hinterkipper, 2012. (Foto: Seidler)

Seidler-Pritschenauflieger mit Spriegel, 2012. (Foto: Seidler)

Seidler-Tiefrahmen-Tandemachser mit Durchlademöglichkeit, 2016. (Foto: Seidler)

Seidler-Tandemachs-Dreiseitenkipper, 2016. (Foto: Seidler)

Siegfried

Siegfried-Karosseriefabrik, Großbeeren-Berlin, 1938

Mit dem Bau eines dreiachsigen Isolierkofferwagens wollte dieses Unternehmen in den Fahrzeugmarkt einsteigen.

Siegfried-Dreiachser mit Isolierkoffer-Aufbau, 1938.

Sigg

Fahrzeugfabrik Albert Sigg, Augsburg, Unteres Kreuz (Auf dem Kreuz 11), 1927–1950 (?)

1927 trat dieses Unternehmen mit vollgummibereiften und mit einem Bremserhaus versehenen Anhängern, Kippern sowie Möbelwagen auf. Nach dem Krieg fertigte das noch heute bestehende Unternehmen neben Pkw- auch Lkw-Anhänger und Kipper.

Sigg-Werbung, 1925.

SNF

Schweriner Nutzfahrzeuge GmbH, Schwerin, Mittelweg 7
1994–1996: Schweringer Nutzfahrzeuge GmbH

Aus einem 1993 von der Berliner Treuhand privatisierten Betrieb, der schon seit 1990 Anhänger und Auflieger baute, entstand die Schweriner Nutzfahrzeuge GmbH (SNF). Innerhalb kurzer Zeit konnte das Unternehmen eine respektable Anzahl an Auflieger-Baureihen anbieten.

SNF-Dreiachs-Curtainsider mit Nachlauflenkachse, 1998.

Dreiachsige Chassis mit auf Wunsch gelenkter Nachlaufachse bildeten den Ausgangspunkt für Aufbauten mit Container Chassis, kippbar oder nicht-kippbar, mit Koffer für Trockenfracht und mit Kühlkoffer für temperaturgeführte Waren. Hinzu kamen gewichtsoptimierte Fahrgestelle für Aufbautenhersteller. Für den Markt in den GUS-Staaten bot SNF schwere und somit robuste Auflieger an. Kunden in Skandinavien konnten Sonderausführungen gemäß den dortigen Zulassungsbestimmungen ordern. Für diesen Markt stellte das 11 Mitarbeiter starke SNF-Werk auch vierachsige Drehschemel-Volumenanhänger her.

1994 kam es zu einer Vertriebskooperation mit dem dänischen Kühlfahrzeughersteller Norfrig A/S. Nach verschiedenen erfolglosen Rettungsversuchen musste 1996 das SNF-Werk aufgelöst wurde.

Sommer-Stufenauflieger für Möbel- und Textiltransporte, 1998.

Sommer

Sommer Fahrzeugbau GmbH, Bielefeld, Rembrandtstr. 1–3

1. 1968–2007: Sommer Fahrzeugbau GmbH, Bielefeld, Rembrandtstr. 1–3
2. 2007–2009: Sommer Road Cargo Solutions GmbH & Co. KG
3. 2009 bis heute: Sommer GmbH, ab 2014 Laucha an der Unstrut, Kleine Ziegeleistr. 8

Traditionsreich im Aufbautenbau und interessante Übernahmen

In Bielefeld-Brackwede begann 1935 Otto Sommer als Stellmacherei Aufbauten für Fahrzeuge nach Kundenwünschen herzustellen, ein Prinzip, das bis in die 1980er Jahre beibehalten wurde. Aus der Manufaktur entwickelte sich ein Fahrzeugbau- und Reparaturbetrieb. Ab 1968 ging das Bielefelder Industrieunternehmen zum Bau von ersten Komplettfahrzeugen auf zwei- und dreiachsigen Aufliegern mit Faltwand-, Jumbo-, Pritschen- und Tiefkühlaufbau über. Ab 1987 nutzte Sommer auch Tandemachser mit Kurzkupplung für Kofferaufbauten.

Sommer-Kühlkofferauflieger »Supercooler« mit zwei Etagen, 1997.

Einen Schub im Programm und in der Fertigung brachte 1988 die Übernahme des Bunge-Werkes in Bremen. Im Standardprogramm waren jetzt Anhänger und Auflieger mit Pritschen-, Koffer-, Wechselkoffer- und Klinikaufbauten vertreten. Im Spezialprogramm folgten Schwanenhals-Tiefbett- und Kofferauflieger mit Luftfracht-Palettenhubtisch sowie Tankwagen.

Zwei Jahre später ergänzte ein Jumbo-Spannplanen-Anhänger mit Tiefrahmen das Angebot. In den 1990er Jahren präsentierte der ostwestfälische Hersteller zweiachsige Lafetten in Normal- und Niedrigbauweise für BDF-Wechselaufbauten in Koffer-, Möbelkoffer- und Textilkoffer-Ausführung. Und mit einem dreiachsigen Schubboden-Auflieger für Schüttgut und Paletten betrat Sommer neues Terrain. 1995 stellte das Unternehmen mit dem Stammhaus in Bielefeld, dem C. H. Bunge-Fahrzeugwerk in Bremen, dem hinzugekommenen Zweigwerk Sommer Fahrzeugbau GmbH in Potsdam und der Alcar Industrie Sommer France in Marmoutier bei Straßburg mit insgesamt 700 Beschäftigten ein respektables Unternehmen dar. Auf Drehschemel-, Tandem- und Auflieger-Unterbauten standen Transportlösungen für die Getränke-, Lebensmittel-, Frischdienst- und Kühlgüterindustrie sowie für Spediteure mit Volumentransportern bereit.

1997 war das Unternehmen auf acht Gesellschaften mit 1000 Mitarbeitern in Deutschland, in Frankreich, in Polen mit der Sommer Polska Sp.z.o.o. in Brzezno (südlich von Kolberg) sowie Rumänien angewachsen und stand in diesem Jahr auf dem Höhepunkt der Firmengeschichte.

Neuheiten bildeten der »Bunge-light«-Tankanhänger TAA 18,5-3 mit 18.500 Liter-Kessel und darin integriertem Armaturenschrank sowie als Flaggschiff der dreiachsige »Supercooler« mit mittragendem »Ultraflachhals«-Chassis für den Kofferaufbau. 1998 erschien als weiteres Highlight der dreiachsige Auflieger »Cargolight« für den Coil-Transport. Das Fahrzeug verfügte über verstellbare Mittelrungen und die bis heute aktuelle »Sommer-Außenrahmen-Ladungssicherung SALS«.

Kurz vor der Jahrtausendwende kamen der Verteiler-Kofferauflieger »Cityrunner« mit niet- und schraubfreien Rahmenprofilen sowie der »Euromaster« mit leichtem Kofferaufbau mit gesickten oder glatten und vollverzinkten Paneelen zur Auslieferung. Das hier verwendete ultraleichte PST-Material erzielte eine Gewichtseinsparung von 22 Prozent. Weitere Neuheiten bildeten der dreiachsige Curtainsider mit Liftachse, der dreiachsige »Megatrailer« mit Ladebordwand und ein zweiachsiger Drehschemelanhänger mit Schiebeplanen- oder mit Wingliner-Schwenkwandaufbau für den Getränketransport.

Sommer-Drehschemelanhänger AG 18 mit Böse-Kofferaufbau, 2006.

Sommer-Tandemachslafette TW 18 für den Transport von Wechselbehältern, 2017.

Aufbau des Zweigwerkes in Laucha und Neuaufstellung des Werkes

Im Jahre 2003 trübten sich die Umsätze des Unternehmens durch den allgemeinen Rückgang des Fahrzeuggeschäftes ein; das Werk hatte die Expansionsphase überschritten. Der Tankwagenbau wurde zur Auslastung des Stammwerkes von Bremen nach Bielefeld verlagert. Im Rahmen der Reorganisation wurden 2003/04 das Bunge-Werk, das Potsdamer Werk und die Betriebe in Frankreich und in Rumänien aufgegeben. Dafür wurde mit staatlicher Förderung in Laucha an der Unstrut in Sachsen-Anhalt ein neues, modernes Werk eingerichtet.

Mit dem Bau von bahnverladbaren Container-Chassis, einem neuen Curtainsider mit einem Volumen von 101 m³ und einem Hinterkipp-Kastenauflieger aus Leichtmetall für 36 m³ Schüttgut versuchte Sommer wieder zu punkten. Die Talfahrt konnte trotzdem nicht aufgehalten werden, so dass die Eigentümer Herbert und Gerhard Sommer das Unternehmen an den Finanzinvestor Arques Industries AG abgaben.

Bei der Durchforstung des Unternehmens nach Verlustbringern wurde der Tankfahrzeugbau 2006 eingestellt. Für die Gesundung sollte das Unternehmen sich wieder auf die traditionelle Domäne wie Fahrzeuge mit Möbel-, Textil-Koffer-, Stückgut-, Getränke-, Curtainsider-, Volumen- und Verteilerkoffer-Aufbauten und in einem zweiten Bereich auf Aufbauten für die City- und Paketlogistik auf Kurier-Express-Paket/KEP-Fahrzeuge auf Transporterbasis konzentrieren. 2007 stellte der »Cargo Mega« mit einoder beidseitig anhebbarem Dach eine Weiterentwicklung des bisherigen Curtainsiders mit jetzt 102 m³ dar.

Im Herbst 2007 kam es zur Bildung der Sommer Road Cargo Solutions GmbH & Co. KG (Sommer RCS) mit Sitz in Bielefeld und Produktionsstätte in Laucha. Schwerpunkte sollten die Bereiche Auflieger und Aufbauten sowie KEP-Fahrzeuge sein. Mit einem neuen Fertigungsfeld, dem Bau von Kipp-Aufliegern mit 36 m³ großen Kastenmulden sollte der Aufschwung erreicht werden. Ein rascher Erfolg stellte sich in diesem hart umkämpften Markt nicht ein, so dass der Investor Arques schon 2008 die Road Cargo Solutions-Gesellschaft an den Schweizer BSF Consulting AG weiterreichte. Als eine erneute Insolvenz nach dem Rückzug eines Massenbestellers drohte, übernahmen in einem Management-Buy-in-Verfahren ehemalige Kögel-Vorstandsmitglieder Alexander das Unternehmen. Neben dem Betrieb mit Hauptsitz jetzt in Laucha erwarben die neuen Eigentümer auch die polnische Tochtergesellschaft, die für die Blechbearbeitung verantwortlich ist. Der Schwerpunkt verlagerte sich jetzt wieder konventionell auf Koffer- und Wechselaufbauten für Tandem- und Drehschemelanhänger sowie für Motorwagen.

2014 kam es zur fast vollständigen Verlagerung des traditionsreichen Bielefelder Industrieunternehmens in das fast 200 Mitarbeiter umfassende Werk in Laucha, wo im gleichen Jahr ein zweiachsiger Auflieger mit Rollbandtechnik für die Paketbeförderung vorgestellt werden konnte. Letzte Neuheiten bildeten der einachsige City-Auflieger mit Rolltor im Heckbereich für den Verteilerverkehr im Lebensmitteltransport sowie Fahrgestelle für Tankaufbauten, für den Holz- und Geflügeltransport.

Aber auch in dem der Nachfrage angepassten Werk in Laucha kam es 2015 zeitweise zu wirtschaftlichen Schwierigkeiten, nachdem erneut ein Großauftrag für KEP-Fahrzeuge platzte, aber eine große Menge an Vorfabrikaten eingekauft war.

Sommer-Einachs-Kastenauflieger, 2018.

Spengler

P. Spengler, Maschinen- und Apparatebau, Trier, 1934

Das 1901 gegründete Unternehmen warb 1934 mit dem Bau von Zwei- und Dreiseitenkippern der Marke PST mit Nutzlasten von 1 bis 10 t.

Spermann

Spermann Fahrzeugbau GmbH,
Werne, Butenlandwehr 52, 1990 bis heute

Bis auf das Jahr 1921 reichen die Aktivitäten des Spermann Fahrzeugbaus zurück. Insbesondere Kühlfahrzeuge mit mehreren Kammern bildeten lange das Produktionsprofil. Der Kundenbereich erstreckte sich in erster Linie auf Molkereien und Groß- und Einzelhandelsbetriebe.

In den 1990er Jahren ging das Unternehmen auch zum Bau von Curtainsidern für Volumenzüge, Kofferfahrzeugen mit Aluminium- und Plywood-Aufbauten sowie von Pritschenanhängern über. Um die Jahrtausendwende folgten auch Tandem-Curtainsider mit Doppelstockbeladung. 2003 kam als weitere Baureihe ein dreiachsiger Getränke-Auflieger hinzu. Heute stehen ein- und zweiachsige Volumen-Anhänger neben vielfältigen Aufbauvarianten im Programm.

Spermann-»Tautlinerzug« für höhenverstellbare Doppelstock-Verladeeinrichtung mit Tandemachser, 2000.

Spermann-Einachs-Volumenanhänger, 2014.

Spier

Spier Fahrzeugwerk H. Spier und Sohn,
Steinheim, Industriepark Bergheim, Schorlemerstr. 1
1. 1950–1988: Spier Fahrzeugwerk H. Spier und Sohn,
Steinheim, Hospitalstr. 6,
ab 1963 Industriestr. (Industriepark Bergheim)
2. 1989 bis heute: Spier GmbH & Co. Fahrzeugwerk KG

Milchwagenanhänger als Ausgangspunkt

Spier ist ein inzwischen bedeutender deutscher Aufbauten-Produzent, der auch in Eigenfertigung die Unterbauten von Anhängern und Aufliegern herstellt.

Auf das Gründungsjahr 1872 weist das heutige Unternehmen hin, als der Stellmacher Heinrich Spier in Steinheim im Kreis Höxter seinen Wagenbaubetrieb einrichtete und unter anderem Wagenräder, Schubkarren und Erntewagen baute. In den 1930er Jahren entwickelte sich das Unternehmen in Richtung Karosseriebau. Erste Milchwagen wurden gebaut. Meilensteine in der Produktion bildete ab 1957 der Übergang zu Leichtmetall- und ab 1967 zu Aluminium-Aufbauten in Niettechnik und konsequent kantiger Form zur vollen Ausnutzung des Raumes. Mit diesen insbesondere für Möbelspediteure interessanten Fahrzeugen setzte das Unternehmen auf das Kaufinteresse der Möbelindustrie in Steinheim und im Umland.

In den 1970er Jahren ging Spier zum Aufbau von Leichtmetall-Aufliegern über, wobei Serienbauten als auch die seit jeher gepflegte Individualanfertigungen zum täglichen Geschäft gehörten. Für die Auflieger nutzte Spier eine Speziallenkung und für die Aufbauten kamen Leichtmetall-, Kunststoff- und Plywoodpaneele (hochwertiges Sperrholz, beiderseitig mit glasfaserverstärktem Kunststoff beschichtet) zur Verwendung, um ein niedriges Gewicht zu erzielen.

Als ein Großbrand den Hauptbetrieb im Jahre 1976 vernichtete, schritt das Unternehmen unverdrossen an den Wiederaufbau und konnte mit Neuvorstellungen die Kundschaft wieder für die Spier-Erzeugnisse gewinnen. So präsentierte das Unternehmen einen einachsigen Auflieger in Aluminium-Ausführung für den Möbeltransport und einen zweiachsigen Auflieger mit Plywood-Aufbau für Trockenfracht mit einem Volumen von 91 m^3. Speziell für Flugzeugkomponenten entwarf und baute Spier einen Auflieger mit Rollenteppich unter der Bezeichnung »Spier-Essex«.

Getränkeauflieger mit raffinierter Bordwandtechnik

1980 konnte Spier den Getränkeauflieger der Baureihe »Toptime-Lade System Peters« vorstellen, bei dem sich die obere Bordwand nach Öffnen der unteren Hälfte automatisch aufklappte.

Neben den traditionellen Karossen für die Motorwagen erweiterten Koffer-, Getränke- und Jumboaufbauten auf Anhänger und Auflieger mit Nachlauf-Lenkachse das Programm, zumal durch den Niedergang der einst abnahmewilligen Möbelindustrie neue Aufbautenarten gefunden

Spier-Einachs-Kofferauflieger im Rohbau, 1957. (Foto: Spier)

Spier-Kofferauflieger für den Möbeltransport, 1997.

werden mussten. Weitere Nischenprodukte bildeten Aufbauten mit Vorrichtungen zum Transport von Flugzeugpaletten, den Rollenteppichen mit Mitnehmer. Für die zweiachsigen Jumbo-Kofferaufbauten nutzte das Unternehmen die Kässbohrer-»Transmaximal«-Kurzkupplung und deren Achslenkungstechnik.

Seit 1987 verwendet Spier auch Tandemachser für die Möbel-, Lebensmittel- und Textiltransport-Aufbauten. Auch das Spezialgebiet der Flugzeugteile-Transporter erweiterte Spier mit kurzgekuppelten Tandemachser für die entsprechenden Gliederzüge und mit dem hier nicht berücksichtigten Verteilerfahrzeug »P36«, inzwischen bekannt unter der Bezeichnung KEP-Fahrzeug (Kurier-Express-Paket-Dienst), konnte er eine bis heute andauernde Geschäftsverbindung mit dem Dienstleister UPS aufbauen. 1988 glänzte Spier mit einer neuartigen Konstruktion. Der dreiachsige Luftfrachttransporter in Volumen-Ausführung mit gekröpftem Rahmen war für vier Air-Cargo-Paletten vorgesehen. Über ein Laufband oder ein Antriebsrollensystem wurde das Ein- und Ausfahren der Transportbehälter bewältigt.

Eine weitere außergewöhnliche Entwicklung stellte der Volumen-Gliederzug mit hydraulisch-mechanisch ausfahrbarer Rohrdeichsel mit Steuerung durch hydraulisch-mechanische Sensoren dar. Spier nutzte dabei ein Patent der französischen Firma Jimecal SA. Durch diese ATC 22-Kurzkupplungstechnik konnte der Abstand zwischen Motorwagen und Tandemachs-Anhänger bei Geradeausfahrt auf 250 mm verkürzt werden, was einem längeren Aufbau zu Gute kam. Der Motorwagen bot 58 und der Anhänger 48 m^3 Ladevolumen auf eine Ladelänge von 6,4 m; insgesamt konnten auch fünf Luftfrachtpaletten aufgenommen werden.

Spier-Deichselanhänger für die schwedische Post, 2008. (Foto: Spier)

Spier-Einachsauflieger für den Möbeltransport, 2017.

Spier-Tandemachs-Kofferauflieger mit Durchlademöglichkeit und Ladebordwand, 2016.

Einachs-Kofferauflieger als Dauerbrenner

Zu Beginn der 1990er Jahre kamen auch Einachs-Kofferauflieger mit geradem oder gekröpftem Rahmen, neben zwei- auch dreiachsige Auflieger-Chassis zur Verwendung. Von den Klapptüren ging Spier zu bequemer bedienbaren Rolltoren über. Den Kurzkupplungsgliederzug passte Spier mit einem zweiachsigen Motorwagen und einem dreiachsigen Drehschemelanhänger den neuen EG-Längenvorschriften an.

Um 1997 wurden in dem inzwischen ca. 180 Mitarbeiter umfassenden Werk bis zu 3000 Aufbauten weitgehend in den Standardausführungen für den Möbel-, Trockenfracht- und Frischdienst auf Motorwagen und Anhänger sowie Auflieger-Chassis gefertigt.

2002 bildeten ein Kofferaufbau in Plywood- oder in Nutzlast-optimierter Sandwichbauweise sowie ein Pritschenaufbau mit Plane und Spriegel oder Schiebeplanenaufbau die Neuheiten. Bei den Kofferaufbauten nutzt Spier die Klebetechnik zum Zusammenfügen der Paneele. Gleichzeitig sah das in der vierten Generation durch Dipl.-Ing. Jürgen Spier geführte Unternehmen die Chance, auch in den zukunftsträchtigen Markt für große Getränkefahrzeuge einzusteigen. Hier bietet das Unternehmen ein-, zwei- und dreiachsige Auflieger in Standard-, Mega- und Stufenausführung an.

Neben den Fachrichtungen Getränke-, Möbel- und Schiebeplanenfahrzeuge baute Spier 2008 auch Gliederzüge bis zu 60 t Gesamtgewicht für den skandinavischen Markt auf. Auch dem Bau von Curtainsidern und Kühlkoffern auf Zentralachs- und Drehschemel-Unterbauten sowie von Wechselaufbauten auf diesen Chassis widmet sich das seit 2015 inzwischen auf 270 Mitarbeiter angewachsene ostwestfälische Werk, das mit dem Motto »Spier die Aufbauprofis« für seine Produkte wirbt. Neueste Entwicklungen stellen die Einachsanhänger dar, die in die Kategorie »Maut-Killer« fallen.

Spier-Drehschemelanhänger mit Curtainsideraufbau, 2018. (Foto: Spier)

Spitzer

Spitzer Silo-Fahrzeugwerke GmbH,
Elztal-Dallau, Brühlweg 10

1. 1950–1972: Ludwig Spitzer sen. KG, Fahrzeugbau, Mosbach i. Baden
2. 1972–1997: Spitzer Silo-Fahrzeugwerke KG, ab 1975 Elztal-Dallau, Brühlweg 10
3. 1997 bis heute: Spitzer Silo-Fahrzeugwerke GmbH

Vom Kolonialwarengeschäft zum Fulliner im Fahrzeugbau

Die Spitzer Silo-Fahrzeugwerke GmbH zählt heute zu den weltweit bedeutendsten Herstellern von Silofahrzeugen und blickt dabei auf eine lange Tradition im Kesselbau zurück. 1872 gründete Johann Spitzer in Mosbach i. Baden ein Kolonialwarengeschäft, das sich immer mehr dem Schwerpunkt Handel mit Eisenwaren und landwirtschaftlichen Geräten zuwandte. Die Söhne richteten 1912 eine Fabrik für den Maschinen- und Gerätebau ein, die Mitte der 1930er Jahre vereinzelt Landwirtschaftsanhänger herstellte.

Nach dem Krieg und der Umfirmierung des Unternehmens in Ludwig Spitzer sen. KG wurde die Serienproduktion von landwirtschaftlichen und Straßenverkehrs-Anhängern aufgenommen. Bis in die späten 1950er Jahre war Spitzer mit einem allumfassenden Fahrzeugprogramm präsent. Neben Aufbauten für Motorwagen begann das Angebot mit Einachsanhängern mit verschiedenen Aufbauten. Zweiachsanhänger mit Pritschen-, Ferntransport-, Koffer-, Rungen-, Kessel- und Siloaufsteller-Aufbauten folgten in der nächsten Stufe. Daran schlossen sich Dreiachser mit Pritschen-, mit Ferntransport-, mit Zweiseiten-Kippaufbauten an, darunter auch mit zwei Kippkästen sowie Innenlader mit tiefgekröpften Hinterachsen für den Transport großer Platten. Im Aufliegerbereich stand Spitzer mit Langmaterial- und Kesselfahrzeugen bereit. Um den Entleerungsvorgang zu verbessern, waren die beiden Kessel angekippt aufgesetzt. Schließlich versorgte Spitzer die Bauwirtschaft mit zweiachsigen Tiefladern, wobei die schweren Modelle abziehbare Pendelachsen besaßen. Und in einem weiteren Betätigungsfeld versorgte das badische Unternehmen Unimog-Besitzer mit Pritschenanhängern, mit Bremsluft-Kippern sowie mit Langholzanhänger.

Spitzer-Prospekttitel von 1955.

Spitzer-Dreiachs-Innenlader-Anhänger, 1953. (Foto: Spitzer)

Mit dem »Brausenden Heinrich« zum erfolgreichen Spezialfahrzeugbauer

Den Schritt in den Spezial-Fahrzeugbau vollzog Spitzer 1950 mit der Herstellung eines Silofahrzeugs für den Transport von Zement oder Soda. Mit dem 1951 vorgestellten Aluminium-Silofahrzeug »Brausender Heinrich« begann der Aufstieg in diesem Fahrzeugbau-Segment. Die Spezialität dieser Ausführung bildete der Spezialauslauf zur Restlosentleerung durch Auslaufkonen an der Unterseite. Um die vorgeschriebenen Hygienevorschriften in der Lebensmittelbranche einzuhalten, hatte Spitzer hierfür die Vakuum-Saug-Druck-Technik entwickelt. Ein Kompressor, der einerseits Unter-, andererseits Überdruck erzeugen kann, bläst das Ladegut in den

Spitzer-Kofferzug mit Zweiachsauflieger S 16 mit Leichtmetall-Aufbau und 18,5 t Nutzlast, 1953.

Behälter. Umgekehrt wird mit Unterdruck der Behälter entleert. Diese wirkungsvolle Technik führte dazu, dass die Behälter restlos entleert werden können. Das revolutionierende Verfahren nutzte Spitzer, um rasch ein umfangreiches Programm an Motorwagen-Aufbauten und an Anhänger und Auflieger mit Silos für den Transport von Lebens- und Futtermittel sowie für Chemikalien ins Programm zu nehmen.

Während für den Transport von staubförmigen Gütern erstmals 1957 der selbsttragende Auflieger mit liegendem Tank mit Druckluftentleerung unter der Grundbezeichnung SF das höchste Nutzlastvolumen bot, kam für den Transport von Granulaten, großförmigen chemischen Produkten und Lebensmittel der auf einem Fahrgestell aufgebaute Kipp-Silo, kurz SK, in Betracht. Die Chassis-lose Ausführung der SF-Modelle führte zu einer Nutzlasterhöhung um 1 bis 1,5 Tonnen. Die Erfolgsmodelle bildeten hier der zweiachsige Auflieger SF 16 KRAL mit selbsttragendem, zylindrischem Leichtmetallkessel und der große Dreiachs-Auflieger SF 2252 mit einem Rauminhalt von 52 m^3, der für die neuen gesetzlichen Vorgaben von 1965 ausgelegt war.

Über einen unten mittig angebrachten, kegelförmigen Auslauftrichter, beziehungsweise über drei »Abzüge«, wurde das Ladegut entleert. Die Anordnung dieser Entleerungseinrichtung senkte den Schwerpunkt des beladenen Fahrzeugs gleichzeitig ab; in der seitdem eingeführten Typenbezeichnung geben die ersten beiden Zahlen die Achsdrücke an, während die beiden nachfolgenden Zahlen das Fassungsvermögen in m^3 wiedergeben. Die Druckluftentleerung erfolgt jetzt durch Rotationskompressoren oder ölfreie Schraubenverdichter, die über den zentralen Außentrieb des Lkw oder durch einen Zusatzmotor angetrieben werden.

Eine Spezialität des Werkes bildete der Bau eines 20-t-Achsaggregats, bis BPW-Aggregate zum Zuge kamen. Während das bisherige Speditions- und Baufahrzeugeprogramm eingestellt worden war, führte Spitzer in dieser Zeit die Montage der überfahrbaren Tieflader noch eine Zeit lang weiter.

Ein Zweigwerk im benachbarten Dallau steigerte 1966 die Effektivität der Fertigung und im gleichen Jahr kam es zur Gründung der Spitzer Eurovrac mit Sitz in Fegersheim bei Straßburg, wo zwei Jahre später die Herstellung und der Vertrieb von Silofahrzeugen für den französischen und den Benelux-Markt aufgenommen wurden.

Spitzer-Kesselzug mit schräggestellten Kesseln, 1954. (Foto: Spitzer)

Spitzer-Kipp-Kesselzug mit Zweiachsanhänger für den Zementtransport, 1958. (Foto: Spitzer)

Spitzer-Siloauflieger SF 2734/2 P für den Zementtransport, 2004.

Spitzer-Siloauflieger SF 2739 für den Zementtransport, 2005.

Spitzer-Kippsilo-Auflieger SK 2766 CAL für Druckfarben-Transporte, 2008.

Im Bereich der Fahrzeuge mit liegendem Tank reichte das Programm der »Restlosentleerer« vom Typ SF 1620 KB bis zum Spitzenmodell SF 2244. Bei den Kipp-Silofahrzeugen stand der dreiachsige SK 2252 ZAL mit zwei Kippstempeln an der Spitze des Programms. Hinzu kamen zweiachsige Silo-Anhänger, Fahrgestelle für 40-Container und Silo-Container. 1969 ergänzten noch die kleineren Ausführungen SF 2024 GLST RV und SF 2227 GST die Modell-Palette.

Die Restlosentleerer« in der zweiten Generation

1972 deckte Spitzer mit den dreiachsigen Aufliegern SF 2230 GAL, SF 2244, SF 2252 ZAL in Aluminium-Technik und dem Spitzenmodell SF 2262 in Chromnickelstahl-Technik den Bereich der Behälterfahrzeuge mit liegendem Tank in jeder Größenklasse ab.

Nachdem ein neues Werk in Dallau errichtet worden war, konzentrierte Spitzer 1975/77 die Verwaltung und die Fertigung in dieser Anlage; die Produktion konnte dadurch wesentlich rationalisiert werden. Und für das Schaubstahl-Werk in Siegen-Kreuztal erstellte Spitzer für einige Jahre die Fahrzeuge, als Schaubstahl die eigene Produktion eingestellt hatte. An Neuheiten präsentierte das Unternehmen den zweiachsigen Auflieger SF 20-3, den dreiachsigen SF 12-70 KST für den Transport extrem leichter Güter (Perlite) und die dreiachsigen Sattelkipper SK 2236 ZAL und SK 2252 ZAL PVZ, die für den Transport von Chemikalien vorgesehen waren.

Zu Beginn der 1980er Jahre beherrschte der Silo-Fahrzeugspezialist mit seinen »Restlosentleerern« weitgehend in Aluminiumtechnik ein Drittel des deutschen Marktbereiches. Eine Sonderausführung stellte in dieser Zeit der Carbid-Container mit drei Auslaufkonen dar. Für spezifisch schwere Baustoffe stand der Elliptik-Siloauflieger SF 2228/2 PAL zur Verfügung. Diese Baureihe wurde 1981 mit den Modellen SF 2229/PALM mit zwei Konen und SF 2232/3 mit drei Ausläufen für Baustoffe und dem SF 2250/6 mit sechs Auslaufkonen für Braunkohlenstaub erweitert. Im Bereich der Kipp-Fahrzeuge ergänzte der SK 2248 ZALC für chemische Pulver und Granulate das Programm.

Neue Fahrzeuggeneration und weitere Expansion

Am Ende des Jahrzehnts passte Spitzer die Modelle an die neuen Maß- und Gewichtsvorgaben an. Im Bereich der kippbaren Silofahrzeuge erschienen als Neuheiten der SK 2436/2 und SK 2464 ZIAL, beide mit einem Hubstempel sowie der SK 1586 ZOC mit zwei Hubstempeln für Leichtgüter und Füllstoffe. 1995 errichtete Spitzer ein weiteres Werk in Cloppenburg, so dass die Jahresproduktion die 1000-Fahrzeug-Marke überschritt. Für die Gliederzüge standen jetzt zwei- und dreiachsige Anhänger mit einem Fassungsvermögen von 23 bis 28 und 32 m³ bereit.

Erneut konnte Spitzer im Jahre 1997 expandieren. In Pecs/Ungarn übernahm der Silofahrzeugbauer ein auf den Bau von Silo-Druckbehältern spezialisiertes Werk. Im fränkischen Wörnitz erwarb Spitzer 1998 ein Unternehmen und integrierte dieses in die Fahrzeug-Fertigung. Für den polnischen Markt kam 2001 die Spitzer Silo Polska in Warschau hinzu. Im Verbund mit den Werken in Cloppenburg, Fegersheim und Pecs ließ sich 2003 die Fertigung auf 1100 Fahrzeuge pro Jahr steigern. Im gleichen Jahr stellte Spitzer den neuen Dreiachsanhänger SAPI 1833/3 M und den neuen Kippsilo-Auflieger SK 2760 CAL vor. Das Angebot der Modelle mit starrem Tank reichte jetzt vom SF 2734 bis zum SF 2755 für den Transport staubförmiger Güter und der Kippsilos vom SK 2740 bis zum SK 2789 für den Granulat- und Gefahrgut-Transport.

Mit einer teils verschweißten und teils geschraubten Aluminium-Technik überarbeitete Spitzer 2008 die Fahrgestell-Rahmen, was eine Reparatur erleichterte. Gleichzeitig führte das inzwischen 580 Mitarbeiter umfassende Spitzer-Werk den Zentralachs-Silowagen ZA 1825/2 M ein.

Um das Gewicht der Silofahrzeuge weiter zu reduzieren und um damit die Nutzlast zu erhöhen, befasste sich die Spitzer-Entwicklungsabteilung mit der Anfertigung von Silos aus Faserverbundstoffen. Inzwischen können die Behälter in der »Composite«-Bauweise in den Größenordnungen von 43 bis 65 m³ geliefert werden. Für den Export entstanden 2012 vierachsige Anhänger mit Kesselaufbau, die ein zweiachsiges Drehgestell besaßen und nach Skandinavien geliefert wurden, wo diese Großraumfahrzeuge zugelassen sind.

2015 nahm das Werk den zweiachsigen SF 2962/6 mit zwangsgelenkter letzter Achse für den Futtermittel-Transport in Programm.

Spitzer-Siloanhänger SA 1652/2, 2017.

Stadler

Josef Stadler KG, Tankwagenaufbauten, Neu-Ulm, Finningerstr. 50–52, 1971–1988

Als reiner Tankfahrzeughersteller etablierte sich 1971 das Stadler-Werk in Neu-Ulm. Aufbauten auf Motorwagen, Anhänger und Auflieger für den Transport von Mineralöl und Kraftstoffen standen im Portfolio dieses Anbieters. Hinzu kamen Wechseltanks für den Verteilerverkehr. Geplant war – so die Werbeanzeigen – auch die Herstellung von Tankfahrzeugen für die Beförderung von Chemikalien, Wasser sowie von Nahrungs- und Genussmitteln. Für die kofferförmigen Aufbauten nutzte Stadler vorwiegend Leichtmetall. Das hier betrachtete Grundprogramm bestand aus dem dreiachsigen Anhänger TAH 22 für 22.000 Liter Heizöl und den zweiachsigen Auflieger TSA 30/33 für 35.000 Liter Kraftstoff. Mit isoliertem Kessel kam als drittes Modell der TSA 27 mit für die Aufnahme von Bitumen hinzu.

Schon nach einem Jahr schloss sich Stadler mit der Firma Aurepa zu einer Kooperation im Tankfahrzeugbau zusammen. Unter der Firmierung Aurepa-Stadler sollte durch eine klare Aufgabenverteilung, durch gemeinsamen Materialeinkauf, durch gemeinsamen Vertrieb und Service eine höchstmögliche Rationalisierung erzielt werden. In diesem Verbund, bei dem beide Partner selbständig blieben, übernahm Stadler den Bau dieser Behälter und gab somit die Fahrgestell-Fertigung an Aurepa ab, zumal er in diesem Bereich mit einer großen Aufbaupalette günstiger produzieren konnte.

Nachdem der zu Aurepa-Stadler 1975 hinzugekommene Tankfahrzeugbauer Schwelmer Eisenwerk 1979 sich aus der Gemeinschaft zurückgezogen hatte, kam es zur Bildung der Aurepa-Stadler-Fahrzeugwerke GmbH mit Sitz in Hockenheim-Talhaus. Allerdings arbeitete diese Gesellschaft mit wenig Fortune, so dass die Angebotspalette ab 1983 nur noch Tankfahrzeuge enthielt. Auf diesem Gebiet bildete der Tankauflieger zum Transport von flüssigen Chemikalien in drei Kammern für insgesamt 28.500 Liter für den kommenden 40-t-Zug eine neue Glanzleistung. Unter den Chemikalien-Tankwagen konnte die Variante für den Transport tiefkalt verflüssigter Kohlensäure (bis zu 190 Grad) und die Ausführung als beheizter Kesselwagen für den Bitumen-Transport weiterhin eine gute Nachfrage erzielen, aber im Mineralöltankwagenbau mussten starke Einbußen verzeichnet werden. Stadler war als schwächerer Partner gezwungen, die Produktion einzustellen. Wenig später übernahmen die einstigen Geschäftsführer Alfred Lindner und Josef Fischer einen Teil des Fachpersonals und der Spezialmaschinen; in Langenau bei Ulm gründeten sie die seitdem erfolgreiche Lindner & Fischer Fahrzeugbau GmbH.

Stahl- und Fahrzeugbau

Stahl- und Fahrzeugbau GmbH im Aufbau, Bornsen, Dorfstr. 35, 1993

Aus dem VEB Spezialanhängerbau, der Einachs-Wechselbrückenanhänger insbesondere für Feldküchen herstellte, bildete sich nach der Wende der Stahl- und Fahrzeugbau. 1993 trat das Unternehmen mit dem Anhängerbau in Erscheinung. Im Jahre 2006 wurde der Betrieb im Handelsregister gelöscht.

Stehmann

Stehmann Fahrzeugbau GmbH,
Geeste-Osterbrock, Am Gewerbegebiet 6–10
1964 bis heute

1934 gründete Georg Kuhr einen Stellmacherbetrieb, der 1964 von Franz Stehmann übernommen und auf den Geschäftsbereich Fahrzeugbau neu ausgerichtet wurde. In einem Segment des seit 1988 von Georg und Barbara Stehmann geleiteten Unternehmens entstehen Kran-, Pritschen-, Koffer-, Kipp-, Kühl- und Baustellenfahrzeug-Aufbauten sowie von Wechselaufbauten. Das zweite Metier betrifft den Bau von Viehtransportern auf Motorwagen, zwei- und dreiachsigen Drehschemel-Anhängern, dreiachsigen Tiefladeanhängern, zwei- und dreiachsigen Plattformaufliegern, Tandem-Pritschenwagen, BDF-Transportfahrgestelle, teleskopierbare Langholzanhänger sowie dreiachsige, doppeltgekröpfte Auflieger. Für den Geflügeltransport hat Stehmann zweiachsige Drehschemel- und Zentralachsanhänger mit mehrstöckigen Aufbauten im Repertoire.

Als Kompetenzpartner der Firma Krone nutzt das emsländische Familienunternehmen darüber hinaus angelieferte Basisfahrzeuge, die mit individuellen Aufbauten versehen werden.

Steil

Michael Steil, Fahrzeugbau, Trier, Kalenfelsstr. 5 a, 1949

Das Unternehmen stellte nach der Währungsreform einachsige Pkw- sowie zweiachsige Schlepper- und Lkw-Anhänger her.

Steinfatt

Friedrich Steinfatt, Hamburg, Steilshoper Str. 210a
1949–1951

Im Bau von Spezialanhängern für die Landwirtschaft und von zwei- bis vierachsigen Tiefladern mit Tragkräften von 2 bis 30 t war Steinfatt tätig.

Stockburger I

Eugen Stockburger, Fahrzeugbau, Reutlingen, Lindachstr.
1950–1956

Anhänger in »Normalform, Spezialanhänger, Tieflader und Umladekipper« stellte das Eugen Stockburger-Unternehmen her. Bei diesem Spezialfahrzeug wurde die Pritsche des Anhängers bis zu 2,6 m angehoben, so dass der Inhalt auf die Ladefläche eines Lkw gekippt werden konnte.

Stockburger-Umladekipper, 1955.

Stockburger II

Georg Stockburger KG, Fahrzeugbau/Bremsendienst,
Glatten/Schwarzwald, 1949–1981

Nach der Währungsreform pries Stockburger Anhänger mit Nutzlasten von 3 bis 11 t für den Schlepper- und Lkw-Zug an. Auch ein Auflieger mit vier abklappbaren Bordwänden befand sich im Programm. Noch 1980 warb das Unternehmen für Ferntransportanhänger, Auflieger und Kipper, ohne dass die Aktivitäten in der Literatur dokumentiert sind.

Stockburger-Pritschenauflieger, 1953.

Stollenwerk

Stollenwerk GmbH,
Potsdam-Babelsberg, Wilhelmstr. 10–18, 1939–1944

Im Bereich des Spezialfahrzeugbaus mit Tiefladern wurde dieses Unternehmen im Schell-Plan berücksichtigt.

Strassacker

Friedrich Strassacker Winden- und Hebezeugfabrik,
Esslingen a. N., 1949

Nach der Währungsreform versuchte dieser Spezialhersteller mit Kippern für den Pferde- und Lkw-Zug ins Geschäft zu kommen.

Strassacker-Werbung, 1949.

Strüver-Prospekttitel von 1953.

Strüver

Ad. Strüver Aggregatebau KG,
Hamburg-Lokstedt, Niendorfer Weg 11

1. 1942–1949: Ad. Strüver Aggregatebau GmbH
2. 1949–1994: Ad. Strüver GmbH & Co. KG, Tankwagenbau GmbH
3. 1994–2006: Hünert Fahrzeugbau GmbH

Stromerzeuger und »Schienen-Kulis«

Ursprung dieses Unternehmens ist die von Adolph Strüver (1866–1947) in Groß Borstel gegründete Im- und Exportfirma Ad. Strüver Hamburg. Sein Sohn, Dipl.-Ing. Hans Strüver (1898–1954), gliederte 1936 die »Abteilung Aggregatebau« an. Kurz vor Kriegsausbruch fertigte das Unternehmen in Zusammenarbeit mit der Firma Hatlapa in Uetersen den »Schienen-Kuli« mit einem 5-PS-Deutz-Dieselmotor. Auch auf dem Gebiet von Stromerzeugern und Druckluftkompressoren betätigte sich das Strüver-Werk. So entstanden fahrbare »Netzersatzanlagen« auf zweiachsigen Fahrgestellen, die ab 1942 mit Deutz-Anthrazitgas-Generatoren ausgestattet wurden. 1949 ging aus diesem Fahrzeugbau die Herstellung von zwei- und dreiachsigen Pritschenwagen in den Nutzlastklassen von 3 bis 12 t hervor. Auch zweiachsige Tankwagen standen im Anfangsprogramm.

Ab 1952 konzentrierte sich Strüver auf den Bau von Tankfahrzeugen auf Basis von Motorwagen, Anhänger und Auflieger. Tankanhänger fertigte Strüver in ein-, zwei- und dreiachsigen Leichtmetall-Ausführungen in einer halbselbsttragenden Ausführung mit einem Hohlkasten-Hilfsfahrgestell für den Transport von Kraftstoffen, Ölen, Fetten und Lebensmitteln. Der feste Unterbau hielt die Verwindungskräfte von den Aluminium-Aufbauten fern und die Füllschläuche konnten in den Hohlkastenträgern untergebracht werden. Für die Ausführung der Kessel nutzte Strüver die Keilform. In der Ausführung als Drucktank konnten diese Fahrzeuge auch zum Transport von Chemikalien genutzt werden.

Im Aufliegerbereich stellte Strüver anfänglich einachsige Fahrzeuge mit 11.400-Liter-Tanks und zwei großen schwenkbaren Tankrüsseln her, mit denen die Tankkammern auf der Oberseite der Tragflächen der Flugzeuge befüllt werden konnten. Die zweiachsige Ausführung von 1956 besaß drei 6000-Liter-Kammern. Insbesondere für die Flugzeuge der Besatzungsmächte dienten diese Sattelzug-Gespanne. Nach diesen Modellen folgten einachsige Auflieger mit Aluminium-Kesselaufbauten. Die Kapazitäten reichten von 8000 bis 18.000 Liter. Mit einer Dolly-Achse konnte der Auflieger zum Zweiachs-Anhänger umgewandelt werden.

Strüver-Tankauflieger für 11.400 Liter Kraftstoff für den Flugfeldeinsatz, 1954.

Strüver-Tankauflieger für 23.000 Liter Heizöl, 1956.

Die Zweiachser bis zu 25.000 und in Sonderausführung bis zu 30.000 Liter wurden in selbsttragender Bauweise mit Stahl- oder Leichtmetall-Aufbauten ausgeführt. Die untere Keilform des Tanks ermöglichte durch die Schräglage die restlose Entleerung des Tanks.

Konzentration auf den Tankfahrzeugbau

Der Pritschenwagenbau war mit dem Erfolg bei den Straßen- und Flugfeld-Tankwagen aufgegeben worden. Dafür engagierte sich Strüver umso stärker im Tankwagenbau. 1961 entstanden als Pionierleistung die rahmenlosen Solo-Tankwagen, »Monotank« genannt. Gleichzeitig trat das Unternehmen dem Arbeitsring-Tankwagenhersteller bei, der die Konstruktion eines 30.000-Liter-Einheitstankwagens vorbereitete. Und als Erster innerhalb dieses Konstruktionsverbandes präsentierte der Spezialist für Leichtmetallbehälter wenig später den »Eurotank«-Auflieger in Doppelkeilform mit tief liegendem Schwerpunkt, der auf ein Fassungsvermögen von 36.500 Litern Kraftstoff kam.

Für die zu Beginn der 1970er Jahre eingeführten Boeing 747-Großraumflugzeuge »Jumbo-Jet« entwickelte Strüver in Zusammenarbeit mit der Firma Ellinghaus die Flugfeld-Tankwagen auf Henschel-Chassis mit

Strüver-Flugfeldtanksattel, 1958. (Foto: Ralf Weinreich)

Auflieger in Dreifach-Keilform für 75.000 Liter Kerosin. Die Heckplattform konnte hydraulisch bewegt werden. Die in den nächsten Jahren auf ein Fassungsvermögen von 80.000 und 85.000 Liter gesteigerten Modelle traten ihren Dienst auf über 100 Flughäfen in 50 Ländern an. Als Alternative zu diesem Tankriesen in Aufliegerform konnte ein Tankzug, bestehend aus einem vierachsigen Henschel-»Monotank« mit einem 50.000 Liter- und einem zweiachsigen Anhänger mit 30.000 Liter Fassungsvermögen, genutzt werden.

Einheits-Tankauflieger »Unitank«

Mitte der 1960er Jahre konnte die Spezialfabrik für Tankfahrzeuge ein komplettes Programm vom Verteiler-Tankwagen bis zum 38-t-Zug anbieten. Hier kam der neue »Unitank«-Auflieger in selbsttragender Leichtmetallausführung in Koffer-Keilform zum Einsatz. Als Einheitstank mit einem Fassungsvermögen von 30.000 Litern in acht Kammern sollte er innerhalb der Arbeitsgemeinschaft für Tankwagenaufbauten (AGT) Verbreitung finden. Und ein Großraum-Tankauflieger für 40.000 Liter erweiterte das Exportprogramm nach oben. Mit einem Drehschemel-Anhänger mit einem 11.000-Liter-Nirosta-Tank versuchte das Werk wieder die Molkereien anzusprechen. Für den Transport von zähflüssigen Produkten konnten die Dreiachs-Auflieger mit einer Heizplattform versehen werden.

Seit Mitte der 1980er Jahre kam es zu einem immer stärkeren Engagement der Klöckner-Humboldt-Deutz AG (KHD). 1986 erwarb der Kölner Motorenhersteller über eine Hamburger Tochtergesellschaft 94 Prozent der Unternehmensanteile und reduzierte den Betrieb in seiner Fertigungsvielfalt immer stärker, um ihn wirtschaftlich in stabile Bahnen zu bringen. Die letzten Schwerpunkte der Fertigung bildeten die Flugfeld-Tankwagen, der zu 90 Prozent in den Export ging. Aber schon 1989 gab die KHD das Strüver-Unternehmen an eine Management-Beratungsgruppe in Mannheim ab.

Letzte bedeutende Strüver-Neuentwicklung bildete 1992 der Sicherheits-Tankauflieger »Safeliner« für den Kraftstofftransport. Der selbsttragende Aluminium-Tank auf luftgefedertem Trio-Aggregat mit 6 bis 8 Kammern für 42.000 Liter zeichnete sich durch einen niedrigen Schwerpunkt aus, so dass die Kippgefahr gemindert werden konnte.

Nachdem die in der Mineralöl-Logistik engagierte Hünert-Gruppe 1994 das Hamburger Tankfahrzeug-Unternehmen übernommen hatte, wurde der Schwerpunkt wieder auf den Sicherheits-Tankwagen gelegt. 1995 standen die neuen Modelle unter dem Namen Hünert Fahrzeugbau bereit. Neben dem »Safeliner«, inzwischen unter der Produktbezeichnung ASK 3.42/6 geführt, füllten die Zweiachs-Anhänger mit einer Kapazität von 13.600 bis 15.000 Litern und der Dreiachser mit einem Fassungsvermögen von 22.500 Litern das Angebot an Straßentankwagen in Aluminium-Bauweise aus.

Mit der Übernahme des zusammengebrochenen Tankfahrzeugbauers Kroll GmbH im Januar 1997 versuchte Hünert seine Marktposition in diesem hartumkämpften Markt zu steigern. Zu den Mineralöltankern gesellten sich jetzt auch Fahrzeuge zum Transport neutraler Flüssigkeiten und Gefahrgüter jeder Art. Schließlich kamen Tankcontainer als Wechselaufbauten ins Portfolio. 2006 geriet der Hünert Fahrzeugbau GmbH in Insolvenz und wurde aufgelöst.

Strüver-Tankauflieger für 25.000 Liter Kraftstoff, 1956.

Strüver-Tankauflieger »safeliner«, 1993.

Hünert-Tankauflieger K 3.42/6 2M für 42.000 Liter Kraftstoff, 1994.

Hünert-Tankzug mit Dreiachsanhänger, 1999.

System Trailers

System Trailers Fahrzeugbau GmbH, Twist,Otto-Hahn-Str. 1
1. 1995–2000: WH Fahrzeugbau GmbH, Emlichheim, Industriestr. 1
2. 2000 bis heute: System Trailers Fahrzeugbau GmbH, Twist, Otto-Hahn-Str. 1

Die Kaufleute Dieter und Irene Saatkamp gründeten 1995 den WH Fahrzeugbau, dessen Geschäftsphilosophie darin besteht, Fahrgestelle herzustellen, die an Aufbautenhersteller abgegeben werden und in der Regel nicht den Namen des Produzenten, sondern den des Kunden tragen. Auf Anhieb konnte dieses Unternehmen mit dem Bau von Drehschemel- und Tandemachsanhängern- sowie Auflieger-Fahrgestellen punkten. Im Jahre 2000 richtete ihr Sohn, Dipl.-Kaufmann Ralf Saatkamp, im benachbarten Twist einen weiteren Betrieb ein. Die Aktivitäten des WH Fahrzeugbau wurden nach und nach bis zum Jahr 2010 in den System Trailers Fahrzeugbau integriert; auch die Mitarbeiter fanden am neuen Standort wieder ihren Arbeitsplatz. Unter der Marke WEB (Trailer GmbH) werden auch Komplettfahrzeuge angeboten.

Inzwischen verfügt das Unternehmen über eine hochmoderne KTL-Pulverbeschichtungsanlage, die von der Giga Coating GmbH betrieben wird und auch als Lohnbeschichter für andere Betriebe tätig ist. Mit seinen rund 280 Mitarbeitern fertigt der System Trailers Fahrzeugbau circa 3800 rollende Einheiten, also Tandemachs-, Drehschemel- und Auflieger-Fahrgestelle.

System Trailers-Zwei- und Dreiachs-Auflieger-Fahrgestelle, 2017. (Foto: System Trailers)

Talbot

Gust. Talbot & Cie mbH, Waggonfabrik, Aachen, Jülicher Str. 215, 1925–1945

Der 1838 gegründete und damit älteste deutsche Hersteller von Personen- und Güterwaggons befasste sich ab Mitte der 1920er Jahre auch mit dem Anhängerbau, um nach Rückgang des Schienenfahrzeugbaus die Kapazitäten anderweitig zu nutzen. 1938 ist ein Programm an zweiachsigen Pritschenwagen mit Nutzlasten von 3,5, 5 und 8 Tonnen sowie eines Dreiachsers mit einer Nutzlast von 11,5 Tonnen nachzuweisen. Auch ein 7,5-t-Kipper stand im Angebot. In der Kipptechnik nutzte das Unternehmen hand-, luft- und motorhydraulische Systeme. Im Schell-Plan wurde es auf den Bau 5-t-Pritschenwagen festgelegt.

Das Aachener Werk wurde 1995 von dem kanadischen Mischkonzern Bombardier aufgekauft und kurzerhand im Jahre 2013 geschlossen. Am Standort etablierte sich die Talbot Services GmbH, die u. a. den Elektro-Lieferwagen »Work« für die Streetscouter GmbH herstellt.

Tang

Karl Tang, Fahrzeugbau, Hilden (Rhld.), Hülsenstr. 60
1. 1927–1992: Karl Tang, Fahrzeugbau, Hilden (Rhld.), Hülsenstr. 60
2. 1992 bis heute: Fahrzeugbau Karl Tang GmbH

Das 1898 gegründete Unternehmen warb erstmals 1927 für seine Langholz-Anhänger und »Kipper aller Art«. Aufbauten für Schwerlast-Zugmaschinen und Nachläufer ergänzten das Programm. In diesem Bereich zeigte Tang immer wieder sein Können. 1951 stellte Tang einen Langholz-Anhänger vor, dessen vier Rohre als Rahmen dienten. Diese konnten von 7,5 auf 14 m ausgezogen werden. So erschien im Jahre 1980 ein vierachsiger Gelenkzug-Nachläufer zur Abstützung eines 200-t-Teleskopkranes der Marke Gottwald.

Eine Neuheit bildete 1981 der Zweiseiten-Muldenkipper auf einem Zentralachsfahrgestell, vorgesehen für den Straßen- und Baustellenbereich. Tang war mit einem breiten Angebot an Anhängern, Tiefladern und Aufliegern vertreten, wobei die Fahrzeuge weitgehend nach Kundenwünschen ausgeführt wurden. Mit maßgeschneiderten Kipp-, Koffer-, Tiefkühl- und Getränkefahrzeugaufbauten sowie Container-, Absetz- und Abroll-Einrichtungen versah das Werk die Produkte. Eine Spezialität des Aufliegers

Tang-Curtainsider mit Kröpfung und Ladebordwand, 2016. (Foto: Tang)

Tang-Hochpritschenauflieger, um 1964.

lag in der teleskopierbaren Ausführung, einfach oder doppelt. Das Achsaggregat konnte mit einer Zwangslenkung oder auch mit einer Nachläuferachse versehen werden.

Anfang der 1990er Jahre fand ein Eigentümerwechsel unter Fortführung des Namens Tang statt. Das einstige Schwerlastprogramm wurde aufgegeben und an dessen Stelle trat sukzessive ein leichtbauorientiertes, erweitertes Fahrzeug-Programm. 1995 ging ein Einachs-Auflieger für Transporter-Sattelzüge mit einer Nutzlast von 3,5 t an den Start. Mit Einführung der Maut im Jahre 2005 etablierte die Firma Tang »Ultra-Light«-Zugkombinationen und wurde in diesem Segment bis Neuregelung der Mautbestimmungen im Jahre 2015 marktführend.

Heute fertigt das Unternehmen neben Motorwagenaufbauten Leichtbau-Einachs-Anhänger der Baureihe »Ultra Light«, zweiachsige Drehschemelanhänger sowie zwei- und dreiachsige Auflieger.

Tang-Tandemachsanhänger mit Kofferaufbau und Ladebordwand, 2018. (Foto: Tang)

Tang-Dreiachs-Tankanhänger für den Heizöltransport, 2016. (Foto: Tang)

Tank- und Apparatebau

Tank- und Apparatebau, Schwietert & Co. KG, Vellern (ab 1969 Beckum-Vellern), Dorfstr. 26–30

1. 1954–1996: Tank- und Apparatebau, Schwietert & Co. KG, Vellern (ab 1969 Beckum-Vellern), Dorfstr. 26–30
2. 1996 bis heute: Schrader T+A Fahrzeugbau GmbH & Co. KG

Sowohl Tankauflieger als auch Anhänger für so ziemlich alle Inhalte fertigte man bei T + A. (Foto: Ralf Weinreich)

Tanker für Chemikalien und Betriebstoffe, aber auch für Milch, Bier und Wein

Ab Mitte der 1950er Jahre bot dieses Unternehmen Tankaufbauten in verschiedenen Formen und Größen an. Die Behälter wurden aus Aluminium, Stahl, Edelstahl (Nirosta) und Kunststoff für den Transport von Chemikalien, Betriebsstoffen und Lebensmitteln gefertigt. Auch ein Anhänger mit Doppelbereifung für 10 t Nutzlast stand im Programm.

Die 1969 von Ludwig Schrader gegründete Schrader Verfahrenstechnik GmbH in Beckum-Neubeckum, die ursprünglich Sprengstofflade- und -mischanlagen herstellte, übernahm 1996 den Tankfahrzeug-Hersteller.

Neben Motortankwagen umfasste das T+A-Programm zweiachsige Auflieger für den Transport von 15.000 Litern Chemikalien, von dreiachsigen Aufliegern zum Transport von 28.000 Litern Mineralölgütern und mit GFK-Isolierungsmantel zum Transport von 22.000 Litern Chemikalien sowie von dreiachsigen Aufliegern zum Transport von 25.000 Litern Wein. Das Werk nutzte zu dieser Zeit Rundtanks in Stahl-, Chromnickelstahl- und Aluminium-Bauweise. Für den Milchtransport war ein zweiachsiger Anhänger mit einer Tankkapazität von 11.000 Litern Milch im Angebot. Eine eigene Kunststoffabteilung zum Anfertigen glasfaserverstärkten Polyester-Kunststoff- (GFK) oder PVC-Beschichtungen baute T + A in den 1960er Jahren auf. Für den Wein- und Fruchtsafttransport stellte das Werk ellipsenförmige Kessel aus GFK-Material her, die sich durch ihre Alkoholbeständigkeit und Geruchsfreiheit auszeichneten. Die GFK-Technik nutzte das Unternehmen Mitte der 1960er Jahre auch zur Herstellung von großräumigen Kippmulden auf Zweiachs-Fahrgestellen mit Gesamtgewichten bis zu 16 Tonnen, die Schüttgüter wie Getreide, Maische und Granulate transportieren konnten. In selbsttragender Bauweise folgte 1965 ein Dreiachser mit einem in zwei Kammern unterteilten 19.000-Liter-Chromnickelstahl-Kessel für die Aufnahme von Chemikalien. Ölen und Fetten. Eine GFK-Isolierschicht schützte den Inhalt vor Abkühlung und notfalls hielten Heiztaschen den Inhalt flüssig.

1978 wandte sich das Unternehmen verstärkt dem Transport hochaggressiver Chemikalien zu. Die hierfür vorgesehenen Tanker waren mit entsprechender GFK- oder PVC-Innenbeschichtung in einzelliger Bauweise mit einem Fassungsvermögen von 16.500 Litern ausgestattet. Der zweiachsige Anhänger für die Aufnahme von 13.000 Litern erschien in freitragender Bauweise, was das Eigengewicht verminderte und die Nutzlast auf 13.000 Liter erhöhte. Ebenfalls in chassisloser Ausführung stand der Nirosta-Zweiachser mit Ovaltank für den Transport von 17.000 Litern Milch zur Verfügung.

Spezialausführungen waren für den Transport von flüssiger Schokolade, Pflanzenölen und von dickflüssiger Zuckermasse im Programm. Eine spezielle Isolierung oder eine Heizungseinrichtung verhinderte das Erstarren der Güter. Insbesondere für die Fachspedition Hoyer entstanden diese als »Hoyer-Trailer« bezeichneten Modelle. Für den Transport von 19.000 Litern Säuren und Laugen erhielten die Dreiachs-Modelle eine korrosionsresistente Auskleidung.

Im neuen Jahrzehnt hatte der dreiachsige Gefahrgut-Sicherheits-Tankauflieger S.O.T für Methanol mit versenkten Domen Premiere. Ebenfalls standen als Neuentwicklungen ein dreiachsiger gekröpfter Auflieger mit fünf aufgesetzten GFK-Tanks sowie ein Sicherheitstankwagen mit einem Fassungsvermögen von 36 m³ zur Verfügung.

1980 wandte sich das Unternehmen dem Bau von kubischen Tankformen zu, die ein größeres Volumen gegenüber den Rundtanks aufwiesen, aber zu einem höheren Schwerpunkt führten. Spezialausführungen waren auch hier für den Transport von flüssiger Schokolade, Pflanzenölen und von Melasse im Programm.

T + A-Tankauflieger, 1954.

Unter neuem Eigentümer gemeinsam mit Ellinghaus

1996 ging das Unternehmen in die Hände der 1969 von Ludwig Schrader gegründeten Schrader Verfahrenstechnik GmbH über, die ihren Schwerpunkt im Rohrleitungs-, Apparate- und im Anlagenbau besaß. Ein weiteres Geschäftsfeld begann in diesem Jahr mit Saug-/Druck-Aufbauten auf Motorwagen und Anhängern durch Übernahme der Firma Mabo. Aus diesen Firmen entstand die Fa. Schrader T+A Fahrzeugbau GmbH & Co. KG. Ein Jahr später folgte das Traditionsunternehmen Ellinghaus unter das Dach der Schrader T+A Fahrzeugbau GmbH & Co. KG. Die Produktpalette beider Unternehmen mit einer Personalstärke von 120 Mitarbeitern wurde entsprechend der Schwerpunkte der beiden Unternehmen abgestimmt und spezialisiert. Das Werk Ellinghaus in Beckum übernahm schwerpunktmäßig den Bau der Mineralöl-Tankfahrzeuge, Motortankwagen, Anhänger und Auflieger, darunter der Sicherheitstankwagen »Unitas 2000« aus Leichtmetall. Weitere Produkte waren Container-Tanks sowie Spezialausführungen für die Entsorgungsindustrie.

Das T+A-Stammwerk in Vellern konzentrierte sich auf die Motorwagen- und die Tankauflieger-Aufbauten für die chemische- und die Lebensmittelindustrie, auf Spezialfahrzeuge für die Feuerwehr und für den Einsatz als Großraumtanker im Flughafenbereich sowie auf die Saug-/Druck-Kesselwagen für die Entsorgungswirtschaft.

Als Material nutzte dieser Werksteil zumeist Edelstahl mit verschiedenen Auskleidungen, darunter mit Gummierungen und Emaille-Beschichtung, und das hochwertige Hastelloy. Für die Transportfahrzeuge von Heißprodukten im Lebensmittelbereich sowie im Transport von Bitumen setzte das Werk weiterhin auf Thermoisolierungen und auf Unterwegs-Beheizungsanlagen. Eine gesteigerte Verwendung von Leichtmetall bei den diesen Modellen ließ das Ladevolumen steigen. Eine vollkommene Neuentwicklung stellte 2003 der dreiachsige Planen-Tankauflieger dar, der in einem Kessel 22.000 Liter Flüssigkeiten mitführen oder bei leerem und hochgezogenem Tank 33 Paletten darunter mit sich führen konnte.

T + A-Schwietert-Tankanhänger für 11.000 Liter Flüssigkeit, 1977.

T + A-Schwietert-Tankauflieger, 1996.

Schrader-Tankauflieger für Heißprodukte, 2000.

Schrader-Planentankfahrzeug für 22.000 Liter oder 33 Paletten, 2003.

Mit einem Tankauflieger für 30 m^3 AdBlue erschloss sich der Werksteil in Vellern ein neues Geschäftsfeld. Als weiteres Nischenprodukt kam die Herstellung von isolierten und beheizten Druckfarben-Tankwagen mit integrierter Pump- und Messanlage in das Repertoire. Hier beträgt das Fassungsvermögen 43.000 Liter.

Im Jahre 2007 eröffnete der Schrader T+A Fahrzeugbau in Medias im Kreis Hermannstadt/Sibiu in Rumänien ein Zweigwerk zur Betreuung des südeuropäischen Raumes. 2014 erschien ein erster vierachsiger Auflieger mit zwei angelenkten Achsen zur Aufnahme von 55.000 Litern Flüssigkeit als Standard-Sicherheitstanker »UNITAS 2020«, inzwischen in preiswerterer Rundform. Das Fassungsvermögen beträgt in acht Tanks 43.600 Liter Kraftstoff.

Heute werden in dem Fabrikationsverbund mit rund 180 Mitarbeitern Mineralöl-, Tankcontainer-, Harnstoff- und Saug-Druck-Tankfahrzeuge in Edelstahltechnik sowie Aufsetztanks und Flugfeldtanker bis 58.000 Liter Abgabevermögen sowie Service-Fahrzeuge gefertigt.

Schrader-Saug-Druck-Tankfahrzeug, 2018.

Tapper

Franz Tapper (Fahrzeugfabrik),
Düsseldorf, Bilker Allee 223 und Zimmerstr. 19/29

1. 1935–1947: Franz Tapper (Fahrzeugfabrik) Düsseldorf, Bilker Allee 223 und Zimmerstr. 19/29 und Kaiserswerther Str. 39
2. 1947–1974: Franz Tapper, Fahrzeugfabrik und Apparatebau, Ratingen, Kaiserswerther Str. 39

Im Jahre 1935 trat die Fahrzeugfabrik Tapper erstmals mit Zweiachsanhängern, Kippern und Aufliegern auf, nachdem schon kurz nach dem Ersten Weltkrieg landwirtschaftliche Anhänger gefertigt worden waren. 1936 war das Angebot auf Fahrzeuge mit 1,5 bis 11,5 t Nutzlast angewachsen. Drei Jahre später warb das Unternehmen für Ein- und Zweiachs-Anhänger von 1,5 bis 10 Tonnen sowie für den Dreiachser mit 11,5 Tonnen, für mechanisch und hydraulisch betätigte Kipper, für Anhänger mit Möbel-, Müll- und Tankaufbauten, für Tieflader und spezielle Anhänger-Bauteile. Im Schell-Plan wurde das Unternehmen auf den Bau eines 2,9-t-Kippers und von Spezialanhängern festgelegt.

In der frühen Nachkriegszeit bot Tapper neben Pkw- und Pferdegespann-Anhängern wieder 3-t-Pritschenwagen und Kipper mit Handmechanik und Handhydraulik an. In den 1950er Jahren war das Unternehmen im Bau von zwei- und dreiachsigen Pritschenwagen für Nutzlasten von 1,7 bis 17 t sowie mit Baustellen-Anhängern der Versionen TKA 6 und TKA 12 als Zweiseitenkipper und TAK 16 als Zwei- oder Dreiseitenkipper für 6, 12 und 16 Tonnen in Stahl- und Holzbauweise vertreten. Dabei zeichnete sich der TAK 16 durch zwei unabhängig voneinander kippbare Kästen aus. Nach Kundenwunsch konnten elektro-mechanische, elektro-hydraulische und Bremsluft-Kippaggregate eingebaut werden. Bei den Fernverkehrs-Dreiachsern verwendete Tapper ein Schmitz-Spurlaufaggregat. Eine weitere Disziplin bildete der Bau von Tiefladeanhänger der Typenreihe TTA 20/2 mit abziehbarer Hinterachse für bis zu 20 t Nutzlast. Nach Abzug der vorderen Drehgestellachse konnte das Modell als Tieflade-Auflieger eingesetzt werden. Spezialanhänger wie Langmaterial- und Tankanhänger sowie 1955 der erste zweiachsige Kipp-Auflieger vom Typ TKS 18 füllten das Programm aus. Auch im Bereich von Aufbauten aus Holz, Leichtmetall und Stahl betätigte sich Tapper.

Im Rahmen der gesetzlichen Bestimmungen von 1965 stellten zweiachsige Auflieger mit Pritsche und Spriegel sowie mit abgekanteten oder abgerundeten vorderen Ecken für den Fernverkehr oder für den Langmaterialtransport das Grundprogramm dar. In einem weiteren Segment entstanden Sattelkipper der Baureihe SKS 2/8000 mit einer Dreiseiten-Kippmulde für 24 t Nutzlast, mit zwei Kippkästen für 18,3 t Nutzlast oder als Hinterkipper mit zwei Pressen. Darüber hinaus engagierte sich Tapper im Bau von Spezialfahrzeugen wie Satteltieflader mit ausfahrbarer Vorderachse (Dolly) und überfahrbarer Hinterachse sowie einem Plattform-Sattelanhänger zum Transport von Flugzeugteilen.

In den 1970er Jahren stellten der zweiachsige Sattelkipper SKS 2/8000 mit zwei Kippstempeln und der dreiachsige Dreiseiten-Kippanhänger mit einem Gesamtgewicht von 24 Tonnen den Schwerpunkt der Fahrzeug-

Tapper-16-t-Dreiachs-Kipper mit zwei Kippkästen, 1953.

Tapper-Vierachs-Tiefladeanhänger für 30 t Nutzlast, 1953.

Tapper-Pritschenauflieger mit Spriegel Typ SA 20, 1955.

fertigung im Hause Tapper dar. Im zweiten Fertigungsfeld lagen die »Tapperskop«-Auflieger mit zwei in der Länge verstellbaren Hauptträgern, so dass das Fahrzeug von 12,4 auf 18,4 m Länge ausgezogen werden konnte. Ein selbstspurendes Doppelachsaggregat war hier eingebaut. Weitere Tieflader für die Bauwirtschaft, Pritschenanhänger- und -auflieger sowie Gesteinsmulden rundeten das Programm ab.

Letzte Tapper-Entwicklungen bildeten der teleskopierbare und zwangsgelenkte Tiefsattel-Auflieger ST 1/8 F mit einer Brücke von acht bis zwölf Metern sowie der zwei- und dreiachsige Hinterkipp-Auflieger mit angeblich verschleißfestem Leichtmetallboden und der Dreiseiten-Sattelkipper.

Tapper-Hinterkippauflieger Typ SA 12, 1955.

T-AX-O

T-AX-O Trailer GmbH, Neu Staßfurt, Neustaßfurt 6d
1. 1964–1970: Josef Obermeier, Gronau bei Ostermünchen, ab 1970 Reitgesing bei Ebersberg
2. 1970–2003: Obermaier Trailertechnik GmbH & Co. KG, Reitgesing bei Ebersberg und Edling, Am Gewerbering 22
3. 2004–2012: T-AX-O Trailer GmbH, Werdau, Greizer Str. 70, ab 2009 (?) Werdau, Ziegelstr. 1a, ab 2011 Werdau, August-Bebel-Str. 45
4. 2012–2013: TAXO-Obermaier AG, Egeln, Dorfstr. 1 und Stendal
5. 2013–2016: TAXO-Obermaier GmbH
4. 2017 bis heute: Euro Trailer GmbH

Josef Obermaier gründete 1964 einen Fahrzeugbaubetrieb in Kronau bei Ostermünchen, den er 1970 nach Reitgesing bei Ebersberg verlegte. Anhänger vorwiegend für die Landwirtschaft standen im Programm. In den 1980er Jahren ging Obermaier auch zum Bau von Tiefladern für das Baugewerbe über. Fertigungsbetriebe in Reitgesing bei Ebersberg, Edling bei Wasserburg und ab 2002 in Egeln bei Magdeburg standen zur Verfügung. Nach der Insolvenz des Unternehmens im Jahre 2004 nutzten die Söhne Gerhard und Thomas Obermaier einen Bereich des einstigen Schumann-Werkes in Werdau, um neben dem Saxas-Unternehmen erneut mit der Anhängerproduktion zu beginnen. Gleichzeitig konnten sie die Obermaier Trailertechnik in Egeln wieder übernehmen. Mit dem Bau von Zentralachsfahrgestellen in unterschiedlichen Ausführungen für Wechselpritschen und Kofferaufbauten bis 9,5 t Nutzlast sowie Zentralachs-Tiefladern gaben sie ihr Debut. Wenig später erweiterte der Kippanhänger »T-Tip 120« für 9,9 t Nutzlast, der leichte Dreiseitenkipper sowie Transporter-Auflieger das Angebot.

Nach der Insolvenz im Jahre 2011 gelang es Thomas Obermaier, den Betrieb neu aufzustellen, der sich mit den Pritschen- und Tiefladefahrzeugen hauptsächlich an GaLa-Betriebe wendet. Im Bereich der Tandemachsanhänger wird inzwischen ein Programm an Fahrzeugen für das GaLa- und Baugewerbe sowie für den Kommunalbereich in Größenordnungen von 3,5 bis 14,9 t Gesamtgewicht angeboten.

Erneut kam es zur Verlegung der kompletten Anhängerfertigung nach

T-AX-O-Tandemachs-Dreiseitenkipper »T-tip 110«, 2007.

Egeln in Mecklenburg. Neu in das Portfolio wurde die Herstellung von Fahrgestellen für das Transportgewerbe aufgenommen. Das »T-Racer«-Fahrgestell in Tandemachs- sowie das Drehschemel-Fahrgestell »T-Load« bis zu 18 t Gesamtgewicht sind wie auch das neue Zentralachsfahrgestell »T-Racer 180« für den Kühlkofferaufbau in gebolzter und vollverzinkter Bauweise ausgeführt. Eine weitere Neuheit bildete 2013 der Tridem-Anhänger »T-Paper 180« als 18-Tonner.

Nachdem das Unternehmen Ende 2016 abermals in die Insolvenz geriet, gründete sich die Euro Trailer GmbH. Zentralachsanhänger als Kipper und als Tieflader werden weiterhin unter den Marken Obermaier und TAXO-Obermaier Landschaftsbau in den Gewichtsklassen von 3 bis 20 t Gesamtgewicht nach Kundenwunsch gefertigt.

TBV

TBV Kühlfahrzeuge GmbH, Willstädt bei Offenburg, Im Lossenfeld 4–6, 2000 bis heute

Hinter TBV verbirgt sich das ursprüngliche Profil dieses 1979 gegründeten Unternehmens, Thermo-Beratung-Vertrieb. Aus den Erfahrungen in dem Kühltechnik-Bereich wagten die Gründer um die Jahrtausendwende den Sprung in den Aufbauten- und Fahrzeugbau. So standen anfangs neben verschiedenen Kühlkoffer-Aufbauten auch dreiachsige Auflieger für Doppelstockbeladung mit Stirnwandgerät von Thermoking im Angebot. Ab 2005 hat sich das familiengeführte Unternehmen im Fahrzeugbau auf Drehschemelanhänger und Tandemachser für Gliederzüge verlegt. Die Aufbauten in Mehrkammerausführung sind aus verklebten Isolierpaneelen mit Polyester oder alternativ mit Aluminium-Innendeckschicht ausgeführt.

BV-Tiefkühlauflieger mit Stirnwandaggregat, 2002.

TBV-Kühlkofferzug mit Tandemachser, 2005.

Techau

**Hermann Techau GmbH, Bremen, Bayernstr. 177
2016 bis heute**

Die Ursprünge des heutigen Techau-Unternehmens gehen auf die Gründung eines Handwerkbetriebs des Stellmachers Hermann Techau im Jahre 1938 zurück. Wohnwagen und vorwiegend Einachsanhänger bildeten das Produktionsprogramm. Das heutige Produktionsprofil erstreckt sich auf Aufbauten für Autotransporter sowie auf Abschleppfahrzeuge. Nach Kundenwünschen werden unter anderem Bootsanhänger und Sonderanfertigungen hergestellt. Der Bau von Autotransportern auf Motorwagen und Tandemachsanhängern krönt das aktuelle Programm.

Techau-Tandemachs-Autotransport-Anhänger, 2016.

Tenner

**Maschinenfabrik Armin Tenner,
Berlin-Lichtenberg, Boxhagener Str. 73, 1923–1939**

Die Maschinenfabrik des Ingenieurs Armin Tenner fertigte zunächst Dreiseitenkipper für Lastkraftwagen, bei denen das Zahnstangensystem über Gelenkwellen vom Motor aus angetrieben wurde. Ein Jahr später ging Tenner als erster deutscher Hersteller zum »kraft-hydraulischen« System über, wobei beim Lastwagen die Pumpe für den Druckölbehälter zum Heben der Pritsche durch die Motorkraft angetrieben wurde. Beim Anhänger nutzte er einen Zweitakt-Vergasermotor im Bremserhaus. Zwei Reichspatente konnte er auf seine Erfindung eintragen und schützen lassen.

In der Zeit von 1930 bis 1936 ist der Bau von hydraulisch betätigten Zweiseitenkippern mit Pressstahl-Drehgestell nachweisbar. 1938 präsentierte Tenner nochmals ein Programm an Zwei- und Dreiseitenkippern für 5, 7,5 und 10 t Nutzlast. Danach verliert sich die Spur dieses Unternehmens.

Tenner-Dreiseitenkipper mit eigener Motorhydraulik,1927.

Theurer

**Johs. Theurer KG, Nagold, Altensteiger Str.
1981–1983 (?)**

Das noch heute in der Fahrzeugtechnik tätige Unternehmen fertigte in den frühen 1980er Jahren neben Möbel-, Koffer-, Viehtransport-, Mulden-, Pritschen-, Kipper- und Pferdetransport-Aufbauten auch Anhänger, beginnend vom Einachser mit 2 t Nutzlast bis zum 18-achsigen Schwerlasttieflader mit 100 t Tragfähigkeit. Weitere Produkte bildeten Zentralachsanhänger und Langholznachläufer.

Thiele

Wilhelm Thiele, Bremen, Karosserie- und Anhängerfabrik, Hemmstr. 157, ab 1963 Beim Struckenberge 11

1. **1949–1968: Wilhelm Thiele Karosserie- und Anhängerfabrik**
2. **1968–2002: Wilhelm Thiele Karosserie und Fahrzeugfabrik, ab 1986 Bremerhaven, Batteriestr. 94**

Das 1895 als Stellmacherei gegründete Unternehmen nahm in den 1920er Jahren den Pkw-Karosseriebau auf. Nach dem Zweiten Weltkrieg fertigte das Thiele-Werk erste Drehschemel-Anhänger für Speditionen und für Bauunternehmen. 1966 ging der Karosseriebauer zur Herstellung von 20'- und 40'-Container-Lafetten, Zweiachsanhängern für Wechselaufbauten und Wechselaufbauten für den Kombiverkehr über. Ein Zweigwerk in

Thiele-Zweiachsanhänger für Wechselaufbauten, 1971.

Bremerhaven diente ab 1972 der Wartung und der Reparatur der Container-Fahrgestelle. Der dortige Bau von Geld- und Werttransportern gab dem Thiele-Werk Renommee und wirtschaftlichen Aufschwung. 1975 erweiterte Thiele das Programm um Auflieger für den Coiltransport. Daneben nahm der »Maßschneider für Sonderfahrzeuge« jeden Sonderwunsch an. So entstanden spezielle Tieflader mit Zwangslenkung, Auflieger für den Kombiverkehr, Auflieger mit Röntgeneinrichtung, Steintransport-Auflieger mit überfahrbarem Kran und Langmaterial-Transporter. 1977 hatte Thiele auch einen zweiachsigen Auflieger mit Vollkunststoffaufbau und elektro-hydraulischer Ladebordwand im Programm. In den 1980er Jahren folgten Spezialanhänger zum Transport von Rotorblättern für Windkraftanlagen und Ausstellungs-Auflieger mit ausfahrbaren Seitenteilen. Das Stammwerk wurde 1986 geschlossen; das Zweigwerk in Bremerhaven war im Karosseriebau noch bis 2002 aktiv.

Thieleker

Walter Thieleker, Berlin-Treptow, Kiefholzstr. 394/396
1960er Jahre bis 1972

Der Privatbetrieb im Ostteil Berlins befasste sich bis zur Verstaatlichung mit der Herstellung von Spezialanhängern, darunter zwei- und dreiachsige Bootstransportanhänger.

Thomsen

Thomsen & Co., Werft, Fahrzeug- und
Maschinenfabrik GmbH, Boizenburg, 1939

Die Elbewerft Boizenburg ging auf eine Gründung als Bootsbaubetrieb im Jahre 1793 zurück, die 1889 das erste deutsche Boot mit einem Petroleummotor herstellte. 1917 musste das Unternehmen an das Bankhaus Carl Z. Thomson verkauft werden und wurde in die Norderwerft AG eingegliedert.

Ab 1933 blühte die Werft mit Rüstungsaufträgen auf. Nachdem der Hauptgesellschafter und Werftdirektor Siegfried Mahr aufgrund seines Einsatzes für die jüdischen Mitarbeiter drangsaliert worden und 1938 aus dem Leben geschieden war, übernahm die Thomsen-Bank mit neuer Namensgebung die Führung. Unter der Leitung von Oswald Thomsen entstanden als völlige Neukonstruktionen vollgeländegängige zwei- oder dreiachsiger Einheits-Anhänger mit starren, leichten Hohlachsen, Vorderachsen als Lenkschenkelachsen mit Vorlauf, Aufhängungen in pendelnden Schwingen, abgestützt über Torsionsfederung und zwei doppelarmige Achsschwingen als Geländeausgleicher.

Der Zweiachser war für 3 bis 3,5, der Dreiachser für 6,5 t Nutzlast konzipiert und konnte im Lkw- oder Pferdezug bewegt werden. Ob der für rein militärische Zwecke gedachte Anhängertyp auch in Serie gebaut wurde, ließ sich nicht mehr feststellen.

Die Boizenburger Werft konzentrierte sich auf die Herstellung von Rüstungsmaterial und wurde 1945 enteignet. Auf Verlangen der Sowjetischen Militäradministration in Deutschland (SMAD) fertigte die Werft unter dem Namen VVB Elbewerft (vorm. Thomson & Co.) ab 1946 Fischkutter und Küstenmotorschiffe.

Thomson-Gelände-Anhänger, 1939.

Trafa

Trafa Transportgeräte und Fahrzeugfabrik GmbH,
Berlin, Köpenicker Str. 113, 1939

Kurz vor Kriegsbeginn versuchte die Trafa glücklos mit dem Tiefladerbau ins Geschäft zu kommen.

Trahag

»Trahag« Auto-Anhänger Kurt Popella,
Dresden, Leipziger Str. 33, 1939–1944 (?)

Das Unternehmen stellte Spezialanhänger, darunter Einachs-Anhänger für 0,5 bis 2 t Nutzlast her und wurde damit im Schell-Plan berücksichtigt.

Trahag-Einachs-Anhänger 1939.

Trutz

Karosseriefabrik N. Trutz, Coburg, 1953

Wagenbauer Nikolaus Trutz gründete 1871 eine Kutschenfabrik, die ab 1903 Automobil- und ab 1910 Omnibus-Karosserien herstellte.

In den frühen 1950er Jahren fertigte das Unternehmen auch Anhänger mit Kühlkoffer- und mit Ausstellungs-Aufbauten. Diese nach einer Schweizer Lizenz konstruierten Modelle besaßen ausziehbare Seitenwände, so dass ein Großraum für Ausstellungszwecke entstand. Mit dem Übergang der Nutzfahrzeughersteller zum selbsttragenden Omnibusbau entfiel die Produktionsbasis für das Werk, so dass es 1958 geschlossen wurde.

TTT

TTT Thermo-Transport-Technik GmbH, Würzburg-Heidingsfeld, Tiefe Gasse 11–15

1. 1980: Karosseriebau Voll OHG, Würzburg-Heidingsfeld, Tiefe Gasse 11–15
2. 1987–1991: TTT Thermo-Transport-Technik GmbH

Der seit 1929 in der Aufbautenherstellung tätige Karosseriebauer Voll versuchte nach der Einstellung des Opel-Schnelllasters, für den man Karosserien erstellt hatte, in einem neuen Bereich wieder ein Betätigungsfeld zu finden. Unter der neuen Muttergesellschaft Hammond aus Dover entstand 1980 ein Auflieger mit Werkstattaufbau für den Export. Ein Aufschwung konnte mit diesen Einzelstücken nicht erzielt werden, so dass ein griechischer Investor einstieg und das Werk auf den wachstumsstarken Kühlfahrzeugbau umorientieren wollte. Der Bereich der einstigen Kühlaufbauten der Karosseriefabrik bildete den Ausgangspunkt für die Entwicklungs- und Vertriebsgesellschaft TTT. Der neue Eigentümer brachte hierzu die »Variocoll«-Paneel-Technik mit, wobei die Deckschichten aus GFK, Leichtmetall- oder Edelstahlbahnen und der Isolierkern aus PU- oder PVC-Schaum im Sandwich-Vakuum-Heißklebeverfahren ausgefüllt wurde. Auch hier blieb der Erfolg aus und das Werk wurde 1992 geschlossen.

Uhlemann

Ernst Uhlemann, Abt. Fahrzeugbau, Stolpen i. Sa., 1925

Normal-Anhänger für 3 und 5 t Nutzlast, Dreiseitenkipper, Zweirad-Hinterkipper und Langmaterialtransporter stellte Uhlemann her.

Uhlemann-Werbeanzeige, 1925.

Unsinn

Sebastian Unsinn, Ecknach b. Aichach (Obb.), Augsburger Str. 56

1. 1949–1962: Sebastian Unsinn, Ecknach b. Aichach (Obb.), Augsburger Str. 56
2. 1962–1994: Fahrzeug- und Landmaschinenfabrik Sebastian Unsinn

Als Wagen- und Schmiedebetrieb für den Bau landwirtschaftlicher Anhänger wurde dieses Unternehmen im Jahre 1900 in Ecknach von Schmiedemeister Sebastian Unsinn gegründet. In den 1950er Jahren folgten Zweiachs-Pritschen- und Dreiseitenkipper für den Lkw-Einsatz mit Nutzlasten von 4 bis 12 t, Zweiachs-Speditions-Pritschenanhänger mit Hamburger Verdeck. In den 1970er Jahren hatte Unsinn auch einen Tandem-Dreiseitenkipper mit automatisch öffnender Rückwand im Programm. Inzwischen beherrschen Kugelkopfanhänger das Unsinn-Programm.

Unterholzner

Fahrzeugfabrik Georg Unterholzner GmbH, Augsburg, Neuburger Str. 174–180

1. 1936–1971: Fahrzeugfabrik Georg Unterholzner GmbH
2. 1971–1997: Fahrzeugfabrik Georg Unterholzner GmbH & Co. KG
3. 1997–2004: Unterholzner Fahrzeugbau GmbH & Co. KG

Unterholzner-Prospekttitel von 1959.

In allen Disziplinen zu Hause

Die 1877 in Traunstein gegründete, aber um die Jahrhundertwende in Augsburg ansässige Firma befasste sich ab 1936 mit dem Bau von Anhängern. Als Zweigwerke dienten die Fahrzeugfabrik Georg Unterholzner KG in Traunstein, Scheibenstr. 21 sowie Betriebsstätten in Schierling/Obb., Mannsdorfer Str. 45 und in Wels/Österreich.

Seit 1936 sind die ersten Anhänger der Firma Unterholzner nachzuweisen. Nach dem Krieg baute das Unternehmen ein breites Programm an Anhänger-Fahrzeugen auf. In Kleinserien und auf Kundenwunsch entstanden die Fahrzeuge. Hinzu kam die Fertigung von Sonderfahrzeugen und von Umbauten nach individuellen Vorstellungen. Vom Zwei- und Dreiachs-Pritschenwagen für den Fernverkehr bis zum zweiachsigen Stahlpritschen-Dreiseitenkipper mit Bremslufttechnik und dem Dreiachs-Kipper mit zwei getrennten Pritschen und elektrischem Kippantrieb reichte das Standardprogramm. Nutzlasten von 3 bis 17 t wurden dabei abgedeckt.

Im Spezialfahrzeugbau befasste sich Unterholzner mit Langholz-, Vieh- und 4-t-Strohballen-Transportern, Tiefladern und Einachs-Anhängern. Die Langmaterial-Anhänger konnten teleskopartig in der Länge verändert werden. Auch den Bau eines zweiachsigen Tank-Aufliegers für 23.000 Liter Kraftstoff führte das fränkische Werk im Programm, dem in den frühen 1960er Jahren ein isolierter Kesselwagen zum Transport von heißem

Unterholzner-17-t-Dreiachs-Kipper mit zwei Kippkästen, 1959.

Bitumen folgte. Die Auflieger besaßen eine Zwangslenkung des hinteren Achsaggregats. Schließlich folgte der Bau von Anhängern mit Kühl- und Kofferaufbauten in Leichtmetall- und Kunststoffausführung.

Hilfestellung für die amerikanische Fruehauf Corp. und moderne Baustellenfahrzeuge

Als sich der amerikanische Auflieger-Hersteller Fruehauf Corp. in Deutschland etablieren wollte, trat Unterholzner 1963 das Werk in Schierling an die neugebildete Deutsche Fruehauf GmbH ab, die dort ihre Aktivität mit dem Bau von Anhängern und Aufliegern nach Unterholzner-Vorbildern aufnahm.

Mitte der 1960er Jahre folgte ein zweiachsiger Zweiseitenkipper mit Drucklufttechnik und zentraler Bordwandverriegelung. Für die Bauwirtschaft entwickelte Unterholzner 1966 für den 38-t-Zug einen Hinterkipper mit Kastenmulde und Stirnpresse für 24 t Nutzlast und der Tieflader erhielt Hilfsfedern, die das Auf- und Ausklappen der Überfahrrampen vereinfachten. Das Standardfahrzeug für den Fernverkehrszug bildete der Dreiachser 17 TO F 3.

In den 1970er Jahren erweiterte Unterholzner das Repertoire mit zwangsgelenkten Aufliegern zum Transport von großen Betonfertigbauteilen, Tank- und Silofahrzeugen zur Beförderung staubförmiger und granulärer Güter. Die zwei- und dreiachsigen Dreiseiten-Kipper für 11,4 und 16 t Gesamtgewicht besaßen eine Druckluft-Kippanlage. Für den immer stärker zunehmenden Container- und Kombi-Verkehr nahm Unterholzner entsprechende Lafetten ins Programm.

Zur Mitte dieses Jahrzehnts erschienen als Neuheiten ein zweiachsiger Getränke-Auflieger mit Zwangslenkung, der bei einem Eigengewicht von 4 t eine Nutzlast von 15 t aufnehmen konnte und für die aufkommenden Großraum-Anhänger mit Curtainsider-Abdeckung (»Jumbo-Anhänger«) mit niedrigem Wagenboden. Eine Nutzlasthöhe von drei Metern konnte somit erreicht werden. 1976 erweiterte ein dreiachsiger Teleskop-Tiefsattelauflieger für 38 t Nutzlast mit hydromechanischer Allradlenkung die Modellpalette.

Unterholzner-Zweiachs-Tankauflieger für 23.000 Liter Kraftstoff, 1959.

Unterholzner-Gliederzug mit Dreiseiten-Kippanlage, 1979.

Den Bereich der Baustellenfahrzeuge, die das Unterholzner-Programm dominierten, krönte 1977 ein Auflieger mit zwei Dreiseiten-Kippkästen in Großraumausführung. Für den Fernverkehr setzte das Werk zwei Pritschen mit Spriegel und Plane auf das zwangsgelenkte Auflieger-Fahrgestell. Für den Transport von Langmaterial folgte 1978 ein einachsiger Auflieger mit aufsteckbaren Bordwänden oder Rungen. Und speziell zum Transport von Kabeltrommeln entstand ein Spezialauflieger.

Präsenz mit Nischenprodukten

In die 1980er Jahre stieg Unterholzner mit einem Feuerwerk an Neuheiten ein. Mit einem Zentralachsanhänger mit Stahlbordwänden war das Werk jetzt auch in diesem Bereich präsent. Der dreiachsige Fernverkehrs-Auflieger mit Schiebeverdeck erhielt einen Muldenboden zur Aufnahme von Blechrollen. Der teleskopierbare Langmaterial-Auflieger erhielt eine zusätzliche Heckausschub-Verlängerung, so dass bis zu 20 m lange Transportgüter aufgenommen werden konnten. Für den Getreidetransport erschien ein Kipper-Lastzug mit doppelt hohen Bordwänden, einem Hamburger Verdeck und einem Druck-Sauggebläse an der hinteren Bordwand. Und für den Transport tiefkalter oder unter hohem Druck stehender technischer Gase entstand ein Spezialtank-Auflieger. Darüber hinaus wandte sich Unterholzner allen ausgefallenen Sonderwünschen der Kunden zu. So entstand ein bis auf 18 m ausziehbarer Auflieger zum Transport von Rolltreppen oder ein Tieflader mit Tiefbrücke mit abrollbarem Verdeck zur Beförderung von Flugzeugteilen.

Einen weiteren Kundenkreis versuchte Unterholzner sich mit Spezialfahrzeugen für die Abfall- und Recyclingindustrie zu erschließen. Der Tiefladeanhänger war für die Aufnahme von Großraummulden für Müll oder Schrott im Abrollsystem konzipiert. Für Spezialtransporte von Maschinen oder Schaustellergeräten fertigte das Werk ein-, zwei- und dreiachsige Plattformanhänger in Niedrigbauweise.

1985 setzte das Unternehmen einen Jumbo-Aufbau mit Kurzkupplungssystem auf ein luftgefedertes Tandemachsfahrgestell zur Ergänzung des Motorwagens mit ebenfalls einem Jumbo-Aufbau. Zwei Jahre später stand auch ein Schubboden-Auflieger im breit gefächerten Unterholzner-Programm.

Gegen Ende der 1980er Jahre brachte das Werk den weiterentwickelten Auflieger mit Stahl-Hinterkippmulde der Baureihe PK 340 MZ-01 auf den Markt. Für den Transport von Containern folgte das überarbeitete dreiachsige Containerchassis mit einem Eigengewicht von 4,3 Tonnen und einer Aufnahmefähigkeit von 28,2 Tonnen.

Erneut versuchte Unterholzner in den 1990er Jahren die Montagebänder mit dem Bau von Nischenprodukten auszulasten. Auf dreiachsige Fahrgestelle kamen isolierte Biertanks oder Güllebehälter. Für den Transport von großdimensionierten Holzleimbindern entstanden dreiachsige Außenrahmentieflader. Der dreiachsige Auflieger UP SST 27/3 mit 13,6 m Ladelänge erhielt Unterflurstaukästen und für die Beförderung von Düsen- und Raketentriebwerken fertigte Unterholzner in Einzelstücken den zweiachsigen, gekröpften Tiefrahmen-Auflieger. Der Kofferaufbau ließ sich am Einsatzort nach Ausklappen der Liftfüße abschieben. Der Wechselaufbau-Anhänger UER 18/e erhielt auf Wunsch eine Kippvorrichtung.

Mitte der 1990er Jahre hatte sich das Produktionsprofil immer stärker auf den Bau von Abroll- und Absetzwagen und Spezialfahrzeugen verlagert; darunter der luftgefederte Pritschenanhänger UN 14 mit Scheibenbremsen, Hochbordwand und für den Transport von Ziegeln, palettierter und nicht-palettierter Baustoffe.

Letzte Neuheiten bildeten um die Jahrtausendwende Curtainsider auf ein-, zwei- und aufwendigem dreiachsigem Auflieger-Fahrgestell mit Lift- und Lenkachse sowie auf Tridemachs-Fahrgestell. Auch mit Hubverdecken konnten diese Modelle ausgestattet werden.

Trotz der großen Angebotspalette und dem Schwerpunkt des Maßschneiderns der Fahrzeuge nach den Bedürfnissen der Kunden konnte das mittelständische Traditionsunternehmen nicht mehr mithalten, so dass im Jahre 2004 die Aktivitäten endeten.

Unterholzner-Sonderanhänger UTKO 16 mit abrollbarem Jumbo-Koffer zum Transport von Flugzeugtriebwerken, 1981

Unterholzner-Curtainsider-Auflieger mit a. W. Lift- und Lenkachse, 2000.

v. Lienen

Fahrzeugfabrik Emil H. von Lienen GmbH, Bochum, Wittener Str. 96–100, 1920–1956

Kaufmann Emil Heinrich von Lienen gründete 1904 zusammen mit dem Kaufmann Taddig Taddigs in Bochum die Firma v. Lienen & Taddigs mit den Abteilungen: 1. Motoren- und mechanische Werkstätten, 2. Dreherei, 3. Schmiede-, Schlosser- und Kühlerwerkstatt, 4. Karosseriebau und Stellmacherei, 5. Sattlerei und Polsterei, 6. Lackier-Werkstätten. Karosserien für Luxusfahrzeuge, Aufbauten auf Lastwagen und Kipp- oder Kastenaufbau-Anhänger sowie Kutschen lieferte von Lienen. Mit dem Ausscheiden von Taddigs wurde v. Lienen 1908 Alleineigentümer der Fahrzeugfabrik.

v. Lienen-Spezialauflieger für das »Huckepack«-System, 1955.

v. Lienen-Werbung, 1937.

1920 kam in dem 400 Mann starken Betrieb die serienmäßige Herstellung von Omnibus-Karosserien und von Anhängern zustande. 1930 bot von Lienen erstmalig auch hydraulisch kippbare Anhänger an. Der Schell-Plan teilte dem Werk den Bau von Normal- und Kipp-Zweiachsanhängern in den Nutzlastklassen 1,7 bis 8 bzw. 7,5 t zu. 1938 warb v. Lienen mit einem »Reichs-Autobahn-Anhänger«, bei dem es sich um einen 5-t-Zahnstangen-Kipper handelte.

Nach Beseitigung der Kriegsschäden konnte das 450 Beschäftigte umfassende Unternehmen wieder Anhänger, darunter 5-t- und Dreiachs-Pritschenwagen mit 11 t Nutzlast sowie dreiachsige Kipper mit zwei Kippkästen anbieten. Anfang der 1950er Jahre waren zweiachsige Normalanhänger mit 3 bis 12 t, Fernverkehrs-Dreiachser mit 12 bis 16 t Nutzlast und Thermosanhänger im Programm. Zwei- und dreiachsige Kipper mit mechanischer oder hydraulischer Kippbetätigung und Nutzlasten von 3 bis 16 t, darunter eine Ausführung mit zwei Kippkästen, baute von Lienen in der Kipper-Abteilung. Eine weitere Abteilung war in der Herstellung von Aufliegern mit Spezialaufbauten und von Spezial-Anhängern mit ausklappbaren Seitenwänden.

v. Lienen-Dreiachskipper mit zwei Kippkästen, 1953.

v. Lienen-Werbeanzeige für den »Huckepackverkehr«, 1955.

Eine weitere technische Revolution sollte das von Lienen-»Huckepack«-System darstellen. In Zusammenarbeit mit der Bundesbahn entwickelte das Unternehmen Auflieger mit selbstspurender Lenkung der Einfach- oder Doppel-Hinterachse, die von der Kopframpe aus oder von den Seiten (unterstützt durch die hintere Lenkachse) auf den Tiefladewaggon gefahren werden konnten. Durch eine hydraulische Hebetechnik ließ sich jetzt der Fahrzeugkörper anheben, so dass die Achse abgezogen werden konnte. Anschließend senkte die Hydraulik den Körper auf die Plattform des Waggons. Die Achse konnte auf Wunsch mittransportiert werden. 1956 endete die Produktion und das Unternehmen wurde 1960 nach einem Konkursverfahren aufgelöst.

Vantec

Vantec Fahrzeugbau GmbH, Longuich, ab 2017 Trier, Eurener Str. 75, 1996 bis heute

Das zunächst in Longuich im Landkreis Trier-Saarburg ansässige Fahrzeugbauunternehmen ist Anfang 2017 nach Trier umgezogen. Ein Schwerpunkt der Vantec-Produktion liegt auf dem Sektor Verkaufsfahrzeugen und Kühlanhängern für die Brau- und Getränkeindustrie. Aber auch Einachs-Volumen-Fahrzeuge mit Pritsche und Plane, Zentralachsanhänger mit Tieflader, Pritschen-, Trockenfracht- und mit Curtainsider-Aufbau einschließlich einer Durchlademöglichkeit gehören zum Vantec-Programm. Im Bereich der Drehschemelanhänger fertigt das Werk zweiachsige Anhänger zur Aufnahme von BDF-Rollbehältern und dreiachsige Pritschen- und Curtainsider-Ausführungen an. In einem weiteren Segment beschäftigt sich das Unternehmen mit dem Bau von ein-, zwei- und dreiachsigen Aufliegern.

Vantec-Tridem-Anhänger mit Schiebegardine und Staplerrampe, 2001.

VEB Barkas

VEB Barkas-Werke, Chemnitz, um 1966

Der Transporter- und Motorenhersteller im damaligen Karl-Marx-Stadt fertigte zeitweise den Kippanhänger HK3, um vermutlich Engpässe in dieser Klasse zu beheben.

VEB Blechverformungswerk

VEB Blechverformungswerk Leipzig,
Leipzig, Markranstädter Str. 1, 1950er Jahre bis 1961

Die Wurzeln dieses Betriebes liegen in der 1868 von Ferdinand Kunad gegründeten Werkzeugmaschinenfabrik mit Gießerei und Schmiede, die Drehbänke herstellte. Nachdem 1917 die Wotan-Werke AG das Werk übernommen hatte, ging es 1936 an die Esslinger Firma Eberspächer GmbH über, die das Werk zum Schalldämpfer-Hersteller umrüstete. 1948 erfolgte die Verstaatlichung als VEB IFA Schalldämpfer- und Karosseriewerk Leipzig. 1951 kam es erneut zur Umbenennung in VEB Blechverformungswerk Leipzig, als die Firmen Dromos-Werke GmbH und Auto-Kühler GmbH eingegliedert wurden. Dromos brachte ihre Fertigung von Verkaufsanhängern, Wohnzügen und Thermosanhänger in das neugebildete Unternehmen ein. Als neues Produkt entstand jetzt in Zusammenarbeit mit dem VEB Eisenwerk Mölkau das Anhängermodell H4, das bis 1961 gefertigt wurde. Darüber hinaus entstanden Tankwagen für Flughäfen und für das Militär sowie Einachser mit Stromgeneratoren für die Feuerwehr. Haupterzeugnisse bildeten aber die Schalldämpferanlagen für die DDR-Lastwagen und für das Pkw-Modell »Trabant«.

VEB Boizenburg

VEB Metallbau Boizenburg, Boizenburg, 1982

Plattformwagen stellte dieser Betrieb zeitweilig her.

VEB Dresden

VEB IFA Karosseriewerk Dresden,
Dresden, Arnoldstr. 16–24, 1960er Jahre bis 1990

Das einstige renommierte Gläser-Karosseriewerk war 1864 von Carl Heinrich Gläser als Kutschwagenfabrik in Dresden gegründet worden. Mit Aufkommen der Automobile ging das Unternehmen zum Karosseriebau über. Nach Zerstörung im Februar 1945 und nachfolgender Enteignung entstand der VEB IFA Karosseriewerk Dresden (KWD), der die Karosserien der DDR-Personenwagen der Anfangszeit fertigte. Die Produktion wurde Anfang der 1970er Jahre nach Radeberg verlagert, um größere Anlagen zu nutzen.

Im Verbund mit Betriebsteil-Werken in Aschersleben, Baalberge, Erfurt, Halle und Erfurt entstanden neben Pkw-Karosserien, Lkw- und Busaufbauten die Stückgutanhänger E3, E 5-1/S mit Hamburger Verdeck, Mehrzweckanhänger E5-1/MZ, Thermosanhänger E5-1/T, Landwirtschaftsanhänger E5-1/L, Kühlanhänger E8/St, Möbelanhänger E8/M und Verkaufswagen der Version VK 3,5. In den 1980er Jahren folgte noch der 16-Tonner HL 161.11/D.

Das 1994 als Karosseriewerke Dresden GmbH (KWD) wieder privat geführte Unternehmen ist heute als Zulieferer der Automobilindustrie tätig.

VEB FAME

VEB Fahrzeugbau FAME, Rechenberg-Bienenmühle
1970er Jahre bis 1980er Jahre

Aus der PGH Fahrzeug- und Metallbau in Rechenberg-Bienenmühle im Osterzgebirge ging der VEB Fahrzeugbau FAME hervor. Plattform- und Rungenanhänger des Typs HR 80.05 wurden gefertigt. Hinzu kam ein Dreiachser für den Transport von bis zu 12 t schweren Betonplatten. Weitere Erzeugnisse waren Baustellen-, Wohn-, Urlaubs- und Camping-Anhänger.

VEB Forsttechnik

VEB Forsttechnik Oberlichtenau,
Oberlichtenau b. Chemnitz, 1970er Jahre

Einen 8-t-Langmaterialanhänger vom Typ LH 81 FNL 60.1 und einen Nachläufer fertigte dieser Betrieb.

VEB Fürstenwalde

VEB Chemie- und Tankanlagenbau, Kombinat Fürstenwalde,
Betriebsteil II, VAKA Werke, Halle, Straße der DSF,
1960–1983

VAKA fertigte den Tankanhänger HL 600.

VEB Huhn

VEB H. Huhn Fahrzeugbau, Meißen
1970er bis 1980er Jahre

Dieser verstaatlichte Betrieb produzierte den Pritschenanhänger E2.

VEB Imperhandel

VEB Imperhandel, Berlin-Oberschöneweide, Tabbertstr. 6–7
1970er Jahre

Schwerlastanhänger der Ausführungen TL 12, TL 20 und TL 40 stellte dieser für den Import und die Wartung von Personen- und Lastwagen aus den sozialistischen Ländern eingerichtete Betrieb her.

VEB Kakerbeck

VEB Fahrzeugwerk Kakerbeck, Kakerbeck, Dorfstr. 140

1. 1966–1972: PGH Fahrzeugbau Kakerbeck
2. 1972–1990: VEB Fahrzeugwerk Kakerbeck
3. 1992–2002: Fahrzeugbau Kakerbeck GmbH
4. 2002 bis heute: Platal Mobilsysteme GmbH, ab 2009 Kalbe (Milde), Kakerbecker Dorfstr. 140

Der PGH Fahrzeugbau Kakerbeck befasste sich zunächst mit der Herstellung der Einheitsanhänger E5 und E5/S (Spedition) mit einer Nutzlast von 4,4 t und des E8/S für 7,2 t. Der 1972 gebildete VEB Fahrzeugwerk Kakerbeck stellte den 4-t-Speditionsanhänger HL 61.02 und HL 62.02, den Viehtransporter HL 51.88/1, die Anhänger HL 80.02 und HL 81.02, HL 90.02 und HL 91.02 sowie 1987 den Langholzanhänger HN 30.59 für den »Multicar«-Kleintransporter her. Weitere Aktivitäten umfassten den Bau von Pritschen-Aufliegern, von Baustellen- und von Campingfahrzeugen.

Aus dem einstigen VEB Fahrzeugbau und der Platal Systembau GmbH entstand 2002 die Platal Mobilsysteme GmbH. Das mittelständische Stahlbauunternehmen baut nach individuellen Maßgaben Spezialanhänger und -Auflieger sowie Behälter und modulare Raumeinheiten. Das sich als »Trailer-Manufaktur« verstehende Werk fertigt gekröpfte Auflieger für die Baumaschinenindustrie, Hinterkipp-Auflieger mit hydraulisch verschiebbarem Achsaggregat, Boogys und Auflieger für Lang-Lkw-Züge.

VEB Leipzig

VEB Fahrzeugbau Leipzig, Leipzig, 1985–1990

Herstellung des Spezialanhängers HL 122.02.

VEB Lübtheen

Brüggen Fahrzeugwerk & Service GmbH,
Lübtheen, Geschwister-Scholl-Str. 15

1. 1949–1950: LHB VVB Land-, Bau- und Holzbearbeitungsmaschinen, Jessenitz
2. 1951–1951: VEB Schlepperanhängerbau Ernst Thälmann, Lübtheen
3. 1951–1990: VEB Fahrzeugwerk »Ernst Thälmann« Lübtheen
4. 1990–1995: Graaff Fahrzeugwerk Lübtheen GmbH
5. 1995–1997: Fahrzeugwerk Lübtheen GmbH
6. 1997–2004: MV Lübtheen GmbH Fahrzeugbau und Entwicklung
7. 2004 bis heute: Brüggen Fahrzeugwerk & Service GmbH

Glücklose Neuanfänge nach der Wende

Den Ursprung des heutigen Fahrzeugbaus in Lübtheen bildete die »Holz- und Metallverarbeitung» in Jessenitz, die nach dem Krieg aus Materialvorräten des ehemaligen Marinearsenals Kohleneimer, Kochtöpfe, Wan-

VEB-Fahrzeugwerk »Ernst Thälmann«-Pritschenanhänger E5-1 mit Spriegel und Plane, 1954. (Foto: Museum Lübtheen)

VEB Fahrzeugwerk »Ernst Thälmann«-Zweiseiten-Bremsluftkipper HKS-1, 1957. (Foto: Museum Lübtheen)

nen, Ofenrohre, Kleinmöbel und Dachpfannen herstellte. 1949 erhielt der Betrieb die Bezeichnung »LBH Vereinigung volkseigener Betriebe (VVB) Land-, Bau- und Holzberarbeitungsmaschinen«. Der inzwischen auf 134 Personen erstarkte Betrieb begann gleichzeitig mit der Produktion von eisenbereiften Acker- und Handwagen. Aus Kapazitätsgründen zog der Betrieb 1950 in die leerstehenden Gebäude des ehemaligen Friedrich-Franz-Kali-Schachtes um. Unter der neuen Firmierung VEB Schlepperanhängerbau »Ernst Thälmann« Lübtheen nahm das Werk zunächst den Traktoren-Anhängerbau auf. Schon rasch wurden dringend benötigte Lkw-Anhänger ins Programm genommen.

Waren es erst die einstigen Speditions-Einheitstypen E2 und E5/2, so standen ab 1954 vorwiegend Traktoren-Anhänger im Fertigungsprogramm des im Mecklenburgischen Elbetales gelegenen, auf 400 Beschäftigte angewachsenen Werkes. Nach mehrfach gescheiterten Privatisierungsversuchen engagierte sich 1994 der Waggonbau Graaff GmbH an diesem Fahrzeugbauer und richtete eine eigenständige GmbH zum Fahrzeugbau ein. Mit umfangreichen Investitionen und einem völlig neuen Programm trat der einstige Fahrzeughersteller unter der Firmierung »Graaff Fahrzeugwerk Lübtheen GmbH« an. Das Unternehmen fertigte jetzt Drehschemel-Chassis für Wechselkoffer insbesondere für die Deutsche Post, Tandemachser mit Zwei- und Dreiseitenkippaufbauten in Leichtmetall- und Stahltechnik, dreiachsige Auflieger mit Coilmulde und Tiefkühlkoffer der Baureihe KS 24/136 mit Doppelstockaufbauten und variabler Mehrkammereinrichtung.

Als die Muttergesellschaft 1995 in die erste Insolvenz geriet, musste auch der Lübtheener Betrieb saniert werden. Die Hugo Stinnes GmbH & Co. KG übernahm das Traditionswerk unter der Firmierung Fahrzeugwerk Lübtheen GmbH und führte das Programm mit Wechsel- und Kofferaufbauten auf Drehschemel- und Tandemanhängern sowie mit Kühlkofferaufliegern namens »Thermoliner« fort. Schon 1997 trennte Stinnes sich von dem Werk, das jetzt unter dem Namen MV (Metall-Verarbeitung) Lübtheen in Erscheinung trat.

1998 konnte das Unternehmen mit dem Curtainsider »Goliath« mit über Gasdruck betätigtem Hubdach und einem Einachsauflieger mit Kofferaufbau für den Verteilerverkehr nochmals Aufmerksamkeit erregen, wenn auch die Produktionszahlen zurückgingen. Ein weiteres Modell bildete der Wechselaufbauten-Anhänger »Hercules WA 18«. 2004 reduzierte sich das Angebot auf die Wechselkoffer und im gleichen Jahr musste nach einem Konkurs die MV geschlossen werden.

Graaff Fahrzeugwerk Lübtheen-Tiefkühl-Sattelauflieger »Thermoliner K-S24-136«, 1994.

Als modernster Kühlaufliegerproduzent der Marke Krone in sicherer Hand

Den inzwischen über 50 Jahre zählenden Fahrzeugbau übernahm 2004 die in Herzlake im Emsland ansässige Oberflächen- und Systemlieferant Brüggen GmbH, die nun für eine wirtschaftliche Produktion kräftig investierte und dadurch ein komplett neues Werk aufbaute.

Dieses 1990 als Metallservice Brüggen GmbH in Herzlake von Bernd Brüggen gegründete Unternehmen, das seit 1994 als »Kompetenzpartner« des Fahrzeugwerkes Bernhard Krone in Werlte komplette Wechselsysteme und Trailerkomponenten fertigt, spezialisierte sich seit 2004

Graaff-Fahrzeugwerk Lübtheen-BDF-Lafette für Wechselaufbauten, 2002.

MV Lübtheen-Wechselaufbauzug mit Tandemachser, 2002.

Brüggen Fahrzeugwerk & Service-Kühlkoffer in Duoplex-Ausführung, 2008. (Foto: Krone)

unter der Firmierung Brüggen Komponenten GmbH auf den Bau von Wechselkoffern, Bodenrahmen und Schweißbaugruppen für die Endmontage der Krone-Trailer.

Bernd Brüggen ließ zunächst Wechselbrücken und wenig später auch Rahmen und ganze Bodengruppen im Lübtheener Werk herstellen. Im Jahre 2007 spezialisierte Brüggen das Werk auf den Bau von Kofferaufbauten für die Trockenfracht-, Frischdienst- und Kühl-Auflieger.

Die erfolgreiche Tätigkeit des Brüggen-Unternehmens führte 2008 dazu, dass das heute modernste Fahrzeugwerk Deutschlands in Lübtheen mit der Übernahme des kompletten Disziplin Kühlaufliegerbau der Baureihe »Cool Liner Duoplex Steel«, der leichter isolierten Baureihe »Fresh Liner« für Lebensmittel- und der Version »Pharma« für Medikamententransporte in Mehrkammer-Kühlzonen wieder ein Finalanbieter im Nutzfahrzeugbereich wurde. Edelstahl-Heckportale schließen die Fahrzeuge ab.

Darüber hinaus hat das Werk die gesamte Fertigung der Wechselbehälter für den emsländischen Trailer-Spezialisten Krone übernommen. Seit dem Jahre 2011 werden sogenannte integrierte Vakuumpaneele für eine bessere Kühleffizienz des neuen »Cool Liner VIP« verwendet; das System wird unter der Abkürzung VIP für Insulated Vacuum Panel geführt. Den »Cool Liner« gibt es ab 2013 mit zehn seitlichen Falttüren auf der linken Seite. Auch hier ist eine Doppelstockbeladung für den Blumentransport beziehungsweise für weitere 33 Paletten möglich.

Anfang 2016 integrierte Krone das Lübtheener Werk in die Krone Nutzfahrzeuggruppe. Inzwischen stellen 900 Beschäftigte exklusiv für Krone jährlich zwischen 8000 bis 9000 aktiv und passiv gekühlte Einheiten her.

Krone-Zweiachs-Kühlkoffer-Auflieger SZ in Duoplex-Ausführung, 2017.

VEB Treuenbrietzen

VEB Spezialanhängerbau Treuenbrietzen, Treuenbrietzen, Ernst Thälmann-Str. 7

1. bis 1972: Fahrzeugwerk Gehler KG, Treuenbrietzen, Ernst Thälmann-Str. 7
2. 1972–1980: VEB Fahrzeugwerk Treuenbrietzen, Kreis Jüterbog
3. 1980–1990: VEB Spezialanhängerbau Treuenbrietzen
4. 1990–1993: Fahrzeugwerk Treuenbrietzen GmbH, Treuenbrietzen, Hans-Grade-Str. 55
5. 1993: Horz Fahrzeugwerk GmbH

Aus dem verstaatlichten Fahrzeugwerk Gehler KG ging der VEB Fahrzeugwerk Treuenbrietzen hervor, der sich zunächst im Bau von 8-t-Anhängern betätigte. Der 200 Mitarbeiter umfassende Betrieb wurde als Zweigwerk dem IFA-Kombinat »Spezialaufbauten und Anhänger Werdau« unterstellt.

Um 1980 erhielt das Werk den Auftrag, Tieflader verschiedener Größen herzustellen. Auch wenn der Bau dieser Spezialfahrzeuge im Rahmen eines RGW-Beschlusses im Jahre 1959 dem polnischen Hersteller ZREMB (ehemaliges FAMO-Werk in Breslau) zugeteilt worden war, erhielten weiterhin kleinere DDR-Betriebe den Auftrag, derartige Fahrzeuge zu bauen, da der Bedarf durch den offiziellen Monopolhersteller nicht gedeckt werden konnte. Der VEB Spezialanhängerbau Treuenbrietzen stellte zunächst einen zweiachsigen Tiefladeanhänger mit einer Nutzlast von 10 und später auch mit einer Nutzlast von 16 Tonnen her, die an die Volksarmee und in den Export an zivile und militärische Abnehmer gingen. Auch im Bereich der Aufbauten für den W 50-Lkw beteiligte sich das Werk. In den 1980er Jahren stand die Fertigung der ein- und zweiachsigen Plattformauflieger (mit Steckrungen) der Baureihen HLS 100.02 und HLS 200.78P sowie des Anhängers HL 160.05 im Programm.

Nach der Wende verfiel der Betrieb durch kriminelle Machenschaften der angeblichen Investoren.

VEB Wansleben

Kfl Wansleben, Sitz Eisleben, 1974

Mit dem Bau des Vorkriegs-Anhängers E2 trat dieser Kreisbetrieb für Landtechnik/Kfl in Erscheinung.

VEB Wilsdruff

VEB Fahrzeugwerk Wilsdruff, Wilsdruff, 1958–1990

Neben Lkw-Pritschen entstanden in Wilsdruff westlich von Dresden die Anhängermodelle E2, E3v, H3 und H4 aus dem Repertoire des VEB Fahrzeugwerk Waltershausen, als der sich auf die »Multicar«-Produktion spezialisierte.

VEB Wittenberge

VEB Anhängerbau Wittenberge,
BT Tankanhängerbau Karstätt, 1970er Jahre

Das Unternehmen stellte den Lkw-Anhänger HL 30.45/2 her.

Vetter

Vetter GmbH Kabelverlegetechnik,
Lottstetten, Industriestr.28, 1970 bis heute

Herbert Vetter gründete 1970 ein Unternehmen für die Kabelverlegetechnik, zunächst für Freileitungen und schon rasch nur noch für die Erdverlegung. Einachsanhänger mit Kugelkopf- oder mit Lkw-Kupplung werden für den Transport von Draht- bzw. inzwischen weitgehend von Glasfaserkabelrollen verwendet.

Vetter-Kabeltrommel-Anhänger KVH 5,3/80, 2011.

Vidal

Herbert Vidal & Co., Fahrzeugbau,
Hamburg-Wilhelmsburg, 1942 Neuländer Elbdeich 6

1. 1942–1955: Herbert Vidal & Co., Fahrzeugbau
2. 1955–1970: Herbert Vidal & Co., Karosserie- und Fahrzeugwerk
3. 1970–1996: Deutsche Fruehauf GmbH & Co. KG, Werk Hamburg

Die schon im vorletzten Jahrhundert gegründete Kohlenhandlung Oskar und Herbert Vidal begann 1926 mit der Entwicklung von dreiachsigen Kleintransportern, um die Anlieferung von Kohle zu erleichtern. Von den anfänglichen Vorderladern ging das inzwischen als Tempo-Werk bezeichnete Unternehmen zum Bau von dreirädrigen Hinterladern über, die sich auf dem Markt die Führerschaft sichern und von 1939 bis 1945

Vidal-Prospekttitel von 1961.

Vidal-Großraum-Kastenauflieger für den Mehltransport, 1954.

als »Kriegslieferwagen« weitergebaut wurden. Als die Anhängerfabrik E. & W. Nöhrenheim 1942 zum Verkauf stand, griffen die Vidal-Brüder zu und ließen das Werk als Herbert Vidal & Co im Handelsregister eintragen, unabhängig von ihrem Tempo-Werk. Neben dem Weiterbau des 3-t-Pritschenwagens aus dem Nöhrenheim-Programm gemäß Schell-Plan übernahm Vidal um 1943/44 die Fertigung von zweiachsigen Anhängern zum Transport der V2-Rakete.

Um 1948 war das Unternehmen mit dem Bau der Einheitsanhänger E2, E3 und E8 sowie der 3-, 5- und 7,5-t-Kipper mit Zwillingsbereifung wieder lieferfähig, bis 1949 ein feinabgestuftes Programm mit Zweiachs-Anhängern in den Nutzlastklassen von 1,7 bis 11 t sowie mit Dreiachs-Fernverkehrsanhängern in den Bereichen von 11,5 und 17 t bereitstanden. Viehtransport-, Rungen- und Langmaterialanhänger erweiterten das Angebot, das in den Aufbaujahren der Bundesrepublik immer differenzierter wurde. Der dreiachsige 11-Tonner mit Thermos-Aufbau besaß eine hochwindbare Mittelachse.

Auf Anregung von Hamburger Kohlehändler entwickelte Vidal einen 8-t-Spezialanhänger für Schüttgüter. Durch den schrägwandigen Silobehälter mit Verschluss im Boden konnten Kohlen oder Koks über einer Öffnung entleert werden.

1953 präsentierte Vidal einen Gliederzug mit Kastenaufbauten in Leichtmetallausführung. Der rahmenlose, selbsttragende Anhänger war für eine Nutzlast von 16 t ausgelegt.

Das neue Nöhrenheim-Anhängerwerk ging 1955 als Reparaturwerk im Vidal-Unternehmen auf.

In diesem Jahr überarbeitete Vidal das Anhängerprogramm. So entstanden im ersten Segment Pritschen-Anhänger mit Spriegel und Plane der N-Typenreihen mit Nutzlasten von 2 bis 17 t. Die Spezialausführung N 25100 stellte einen 25-Tonner mit 10-Meter-Pritsche dar, der nur mit Sondergenehmigung zugelassen werden konnte. Im nächsten Segment folgten die in Meiller-Technik ausgeführten 6- bis 12-t-Kipper und im dritten Bereich standen Koffer- und Thermosanhänger mit Fleischhängebahnen und Kühlaggregat im Angebot. In einem vierten Bereich waren folgende Spezialfahrzeuge vertreten: Tieflader der TL-Baureihen mit Nutzlasten von 8 bis 30 t, bis zu vier Achslinien und mit Pendelachsen. Im fünften Bereich wurden die Langmaterial- und Rungen-Anhänger der L- und R-Baureihe angeboten. Im sechsten Bereich folgten die Tankwagen-Chassis der T-Baureihe. In einem weiteren Bereich wurden Spezialanhänger gefertigt und zwar: ein Fass-Transporter, ein Glas-Transportanhänger, ein Silo-Anhänger, ein Spezial-5-t-Kohlenkipper vom Typ KK, ein 4-t-Spezial-Anhänger zum Auffahren und zum Transport von Elektroaggregaten, Spezial-Zuckerrohr-Transporter, Anhänger für die Landwirtschaft mit oder ohne Kutschbock, Büro- und Werkstattanhänger sowie Lkw-Einachs-Anhänger mit Pritsche oder Kofferaufbau.

Vidal-12-t-Glastransportanhänger SP 1270, 1956.

Vidal-20-t-Pritschenauflieger mit Spriegel und Plane, 1959.

Vidal-Kohlen-Siloanhänger Si 0850, 1961.

Schließlich bot Vidal in den 1950er Jahren auch einen 5-t-Auflieger vom Typ S 0550 und einen 17-t-Auflieger vom Typ S 1785 an. Für den Transport von bis zu 12 t Schüttgütern entstand 1955 ähnlich dem Cobolt-Kipper ein Zweiseitenkipper mit V-förmiger Mulde mit Drucklufttechnik. Mit hinterer Einzelradaufhängung stellte das Unternehmen 1956 erste Innenlader-Anhänger zum Glastransport her.

1958 entstanden die »Vidal-Duplico«-Anhänger mit ausfahrbaren Seitenteilen, die u. a. als Lagewagen bei der Bundeswehr eingeführt wurden. Mitte der 1960er Jahre präsentierte Vidal den Dreiseiten-Kippauflieger SK 21 mit kardanisch gelagerter vorderer und einer zusätzlichen mittleren Presse. Der 6,5 m lange Kippkasten wurde somit beim Rückwärtskippen

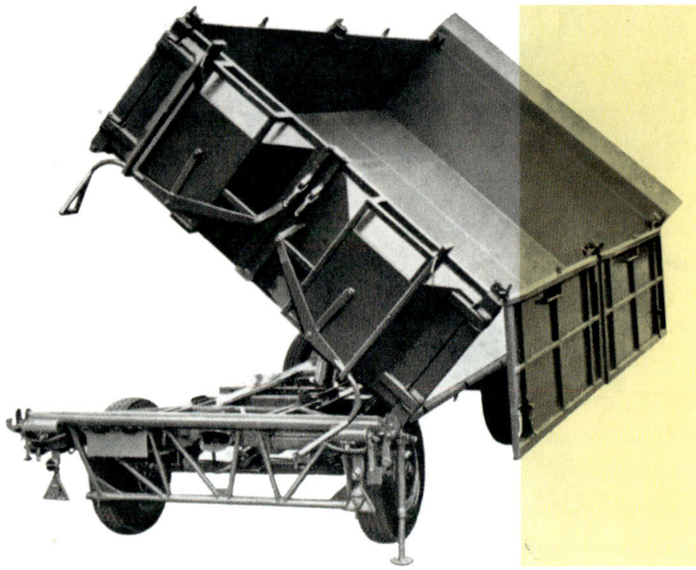

Vidal-5-t-Dreiseiten-Kippanhänger KK 0545 mit hochhebbarer Ladebrücke für den Kohletransport, 1965.

Vidal-12-t-Dreiachsanhänger mit Hamburger Verdeck, 1966. (Ralf Weinreich)

stabilisiert. Der Dreiseitenkipper mit automatischer Bordwandverriegelung für 23 t Nutzlast war in Ganzstahl-Ausführung konstruiert. Und ein Spezialanhänger zum Transport von Hauskohle erlebte 1965 als »Kohlentrimmer« eine Renaissance. Weitere Neuentwicklungen bildeten 1967 ein Pritschen-Auflieger in Palettenbreite, Kühl- und Tiefkühl-Auflieger und Lafetten für 20'- und 40'-Container.

Nachdem Oscar und sein Sohn Edmund das Tempo-Lieferwagen-Werk an den Rheinstahl-Hanomag-Konzern abgegeben hatten, verkauften sie das Anhänger- und Karosseriewerk mit Zweigwerk in der Hamburger Angerstraße an die Ackermann-Fahrzeugwerke, bzw. an die Deutsche Fruehauf Corp. GmbH & Co. KG, die damit neben dem Werk Schierling in Regensburg eine zweite Produktionsstätte nutzen konnte. Fruehauf führte das Programm weiter; so entstanden ein-, zwei- und dreiachsige Pritschenwagen, zwei- und dreiachsige Koffer-Anhänger, Kipper für 10 und 12 t Nutzlast, Kipp-, Koffer- und Kühl-Auflieger, Tiefladeanhänger und Container-Chassis.

Mit der Auflösung der Ackermann-Fruehauf-Gruppe wurde auch das Hamburger Werk geschlossen.

Villmow

Konrad Villmow Fahrzeugfabrik, Alt-Kolziglow/Pom.
1925–1945

Anhängewagen in allen Versionen bot dieses Unternehmen an, das im Schell-Plan mit der Herstellung von 3- und 8-t-Anhängern berücksichtigt wurde.

Villmow-Werbeanzeige von 1933.

Vogel

Jakob Vogel, Wagen-Fabrik OHG,
Ladenburg/Neckar, 1949

Nach der Währungsreform warb Vogel für seine Anhänger mit Nutzlasten von 3, 6 und 8 Tonnen.

Voges

August Voges Wagenfabrik KG,
Hannover-Linden, Hamelner Chaussee 10, 1912–1993

Stellmachermeister August Voges (1854–1921) gründete in Bornum im heutigen Hannover eine Wagenfabrik, die neben Luxus-Kaleschen auch Lastwagen für den Pferdezug herstellte. Kurz vor dem Ersten Weltkrieg nahm Voges mit Anhängern für Subventions-Lastwagen an Prüfungsfahrten teil, um die Zulassung als »beihilfeberechtigter Anhängewagen« zu erlangen. Während des Krieges konnte Voges große Serien von Anhängern an die Kaiserliche Armee liefern. Gegen Kriegsende etablierte sich das Unternehmen auf dem Gelände an der Hamelner Chaussee.

In der Mitte der 1930er Jahre war Voges mit modernen Anhängern präsent, so dass die Fahrzeugfabrik gemäß Schell-Plan Einheits-Zweiachsanhänger und Kipper bis 8 t Nutzlast bauen sollte.

Für 1954 war noch ein Programm aus dreiachsigem Zweiseitenkipper mit hand- oder motorbetätigter Kippanlage, »Kipplastzug für den Schnellverkehr«, »Lastzug für Großschlachterei« und Möbelwagenaufbauten nachweisbar. 1993 ist die Voges-Verwaltungsgesellschaft erloschen.

Vogt

Wilhem Vogt, Maschinenfabrik und Tankwagenbau,
Lemgo, An der Bega 66–72, 1975–1985

1975 startete dieses nordrhein-westfälische Unternehmen neben der Komplettierung von Motorwagen mit Tankaufbauten den Bau einer Leichtmetall-Tankwagenflotte für Mineralöle und Lebensmittel mit Ovaltanks für 16.000 bis 18.000 Liter auf Zwei- und für 24.000 Liter auf Dreiachsfahrgestellen. Die zweiachsigen Auflieger in Doppelkeilform waren für 37.000 Liter Mineralöl oder mit vollisolierten Edelstahlbehältern mit seitlichem Armaturenschrank für 30.000 Liter flüssiger Nahrungsmittel konstruiert. Alle Modelle konnten innen und außen Säure- und Laugen-resistent beschichtet werden. Ein Jahr später kamen noch Wechselaufbauten hinzu. 1985 war das Unternehmen nicht mehr nachweisbar.

Vogt-Tankzug mit Dreiachs-Leichtmetallanhänger für 24.000 Liter Kraftstoff, 1975.

Vogt-Tanksattelauflieger für 37.200 Liter-Kraftstoff, 1978.

Volkner

Volkner Fahrzeugbau GmbH, Wuppertal, Simonshöfchen 41
1. 1976: Volkner Fahrzeugbau GmbH
2. Volkner Mobil GmbH

Nach der Fahrzeugbau-Lehre machte sich Gerhard Volkner selbstständig und stellte 1976 seinen ersten Anhänger für die Landwirtschaft her. Die erfolgreiche Fertigung dieser Modelle führte zur Erweiterung des Fertigungsprogramms. Dabei entstanden Spezialtransporter im Bereich von 0,5 bis 100 t Nutzlast. Mitte der 1990er Jahre stellte Volkner 11-t-Pritschen-Zentralachsanhänger mit Spriegelaufbau, 18-t-Tandemachskipper, Hinterkipp-Auflieger Tieflader bis zu 40 t Gesamtgewicht für den Transport von Baggern und Radladern her. Für die in der Umwelttechnik tätige Firma Doppstadt fertigte Volkner die Spezialfahrzeuge.

Volkner-Kipperzug mit Tandemachser, 1995. (Foto: Volkner)

Wackenhut

Gebr. Wackenhut GmbH, Karosserie- und Fahrzeugfabrik, Nagold, Altensteigerstr. 49

1. 1933–1998: Gebr. Wackenhut GmbH, Karosserie- und Fahrzeugfabrik, Altensteig/Schwarzwald, ab 1953 Nagold, Altensteiger Str. 49
2. 1999–2005: Wackenhut Fahrzeugbau GmbH, Mengen-Hohentengen, Am Flugplatz
3. 2005–2006: Griener-Nutzfahrzeuge GmbH

Wackenhut-Prospekttitel von 1955.

Mit Karosserie- und Fahrzeugbau auf dem Markt

Ernst Wackenhut gründete 1933 in Altensteig im Nordschwarzwald ein Fahrzeugbau-Unternehmen, das Lkw-Anhänger, Lkw-Aufbauten und Fahrerhäuser herstellte. 1950 stand die Entwicklung und die Produktion von Fahrerhäusern für Unimog- und Mercedes-Benz-Lastwagen im Vordergrund, 1953 zog das Unternehmen in ein neues Werk in Nagold um. 1970 errichtete Wackenhut ein Presswerk (heutiges Werk 2), um in das Geschäft als Zulieferer für die Automobilindustrie einzusteigen. Anfang der 1950er Jahre warb das Fahrzeughaus Gebr. Wackenhut mit den Bereichen »Schwerlastwagen, Anhänger, Kipperfahrzeuge, Spezialaufbauten, Reparaturwerk, Großtankstelle, Reifenlager und Fahrzeugaufbauten«.

Ein- und zweiachsige Anhänger für den Ferntransport sowie Kipper für die Straßen- und Bauwirtschaft standen zunächst im Programm. Auflieger konnten nach Kundenwünschen mit Pritschen- oder Spezialaufbauten wie Kohlensäuretransporter mit Stahlflaschen und Armaturenschrank geordert werden. Für Flüssigkeitstransporte baute Wackenhut Kesselwagenzüge mit dreiachsigem Anhänger und für den Langmaterialtransport gab es einen Rungen-Sattelzug mit hinterem, zwangsgesteuerten Trio-Aggregat.

Eine Spezialität stellte der Pferdetransportzug mit Auf- und Durchlaufmöglichkeit dar, bei dem über die flachgelegte Heckklappe des Zugfahrzeugs und über die flachgelegte Stirnwand des Hängers Pferde von der hinteren Rampe des Hängers bis in den Vorderwagen geführt werden konnten.

Mitte der 1960er Jahre führte Wackenhut im Rahmen der neuen gesetzlichen Bestimmungen im Anhängerbau Breitspur-Fahrgestelle in Leichtbauweise mit Schwingungsdämpfern und auf Wunsch Luftfederbälgen ein. Sowohl bei den Kippern als auch bei den Pritschenwagen und den Aufliegern der Baureihe WSB 20 L mit Kofferaufbauten oder Kippkoffern kam diese Technik zur Anwendung. Das zweiachsige Aggregat der Auflieger wurde über Seilzüge mitgelenkt. Pritschen-Auflieger konnten auch mit einem teleskopierbaren Heckteil geliefert werden. Das Zweiachs-Anhänger-Programm deckte die Nutzlastgrößen von 3,9 bis 11,7 t, die Dreiachser die Nutzlastgrößen von 16,3 bis 16,7 t ab. Zweiachskipper für 11,5 und 11,7 t und Dreiachser für 15,3 bis 15,9 t standen im Kipper-Programm und wurden motor- oder elektrohydraulisch betätigt.

Anhängerbau in drei Bereichen

Mit Beginn der 1970er Jahre ordnete Wackenhut das Fahrzeugprogramm neu. So befasst sich der erste Bereich mit dem Anhängerbau für Speditionen und Landwirtschaftsbetriebe mit Leichtmetall-Aufbauten sowie mit zweiachsigen Pritschen- und Koffer-Aufliegern der Baureihe S 16 für den Kombiverkehr. Für die Dreiachser A 22 N nutzte das Schwarzwälder Unternehmen einen Außenrahmen, ein Breitspur-Aggregat und Leichtmetall-Bordwände.

Im zweiten Segment entstanden dreiachsige Dreiseitenkipper der Baureihe AK 22 M3 und der zweiachsige Hinterkipp-Auflieger AK 16 M1 mit zwei Frontstempeln und mit Spanten armierten Aluminium-Bordwänden. Den dritten Bereich füllten Tieflader mit Nutzlasten von 12,2 t bis zur schweren Baureihe WST 24 mit gekröpftem Rahmen für eine Belastung von 32 t aus. Und eine weitere Abteilung befasste sich mit dem Bau von zweiachsigen Tankanhängern in Aluminium-Ausführung für 16.500 Liter und mit Stahltank-Auflieger in Oval-Bauweise mit einem Fassungsvermögen bis 37.000 Litern sowie Sonderfahrzeugen wie Rundkessel-Anhänger für den Heizöl- und Bitumen-Transport oder Druckkessel-Anhängern zur Aufnahme von flüssiger Kohlensäure.

Mitte der 1970er Jahre folgten dreiachsige Sattelkipper mit Rundspanten-Leichtmetall-Mulden der Baureihe SK 22 M1 für eine Nutzlast von 22,5 t. Und die Tieflader konnten auch mit Bordwänden im Tiefbett versehen werden.

1977 erweiterte Wackenhut sein Angebot mit dem Niedrigrahmen-Dreiachs-Kippanhänger AT 22 in Hochbord-Fernverkehrsausführung mit Gummiabdichtungen zum Getreide- oder Rieselguttransport. Für die Anhänger nutzte Wackenhut jetzt Leichtmetall-Unterbauten mit einem ge-

Wackenhut-Viehtransportzug mit Auf- und Durchlaufmöglichkeit, um 1957.

Wackenhut-Tankauflieger für den Transport flüssiger Kohlensäure, 1967.

sickten Längsrahmen. Neben dem zweiachsigen Auflieger gab es jetzt auch das dreiachsige Modell S 22 mit Pritschenaufbau; mit entsprechender Verriegelungstechnik konnte das Modell auch als Container-Lafette bestellt werden.

Interessant mit technischen Spezialitäten

Zu Beginn der 1980er Jahre präsentierte Wackenhut seinen ersten Tieflade-Auflieger der Ausführung ST 30 mit einer Tragkraft von 32,5 t. Weitere Neuheiten bildeten der dreiachsige Kofferanhänger AKO 22 in Palettenbreite sowie der Pritschen-Anhänger AK 22 M3 in Naxtra-Bauweise. Für Speditionen war der Jumbo-Großraumzug mit dem Tandemachs-Anhänger AT 8 interessant, der auf ein Ladevolumen von 64,5 m^3 kam. Und auf Kundenwunsch entstand ein Auflieger zum Transport von Flüssigaluminium in drei 1250-Liter-Kammern.

Wenig später folgten Großraumzüge mit einer Zusatzlenkung an der Vorderachse, die den Abstand zwischen Motorwagen und Anhänger im Fahrbetrieb verkürzte. Auch einen dreiachsigen Langmaterial-Auflieger mit Auszugsvorrichtung hatte Wackenhut jetzt im Köcher.

In der Mitte der 1980er Jahre erstarkte der dreiachsige Sattelkipper SK M1 mit Leichtmetall-Mulde zum Transporter von 25,9 t Ladegut, ein Wechselanhänger und ein Einachsauflieger mit Wechselkoffer und Ladebordwand vergrößerten das Portfolio des Nagolder Fahrzeugbauers.

Rückzug der Familie Wackenhut und weitere technische Finessen

1987 zog sich die Familie Wackenhut weitgehend zurück und beteiligte den Werkzeug-Formbau- und Pressteilehersteller FAGRO-Faulstroh GmbH an dem Fahrzeugwerk Wackenhut. Bautechnisch ging das Unternehmen in diesem Jahr zur Verwendung von Feinkornstählen für die Fahrgestelle über.

1989 erhielten die Großraumzüge eine elektronisch-hydraulische Fahrabstands-Steuerung mit Teleskopausschub, kurz EHFAS, die bei Geradeausfahrt den Tandemachser bis auf 300 mm an das Motofahrzeug heranzog. Der 18,35 m lange Gliederzug entsprach der neuen EG-Ladelängen-Regelung für den grenzüberschreitenden Güterverkehr. Wenig später setzte Wackenhut den Jumbo-Pritschenanhänger AT 24 auf ein Fahrgestell mit kleindimensionierter Bereifung, was bei der Eckhöhe von 4 m weiteren Laderaum ermöglichte.

Zu Beginn der 1990er Jahre präsentierte der Schwarzwälder Fahrzeugbauer den zweiachsigen Koffer-Auflieger SKO 20 LZ mit Schubboden, hier »Rollenbahn-Boden« genannt und mit elektrischer Ladungssteuerung sowie den Jumbo-Wechselaufbauten-Tandemachser AWT 18 LZ. Diesen Unterbau nutzte das Werk ein Jahr später für den Dreiseitenkipper AK 18 M3-ZAA mit Aluminium-Bordwänden. Weitere Highlights bildeten der dreiachsige Auflieger S 24 L mit Schiebeplanen und auf Wunsch einer Coilwanne und der zweiachsige Megatrailer SJ 18 L mit ebenem Boden und verschiebbarem Umkehr-Lattensystem. Insbesondere für den Transport von Luftfracht-Paletten war das Modell mit einem Rauminhalt von 100 m³ zugeschnitten.

Der Erfolg mit dem Rollenbahn-Boden-Auflieger führte dazu, dass 1994 die vergrößerte Variante SKO 24 ins Programm genommen wurde, bei der die Schlussachse des dreiachsigen BPW-Aggregats gelenkt wurde. Gleichzeitig erhielt das Wechselbrücken-Anhänger-Fahrgestell AWB 12 L/18 L eine Luftfederung.

Der sich in dieser Zeit als »Volumen- und Kipperspezialist« bezeichnende Fahrzeugbauer erzielte mit der Produktion der Anhänger ein Drittel und als Zuliefererbetrieb für die Fahrzeugindustrie mit Blechteilen zwei Drittel seines Umsatzes. 1997 demonstrierte der Export-Curtainsider SCN 24 L oder der speziell für die Telekom zugeschnittene Zweiachs-Auflieger WSM 20 mit Coilwanne und Allradstapler im Heck das Können der Wackenhut-Ingenieure.

Letztes Engagement des Vertragshändlers Griener GmbH

Aufgrund der Verlagerung des Wackenhut-Schwerpunktes auf die erwähnte Blechteilefertigung wurde überraschend im September 1998 der Fahrzeugbau eingestellt. Die Vertragshändler, darunter die Griener GmbH in Mengen bei Sigmaringen, standen verblüfft da, zumal die Kundschaft weiterhin nach Wackenhut-Fahrzeugen fragte. In Übereinstimmung mit Ernst-Jürgen Wackenhut gründete die Firma Griener im März 1999 die Wackenhut Fahrzeugbau GmbH, die am neuen Standort in Mengen-Hohentengen auf einem ehemaligen Flugplatzgelände die Produktion der Wackenhut-Erfolgsmodelle wieder in Gang setzte.

Eine Gruppe von erfahrenen Wackenhut-Mitarbeitern übernahm die Montage. Den Kundenanfragen entsprechend spezialisierte sich das neue Unternehmen auf den Bau des Mega-Curtainsiders WSPC 24 mit einem

Wackenhut-Dreiachs-Pritschenanhänger mit Spriegel, 1969.

Wackenhut-Lafettenzug mit zwei Containern, 1969.

Wackenhut-Curtainsider mit Kröpfung, 2001.

Wackenhut-Curtainsider aus der Griener-Bauzeit, 2001.

Ladevolumen von 91,8 m³, der ein dreiachsiges Daimler-Benz-Achsaggregat mit Liftachse und einen verstärkten Rahmenhals erhielt. Die zweite Baureihe stellten die dreiachsigen Curtainsider der Baureihe »Eurotrailer« für 34 Paletten mit Feinkorn-Fahrgestell und das gleiche Modell mit Leichtmetall-Chassis und Liftachse dar. Auf Wunsch konnten die Fahrzeuge mit Scheibenbremsen und mit Lenkachsen ausgerüstet werden.

Das Programm konnte 2001 mit Pritschen- und gekröpften Aufliegern, mit Container-Lafetten, mit zweiachsigen Drehschemel-Anhängern in Aluminium-Pritschen-Standard- und in Volumenausführung sowie mit besonders stabil ausgeführten Aufliegern für den Export ausgeweitet werden. Schließlich rundete der Bau von Wechselbrücken das Programm ab.

Die Familie Griener stellte im Jahre 2006 die Produktion ein und legte ihren Schwerpunkt wieder auf den Handel mit Nutzfahrzeugen.

Wagener

Heinrich Wagener Fahrzeugbau (für Lastanhänger), Dortmund-Hafen, Chemnitzer Str. 44–48, ab 1946 Schäferstr. 51–55, 1933–1953

Auf das Gründungsjahr 1756 verwies das Unternehmen Wagener, das um 1933 den Anhängerbau aufnahm. Gemäß Schell-Plan sollte Wagener Einheits-Anhänger und Kipper bis 8 t Nutzlast bauen. Das Werk warb nach der Währungsreform unter der Leitung von Ernst Kühn mit einem Programm, das Zwei- und Dreiachsanhänger von 1,5 bis 11 t Nutzlast, darunter Kühlwagen, umfasste.

Der hochbetagte und kinderlose Ernst Kühn gab mit Jahresbeginn 1953 sein Unternehmen an die Kässbohrer Fahrzeugwerke GmbH ab, um sich dem Ruhestand zu widmen. Kässbohrer gestaltete den Wagener-Fahrzeugbau zum Großreparaturwerk für Anhänger und Omnibusse um. Als Kässbohrer im Jahre 1970 an die Fertigungsgrenze gestoßen war, wurde der Bau der Kipper in das Dortmunder Werk verlagert.

Wagener-Werbeanzeige, 1950.

Waggonfabrik Bautzen

Waggon- und Maschinenfabrik AG, vorm. Busch, Bautzen, Neusche Promenade, 1936–1939

Aus der 1846 gegründeten Eisengießerei und Maschinenwerkstatt von Petzold & Center in Bautzen ging die Ursprungsfirma hervor. 1872 kam es zur Umfirmierung als Maschinenfabrik Melzer & Co. KG, die Dampfmaschinen, Transmissionen und Pferdebahnwagen herstellte. 1897 fusionierte das Unternehmen mit der Hamburger Wagenbauanstalt vorm. W. C. F. Busch und trat unter dem Namen Wagenbauanstalt und Waggonfabrik für elektrische Bahnen vorm. W. C. F. Busch auf. Das neue Unternehmen konzentrierte sich auf den Bau der in Mode gekommenen elektrischen Straßenbahnen. Erneut kam es 1903 zur Namensänderung, jetzt unter Waggon- und Maschinenfabrik AG, vorm. Busch. 1914 wurde die AG für Eisenbahnbedarf als Waggon- und Maschinenfabrik AG in Weimar eingegliedert. 1917 ging die Waggon- und Maschinenfabrik AG zeitweise an die Hermann Schumann AG in Werdau.

Im Bautzener Werksteil entstanden um die Jahrhundertwende neben Feuerwehrspritzenwagen vor allem Güter- und Personenwagen aller Art. Im Jahre 1927 gründete das Unternehmen mit Paul Muchow, dem Betriebsdirektor der aufgelösten Elitewagen AG die Muchow & Co. Fahrzeug- und Gerätefabrik GmbH, die im Berliner Werksteil des Elite-Unternehmens Kommunalfahrzeuge und Geräte für die Städtereinigung herstellte. 1928 vereinigte sich das Unternehmen (rückwirkend mit dem Jahre 1927) mit der Waggonfabrik Werdau und den Linke-Hofmann-Werken in Breslau, so dass der Name Linke-Hofmann-Busch-Werke AG geführt wurde. Jedoch schon 1934 kam es zur Reorganisation der Aktiengesellschaft. Das Bautzener Werk firmierte wieder unter dem Namen Waggon- und Maschinenfabrik AG, vorm. Busch und ging 1941 an den Flick-Konzern über.

WB-Prospektausschnitt.

An der großen Nachfrage nach Lastwagenanhängern nach der überstandenen Weltwirtschaftskrise nahm das Unternehmen, das über alle bautechnischen Voraussetzungen verfügte, auch teil. 1936 entstanden in der Abt. Fahrzeugbau »Schnelltransport-Anhänger« für 2,5 bis 8 t, »Ferntransport-Anhänger« für 8 und als Dreiachser für 11 t Nutzlast. Dieses Fahrzeug erhielt hinten ein pendelnd aufgehängtes Doppelachsaggregat. Im Kipper-Bereich gab es die Zweiseiten-Windenkipper für 3 bis 7 t Nutzlast. Neben Spezialanhängern für den Holztransport, Kohlen-Selbstentladewagen und Tiefladeanhängern für 8 t Nutzlast und mit herausfahrbarer Hinterachse standen auch Auflieger von 4,5 bis schließlich 10 t Nutzlast im Programm der »Bautzener Anhänger«. Die halbautomatische und gefederte Auflaufkupplung stellte das Werk selber her.

Im Schell-Plan wurde das Unternehmen nicht berücksichtigt, da der Schienenfahrzeugbau Vorrang hatte. Allerdings stellte die Waggonfabrik in Bautzen zweiachsige Tieflader für 8 und 12 t Belastung für die Wehrmacht her. Das Stammwerk in Bautzen wurde nach dem Krieg enteignet und zum Teil demontiert: der verbliebene fertigungsfähige Teil ging an die Sowjetische Aktiengesellschaft Transportmaschinenbau (SAG Transmasch); wurde aber schon 1947 der Vereinigung volkseigener Betriebe Lokomotiv- und Waggonbau (VVB Lowa) unterstellt und fertigte wieder Schienenfahrzeuge. Im Rahmen der Auflage »Gebrauchsgüter für den täglichen Bedarf« herzustellen, entstanden dort die Bastei-Campingwagen. Nach der Wende ging das Werk in die Waggonbau Bautzen GmbH über.

WB-Prospekttitel von 1937.

Waggonbau Görlitz

Waggon- u. Maschinenbau, Abt. Waggonbau,
Görlitz, Brunnenstr. 11

1. 1924–1925: Oekonom Großflächenwagen AG (WUMAG), Berlin-Charlottenburg, Kantstr. 163 und Görlitz, Brunnenstr. 11
2. 1939–1945: Waggon- und Maschinenbau, Abt. Waggonbau, Görlitz
3. 1950-1957 Waggon- u. Maschinenbau-Gesellschaft mbH, Krefeld-Linn, Hafen u. Düsseldorfer Str. 100/110

Die Waggon- und Maschinenbau AG Görlitz mit dem Telegrafenkürzel WUMAG ging 1921 aus dem Zusammenschluss der Görlitzer Maschinenbau-Anstalt und Eisengießerei, der AG für Fabrikation von Eisenbahnmaterial und der Cottbuser Maschinenbau-Anstalt und Eisengießerei AG hervor. Auf dem Fertigungsprogramm standen Eisenbahnfahrzeuge, Dampfkessel und U-Boot-Dieselmotoren.

Von 1924 bis 1928 stellte das Unternehmen die 8-t-Auflieger für die Sattelschlepperzüge der Marke Oekonom her, die 1921 Rudolf Ernst in Pirna-Copitz entwickelt und gefertigt hatte. Für den Fahrzeugbau im Deutschen Reich gelten diese Gespanne als erste Sattelzüge. Bei den Oekonom-Zugmaschinen bildete eine schienenförmige Führungsvorrichtung, die in eine dreieckig, nach hinten geneigter Auflagefläche überleitete und deren Spitze in eine automatisch einschnappende Kupplung auslief, den Lenkschemel. Die Kupplungsnase des Aufliegers besaß zwei kleine Rollen, mit denen die Kupplungsnase auf der Auflagefläche aufwärts bis in den kräftigen Kupplungshebel gleiten konnte. Der An- und Abkupplungsvorgang ließ sich durch Rangiermanöver der Zugmaschine bewerkstelligen, ohne dass eine Hilfsperson benötigt wurde. Dieses automatische System, das allerdings ein US-Patent verletzte, wurde als »Oekonom-Momentkupplung« bezeichnet. Nachteilig war allerdings, dass der Drehschemel am Hänger angebracht war, so dass jeder Hänger damit ausgerüstet werden musste.

Beim Einschnappen des Kupplungsmechanismus klappten die vorderen Hilfsräder unter das Sprengwerk des Anhängers und wurden dort verriegelt. Beim Abkuppeln klappte der Hilfsrädersatz wieder aus, so dass der Auflieger in ein Vierrad-Fahrzeug verwandelt werden konnte.

Ökonom-Sattelzug, 1924.

Straßenroller R 42, 1942. (Foto: Ralf Weinreich)

Eine weitere Besonderheit späterer Modelle war die Einrichtung eines Hebelwerkes am Kupplungsmechanismus, das die hintere Achse des Hängers abbremste. Mit den standardisierten, 3 Tonnen schweren und elastikbereiften Oekonom-Anhängern konnte ein Wechselpritschenverkehr, auch Pendellastverkehr genannt, eingerichtet werden. Zur schnellen Massenbeförderung ließ sich noch ein zweiter Anhänger ankuppeln.

Der ins Leben gerufene Zweigbetrieb der WUMAG konstruierte schließlich den Kupplungsmechanismus leicht um, so dass das US-Patent nicht mehr greifen konnte. Unter dem Namen »Oekonom« bot WUMAG den Sattelzug als Möbel-, Kasten-, Plateau- oder als Pritschenwagen für 10 t Nutzlast an. Eine eigene Zugmaschine mit 30-PS-Magirus- oder ab 1926 mit Siemens-Motor mit einer Leistung von 45 PS und schließlich mit einem soliden BMW-Motor mit 45/50 PS stellte WUMAG in dieser Zeit her.

Im Schell-Plan wurde dem über 5000 Beschäftigten starken Werk die Herstellung eines Spezіallastwagens zugeteilt. Für den Straßentransport von Güterwagen der Reichsbahn fertigte das Unternehmen ab 1942 den einteiligen Straßenroller mit 12 außenliegenden Rädern für eine Traglast von 40 t, der in Gemeinschaft mit der Gothaer Waggonfabrik gebaut wurde.

1945 kam es zur Enteignung des Werkes, das in VEB (WUMAG) Görlitzer Maschinenbau und später in VEB Waggonbau Görlitz umbenannt wurde. Der Generaldirektor der einstigen WUMAG, Conrad Geerling, richtete nach dem Krieg mit ebenfalls geflüchteten Mitarbeitern eine neue WUMAG-Betriebsstätte in Hamburg ein, die Reparaturen an WUMAG-Schiffsdieselmotoren durchführte. 1946 kam eine Vertretung in Krefeld hinzu, aus der 1948 die neue Waggon- und Maschinenbau AG Görlitz WUMAG entstand. Sowohl in Hamburg und in Krefeld wurden Motoren und einstige WUMAG-Waggons instandgesetzt. Im Straßenfahrzeugbau entstanden in den 1950er Jahren im erneut umbenannten Werk Spezial-Sattelauflieger für schwere Erdbewegungen, Kabelrollentransporter, Schwerlastanhänger mit Isolierhauben und Kipper-Aufbauten. Mit der Sättigungskrise der deutschen Wirtschaft in der Mitte der 60er Jahre endete dieser Fertigungszweig.

Die Herstellung von Hubwagen unter der Bezeichnung (ab 1966) »WUMAG elevant«, anfänglich auf Tempo »Matador«-Fahrzeugen, erwies sich lukrativer, musste aber 2008 an die österreichische Firma Palfinger verkauft werden. Dagegen ist der Maschinenbau, darunter von Kalandern für die Textil-, Kunststoff- und Papierindustrie sowie von Trockenzylindern und Walzen von Erfolg gekrönt, der dem Unternehmen 1966 den neuen Namen WUMAG texroll Walzen und Maschinen GmbH & Co. KG gab.

WUMAG-Schwerlast-Auflieger für den Steinbrucheinsatz, 1955.

WUMAG-Schüttgutzug mit Einseitenkippanlage und automatischer Bordwandöffnung, 1955.

Waggonfabrik Rastatt

Waggonfabrik Rastatt AG, Rastatt, Werkstr. 2 (5)
1936–1939 und 1953–1956

Die Waggonfabrik Rastatt AG (WR) war 1897 zum Bau von Eisenbahn- und von Straßenbahnwagen für das badische Großherzogtum gegründet worden. Von 1905 bis zum Beginn des Ersten Weltkrieges fertigte die WR auch Omnibuskarosserien für SAF-Fahrzeuge. Zumindest ab 1936 befasste sich die WR auch mit der Herstellung von Anhängern. Im Schell-Programm wurde dem Schienenfahrzeug-Unternehmen auch der Bau von Einheits-Anhängern und Kippern in den Größen bis 8 Tonnen zugeteilt.

Nach dem Krieg standen der Bau und die Reparatur von Schienenfahrzeugen im Vordergrund. Da das umfangreiche Werk nicht ausgelastet war, pachtete 1953 die Nünberger Gottfried Lindner AG einen Teil der Anlage und ließ dort einen Teil seines Anhängerprogramms fertigen. Vom leichten Dreitonner bis zum dreiachsigen 17-Tonner reichte das Pritschenwagenangebot. Zum weiteren Programm gehörten Kipper, Langmaterial-, Tieflade-, Thermos- und Möbelanhänger. In einem weiteren Segment befasste sich das Werk mit der Herstellung von Hubstapelwagen und Elektrofahrzeugen für innerbetriebliche Zwecke. In den 1960er Jahren fertigte die WR auch Fahrgestelle für Mobilkräne.

Nach verschiedenen Eigentümerwechseln ist die BWR Waggonreparatur GmbH heute im Bereich der Waggonreparatur und Restauration historischer Fahrzeuge tätig.

Waggonfabrik Steinfurt

Waggonfabrik L. Steinfurt AG,
Königsberg-Rathshof, Holsteiner Damm 88–103
1922–1945

Benjamin Leopold Steinfurt (1804–1860) richtete 1830 eine Metallspitzen- und Maschinenfabrik in Königsberg ein, die hydraulische Pressen, Walzwerke, Pumpen, Spritzen und Schrauben herstellte. Eine Gießerei und ein Dampfhammer standen zur Verfügung. Nach seinem Tod übernahm Ingenieur Johann F. H. Heumann die Leitung und richtete das Unternehmen auf den Waggonbau aus. Platzmangel erforderte 1903 die Verlegung des Werkes unter der Leitung des Sohnes Fritz Heumann von der Straße »Am Weidendamm« auf das neuerschlossene Gelände am »Rathshof«. Neben einer großen Gießerei verfügte das Werk über ein modernes Sägewerk und Holzbearbeitungsmaschinen.

Die territoriale Abtrennung Ostpreußens vom geschlossenen Reichsgebiet nach dem Ersten Weltkrieg führte zu großen wirtschaftlichen Schwierigkeiten. Das Privatunternehmen musste in eine Aktiengesellschaft umgewandelt werden; die Aufnahme der Fabrikation von Lkw-Aufbauten, von Möbelwagen-Anhängern und von landwirtschaftlichen Fahrzeugen sollte einen Ausgleich für die geschrumpften Waggonbau-Aufträge bilden. 1931 kam neben dem Straßenbahnwagenbau auch die Fertigung von Anhängern, gummibereiften Ackerwagen, Transportfahrzeugen aller Art sowie von Brückenbauten und der revolutionären Scharfenberg-Kupplung für Triebwagen hinzu, die ein automatisches Kuppeln und Entkuppeln der

Steinfurt-Zweiseiten-Rollkipper Typ 12 a für 7,5 t Nutzlast, 1938.

Steinfurt-Pritschenanhänger Typ 6 für 8 t Nutzlast, 1938.

Fahrzeuge ermöglichte. 1936 bestand das Angebot an Pritschenwagen aus Modellen Typ 3 und Typ 8 mit Nutzlasten von 2,5 und 8 t sowie aus Zweiseitenkippern Typ 7 (Windenkipper) und Typ 12 a (Rollkipper) mit 3 und 7 t Nutzlast. Zum Transport von Langmaterial fertigte die Waggonfabrik den 8-t-Zweiachser vom Typ 18a. Für die Wehrmacht entstanden zweiachsige Tieflader für 8 und 12 t Nutzlast.

Das 1944 durch Bombenschäden in der Fertigungskapazität eingeschränkte Werk ging 1945 in russischen Besitz über.

Waggon-Fabrik Uerdingen

Waggon-Fabrik Uerdingen AG,
Uerdingen, Duisburger Str. 145, 1934–1951

Die Waggon-Fabrik Uerdingen wurde 1898 gegründet und stellte Personen-, Güter und Kesselwagen her. 1935 erwarb das Uerdinger Werk drei Viertel des Aktienkapitals der Düsseldorfer Waggonfabrik AG von der Linke-Hofmann-Busch AG. Die Eisenbahn-Verkehrsmittel AG übernahm 1943 einen großen Aktienanteil an der Waggon-Fabrik und gleichzeitig an der Waggonfabrik Wismar AG, dem einstigen Podeus-Werk. 1959 wurde die Düsseldorfer Waggonfabrik als Tochterunternehmen vollständig in das Uerdinger Werk eingegliedert. Das Gesamtunternehmen firmierte ab 1981 als DUEWAG AG, wobei der Besitz wiederum mehrheitlich beim Aachener Talbot-Werk lag. 1989 übernahm schließlich der Siemens-Konzern das Unternehmen als Siemens Duewag Schienenfahrzeuge GmbH. Heute ist die traditionsreiche Waggonfabrik in der Herstellung von ICE-Hochgeschwindigkeitszügen, Elektro-Lokomotiven und Straßenbahnfahrzeugen tätig.

Den ersten Ausflug in die Welt der Anhänger stellte 1934 der Bau von dreiachsigen Großraum-Anhängern und zweiachsigen Aufliegern S 15 mit Schwingachsen für 12 t Nutzlast dar. Das zweiachsige, selbstspurende Hinterachsaggregat beruhte auf einem Patent des belgischen Ingenieurs Henri Wouter Jonkhoff. Wenig später entwickelte die inzwischen eingerichtete Fahrzeugbau-Abteilung einen weiteren Großraum-Sattelzug, der

WÜ-8-t-Pritschenanhänger, 1937.

aus einem zweiachsigen Auflieger und einem gleichgroßen dreiachsigen Anhänger bestand. Die Plattformen waren zur Aufnahme von jeweils zwei identischen und abnehmbaren Gitteraufbauten für jeweils 10 m³ Holz vorgesehen. An den Umschlagstellen konnten die von der Firma Glogger gebauten »Container« über eine Ladeschwinge oder eine Krananlage auf- oder abgeladen werden.

Auch hier wurden die Achsen des Aufliegers und des Anhängers durch das patentierte Jonkhoff-Achsaggregat spurgeführt. Eine Büssing-NAG-Sattelzugmaschine kam zum Einsatz für die insgesamt 30 m lange Kombination. Ein Jahr später wurde das Büssing-NAG-Modell 906 mit 250 PS starkem Holzgas-Doppelmotor ausgestattet, der den damals »längsten Lastzug der Welt« mit einem Gesamtgewicht von 67 t und einer Nutzlast dabei von 40 t leistungsgerechter in Bewegung setzte. Schließlich erhielt der Anhänger zur besseren Gewichtsauflage ein zweiachsiges Drehgestell. Der »Auto-Transport-Kontor Duisburg« unter Beteilgung der Büssing-NAG-Vertetung Gebr. Hädrich in Duisburg übernahm den Einsatz dieser Fahrzeuge in der Letzlinger Heide nordwestlich von Magdeburg.

Abgesehen von diesen Systemfahrzeugen entstanden 1936 in Interessengemeinschaft mit der Düsseldorfer Waggonfabrik AG (Düwag) Pritschenwagen für 8 t Nutzlast.

Nach der Währungsreform lieferte der Waggonhersteller Anhänger in den Größen von 1,7, 3, 5 und 8 t mit Holz- und Stahlpritschen. Hinzu kam ein 7,7-t-Zahnstangen-Kipper. Darüber hinaus fertigte das Werk Omnibus- und die »Wiking«-Pkw-Anhänger.

Waggonfabrik Wismar

Triebwagen- und Waggonfabrik Wismar AG, Seestadt Wismar, Kanalstr. 18

1. 1935/36–1942): Triebwagen- und Waggonfabrik Wismar AG, Seestadt Wismar, Kanalstr. 18
2. 1953: VEB Werkstätten für Metallverarbeitung und Autoreparatur, Wismar

Der Kapitän und Großhändler Paul Heinrich Podeus (1832–1905) übernahm 1879 eine Maschinenfabrik in Wismar, die er zu einem Landmaschinen- und Waggobau-Werk ausbaute. 1912 kam »Automobilfabrik Paul Heinrich Podeus« hinzu, die vor allem Militär-Lastwagen, Zugmaschinen und am Ende des Ersten Weltkrieges die Podeus-»Raupenschlepper« herstellte. 1913 verkauften die Söhne die Waggonfabrik, die 1917 in die »Deutsche Waggon-Leihanstalt Berlin AG« eingegliedert wurde. Die Berliner Muttergesellschaft trat nun mit dem Namen »Eisenbahn-Verkehrsmittel-AG (EVA)« auf. Ein Zweigbetrieb in Brühl bei Köln diente dem Verleih und der Wartung bzw. der Reparatur der Kessel-, Kohlenstaub- und Säuretopfwaggons. 1929 nahm dieses Werk den Anhängerbau auf.

1935/1936 stieg die Waggonfabrik, deren bekanntestes Produkt der »Wismarer Schienenbus« bildete, mit Normalanhänger in ein-, zwei- und dreiachsiger Konstruktion für 1 bis 11 t Nutzlast in den Straßenfahrzeugbau ein. Der 7,5-t-Kipper war mit einer Zweiseiten-Rollkipptechnik ausgestattet. Hinzu kamen Möbel-, Stückgut- und Pferdezugwagen. Eine Spezialität waren 8-t-Anhänger mit Kühlaufbauten. Ein Eiskasten war un-

Wismar-Dreiachs-Pritschenanhänger, 1937.

WÜ-Großlastzug Bauart Jonkhoff mit Behältern zum Holztransport, 1935.

ter dem Boden angebracht. Über Luftschächte im Boden, im Dach und an der Stirnwand wurde mittels drei Flettner-Rotoren die Luft umgewälzt. Die Seitenwände und das Dach waren mit Aluminiumfolie (»Alfol«), der Boden mit Korkschrot ausgekleidet. Die äußere Verkleidung bestand aus wasserfestem Schichtholz. Ein Gerippe aus Stahl hielt diese Konstruktion zusammen.

1937 führte das Unternehmen einen Dreiachsanhänger vor, bei dem die zweite und dritte Achse über ein Gestänge spurgelenkt wurden. Im gleichen Jahr präsentierte die Waggonfabrik einen 15-t-Vierachser. Bei diesem »Anhänger mit Allradlenkung bestand der Fahrkörper aus einem vorderen und einem hinteren Doppelachsgestell, die beide durch Kugelkränze drehbar gelagert« waren. Der Schell-Plan beschränkte das Werk auf den Bau eines 3- und eines 8-t-Pritschenwagens sowie eines 7,5-t-Kippers.

Das Konstruktionsteam unter Ingenieur Carl Lange flüchtete 1948 nach Hamburg und fand bei Fahrzeugbauer Cobolt eine neue Anstellung.

In einem ehemaligen Werksteil der Waggonfabrik entstand der VEB Werkstätten für Metallverarbeitung und Autoreparatur, der 1953 mit dem Bau von Schwerlasttiefladern in Erscheinung trat.

Wismar-8-t-Kühlwagen, 1938.

Wismar-15-t-Vierachs-Pritschenanhäger Typ 1595, 1938.

Waldmann

Waldmann, Kassel, Königinhofstr. 80, 1936

Waldmann versuchte 1936 erfolglos in den Kipperbau einzusteigen.

Walkliner

Walkliner GmbH, Leutkirch, Nadlerstr. 17, heute Oberer Auenweg 15, 1998 bis heute

Die Walkliner GmbH wurde 1898 als Fahrzeug- und Metallbau gegründet. Nach Kundenwünschen werden Schubboden-Auflieger der Baureihe WLS-35/24 als Vollkoffer- oder als Kofferaufbau mit seitlichen Falttüren mit einem Fassungsvermögen von 92 m³ gefertigt. Während für den Aufbau Leichtmetall verwendet wird, besteht das Chassis aus Feinkornstahl. Der Schubboden wird durch 900 Kunststoffgleitstücke gebildet.

Walther

Walther Nutzfahrzeugbau GmbH, Waldheim, Landsberger Str. 26, 2007 bis heute

Alwin Walther gründete 1895 einen Handwerksbetrieb für Stellmacherei und Kutschwagenbau. 1920 entstanden die ersten Aufbauten auf Lastwagenfahrgestellen. Gleichzeitig baute der Betrieb Paketpostwagen für die Reichspost, wobei die Kastenaufbauten auf Elektro-Fahrgestelle der Marke Bergmann gesetzt wurden. Ab 1960 führte das Walther-Werk vor allem Grundinstandsetzungen von Omnibussen durch. 1990 konnte das im Jahre 1972 enteignete Unternehmen als Aufbautenhersteller wieder privatisiert werden. Im Jahre 2007 ging Walther zum Bau von Tandemachsern mit Koffer- oder Pritschenaufbau in Stahl- oder Aluminiumtechnik über. 2009 folgten Einachser und Drehschemelanhänger mit Koffer- und Schubgardinenaufbauten. Auflieger gab es in den Jahren 2013 und 2014.

Walther-Tandemachser mit Leichtmetallaufbau, 2015.

Warnecke

**Theodor Warnecke GmbH & Co. KG,
Laatzen, Hildesheimer Str. 59, 1977 bis 1997**

Warnecke befasste sich in den 1980er Jahren mit der Herstellung von Fahrzeugaufbauten, Spezialanhängern sowie Spezialaufliegern. Unter den Sonderkonstruktionen ragt ein Dreiachser mit Schüttgutaufbau und einer Förderbandanlage hervor, der zum Transport und zur Auslieferung von Kohle eingesetzt werden konnte.

Warnecke-Dreiachser mit Schüttgutaufbau und Förderband, 1983.

Warnecke-Volumenzug mit Tandemachser, 1987.

Wecon

**Wecon GmbH, Fröndenberg, ab 1995 Ascheberg,
An der Hansalinie 10, 1988 bis heute**

Der Grundstein für das familiengeführte Unternehmen Wecon wurde 1988 in Fröndenberg gelegt. 1995 wurde das im Bau von BDF-Wechselbrücken

Wecon-Tandemachsanhänger »Senator« AWZ 218 445 mit Schiebegardinenaufbau, 2005.

und entsprechenden Lafetten erfolgreiche Werk nach Ascheberg in eine größere Fertigungsanlage verlegt.

Wecon startete die Produktion von Wechselpritschen und Wechselkoffern nach BDF-Normen sowie den entsprechenden Unterbauten genau zu dem Zeitpunkt, als diese Wechseltechnik Fahrt aufnahm. 1995 kam als wendiger Untersatz ein Tandemachser AWZ 218 LZ für 12 bis 18 t Gesamtgewicht hinzu. Dieses Niedrig-Rahmen-Fahrzeug ermöglichte jetzt den Transport von Jumbo-Aufbauten mit einer Innenhöhe von 3 m.

Im ersten Jahrzehnt entstanden auch Festaufbauten auf dem Tandemachser. Heute stehen die Wechselanhänger »Senator« mit Zentralachse und »Caesar« mit Drehschemel im Fahrzeugprogramm.

Wecon-Großraum-Wechselbehälter »Imperator I« auf Dreiachs-Auflieger, 2010.

Wegenast

Fahrzeugwerke J. Wegenast, Eislingen a. d. Fils, 1925

Wegenast trat mit der Herstellung von ein- und zweiachsigen Normalanhängern und Kippern, Kasten-, Möbel-, Langholz- und Eisentransportwagen auf.

Wegenast-Werbeanzeige mit Möbewagen-Motiv, 1925.

Wegmann

Wegmann & Co KG., Waggonfabrik, Abt. Karosserie- und Fahrzeugbau, Kassel, Wolfhager Str. 77/79, 1925–1939

Die 1882 von Peter Wegmann und Richard Harkort gegründeten Casseler Waggonfabriken von Wegmann, Harkort & Co. gingen 1912 in die Hände von August Bode und Conrad Köhler über. Seit Mitte der 1920er Jahre bemühte sich das Unternehmen, die durch ausbleibende Waggonbau-Aufträge der Reichsbahn ungenutzte Fertigungskapazität durch den Bau von Straßenfahrzeugen auszulasten. Neben dem Omnibus-Karosseriebau versuchte sich das Unternehmen zunächst in der Fertigung von einfachen Personen- und Kleinlieferwagen. Als Mitte der 1920er Jahre die Wirtschaftskonjunktur leicht anzog, setzte Wegmann nun auch auf den Bau von Anhängern, die technisch recht konservativ ausfielen. So entstanden Einachsanhänger für Brauereien, zweiachsige Anhänger mit Bremserhaus für Nutzlasten von 3 bis 10 t, Möbel- und Bauwagen mit Vollgummi- und Eisenbereifung, Zweiseitenkipper für 3 und 5 t Nutzlast sowie einachsige Lkw-Anhänger und Langmaterialnachläufer.

Im Schell-Programm wurde Wegmann für den Bau von Spezialanhängern vorgesehen.

1999 kam es zum Zusammenschluss der Rüstungsaktivitäten mit dem Münchener Hersteller Krauss-Maffei, so dass der Firmenname des inzwischen führenden deutschen Rüstungskonzerns Krauss-Maffei-Wegmann (KMW) lautet.

Wegmann-Zweiachsanhänger C 2646, 1930.

Wegmann-Möbelwagenanhänger F 2611, 1930.

Weigold

Fritz Weigold, Fahrzeugbau, Mannheim, Gärtnerstr. 20 1949–1951

Das Fahrzeugbauunternehmen Weigold stellte seit 1948 Ackerschlepper her und nahm ein Jahr später auch die Anhängerproduktion auf. Neben Pkw-Anhängern bot das Unternehmen Pritschenwagen für Nutzlasten von 3, 4, 5 und 8 t sowie Langholzwagen und Nachläufer an.

Weinberger

Carl Weinberger, Karosserie- und Wagenfabrik, München, Zeppelinstr. 71, 1949

Das Unternehmen fertigte im Zuge der Währungsreform 3- und 5-t-Anhänger.

Weinheim

Fahrzeugbau Weinheim AG, Weinheim, 1925

Der Fahrzeugbau Weinheim trat mit der Ankündigung des Baus von 3- und 5-t-Anhängern, Einachskippern und Langholzwagen in Erscheinung.

Weinheim-Werbeanzeige 1925.

Dipl.-Ing. Karl Weinmann richtete um 1965 eine Spezialfabrik zum Bau von Tiefladern und Satteltiefladern ein. In der mittleren Klasse standen zweiachsige »Schwenkachs«-Tieflader der Baureihe »Hydro« mit Halbachsen für Belastungen von 15 bis 27 t zur Verfügung. Die vorderen Halbachsen wurden achsschenkelgelenkt. Die hinteren Halbachsen ließen sich zum Auffahren einer Raupe oder eines Baggers nach Abstützung seitlich über eine Hydraulik ausschwenken. Anschließend konnte die Brücke hydraulisch abgesenkt oder angehoben werden.

Den Vierachser mit außergewöhnlich guten Manövrierfähigkeiten gab es für Belastungen von 23 bis 60 t. Die Halbachsen waren pendelnd aufgehängt. In Fünf- und Sechsachs-Technik konnten Tieflader für Belastungen von 40 bis 70 t geliefert werden. Am oberen Ende gab es Achtachser für 70 bis 150 t Nutzlast.

In einer zweiten Baureihe bot Weinmann Schwanenhals-Auflieger mit einer abziehbaren Doppel-Pendel-Achse für 15, 18 und 23 t an. Der Zweiachser mit ebenfalls abziehbarem Vierfach-Pendelachs-Aggregat gab es in den Größen von 20 bis 40 t Belastung. Die Radsätze waren auf Kugellenkkränzen gelagert und um einen engen Kurvenradius zu erzielen, wurde das vordere Doppelachs-Aggregat achsschenkelgelenkt, das hintere über Gestänge zwangsgelenkt. Die Ladebrücke konnte hydraulisch gesenkt werden. Karl Weinmann gründete 1969 zusammen mit dem F. X. Kögel-Werk den Spezial-Fahrzeughersteller KAMAG Transporttechnik, in der das Programm von Weinmann einging.

Weinmann I

Weinmann KG, Spezialfabrik für Tieflader, Königshofen/Baden, 1965 bis 1969

Weinmann-Vierachs-Tiefladeanhänger AT 23 für 23 t Nutzlast mit ausschwenkbaren Pendel-Hinterachsen, 1968.

Weinmann-Zweiachs-Tiefladeanhänger AT 30 für 29 t Nutzlast, 1968.

Weinmann II

Klaus Weinmann KG, München, Gollierstr. 73, 1980–1985

Mit Spezial-Aufbauten, Spezialanhängern und Kabeltransportanhängern trat dieses Unternehmen in Erscheinung.

Weinmann III

Weinmann Nutzfahrzeuge,
Feldkirchen, Xaver-Münch-Str. 2–4, 1990–1997

Mit dem Bau von Spezial-Aufliegern und -Anhängern sowie mit dem Bau von Zugmaschinen-Ausstattungen präsentierte sich dieses Unternehmen.

WEKA

WEKA Fahrzeugbau GmbH, Rheda-Wiedenbrück,
Auf der Schanze 24, 1930 bis heute

Auf eine inzwischen fast 175-jährige Tradition im Fahrzeugbau kann WEKA zurückblicken. Die 1845 von Schmiedemeister Johann Bernhard Knöbel gegründete Huf- und Wagenschmiede befasste sich ab 1860 auch mit dem Kutschwagenbau. Nach seinem Tod übernahmen die Brüder Wilhelm und Franz Knöbel den Handwerksbetrieb. 1917 trennten sich die Brüder; während Franz Knöbel die Westfalia-Werke gründete, führte Wilhelm Knöbel den Betrieb als WEKA Fahrzeugfabrik weiter, wobei die Initialen seiner Namen das Kunstwort WEKA bildeten.

Der Bau von Kutschen und von Aufbauten sowie von Karosserien bildete das Produktionsprofil. 1922 trat sein Sohn Wilhelm Knöbel jun. in die Firma ein, die er 1924 nach dem Tod des Vaters jetzt in dritter Generation weiterführte. Der Nachfrage entsprechend erweiterte er die Produktlinien auch auf den Bau von Kippern und Lkw-Anhängern. Nachdem während des Krieges hölzerne Feldwagen für den Pferdezug und Anhänger für die Luftwaffe hergestellt worden waren, konnte Wilhelm Knöbel jun. mit Beginn der Währungsreform den Aufbauten- und Anhängerbau wieder aufnehmen. Hinzu kam die Herstellung von Fahrerhäusern und von Omnibusanhängern in Leichtbauweise. Für die Dreiachs-Speditionsanhänger stand ab 1952 ein eigenes selbstspurendes Hinterachsaggregat bereit. Im gleichen Jahr verließ die letzte gefertigte Kutsche das Werk, die in die USA geliefert wurde.

WEKA-Kastenauflieger, um 1930, (Foto: WEKA)

WEKA-Pritschenzug mit 8-t-Anhänger, um 1936. (Foto: WEKA)

WEKA-Pritschenanhänger mit Hamburger Verdeck, 1950. (Foto: WEKA)

WEKA-Einachs-Kofferaufliegerzug, 1955. (Foto: WEKA)

Bis zum Ende der 1960er Jahre versorgte WEKA die Landwirtschaft noch mit entsprechenden Anhängern und bis in die 1980er Jahre befasste sich WEKA auch mit dem Bau von Kippanhängern und -Aufliegern. Der Bau von Anhängern und Aufliegern mit Möbelwagen-, Koffer- und Isolierkofferaufbauten sowie von zwei- und dreiachsigen Pritschenaufliegern schälte sich als Schwerpunkt immer mehr heraus, auch wenn das Unter-

WEKA-Druckluft-Hinterkipper, 1950. (Foto: WEKA)

WEKA-Zweiachs-Hinterkippauflieger, 1965. (Foto: WEKA)

nehmen mit der Produktion von dreiachsigen Steintransportaufliegern mit Ladekran der Bauwirtschaft verbunden blieb.

Während vor der Jahrtausendwende Einachsauflieger mit gelenkter Hinterachse und mit einem Aufbau in Aluminium-Klemmbauweise sowie dreiachsige, gekröpfte Auflieger mit Schiebeverdeck die Spezialitäten des WEKA-Werkes darstellten, so stehen heute im Portfolio der WEKA ein-, zwei- und dreiachsige Auflieger, Tandemachser, Drehschemel- und Jumbo-Anhänger für die Containeraufnahme. Die Auflieger erhalten nach Kundenwünschen Aufbauten für den Rennsport, für den Automobiltransport, für Promotionszwecke sowie Großraumaufbauten mit Kettenband-, Lamellenband-, Rollenband- und Teppichband-Förderung. Die Drehschemel-Fahrgestelle erhalten Baustoffpritschen oder Einrichtungen für BDF-Wechselaufbauten. Die Tandemachser werden mit Koffer- und Kühlaufbauten versehen; jeweils auch mit Durchlademöglichkeit.

WEKA-Einachsaufliegerzug für den Verteilerverkehr, 1966. (Foto: WEKA)

WEKA-Zweiachs-Kastenauflieger mit Heckstapler, 2017. (Foto: WEKA)

WEKA-Kofferzug mit Tandemachser und Durchlademöglichkeit, 2017. (Foto: WEKA)

Wellmeyer, Heinrich

Heinrich Wellmeyer, Laer, Teutoburger Wald
1. 1928–1931: Heinrich Wellmeyer,(ab 1975 Bad) Laer
2. 1931 bis heute: Heinrich Wellmeyer Fahrzeugbau GmbH & Co. KG, Bad Laer, Im Gewerbegebiet Meggerhoff, Im Esch 1

Heinrich Wellmeyer gründete 1888 in Laer eine kleine Schmiede, die wenig später landwirtschaftliche Geräte wie Eggen und Pflüge herstellte. 1928 ging Heinrich Wellmeyer zum Bau von Anhängern über. (Sein Sohn Wilhelm schied 1931 aus dem Unternehmen aus und errichtete seine eigene Schmiede, aus der das Unternehmen Wilhelm Wellmeyer hervorging.) Im Schell-Plan von 1939 wurde er mit dem Bau eines Einheitsanhängers bedacht. Nach dem Krieg setzte er die Fertigung von Lkw-Anhängern fort. Heute liegen die Stärken des Unternehmens im Bau von Sonderfahrzeugen. Neben Lkw- und Anhänger-Sonderaufbauten werden auch Tandem-Wechselaufbauten-Anhänger, Tandem- und Drehschemel-Anhänger mit Curtainsider-Aufbau und Tandemachs-Autotransporter gefertigt.

Wellmeyer, Wilhelm

Wilhelm Wellmeyer, Fahrzeugfabrik, Laer/Teutoburger Wald, Warendorfer Str. 7
1. 1933–1960: Wilhelm Wellmeyer, Fahrzeugfabrik, Laer/Theutoburger Wald, Warendorfer Str. 7
2. 1960 bis heute: Wilhelm Wellmeyer Fahrzeugbau GmbH & Co. KG, (ab 1975 Bad) Laer, Warendorfer Str. 7, ab 1979 Auf der Wittenburg 88

Von der Hufschmiede zum anpassungsfähigen Fahrzeugbauer

1931 gründete Schmiedemeister Wilhelm Wellmeyer eine Schmiede mit Hufbeschlag, nachdem er aus der elterlichen Firma Heinrich Wellmeyer ausgeschieden war. Ein Jahr später ging er zum Bau von Anhängern und Aufbauten über. Während des Krieges musste der Betrieb, abgesehen von einigen Ackerwagen, zur Montage des Einheitsanhängers E5 und Schlitten für die Wehrmacht übergehen. Nachdem Aufbauten zunächst im Vordergrund gestanden hatten, entstanden in den 1950er Jahren Pritschenanhänger für 8 t Nutzlast, teils mit Hochpritsche. Als während der Unsicherheits-Phase im Rahmen der Seebohm-Gesetze die Nachfrage nach schweren Anhängern zurückging, überbrückte Wellmeyer diese Zeit mit dem Bau von Sonderfahrzeugen nach Kundenwünschen; so entstanden unter anderem Autotransport-Auflieger und Schalungsträger-Fahrzeuge für die Bauwirtschaft.

Mitte der 1960er Jahre war Wellmeyer dann mit Pritschen- und Kastenwagen, Kippern, Pritschenaufliegern mit Spriegel und Plane sowie mit Rungen-Aufliegern im Fahrzeugbau vertreten. Um 1979 erfolgte ein erneuter Umzug in das neu eingerichtete Industriegebiet von Bad Laer. Eine technische Innovation stellte die Entwicklung einer Einzelradaufhängung für Kippfahrzeuge im Jahre 1982 dar. Mitte der 1980er Jahre bot das Unternehmen Auflieger mit Großraum-Aluminium-Kästen, abgekröpfte Plattform-Tieflader, Dreiachskipper, Pritschenwagen, Innenlader und Autotransporter auf Tandemachser an. 1991 erwarb Wellmeyer den ehemaligen VEB Kreisbetrieb für Landtechnik Halberstadt in Dardesheim. 2007 entwickelte Wellmeyer den »Push-Liner«, bei dem es sich um einen selbsttragenden Kasten-Auflieger mit automatischem Schiebeverdeck und einer Schiebeeinheit handelt, so dass das bis zu 75 m³ umfassende Aufnahmegut verdichtet und herausgeschoben werden konnte.

Ausbau des Programms als Fullliner

Während bisher Pritschenwagen, Kipper, Auflieger, Wechselsystem-Chassis, Holztransporter, Tankfahrzeuge und Tieflader im Programm standen, konnte dieses 2009 durch die Übernahme der erwähnten Fir-

W. Wellmeyer-Steintransportauflieger mit Ladekran, 1966. (Foto: W. Wellmeyer)

W. Wellmeyer-Kippauflieger, 1970. (Foto: W. Wellmeyer)

men um Kühl- und Abschlepp- und Bergetechnik-Fahrzeuge erweitert werden. Neben Lkw-Kippaufbauten entstehen unter den Bezeichnungen SZK, SDK und SHK Zweiseiten-, Dreiseiten- und Hinterkippauflieger und Stahl-Kasten- oder Rundmulden. Während die Dreiachser für ein Volumen von 35 m^3 ausgelegt sind, kann der Zweiachser ein Volumen von 33 m^3 aufnehmen. Die Version SHK 35/120 ST mit einer 60-m^3-Stahlmulde krönt das Programm. Ebenfalls werden auf die dreiachsigen Aufliegerrahmen Kasten- und Rundmulden in Aluminiumausführung gesetzt. In einer zweiten Baureihe entstehen Tandemanhänger mit Leichtmetall-Bordwänden unter der Bezeichnung TDK 14 und TDK 18 sowie dreiachsige Dreiseitenkipper mit Leichtmetall-Bordwänden und Einhänge- und Rollplane unter der Bezeichnung ADK 24. Auf Kundenwunsch werden auch weiterhin zwei- und dreiachsige Drehschemel-Anhänger mit Aluminium-Bordwänden gefertigt.

Die dritte Baureihe umfasst Sonderkipper wie einen Tandem-Hinterkipper der Baureihe THK 18 mit Stahl-Rundmulde und Unterflurpresse, den Export-Hinterkipper SHK 48 mit Stahl-Kastenmulde und zwei 16-t-Achsen für ein Gesamtgewicht von 48 t, den Hinterkipp-Auflieger SHK 35 mit Stahlrundmulde, hydraulische Heckklappe und Unterflurpresse sowie die Einseiten-Kippauflieger SSK 35 mit einem oder zwei Kippkästen für den Steinbrucheinsatz. Für den Volumentransport von Müll steht der zweiachsige Anhänger AHK 18 mit Aluminium-Hinterkipp-Aufbau zur Verfügung.

Für den Kurz- und Langholz-Transport fertigt Wellmeyer die zwei- und dreiachsigen Anhänger der Baureihen ATF 18 und APA 24. In Aufliegerbauart folgen die Modelle SPA 35 und APA 36. Die Version SPA 35/135 LH LE verfügt über eine Zwangslenkung der dritten Achse und einen Mitnahmestapler im Heck. Die dreiachsige Version SPA 35/136 LTE zeichnet sich durch zwei Lenkachsen aus; die Plattform ist im Heck teleskopierbar.

Für Wechselaufbauten und für den Container-Transport entstehen Tandem-, Zweiachs- und dreiachsige Auflieger-Lafetten bereit. Weiterhin baut Wellmeyer neben Tandem-Tiefladern zweiachsige Tiefladeanhänger mit Tiefbett, drei- und vierachsige Tiefladeanhänger mit überfahrbarer und durchgehender Ladefläche für 30 und 40 t Gesamtgewicht unter den Baureihen ATL 30 und ATL 40. Im Auflieger-Tiefladebereich stehen die dreiachsigen Modelle STL 35 für den Palettentransport und die Modelle STL 46 für den Baumaschinentransport mit Zwangslenkung, Überfahrmöglichkeit und Gesamtgewichten von 35 und 46 t zur Verfügung. Der STL 46/135 UE TB LE verfügt über ein hydraulisch absenkbares Tiefbett. Speziell für die Aufnahme von Forstmaschinen ist das Modell STL 31/II0 UE LH mit Tiefbett im Angebot. Schließlich entstehen Autotransporter, Ballastanhänger und Gesteins- und Schrottmulden-Auflieger.

W. Wellmeyer-Innenlader-Auflieger für den Glastransport, 1985. (Foto: Wellmeyer)

W. Wellmeyer-Kastenauflieger »Push Liner« mit Schiebeeinheit und Schiebeverdeck, 2007.

W. Wellmeyer-Kippauflieger SHK 35-76 RM AL mit 24 m^3 Ladevolumen, 2009.

W. Wellmeyer-Dreiachs-Tiefladeauflieger STL 46/140 UE, 2014. (Foto: W. Wellmeyer)

W. Wellmeyer-Tandemachslafette mit Wechselkoffer mit Durchlademöglichkeit, 2017. (Foto: Meyer & Meyer)

Zu Beginn der 1980er Jahre brachte das Unternehmen einen Transporter für Beton-Fertigbauteile heraus. Der Auflieger war als Kastenträger mit Hängeplattformen zur Aufnahme der Platten ausgeführt. Schließlich folgte 1983 noch ein vierachsiger, gelenkter Nachläufer für Holztransporte, bis sich das Unternehmen ganz auf den Bau von Forstschleppern spezialisierte.

Welte-Sattelauflieger für den Langholztransport mit Selbstlenkaggregat und 7-m-Ladekran, 1971.

Welte

Alexander Welte, Stahl- und Fahrzeugbau, Freiburg ab 1957 Breisacher Str., ab 1961 Umkirch bei Freiburg, Am Gansacker 8, 1937–1983

Schmiedemeister Alexander Welte gründete 1899 in Markdorf einen Wagenbau, der ab 1937 auch luftbereifte Gespannwagen, Traktorhanhänger und schnelllaufende Lkw-Anhänger fertigte. Sohn Alexander Welte jun. übernahm 1952 in Freiburg die im Schmiede- und im Fahrzeugbau tätige Firma Engler. 1954 entstanden die ersten Langholzfahrzeuge mit mechanischer Lenkeinrichtung als selbständig lenkender Nachläufer mit elektrisch gesteuerten Bremsen. Zwei Jahre später folgte der Bau von Spezial-Tiefladeanhängern mit ausfahrbaren Achsaggregaten. Mit dem Bau von Dreiseiten-Kippanhängern mit freitragender Kippbrücke und außenliegendem Fischbauchrahmen beschritt Welte 1962 Neuland. In den frühen 1970er Jahren entstanden ein- und zweiachsige Nachläufer sowie dreiachsige Langholzauflieger für 22 t Nutzlast mit einem Ladekran für den Einmannbetrieb. Für 24 t Nutzlast gesellte sich der selbstlenkende Auflieger SA 30/3z ohne Ladekran hinzu. 1978 übernahm das Ulmer Kässbohrer-Werk das Programm der Welte-Langholz-Anhänger.

Wendt

Wendt & Habicht GmbH, Sorau/Niederlausitz, 1928

In den späten 1920er Jahren versuchte diese Räderfabrik mit dem Bau von Anhängern und Möbelwagenaufbauten ins Geschäft zu kommen.

Werner

Pet. & Jos. Werner, Maschine. U. Seilwindenbau, Trier-Ehrang, Klosterstr. 16, 1949

Die heute auf Forst- und Industrietechnik spezialisierte Firma Werner wurde 1902 von Schlossermeister Johann Werner gegründet und stellte Schmiedeartikel her. Die Aufbruchstimmung im Zuge der Währungsreform nutzte das Trierer Unternehmen, um auch, aber erfolglos, in den Anhängerbau einzusteigen.

Weser

A. G. Weser, Bremen-Gröpelingen, 1950–1951

Die 1872 gegründete Werft, die im Zweiten Weltkrieg U-Boote und Zerstörer gebaut hatte, wurde nach dem Krieg demontiert. Mit zivilen Produkten versuchte die Werft einen Neustart. Eine Initiative stellte dabei die Entwicklung und die Konstruktion von »Umladeanhängern« dar. Die Fahrzeuge waren mit einer elektro-hydraulisch betätigten Rampe versehen, die standardisierte 5-t-Eisenbahn-Behälter im Rahmen des »Von-Haus-zu-Haus«-Verkehrs der Bundesbahn aufnehmen und absetzen konnte.

Weser-Spezialanhänger mit hydraulischer Kippbrücke für den Behältertransport, 1950.

Wiese

Wiese GmbH & Co. KG Fahrzeugbau und Nutzfahrzeuge, Petershagen, Auf der Tappenau 15, 1989 bis heute

Seit 1989 hat sich das Wiese-Unternehmen als Hersteller von Aufliegern und Sonderaufbauten etabliert. Zu Beginn des neuen Jahrtausends entstanden Auflieger mit Mitnahmestapler, Auflieger zum Stahlmattentransport und einachsige Kofferauflieger in Leichtbauweise. Weitere Anhängertypen bildeten Zentralachser in Leichtmetallkonstruktion mit Schiebeplanen-, Schiebedach- und Pkw-Transportaufbau, Curtainsider mit Portaltüren für 35 Europaletten, Auflieger für den Pkw-Transport und Lafetten für Aufsetz- und Abrollbehälter sowie für Wechselaufbauten.

Seit 2013 werden Curtainsider, Pritschen-, Rungen-Plattform-, Koffer-, Baustoff-, Kipp-, Container- und Schubbodenauflieger hergestellt. Einachsige Volumen-Anhänger und Tandemachser mit Pritschenaufbau ergänzen inzwischen das Programm.

Wiese-Getreideauflieger, 2015.

Wiese-Dreiachs-Tieflader, 2015.

Wiewald-8-t-Speditionsanhänger, um 1970. (Foto: Ralf Weinreich)

Wiewald

Wiewald Anhänger- und Fahrzeugbau, Leipzig-Schönau, ab 1978 Miltitz, Triftstr. 20, 1930–1989

Auf die Gründung einer Dorfschmiede in Leipzig-Schönau im Jahre 1909 geht das Wiewald-Unternehmen zurück, das 1930 in den Anhänger- und Fahrzeugbau einstieg. Zwar wurde der Betrieb 1972 in eine PGH/Produktionsgenossenschaft Handwerk integriert, trotzdem gelang es der Wiewald-Familie nahezu selbständig zu bleiben und sogar 1978 einen neuen Standort mit einem Neubau in Miltitz bei Leipzig zu beziehen. Ferntransportanhänger der 16-t-Klasse sowie Spezialanhänger bildeten das Fahrzeugprogramm.

1990 konnte das Unternehmen wieder als Wieland Fahrzeugreparatur GmbH privatisiert werden.

Wilke

**Wilke Fahrzeugbau, Trittau, Otto-Hahn-Str. 6
1950 (?) bis heute (mit Unterbrechungen)**

Den Grundstein des heutigen Wilke Fahrzeugbaus legte Stellmachermeister Adolf Wilke 1905 mit der Gründung einer Stellmacherei. Nachdem in den 1950er Jahren Kühlkoffer-Fahrzeuge gebaut wurden, stehen heute Drehschemel- und Tandemachs-Anhänger sowie einachsige Auflieger mit Kühlaufbauten im Programm.

Wilke-Kühlkofferzug mit Tandemachser mit Unterflur-Kühlaggregat, 2006.

Wille

Wille Karosseriebau GmbH & Co., Lüneburg, Gebrüder-Heyn-Str. 4, 1980 bis heute

Aus der anfänglichen Manufaktur für Schubkarren und Pferdewagen bildete sich inzwischen ein respektables Karosserie- und Fahrzeugbau-Unternehmen, das sich mit speziellen Anhängern befasste. Zu Beginn der 1980er Jahre erschienen Getränke-Auflieger mit abgekröpftem Heckschrank zur Aufnahme von Leergut-Paletten.

Heute umfasst die Produktpalette Zentralachsanhänger für Gasflaschen-Paletten mit Halterung für den Stapler und in Plywood-Kofferaufbau-Ausführung mit Durchlademöglichkeit. Eine Stufe größer sind die einachsigen City-Auflieger mit Schiebeverdeck und Schleudergardinen sowie die zweiachsigen Pritschenauflieger für Langmaterial mit Ladekran und zwangsgelenkter letzter Achse. Spitzenmodelle stellen die dreiachsigen Getränkeauflieger mit Klappwandaufbau und zwangsgelenkter Hinterachse sowie die Spezialauflieger für den Papierrollen-Transport mit integrierter Ladungssicherung dar.

Wille-Getränketransport-Auflieger mit Schleuderplane und mit abgekröpftem Heckschrank zur Aufnahme von Leerpaletten, 1983.

Willersinn

W. Willersinn, Lastwagen- u. Karosseriebau, Mannheim-Freudenheim, Hauptstr. 86, 1949

Für den Schlepper- und Lkw-Zug fertigte Willersinn nach der Währungsreform Anhänger im Bereich von 3, 4 und 5 t Nutzlast.

Willig

Kurt Willig GmbH & Co. KG, Spezialist für Tankfahrzeuge, Straubing, Schlesische Str., ab 1976 Borsigstr. 23
1970 bis heute

Mit dem »SANA 42.0« rasch in der Erfolgsspur

Schmiedemeister Kurt Willig sen. gründete 1970 mit seiner Ehefrau Berta Willig den Tank- und Fahrzeugbau in Straubing, der sich auf Tankaufbauten für Motorwagen, Anhänger und Sattelauflieger für den Mineralöl- und Chemikalientransport in Aluminium- und Edelstahltechnik spezialisierte.

1990 stellte das Unternehmen im Rahmen der bundesweiten Entwicklung eines Sicherheitstankwagens den Mineralölauflieger »SANA 42.0« vor. Der mit niedrigem Schwerpunkt ausgeführte 41-m³-Kessel war in Zylinderform ausgeführt, dessen Vorderpartie konisch auslief. Noch heute stellt dieses Modell ein unangefochtenes Design-Highlight dar. Für den Rahmen und Tank nutzte Willig Leichtmetall; das Trio-Aggregat besaß eine Luftfederung. Hinzu kam eine Vollverkleidung, die das Fahrzeug weitgehend gegen einen seitlichen Aufprall schützen sollte, gleichzeitig dem Modell eine besondere Optik verlieh.

Auch bei den zwei- und dreiachsigen Tankanhängern sollte der abgesenkte Schwerpunkt die Kippgefahr in einer Gefahrensituation reduzieren. Für den Gefahrguttransport stand ein dreiachsiger Auflieger mit einem Fassungsvermögen von 33.000 Litern zur Verfügung.

1990 ging die Geschäftsführung an den Sohn, Dipl.-Ing. Kurt Willig, über. Sein erster Schritt galt 1990 der Errichtung eines Zweigwerkes und Servicestützpunktes unter der Firmierung Willig Fahrzeugbau GmbH in Pening bei Chemnitz, das zwei Jahre später nach Mühlau/Sachsen in einen Neubau verlagert wurde. Die Jahreskapazität des 100 Mitarbeiter starken Familienunternehmens mit beiden Produktionsstätten war in dieser Zeit auf 130 Exemplare gestiegen.

Willig-Tankzüge mit keilförmigem Aufbau für den Export, 1975. (Foto: Willig)

Willig-Tankauflieger mit zylindrischem Tank, 2002. (Foto: Willig)

Willig-Tankauflieger, 2005. (Foto: Willig)

Willig-Tandemachs-Tankanhänger für 10.000 Liter Mineralöl, 2009.

1997 ergänzte der Tankwagenspezialist die Baureihe des inzwischen mit verbessertem Fahrwerk und Abgabearmaturen weiterentwickelten Sicherheitstankers mit der Version »SANK« in reiner Kofferbauweise. Mit diesem Modell konnten 35.000 bis 40.000 dünnflüssige Mineralölprodukte transportiert werden. 2002 ergänzte der isolierte und beheizte Bitumen-Auflieger das sich durch weitgehende Konstanz geprägte Straßenfahrzeug-Programm.

Mit »Rollover Stability Support« gegen die Kippgefahr

Sicherheitstechnisch optimierte das Unternehmen 2005 die Fahrzeuge mit dem Stabilisierungssystem RSS (Rollover Stability Support); die Kippgefahr konnte somit weiter minimiert werden. Im nachfolgenden Jahr konnte Willig die Auslieferung des 3500sten Tankfahrzeugs feiern, wobei die Mineralöl-Verteilerfahrzeuge mit ihren Aufbauten an vorderster Stelle standen. Danach folgten stückzahlenmäßig die beiden Baureihen »SANA« und »SANK« sowie die Anhänger.

Im Jahre 2009 erweiterte ein Zentralachsanhänger das Portfolio des bayerischen Herstellers. Die Varianten mit Aufbauten für 10.000 bis 21.500 Litern Kraftstoff oder Heizöl lassen sich im Verteilerverkehr leichter manövrieren, wenn auch die Deichselanhänger aufgrund ihrer geringeren Aufschaukelgefahr eine Standardbaureihe im Angebot blieben.

Beim Mineralöltransport zeigte sich inzwischen, dass die Kundschaft die preiswerter herzustellenden »SANA«-Rundkessel-Modelle in den Varianten von 34.000- bis 52.000-Liter-Fassungsvermögen favorisierte. Die »SANK«-Modelle mit kofferförmigem Aufbau fanden bzw. finden ihre Abnehmer für den Transport von schwerflüssigen Stoffen sowie von Bitumen. 2010 ergänzten ein Einachs-Auflieger für 25.000 Liter und ein zweiachsiger Auflieger für 33.000 Liter mit Zwangslenkung oder Nachlauflenkung die bisherige Trio-Ausführung des »SANA«-Standardmodells. Für schwedische Kunden wurde für die Sonderausführung mit einer Kapazität von 60.000 Litern das dreiachsige Fahrgestell beibehalten.

Eine bedeutende Innovation stellte 2011 der Einsatz von Carbon-Faserteilen als Querverstrebungen im Fahrwerksrahmen dar, der die Fahrstabilität bei gleichzeitiger Gewichtsersparnis verbesserte.

2012 wagte das Unternehmen den Schritt in den Bau von Aufbauten für die Entsorgungswirtschaft, bisher allerdings nur auf Motorfahrzeugen. Im Behälterfahrzeugbau kam in dem auf 200 Personen angewachsenen Werk auch die Spezialausführung für AdBlue hinzu.

Heute stellt der Dreiachs-Auflieger für 40.000 oder 43.000 Liter Kraftstoff das Spitzenprodukt des Willig-Werkes dar. Carbon-Wings am Zylinderende sorgen inzwischen für einen geringeren Luftwiderstand und somit zu einem niedrigeren Kraftstoffverbrauch. Für Volumina von 25.000 und 33.000 Liter stehen die ein- und zweiachsigen Ausführungen bereit. Für den Mineral- und Schweröltransport fertigt das Werk die zweiachsigen Auflieger in Kofferform. Für den Gliederzug stehen die Zwei- und Dreiachsanhänger für eine Transportmenge von 16.000 bis 21.000 beziehungsweise 22.500 bis 27.000 Liter zur Verfügung. Und der Tandemanhänger steht für den City-Bereich mit einem 10.500- oder mit einem 20.000- bis 24.000-Liter-Aufbau in Kofferform im Angebot.

Willig-Tankzug mit Drehschemelanhänger für bis zu 21.000 Liter Kraftstoff, 2013.

Willig-Tankauflieger mit »Willig Wings«, 2016. (Foto: Willig)

Willig-Tankauflieger mit drei Kammern für 43.000 Liter Kraftstoff, 2013.

Wingert

**Paul Wingert, Fahrzeugbau,
Berlin-Treptow, Kiefholzstr. 394–398,
ab 1941 Berlin-Neukölln, Manitiusstr. 25/26, 1928–1986**

Um 1928 begann der Wingert-Fahrzeugbau mit der Herstellung von Pritschenanhängern in den Nutzlastklassen von 2 bis 7,5 t. Hinzu kamen Auflieger, Traktor-Anhänger mit Elastikbereifung, Kipper, Möbelwagen und Spezialwagen nach Kundenwunsch. Nach dem Krieg sind vermutlich nur Einzelstücke angefertigt worden.

In der DDR-Zeit bestand das Unternehmen weiter, allerdings spezialisiert auf den Reparaturservice. Im Berliner Stadtteil Neukölln bildete sich Paul Wingert Fahrzeugbau neu, der 1984 als Niederlassung 3 in der Ackermann-Fruehauf-GmbH aktiv war.

Wingert-Werbeanzeige, 1935.

Wörmann

Wörmann GmbH,
Hebertshausen, Grubmühlstr. 4–16 und Torstr. 29
1964 bis heute

Wörmann bietet neben Kugelkopfanhängern auch Lkw-Fahrzeuge für GaLa-und Bauunternehmen an. Auf Zentralachs-Tiefrahmenfahrgestellen entstehen Kipper der »Gala«-, der »Euro«- und der in Normalhöhe konstruierten ZDK-Baureihe. Für den Universaleinsatz stehen die Pritschenanhänger mit Auffahrrampen und Ankipptechnik der »Bau«-Reihe sowie ein Baustoff- und ein »Flatliner«-Pritschenwagen im Angebot. Für den Speditionsverkehr bietet Wörmann einachsige Planen- und Curtainsider-Anhänger der »Flatliner«-Serie, Tandemachs- und Drehschemel-Kofferanhänger der Baureihe »Roadliner« an. Und für den größeren Baumaschinen-Transport fertigt Wörmann einen dreiachsigen Tieflade-Anhänger mit drei Achsen der Baureihe »BigLiner«, der bis zu 30 t Belastung aufnehmen kann.

Wörmann-Tandemachs-Dreiseitenkipper 35.41/210, 2007.

Wörmann-18-t-Tandemachs-Dreiseitenkipper »ZDK«, 2017. (Foto: Wörmann)

Wörmann-Dreiachs-Plattform-Tiefladeanhänger Typ »Bigliner I«, 2017. (Foto: Wörmann)

Wüllhorst-Dreiachs-Kühlkofferauflieger mit Liftachse, 2007. (Foto: Ralf Weinreich)

Wüllhorst

Wüllhorst Fahrzeugbau GmbH & Co. KG, Selm-Bork, Harkortstr. 14, 1955 bis heute

Auf eine fast 140-jährige Fahrzeugbaugeschichte blickt dieses Unternehmen zurück. 1880 richtete Karl Wüllhorst im westfälischen Selm eine Stellmacherei ein, die sich auf den Bau von Kutschen und später auf Aufbauten spezialisierte. In den frühen 1950er Jahren entstanden erste Komplettfahrzeuge in Form von Einachsaufliegern mit Leichtmetall-Kofferaufbauten für den Möbeltransport.

Das inzwischen in der vierten Wühllhorst-Generation geführte Unternehmen ging nach der Jahrtausendwende zum Komplettbau von Tandemachs- und Drehschemelanhängern mit Kühlkofferaufbauten über. Darüber hinaus erweiterte das Unternehmen das Angebot neben den zunächst gebauten einachsigen Citysattel-Aufliegern auch mit zwei- und dreiachsigen Aufliegern mit Kofferaufbau und Ladebordwand für den Verteilereinsatz. Die Kühlfahrzeuge zeichnen sich durch eine Varabilität von Kühlgeräten, Mehrkammereinrichtung, Ladebordwänden und seit 2008 auf Wunsch durch eine Durchlademöglichkeit aus. Schließlich führt Wüllhorst auch individuell zugeschnittene Curtainsider und Getränke-Promotionsfahrzeuge im Programm.

Wüllhorst-Tandemachs-Kühlkofferanhänger ZTFA 18 mit Tiefkupplung, Unterflur-Kühlaggregat und Durchlademöglichkeit, 2012.

Zandt cargo

Zandt cargo, Tirschenreuth, Lindenweg 23 2004 bis heute

Im Jahre 1994 gründete Dipl.-Kaufmann Manfred Zandt in Tirschenreuth ein Unternehmen zum Handel und zur Vermietung von Wechselbehältern, Anhängern für Wechselaufbauten und von Fernverkehrstechnik. Mit der Herstellung von Tieflade-Tandemachsanhängern mit Bordwänden der Baureihe TAT-B-110 / 140 / 180 mit stufenlos höhenverstellbarer Zugdeichsel, insbesondere für den GaLa-Bau, und mit Tandemanhängern mit Schiebeplane und Kofferaufbau für den Verteiler- und Fernverkehr stieg der Betrieb 2004 in den Fahrzeugbau ein. Ab dem Jahre 2009 werden Tandem-Dreiseitenkipper mit den Baureihen TAK-K 110 und 140 gefertigt. Ergänzt wird das Fertigungsprogramm um eine Vielzahl von Baureihen von Drehschemel-Tiefladern in gerader und gekröpfter Bauweise. Dies umfasst 20- bis 50-t-Anhänger und deckt den Bereich von zwei bis fünf Achsen in den Baureihen mit Hochbett-, Tieflade- und Tieflade-Plateau-Ausführungen ab.

Im Bereich dieser schweren Spezialfahrzeuge sind der dreiachsige Tieflader AT-300 und der vierachsige AT-400 in Radmulden-Ausführung für 30 und 40 t schwere Baumaschinen hervorzuheben. Mit Plattform werden

Zandt-Tandemachs-Pritschenanhänger TAT-B 180, 2012. (Foto: Zandt)

Zandt-Tridem-Tiefladeanhänger ATT 300, 2016. (Foto: Zandt)

die Modelle AT-P-300/400 gefertigt. 2016 folgten der AT-T-200 und der AT-P-200 mit Tandem-Achse.

Im Jahre 2001 hat Zandt cargo in Eger (Cheb)/Tschechien einen Maschinenbau-Betrieb übernommen, der als Fertigungsstätte und als Niederlassung dient. 2016 erweiterte Zandt cargo mit der Übernahme der Firma HKM Anhängerbau Altenburg GmbH sein Spektrum um Behälter-Transport-Anhänger (BTA) für die Entsorgungs- und Recyclingwirtschaft.

Zandt-Dreiachs-Tiefladeanhänger AT 300, 2013. (Foto: Zandt)

Zandt-Vierachs-Tiefladeanhänger AT-P 400 mit Radmulden, 2016. (Foto: Zandt)

Zandt-Tandemachs-Dreiseitenkipper TAT-K 140, 2017.

Zanner

Zanner Fahrzeugbau GmbH, Himmelkron, Industriestr. 1
2001 bis heute

Das seit 1874 bestehende Unternehmen startete 2001 den eigenständigen Fahrzeugbau mit der Vorstellung eines tiefgekuppelten Tandemanhängers mit Kühlkofferaufbau und Durchlademöglichkeit. In Arbeitsgemeinschaft mit der Firma Kotschenreuther für das Fahrgestell und dem Doppelstockfahrzeug-Spezialisten Orthaus für das Aufbaukonzept folgte 2003 als zweites Zanner-Produkt ein doppelstöckiger Drehschemel-Anhänger mit hinterer Einzelradaufhängung für den Trockenfracht- und Frischedienst. Durch den Fortfall der durchgehenden Achse konnte der mittragende Kofferaufbau in zwei 1,8 m großen Etagen realisiert werden. Ein aus der Hinterklappe gebildeter Hublift hob die Paletten in die zweite Ebene.

Das Großraumkonzept – aber ohne Durchlademöglichkeit – übertrug Zanner 2004 auch auf einen Tridemanhänger mit wiederum Einzelradaufhängung. Auch ein-, zwei- und dreiachsige Auflieger baut Zanner mit Doppelstockaufbauten für 53 Europaletten nach Orthaus-Baumuster auf. In einer weiteren Baureihe erschien ein einachsiger Curtainsider für den Volumenzug. In das Repertoire des Familienunternehmens kamen 2006 auch ein Holztransporter und Tieflader mit zwei, drei und vier Achsen, die den Bereich von 7,5 bis 32 t abdecken.

Zanner-Doppelstock-Auflieger, 2006.

Zeppelin

Zeppelin Metallwerke GmbH, Garching, Zeppelinstr. 1–5
1994–1997

Neben der Fertigung von Sheltern aus dem ehemaligen Peter-Bauer-Programm befasste sich dieser Maschinenbauer zeitweilig mit der Herstellung von Aufliegern und Tandemachsern zur Aufnahme von Containern. Der Tandemachser TTA konnte schon ein Jahr später auch als Kipper für 7,1 t und 12,9 t Schüttgut geliefert werden.

Zeppelin-Tandemachs-Dreiseitenkipper, 1997.

Zerbst-Werbeanzeige, 1925.

Zerbst

Zerbster Räder- und Wagenfabrik AG, Zerbst, 1925

Normalanhänger und Kipper in allen Ausführungen bot dieses Unternehmen mit eigenen Eisenrädern an, auf die Gummibandagen gezogen wurden.

Ziehn

Ziehn & Co., Anhängerbau, Köln-Riehl
1. 1936–1939: Karosseriewerk-Kraftfahrzeug-Werkbau Richard Ziehn GmbH, Köln-Zollstock, Weyerstraßer Weg 145
2. 1939 bis ?: Ziehn & Co., Anhängerbau, Köln-Riehl, Amsterdamer Str. 135

Im Schell-Plan wurde dem Werk der Serienbau eines 3-t-Pritschwagens und eines 2,9-t-Zweiseitenkippers zugeteilt.

Zikun

Zikun(-Riegel) Fahrzeugbau GmbH,
Riegel am Kaiserstuhl, Teningerstr. 1, 1971 bis heute

Zikun-Dreiachs-Spezialanhänger für zwei Absetzmulden, um 2005. (Foto: Zikun)

Zikun-Stufen-Sattelauflieger für den Getränketransport mit »Swing-Board«-Seitenwand, 1998.

1971 gründeten die Techniker Peter Ziegler und Konrad Kunzweiler einen Fahrzeugbaubetrieb, der sich zunächst mit Aufbauten für Getränkefahrzeuge befasste.

In enger Abstimmung mit den Kunden entstanden die ersten Anhänger und Auflieger für den Getränke- und Chemikalien-Transport. Hinzu kamen Kipper, Pritschen- und Spezialfahrzeuge.

Zikun entwickelte und baute im Rahmen der LSF-Kooperation einen dreiachsigen Getränke-Auflieger »Top-Time-Klappkoffer III« mit elektrisch gesteuerten und bewegten Seitenwänden, die nach oben aufklappten und somit die Gabelstapler-Be- und -Entladung vereinfachten. Zeitweise wurde dieses Modell auch unter der Bezeichnung »Polarus/Riegel-Zikun-Getränkeauflieger« vermarktet.

Um die Jahrtausendwende bildete der dreiachsige Getränke-Auflieger »Top-Time-Lader« mit gekröpftem Rahmen und elektrohydraulischer Betätigung der Seitenwände das Vorzeigeprodukt des badischen Unternehmens.

Zikun-Getränkezug mit Tandemachser, um 2015. (Foto: Zikun)

Zikun-Rampen-Sattelauflieger, um 2015. (Foto: Zikun)

Zikun-Rollplanen-Sattelauflieger für den Getränketransport, um 2015. (Foto: Zikun)

Neben Feuerwehr-technischen Aufbauten auf Motorwagen erweiterte Zikun sein Repertoire um einachsige Pritschenauflieger mit Nachlauf- oder mit zwangsgelenkter Achse sowie einem Spezial-Auflieger mit einem zulässigen Gesamtgewicht von 60 t.

Neben den individuell gefertigten Pritschen-, Koffer- und Dreiseiten-Kippwagen verlagerte sich der Schwerpunkt des Unternehmens auf den Bau von Getränke-Aufliegern mit Klappwand und Rollplanen-Seitenwänden. Ein Tiefbett-Auflieger krönt seit 1995 das Programm.

Zweirad-Union

Zweirad-Union AG, Nürnberg, Nopitschstr. 70
1962–1965

Die 1958 gegründete Zweirad-Union ging aus dem Zusammenschluss dreier Kleinkrafträder-Marken hervor: DKW, Victoria und Express. Zum Zeitpunkt der vollen Auslastung ihres Stammwerkes in Schnaittach durch Bundeswehraufträge erwarben die FAUN-Werke 1960/61 die Zweirad-Union im ehemaligen Victoria-Werk. Neben dem Bau der FAUN-»Eilfrachter«, der Motorräder, des Victoria-Mopeds »Vicky« und der Prototypen des Fallschirmjäger-Fahrzeugs »Kraka« entstanden 1,5-t-Standard-Anhänger für die Bundeswehr. FAUN gab das Werk 1965 an den Schweinfurter Zweitaktmotorenhersteller Fichtel & Sachs ab.

Zwickau

Zwickauer Fahrzeugfabrik, vorm. Schumann AG,
Zwickau-Pölbitz, Dorotheenstr., 1924–1928

Der Besitzer der Werdauer Waggonfabrik, Hermann Schumann, gründete 1903 dieses Werk, nachdem er aus seinem Ursprungswerk, der Sächsischen Waggonfabrik Werdau, hatte ausscheiden müssen. Seine Söhne Oskar, Adolf und Max übernahmen 1917 die Firmenleitung; 1917 kam es zum Zusammenschluss des Werkes mit der Waggon- und Maschinenfabrik Busch in Bautzen und wieder mit der (Ursprungsfirma) Waggon- und Wagenfabrik Hermann Schumann in Werdau zur Hermann Schumann AG, Werdau. Nachdem zunächst Personen- und Güterwaggons sowie Möbel- und Pferdezugwagen in diesem Betrieb gefertigt worden waren, folgte 1924 auch der Bau von Langholz-Anhängern, Hinter- und Seitenkippern, ein Jahr später auch der Bau von Anhängern mit obligatorischem Bremserhaus. Mit der Übernahme des angeschlagenen Werdauer Werkes durch den Breslauer Linke-Hofmann-Busch-Konzern (LHB) wurde der Straßenfahrzeugbau mitsamt dem Facharbeiterstamm nach Werdau verlagert. Das Zwickauer Werk bzw. die Grundstücke verkaufte die LHB an das Horch-Werk.

van der Zypen & Charlier

van Zypen & Charlier, Eisenbahnwagen- und
Maschinenfabrik, Abt. Autobau,
Köln-Deutz, Mühlheimer Str. 131, 1927–1929

Die seit 1846 existierende Waggonbau-, Maschinen- und Mühlenbaufabrik van der Zypen & Charlier stellte, nachdem die Aufträge der Reichsbahn zurückgegangen waren, ab 1925 Lastwagen und Omnibusse her. Zur weiteren Auslastung des Werkes kam der Bau von Anhängern, darunter von Fahrzeugen zum Transport von Kohlenstaub hinzu.

Wirtschaftliche Schwierigkeiten führten 1928 zur Fusion mit der Waggonfabrik Gebr. Gastell GmbH in Mainz zur Vereinigten Westdeutschen Waggonfabriken AG in Köln-Deutz. Das Unternehmen ging 1959 in der Klöckner-Humboldt-Deutz AG auf.

Zypen & Charlier-Anhänger mit stehenden Kesseln für den Kohlestaubtransport, 1928.

Anhang

Weitere Hersteller, über die kaum Angaben vorliegen

Franz Ahrweiler Anhängerbau, Köln-Delbrück, Bergisch-Gladbacher Str. 108/109 (1939–1945 (?))
Anton Aumüller, München, Gabelsbergerstr. 21–23 (1949)
Carl Baer Anhänger/Aufbauten, Verlin-Weißensee, Gartenstr. 11 (1936)
Gebr. Baumgärtner, Augsburg-Ost, Neuburgerstr. 180 (1949)
Karl Beinhorn, Eisenkonstruktionen, Windhausen/Harz (1949)
Alfred Beuchel Wagenfabrik, Dresden, Freibergstr. 35 (1925–1930)
Th. Beumer, Fahrzeugbau, Ahlen i. W. (1949 Brespa GmbH, Hamburg, Wandalenweg 16 (1951)
Fahrzeugbau Josef Diefenbach, Koblenz, Laubachstr. 54
Fahrzeugfabrik Aichach, Aichach (1951)
Georg Fellermeier, Wagen- und Karosseriebau, Straubing, Heerstr. 71 (1949)
H. Freudenau & Söhne, Anhänger- und Karosseriefabrik, Hillegossen b. Bielefeld, Alte Detmolder Str. 68 (50er Jahre)
Erich Friesen, Ubstadt Krs. Bruchsal (149)
Alfred Göpfert, Karosseriebau u. Reparatur, Essen-Altenessen, Altenessener Str. 240 (1949)
Karl Graumann, Karosserie- und Fahrzeugbau, Adenstadt (Peine-Land) (1949)
Adolf Greis, Karosserie- u. Fahrzeugbau, Köln-Holweide, Wichheimer Str. 303 (1949)
Hermann Grewe GmbH, Fahrzeugbau, Hamm i. W., Wilhelmstr. 138 (1949)
Anton Halbey, Stahl- u. Eisenbearbeitung, Duisburg-Hamborn, Schlieffenstr. 90 – 92 (1949)
Wolf Hirth GmbH, Nabern b. Kirchheim/Teck (1949)
August Holzrichter Anhängerfabrik, Köln (1953)
Albert Hoppermanns, Karosserie- u. Fahrzeugbau, Aachen, Krugenofen 10 (1949)
Hornburger Maschinenfabrik, Fr. Siebert, Hornburg Krs. Wolfenbüttel (1949)
Karl Kaiser, Karlsruhe, Essenweinstr. 22 (1949)
U. Kautt & Sohn, Fahrzeugfabrik, Karlsruhe, Kronenstr. 13/17 (1949)
Robert Kögel, Karoserie- u. Wagenbau, Arnstadt (1936)
Heinz Kuhne oHG, Karosserie- u. Fahrzeugbau, Bad Wörishofen (1949)
Josef Leiboldt & Sohn, Karosserie- u. Fahrzeugbau, Fulda, Adalbertstr. 5 (1949)
Erich Maier, Sinsheim, Lange Gasse 2 (1949)
Ludwig Michl, Weyarn (Obb.) (1949)
Mülder, Inh. Bruno Holl, Fahrzeug- u. Anhängerbau, Wuppertal-Elberfeld, Fr. Ebert-Str. 103 (1949)
B. Niggemeyer, Karosseriebau, Fahrzeugbau, Paderborn, Fürstenbergstr. 37 (1949)
Nöding & Söhne, Kraftfahrzeuge, Hersfeld (1949)
Michael Nüsslein, Ingenieurbüro, Nürnberg, Am Ludwigskanal 40 (1949)
Oberrheinisches Karosseriewerk, Vögtle & Zeller GmbH, Freiburg i. Br., Schwarzwaldstr. 113 (1949)
August Papst, Wagenbau u. Eisenbahntransportgeräte, Diez/Lahn, Unterwirthstr. 2 (1949)
Pionier Fahrzeugbau, John Graudenz, Berlin-Tempelhof, Wulfila-Ufer 47 (1935)
W. Pötters & Co. KG, Essen-Katernberg (1951)
Hermann Recknagel, Fahrzeug- u. Maschinenbau, Mellrichstadt (1949)
Val. Schade & Sohn, Wagen-Karosseriebau, Hersfeld, Bahnhofstr. 5 (1949)
H. Schooff & Co., Anhängerbau, Hamburg, Sievekingdamm 37 (1951)
Leonhard Senden, Karosseriewerk, Würselen b. Aachen, Lindenplatz 1–3 (1949)
Jakob Teuwen, Krefeld, Nordstr. 39 (1949)
Karl Teuwen, Fahrzeugbau, Krefeld, Schwertstr. 58 (1949)
Hans Thelen OHG, Fabrikation von Fahrzeugen, Fahrzeugbauteilen u. Industriebedarfsartikeln, Grevenbroich-Laach, Hammerwerk (1949)
Eduard Weber, Gochsheim (Ufr.) (1949)
Otto Wörner, Fahrzeugbau, Reichenbach/Fils, Hauptstr. 17 (1949)
Otto Zähringer, Karosserie- u. Fahrzeugbau, Ludwigshafen, Industriestr. 35 (1949)
Ziegler & Stengel, Fahrzeugbau, Schwäbisch-Gmünd, Uferstr. 38 u. Herlikofer Str. 9 (1949)

Literatur

1. Bücher

Autotypenbücher, Typentafeln der deutschen Kraftfahrzeug-Industrie, Hrsg. v. RDA, Berlin 1936–1938
Beier, Hans-Jürgen und Herold, Hermann, **100 Jahre industrieller Fahrzeugbau in Werdau,** Werdau 1998
Betz, Louis, **Spezial-Lastautomobile,** Bd. 3, Berlin 1931
Bols, Udo, **Multicar – Der Alleskönner,** Brilon 2003
Dreyer, Klaus, **Unvergessene Landtechnik,** Frankfurt am Main, 2005
Fleischer, Wolfgang, **Typenkompass Bespannte Fahrzeuge des deutschen Heeres bis 1945**, Stuttgart2011
Fleischer, Wolfgang, **Typenkompass Deutsche Heeresfahrzeuge, Anhänger und Sonderanhänger bis 1945,** Stuttgart 2015
Heintzmann, Thomas, **Das Anhängerbuch, Band 1,** Bruchköbel 2003
Jahrbuch Lastwagen, Hrsg. Bernd Regenberg, Brilon 1999 ff
Kärcher (Hrsg), **Mit Ideen Werte Schaffen – 75 Jahre Kärcher in Bildern,** Winnenden 2010
Kässbohrer (Hrsg), **75 Jahre Kässbohrer 1863–1968,** Ulm 1968
Kässbohrer (Hrsg), **Otto Kässbohrer in seinen Worten, in seinem Wirken, in seiner Zeit,** Ulm 1984
Kohl, Wolfgang, **Güterkraftverkehr in der DDR,** Berlin 2001
Kohl, Wolfgang, **Tag und Nacht auf den Straßen, Erinnerungen eines Fernfahrers,** Reichenbach i. V. und Halle/Saale 2011
Krombholz, Klaus, **Landmaschinenbau der DDR – Licht und Schatten,** Frankfurt am Main, 2005
Krone, Nicola, **110 Jahre Krone,** Spelle 2016
Meiller, F. X. (Hrsg), **Meiller – Aus Tradition Innovation,** München 2000
Oswald, Werner, **Kraftfahrzeuge und Panzer der Reichswehr, Wehrmacht und Bundeswehr ab 1900,** 17. Auflage, Stuttgart 2004
Roediger, Wolfgang und Apitz, Werner, **Nutzfahrzeuge auf unseren Straßen,** Berlin-Ost 1972
Seherr-Thoss, Hans Christoph v., **Die deutsche Automobilindustrie,** Stuttgart 1974
Tischert, Hans, **110 Jahre Luther-Werke Luther & Jordan, Braunschweig – Stätten deutscher Arbeit,** Berlin 1956
Wappler, Günther, **Geschichte des Zwickauer und Werdauer Nutzfahrzeugbaus,** Aue 2002

2. Zeitschriften

Allgemeine Automobil-Zeitung, Berlin 1905–1939
Industriezweigkatalog 1972 der IFA/Industrieverband Fahrzeugbau der DDR, Vereinigung Volkseigener Betriebe Automobilbau, Berlin 1970
Historischer Kraftverkehr (früher Elefant), Schwieberdingen 1982–1987, Köln 1988ff
Das Lastauto, Wirtschafts-Zeitung f. d. gesamten motorisierten Nutzfahrzeugbetrieb, Coburg 1949–1950
Last & Kraft, Berlin 1992, ab 2010 Mainz
Lastauto-Omnibus, Stuttgart 1951 ff
Lastauto-Omnibus-Katalog, Stuttgart 1970/71 ff
Meiller-Mitteilungen, Heft 36 »Das Jubiläum 1850–1975«. München 1975
Motor-Katalog, Der, Bd. 8 100 Traktoren und Arbeitsgeräte, Gräfeling b. München, ab 1961 Alfeld/Leine, 1955, 1956/57, 1961
Das Nutzfahrzeug, Einsatz, Technik und Organisation im Lkw-Transport, München 1949–1992

Prospekte verschiedener Hersteller